폐자원 · 바이오매스 에너지화 정책 및 기술

배재근 · 김진한 · 이종규 공저

서울과학기술대학교
폐자원바이오매스에너지화센터
WASTE-RESOURCE BIOMASS ENERGY CENTER

도서출판 아 진
A-JIN

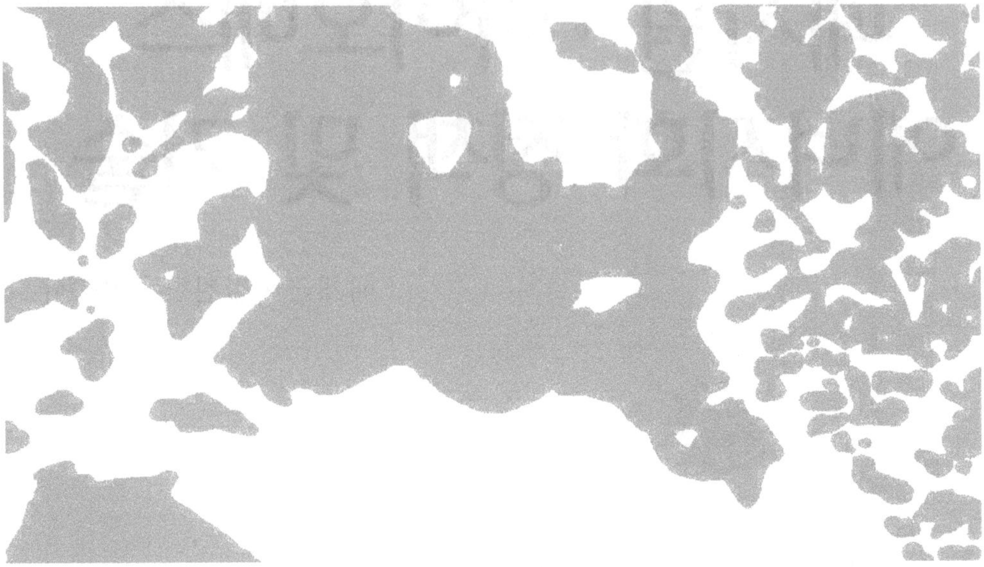

"내가 가는 길을 그가 아시나니 그가 나를 단련하신 후에는 내가 순금 같이 되어 나오리라 (욥23 : 10)"

머리말

최근에 지구온난화 및 자원의 유한성에 대하여 가장 영향의 정도가 큰 에너지 문제를 해결하기 위하여 신재생에너지 개발이 활발히 이루어지고 있으며, 그중에서도 가장 수월하게 접근이 가능한 폐자원 및 바이오매스에 대한 관심이 급증하고 있다.

선진국 등에서는 할당되어진 의무감축량을 준수하기 위하여 많은 노력을 하고 있으며, 특히 카본 뉴트럴인 바이오매스로부터 에너지를 회수하기 위하여 정책 및 기술을 개발하고 있으며, 실제 각종 정책적인 지원을 통하여 많은 효과를 창출하고 있다.

기존의 화석연료와의 경쟁관계속에서 기술개발 및 실제 적용을 가속화시키기 위하여 다양한 제도를 실시하고 있으며, 독일 등의 선진국에서 고정가격매입제도, 우리나라에서는 RPS 제도 등을 실시하고 있다. 이러한 제도에 의하여 독일 등은 바이오가스화 시설이 8,000개소 설치되고 있으며, 생성된 가스를 이용하여 전력을 생산하여, 탈원자력을 위한 신재생에너지 산업이 활성화되고 있다.

우리나라도 2008년말에 "폐자원·바이오매스 에너지화 종합대책"을 수립하여 가연성 폐기물로부터 에너지회수를 위하여 권역별 에너지타운을 조성하고 있으며, 유기성폐자원으로부터 에너지회수를 위하여 바이오가스화시설을 설치하고 있다.

생활폐기물의 고형연료화사업, 음식물류 폐기물의 바이오가스화 사업, 하수슬러지의 고형연료화사업, 가축분뇨의 바이오가스화 사업, 저탄소녹색마을 조성사업 등이 진행되고 있으며, 이들 사업에 다양한 형태로 기술이 적용되고 있으나, 아직까지 많은 문제를 야기시키고 있는 실정이며, 투자대비 가치회수가 진행되지 못하고 있는 것으로 국회 보고서 등에서 지적하고 있다. 실제 현장에서 일어나는 문제의 근본원인은 초기 설계단계에서 심도있는 검토, 경험이 부족한 것이며, 또한 현장에 시설을 설치하고, 운영하는 과정에서 전문성이 있는 기술자의 부족에 있다.

외국에서 첨단기술을 도입하는 것만으로 기술습득이 되었다고 대부분 판단하고 있으나, 이들 기술을 해석하고, 이들 기술을 이해하여 설계하고 운영하는 인재가 필요하다.

본 도서는 대학 및 대학원에서 폐자원 및 바이오매스에 대하여 관심을 가지고 학생, 관련 사업장에서 일을 하고 있는 기취업자, 동 사업에 진출하려는 사업자에게 사전에 필요한 일반지식을 함양하기 위한 목적으로 집필하였다. 본 도서는 에너지화의 배경 및 필요성, 국내외 정책동향, 발생 및 처리현황, 기술현황, 적용사례 등으로 구분하여 서술하였다. 본도서가 우리나라 폐자원·바이오매스 에너지화 기술의 발전, 산업의 발전에 기여하는 촉매의 역할을 해 줄 것으로 기대한다.

저자 배 재 근 올림

차 례

제1장 폐자원 및 바이오매스 에너지화 개요

제2장 폐자원 및 바이오매스 관련 정책 동향과 법·제도

제3장 폐자원 및 바이오매스의 특성, 발생·처리현황

제4장 폐자원 및 바이오매스 에너지와 기술

제5장 폐자원 및 바이오매스 관련시설 운영사례

제 I 장

폐자원 및 바이오매스 에너지화 개요

제 1 절 배경 및 필요성

에너지는 우리의 삶과 밀접하며 인류가 태동할 때부터 함께 하였다. 우리 인류는 태고부터 태양에너지를 기본으로 광합성에 의해 생성된 생물자원을 식품과 목재, 기타 제품으로 이용하여 생활의 근간을 이루었다. 도시화, 산업화가 진행되면서 경제적인 풍요와 편의를 위해 석탄, 석유 등 화석자원을 바탕으로 대량생산, 대량소비, 대량폐기의 사회 시스템을 이루었다. 이러한 화석자원의 과다사용은 지구의 자정능력을 넘어 유해물질에 의한 환경오염, 지구온난화, 폐기물 등 다양한 환경문제를 심화시켰다.

화석자원은 고갈될 것이라는 우려와 함께 에너지 소비급증과 수급불균형, 국제유가의 고유가 현상이 장기화되고 있는 상황이다. 또한 지구온난화와 기상이변으로 인한 물 부족, 해수면 상승, 환경난민 발생 등 인류와 지구환경 피해의 심각성이 전 세계적으로 확산되면서 기후변화는 UN, G-8, ASEM, APEC 등 다자간 정상회담 등에서 핵심적인 최우선의 글로벌 아젠다로 급부상하였다. 이들 국제협상은 국제경제 및 산업계에 직접적인 영향을 미친다. 기후변화협약 제14차 총회에서는 2013년 이후의 새로운 온실가스협약을 만들기로 합의하였으나, 국제적으로 경기가 둔화되고, 선진국과 개발도상국가, 저개발국가간에 차별화가 어려워지면서 합의가 어려워지고 있다.

최근에는 개별국가 단위로 온실가스 감축목표를 설정하고, 에너지 안보 및 친환경성 등을 고려하여 에너지 절약 및 효율향상을 통한 에너지 저소비형 경제구조로의 전환을 서두르고 있다. 또한 다양한 신재생에너지를 발굴하여 탈원전과 동시에 지속가능한 에너지 사회구축을 위한 저탄소 녹색성장(Low Carbon, Green Growth) 정책을 경쟁적으로 추진하고 있다.

본 절에서는 최근의 에너지환경, 기후변화 대응 현황, 폐자원 및 바이오매스의 에너지화에 대한 배경, 필요성, 장래 전개방향에 대하여 구체적으로 검토하여 이해력을 높이고자 한다.

1. 폐기물 문제와 자원화

우리 인간이 자연계에서 자원을 지속적으로 추출하여 사용 후에 대기로 날려 버리면, 이들 가스가 또다시 광합성 등을 통하여 이용 가능한 자원으로 합성될 때까지는 많은 시간이 걸리게 된다. 즉 자연의 순환계가 단절되면 한 방향으로만 문제가 지속되어 지구생태계는 균형을 유지하지 못하고 파괴된다.

21세기에는 더 이상의 환경파괴, 생태계교란을 방지하기 위해서 더 많은 노력이 요구되고 있으며, 새로운 개념의 가치관 정립이 필요하다. 폐기물을 처리 및 자원화해야 한다는 강제적인 사회시스템보다는 모든 기술과 여건이 조화된 새로운 사회시스템의 구축이 필요하며, 이러한 사회시스템을 선진국에서는 순환형사회(循環刑社會)시스템이라고 한다.

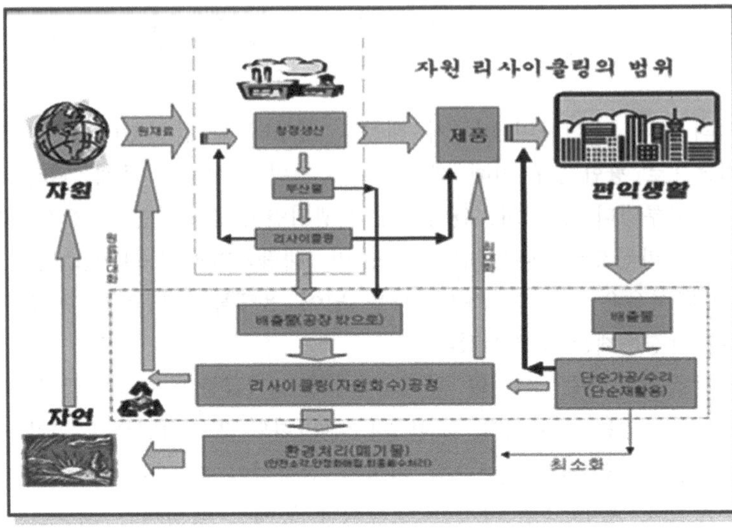

<그림 1-1> 물질의 흐름과 자원순환체계

범지구적으로 문제가 되고 있는 지구 온난화 문제에 있어서도, 그 영향인자 중에서 가장 큰 CO_2와 CH_4가스가 폐기물을 처리하는 과정에서 발생되고, 또한 인간이 삶을 유지하기 위한 생산 · 소비 활동에서 자원과 에너지를 투입하여 환경문제가 일어나는 것으로부터 자원과 에너지 문제는 폐기물문제와 별개로 분류하는 것이 불가능하다. 즉 지구환경문제의 대부분을 폐기물과 연계하는 것이 가능하다.

현재 폐기물은 발생원과 유해성 정도에 따라 분류하고 있으며, 인간이 일정한 주거공간 및 생활공간 내에서 배출하는 폐기물은 생활폐기물, 영리를 목적으로 일정규모 이상 및 특정 허가 요건을 가진 곳, 일정량이상 배출하는 곳 등의 사업장에서 배출하는 것은 사업장폐기물이라고 한다. 의 사업장과 일정량 이상을 배출하는 건설현장에서 발생하는 것을 사업장폐기물이라 한다. 사업장폐기물에 대해서는 무해성과 유해성으로 구분하며 무해한 것은 일반폐기물, 유해한 것을 지정폐기물로 분류하고 있다.

이러한 폐기물에서 지적되는 각종 문제점은 가정 및 사업장에서 발생되는 폐기물량의 증가, 질적 수준의 변화, 처리 및 처분장의 부족, 처리장의 입지 안전성, 다이옥신 등 2차 오염물질의 유해성, 처리비용 상승 등이 있으며, 이외에도 유해 폐기물의 월경(越境) 이동, 방사성 폐기물 문제 등 많은 문제가 산적되어 있다.

인간이 생산 및 소비활동을 하면서 더 이상의 효용성, 즉 경제적인 가치를 상실하여 처리하는 과정에서 비용이 수반하면 폐기물이라고 말할 수 있으며, 버려진 폐기물을 다시 회수, 부가가치를 부여하여 경제성, 효용성을 다시 갖게 하는 것을 재활용 및 자원화라고 한다. 최근에 발생된 폐기물의 성상이 개선되고, 특정기술에 의하여 부가가치를 창출할 수 있는 기술이 확보됨에 따라 폐기물이라는 용어가 폐자원 혹은 바이오매스라는 용어로 대체되고 있다. 폐기물이 없는 순환사회의 형성을 위해서는 폐자원 및 바이오매스라는 용어를 사용하여 그것을 재이용하거나, 재활용 및 에너지화 등에 의하여 자원화 하는 방법론의 개발을 경제논리와 기술적인 관점에서 접근하는 것이 필요하다.

최근에 지구환경 문제 및 지역 환경문제가 크게 부각되면서 결국에는 에너지 및 자원으로 귀결되는 현상이 나타나고 있으며, 이러한 범지구적인 환경문제를 최소화하기 위하여 규제를 위한 법을 초월하여 새로운 개념으로 접근이 이루어지고 있다. 매립지 내에 폐자원 및 바이오매스의 반입을 억제하기 위하여 매립금지 및 매립세 등의 신설이 이루어지고 있으며, 폐기물을 자원으로서 재인식하여 적극적인 개념에서 자원화가 이루어지고 있다.

구체적으로 생산공정에서 사용되는 모든 원료를 재활용품으로 대체한다면 자원투입과 폐기물을 최소화하는 것이 가능하며, 폐기물 처리과정에서 발생하는 CO_2와 유해물질의 발생량을 줄여 지구온난화를 유발하는 온실가스의 삭감으로 연결될 수 있다. 또한 처리할 수밖에 없는 최종처리물은 에너지회수용으로 사용하여 발전, 난방, 급탕으로 사용하여 에너지절약 및 절전에도 이바지하는 것이다.

미래사회에 경제성이 확보될 수 있는 새로운 대체에너지가 개발되어 보급된다면, 우리인류의 편리성 추구는 계속될 수 있지만, 많은 미래학자가 말하는 미래사회는 자원의 고갈, 인구증가에 의하여 충분한 삶을 영위할 정도의 에너지 확보가 어려울 것으로 예견되고 있다. 에너지가 부족하고 자원의 채굴(採掘)에 한계성이 있다는 전제에서는 원유 및 원자재의 가격이 폭등할 것이라는 것이 당연하다. 이러한 사회가 형성될 때에는 폐기물은 폐자원이 아닌 자원으로서 재평가될 것이며, 4R[1] 개념 하에서 경제논리에 의하여 자원화가 이루어지고 최후수단으로서 에너지회수에 의한 부가가치의 창출이 필수 불가결해 질 것이다. 이를 위해서는 폐기물의 자원화에 대한 다양한 기술축적이 이루어져야 한다. 순환사회형 기술로써 폐기물의 자원화는 자원에 얼마만큼의 부가가치를 부여하느냐에 따라 좌우될 것이다.

즉 폐기물이 자원결핍에 따라 부가가치(附加價値) 상승으로 자원화의 가능성이 창출되었다는 면도 있으나, 기업자체에서 경영관리의 질이 상승된 것과, 법적 규제수준 및 시민의 움직임 등이 자원화를 유도하고 있다고 말할 수 있다. 자원화라는 측면에서 지금까지는 단순 가공하여 원료로서 공급하는 차원, 즉 폐기물 처리를 위한 부수적인 수단으로서 재활용이 진행되어 왔다. 이러한 측면에서 수요를 창출하는 것에는 한계가 있으므로, 재활용의 부가가치를 부여하기 위한 노력이 필요하며, 부단한 기술개발이 선행되어야 한다. 즉 새로운 가치를 창출하기 위하여 많은 노력이 필요하다.

---

1) 4R(Reduction, Reuse, Recycle, Recovery)

2. 지구온난화와 기후변화 협약

지구는 4억년전 고생대부터 5천만년전 시작된 신생대까지 일련의 주기를 가지면서 온도가 변화되어 왔으며[2] 2천년대에 들어와 온도가 상승하는 추세를 보여주고 있다. 이러한 현상을 두고 지금까지 주기설에 의하여 온도가 상승하는 것이라는 설[3]과 환경오염에 의한 온난화 가스에 의하여 온도가 상승하는 것이라는 설들이 대립해 왔으나, 최근에 환경문제에 의하여 온도가 상승하는 것이라는 설이 강하게 주장되고 있다. 특히 지구 하부에 오랫동안 축적되어 분해 · 안정화 되어진 화석연료를 적극적으로 이용한 산업혁명 이후부터 CO_2가 증가(산업혁명 이전 280ppm → 2007년 383.1 ppm)한 것과 비례하여 온도가 증가함으로 인해 지구환경에 불균형이 초래되어 온난화를 유발하고 있는 것으로 증명되고 있다. 〈표 1-1〉에는 주요 온실가스의 종류별 기여도 및 농도분포를 나타냈다.

<표 1-1> 온실가스의 종류별 기여도 및 농도분포

구 분		CO_2	CH_4	N_2O	CFC
지구온난화지수		1	23	296	120~22,200
온실효과기여도(%)		50	15~20	5	20
주요 배출원		화석연료 산림훼손	농지경작 가축사육	농지경작	냉매 발포제용제
대기잔류수명(년)		50~200	10	150	65(CFC-11), 130(CFC-12)
대기 농도	산업혁명이전	280(ppm)	700(ppb)	288(ppb)	0
	2007년 기준	383.1ppm	1,789ppb	320.9ppb	250ppt(CFC-11), 530ppt(CFC-12)
연평균농도증가		0.4	0.8	0.25	4

출처 : WMO Greenhouse Gas Bulletin No. 4(November 2008)

이러한 온실가스로 인하여 세계적으로 온실가스 감축을 위한 특별한 조치를 취하지 않으면 21세기는 지구온난화의 피해가 극심할 것으로 예상되고 있다. 세계 3,000여명 과학자들이 참여하여 2001년 발표한 IPCC[4] 3차보고서에는 21세기에 지구평균기온이 최대 5.8℃, 해수면은 88cm까지 상승할 것이라는 충격적인 예측결과가 포함되어 있다. 예상되는 21세기 지구온난화는 자연생태계는 물론 인간의 건강과 사회경제적 활동의 중심인 수자원, 농림수산업, 산업, 대기질, 연안지역, 거주지 등 자연과 인간의 모든 부분에 매우 큰 영향을 미칠 것으로 전망된다. IEA(International Energy Agency, 국제에너지기구)의 「2012 keyworld energy statistics」에서

2) http://blog.naver.com/taehoon777/20059270187, 지구환경변화
3) Unstoppable global warming, S. Fred Singer, Denis T. Avery, 2008.1
4) 유엔 정부 간 기후변화위원회(International Panel on Climate Change)는 유엔 산하의 세계기상기구(WMO)와 국제연합환경계획(UNEP)이 인간의 활동이 기후 변화에 미치는 위험을 평가하기 위해 1988년 11월 공동으로 설립한 조직

2010년도 에너지 연소를 통한 국가별 CO_2 배출량 통계를 총정리하여 발표하고 있으며, 우리나라 CO_2 배출량은 563.08백만톤으로 발표하고 있으며, 전세계에서 7위를 차지하는 것으로 발표하고 있다. 여기에서는 세계순위는 중국, 미국, 인도, 러시아, 일본, 독일, 한국 순이다. 특히 1990-2007년 증가율은 113%로 OECD(평균: 17.4%)내 최고 수준이다.

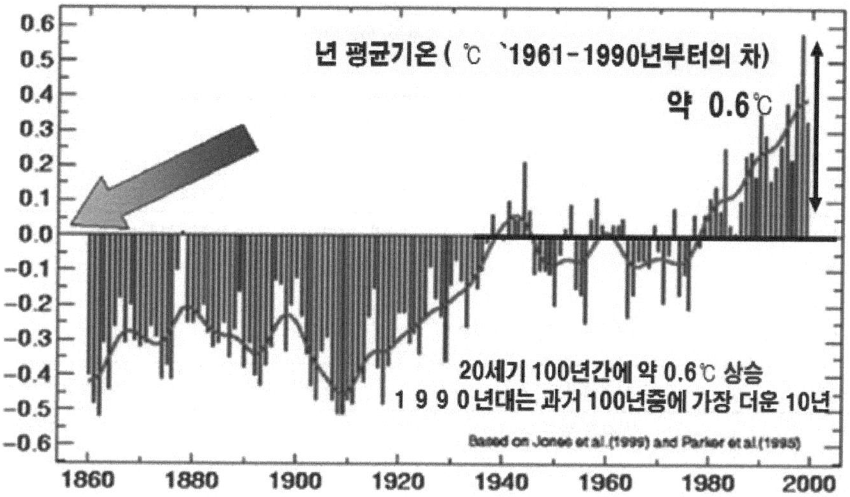

<그림 1-2> 산업혁명 이후의 지구온난화에 의한 온도의 경시변화

우리나라 연간 1인당 CO_2 배출량도 10.1톤으로 OECD내 순위는 2006년 11위에서 2007년 9위로, 전세계에서는 25위에서 23위로 상승하였다. OECD순위는 1.룩셈부르크, 2.미국, 3.호주, 4.캐나다, 5.핀란드, 6.체코, 7.네덜란드, 8.이태리, 9.한국의 순이다. 이는 '90년 이후 88.6%나 증가하여 OECD 국가(평균 3.4%) 중 가장 높은 비율로 증가한 것이다. CO_2원단위(GDP대비 배출량)도 0.69 kgCO_2/$으로 OECD 평균(0.43)보다 높게 산출되었다.

반면에 단위에너지소비당 배출량은 52.5 tCO_2/테라줄로 OECD 평균(56.5)보다 낮고, '90년 이후 크게 개선(한국: 10.7% 감소, 세계평균: 0.5%증가)된 것으로 나타났으며, 이는 그간의 꾸준한 에너지효율 개선 노력의 성과로 평가될 수 있다.

〈표 1-3〉에서 에너지원별로 이산화탄소의 배출량을 보면 석탄 비중이 가장 높고, 1990년에서 2007년 동안에 가스의 비중이 큰 폭으로 증가하고 있는 것을 알 수 있다.

<표 1-2> 우리나라 온실가스배출량의 OECD 국가와의 비교(2007)

배출량 관련지표	우리나라 배출량과 순위		비 고
배출량	488.7백만톤 CO_2-eq	OECD 6위 전세계 9위	세계순위: 중국, 미국, 러시아, 인도 등 순
증가율 (1990~2007)	113%	OECD내 최고 세계증가율 3배	
GDP당 배출량	0.69톤CO2-eq/US $ 2000	세계평균 0.73 OECD평균 0.43	1990~2007년 사이 전세계 15.4%, OECD 22%감소, 우리나라 14.3% 감소
1인당 배출량	10.1톤CO2-eq/인	OECD 평균 11.0	OECD순위 9위 전세계 23위

출처 : 지식경제부 보도자료 2009년 10월 13일(화) IEA, 12월 코펜하겐 기후변화 협상에 앞서 기후변화 관련 주요 보고서 발표.)

<표 1-3> 에너지원에 대한 이산화탄소의 발생량

에너지원	CO_2 배출량(2007)	전체 중 비중	증가율(1990~2007)
석탄	209.8 백만톤	42.9%	143.0%
석유	197.5 백만톤	40.4%	46.0%
가스	73.7 백만톤	15.1%	1,058%

출처 : 지식경제부 보도자료 2009년 10월 13일(화) IEA, 12월 코펜하겐 기후변화 협상에 앞서 기후변화 관련 주요 보고서 발표.)

이산화탄소의 1인당 배출기준으로 분야별로는 발전/열(36.9%), 제조/건설(18.4%)에서 배출비중이 높으며, 제조/건설은 세계 평균(19.7%)보다는 낮으나, OECD 평균(14.6%)보다는 높은 편이다.

<표 1-4> 분야별 이산화탄소배출량 및 비중

분야	발전/열	자동차	에너지	제조/건설	교통	기타	합계
1인당 배출량 (kg-CO_2/인)	3,717 (36.9%)	801 (7.9%)	631 (6.3%)	1,857 (18.4%)	1,826 (18.1%)	1,253 (12.4%)	10,086

출처 : 지식경제부 보도자료 2009년 10월 13일(화) IEA, 12월 코펜하겐 기후변화 협상에서 기후변화 관련 주요 보고서 발표.)

다양한 배출원을 가진 산업공정 부문은 IT산업발달에 따른 TFT- LCD와 반도체 생산증가로 인하여 배출량이 지속적으로 증가하고 있다. 온실가스 배출량이 증가하는 주요 요인으로서 미국, 일본, 영국 등 선진국에 비하여 에너지 다소비형 산업(철강, 석유화학 등 제조업)의 비중이

높은 산업구조로 지속적인 배출량 증가, 국내기업의 온실가스 감축에 대한 인식·대책 미흡, 운행 차량의 수, 교통정체 및 주행거리 증가 등에 따른 배출량 상승, 발전부문의 유연탄 설비 확충에 따른 소비 증가와 철강, 시멘트 등 에너지 다소비업종의 성장에 기인한 배출량 증가 등을 들 수 있다.

〈표 1-5〉의 현황에서 2010-2030년간 온실가스 배출량에 대하여 별도의 감축노력이 없는 경우 연평균 1.7% 증가할 것으로 예측된다. 이러한 온실가스를 감축시키기 위해서 산업부분에서의 시설 및 기술개발에 장시간이 소요되는 어려움이 있으나 수송, 가정, 상업 등 비산업 부문의 수요관리는 효과가 즉시 발생하고 추가비용의 부담 없이도 감축할 수 있다. 상대적으로 전력(전환) 부문의 배출비중이 계속 높아지고 산업부문의 배출비중은 다소 감소할 것으로 전망되며 수송부문의 배출량은 지속적으로 증가하지만 배출비중은 거의 변동이 없을 것으로 예상된다.

우리나라도 이러한 온실가스의 예측 및 각종 기후변화에 대한 관측과 연구결과를 토대로 볼 때 지구온난화의 안전지대가 아닌 것으로 평가되고 있다. 한반도의 기온 및 해수면 상승, 황사현상 빈발, 강수 양상의 변화로 인한 홍수 및 가뭄, 각종 기상재해 발생, 태풍 등에 의한 연안역의 범람, 냉수성 어족의 감소, 농업생산성의 변화, 전염병의 증가 등 지구온난화와 연관이 있는 각종 영향들이 우리에게 서서히 다가오고 있는 것으로 보고되고 있다.

<표 1-5> 우리나라 온실가스 배출량 전망(에너지부문)

구분	년도별 배출량(백만톤 CO_2-eq)					연평균 증가율(%)	
	2010년	2015년	2020년	2025년	2030년	2010~2020년	2020~2030년
합계	154.8 (100.0)	164.7 (100.0)	184.4 (100.0)	198.8 (100.0)	215.4 (100.0)	1.8	1.6
전력 (전환)	57.8 (37.3)	60.8 (36.9)	71.4 (38.7)	78.6 (39.5)	87.6 (40.7)	2.1	2.1
산업	44.7 (28.9)	46.5 (28.2)	50.4 (27.3)	53.3 (26.8)	56.2 (26.1)	1.2	1.1
수송	32.4 (20.9)	36.2 (22.0)	40.0 (21.7)	43.1 (21.7)	46.3 (21.5)	2.1	1.5
가정	14.3 (9.2)	15.1 (9.2)	16.0 (8.7)	16.7 (8.4)	17.5 (8.1)	1.1	0.9
상업공공 기타	5.6 (3.6)	6.1 (3.7)	6.6 (3.6)	7.2 (3.6)	7.8 (3.6)	1.6	1.7

출처 : 환경부, 기후변화 Q&A, (2007)

기후변화에 있어서 또 다른 요인이 향후 온실가스를 상당량 저감시킨다 해도 현재 진행되는 지구온난화현상은 기후시스템의 속성상 장기간 지속될 것으로 전망되고 있다. 이러한 기후변화는 산업 활동의 제약뿐만 아니라 인간의 생존형태 자체를 변화시킬 수 있으므로 향후 적절한 대응이 매우 중요하다.

<표 1-6> 전세계 온실가스 배출량 및 증가율 추이

구분	온실가스 배출량 (백만톤 CO_2-eq)				증가율(%)		
	1995년	2000년	2010년	2020년	1991~2000년	2001~2010년	2011~2020년
한 국	125	145	200	249	3.0	3.3	2.3
선진국	3,619	3,936	4,717	5,435	1.2	1.5	1.3
개발도상국	2,250	2,713	4,171	5,986	4.6	4.3	3.6

출처 : 환경부, 기후변화 Q&A, (2007)

지구온난화 문제에 대한 우려는 20세기 후반부터 국제사회에서 적극적으로 논의되기 시작하였으며, 그 결과 탄생한 것이 기후변화협약이다. 기후변화협약은 1992년 6월 브라질의 리우데자네이루에서 체결되었다. 이 협약의 목적은 대기 중 온실가스 농도를 안정화하여 기후체계의 교란을 막는 것이다. 이에 대한 실행안으로 교토의정서(Kyoto Protocol)가 1997년 12월 일본의 교토에서 채택되었으며, 2005년 2월 16일 발효되었다.

그 중요내용은 지구 온난화의 원인이 되는 온실가스의 일종인 CO_2, CH_4, N_2O, HFCs, PFCs, SF_6에 대하여 선진국에서는 삭감율을 1990년을 기준으로 나라별로 다르게 정하고 공동으로 약속 기간 내에 목표치를 달성하는 것을 정하였다. 단, 교토의정서 제3조 7에 근거하여 각 나라는 HFCs, PFCs, SF_6의 기준년으로 1995년을 선택할 수 있도록 하였다.

<표 1-7> 각나라별 온실화가스 의무감축비율

배당량	감축량	해당국가
92%	-8%	오스트리아, 벨기에, 불가리아, 체코, 덴마크, 에스토니아, 핀란드, 프랑스, 독일, 그리스, 아일랜드, 이탈리아, 라트비아, 리히텐슈타인, 리투아니아, 루쿠센불구, 모나코, 네덜란드, 포르투갈, 루마니아, 슬로바키아, 슬로베니아, 스페인, 스웨덴, 스위스, 영국,(유럽 연합 15개 나라)
93%	-7%	아메리카 합중국(이탈)
94%	-6%	캐나다, 헝가리, 일본, 폴란드
95%	-5%	크로아티아
100%	±0%	뉴질랜드, 러시아, 우크라이나
101%	+1%	노르웨이
108%	+8%	오스트레일리아
110%	+10%	아이슬랜드

의정서로 설정된 각 나라의 온실효과가스 6종의 삭감 목표는 교토의정서 제3조에서 2008년부터 2012년까지의 기간 중에, 선진국 전체의 온실 효과 가스 6종의 합계 배출량을 1990년에 비교하여 적어도 5% 삭감하는 것을 목표로 정하고, 계속되는 제4조에는 각국의 이산화탄소와

이 량으로 환산한 다른 5종 배출량에 대해서도 다음의 배당량을 넘지 않도록 삭감하는 것을 내용으로 하고 있다.

교토의정서의 발효는 55개국 이상이 체결하였고, 체결한 부속서 I국(선진국, 적극적으로 참가하는 모든 나라)의 합계 CO_2의 1990년의 배출량이 전 부속서 I국의 합계의 배출량의 55%이상이나 세계 최대의 온실가스 배출국인 미국이 국내 사정으로 체결을 보류하고 있다. 경제 발전을 위하여 다량의 CO_2를 배출하지 않으면 안 된다는 생각을 가진 개발도상국의 자발적 참가도 보류되었다. 다행히 수용판단을 보류하고 있었던 러시아가 2004년에 비준하는 것에 의하여 2005년 2월 16일에 발효되었다.

2007년 기준 세계 9위의 온실가스 배출국이며, 배출량 증가율(1990~~2007) 113%로 OECD 국가 중 1위인 우리나라는 이 감축의무에서는 면제되었다. 선진국은 2000년대에 들어와 온실가스 감축의무를 달성하기 위하여 많은 노력을 해왔으나, 우리나라 신·재생에너지의 비율은 발전량대비 1차에너지가 상당히 낮아 2013년부터는 온실가스 감축의무가 부과될 시에 상당한 어려움을 겪게 된다. 현재 정부에서는 저탄소녹색성장을 기조로 국가적인 대비책을 마련하고 있으며, 〈그림 1-3〉에는 기후변화협약에 있어서 주요일정 및 내용을 나타냈다.

<그림 1-3> 교토기후변화의 추진일정 및 주요내용

3. 에너지 문제와 수급동향

현재 우리가 사용하고 있는 화석연료는 6억년전에 지구상에 생물이 출현하고 이들 생물들이 지구표면에 축적, 지하로 매설되어 고온 · 고압의 분위기에서 열분해가 일어나 생성된 것이다. 수억년에 걸쳐서 형성되어진 화석연료를 산업혁명이후 짧은 시간에 채굴하여 이용하면서 공업사회로 전환되었으며, 다양한 혜택을 누리고 있다. 이러한 혜택의 이면(裏面)에는 지구온실가스의 발생에 의하여 지구환경을 위협하고 있다.

현재의 속도로 지구에 존재하는 화석연료 및 자원을 이용할 경우에 석유는 30~40년 이내, 석탄은 230년, 천연가스는 60년 정도에 고갈될 것으로 예상되고 있다. 에너지가 유한성을 갖고 있는 것이 확인되고, 중국, 인도 등 신흥공업국가에서 수요량이 폭증하면서 에너지원 및 각종 자원에 대한 희소성이 증가하여 비용이 증가하고 있다.

1970년대에 1, 2차 유가파동을 거치면서 40달러 수준으로 상승한 유가는 2002년까지 20달러 수준을 유지하여 왔는데, 중국 등 신흥공업국가의 수요가 급증하면서 유가는 148달러까지 상승하였으나, 2009년 7월 기점으로 60달러 수준을 유지하고 있다.

<표 1-8> 에너지원별 매장량

에너지원	확인 가채 매장량	연간 생산량	가채년수(년)
석 유	1,363억 톤	31.2억톤	41
석 탄	6,200억 톤	27억톤	230
천연가스	1,120억 톤	18억톤	61.9
우라늄	220만 톤	3.7억톤	60

미국발 금융위기 속에서 세계의 경기가 둔화되면서 에너지수요가 일시적으로 저하되어 보합세를 유지하고 있으나, 경기가 활성화될 경우에는 150달러 수준까지 상승할 것으로 예상되고 있다. 〈그림 1-4〉에는 유가(油價)와 수입에너지원별 비율을 나타냈다.

우리나라는 에너지의 97%를 수입에 의존하고 있으며 수입에너지의 83%를 화석연료가 차지하고 있다. 즉 우리나라는 국내에서 생산되는 극히 적은 양의 석탄 등을 빼고는 모든 에너지를 해외에 의존하고 있는 실정이며, 막대한 에너지 및 자원을 수입하여 가공 및 제품화한 후에 외국에 수출하고 있는 전형적인 에너지 다소비국가에 속하고 있다. 유가가 상승할 시에 무역수지는 점차 나빠질 것으로 예측되고 있으며, 유가 10% 상승시에 물가는 0.23% 오르고, GDP 0.35%, 영업이익율은 0.2% 떨어질 것으로 삼성경제연구원은 예측하고 있다.[5)]

---

5) 2009년 에너지자원 주요정책 방향(2009.5)삼성경제연구원(2007)보고서 인용

이처럼 화석연료의 고갈이 예상되고 국제유가가 크게 상승할 것으로 예측되면서 에너지 절감 및 신·재생에너지의 개발이 각 국가별 핵심 현안으로 부각되고 있다.

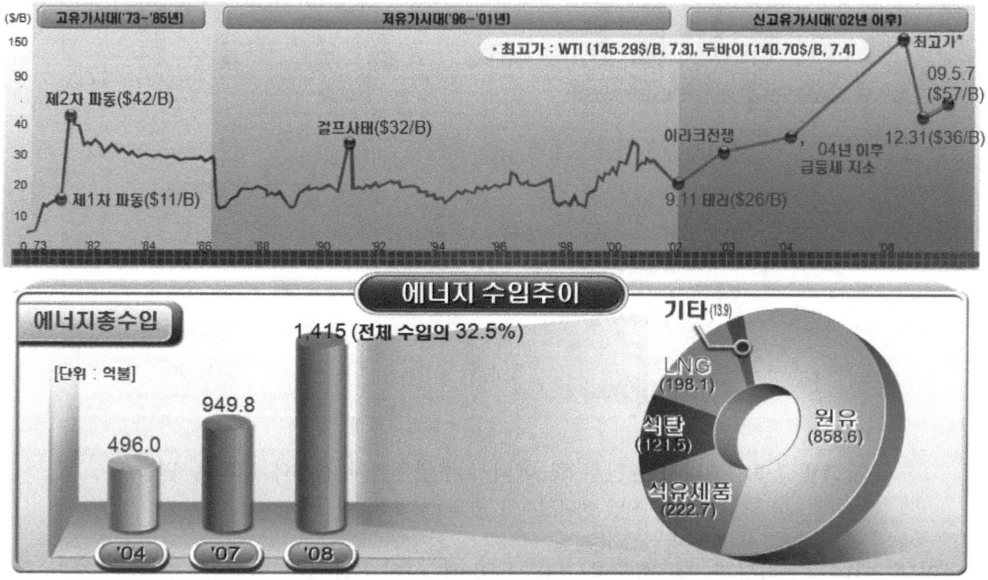

<그림 1-4> 유가의 변동추이 및 에너지 수입 추이
(2009년 에너지자원 주요정책방향, 지경부)

우리나라는 경제발전 과정에서 불가피하게 에너지 소비가 크게 늘었으며 소비에너지의 97% 이상을 수입에 의존하고 있음에도 선진국 등의 경제규모와 비교하여 에너지 소비량이 많은 실정이다. 이러한 현상이 지속될 경우 포스트 교토(Post-Kyoto) 기후변화협약 등에 의하여 배출가스 감축의무가 부과될 시에 감축에 한계성을 갖게 되며 선진국 등에 수출이 어렵게 되는 수출장벽으로도 작용할 수 있다.

국제에너지기구(IEA)의 조사에 따르면 1달러의 GDP를 만들기 위해 일본이 사용하는 에너지량을 1이라고 할 경우 한국은 3.2, EU는 1.9, 미국은 2.0로서 우리나라의 경우에 에너지 효율성이 낮은 것으로 나타나고 있다.[6] 에너지 소비효율이 높은 일본은 국제적인 유가급등에도 불구하고 하이브리드 자동차와 같은 고효율 에너지 기기, 신재생 에너지, 대체에너지 부문에 대하여 기술개발을 추진해 왔는데 1차 오일쇼크부터 장기간에 걸쳐 지속적으로 추진되어 온 선샤인 계획과 뒤이은 문라이트 계획, 그리고 이를 통합한 뉴선샤인 계획들의 장기적이고 지속적인 추진으로 얻은 결과인 것으로 확인되고 있다.

6) 일본의 에너지 혁명 : 선샤인 및 문라이트 정책, 현대경제연구원(2008),

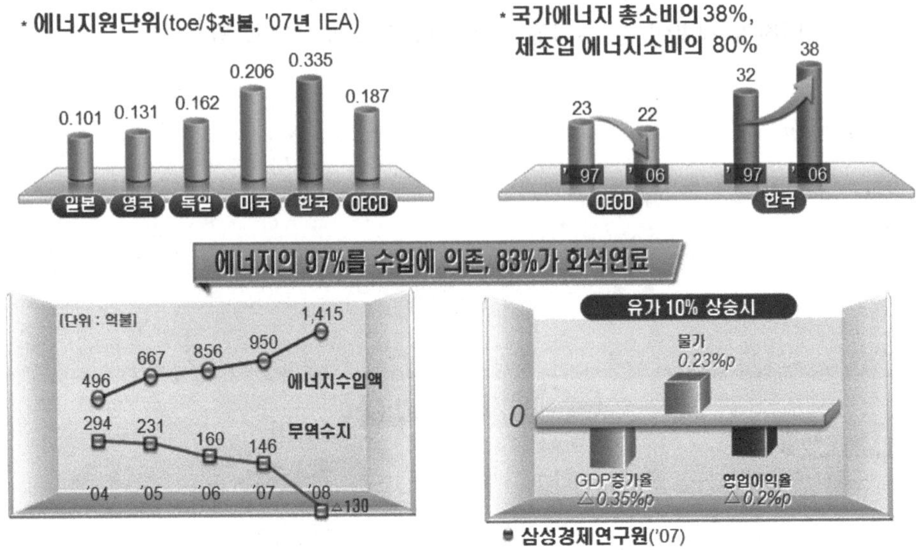

<그림 1-5> 에너지 원단위 및 에너지 수입원가가 경제에 미치는 영향
(2009년 에너지자원 주요정책방향, 지경부)

각 국가별 에너지소비량과 그 비중을 〈표 1-9〉에 나타내었으며 한국은 영국과 거의 동일한 세계 10위의 에너지 소비국임을 알 수 있다. 또한 우리나라의 총에너지 지표별 변화 현황을 〈표 1-10〉에 나타냈다[7]. 총에너지 소비량은 1981~1989 8.2%, 1990~1997 9.9%의 증가세를 보이다가 1998~2006 4.4%로 증가세가 완화되었으나, 1인당 에너지 소비량은 증가세가 지속되어 2006년 현재 4.83TOE를 기록하고 있다.

<표 1-9> 각 국가별 에너지소비량 및 전체량에 국가별 소비비중

구분	미국	중국	러시아	일본	인도	독일	캐나다	프랑스	영국	한국
소비량 (백만TOE[8])	2,326	1,698	705	520	423	329	322	263	227	226
비중(%)	21.4	15.6	6.5	4.8	3.9	3.0	3.0	2.4	2.1	2.1

※ 2005년 기준 세계전체 소비량에 대한 각 국가별 에너지 소비량

7) 국가에너지 기본계획(안), 에너지 경제연구원(2008)
8) TOE(Ton of oil Equivalent) ; 석유환산톤

<표 1-10> 국내 총에너지 주요 소비지표별 변화

구 분	1981	1990	1997	1998	2006	연평균증가율(%)			
						1981~1990	1990~1997	1998~2006	1981~2006
GDP(조원) (2000년불변시장가)	147.5	320.7	523.0	487.2	760.3	9.0	7.2	5.7	6.8
인구(백만명)	38.7	42.9	46.0	46.3	48.3	1.1	1.0	0.5	0.9
총에너지 소비 (백만TOE)	45.7	93.2	180.6	165.9	233.4	8.2	9.9	4.4	6.7
1인당에너지소비 (TOE/인)	1.18	2.17	3.93	3.58	4.83	7.0	8.8	3.8	5.8
에너지원단위 (TOE/백만원)	0.310	0.291	0.345	0.341	0.307	-0.7	2.5	-1.3	-0.04
에너지원단위 (TOE/천$)	0.350	0.329	0.390	0.386	0.347	-0.7	2.5	-1.3	0.04

※ 참고자료 : 2008년 국가에너지 기본계획(안)

2000년대에 들어와 에너지원단위가 떨어지는 현상을 볼 수 있으며 2006년도에는 0.307TOE/백만원으로 산출되었다. 1,000달러로 생산할 수 있는 에너지원단위는 0.347TOE로 일본의 0.156TOE에 비교하여 2배를 넘어 에너지 사용으로 인한 효율이 낮은 것으로 나타나고 있다[9].

1차 에너지 소비원에 대하여 각 에너지원이 차지하는 비중 측면에서는 석유 비중이 꾸준히 감소해 온 반면 가스와 원자력의 비중은 증가하고 있다. 석유의 경우에는 1997년도에 60.4%를 보여주고 이후로 감소하여 2006년 현재 43.6%까지 비중이 감소한 반면 이 감소분의 대부분을 가스와 원자력이 채우고 있다. 에너지원별 소비는 2006년 기준 석유 43.6%, 석탄 24.3%, 원자력 15.9%, LNG 13.7%, 기타 2.5%의 점유율을 보이고 있으며, 에너지원별 소비에서 가장 주목할 만한 특징은 LNG, 원자력 등의 소비가 높은 증가세를 보인 반면 석유 소비증가세는 급격히 위축되고 있다.

석유는 1990년~1997년 기간 중 저유가, 석유화학업의 고성장, 자동차 등록 대수 증가 등으로 연평균 11.7% 증가하였으나 2000년대 후반 이후 고유가, 환경규제 등으로 연평균 1.5%의 낮은 증가율을 보여주고 있다.

석탄은 발전용 유연탄 소비의 빠른 증가(2003년~2006년 연평균 21.7%)에 기인하여 1981~2006년 기간 중 연평균 5.4%의 증가율을 기록하였다. 유연탄은 1981~2006년 기간 중 유연탄 발전설비의 대폭적 증가에 따라 연평균 9.9%의 높은 증가세를 보였다. 무연탄소비는

9) 1$=1,172원,

가정부문의 연탄 소비감소로 '90년대 후반까지는 빠른 감소세를 보였으나, 2002년 이후 유가상승에 따른 연탄 소비증가로 최근 증가세로 반전하였다.

<표 1-11> 총1차 에너지에 대한 각 에너지원의 비중

구 분	1981	1990	1997	1998	2006	연평균증가율(%)			
						1981~1990	1990~1997	1998~2006	1981~2006
합 계	45,718 (100.0)	93,192 (100.0)	180,638 (100.0)	165,932 (100.0)	233,372 (100.0)	8.2	9.9	4.4	6.7
석 탄	15,244 (33.3)	24,385 (26.2)	34,799 (19.3)	36,039 (21.7)	56,687 (24.3)	5.4	5.2	5.8	5.4
(유연탄)	4,906 (10.7)	14,438 (15.5)	32,810 (18.2)	33,832 (20.4)	51,479 (22.1)	12.7	12.4	5.4	9.9
석 유	26,580 (58.1)	50,175 (53.8)	109,080 (60.4)	90,582 (54.6)	101,831 (43.6)	7.3	11.7	1.5	5.5
(납 사)	2,620 (5.7)	6,048 (6.5)	24,791 (13.7)	27,200 (16.4)	36,503 (15.6)	9.7	22.3	3.7	11.1
LNG	-	3,023 (3.2)	14,792 (8.2)	13,838 (8.3)	32,004 (13.7)	-	25.5	11.0	-
수 력	677 (1.5)	1,590 (1.7)	1,351 (0.7)	1,525 (0.9)	1,305 (0.6)	9.9	-2.3	-1.9	2.7
원자력	724 (1.6)	13,222 (14.2)	19,272 (10.7)	22,422 (13.5)	37,187 (15.9)	38.1	5.5	6.5	17.1
신재생	2,492 (5.5)	797 (0.9)	1,344 (0.7)	1,526 (0.9)	4,358 (1.9)	-11.9	7.8	14.0	2.3

청정에너지 사용 확대정책이 추진됨에 따라 LNG는 1998~2006년까지 연평균 11.0%의 급격한 증가세를 보여 주었으며, 총에너지소비 중 LNG의 비중은 1990년 3.2%에서 2006년 13.7%로 크게 확대되었다.

원자력은 1981~1990년 기간 중 신규설비용량 증설로 연평균 38.1%의 높은 증가율을 기록했으며 2005년 이후에도 대규모 설비증설(총 10.1GW)이 이루어짐에 따라 빠른 증가세를 지속하고 있다. 총 에너지소비 중 원자력의 비중은 1981년 1.6%에서 2006년 15.9%로 상승하였다. 신 · 재생에너지 소비는 2000년~2006년 기간 동안 연평균 11.2% 증가하였으며, 신 · 재생에너지 비중은 2006년 기준 1.9%(대수력 제외) 수준, 대수력 포함시 2.26% 수준을 보여주고 있다.

우리나라는 1970년대 2차례의 오일쇼크를 겪으면서 본격적으로 중장기 에너지 정책을 수립하고 관련법 정비를 추진해 왔다. 특히 두번의 석유위기 여파에도 불구하고 국내 석유소비가 계속 증가하자 정부는 탈석유 정책을 통한 에너지 수급구조의 개편을 추진해 왔으며, 탈석유

정책과 더불어 원자력 발전에도 눈을 돌려 육성에 힘을 쏟아 왔다. 또한 1990년대 이후 '에너지 이용 합리화법'에 근거해 10년을 계획 기간으로 하는 '국가 에너지 기본계획'이 1997년과 2002년 두번에 걸쳐 수립 · 시행되어 왔다. 그러나 이런 기본계획들은 단기적이며 개별 법령에 의해 연계가 약하다는 것이 문제점으로 지적, '국가 에너지 기본 계획'이 수립되었지만 그동안 사안에 따른 개별법 적용 및 다양한 관리주체로 인해 계획 기간이 다르고 상호 연계성이 미흡한 실정이었다. 이에 '에너지 기본법(2006)' 제정 및 공포를 통하여 정부는 20년 이상을 계획 기간으로 하는 '2030 국가 에너지 기본계획'을 수립하여 추진하고 있다.

4. 신 · 재생에너지관련 동향

현재 우리나라에서는 신 · 재생에너지에 대해서는 "신 · 재생에너지 개발 및 이용 · 보급 촉진법"에서 정하고 있으며, 석유, 석탄, 원자력, 천연가스가 아닌 에너지로서 11개 분야를 지정하고 있으며 재생에너지분야와 신에너지분야로써 분류하고 있다. 재생에너지(Renewable Energy)는 태양열, 태양광, 바이오, 풍력, 소수력, 지열, 해양, 폐기물에너지 등의 8개 분야이며, 신에너지(New Energy)는 수소, 연료전지, 석탄 액화 · 가스화한 에너지로 구분하고 있다.

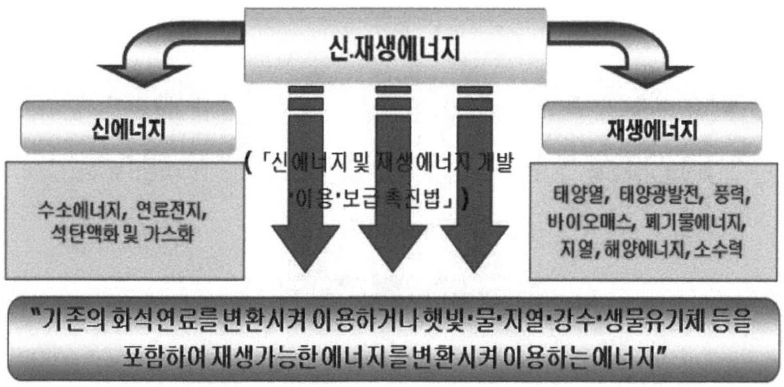

<그림 1-6> 신재생에너지의 구분 및 정의

저탄소 녹생성장은 자원과 에너지에 초점이 맞추어져 있으며, 물질의 생성부터 이용까지 자원 및 에너지의 투입이 최소화되면서 화석연료의 사용을 절감하고 신재생에너지 및 자연력 에너지 사용을 극대화, 인간과 자연이 공존하는 사회시스템을 만들기로 정의를 내릴 수 있다.

"신 · 재생에너지 개발 및 이용 · 보급 촉진법"에서는 신재생에너지의 활성화를 위한 법으로서 신 · 재생에너지설비 융자지원제도를 통하여 상용화가 완료된 분야의 시설에 설치자 및 생산자를 대상으로 장기저리(長期低理)의 융자를 지원해 주고 있으며, 설치비의 일정부분을 정부에서 무상보조 지원함으로써 국내 개발제품의 상용화를 촉진하고 초기 시장진출 및 보급활성화를 유도하고자 하는 지원이 있다. 다른 지원방법으로는 신 · 재생에너지 지방보급사업으로 지역 특성에 맞는 환경친화적 신 · 재생에너지 공급체계 구축, 에너지이용합리화를 통한 지역경제의 발전을 위해 지방자치단체에서 추진하는 제반사업이 있다. 기타 지원사항으로는 신 · 재생에너지 인증제도, 발전차액지원제도, 공공기관 신 · 재생에너지 이용의무화, 국제협력을 이용한 기반조성 사업이 있다.

신 · 재생에너지가 중요한 이유는 과다한 초기투자의 장애요인에도 불구하고 화석에너지의 고갈문제와 환경문제에 대한 핵심 해결방안으로 지속 가능한 에너지 공급 체계를 위한 미래 에너지원이라는 점에서 중요성을 찾을 수 있기 때문이다. 이에 선진 각국에서는 신 · 재생에너지에 대한 과감한 연구개발과 보급정책 등을 추진하고 있다. 더욱이 최근 유가의 불안정과 기후변화협약 규제 대응 등 신 · 재생에너지의 중요성이 재인식되면서 에너지 공급방식의 다양성이 요구되었으며, IT[10], BT[11], NT[12]산업과 더불어 미래산업, 차세대산업으로 급신장 할 것으로 예상된다.

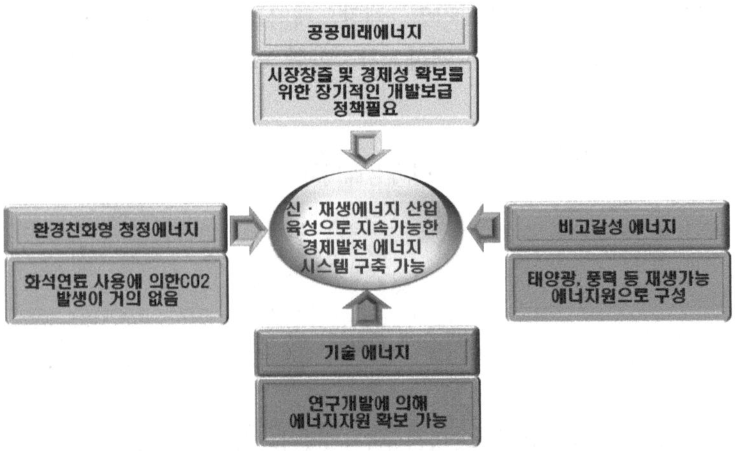

<그림 1-7> 신 · 재생에너지의 특성 및 가능성

신재생에너지는 환경친화형 청정에너지로 화석연료 사용에 의한 CO_2발생이 없으며 시장창출 및 경제성 확보를 위한 장기적인 개발보급 정책이 필요하다. 또한 태양광, 풍력 등 재생가능한 에너지원으로 구성되었으며, 연구개발에 의해 에너지자원 확보가 가능하다. 이러한 신 · 재생에너지산업을 육성할 경우 지속가능한 경제발전 에너지시스템의 구축이 가능하다.

지금까지 발전차액제도 등에 의하여 태양열 및 광 · 풍력 등에 지원이 되면서 활성화가 이루

10) IT(Informational Technology)
11) BT(Bio-Technology)
12) NT(Nano Technology)

어져 왔으나, 태양광 혹은 풍력 등에 있어서 경제적 효율성이 지적되면서 활성화제도가 RPS[13] 제도로 전환되어가는 시점에서 폐기물 등의 분야에 관심이 높아지고 있다.

〈표 1-12〉에는 2008년도에 수립되어진 신재생에너지 보급계획을 나타냈다. 우리나라는 1차 에너지 보급량을 기준으로 2008년에 2.58%, 2015년 4.33%, 2020년 6.08%, 2030년에 11%를 보급하는 것으로 계획을 하고 있다.

이러한 보급목표에 대하여 폐기물은 2008년 73.7를 차지하여 높은 값을 보여주고 있으나, '10년 2.2% (67.4%), '20년 3.28%(44.3), '30년 3.67%(33.4%)로 설정되어 있다. 초기에 2010년에는 폐기물의 비중이 67.4%이나, 점차 비중을 낮추어가 2030년에는 33.4%로 감소되는 것으로 설정되어 있다(그림 1-8).

<표 1-12> 총1차 에너지에 대한 신·재생에너지 종류별 차지하는 비중

구 분	2008	2010	2015	2020	2030	연평균 증가율(%)
태양열	33(0.5)	40(0.5)	63(0.5)	342(2.0)	1,882(5.7)	20.2
태양광	59(0.9)	138(1.8)	313(2.7)	552(3.2)	1,364(4.1)	15.3
풍 력	106(1.7)	220(2.9)	1,084(9.2)	2,035(11.6)	4,155(12.6)	18.1
바이오	518(8.1)	987(13.0)	2,210(18.8)	4,211(24.0)	10,357(31.4)	14.6
수 력	946(14.9)	972(12.8)	1,071(9.1)	1,165(6.6)	1,447(4.4)	1.9
지 열	9(0.1)	43(0.6)	280(2.4)	544(3.1)	1,261(3.8)	25.5
해 양	0(0.0)	70(0.9)	393(3.3)	907(5.2)	1,540(4.7)	49.6
폐기물	4,688(73.7)	5,097(67.4)	6,316(53.8)	7,764(44.3)	11,021(33.4)	4.0
합 계	6,360	7,566	11,731	17,520	33,027	7.8
1차에너지 (백만TOE)	247	253	270	287	300	0.9
보급비율 (%)	2.58	2.98	4.33	6.08	11.0	

〈표 1-13〉에는 실제 신재생에너지가 보급되어진 실적을 나타냈다. 계획대비 차이가 있으며, 폐기물계가 차지하는 비율이 2010년 71%를 보여주고 있으며, 바이오매스를 더할 경우에는 81%전후의 비율을 보여주고 있다. 아직 풍력, 태양광 등의 신재생에너지 보급이 늦어지고 있는 것을 확인할 수 있다.

13) RPS(Renewable energy Portfolio Standard) : 신재생에너지 의무할당제도

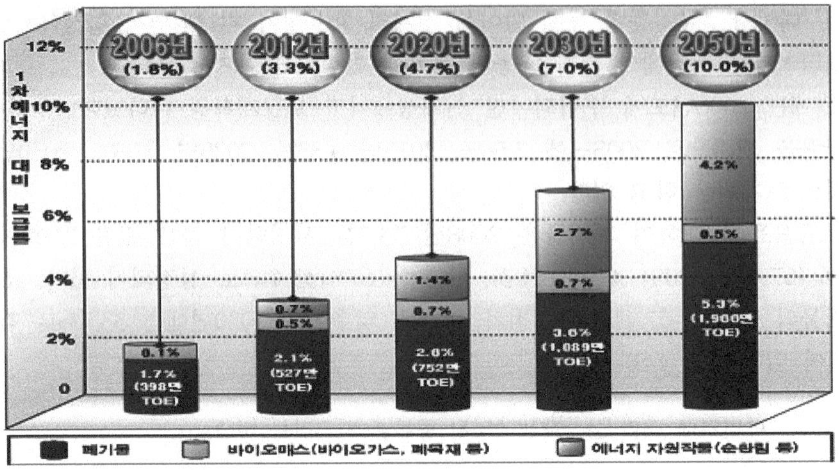

<그림 1-8> 폐기물 신재생 에너지 보급목표 달성계획

출처 : 2008.10 「녹색성장과 기후변화대응을 위한 폐자원 및 바이오매스 에너지 대책

<표 1-13> 총1차 에너지에 대한 신·재생에너지 종류별 보급 실적

구분	2002	2003	2004	2005	2006	2007	2008	2009	2010
공급량 총계 (공급비중,%)	2,917.3	4,436.4	4,582.4	4,879.2	5,225.2	5,608.8	5,858.5	6,086.2	6,856.3
	1.8	2.1	2.1	2.1	2.2	2.4	2.4	2.5	2.6
태양열	34.8	32.9	36.1	34.7	33.0	29.4	28.0	30.7	29.3
태양광	1.8	1.9	2.5	3.6	7.8	15.3	61.1	121.7	166.2
바이오	116.8	131.1	135.0	181.3	274.5	370.2	426.8	580.4	754.6
폐기물	2,732.5 (93.67)	3,039.3 (68.50)	3,313.2 (72.31)	3,705.5 (75.94)	3,975.3 (76.08)	4,319.3 (77.01)	4,568.6 (77.98)	4,558.1 (74.89)	4,862.3 (70.92)
수력	27.6	1,225.6	1,082.3	918.5	867.1	780.9	660.1	606.6	792.3
풍력	3.7	5.2	11.9	32.5	59.7	80.8	93.7	147.4	175.6
지열	0.1	0.4	1.4	2.6	6.2	11.1	15.7	22.1	33.4
수소.연료전지	-	-	-	0.5	1.7	1.8	4.4	19.2	42.3

10년도 국가 신재생에너지 목표 2.98%인 7,566천Toe에 대하여 6856.3천Toe을 2.6%를 달성하여 보급하여 계획대비 달성도가 미비한 것으로 알 수 있다. 〈표 1-14〉에는 바이오매스계에 의한 신재생에너지 보급실적을 나타냈다. 2008년도부터 실제 통계가 이루어지고 있으며, 바이오디젤이 크게 증가하는 것을 알 수 있으며, 2011년에 들어와 폐목재를 이용하여 발전하는 량이 바이오계로 분류되어 값이 크게 증가하였다. 메탄이 주된 에너지원인 바이오가스와 매립가스는 서서히 증가하는 경향을 보여주고 있다.

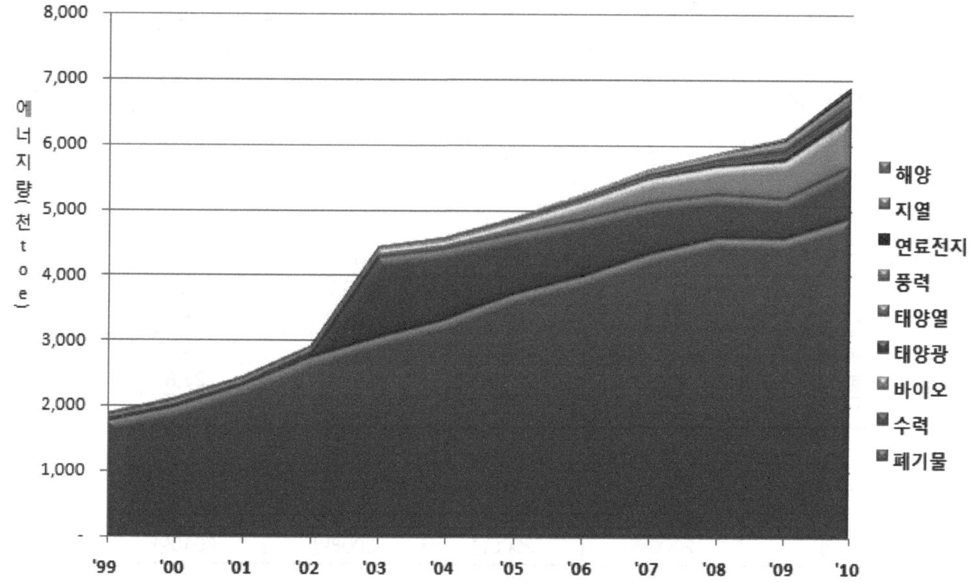

<그림 1-9> 년도별 신재생에너지 보급 추이

〈표 1-15〉에는 폐기물계에 의한 신재생에너지 보급실적을 나타냈다. 폐가스가 가장 높은 비율을 보여주고 있으며, 연소에 의하여 에너지를 회수하는 산업폐기물, 생활폐기물, 도시폐기물의 량이 일정량을 유지하면서 증가하고 있는 경향을 보여주고 있다. 폐기물계로 분류되는 대부분의 것은 화석연료에 의존하여 발생되는 것이 대부분으로 국제기준으로 신재생에너지를 재분류할 시에는 신재생에너지에서 제외될 가능성이 있을 수 있다.

신·재생에너지 사용문제는 간혹 석유를 포함한 국제 원자재가격 상승이나 화석연료 고갈 등에 대비하려는 대체에너지 개발의 문제로 취급되기도 한다. 실제로 최근 들어 국제 유가가 하락세를 보이면서 신·재생에너지 사용논의가 탄력을 잃고 있는 듯 보이나, 신·재생에너지 사용에 대한 논의는 단순히 비용절감을 위한 대체에너지 개발과는 차원을 달리하며 기후변화협약에 대비하는 온실가스 저감에 목표를 두고 있다는 점에서 중요하다.

각 국가별 신재생에너지 의존비율은 〈표 1-16〉에 나타냈으며, 덴마크는 20.7%, 프랑스 8.4%, 독일 10.4%, 미국 5.8%를 보여주고 있으며, 우리나라는 이들 국가에 비교하여 아주 낮은 값을 보여주고 있다. 우리나라가 기후변화협약에 의하여 온실가스 의무감축국이 될 경우 이들 신·재생에너지의 비율에 의하여 좌우될 것으로 판단됨에 따라 신·재생에너지의 비율을 높여가는 것이 요구되며, 선진국 수준으로 신·재생에너지 비율을 높여가기 위해서는 폐기물에 대한 특별한 관심이 필요하다.

<표 1-14> 바이오매스계의 신재생에너지 보급 실적

구 분(천toe)		2000년	2005년	2008년	2010년	2011년
바이오계		82.0	181.2	426.8	754.6	963.3
바이오가스	전기사업자			0.7	2.1	4.4
	자가이용				1.6	5.3
	열	39.2	43.8	44.7	76.6	81.5
매립지가스	열		32.4	88.8	85.6	94.8
	전기		10.2	31.2	29.1	29.4
바이오디젤			13.4	177.6	356.8	336.1
우드칩				13.3	132.2	163.0
성형탄		42.8	32.3	29.8	23.1	24.6
임산연료			49.2	41.2	23.4	23.7
목재팰렛					23.8	81.0
폐목재						149.6

<표 1-15> 폐기물계의 신재생에너지 보급 실적

구 분 (천toe)	2000년	2005년	2008년	2010년	2011년
폐기물계	1977.6	3705.5	4568.6	4862.2	5125.5
폐가스	972.1	1735.1	1969.3	2114.8	2175.2
산업폐기물	347.9	590.5	772.5	851.8	873.2
생활폐기물	34.1	28.1	44.2	94.4	184.5
대형도시폐기물	-	477.1	638.4	717.7	753.3
시멘트킬린	397.2	335.1	568.1	618.0	681.4
RDF/RPF/TDF	-	-	60.6	93.3	220.2
정제연료	167.8	302.8	306.9	227.5	233.9
폐목재	58.6	-	224.9	144.7	-

* 폐목재는 2011년도부터 바이오매스로 통계

<표 1-16> 각 국가별 신재생에너지 비율

구분	한국	미국	독일	일본	프랑스	덴마크
비율(%)	2.98	5.8	10.4	3.2	8.4	20.7

※ 한국, 외국은 2010년 실적임

5. 폐자원 및 바이오매스의 에너지화

2000년대 중반부터 원유 및 천연원자재의 가격이 수직 상승하고 있다. 이러한 에너지 및 원자재 가격의 상승 추세는 인구가 많은 신흥개발국가에서 산업발전을 정책기조로 지속한다는 전제에서는 당분간 계속될 것으로 예상된다.

EU 및 일본 등의 선진국에서는 이러한 동향을 예견하여 2000년대 초반부터 자원순환형사회를 형성하기 위하여 모든 법의 근간이 되는 "자원순환형성기본법", "자원순환경제법" 등을 만들어 시행하고 있다. 모든 사회체계 내에 자원의 중요성을 강조하고, 자원의 순환이용을 장려, 기술개발을 통한 사회 인프라구성, 각종 자원절약 프로그램 및 자원회수체계를 구축, 인센티브를 줄 수 있는 체계를 갖추고 있다. 일본의 에코타운, 바이오메스타운 등이 대표적인 사례이며 인터넷 검색어에서도 자원순환, 순환사회라는 것이 주요 단어이다.

우리나라는 자원빈국으로서 일상생활에서 사용하고 있는 대부분 제품의 원료를 외국에서 수입하고 있으며, 자원에 대한 대외의존도가 가장 높은 국가로서 분류된다. 천연자원 특히 최근에는 곡물자원이 하나의 무기로 되고 있는 시점에서 우리나라의 경제에 미치는 영향은 매우 클 것으로 예상된다.

또한 최근에 우리나라가 안고 있는 또 하나의 과제가 2013년부터 의무감축대상국에 포함될 가능성이 있는 기후변화협약이다. 정부는 2009년 12월 코펜하겐에서 열리는 유엔 기후변화회의 당사국총회에서 온실가스 중기 감축 목표를 발표할 예정에 있다. 코펜하겐 기후회의는 2012년 종료되는 교토의정서 체제 이후 선진국과 개발도상 국의 온실가스 감축 목표와 방식을 논의하는 자리로서 각국은 벌써부터 중기 감축 목표를 잇따라 발표하며 협상을 유리하게 이끌어가려는 의도를 드러내고 있으며, 우리나라도 국가 이익을 최대한 지켜내기 위하여 노력중에 있으며, 13년도에는 의무대상국에 포함되는 것으로 예상되고 있다. 온난화가스를 감축해야 한다는 전제에서는 산업활동에 영향을 받게 되며 경제에 미치는 영향이 아주 클 것으로 예상된다.

이러한 에너지, 원자재, 기후변화협약에 대응하기 위하여 우리사회에 대한 충격요법이 필요하고, 국민 개개인의 의식전환이 필요하다. 이를 위해서는 각종 법 및 제도에 의하여 강제성 및 의무를 부여 할 필요가 있으며, 산업활동 및 생활환경내에서 자원 및 에너지의 절약되는 자원이 순환되는 사회시스템의 구축이 필요하다.

경제가 우선시되는 사회구조를 가져가면서 자원순환되는 시스템을 만들기 위해서는 생산공정 내에서 에너지 및 자원의 절감 대책이 필요하다. 화석연료에 의존하고 있는 에너지를 자연계에서 얻는 대체에너지의 개발이 필요하며, 생산공정 및 사회말단(末端)에 발생하는 부산물 및 폐기물의 순환이용이 필요하다. 현재 기술적으로 태양광, 풍력 등은 그 가치는 높으나 경제성이 떨어져 당분간은 자원절약 및 폐기물의 순환이용에 그 대책의 초점이 맞추어 질 필요가 있다.

자원 및 에너지를 절감하고 자원이 순환이용되는 체계를 구축한다는 전제에서 종량제봉투에 버려지는 쓰레기를 다시 볼 필요성이 있다. 그 성상을 보면 음식물류 폐기물이 분리되어 수분이 거의 없어 대부분은 포장재로서 석유자원에 의존하여 만들어진 고분자계와 종이 등으로 만들어진 셀룰로스계가 대부분이라는 것을 알 수 있다. 그 대부분이 물질이용이 가능하고, 가연성이 대부분이며 발열량이 3,000-4,000 kcal/kg를 보여주는 것으로 저질의 석탄과 거의 같은 연소성을 가지고 있다. 이러한 순환이용이 가능한 자원이 현재 매립되거나 단순소각 되어 물질 및 에너지이용이 극히 낮은 상태이다.

자원이 순환 이용되는 사회시스템의 형성을 위해서 단순소각 되거나, 매립되는 폐기물로부터 이용가능한 폐자원을 회수하고 이용이 불가능한 폐기물에 대해서는 에너지를 회수하는 체계의 구축이 필요하다. 이를 위해서는 쓰레기 및 폐기물에 대한 인식전환이 필요하며 폐기물=자원이라는 전제에서 제도 및 정책이 수립되어야 한다. 선진국에서는 기후변화협약, 고유가, 자원의 유한성을 강조하면서 매립을 금지시키고 가능한 기술을 사용하여 자원화하는 방향으로 정책을 급선회시키고 있다.

현재의 시점에서 어느 도시의 폐기물에 관련된 전반적인 계획을 재수립한다면 폐기물=자원이라는 관점에서 계획을 수립하여야 하며 배출단계에서 철저한 분리배출을 유도하고, 음식물은 바이오가스화 혹은 사료화, 자원성은 재활용집하장에서 재선별분리에 의한 물질회수, 가연성에 대해서는 재선별을 통하여 물질이용을 극대화하고 나머지 물질이용이 불가능한 것에 대해서는 고형연료화를 하거나 발전이 우선되는 열병합발전으로 설계할 것이다. 이러한 구상을 지지할 수 있는 기술이 최근에 선보이는 MBT[14], 혐기성 소화기술, RDF[15] 기술, 고형폐기물 가스화 혹은 고형폐기물 발전기술 등이다.

이러한 자원이 순환되는 사회시스템의 형성을 위해서는 폐기물관리 정책 및 제도를 폐기물=자원이라는 전제에서 수립하는 것이 필요하며, 필요시에는 안정적인 사회기반을 조성하기 위하여 반 강제를 할 수 있는 규제 등을 강화할 필요성이 있다. 또한 기후변화협약 관점, 해양배출 금지 시점 등을 고려할 때 2013년까지의 자원이 순환이용되는 사회 기반조성이 필요하다.

향후 5년 동안 사회인프라의 구축은 국민의 의식전환을 위한 홍보가 우선되어야 할 것이며, 기술의 지속적인 개발, 지역별 자원화 기반시설의 설치가 필요하다. 주요 선진국에서는 석유자원, 식량자원, 원자재를 선점하기 위한 자원전쟁을 하고 있다. 또한 원유 가격이 상승하면서 대체에너지를 생산하기 위하여 식량자원을 대체에너지 회수용으로 전용하면서 각종 곡물가가 상대적으로 상승하고, 식량자원을 무기화하고 있는 추세에 있다. 자원의 확보가 장래 경제성장을 좌우하게 될 것으로 예측하고 있으며 자원을 안정적으로 저렴하게 확보하는 것이 국가 경제력을 갖는 초석이 될 것이다.

이러한 시대적 상황하에서 자원이 순환 이용되는 사회형성은 반드시 필요하며, 그 중에서도 폐기물=자원이라는 관점하에서 물질이용을 극대화하고 매립 및 단순 소각되는 물질에 대해서는 에너지회수가 필연적이다. 분리선별 회수되는 물질이 자원으로서 국외로 유출되지 않고 국내에서 이용될 수 있는 재활용 및 에너지회수 인프라의 구축이 필요하며, 이들을 차세대의 산업으로 육성하여 경쟁력을 확보하여야 한다. 버려지는 폐기물=자원의 매립 및 단순소각을 억제하고, 자원으로 재활용하는 것은 천연자원을 절약하는 것과 동시에 지역 및 지구환경을 보전하게

14) MBT(Mechanical Biological Treatment) : 전처리시설
15) RDF(Refuse Derived Fuel) : 쓰레기 고형화연료

된다. 폐기물을 자원화하는 것은 사회적 편익비용이 높게 얻어지는 것으로부터 각종 인센티브를 제공하여 자율적인 분리체계가 이루어지면서, 민간 혹은 공공에서 적극적으로 시설을 설치하여 물질 및 에너지로서 순환이용 될 수 있는 사회구조로 만들어 가야 한다.

폐기물의 에너지화는 폐기물을 물리적 혹은 생물학적으로 변환시켜 연료 및 에너지를 생산하는 기술이다. 생활 속의 산업폐기물, 폐목재 등을 이용해 에너지를 생산한다. 폐기물에너지 생산량은 1999년 176만TOE에서 2010년 486만TOE로 270% 증가했다. 양산 타워자원회수시설은 생활폐기물을 열분해 방식으로 처리하는 국내 최초의 시설로 2008년 설치됐으며 온수를 인근 아파트 약 2만 세대에 공급하고 있다.

단순하게 소각, 매립되고 있는 폐기물을 자원으로 재인식하여 에너지로서 전환시키기 위하여 환경부에서는 "폐자원 · 바이오매스 에너지화 종합대책"을 수립하였으며, 〈그림 1-10〉과 같이 2050년에는 전체 에너지 공급량 20%에 해당하는 신 · 재생에너지 중에 폐기물계 에너지를 10% 보급하기 위한 종합계획을 발표하였다.

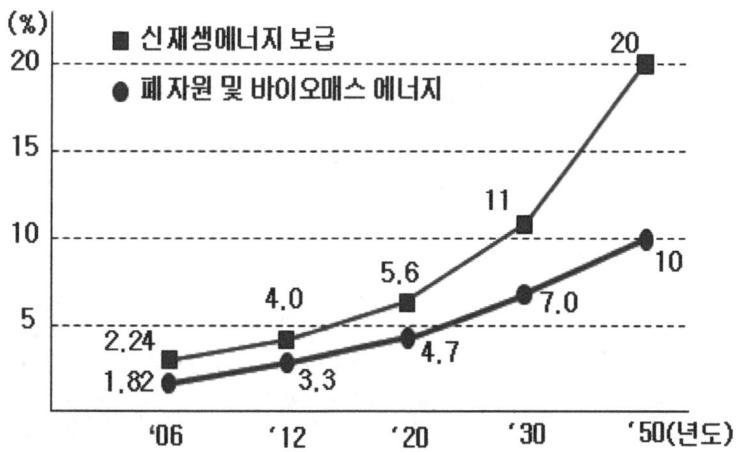

<그림 1-10> 신 · 재생에너지 중에 폐자원에너지 보급계획

환경부에서는 "폐자원 및 바이오매스 에너지화 종합대책"을 수립하고, 2009년도 7월에 구체적으로 실행계획을 발표하였다. 계획에서는 전국의 각종 폐자원 에너지화 시설을 거점화하여 에너지 생산효율을 극대화하여 2013년까지 전국 8대 권역별로 14개 환경에너지 타운을 조성하고, 2020년까지 폐자원이나 농업 부산물 등을 활용해 에너지 자급률을 향상시킬 수 있는 '저탄소 녹색마을' 600개소를 조성하는 것으로 계획하고 있다.

국내 폐자원 에너지 가용량은 연간 1,169만t 수준이며, 이 가운데 에너지화 되는 량은 2007년 기준으로 1.9%에 해당하는 22만t 수준에 불과하지만 환경에너지타운 건설로 2013년까지 각 환경에너지타운에 48개의 폐자원 에너지화 시설(1만4000t/일)을 설치하여 이용 가능한 전체 폐자원의 33%에 해당하는 386만t의 폐자원을 에너지화 하는 것으로 계획되었다.

또 2013년까지 가용 소각여열(남는 열)과 매립가스의 연간 재활용량을 각각 41만 기가칼로리(Gcal), 9,219만㎥로 끌어올릴 방침이며, 특히 455만㎡의 매립 예정부지를 활용해 수도권매립지에 세계 최고의 '환경에너지 종합타운'을 조성해 녹색성장의 전진기지로 조성하여 부대적으로 자연력, 바이오, 환경, 문화 등 4개의 테마타운 별로 조성해 세계적인 환경 명소로 육성할 예정이다.

또한 정부는 2010년부터 농촌과 소도시를 중심으로 각각 다른 유형의 저탄소 녹색마을을 조성하여 에너지 자립률을 높이는 것으로 계획하고 있다. 에너지를 자급자족하는 마을 조성은 농림수산 식품부, 환경부, 행정안전부, 산림청 등이 내년부터 농촌과 소도시를 중심으로 각각 다른 유형의 저탄소 녹색마을을 조성해 에너지 자립률을 높혀 가는 것으로 계획하고 있다. 우선 2010~2012년까지 농림수산식품부는 농어촌형 2곳, 환경부는 도시형 2곳, 행정안전부는 도 · 농(都農) 복합형 2곳, 산림청은 산촌형 4곳 등 모두 10개 마을을 시범 저탄소 녹색마을로 만든다.

<그림 1-11> 수도권매립지 에너지종합타운 구상

일상생활, 산업활동의 부산물로 많은 자원이 발생되지만 에너지로는 활용되지 못하는 자원들을 체계적으로 활용할 수 있는 설비와 체계를 갖추어 해당지역의 에너지 자립도를 40% 이상으로 높이는 것을 목표로 하고 있다. 농식품 잔재물, 가축분뇨, 농업 부산물, 음식물 쓰레기, 폐식용유, 잔가지. 낙엽 등 임목 부산물, 폐가구, 가연성 생활폐기물, 태양광, 풍력, 소수력 등 자연에너지가 활용 대상이다. 일례로 농림수산식품부는 시범마을을 한 곳당 265억 원을 투입해 농촌지역에서 쓸 수 있는 모든 신 · 재생에너지를 활용하는 '농촌형 에너지 자립 녹색마을'을 만들 계획이며, 40~50가구 규모의 마을에 가축분뇨 자원화 시설, 목재 펠릿(압축목재 연료) 보일러

외에도 태양광 발전시설 등을 지어 지속 가능한 미래형 농촌마을의 모습을 제시할 예정이다.

시범마을이 성공하면 이를 확산시켜 2020년까지 저탄소 녹색마을 600곳을 만든다는 목표를 설정하고 있으며, 사업이 성공할 경우 에너지 자립 외에도 자원 절약, 재활용, 생태하천, 친환경 주택 등을 포괄하는 '광의의 저탄소 녹색마을'로 확대해 '제2의 새마을운동'으로 추진할 예정이다. 계획내에서는 유기성 폐자원, 임목, 해조류, 옥수수, 볏짚 같은 초본(草本) 등과 같은 미이용 바이오매스를 에너지화 하는 사업도 추진되며 가축분뇨와 잔가지 등을 에너지원으로 사용할 예정이다.

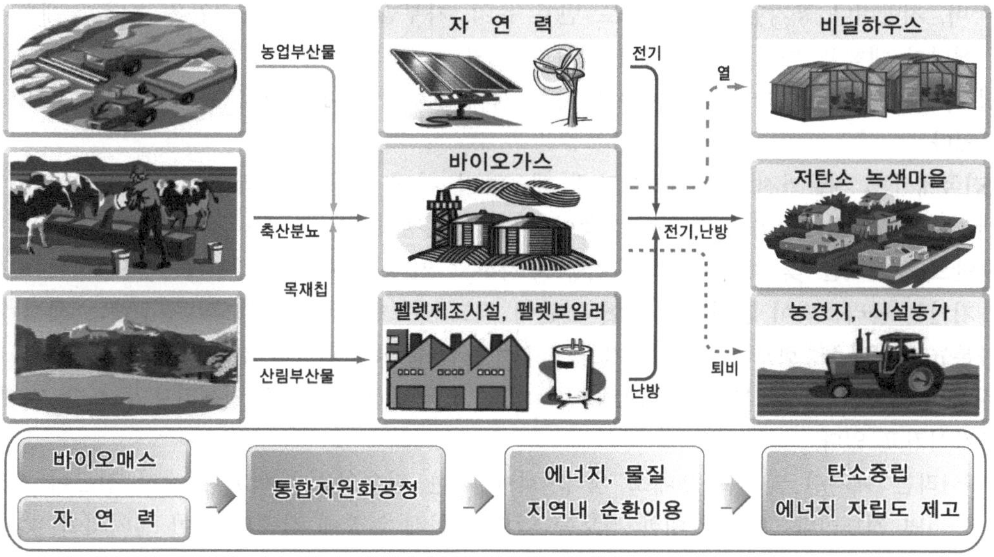

<그림 1-12> 저탄소녹색마을 개념도

또한 이전에 서술한 사업과 별도로 가축분뇨에 대하여 에너지화 사업이 예정되어 있으며, 2013년까지 환경부는 가축분뇨 공공자원화시설을 18개소, 농림수산식품부는 가축분뇨 공동자원화 시설 76개소를 설치하여 자원화 비율을 현재의 84%에서 90%로 끌어올리고, 이중에 가축분뇨 에너지화 시설 15개를 설치해 매월 270만㎾의 전기를 생산할 계획이며 생산한 전기는 9천여 농가가 한 달간 쓸 수 있는 량으로 추산된다.

또한 산림청에서는 2013년까지 국토 면적의 10%인 127만ha에 대해 숲 가꾸기 사업을 벌여 발생하는 잔가지, 낙엽, 작물 등 임산 잔재물 650만㎥를 수집해 52만t의 목재 펠릿을 공급할 계획을 수립하고 있으며, 인도네시아, 남미 등 해외에도 생산기지를 만들어 35만t을 공급하는 등 87만t을 확보한다는 목표를 설정하고 있다.

국토해양부에서는 동해안, 제주도 연안의 바다사막화현상[16] 방지와 수산자원 확보를 위해 추신할 바나 숲[17] 소성을 통해 해조류 바이오매스를 확보할 계획을 수립하고 있다. 정부에서는 2013년까지 연근해에 7천ha의 바다 숲을 조성하고 2020년까지 50만ha 규모의 대규모 해조류 양식장을 조성할 계획이다. 이렇게 하여 2020년까지 22억7천L의 바이오에탄올을 생산할 것으로 추산하고 있다. 이러한 량은 2020년 국내 자동차 휘발유 사용량 114억L의 약 20%에 해당하는 규모다.

〈표 1-17〉에 의하면 2020년까지 약 27조 4,660억원의 투자비가 소요될 것으로 예상되며 2013년까지 총 투자비의 약 19%인 5조 3,149억원이 소요될 것으로 예상된다. 이 중 폐자원 에너지화(7조9천억원) 및 바이오매스 에너지화(14조원)는 전체의 80%가 소요될 것으로 예상된다. 국비, 지방비나 공기업 투자 외에도 민자 유치, 자부담 등을 통해 재원을 조달할 계획이다. 이번 에너지 대책을 통해 2020년까지 일자리 18만 3천개를 창출, 또 2020년까지 폐기물 처리비 절감, 원유대체, 온실가스 감축 등에 따른 경제 효과가 15조 2천억 원에 이를 것으로 추정하고 있다.

선진국에서는 지금까지 기후변화협약에 대응하기 위해 다양한 대책을 수립하고 추진하였으나, 투자(모든 역량) 대비 온실가스 감축이 미진한 실정이어서 효과를 직접적으로 얻을 수 있는 수단으로 폐기물 및 바이오매스에 집중 투자하고 있다. 폐기물의 경우에는 가연성에 화석연료에 기인한 플라스틱이 혼재되어 있어 논란이 되고 있으나, 바이오매스의 경우에는 재생 가능한 카본뉴트럴(탄소중화)[18]로서 에너지를 회수하는 만큼 화석연료가 절감되면서 온실가스 저감에 직접 연계되는 것으로부터 바이오매스에 대한 정책적 집중, 각종 인센티브의 개발 및 투자를 증가시키고 있다.

우리나라는 폐자원 및 바이오매스 에너지화에 대한 필요성을 느끼고 정책적 접근이 시작된 이후 3~4년 정도이다. 기술에 대한 정보는 있으나 실제 현장에 각종 시설이 설치되어 많은 시행착오를 갖고 있는 것이 현실이다. 본 폐자원 및 바이오매스의 발생, 특성, 기술, 정책 등에 대한 전반적인 내용을 포함, 서술되어 시행착오를 최소화하는 것이 가능할 것이다.

---

16) 바다사막화현상 : '백화현상'이라고도 하며 연안 암반에서 해조류가 사라지고 흰색 산호류로 뒤덮이는 현상
17) 바다 숲 : 바다 속에 인위적, 자연적으로 만든 해조류 군락지
18) 카본 뉴트럴(탄소중화) : 유기성 자원 중 버려지는 바이오매스를 다시 에너지원으로 사용할 경우, 이용에 따른 발생 CO2는 원래 유기성 자원의 일부로서 지구 전체 CO2 발생량 측면에서 본다면 대기 중 CO2의 농도는 증가하지 않는다는 원리

<표 1-17> 폐자원 및 바이오매스 에너지화 투자 금액 (단위 : 억원)

구 분		2008~2012	2013~2020	합계
총 계	총사업비	53,149	221,511	274,660
	정부	37,535	179,161	216,695
	민간	15,614	42,350	57,965
폐자원 에너지화	총사업비	24,398	54,305	78,703
	정부	13,983	31,123	45,106
	민간	10,415	23,182	33,597
목질계 · 초본계 · 해양계 바이오매스 에너지화	총사업비	12,074	128,480	140,554
	정부	11,358	126,520	137,878
	민간	716	1,960	2,676
수도권 시범단지 조성	총사업비	8,950	8,525	17,475
	정부	6,104	4,358	10,462
	민간	2,845	4,168	7,013
저탄소 녹색마을 조성	총사업비	180	20,820	21,000
	정부	90	10,410	10,500
	민간	90	10,410	10,500
R&D, 전문인력 양성 및 산업육성	총사업비	7,547	9,381	16,928
	정부	5,999	6,750	12,749
	민간	1,548	2,631	4,179

출처 : 폐자원 및 바이오매스의 에너지화 종합대책 실행계획, 환경부

제 2 절 폐자원 및 바이오매스의 정의 및 분류

폐자원, 바이오매스의 정의 및 분류는 개별적으로는 가능하나 복합적으로 정의를 내리기에 어려움이 많은 것이 사실이다. 폐자원은 폐기물관리법상의 폐기물에 국한하나, 바이오매스는 더 넓은 의미를 가지고 있다. 본 절에서는 폐자원 및 바이오매스의 의미와 정의를 분석하고 이들을 분류하는 방법에 대하여 검토한다.

1. 폐자원 및 바이오매스의 정의

환경부에서는 2009년도에 폐자원 · 바이오매스에 대한 종합대책을 수립하면서 폐자원은 폐기물관리법에 근거하여 관리되는 폐기물과 관련시설에서 발생되는 것에 한정하고 있다. 구체적으로는 생활 및 사업장 폐기물로 발생되는 가연성 및 유기성폐기물과 폐기물을 처리 · 처분하는 소각 및 매립과정 등에서 발생하는 폐가스로 분류하고 있다.

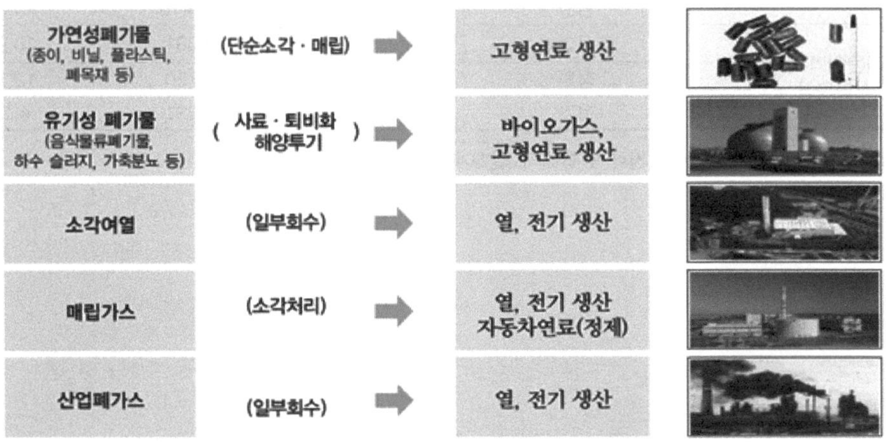

<그림 1-13> 환경부 에너지 대책 내에서 폐자원의 범위

에너지로서 전환되지 않고 단순 소각 혹은 매립되거나 자원화 되더라도 그 효용성이 낮은 폐기물을 에너지화 하고 소각, 매립 등의 방법에 의하여 처리되는 과정에서 발생하는 미이용 폐가스를 적극적으로 회수 이용하는 내용을 종합대책에 담고 있다.

이러한 대책 내에서 설정되어진 범위를 참조로 하여 폐자원이라는 용어는 「폐기물관리법 내에서 관리되는 물질(폐기물) 혹은 관련시설(소각 및 매립장 등)에서 미이용 되거나, 이용되어도 효용성이 낮은 것을 보다 효율이 높은 자원 및 에너지로서 회수 가능한 것(폐기물, 폐가스 등)」으로 정의를 내릴 수 있다. 즉 폐자원은 폐기물관리법에서 관리되는 물질로서 가연성의 물질을 주된 대상으로 하며, 물질회수 이후에 에너지 회수가 가능한 물질을 말한다.

바이오매스(bio-mass)는 생물량이라고 직역되지만 최근에는 재생 가능한 생물 유래의 유기성 물질로서 에너지나 자원(화석 연료는 제외한다)으로서 전환이 가능한 것을 총칭하고 있다. 기본적으로는 「자연계 내에서 광합성 등에 의하여 생성된 식물체, 이들 식물체를 이용하는 동물 등으로 생명주기를 다한 후에 순환되어 재생 가능한 생물유래의 유기성자원」으로 정의할 수 있으며, 바이오매스는 지구에 일정하게 무한정으로 비추어 주는 태양 에너지를 활용하고, 무기물인 물과 CO_2로부터 생물의 광합성에 의하여 생성된 유기물로서 라이프사이클 가운데에서는 생명과 태양 에너지가 존재하는 한, 지속적으로 재생 가능한 자원이다. 바이오매스는 탄소중화 물질로서 중요성이 인식되고 있으며 기후변화 협약에 대응한 미래의 에너지원으로 관심이 증가되고 있다.

<그림 1-14> 환경부 에너지대책 내에서 바이오매스의 분류

기본적으로는 초식동물의 배설물을 포함하여 일년생부터 수십년생까지 재생산할 수 있는 식물체를 기원으로 하며, 이들 식물체를 먹이로 하는 동물, 동물을 포식하는 모든 생명체가 바이오매스에 포함된다. 에너지가 되는 바이오매스의 종류는 목재, 해초, 음식물쓰레기, 종이, 가축분뇨, 동식물성 잔사, 플랑크톤 등의 유기물로 구분이 가능하다.

바이오매스 에너지는 CO_2의 발생이 적은 자연 에너지로 예전부터 장작이나 숯처럼 원시적인 형태로 이용되어 왔지만 오늘날에는 새로운 각종 기술에 의하여 활용이 가능해지고, 화석 연료를 대신하는 에너지원으로서 기대되고 있다. 이들 바이오매스 발생의 근원은 임업, 농업, 축산에 유래되어 있으며, 가공 및 생산공정을 거쳐 소비자에게 공급되거나 수집·운반되어 자원으로서 이용 가능한 폐기물계 자원과 어느 단계에서 방치되어 이용되지 않는 미이용 자원으로 구분된다. 또한 최근에는 식량자원으로 사용되어진 옥수수, 감자 등의 전분계 물질을 이용하여 에탄올 등의 에너지를 생산하는 작업도 진행 중에 있다.

폐자원

「폐기물관리법 내에서 관리되는 물질(폐기물) 혹은 관련시설(소각 및 매립장 등)에서 미이용되거나, 이용되어도 효용성이 낮은 것을 이용하여 자원 및 에너지 회수가 가능한 것(폐기물, 폐가스 등)을 폐자원이라고 한다」

바이오매스

「자연계 내에서 광합성 등에 의하여 생성된 식물체, 이들 식물체를 이용하는 동물 등으로 생명주기를 다한 후에 순환 재생 가능한 생물유래 물질로서 수집, 운반 처리되는 유기성 폐기물 및 임업, 농업, 축산, 해양 등에서 발생되어 이용되거나 미이용되는 자원을 바이오매스라고 한다 」

→

폐자원 및 바이오매스

「폐기물관리법 내에서 관리되는 물질(폐기물) 혹은 관련시설(소각 및 매립장 등)에서 발생되는 것, 재생가능한 동식물 유래의 생물자원으로서 미이용 되거나, 이용되어도 효용성이 낮은 것을 이용하여 부가가치가 높은 자원 및 에너지 회수가 가능한 것」

<그림 1-15> 폐자원 및 바이오매스에 대한 정의

바이오매스는 예전부터 그 부존량이 많으나 분산되어 있고 함수율이 높아 처리 효율이나 비용면에서 유용한 활용이 되고 있지 않다. 최근에 환경 문제에 대한 관심이 높아지고 기술적인 진전도 있어 에너지나 신소재로서의 새로운 이용이 가능해지면서 주변에서 손쉽게 얻을 수 있는 자원으로서 그 활용이 요구되고 있다.

따라서 폐자원 및 바이오매스는 「폐기물관리법 내에서 관리되는 물질(폐기물) 혹은 관련시설(소각 및 매립장 등)에서 발생되는 것, 재생 가능한 생물자원으로서 미이용 되거나, 이용되어도 효용성이 낮은 것을 이용하여 부가가치가 높은 자원 및 에너지 회수가 가능한 것」으로 정의를 내릴 수 있다.

2. 폐자원 및 바이오매스의 분류

가. 폐자원의 분류

폐자원의 분류는 폐기물관리법 내에서 정해진 분류법에 따를 수 밖에 없으며, 현재 환경부의 폐자원 에너지화 대책에서도 폐기물관리법에 근거하여 관리하는 것에 한정하고 있다. 폐기물관리

법 상에서 폐기물에 대한 정의는 "쓰레기 · 연소재 · 오니 · 폐유 · 폐산 · 폐알칼리 · 동물의 사체 등으로서 사람의 생활이나 사업활동에 필요하지 않게 된 물질"이라고 정의하고 있다. 정의상 중요한 사항은 사람의 생활에서 필요치 않은 물질은 생활폐기물을 의미하며 일반적으로 "쓰레기"로 대표되며, 사업활동은 사업장폐기물을 의미하는 것으로 "연소재, 슬러지 등"이 포함된다.

이와 같이 폐기물에 대한 일반적인 정의에서도 생활폐기물과 사업장폐기물로 크게 이원화하여 분류하고 있는 것을 알 수 있다. 예전의 오물청소법에서는 진개(塵芥), 오니, 분뇨, 개 · 고양이 · 쥐 등의 사체로 표현하고 있으나, 진개는 쓰레기로 나타냈으며, 개 · 고양이 · 쥐 등은 동물사체로 표현이 되었다. 외국과 달리 분뇨는 1991년에 제정된 「오수 · 분뇨 및 축산폐수처리에 관한 법률」로서 별도로 관리되어 왔으며, 2008년 3월 오수 및 분뇨는 하수관련법으로, 가축분뇨는 「가축분뇨의 관리 및 이용에 관한 법률」로 분리되어 관리되고 있다. 방사성 물질과 이에 오염된 물질은 원자력법에서 관리하고 있으며, 원자력법 시행령 제79조~89조에 방사성폐기물의 관리운영에 대하여 명시하고 있다.

이처럼 폐기물관리법에서 알 수 있듯이 아무리 좋은 것이라도 사용자가 더 이상의 사용가치를 느끼지 않고 내놓을 경우에 폐기물로서 취급되고 있으며, 또한 폐기물이라 함은 일반적으로 고형상이나 액상도 포함되고 있다.

폐기물관리법 제2조에 명시된 폐기물용어에 대한 정의를 정리하여 〈표 1-18〉에 나타냈다. 폐기물이라는 전체를 의미하는 용어에 대하여 정의를 하고 있으며, 세부적으로 생활폐기물과 사업장폐기물로 분류하고 있다. 사업장폐기물 외의 것을 생활폐기물이라고 하고 있으며 사업장폐기물은 그 배출원에 따라 다음과 같이 분류하고 있다.

대기환경보전법 · 수질환경보전법 또는 소음 · 진동규제법의 규정에 의하여 배출시설을 설치 · 운영하는 사업장과 폐기물처리시설을 비롯한 각종 환경기초시설(하수처리장 등)에서 발생되는 것은 배출시설계 사업장폐기물이라고 한다. 대기, 수질, 소음진동 규제법 등에 의하여 규제받지 않으나, 가내수공업, 대형 쇼핑센타 등과 같은 곳에서 1일 평균 300kg 이상 발생되는 것은 사업장 생활계폐기물, 일련의 공사 · 작업 등으로 인하여 폐기물을 5톤(공사의 경우에는 착공부터 완료까지 발생하는 폐기물의 양) 이상 배출하는 것은 건설폐기물로 구분하고 있다.

또한 인간의 건강 및 자연환경에 피해를 줄 수 있는 것을 지정폐기물로서 정하고 있으며, 2000년부터 의료폐기물이 지정폐기물로서 관리되고 있다. 이처럼 폐기물관리법에서 관리되고 있는 폐기물 중에서 음식물류 폐기물, 각종 슬러지(하수, 폐수, 분뇨, 축분), 폐목재, 플라스틱 등의 가연성 폐기물(고형연료화)과 동식물성 잔재물, 폐유 등이 폐자원으로서 유용성이 확인되고 있다. 이들 대부분은 자원화 되고 있으나 자원화의 유용성이 떨어지는 것에 대해 부가가치를 부여하여 에너지화 하려는 것이 폐자원의 에너지화 대책이다. 폐자원 중의 대부분의 물질은 동물 및 식물에 유래하고 있어 바이오매스로서 분류가 가능하다.

<표 1-18> 폐기물관리법상에서 폐기물에 대한 정의 및 분류

<table>
<tr><th colspan="3">용어 및 정의</th><th>비 고</th></tr>
<tr><td rowspan="7">폐기물

"쓰레기 · 연소재 · 오니 · 폐유 · 폐산 · 폐알카리 · 동물의 사체 등으로서 사람의 생활이나 사업활동에 필요하지 아니하게 된 물질"</td><td>생활
폐기물</td><td>사업장폐기물 외의 폐기물</td><td rowspan="2">생활계
폐기물</td></tr>
<tr><td rowspan="4">사업장
일반
폐기물</td><td>폐기물을 1일 평균 300kg 이상 배출하는 사업장</td></tr>
<tr><td>공업배치 및 공장설립에 관한 법률 제2조제1호의 규정에 의한 공장으로서 대기환경보전법 · 수질환경보전법 또는 소음 · 진동규제법의 규정에 의하여 배출시설을 설치 · 운영하는 자로서 폐기물을 1일 평균 100kg이상배출하는 사업장.</td><td rowspan="2">사업장
폐기물</td></tr>
<tr><td>법에 의한 폐수종말처리시설, 분뇨처리시설, 하수종말처리시설, 축산폐수공공처리시설, 폐기물처리시설로서 일평균 100kg 이상 배출하는 사업장.</td></tr>
<tr><td>일련의 공사 · 작업 등으로 인하여 폐기물을 5톤(공사의 경우에는 착공하는 때부터 완료하는 때까지 발생하는 폐기물의 양을 말한다) 이상 배출하는 사업장</td><td>건설폐기물</td></tr>
<tr><td rowspan="2">사업장
지정
폐기물</td><td>• 지정폐기물
사업장폐기물중 폐유 · 폐산 등 주변환경을 오염시킬 수 있거나 감염성폐기물 등 인체에 위해를 줄 수 있는 유해한 물질로서 대통령령이 정하는 폐기물</td><td rowspan="2">지정폐기물</td></tr>
<tr><td>• 의료폐기물
지정폐기물중 인체조직 등 적출물, 탈지면, 실험동물의 사체 등 의료기관이나 시험 · 검사기관 등에서 배출되는 인체에 위해를 줄 수 있는 물질로서 대통령령이 정하는 폐기물</td></tr>
</table>

나. 바이오매스의 분류

바이오매스는 동식물성 생물유래의 것으로 다양한 종류가 포함되어 있어 분류방법 자체가 매우 어려워 발생원, 물질성상, 자원 이용정도, 자원화 기술에 따라 분류가 가능하다. 농촌지역에서 발생되는 바이오매스는 크게 농산 및 축산 바이오매스로 구분할 수 있다.

농산 바이오매스에는 수도작에서 벼농사의 부산물로 발생되는 볏짚과 미곡부산물인 왕겨, 미강, 쇄미, 청미, 과수나무의 전정가지, 채소류 줄기부분 등의 형태로 발생된다. 유채 등의 에너지작물은 농업계 바이오매스에 속하지만 다른 농산 바이오매스와 같이 부산물의 형태가 아닌 경작 바이오매스로 다시 분류할 수 있다.

축산 바이오매스는 축산농가에서 발생되는 가축의 배설물이 그 대상이며 「가축분뇨의 관리 및 이용에 관한 법률」에서 관리대상으로 하고 있는 가축분뇨는 소, 돼지, 말, 닭, 젖소, 오리,

양, 사슴 및 개가 배설하는 분뇨 및 가축사육 과정에서 사용된 물이 분뇨에 섞인 것을 말한다. 산림계 바이오매스는 벌목이나 숲 가꾸기 과정에서 발생하는 임목 또는 임지부산물을 말한다.

<표 1-19> 발생원별 바이오매스 종류 및 자원화 형태

구분			바이오매스 종류	자원화 형태
농업계	농산	수도작	볏짚, 왕겨, 미강, 쇄미, 청미 등	- 왕겨숯 등 친환경자재, 퇴비, 사료, 가스화 열에너지(실험단계)
		과수	전정가지	- 톱밥, 펠릿, 가스화 열에너지
		에너지작물	유채(유지계)	- 바이오 디젤
	축산		축산분뇨	- 퇴비, 액비, 가스화 열에너지, 전기
산림계			숲가꾸기 및 임산부산물	- 톱밥, 목재칩, 펠릿,가스화 열에너지
폐기물계	생활계		음식물폐기물, 생활폐목재(폐가구, 가로수전지목), 폐식용유	- 가스화(열, 전기), 퇴비, 사료, 재칩, 펠릿
	사업장계		유기성오니류, 분뇨, 동식물성잔재물, 사업장폐목재, 폐식용유	- 가스화, 고화(매립복토재), 퇴비, 목재칩, 펠릿, 바이오 디젤

임지부산물은 「폐기물관리법」의 적용을 받지 않는다. 폐기물계 바이오매스는 「폐기물관리법」의 적용을 받는 유기성폐기물을 말한다. 유기성폐기물 중 의료폐기물의 경우 현행법상 소각 이외의 처리가 엄격하게 제한되고 있어 범위에서 제외한다. 폐기물계 바이오매스는 생활계와 사업장계로 구분되고 생활계에는 음식물류, 생활폐목재(폐가구), 폐식용유 등이 속한다. 사업장계 바이오매스에는 유기성 슬러지류, 동식물성 잔재물, 사업장 폐목재, 폐식용유 등이 포함된다.

〈표 1-19〉에 의하면 물질의 성상에 따라 건조계, 습식계, 기타로 구분하며, 건조계의 경우에는 연소 및 열분해 등에 의하여 생성되는 에너지를 회수할 수 있고, 습식계의 경우 건조한 후에 에너지를 회수하거나 바이오가스화 등과 같이 수분이 많은 상태에서 에너지를 회수하는 것이 가능하다〈표 1-20〉.

기타로 분류되는 것은 특정 유용물질이 많이 포함되어 있어 정제, 특정 미생물에 의하여 발효하여 부가가치가 높은 물질일반적으로는 〈표 1-21〉과 같이 바이오매스의 이용상황에 따라 분류하고 있으며, 이용 상황에 따른 분류는 「폐기물계 바이오매스」, 「미 이용 바이오매스」, 「자원 작물」로서 분류하고 있다. 을 생산하는 것이다.

<표 1-20> 바이오매스의 형태에 의한 분류

분 류	특 징	내 용
건 조 계 바이오매스	수분을 그다지 포함하지 않고 건조되어 있는 바이오매스	목질계 바이오매스(임지잔재, 솎아베기재, 제재잔재, 건설폐재, 전정지 등), 볏짚, 왕겨, 유칼리, 버드나무 등
습 식 계 바이오매스	수분을 많이 포함하고 있는 바이오매스	수중식물, 가축분뇨, 하폐수오니, 음식물류 폐기물, 식품가공 잔사 등
기 타	섬유질, 전분질, 유분을 포함하고 있는 등의 특징을 가진 바이오매스	당·전분(감자, 고구마, 옥수수, 사탕수수 등), 셀룰로오스(헌종이 등), 식물유(유채기름, 폐식용유 등)

<표 1-21> 바이오매스 습·건식 분류 범위

구 분		분 류	이용기술	생산물
폐기물계	식 품 폐 기 물	습 식 계 바이오매스	사료화, 바이오가스화, 에탄올화, 에스테르화, 고형연료 화	사료원료, 메탄, 에탄올, 바이오 디젤, 고형연료(RDF)
	축 산 폐 기 물		퇴비화, 바이오가스화	퇴비, 메탄
	각 종 슬러지류		퇴비화, 고형연료화, 바이오가스화	퇴비, 고형연료(RDF), 메탄
	사업장계 폐 목 재	건 식 계 바이오매스	바이오 가스화, 에탄올 화, 열분해 가스화, 탄화, 고형연료화, 연소	메탄, 에탄올, 열분해 가스, 숯, 고형연료(RDF), 열과 전기
농 업 계 부 산 물			퇴비화, 사료화, 바이오가스화, 에탄올화, 열분해 가스화, 연소	퇴비, 사료연료, 메탄, 에탄올, 열분해 가스, 열과 전기
임 산 계 부 산 물			바이오 가스화, 에탄올 화, 열분해 가스화, 탄화, 고형연료화, 연소	메탄, 에탄올, 열분해 가스, 숯, 고형연료(RDF), 열과 전기

<표 1-22> 바이오매스의 이용상황에 따른 세부 분류

분 류	세 분 류	구 체 적 대 상
폐기물계 바이오매스 (재활용되지 않고, 처리할 시에 비용이 소요되는 것)	가축 분뇨	소, 돈, 닭 등의 가축 분뇨
	음식물류 폐기물	식품 제조·가공 잔사, 식품 판매 잔사(소매점등의 재고, 음식점등의 사업계의 남은 음식물 쓰레기), 생활폐기물내의 음식물 쓰레기, 폐식용유
	폐목재	건설현장, 제재공장, 전정재(가지친 나무), 낙엽, 예초, 예지, 댐 및 하천 유목(홍수시 폐기물)
	하수 오니 등	하폐수 오니, 정화조 오니, 각종 저니류 등
	폐지(종이)	생활폐기물 내에 포함된 휴지, 종이제 용기 포장, 그 외 종이제 용기 포장, 헌종이
	흑 액	제지 공장의 제지공정에서 발생하는 폐액
미이용바이오매스(비용 투입으로 활용 가능 자원)	농산 자원	볏짚, 왕겨, 밀짚, 대두박
	임산 자원	임지잔재(솎아베기재)
자원 작물	전분 자원	벼, 고구마, 감자, 옥수수 등
	유지 자원	유채, 콩과 등(식물성기름)

폐기물계는 폐기물관리법에서 분류되고 있는 가축분뇨, 폐목재, 슬러지류, 음식물류, 폐지, 유기성의 산업공정 부산물(식품공장의 폐박, 제지공장의 흑액 등)의 유기성폐기물을 말하며, 미이용 바이오매스는 추가적으로 비용을 투입하면 자원을 회수하는 것이 가능한 것으로 농업 및 임업의 부산물(볏집, 왕겨, 임지단재 등)을 말한다.

자원작물은 전분계열과 유지계열의 작물로서 구분이 가능하며, 전분계열은 발효 등에 의하여 알콜 및 유기산을, 유지계열은 기름 등을 생산하는 작물을 말한다.

〈표 1-23〉는 이용방법에 따른 바이오매스종류로서 자원화하여 생성되는 것을 에너지 이용 및 제품(물질)이용 방법으로 구분하여 분류하기도 한다. 에너지 이용방법에는 직접 연소, 가스화, 액체화 방법 등이 있고, 제품 이용방법에는 비료, 사료, 공업원료, 기능성 식품 원재료 등이 있다.

<표 1-23> 이용방법 분류에 의한 바이오매스 종류

종 류		변환형태	주된용도	이용가능 바이오매스
에너지이용	직접연소 (합성가스, 열분해)	장작, chip, pellet, briquet	발전 · 열원용 연료	나무, 목재, 폐목재, 간벌재, 제재공장 등 잔재, 농산부산물, 음식물쓰레기, 초본류 등
	가스화	메탄	발전 · 열원용 연료	가축배설물, 식품폐기물, 하수오니, 농산부산물과 잔사 등
	액체화	바이오디젤	디젤차연료	폐식용유, 유채기름, 유지식물과 나무, 식물유, 동물성 지방 등
		에탄올	자동차연료	옥수수, 사탕수수, 사탕무, 건설발생목재, 감자, 고구마 등
		메탄올	발전 · 열원용, 연료전지연료	왕겨, 톱밥, 제재공장 잔재 등
제품이용	비료	퇴비	퇴비로 이용	가축배설물, 식품폐기물, 하수오니
	사료	사료	가축 · 양어장 사료이용	식품폐기물, 수산폐기물
	공업용 원료	플라스틱	식품접시, 농림수산용 자재	식품폐기물, 옥수수, 감자녹말, 쌀
		재생목질보드	가구, 합판	간벌재, 제재공장 등 잔재
	기능성식품원 재료	DHA, EPA	영양제	수산폐기물

출처 : 한국농촌경제연구원(2006)

3. 폐자원 및 바이오매스를 나타내는 단위 및 특성

가. 폐자원 및 바이오매스를 나타내는 단위

바이오매스의 가치평가는 탄소량(온난화 대책 관련)과 에너지량(재생 가능 에너지 관련)으로 나누어 산출하고 있다. 에너지대책 및 저탄소녹색성장 측면에서는 바이오매스량을 탄소 톤(t C) 혹은 석유 환산톤(toe)으로 표시한다. 그러나 일반적으로 사용되는 바이오매스 단위는 건조기준

톤(t-D.B), 습윤기준 톤(t-W.B), 용적입방미터(m³), 발열량(Cal, 혹은 J), 석탄 환산톤(t-coal)등으로 표시한다. 가장 널리 사용되는 것은 건물기준으로 표현하면서 kcal, Gcal단위이다.

에너지의 단위 Gcal은 세계에서 가장 표준적으로 사용되고 있는 물리량의 단위계인 SI 국제단위계라고 불리고 있고, 이중에서 에너지에 관해서는 Cal(칼로리)를 표준단위(SI조 단위)로 사용하고 있다. 1cal는 일상적인 에너지량과 비교하여 아주 작은 양으로 에너지의 기본단위로는 Gcal(기가 칼로리)를 이용하고 있다. 1Gcal는 백만kcal의 에너지에 상당하는 양으로 가솔린 120.5L(가솔린 발열량 8,300kcal/L, 연비=12km/L가정시 약 1,446km 주행), 등유 114.9L(등유 발열량 8,700kcal/L 기준시 200L의 욕조를 약 210회 끓일 수 있으며, 100W의 전구 10등을 444시간 점등(1차에너지 1Gcal로 화력 발전하는 경우)할 수 있는 량이다.

석유 환산 톤은 어림셈으로 1TOE = 10Gcal = 41.8GJ(원유의 발열량 10,000kcal/L기준)로 열량을 환산한다. 건물기준 톤과 탄소 톤의 환산 계수는 바이오매스의 성분에 따라서 〈표 1-24〉와 같이 변화한다. 성분을 명확히 알고 있는 경우에는 그 탄소율을 채용하는 것이 좋으나 일반적으로 반드시 성분을 알고 있는 것이 아니므로 0.5를 채용하게 된다.

<표 1-24> 목질 관련의 대표 성분과 탄소율

바이오매스성분(BM)	대표적인 조성식	탄소율(=C/BM)
셀룰로오스	$(C_6H_{10}O_5)n$	0.444
헤미셀로스	$(C_6H_{10}O_5 \cdot C_5H_8O_4)n$	0.450
평균적 리그닌	$(CH0.8 \cdot 0.3[H_2O])n$	0.66
평균적인 목질	$(CH0.2 \cdot 0.66[H_2O])n$	0.5

나. 폐자원 및 바이오매스의 특징

최근에 폐자원 및 바이오매스 자원이 주목받고 있는 것은 기후변화협약에 있어서 온실가스 감축에 대응이 가능하면서 에너지 자립도를 높여 순환형사회의 구축에 공헌할 수 있는 새로운 자원이기 때문이다. 폐자원 및 바이오매스라는 대분류에는 다양한 유기자원이 포함되어 있고 연소에 의해서 화석연료와 같이 이산화탄소가 발생된다. 화석 연료인 석유나 석탄, 천연가스는 오랜 세월을 거치면서 지구에 고정되어 온 것으로써 이와 같은 화석자원을 연소하여 CO_2를 대기중에 방출할 경우는 지구속에 보존되어 있는 탄소를 급격하게 대기 중에 방출하게 되고 대기 중의 CO_2가 크게 증가되는 원인이 된다.

이러한 화석연료 유래의 물질에 비교하여 생물유래의 바이오매스는 유기물로서 구성되어 있으며, 이들은 식물의 광합성에 의하여 생산되어진다. 식물의 광합성은, 빛 에너지와 대기 중의 CO_2로부터 유기물을 합성하는 반응으로서 광합성 유래의 유기물이 최종적으로 바이오가스로 이용되고 CO_2로서 내보내도 대기 중의 CO_2 수지가 플러스 마이너스 제로가 되는 것을 「카본

뉴트럴」이라고 한다. 이러한 카본뉴트럴 물질로서 지구내에서 순환이용되는 재생가능한 자원이면서도 화석연료를 대체할 수 있는 에너지를 회수하여 이용할 수 있다는 점에서 바이오매스가 중요한 자원으로서 재인식되고 있다.

그러나 폐자원 및 바이오매스에 대해 장점만이 있는 것이 아니라 사용에 있어서 제약이 되는 단점도 있으며 이를 분석하면 다음과 같다.

1) 자원의 분산성

폐자원 및 바이오매스 중에 생활계 및 사업장 폐기물로서 발생되는 것은 수집운반에 의하여 일정한 장소에 집합하게 되고, 농업계 및 임업계의 식물성에 유래하는 것의 대부분이 넓은 지역에 분산되어 있어 이들을 모아 자원화하기 위해서는 수집운반 및 관리에 비용이 소요된다. 소규모로 분산형시스템에 의하여 시설이 설치될 경우에는 수집 운반 및 관리에 추가 비용이 소요된다. 소규모 시설로 분산화시설을 설치하면 시설설치비 및 운영비가 높아지기 때문에 저비용화에 역행하기 쉽다.

2) 저칼로리

생활계 및 사업장 폐기물에서 발생되는 가연성 폐기물은 최근에 음식물류 폐기물이 분리수거 되면서 발열량이 상당히 개선되었으나, 하수슬러지(탈수 케이크), 목질계 바이오매스, 식품잔사 등은 수분이 60～80%, 고형물 20～40%, 고형물중의 유기물 함량은 60~90%인 것으로서, 발열량이 낮으며 건조상태의 고위발열량은 4,700(kcal/kg) 전후로써 등유의 반 정도이다. 수분이 높으면서 유기물의 함량이 낮은 물질은 수분을 제거하는 과정에서 상당히 많은 에너지를 요구하기 때문에 실제 에너지회수 효율이 낮다. 수분이 높은 폐기물에 대해서는 습식의 바이오가스화 등에 의하여 에너지를 얻는 접근이 필요하며, 수분이 비교적 낮으면서 유기물의 함량이 높은 바이오매스를 가스화할 경우에는 에너지 변환율이 70%정도로 높기 때문에 에너지화 등에 의하여 열을 회수하여 이용하는 것이 가능하다.

폐자원 및 바이오매스의 에너지화에 있어서 전제되어야 할 것은 수분함량, 유기물함량에 따른 저위발열량에 대하여 사전에 검토하는 것이 필요하며 에너지수지를 검토하여 자원화계획을 수립하여야 한다.

3) 고함수율

바이오매스 중에는 수분을 다량 포함하고 있는 것이 있다. 예를 들면 해산물류, 가축분뇨, 분리수거 된 음식물쓰레기 등은 수분을 80%이상 포함하고 있으며 고형물의 량이 적다. 이들의 경우는 건조를 위하여 에너지가 필요하며 각종 자원화에 의하여 얻을 수 있는 에너지보다도 많은 에너지가 소요된다.

이처럼 바이오매스는 연소 또는 열분해보다는 액상의 상태에서 에너지를 회수하고 고 · 액 분리하여 수처리하는 방법을 취하는 것이 필요하며, 혐기성소화에 의하여 메탄발효가 적합한 방법 중에 하나이다. 최근에 이러한 것을 이용하여 바이오 에탄올을 제조하려는 움직임이 있으나, 실제 에탄올로 전환시키기 위하여 가수분해와 당화에 생산되는 에너지 이상의 에너지를 소비할 수 있기 때문에 주의하여야 한다.

<표 1-25> 폐자원 및 바이오매스의 장단점

구분	구체적인 설명
장점	석유나 석탄 등의 화석 연료와 달리, 적절하게 관리하면 고갈되지 않고, 계속 사용할 수 있다.
	미 이용 바이오매스의 양이 많고, 지역적으로 치우쳐져 있지 않기 때문에 재활용의 가능성이 넓어진다.
	바이오매스는 풍력 발전이나 태양광 발전과 비교하여 기체(가스화), 액체, 고체(칩 화)등으로의 전환에 의하여 저장이나 수송이 쉽다.
	관리를 잘하면서 지속적으로 활용을 잘 하면 대기 중의 이산화탄소의 농도를 증가시키지 않기 때문에 지구 온난화의 방지에 도움이 된다.
	석유나 석탄에 비교하여 유황 등의 대기오염물질의 발생량이 적고, 유기물이기 때문에, 폐기가 어렵지 않다.
단점	화석 연료에 비교하고, 에너지의 생산량이 낮다(고함수율 · 저칼로리).
	대부분 에너지 등의 생산에 드는 직접적인 비용이 화석연료에 비교하여 높다.
	자원이 분산되어 있어 수집운반에 비용이 수반된다.
	식량자원과 경합하는 경우가 있다.(옥수수에 의한 생분해성 플라스틱, 바이오에탄올 등의 생산에 이용)
	지속적으로 이용하지 않는다면 생태계의 파괴와 연결될 가능성이 있다.
	바이오매스의 종류별 적용기술에 차이가 있으며 변환 · 이용 기술도 각각에 적합하도록 하지 않으면 안 된다.
	원료로서 사용하는 바이오매스의 생산 현장에서는 기후 등의 영향을 강하게 받고 생산량이 변동한다.

4) 식량과의 Trade-Off

식용으로 이용이 가능한 바이오매스를 에너지로 이용할 경우에 식량생산과 연료생산과의 Trade Off 관계가 우려되고 있다. 이것은 주로 바이오에탄올로 이용되는 경우가 대부분이지만 2007년 시점에서 이미 실제 곡물인상의 원인이 되었다. 우리나라에서는 사료작물인 미국산 옥수수의 인상에 의하여 축산농가 등에 큰 영향을 주고 있지만, 세계적으로는 경작에 있어서 수자원의 부족으로 가난한 사람들이 많은 나라에서 식량부족이 우려되고 있다.

현재 상태에서는 비효율적이지만 식량으로 이용할 수 없는 바이오매스를 이용하면 Trade Off는 발생하지 않기 때문에 정책적인 규제 등도 포함하여 향후 방향모색이 요구된다. 바이오매스의 대부분은 높은 함량의 셀룰로오스가 포함되어 있기 때문에 셀룰로오스를 당화시켜 에탄올 등으로 변환시키는 연구가 기대된다.

5) 경지확보에 의한 자연파괴

농경지 대부분은 식량을 확보하기 위하여 이용되고 있지만 농지를 자원작물인 바이오매스를 수확하기 위한 경지로 사용되면 새로운 경지 확대가 요구되고 열대우림 등의 벌채가 우려된다. 또, 경지의 확대에 의하여 세계적으로 부족이 예상되고 있는 수자원이 한층 더 고갈될 가능성이 있다.

제 2 장

폐자원 및 바이오매스 관련 정책 동향과 법·제도

우리나라는 2008년부터 녹색성장이라는 용어를 사용하기 시작하였으며, 최근에는 저탄소녹색성장이라는 용어를 함께 사용하고 있다. 녹색성장은 에너지와 자원을 절약하고 효율적으로 사용하고, 화석연료유래 에너지원을 감축하기 위하여 신재생에너지 등을 도입하는 저탄소형의 사회를 만들어가는 것을 말한다. 청정에너지와 녹색기술을 바탕으로 기후변화와 환경훼손을 방지하여 경제와 환경이 조화를 이루게하고, 경제력을 이용하여 환경을 보호하고 환경보호가 경제성장의 원동력이 되는 선순환 구조를 말한다.

〈그림 2-1〉은 환경, 에너지, 경제성장이 상생해야 함을 나타내는 3Es[19] 패러다임이며, 태양광, 바이오연료 등 신 · 재생에너지 산업육성은 온실가스 감축, 화석에너지 대체, 고용창출 등 1석3조의 효과를 얻을 수 있는 녹색성장의 핵심이다.

<그림 2-1> 3Es 패러다임 개요(1)

2009년 인천 세계도시축전 개막식에서 대통령은 "녹색성장은 가야만 하는 길이고 성공해야 할 길이며, 위기를 기회로 만드는 기술의 혁신이자 인류의 행복을 가져올 미래가치"라고 강조했다. 이는 전 세계적으로 당면한 기후변화 및 에너지 문제, 경제위기를 극복하기 위하여 선진국들이 추진하고 있는 '녹색경제', '녹색뉴딜' 등 녹색 패러다임의 흐름과 맥을 같이하고 있는 것이다.

녹색성장의 구현을 위하여 국가에너지계획에 담긴 에너지정책이 추구하여야 할 방향에는 합리적인 가격으로 안정적인 에너지공급원을 확보하는 것과 저탄소 에너지로의 효율적 이행을 통한 탈석유사회로의 전환과 온실가스 배출감소 등이 포함되어 있다.

지속가능한 발전과 자원순환형 사회구축은 국제사회가 추구해야 할 목표로 인식되면서 폐기

19) 3Es(Environment, Energy, Economy)

물은 새로운 자원이고, 폐자원 에너지화는 CO_2감축 및 환경영향을 최소화하면서 현재의 복합적 난제를 해결할 수 있는 유용한 정책수단으로 부각되고 있으며 폐자원 · 바이오매스 에너지는 더욱 중요한 역할을 하게 될 것이다.

폐자원 · 바이오매스 에너지는 생산단가가 태양광의 10%, 풍력의 66% 정도의 저렴한 비용으로 조기에 양산체제를 실현할 수 있고, 화석연료의 대체효과와 바이오가스(메탄) 회수 · 이용에 따른 온실가스 감축효과가 크다. 세계 폐자원 에너지화 시장은 2005년 12조 9천억 원 규모이고, 연간 4.1% 성장하여 2013년에는 17조 7천억 원 규모에 이를 것으로 전망된다.

폐자원 · 바이오매스, 해양생물 등의 에너지 잠재량은 약 39억 toe로 2006년 국내 총에너지 233.4백만 toe의 약 17배에 달한다. 정부는 시장성, 기술성, 시급성을 고려하여 해양 바이오에너지, 폐기물 · 바이오매스 에너지 등의 유망분야를 전략적으로 선정하여 집중적인 기술개발을 추진하고 아울러 시범사업, 보급의무화 등 공공부문의 선도적인 수요창출로 상용화된 기술의 국내시장을 창출하기로 하였다. 또한, 신 · 재생에너지 의무비율할당, 쓰레기 매립부담금 등 관련제도의 개선과 가축분뇨의 관리 및 이용에 관한 법률, 폐기물관리법, 자원절약과 재활용촉진에 관한 법률, 대기환경보전법 등 관련 법규의 개정을 추진하기로 하였다.

본 장에서는 에너지정책 동향과 폐자원 · 바이오매스 에너지화와 관련한 법과 제도 등을 살펴본다. 이를 통하여 공공이나 민간부문에서 관련 기술개발과 시설의 설치 및 보급 확대에 대하여 올바른 결정을 내리고 시행을 활성화하도록 정책적 지원방안 등을 확인할 수 있게 하였다.

제 1 절 외국의 정책 동향과 법제

1. 기후변화관련 정책과 에너지

1979년 2월 제네바에서 세계기상기구(WMO, World Meteorological Organization) 주관으로 제1차 세계기후회의가 개최되어 기후변화에 대한 연구를 시작한 이후에 온실가스가 기후변화에 미치는 영향과 그 평가에 대한 논의가 시작되었으며, 1988년 11월 WMO, UNEP[20]주관 하에서 IPCC[21]가 설립되어 기후변화의 원인 및 영향, 대응에 관한 종합적인 연구가 수행되었다.

1990년 12월 정부간 협상회의(INC)가 설립되었고, 6차례의 협상을 통하여 1992년 5월에 기

20) 유엔환경계획(UNEP, 유엔환경계획(United Nations Environment Programme): 유엔 조직내의 환경활동을 촉진, 조정, 활성화하기 위하여 설립. 1972년 스톡홀름 '인간환경회의'에서 유엔 전문기구를 만들기로 합의 유엔환경계획이 설립.

21) IPCC(Intergovernmental Panel for Climate Change) :기후 변화에 관한 정부간 회의. 유엔환경계획(UNEP)과 세계기상기구(WMO)가 1988년 지구의 기후변동과 이에 따른 생태계의 영향을 분석, 검토할 목적으로 설립.

후변화 협약안이 확정되었으며, 1992년 6월에 브라질 리우정상회의에서 채책되었다.

1995년 제1차 당사국 총회(COP3)에서 선진국의무를 강화하기로하고 1997년까지 구속력을 갖는 법적장채를 마련하기로 결의하는 "Berlin Mandate"를 채택하였으며, 협약상 선진국의 공약(commitment)인 "2000년까지 온실가스 배출을 1990년 수준으로 감축할 것을 목표로 정책적 조치를 취한다"는 내용이 부적절하다고 결론짓고 1997년 말까지 2000년 이후 구속력 있는 감축의무를 정하도록 했다.

1997년 12월 제3차 당사국회에서 선진국의 구속력이 있는 양적 감축을 명문화하기 위하여 교토의정서를 채택하였으며, 2005년 2월에 교토의정서가 발효되었다. 교토의정서는 '교토기후협약'이라고도 하며, 정식 명칭은 Kyoto Protocol to the United Nations Framework Convention on Climate Change이다. 교토의정서에서는 1992년에 리우에서 약속한 지구 온난화를 야기하는 화석연료 사용을 제한하자는 원칙을 지키기 위하여 97년 일본 교토에서 열린 제3차 당사국 총회(COP3)는 선진국으로 하여금 이산화탄소 배출량을 90년 기준으로 5.2% 줄이기로 하는 교토의정서를 만들어냈다.

교토의정서에서는 지구온난화를 일으키는 온실가스에는 탄산가스, 메탄, 이산화질소, 염화불화탄소 등 여러가지 물질이 있는데, 이중 인위적 요인에 의해 배출량이 가장 많은 물질이 탄산가스이기 때문에 주로 탄산가스 배출량의 규제에 초점이 맞춰져 국가별 목표수치를 제시하고 있다. 또한 선진국의 감축의무 이행에 신축성을 확보하기 위해 배출권거래제도(Emission Trading), 공동이행제도(Joint Implementation) 및 청정개발체제(Clean Development Mechanism) 등의 신축성체제(Flexibility Mechanism)를 도입했다.

공동이행제도(JI, Joint Implementation)는 선진국 기업이 다른 선진국에 투자해 얻은 온실가스 감축분의 일정량을 자국의 감축실적으로 인정받을 수 있도록 한 제도이며, 청정개발체제(CDM, Clean Development Mechanism)는 선진국 기업이 개발도상국에 투자해 얻은 온실가스 감축분을 자국의 온실가스 감축실적에 반영할 수 있게 한 제도, 배출권거래제도(ET, Emission Trading)는 온실가스 감축의무가 있는 국가가 당초 감축목표를 초과 달성했을 경우 여유 감축쿼터를 다른 나라에 팔 수 있도록 한 제도이다. 각국가별 온실가스 감축은 배출량의 55%를 차지하는 선진 38개국들은 온실가스 저감목표를 2008~2012년까지 90년 수준의 평균 5.2%이상을 줄여야 한다. 기후변화협약 회원국 186개국 중 유럽연합(EU) 15개 회원국들은 8%, 미국은 7%, 일본은 6%를 줄이는 것으로 정하였으며, 한국과 멕시코는 개도국으로 분류돼 감축의무가 면제됐다.

교토 의정서는 기후변화협약 회원국 가운데 55개국 이상이 비준해야 하고, 비준서를 제출한 선진국들의 이산화탄소 배출량이 전세계 배출량의 55%이상 초과되면 90일 이후 발효되는 것으로 되어 있었으나, 우리나라가 2002년 10월 국회에서 교토의정서를 비준하는 등 120여개 국가가 교토의정서를 비준해 첫번째 조건은 충족됐으나 비준한 선진국의 온실가스 배출량은 전체 선진국 배출량의 37.4%에 불과하여 두번째 조건이 충족되지 않아 발효가 늦어졌다. 또한 세계 온실가스 배출량의 25%와 선진국 배출량의 36.1%를 차지하는 미국이 불참 원칙을 고수하여 교토의정서는 좌초위기에 놓였었다. 그러나 2004년 11월 러시아가 교토의정서를 비준함에 따라 2005년 2월 16일 교토의정서가 공식발효되었다.

2007년 12월 인도네시아 발리에서 폐막된 제13차 기후변화협약 당사국총회에서 Post-2012 기후변화 협상의 기본방향 및 일정을 담은 '발리 로드맵'이 채택되었다. 본 로드맵에서는 오는 2012년 이후에는 선진국뿐만 아니라 개도국까지 온실가스 감축에 참여하는 방안을 향후 2년간 본격적으로 논의하도록 하였다.

'발리 로드맵'에 의하면 선진국은 "측정, 보고, 검증 가능한 감축공약/행동(정량적 목표설정 포함)"을 하여야 하고, 자국의 실정을 고려하여 선진국간 교토의정서에 상응하는 노력(미국이 교토의정서 의무감축 국가와 상응하는 조치를 하여야 한다는 의미)을 해야 하며, 아울러 개도국은 기술, 재정 및 능력형성 지원에 의한 지속가능발전의 맥락에서 측정, 보고, 검증 가능한 방법으로 국내적으로 적정한 온실가스 감축을 위한 노력을 기울이도록 되어 있다. 이밖에 발리 회의의 또 다른 가시적 성과물로는 적응기금 운영체계 마련, 기술이전을 위한 재정지원체계 검토방안 마련, 개도국의 산림전용 방지 및 보전에 대한 지원 확대 방안 마련 등 개도국의 참여를 촉진하기 위한 다양한 지원 방안이 마련되었다.

2009년 12월에 덴마크 코펜하겐에서 제15차 유엔기후변화협약(UNFCCC) 당사국 총회가 열렸다. 2012년은 교토의정서 1차 공약, 선진국에 온실가스 감축을 의무화한 교토의정서 체제가 종료되는 해인 것으로부터 코펜하겐에서 포스트 교토의정서에 대한 합의가 이뤄지지 않으면 2013년 이후 온난화 방지를 위한 국제체제는 사실상 무너지게 되기 때문에 기대되는 회의였다. 193개 당사국 중 무려 120개국 정상이 참석해 기대를 모았지만 지구 온도를 산업혁명 이전보다 2℃ 이상 오르지 않게 하고, 2010년 1월 말까지 각국이 온실가스 감축 목표를 제시한다는 선언적 합의에 그쳤다. 코펜하겐 협정문(Accord)은 미국 · 중국 · 인도 · 브라질 · 남아프리카공화국 5개 국가가 초안을 만든 것으로 법적 구속력이나 감축 목표의 구체성 등에서 2012년 말 효력이 끝나는 교토 의정서를 대체하기에는 크게 미흡하였다.

2010년 12월에서 메시코칸쿤에서 제16차 유엔기후변화협약(UNFCCC) 당사국 총회에서 190여개국 대표들은 11일(현지시각) '녹색기후기금' 조성을 포함한 일련의 기후변화 대책에 합의했다. 기후변화협약 당사국 총회에서 행동 계획을 담은 합의문이 나온 것은 3년만으로 새로운 기후협약을 마련하기 위한 틀이 마련된 것으로 평가된다. 다만 선진국과 개발도상국 간 갈등으로 오는 2012년 종료되는 교토 의정서 이후 체제에 대한 합의는 도출되지 못했다는 한계도 드러냈다. 합의된 녹색기후기금은 개도국의 산림 보호조치를 지원하고 청정 에너지 기술을 개도국에 이전하는 등에 사용된다.

총회에서 각국 대표들은 온실가스 배출량의 대폭 감축이 과학적 관점에서 필요하다는 점을 인정하고 지구 온도 상승을 산업화 이전 대비 2℃이내로 억제하기 위해 '긴급한 행동'을 취할 것을 촉구했다. 산업화 이전 대비 지구 온도 상승폭을 1.5℃까지 낮추기 위한 연구와 삼림파괴 방지, 각국의 기후변화 목표 달성에 대한 모니터링 등에 대해서도 합의가 이뤄졌다. 아울러 오는 2012년 만료되는 교토 의정서의 연장 여부에 대해서는 교토 의정서 2기를 준비하되 국가들의 참여를 강제하지는 않는다는 선에서 합의가 도출됐다. 유럽연합(EU)이 교토 의정서 하에서 새로운 약속을 마련하자고 요청했지만 일본이 미국과 중국 등 주요 온실가스 배출국이 의정서에 포함돼 있지 않다며 반대하였다.

2011년 12월 남아공 더반에서 제17차 "UN기후변화협약당사국회의"가 열렸다. 190여 나라가 모여 2012년 종료되는 교토의정서 이후의 온실가스 감축에 대하여 논의하였지만 완전한 국제적 합의를 이루는 데는 실패하였고 대신에 이른바 "더반 패키지(Durban Package)"라는 협상 문건을 발표하였다. 더만 패키지는 4개의 합의 문건으로 구성되어 있다. 교토의정서 제2차 의무감축기간에 대한 결정문, 장기협력행동(Long-term Coorporative Action, LCA) 합의 내용, 녹색기후기금, 그리고 이른바 '더반 플랫폼' 이다.

더반 플랫폼은 선진국과 개도국이 모두 참여하는 새로운 의정서 혹은 법적 효력을 갖는 합의 결과(agreed outcome with legal force)를 2015년까지 도출해내고 각국의 비준을 거쳐 2020년부터 발효하게 하자는 내용을 담고 있다. 교토의정서 결정문은 제2차 의무감축기간을 2013년부터 2017년 혹은 2020년까지로 정하여 교토의정서에 의한 감축 노력이 지속적으로 이루어질 것을 천명하고 있다.

겉보기에는 희망적인 합의 내용으로 보이지만, 향후 협상 자체가 원만히 이루어질 것인지에 대한 불투명성은 차치하더라도 일단 2020년까지는 온실가스 배출 감축 노력을 연기한 셈이다. 교토의정서 제2차 감축기간 결정문도 일본, 캐나다, 러시아가 제2차 의무감축에 동참하지 않기로 하고 있으며, 나머지 국가들의 감축량에 대한 합의도 내년까지 연기되었다. 감축량에 대한 합의는 미룬 반면 탄소시장을 활성화시키기 위한 노력은 하고 있으며, CDM 사업에 '탄소포집저장(carbon capture & storage, CCS)'을 포함시키고, 제2차 감축에 불참한 일본 등에게도 탄소 시장의 접근을 허용한 점, 그리고 새로운 온실가스로 삼불화질소화물(nitrogen trifluoride, NF_3)을 추가하였다.

2012년 12월 카타르 도하의 제18차 유엔기후변화협약 당사국 총회에서는 2013~2020년 선진국의 온실가스 의무감축을 규정하는 교토 의정서 개정안이 채택됐으며 EU, 호주, 스위스, 노르웨이 등 선진국들이 참여한 가운데 2013년 1월 1일부터 온실가스 감축을 위한 2차 공약기간이 개시된다. 또 EU, 노르웨이, 일본, 스위스, 모나코 등은 교토의정서 1차 공약기간 중 발생한 구동구권 국가의 잉여배출권을 구매하지 않겠다는 의사를 명확히 선언함으로써 실질적인 온실가스 감축을 위한 정치적 의지를 표명했다.

또한 발리행동계획에 의해 출범된 장기협력에 관한 협상트랙(AWG-LCA)이 종료됐으며 2020

년 이후 모든 당사국에 적용되는 새로운 기후체제를 위한 협상회의(ADP)의 2013-2015년간 작업계획이 마련됐다. 당사국들은 2020년 신기후체제와 2020년 이전 감축상향의 구체적인 논의를 위해 2013~2015년 매년 최소 2회의 회의를 개최, 2015년 5월까지 협상문안 초안을 마련하기로 합의했으며 내년 3월 1일까지 신기후체제에 적용될 원칙, 법적 형태, 온실가스 감축 형태 등 주요 요소들에 대한 국별 제안서를 제출하기로 결정했다. 우리나라의 녹색기후기금(Green Climate Fund) 사무국 유치가 성공적으로 인준됐다. 이와 함께 당사국들은 GCF가 조속한 시일 내에 운영될 수 있도록 우리정부와 GCF간 법적 · 행정적 제도 마련을 촉구했다.

전 세계의 많은 국가들은 기후변화에 대한 대응방안으로써, 그리고 자원고갈과 원유가격의 급격한 상승으로 에너지시장의 불안정이 심화되면서 화석연료를 대체할 수 있는 신 · 재생에너지원의 확보가 시급해져 가고 있는 상황이다. EU, 미국, 일본 등 선진국에서는 2020년 또는 2050년까지의 온실가스 감축목표를 설정하고, 저탄소 에너지공급 시스템을 구축하기 위해 신재생에너지 비중의 확대를 추진하고 있다.

온실가스 감축을 위한 국제협약에는 동의하지 않고 있으나, 미국은 자체적으로 2009년 6월 온실가스 배출을 규제하는 '미국 청정에너지와 보호에 관한 법률(American Clean Energy And Security Act Of 2009)'을 하원에서 통과시켰다. 이 법에는 2020년까지 국가 총 전력요구량의 12%를 신 · 재생에너지로 공급하고, 에너지 효율을 8% 향상시킨다는 것이다. EU는 2005년 기준으로 총 에너지 소비량 1,728Mtoe의 6.5%를 신 · 재생에너지에 의존하고 있으며, 이중 폐기물은 10.6%, 바이오에너지가 57.3%를 차지한다. 또한 바이오에너지 생산확대를 통하여 신 · 재생에너지 보급률을 2010년까지 12%, 2020년까지 20% 달성하는 것을 목표로 하고 있다.

최근 가연성폐기물의 고형연료화 · 유기성폐기물의 바이오가스화 등 폐기물 에너지화는 국제적으로 온실가스 감축의 유력한 수단으로 등장하면서 유럽연합(EU[22])은 폐기물 에너지화로 2010년까지 온실가스를 3억2천만 CO_2톤 감축한다는 목표를 설정 · 추진 중이다.

2. 각 국가별 관련 정책 및 이용 동향

가. 유럽연합(EU)

폐기물로부터 지구온난화를 억제하는 친환경적인 에너지를 생산하는 방법으로 바이오가스화가 독일, 오스트리아, 스웨덴 등에서 주목을 받고 있다. 바이오가스화는 석유위기를 계기로 석유 대체에너지 개발의 일환으로 북유럽의 덴마크에서 시작하여 독일, 네덜란드, 벨기에 등의 지역으로 확장되기 시작한 것은 1987년경이다. 가축분뇨나 바이오폐기물을 대상으로 한 바이오가스화 시설의 수가 독일에서 1990년에 약 100기였으나 2011년에는 7,000기 이상으로 급격히

22) EU(European Union) : 대다수 서유럽 국가들이 공동 경제 · 사회 · 안보 정책의 실행을 위해 창설한 국제기구

증가되었다〈그림 2-2〉.

이들 바이오가스화 시설의 대부분은 가축분뇨, 농업폐기물, 자원 작물 등의 바이오매스를 원료로 한 것이다. 유럽에서 유기성 폐기물 처리시설의 80% 이상은 혐기성소화조로 운영되며 발생된 바이오가스를 에너지로 이용하고 있다. 대부분의 국가들은 개별농가형이나 대규모 혐기성소화 설비를 운영 중이다. 독일을 비롯하여 덴마크 등에서 20여개 이상의 대규모 혐기성소화설비가 가동 중이며 가축분뇨, 음식물, 하수슬러지 등 유기성 폐기물의 통합소화 방식이 우세하다. 200톤/일 이상의 대형시설은 3~10년 내에 시설투자비 회수가 가능하며 소규모 농가형에 비하여 대규모 시설형 플랜트가 경제성이 높다. 유럽의 바이오가스 생산 공법 중 우리나라와 협약체결 또는 도입된 공법사는 독일의 Haase Anlagenbau AG(경기도)와 Envio AG(포천, 문경, 익산), 벨기에 Organic Waste Systems(부산생곡, 동대문), 스웨덴 Scandinavian Biogas (울산) 등이다.

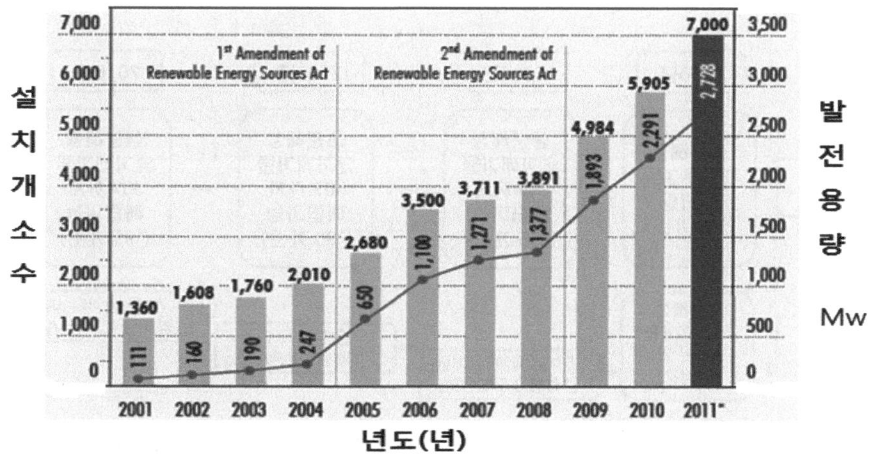

<그림 2-2> 독일의 바이오가스화시설 설치 개소 및 발전량

현재 전 세계 바이오에너지는 대부분 고체 바이오매스의 직접연소를 통해 이용된다. 경제협력개발기구(OECD[23]) 국가에서도 바이오에너지 중 고체 바이오매스가 차지하는 비중이 80%를 넘지만, 고체 연소방식은 에너지 효율이 낮아 산업체에서 활용되는 사례가 거의 없어 액체 바이오매스로 전환시키는 연구가 활발히 진행되고 있다. 한편으로는 폐기물 매립지나 가축분뇨를 이용해서 기체상태로 이용되는 바이오가스는 에너지 효율이 높을 뿐 아니라 활용분야가 넓어 보급이 확대되는 추세이다.

23) OECD(Organization for Economic Cooperation and Development)

바이오에너지를 이용한 발전과 난방은 유럽에서 확대되고 있으며, 특히 오스트리아와 핀란드, 독일, 영국 등에서 보급이 빠르게 늘어나고 있다. 독일의 경우 임산폐기물의 에너지 활용이 이미 포화상태에 접어들고 있으며, 영국에서는 바이오매스를 석탄과 혼합해서 지역난방 에너지원으로 활용하는 사업이 활발히 추진되고 있고, 덴마크와 핀란드, 스웨덴, 미국 등에서도 지역난방과 열 병합에 대한 투자가 활발히 진행되고 있다.

유럽에서 스위스 등 일부 국가를 제외하고는 일반폐기물의 처리는 최종처분장에 직접 매립하는 경우가 많았다. 세계적으로 자원고갈 및 지구환경문제가 주목받기 시작하면서 서서히 일반폐기물 처리방법이 변화를 가져오게 되었다. EU는 "매립지침(Landfill Directive, 1999)"을 통해 생분해 가능한 유기성 폐기물의 매립지 반입기준을 엄격히 하고 1995년 발생량을 기준으로 구체적인 연차별 감축목표를 〈그림 2-3〉에 제시하였다. 또한 생분해성 폐기물 매립장에 매립가스 에너지화 설비를 설치하도록 규정하였으며, 가스이용의 경제성을 확보할 수 없는 매립장에도 포집설비 및 간이소각시설을 설치하여 매립가스 처리량 계량하도록 하였다.

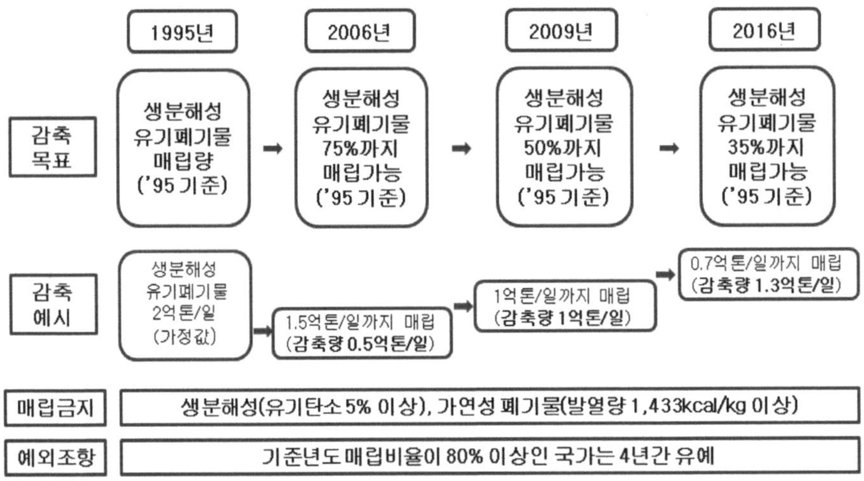

<그림 2-3> 유럽연합의 매립지침 모식도

출처 : 환경자원공사(2009), Waste-to-Energy Report(1권)

매립지침의 감축기준을 만족하기 위한 폐기물 처리대안으로 전처리시설(MBT[24])이 도입되었다. MBT 시스템의 기술종주국이라 할 만한 독일은 현재 MBT 기술보유기업 수, 시스템개발 연혁, 해외기술진출 사례가 가장 많다. 스페인과 이탈리아에서는 배출되는 폐기물의 분리수거가 잘 되지 않고 있으며, 혼합 배출된 폐기물을 MBT 시스템을 적극 활용하여 처리하고 있다. 세계 10대 규모의 MBT시설 대부분이 스페인, 이탈리아 및 네덜란드에 위치하며 MBT 시스템이

24) MBT(Mechanical Biological Treatment)

가장 잘 발달된 독일의 MBT시설은 2007년 기준 78개소가 있다고 한다. 예를 들면 독일에서는 1970년대부터 유리 등의 자원회수뿐만 아니라 바이오폐기물의 분리수집이 시작되어 퇴비나 바이오가스화 처리를 하게 되었다.

독일에서 일반폐기물은 분리회수 하여 바이오폐기물은 바이오가스나 퇴비화 하고, 종이 · 유리 · 용기포장 등은 원재료 또는 고형연료로 자원화 하도록 한다. 기타 쓰레기는 MBT시설에서 금속 및 종이, 플라스틱, 목재 등의 고발열량 물질을 우선 선별하여 에너지를 회수하며, 선별 후에는 혐기성 처리에 의하여 메탄을 회수하고 안정화된 잔사를 매립한다.

EU의 바이오매스별 에너지 생산량은 〈표 2-1〉에 의하면 고형바이오매스(목질계 바이오매스) 에너지생산이 전체의 84.5%로 대부분을 차지하고, 그 다음은 도시폐기물, 바이오가스로 나타났다.

바이오가스를 적극적으로 활용하고 있는 유럽에서는 2006~2007년 사이에 바이오가스 생산량이 4,961.2천TOE에서 6,012.4천TOE로 21.2% 증가한 반면에 생산량 비중이 큰 고형바이오매스의 증가율은 1%에 불과하였다. 2007년에 바이오가스 중 매립지가스는 49.5%에 달하며 다음으로 기타 35.5%와 하수슬러지에 의한 바이오가스 14.9%로 나타났다. 특히 최근에는 매립지가스의 비중을 줄이고 하수슬러지를 감소시키는 정책이 시행되면서 농촌의 가축분뇨를 이용한 메탄가스와 생활유기물을 이용한 메탄가스 등 기타 분야가 활성화되고 비중이 더욱 높아질 것으로 전망된다.

<표 2-1>EU 바이오매스별 1차에너지 생산량(단위 : 천TOE)

연도	바이오가스				도시 폐기물	고형 바이오매스
	매립지가스	오 · 하수가스	기타	합계		
2006	2711.9	899.4	1350.0	4961.2	5758.6	65,698
2007	3040.0	893.3	2133.1	6012.4	6137.9	66,358

※ 문헌에서 '목질계 바이오매스'를'고형 바이오매스(Solid Biomass)'로 명칭
출처 : EurObserv'ER "State of Renewable Energies in Europe: 6th Report", 2008

EU의 바이오연료 소비량은 2007년 8,130.1천TOE로써 2006년에 비해 44.5% 증가하였고 바이오디젤 6,091.5천TOE(75%), 바이오에탄올 1,225.7천TOE(15%)이었으며, 액화바이오가스(BTL[25])와 바이오수소 등의 기타 연료는 발달이 미미한 상태이다. 독일은 2007년 바이오디젤과 바이오에탄올의 소비량이 각각 2,937.8천 TOE와 296.2천TOE로써 주요 EU 회원국 전체 소비량의 48.2%, 24.2%에 해당할 만큼 많이 소비하였다. 이외에 프랑스가 바이오디젤 1,233천 TOE, 바이오에탄올 263.4천TOE를 소비하였고, 스페인은 각각 260.6천TOE, 112.6천 TOE를 소비하였다.

25) BTL(Biomass-to-Liquid)

나. 독 일

독일의 에너지원별 1차 에너지 생산량은 2005년 석탄과 핵이 각각 41.9%, 31.2%를 차지하였다. 바이오매스, 수력 등을 포함한 재생에너지 비중은 12.4%로 EU 회원국 중 재생에너지 생산율이 가장 높다. 바이오매스 및 폐기물을 이용한 에너지 생산은 전체 신 · 재생에너지 생산의 72.9%를 차지하였고 2000~2005년 사이의 연평균 성장률은 12.3%로서 전체 신 · 재생에너지의 연평균 성장률 11.7%보다 높은 성장률을 보였다.

독일의 1차 에너지 소비는 2005년 $14,238 \times 10^{15}$J이고, 이 중 신 · 재생에너지가 차지하는 비율은 4.6%이며, 바이오에너지는 3.3%이다. 2005년 에너지용 바이오매스 소비는 2002년에 비하여 2배가량 증가하였다. 이것은 에너지 작물재배를 유도해 에너지 보조금으로 농가 소득안정을 도모하면서 바이오가스 생산용 작물과 유채재배지의 확장에 기인한 것이다. 독일의 유채재배지는 이미 130만ha에 달하며 여기서 생산되는 바이오디젤은 독일 전체 경유매출의 4%를 차지한다. 에너지용 바이오매스는 90.7%가 고체 바이오매스이며, 연료재 66.8%, 임산업 폐재 17.4%, 폐목재 4.9%, 짚과 기타 바이오매스 1.6%로 구성된다. 그리고 액체연료가 4.9%이고 매립가스 4%, 오니가스 3.2%, 바이오가스 2.2%로 구성된다.

독일은 "생분해성폐기물의 처리시설과 거주지로부터 나온 폐기물의 환경친화적인 저장에 관한 법령"에 의하여 2005년 6월부터 처리되지 않은 폐기물의 직매립이 금지되면서 MBT 시스템이 대안으로 부상하였다. MBT 가이드라인에 따라 생물학적 처리가 가능한 폐기물은 반드시 전처리시설을 도입하여야 한다. 1980년 세계 최초로 MBT기술을 개발한 독일은 매립지침 시행 이후인 2006년말 기준으로 16개주(州) 78개 시설에서 연간 720만톤의 폐기물로 RDF 300만톤을 생산하여 전용발전시설, 화력발전소 및 시멘트 소성로 등 보조연료로 활용하고 있다. AHA MBT시설, 노이뮌스터(Neumünster) RDF발전시설, 뤼벡(Lübeck) MBT시설 등이 대표적이다.

음식물류 폐기물, 가축분뇨 등 유기성 폐기물은 바이오가스 플랜트에서 에너지화 하고 소화액 및 고형물은 액비와 퇴비로 이용된다. 유기성 폐기물은 바이오가스 생산을 최대화하는데 초점을 두고 처리되며 개별농가 형으로 소형 혐기성소화조가 다수 보급, 운영되고 있다. 최근 집중형 시설 설치(20개소)에 따라 발전시스템과의 연계시스템으로 전환 중이다. 단독 또는 마을 단위로 설치된 3,700개소 이상의 바이오가스플랜트에서 발생되는 메탄가스로 전력 $7,500 \times 10^9$Wh을 생산하고 열 $3,200 \times 10^9$Wh을 생산하여 주택, 축사의 가온 및 생활용 전력으로 이용하고 있다. 독일에서 바이오가스 생산의 효과는 전기 누적발전용량 1,200MW, 설비에 의한 매출 6억 5천만 Euro, CO_2 저감 2,800천톤 CO_2-eq인 것으로 보고되었다.

다. 영국, 오스트리아, 이탈리아, 스페인, 덴마크

영국에서 2006년 소비된 재생가능 에너지 4,430.1천TOE 중 3,940천TOE는 전기로, 440천 TOE는 열로써 사용되었다. 이 중 82%인 3,633.2천TOE는 바이오매스에 의해 공급된 것이고 나머지 에너지원은 풍력 8.2%, 수력 8.0%, 기타 1.8%이었다. 바이오매스 에너지원은 매립지가스가 33.1%인 1,464.7천TOE로 가장 많고, 다음으로 혼소(Co-firing) 18.7%, 폐기물 연소 11.6%이며, 오 · 하수가스 4.5%, 가정 · 산업계 폐목재 6.4%, 기타 바이오연료 7.7%가 차지한다.

전력생산의 민영화와 1989년 Non-Fossil Fuel Obligation(NFFO)이 도입되면서 영국에서 매립가스 이용이 활성화 되고 지역 전력회사는 비화석 에너지로부터 전력을 공급할 의무가 부여되었다. 영국의 ETSU[26]는 영국 내 총 매립가스 에너지를 5.3×10^{12}Wh/년으로 평가하고 있으며, 40%의 회수율을 가정하면 500~600MW가 생산 가능한 것으로 예상하고 있다.

오스트리아에서는 EU매립지침에 따라 폐기물 매립 전에 열적 또는 기계적-생물학적 전처리 과정을 거쳐야 한다. 전처리를 통하여 매립지 수명 연장 및 향후 매립지 관리가 용이해졌고 온실가스 배출감소로 인한 기후변화협약 대응이 가능하게 되었다. 오스트리아는 2007년 현재 17개소의 전처리시설이 운전 중에 있으며 시설용량은 대략 686,500톤/년이다.

라. 미국

미국은 바이오에너지의 이용촉진을 위하여 1999년 공포된 "바이오제품과 바이오에너지 개발 및 촉진에 관한 대통령령"과 2000년 제정된 "바이오매스 연구개발법"을 기반으로 바이오매스 이용분야를 세분화하여 각각에 대한 중장기 목표를 설정, 이를 달성하기 위한 사업을 추진하고 있다.

미국은 선진국 중에서 바이오매스를 가장 많이 이용하는 나라의 하나이며 바이오매스의 이용에 대한 정책적 대안을 다른 나라보다 이른 시기부터 구상하여 실행하고 있다. 미국 농무부와 에너지부의 주도하에 에너지 자원으로서의 바이오매스 활용증진을 위하여 지속적으로 노력하고 있다. 그 결과 2000년 이후부터는 재생에너지원 중 바이오매스가 가장 큰 비중을 차지하고 있다.

폐기물은 중요 재생에너지로 규정되어 있으며 폐기물의 기존 소각공정은 열적 처리공정으로 전환되어 전기와 열을 생산한다. EPA[27]의 최대 달성가능 제어기술(MACT; maximum achievable control technology) rule을 통해 폐기물 에너지화에 따른 환경적 피해를 최소화하고 있다.

---

26) ETSU(Energy Technology Support Unit) : 영국의 산업성 산하기관
27) EPA(Environmental Protection Agency) : 미국환경보호국

미국 폐기물 성분은 수분이 적고 가연분이 많아 발열량이 높다. RDF기술의 급속한 개발과 시장 활성화를 통해 1972년 St. Louis시 300톤/일 규모의 RDF 공장이 최초로 가동된 이후에 25개 이상의 RDF 제조시설과 30여개의 RDF-석탄혼합 발전소가 운영 중에 있다. 가연성 생활폐기물 에너지화 시설의 대부분은 RDF화 시설과 발전소가 같이 있다. 생활폐기물은 RDF로 가공되고 컨베이어를 이용하여 발전소로 이송된다. 미국에서 고형연료 시설은 주로 개인기업에서 운영되고 있다. 공익성보다는 채산성을 중시하여 비용이 증가되는 성형 고형연료보다 비성형 고형연료를 주로 이용한다.

가축분뇨 처리를 위한 혐기성소화조 건설에 2003년 이후 약 2천 5백만 달러가 투입되었으며, 각 주(州) 별로 관련된 에너지 법률을 제·개정하여 메탄회수에 의해 생산된 전력을 구매하는 시장이 형성되었다. Biogas energy Inc., POWER-X, Microgy, Inc.사는 혐기성 소화기술을 개발하여 유기성폐기물을 처리할 수 있게 하였다.

생활폐기물 관리는 매립을 중심으로 의존도가 높다. 별도의 폐기물 처리시설을 설치하는 것보다 이미 설치되어진 매립지에서 폐기물의 분해를 가속화, 안정화하여 폐기물을 줄이면서 메탄을 회수하여 자원화를 증가시키는 방향으로 진행하고 있다. 사용 중이거나 종료된 모든 미국의 도시고형폐기물 매립지는 심의 규정에 의해 관리되며 반드시 메탄가스를 포집하여 소각하도록 하였다. 매립지로부터 방출되는 메탄의 규제는 미국 EPA가 공표한 Clean Air Act, New Source Performance Standards and Emissions Guidelines에 의하며 Federal Register (Volume 61, Number 9), CFR Part 51, 52, 60에 관련 내용이 수록되어 있다.

미국 EPA는 1994년 LMOP[28])을 운영하여 미국 전역에 산재한 약 2,200여개의 매립지를 대상으로 주정부와 에너지 이용자, 공급자 간의 협약에 의해 추진되는 매립가스 에너지화 사업을 적극 지원하고, 관련정보를 web site(www.epa.gov/landfill/index.htm)에 공개한다. 2008년 4월 기준으로 LMOP를 통해 43개 주에 약 450개 매립가스 에너지화 시설의 설치를 지원하였다. 이것은 연간 11억kWh의 발전과 218백만m^3의 가스를 공급하여 182백만 배럴 상당의 원유절감 효과를 보였고 87만 가구의 전기공급과 53만 가구의 난방이 가능한 에너지다.

매립가스에서 불순물과 CO_2를 제거하고 CH_4 농도를 높여 도시가스(90-95% CH_4)나 자동차 연료(95±1% CH_4)로 사용할 수 있다. 에너지 유효이용측면에서 매립가스를 직접 연소하여 이용하는 것은 총괄효율이 낮다. 에너지효율을 높이고 온실가스인 메탄회수를 위해 매립가스를 정제하여 도시가스나 자동차 연료로 사용하려는 시도가 점점 증가하고 있다.

미국의 2008년 에너지원별 소비량은 quadrillion(10^{15}) Btu[29])단위로 화석연료 83.7, 원자력 발전 8.5, 신재생에너지 7.3이다. 신·재생에너지의 원별 구성은 수력 2.5, 폐기물 및 바이오매스 3.9, 풍력 0.5, 지열 0.4, 태양광(Photovoltaic) 0.1 quadrillion Btu로 되어 있다. 폐기물·

28) LMOP(Landfill Methane Outreach Program)
29) BTU(British Thermal Unit)

바이오매스에너지는 전체 신 · 재생에너지 소비량 7,318조 Btu의 53.1%인 3,885조 Btu이고 미국 전체 에너지 소비량의 3.9%에 해당하는 양이다. 이것은 목재 2,054조 Btu, 바이오연료 1,413조 Btu, 폐기물 418조 Btu로 이루어지며 목질계자원이 전체 바이오매스 소비의 52.9%를 차지한다. 유기성폐기물을 제외하고도 농경지와 산림에서 획득 가능한 바이오매스 잠재량은 건조중량기준으로 연간 13억 톤에 이를 것으로 추정되고 있다.

2008년의 총 에너지 소비는 2007년에 비하여 7.3% 증가한 반면에, 폐기물 · 바이오매스에너지는 전년대비 8.2% 증가하였고 바이오연료 소비는 2007년의 1,025조 Btu에 비하여 37.9% 증가하였다. 폐기물 · 바이오매스 에너지는 산업용으로 53.06%가 소비되며, 이어서 수송용 21.4%, 주거용 12%, 발전용 11%, 상업용 2.5% 순으로 소비된다. 수송용의 신 · 재생에너지는 전량이 바이오매스로부터 유래된 것이며, 이것은 전체 수송용 에너지 소비량의 3%에 해당되는 양이다.

마. 일본

일본은 온난화 대책 및 자원순환형 사회구축 등 환경산업진흥을 위해 '바이오매스 에너지도입 가속화 전략'을 2007년도 역점사업으로 추진하여 고효율 폐기물 에너지 이용시설 및 바이오연료 제조 사업에 총 사업비의 30-50%에 상당하는 국고를 지원하였다. 2004년 기준 총 에너지 소비량 중 신 · 재생에너지의 기여도 1.3%를 2010년까지 3%수준까지 확대하는 방안을 추진 중이다. 또한 유기성 폐기물을 통합 관리하는 "바이오매스 타운"건설을 추진하여 2005년 기준으로 바이오매스 기술개발에 대해 380억 엔을 지원하고 바이오매스의 열 이용량을 2006년 0.6MTOE에서 2010년 2.8MTOE로 증대시킬 예정이다. 이에 의하여 CO_2삭감 목표치의 약 10%인 760만톤의 CO_2 저감이 가능하다.

일본 후생성(현 환경성)은 1997년 1월에 지방행정기관의 일반폐기물 담당부서에 "쓰레기처리 광역화 계획"을 알렸다. 여기에는 폐기물처리의 광역화 필요성 및 광역화계획의 내용, 광역화계획 책정순서, 유의사항 등이 포함되었다. 1997년 이후 다이옥신 발생량이 많은 중소형 소각로를 RDF 생산시설로 대체하였고 약 150여개 지자체에서 폐기물이 공급되는 56개 RDF 제조시설 (2005년 기준 연간 40만톤 생산)과 5개 광역화 RDF 전용발전소가 가동 중에 있다. 일본의 5개 광역 RDF 전용발전소는 카시마 공동재자원화센터주식회사 카시마사업소, 이시카와 북부RDF광역 처리조합, 미에 폐기물고형연료발전소, 후쿠야마 리싸이클발전소, 오무타 리사이클발전소 등이다. 카시마사업소는 일반폐기물 RDF와 공업단지내의 산업폐기물을 이용하여 연소· 발전한다. 나머지는 모두 10-20여개의 지자체가 생산한 RDF를 광역으로 수집 · 운반하여 1개 RDF 발전소의 연료로 사용하여 발전한다. 일본의 RDF 발전소는 RDF를 목재나 석탄과 혼소하는 시설과 RDF 전용시설이 골고루 있으며, 슬러지와 목재를 RDF와 혼소하여 268MW전기를 생산하는 대형발전소도 가동 중이다. 한편 10-20MW규모의 RDF 발전소가 15-30개 중소도시를 중심으로 건설 및 운전되고 있으며, 산업폐기물을 비롯하여 폐목재, RDF 등이 다양하게 연료로 사용된다.

유기성 폐기물의 처리는 매립, 소각, 재활용의 방법으로 처리되고 있으며, 혐기성소화로 처리되는 비율은 낮은 상황이다. 하수슬러지는 40%가 매립되며 약 60%는 건설자재나 퇴비로 이용되고 있다. 음식물류 폐기물은 평균 90% 이상이 매립 · 소각되고 있으며, 10% 정도는 비료 및 사료화 처리되고 있다. 가축분뇨의 약 94%는 퇴비 등으로 재활용되고 있다. 음식물류 폐기물에 가축분뇨, 유기성 슬러지, 분뇨 등의 기타 유기성 폐기물을 혼합하여 처리하는 통합소화방식은 소규모로 운전되고 있다. 통합처리시설에서 생산된 메탄가스는 에너지로 사용되며 슬러지를 포함한 잉여 고형물은 퇴비화를 통해 처리한다. 현재 운영되고 있는 음식물류 폐기물 및 가축분뇨 통합소화 시설은 유럽에서 도입된 혐기성 소화기술을 이용하여 24개가 운영 중이고, 종래의 혐기성 소화는 하수슬러지, 유기성 농산폐기물 등 단일폐기물을 처리한다. 가축분뇨 바이오가스 플랜트는 낙농산업이 발달된 북해도에서 54개소의 바이오가스 플랜트가 운영 중이며 생산된 바이오가스는 매전(賣電)하기보다는 자체적으로 사용한다. 이 시설은 에너지 생산시설로서의 기능적 역할보다는 가축분뇨처리시설로 인식되고 있다.

일본의 2007년 현재 폐기물계 바이오매스 부존량은 3억310만 톤이며 그 이용률은 약 70%이다. 폐지, 가축분뇨, 식품폐기물, 건설폐목재, 폐액, 하수오니 등의 폐기물계 바이오매스는 활용이 비교적 빨리 진전되고 있어 향후 이용체제 정비 등으로 인해 이용률은 더욱 향상될 것이다. 교토의정서가 발효되고 지구온난화 대책이 중요해지면서 바이오매스에너지 도입이 시급해진 일본은 지구온난화 방지, 순환형사회 형성, 경쟁력 있는 전략산업 육성, 농림 · 어촌활성화를 목표로 하고 바이오매스의 종합적인 활용을 위한 기본적인 국가전략이라고 할 수 있는 '바이오매스 일본 종합전략'을 2002년 12월 수립하였다. 바이오매스 활용현황과 과제의 검증을 통하여 2006년 3월 '바이오매스 일본 종합전략'에서는 바이오매스의 폭넓은 활용을 위한 전략의 하나로 바이오매스타운 구축을 제시하였다. 당초 바이오매스타운 500개를 구축하기로 하였으나 시 · 정 · 촌이 통합되는 것을 고려하여 2010년까지 300개 지구의 바이오매스타운 조성을 계획하고 있다. 바이오매스는 지역마다 부존상황, 이용수요 등의 조건이 다양하기 때문에 지역별로 모든 관계자들이 연대하여 종합적인 바이오매스 타운 구상을 추진하도록 하였다.

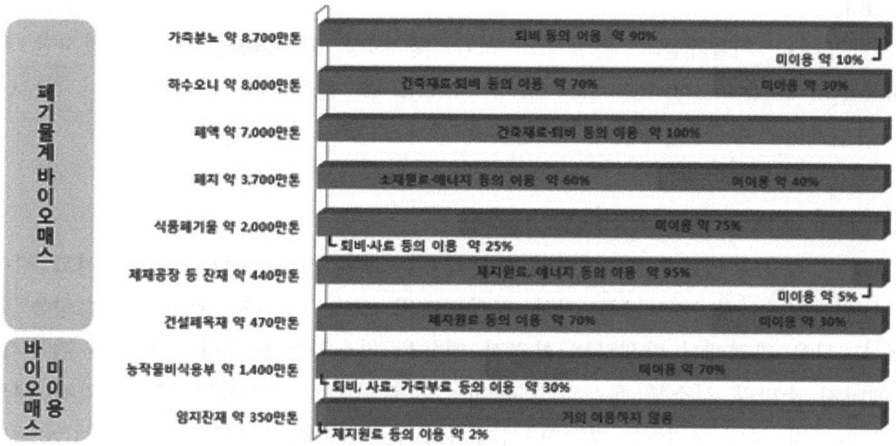

<그림 2-4>일본 바이오매스 부존량 및 이용율 (2007년)

출처 : 関東バイオマス発見活用協議会, 関東地域のバイオマス利活用事例集, 2008

2010년 바이오매스 이용목표는 발전 33만 kW, 열에너지 61만 TOE, 비료(퇴비)생산 4,000만 톤이다. 그리고 온실가스 약 760만 톤 CO_2-eq에 상당하는 281만 TOE의 바이오매스 열의 이용과 일본의 가솔린 소비의 약 1/3에 상당하는 3% 혼합가솔린으로서 약 1,825만 TOE의 바이오매스연료 이용을 바이오매스에너지 이용목표로 설정하였다.

3. 외국의 관련제도와 법

가. 유럽연합(EU)

바이오매스 활용 촉진을 위한 EU의 전략과 각 나라의 전략은 매우 다양하다. 동일한 제도라 할지라도 각 나라에서 다양하게 적용되고 있는 EU의 바이오매스 이용전략은 다른 많은 국가들의 바이오매스와 관련된 정책수립의 기초가 되고 있다. EU는 회원국의 신 · 재생에너지 관련법제도를 정비하고 향후 계획을 추진하고 있을 뿐만 아니라, 선진국 간 상호협력을 통해 신 · 재생에너지기술의 개발 및 보급확대 등을 통하여 신 · 재생에너지 이용률을 높이기 위하여 노력하고 있다.

EU는 바이오에너지 산업육성을 위해 21세기 대체에너지 실행계획인 "도약의 캠페인 계획(Campaign for Take-Off)"을 수립하여 2010년까지 총 에너지소비 중 대체에너지 비중을 12%로 높이고, 2010년 대체에너지 생산량 중 바이오에너지 비중은 74%(1차 에너지소비의 8.9%)로 높인다는 목표를 제시하였으며, 생활 폐기물 소각 등의 폐열 회수를 바이오에너지로 분류하고 10,000MWth (megawatts thermal)의 바이오매스 열병합발전, 100만호 바이오매스 개별난방, 1,000MWe(megawatts electric) 메탄가스 발전, 500만톤 바이오에탄올/디젤 공급 등 계획을 제시하였다.

EU는 재생에너지 기술개발과 온실가스 저감 및 시장 활성화를 위한 "재정지원 프로그램(LIFE, Financial Instrument for the Environment)"을 운영하며 2000년 에너지안보를 위한 유럽전략 "그린페이퍼"를 발표하였다.

1) 그린페이퍼 2000

그린페이퍼는 에너지 안보를 위한 유럽의 전략이며, 에너지 효율성 제고전략이고 지속가능한 에너지 확보전략이다. 에너지안보를 위한 전략으로써 EU는 에너지 공급의 안정성을 확보하고 에너지 생산 · 사용 과정에서 발생하는 환경적 영향을 최소화함과 동시에 에너지 절약기술 개발을 통한 에너지 소비량 감소를 목표로 재생에너지 로드맵을 제정하여 2020년까지 재생에너지 보급률을 12%까지 확대(초기에는 2010년까지 12%로 설정)하고 세부지침(Directive)을 수립하였다.

가) 재생에너지원로부터 전기생산 촉진에 관한 지침(2001)

유럽의 재생에너지로부터의 전기 생산량을 1997년 14%에서 2010년까지 21%까지 달성하는 것을 목표로 하여 EU 국가들로 하여금 바이오매스, 바람, 태양, 지열, 조력, 수력, 매립지가스, 슬러지처리가스, 바이오가스 등 재생가능 에너지원으로부터 전기를 생산할 것을 의무화하고 할당량을 부여하였다(〈표 2-2〉 참조).

나) 바이오연료 또는 재생가능연료의 사용 촉진에 관한 지침(2001)

EU 국가들은 바이오매스로부터 생산된 바이오연료를 운송수단에 사용할 것을 의무화하는 것이고, 당초 바이오연료 보급률을 2010년까지 5.75%로 설정하였으나 2020년까지 10%로 확대조정 하는 것을 고려중이다.

다) 에너지 제품 및 전기의 과세에 관한 지침(2003)

재생에너지를 자동차 및 난방연료로 사용할 경우 부담할 세금을 최소화하고 온실가스 저감장치를 사용하는 사업장에 세금감면 혜택을 부여하도록 하였다. 재생에너지의 개발과 더불어 에너지 효율성 제고를 유럽의 에너지 안보정책의 중요성으로 인식하여 적은 에너지로 더 많은 제품 및 서비스를 생산하기 위한 'Doing more with less' 전략을 발표하였다. 에너지 가격 시스템의 부조화, 재정지원제도의 부족, 기술개발의 실현 가능성 및 신기술의 재정지원에 관한 정보의 부족이 에너지 효율성제고에 걸림돌로 작용하게 되므로 세금감면, 보조금지원, 재정 인센티브 부여, 산업기관과의 유대 강화를 위한 세부지침 및 실행계획을 수립하였다.

유럽의 에너지 안보정책의 목표인 '에너지 공급안보, 지속가능성, 경쟁력'을 달성하기 위한 친환경 에너지기술 및 에너지 효율성 제고 중요성을 강조함으로써 유럽의 에너지 정책의 방향을 재정립하여 제시하였다.

<표 2-2> EU 각 국의 재생에너지원을 통한 전기 생산 목표

국 가	1997년		2010년 (%)
	TWh	%	
계	338.41	13.9	22
벨 기 에	0.86	1.1	6.0
덴 마 크	3.21	8.7	29.0
독 일	24.91	4.5	12.5
그 리 스	3.94	8.6	20.1
스 페 인	37.15	19.9	29.4
프 랑 스	66.00	15.0	21.0
아일랜드	0.84	3.6	13.2
이탈리아	46.46	16.0	25.0
룩셈브르크	0.14	2.1	5.7
네덜란드	3.45	3.5	9.0
오스트리아	39.05	70.0	78.1
포르투갈	14.30	38.5	39.0
핀 란 드	19.03	24.7	31.5
스 웨 덴	72.03	49.1	60.0
영 국	7.04	1.7	10.0

출처 : 행정안전부 외 5개 부처, "폐자원 및 바이오매스에너지 대책", 2008.10

그 에너지 정책 방향을 에너지 수요 감소, 재생에너지 및 저탄소 에너지 개발, 기후변화 방지 등 지속적인 노력을 통한 지속가능한 에너지(sustainability) 확보, 재생에너지 개발부문의 투자 촉진 및 최첨단 에너지기술 개발을 통한 경쟁력(competitive) 있는 에너지 확보. 에너지 수요 감소, 재생에너지의 사용증대 및 다양한 에너지원 개발을 통한 에너지 공급(security of supply) 확보 등으로 설정하고 있다.

2) 바이오매스 액션플랜 2006

학교 등에 대한 바이오매스 공급 프로그램, 연도별 재생에너지를 이용한 전력생산, 난방공급 및 수송용 연료 생산목표 등을 설정하고 2010년까지 바이오매스 사용을 150MTOE까지 확대하는 계획을 수립하였다. 구체적인 실행지침으로써 유럽 에너지 공급의 다양성, 5%까지 재생에너지 비율 증가, 수입에너지 의존율 감소(48%→42%), 2억 900만 톤까지 연간 CO_2 배출량 감축,

농촌지역의 직접고용 창출(25만~30만 명까지 창출전망), 오일수요 감소에 따른 오일 가격하락을 제시하였다. 운송부문에 있어서 바이오연료의 시장 비중을 2005년 2%, 2010년 5.75%로 각각 설정하였다(Directive 2003/30/EC).

3) 바이오매스 이용촉진 법제

EU의 바이오매스 이용촉진을 위한 대표적 전략은 COM(Commission communications to the Council and other institutions)에 잘 나타나 있으며, 그 방안으로는 세제혜택, 연구개발, 규제완화 등이 있으며, 바이오제품의 품질평가, 규격화, 식별수법의 내용을 제시하고 있다.

한편 EU국가에서 적용하고 있는 대표적인 신재생에너지 프로그램을 〈표 2-3〉에 나타내었으며, 〈표 2-4〉는 유럽 주요 국가들의 바이오에너지 이용 및 정책을 정리한 것이다. 회원국은 국가차원에서의 신재생에너지 사용 지원을 위해 녹색 인증제, 투자보조, 면세 · 감세, 환세 등과 같은 여러 가지 제도를 운용하여야 하며, 투자자의 확신을 유지하기 위해 위원회의 체제가 본궤도에 오를 때까지 적절한 기능을 보장하는 것으로 되어 있다. 그 수단으로서 에너지 관련 생산제품에 관한 면세 혹은 감세를 도입하고 있으며, 농업에서의 하수슬러지 사용에 관한 법률 등에서도 이용촉진을 위한 대안을 제시하고 있다.

4) 신재생에너지 보급지원제도

신재생에너지의 보급에 앞서 이루어진 EU의 여러 국가들은 신재생에너지 발전전력의 경제성을 확보하기 위하여 다양한 지원책을 실시하고 있다. 주 지원책은 고정가격 우선매입제도, 입찰제도, 신 · 재생에너지 의무할당제도(RPS) 등이 있다.

신 · 재생에너지 설비투자에 대한 지원책으로 초기설비에 대한 보조금지급, 탄소세 등의 환경세를 실시하고 있는 국가에서는 환경세의 면제 또는 환급이 있으나 의무 불이행의 경우에는 전력량에 연계하여 벌금을 부과하거나 벌칙을 부과하는 방식이 있다. 네덜란드를 제외한 국가에서는 전기사업자가 신 · 재생에너지 발전전력을 매입하여야만 하는 매입의무 제도를 실시한다 〈표 2-6〉.

<표 2-3> EU의 주요 바이오매스 이용촉진 법제

구분	법 제	내 용
세제 혜택	Common Position (EC) No 18/2001 of 23 March 2001 adopted by the Council, acting in accordance with the procedure referred to in Article 251 of the Treaty establishing the European Parliament and of the Council on the promotion of electricity produced from renewable energy sources in the internal electricity market	•회원국은 국가차원에서의 신재생에너지 사용 지원을 위해 녹색 인증제, 투자보조, 면세 · 감세, 환세 등과 같은 여러 가지 제도를 운용하여야 함 •이 법안의 목적을 달성하는 중요한 수단은 투자자의 확신을 유지하기 위해 위원회의 체제가 본 궤도에 오를 때까지 적절한 기능을 보장
	Council Directive 2003/96/EC of 27 Octorber 2003 restructuring the Community framework for the taxation of energy products and electricity	•에너지 관련 생산제품에 관한 면세 혹은 감세 기간은 6년 이상 적용 예정. 향후 기간의 수정가능. 면세 혹은 감세는 multi- annual program이 종료되는 시점까지, 그리고 2012년 12월 31일 이후에도 적용가능
	Directive 2004/8/EC of the European parliament and of the Council of 11 February 2004 on the promotion of cogenration based on a useful heat demand in the internal energy market and amending Directive 92/42/EEC	•열병합 발전 증진을 위한 세율의 완화, 고효율 열병합 발전을 가능하게 하기위한 보조시스템의 구축도모
연구 개발	Option of the Economic and Social Committee on "The revision of Council Directive 86/278/EEC on the use of sewage sludge in agriculture"	•농업에서의 하수슬러지 사용에 관한 법률 ①투자촉진을 통해 하수슬러지의 품질향상 도모 ②농업용도로 사용되는 슬러지의 중금속 함유량 최소화 ③토양보호에 관한 의회 최소요구 충족
이용의무부가	Directive 2001/77/EC of the European parliament and of the Council of 27 September 2001 on the promotion of electricity produced from renewable energy sources in the internal electricity market	•바이오에너지를 포함한 재생에너지로부터 생산한 전기사용량을 향상시키기 위한 법제, 각 나라별로 2010년까지 재생에너지로부터 전기 사용량의 구체적 목표치 제시
	Directive 2002/91/EC of the European parliament an of the Council of 16 December 2002 on the energy performance of buildings	•바이오에너지를 포함한 재생에너지 이용향상을 위한 건물의 에너지 이용효율에 관한 법제
바이오제품의 규격화	Directive 2005/32/EC of the European parliament and of the Council of 6/July 2005 establishing a framework for the setting of ecodesign requirements for energy- using products and amending Council Directive 92/42/EEC and Directive 96/57/EC and 2000/55/EC of the European Parliament and the Council	에너지 관련 생산 제품의 Eco-design의 요건을 설정하기 위한 체제구축 ①관련제품이 지속가능한 환경 조성에 기여하는 역할 명기 ②제품을 디자인할 때 에너지 효율을 포함한 환경적 요소 표기

출처 : 경기개발연구원, "경기도의 바이오매스 에너지 이용체계 구축방안", 2008

<표 2-4>EU의 대표적 신재생에너지 프로그램

주 체	주요목표
2010년 이후를 목표로 하는 신 · 재생에너지원에 대한 장기전략(EU)	- 유럽 위원회는 신 · 재생에너지원 개발에 대한 진행사항을 정기적으로 평가 - 신 · 재생에너지원 개발 가능성이 분석되어, 기술적 취약성뿐만 아니라 EU경제에의 파급효과, 에너지안보, 환경에의 영향 규모 등 경쟁력과 관련된 경제규모를 설명 - 장기적인 관점에서 유럽 위원회의 리더십을 유지
새로운 프랑스 에너지법 :에너지 감사에 의한 에너지효율성과 신 · 재생물질 증진(프랑스)	- 새로운 에너지법은 국가적 목표를 제시하고 에너지믹스에서 신재생에너지(특히 heat mix)의 비중을 높이도록 하는 틀을 가지고 있으며, 특히 건물에서 신 · 재생에너지 개발을 위한 새로운 조치를 강조
신 · 재생에너지원 법령(독일)	- 2010년까지 전력의 12.5%, 2020년까지 전력의 20%를 신 · 재생에너지원으로 생산
에너지 효율성 : 영국 정부의 이행계획(영국)	- 영국 에너지백서에서 언급되었듯이 2050년까지 이산화탄소 배출량을 약60%를 저감하고, 2020년까지 이루어지는 탄소 저감량의 절반 이상을 에너지효율향상을 통해 이룸
2010/2011년에서 2015/2016년까지 신 · 재생에너지 의무량 단계적 확대(영국)	- 2015/16년까지 공급되는 전력의 15.4%를 신 · 재생에너지로 충당하는 것으로 의무량을 확대

출처 : 환경자원공사(2009), Waste-to-Energy Report(1권)

<표 2-5> 유럽의 바이오에너지 이용 및 정책

국가	바이오에너지 이용현황	주요 정책	바이오매스 공급	열과 발전	바이오연료
오스트리아	○에너지공급의 11%를 바이오매스가 차지 ○산림폐잔재를 이용한 소규모의 지역난방 시스템 운영 ○정책지원은 주단위 시행	○개별 난방시스템과 가스화시설에 금융지원 ○바이오매스 생산농가 보조 ○바이오연료에 대한 세제지원 및 무기연료에 대한 조세부과	○주로 폐잔재 활용 ○바이오 디젤용 유채 생산	○전통적 목재보일러의 수가 줄면서 열생산은 감소 ○목재보일러는 여전히 중요하여 1/5은 현대화 ○1990~2000년 열생산은 현상유지, 전기생산은 10배 성장	○RME 생산에 주력 ○연간 바이오디젤 생산에 제한없음 ○2010년에는 현 수준의 3배 증가할 전망
덴마크	○1.2백만톤의 짚, 산림폐잔재 활용을 위한 프로그램 운영 ○대규모 열병합, 지역난방에서 바이오매스를 활용하고 바이오매스 잔재를 이용	○2005년부터 에너지작물을 활용하는 장기에너지 프로그램 운용 ○바이오에너지에 대한 보조금은 50%까지 가능할 것 ○의무구매제를 10년간 보증	○볏짚, 목질 폐잔재, 폐기물		○바이오연료에 대한 구체적인 정책은 없지만 새로운 EU지침에 부합하도록 조정
핀란드	○1차에너지 수요의 20%를 바이오매스로부터 확보 ○특히 펄프 · 제지산업에서 폐잔재, 흑액으로 에너지 생산 ○바이오매스에 대한 정부지원이 강함	○에너지세 면제 ○산주들이 산림폐잔재를 생산하도록 재정지원 ○폐기물의 에너지 생산을 목표	○산림폐잔재, 흑액, 토탄의 활용도 제고는 향후 공급비용을 인상시킬 것임	○2010년, 1000MWe 이상의 바이오매스 발전시설을 설치할 계획 ○1990~2000년에 열생산 60%증대, 전기생산은 70% 증대	○바이오연료의 상업적 생산 없음 ○열분해에 관한 R&D 많음

<표 2-5> 유럽의 바이오에너지 이용 및 정책(계속)

네덜란드	ㅇ바이오매스와 폐기물의 에너지 공급은 2020년, 150PJ 목표 ㅇ장기적으로 바이오매스에 의한 에너지 공급이 중요	ㅇ높은 연료비용에 대한 치대 100% 보조 ㅇ다양한 R&D 프로그램과 지원대책 ㅇ농업부의 역할 중요 ㅇ규모와 연료에 관계없이 다양한 기술에 대한 의무구매제 지원 ㅇ투자에 대한 보조와 세제지원	ㅇ주요 자원으로는 폐기물과 폐잔재 ㅇ녹색전기생산을 위해 바이오매스 수입	ㅇ폐기물 소각과 석탄 발전소의 혼합연소가 중요 ㅇ전기생산은 향후 10년간 6배 증가 전망	ㅇ소형 RMF사업이 일부 있음 ㅇ합성가스 개발에 관심 높음 ㅇ비당 전분 연료에서의 에탄올생산 연구 활발
프랑스	ㅇ구체적인 바이오에너지 정책은 없음, 바이오연료는 중요함 ㅇ400PJ의 열, 50PJ의 연료 생산 ㅇ그러나 지난 10년간의 성장률은 매우 낮음 ㅇ전기는 우선순위 낮음 ㅇ바이오매스는 재생에너지의 약 2/3(총에너지의 6%)를 차지	ㅇ바이오디젤은 100% 면세, 바이오에탄올에는 80%의 면세 혜택 ㅇ폐기물 연소 및 매립가스에 대한 의무구매제가 다른 부문으로 확대 될 전망	ㅇ폐잔재와 폐기물 등 이용가능 자원을 활용하여 열생산 ㅇ유채와 곡초류 생산 바이오 물질의 이용에 대한 관심 높음	ㅇ주로 가정용 난방 ㅇ시장이 안정, 실질적 기술진보는 없음 ㅇ집단 또는 산업적 난방시스템이 많지 않음 ㅇ열생산을 위한 현대적 보일러 개념 추구 ㅇ바이오가스 활용이 많음	ㅇ바이오 연료이용의 선진국으로 재정지원이 높음 ㅇ최근 바이오연료 지원에 관한 EU법령과 일치하지 않은 지원으로 문제가 야기됨 ㅇ바이오연료의 경쟁력 향상이 주요 목표
스페인	ㅇ현재 총에너지에서 바이오매스는 160×10[15]J(전체 재생에너지의 약 50%) ㅇ2010년 430×10[15]J로 증가 전망 ㅇ재생에너지 공급 2010년 30% 목표	ㅇ바이오에너지 프로젝트 투자에 대하여 세금공제(10%), 직접보조(30%까지), 이자 할인(5%)	ㅇ폐잔재 활용, 에너지작물 관심 높음 ㅇ전통적인 유채, 곡초류 외에도 사탕수수와 같은 새로운 기회 시도	ㅇ바이오가스의 생산 및 이용으로 전기생산을 목표로 함 ㅇ열생산은 일정수준 유지	ㅇRME, 에탄올 생산 증가 ㅇ셀룰로오스 바이오매스로부터 에탄올 생산 ㅇ2010년 20PJ의 에탄올 목표
스웨덴	ㅇ바이오매스와 폐기물에너지 공급은 2020년, 150×10[15]J 목표 ㅇ장기적으로 바이오매스에 의한 에너지 공급이 중요	ㅇ높은 연료비용에 대한 최대 100% 보조 ㅇ다양한 R&D 프로그램과 지원 대책 ㅇ규모와 연료에 관계없이 다양한 기술에 대한 의무구매제 지원	ㅇ주요 자원으로는 폐기물과 폐잔재 ㅇ녹색전기생산을 위해 바이오매스 수입	ㅇ폐기물 소각과 석탄 발전소의 혼합연소가 중요 ㅇ전기생산은 향후 10년간 6배 증가 전망	ㅇ소형 RMF사업이 일부 있음 ㅇ합성가스 개발에 관심 높음 ㅇ비당전분연료에서의 에탄올생산 연구활발

출처) Faaij, Andre P.C. "Bio-energy in Europe : changing technology choices".Energy Plicy. In press. 2004
한국농촌경제연구원 "목질바이오매스 열에너지 개발의 경제성 분석과 에너지용 산림폐재의 지속적 확보방안" 2005

가) 고정가격 우선매입제도

고정가격 우선매입제도는 독일, 그리스, 룩셈부르크, 포르투갈, 스페인 에서 적용하고 있는 제도이며, 원형이 독일에서 개발되었기 때문에 '독일 방식'이라고도 한다. 고정가격 우선매입제도의 개념도를 〈그림 2-5〉에 나타냈다.

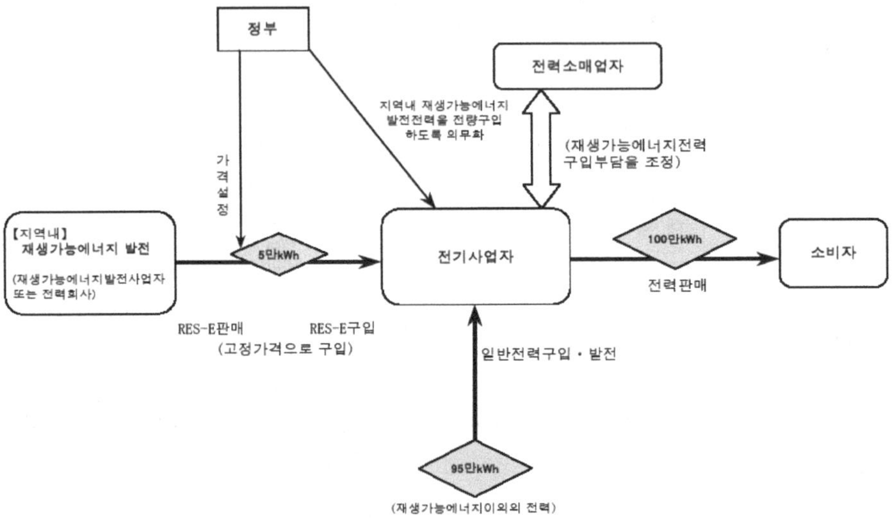

<그림 2-5>고정가격 우선매입제도의 개념도

출처 : 환경자원공사(2009), Waste-to-Energy Report(1권)

정부는 신 · 재생에너지원별로 고정가격을 설정한 후 전기 사업자에 대해 지역내 신 · 재생에너지 발전전력(RES-E : Renewable Energy Source Electricity)을 전량 구입하게 하고, 부족분을 신 · 재생에너지 이외의 일반전력에서 구입한 후 소비자에게 판매하게 하고 있다.

신 · 재생에너지 발전이 용이한 지역과 용이하지 않은 지역의 전기사업자 사이에는 구입부담액의 차이가 발생할 수 있으므로 전력소매업자와 전기사업자 사이에 구입부담을 조정할 수 있도록 하고 있다. 한편 화석원료나 원자력에서의 생산전력보다 상대적으로 비싼 신 · 재생에너지 전력의 전량 구매로 인한 전기사업자의 부담은 전기료 인상을 통해 소비자에게 부담이 전가될 수 있는 제도이다. 신 · 재생에너지원별, 출력의 크기, 운전연수, 운전 개시연도에 따라 고정가격 수준에 차이가 있다. 소규모, 운전연수가 짧을수록 운전개시 연도가 빠를수록 고정가격 단가가 높게 책정된다. 고정가격 적용기간은 20년이다. 독일에서 2004년 개정된 기준가격 체계의 예를 〈표 2-6〉에 나타냈다.

<표 2-6>유럽의 신재생에너지 보급지원제도

항목 국가명	완전 자유화 연도	전력시장 개방률 (2002년)	전력법 제정시기	매입 의무	주 지원책	보조지원책
오스트리아	2001	100%	1994 (신법 1998)	○	RPS제도 (1998~2002)	초기투자보조 · 고정우대가격
벨기에	2007	35%	1995 (Wallonia)	○	RPS제도 (2002년부터)	초기투자보조
덴마크	2003	90%	1993	○	RPS제도 (2003년계획)	초기투자보조 · 최저보장가격
핀란드	1997	100%	(에너지세법 :1997)	○	세금환급	초기투자보조
프랑스	미정	30%	1996	○ (제한있음)	입찰제도	-
독일	1999	100%	1991 (신법 2000)	○	고정가격우선 매입제도	초기투자보조 (지자체)
그리스	미정	30%	1994 (신법 1998)	○	고정가격우선 매입제도	초기투자보조
아일랜드	2005	30%	1994	○	입찰제도	세금감면
이탈리아	미정	45%	1992	○	RPS제도 (2002년부터)	최저보장가격
룩셈부르크	-	-	1994	○	고정가격우선 매입제도	초기투자보조
네덜란드	2003	33%	1995 (신법 1998)	× (자율결정)	RPS제도 (2001년부터)	초기투자보조 · 최저보장가격
포르투갈	미정	30%	1995	○	고정가격우선 매입제도	-
스페인	2003	45%	1997	○	고정가격우선 매입제도	-
스웨덴	1998	100%	1996	○	RPS제도 (2003년부터)	초기투자보조 · 최저보장가격
영국	1998	100%	1989 (신법 2000)	○	RPS제도 (2002년부터)	세금환급

출처 : 환경자원공사(2009), Waste-to-Energy Report(1권)

나) 입찰제도

입찰제도는 프랑스, 아일랜드에서 적용하고 있는 제도이며, 영국의 경우 2002년 RPS 제도의 실시이전에는 입찰제도가 실시되었다. 입찰제도의 개념도를 〈그림 2-5〉에 나타냈다. 정부는 경쟁입찰을 실시하여 사업을 선정하고, 지역 내 전기 사업자에게 신·재생에너지 발전전력을 구입하도록 의무화한다. 사업선정 과정에서 전력구입가격이 결정되고, 전력구입가격과 전력시장에서 결정된 시장가격과의 차액은 정부가 보조한다.

장점은 경쟁입찰을 통하여 신·재생에너지 발전비용이 저하된다는 것이고, 단점은 신·재생에너지원 별 구분이 없고 재정부담이 확대되며 낙찰된 신·재생에너지 발전사업자가 채산성을 고려하여 사업을 포기하였을 경우 보완할 수 있는 제도적 장치가 없다는 것이다.

<표 2-7> 독일의 기준가격 체계(2004년 개정)

전원	세분류		기준가격 (유로/kWh)	적용기간 (년)	연차별 가격변동
LFG 광산가스 쓰레기소각	〈 500kW		7.67	20	매년 1.5%하락
	〈 5MW		6.65	20	
	〉 5MW		6.65	20	
바이오매스 바이오가스	〈 150kW		11.50	20	매년 1.5%하락 (2005)
	〈 500kW		9.90	20	
	〈 5MW		8.90	20	
	〈 20MW		8.40	20	
	Fuel Bonus	〈 500kW	6.00	20	
		500kW~5MW	4.00	20	
		Innovation Bonus	2.00	20	
		District Heating Bonus	2.00	20	

- 연료품질이 LNG와 유사할 경우나 혁신기술 적용 시 보너스 2센트
출처 : 환경자원공사(2009), Waste-to-Energy Report(1권)

다) 신재생에너지 발전의무비율 할당제(RPS)

RPS제도는 벨기에, 이탈리아, 네덜란드, 스웨덴, 영국, 오스트리아, 덴마크에서 적용하고 있는 제도이며, RPS제도의 개념도를 〈그림 2-6〉에 나타냈다. RPS제도는 신 · 재생에너지 발전사업자의 경제성을 확보해주기 위해 정부는 신 · 재생에너지 발전에 의해 삭감되었을 이산화탄소 배출량의 가치를 환산한 녹색증서를 신 · 재생에너지 발전사업자에게 교부하고, 녹색증서를 판매함으로써 신 · 재생에너지 발전시설에 대한 설비투자비를 회수하도록 한 제도이다. 정부의 재정부담을 완화하고, 신 · 재생에너지 전력시장에 시장경쟁원리를 도입한 전력거래를 실시함으로써 신 · 재생에너지 발전비용을 삭감할 수 있게 한 것이다.

RPS제도는 경제 원리를 도입하여 시장효율성을 달성하고자 설계된 제도이기 때문에 다수의 참가자가 시장에 존재해야 한다. 대부분의 국가에서는 발전사업자뿐만 아니라 전력공급사업자 및 전력거래 중개업자도 시장에 참가한다. 또한 재생가능 에너지의 보급을 촉진시키기 위해 의무 이행자와 신 · 재생에너지 발전사업자에 대해 각종 인센티브조치가 실시된다.

탄소세 등 환경세를 도입하고 있는 국가에서는 의무를 이행할 경우 환경세를 환급하거나 면제조치를 실시하고, 의무를 이행하지 않을 경우에는 전력량에 연계하여 벌금 또는 벌칙을 부과한다. RPS제도를 도입하고 있는 EU 국가들은 신 · 재생에너지 발전사업자에 대하여 신재생에너지 전력시장에 전력을 판매할 경우 최저가격을 보장한다. 그에 따라 발전사업자는 안심하고 시설투자를 할 수 있다. 고정가격 적용기간은 10년이다.

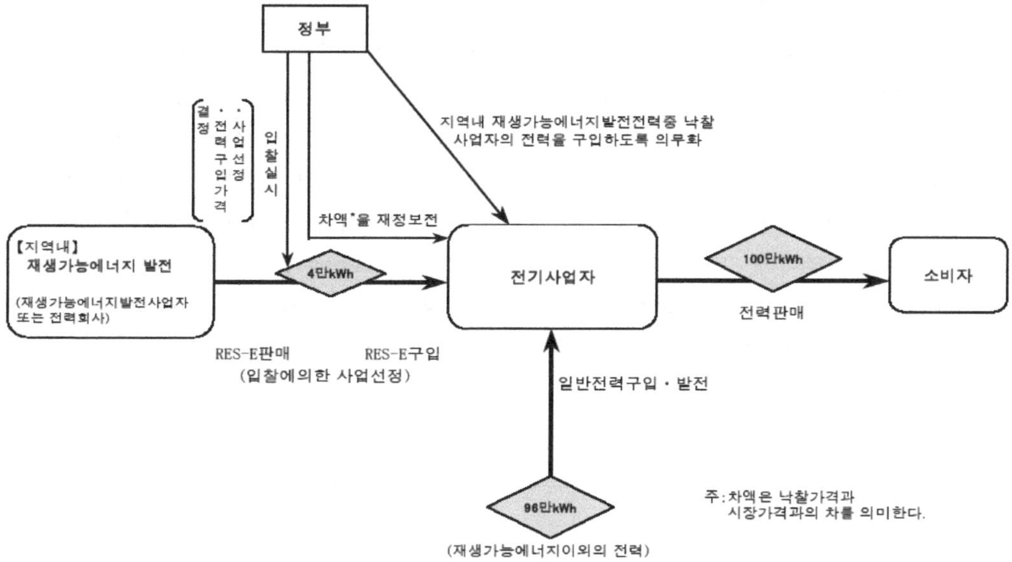

<그림 2-6> 입찰제도의 개념도

출처 : 환경자원공사(2009), Waste-to-Energy Report(1권)

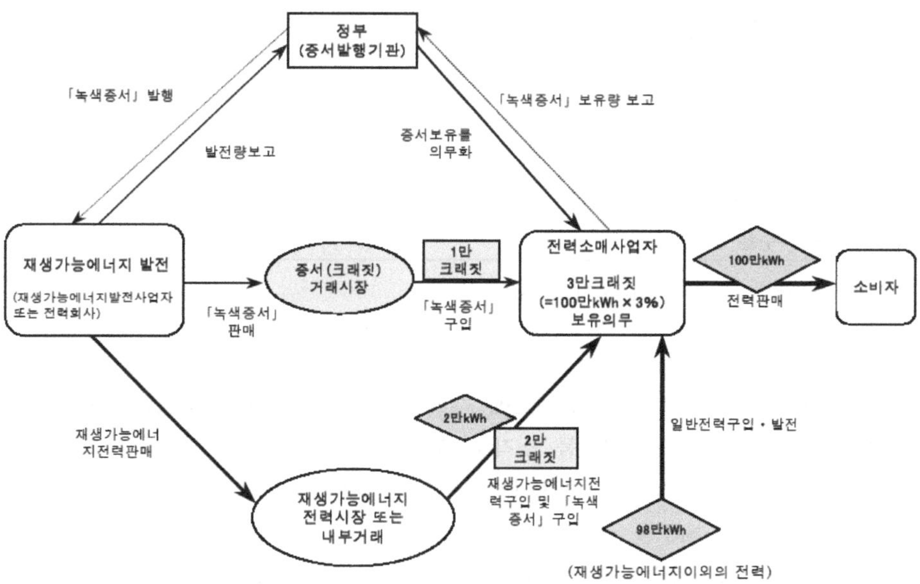

<그림 2-7> 신재생에너지 발전의무비율 할당제의 개념도

출처 : 환경자원공사(2009), Waste-to-Energy Report(1권)

5) 폐기물 고형연료 품질 기준

EU 매립지침은 생활폐기물의 전처리(MBT)와 고형연료의 생산을 촉진시켰다. 〈표 2-8〉에 나타낸 이탈리아의 고형연료 품질기준과 같이 EU 국가는 폐기물 고형연료의 최저품질을 정하여 이용증진을 위한 노력을 하여 왔다. 각 나라마다 고형연료에 대해 사용하는 용어가 달랐으며, 이탈리아는 고형연료를 RDF라는 용어를 사용하다가 1998년 2월에 CDR (combustibili derivato dai rifiuti)로 명칭을 바꾸었다. CDR은 생활폐기물이나 산업폐기물(총량의 50%까지)로 생산되는 고형연료이다. 핀란드는 고형연료를 REF(recovered fuel 또는 recycled fuel)로 표현하며, REF 생산자는 품질에 대한 책임을 지며 정부로부터 허가를 받은 사용자에게만 REF를 공급할 수 있고, REF 사용자는 환경배출허용기준에 합격해야만 사용할 수 있다.

<표 2-8> 이탈리아의 고형연료제품 품질 기준

항 목	단 위	한계치
수분	% max	25
발열량	kJ/kg	15,000
회분량	%(질량 기준)	20
염소 함유량	%(질량 기준)	0.9
황 함유량	%(질량 기준)	0.6
납 함유량	mg/kg	200
수용성 구리 함유량	mg/kg	300
망간 함유량	mg/kg	400
크롬 함유량	mg/kg	100
니켈 함유량	mg/kg	40
비소 함율야	mg/kg	9
카드뮴+수은 함유량	mg/kg	7

출처 : 환경자원공사(2009), Waste-to-Energy Report(1권)

EU는 국가마다 달리 사용하는 고형연료에 대한 용어를 SRF(Solid Recovered Fuels)로 정의하고 규격화하고 있다. SRF는 폐기물 소각로 또는 혼소 플랜트에서 에너지 회수를 위해 사용될 수 있는 비유해성 폐기물에서 만들어진 연료로 정의되며, 고체 바이오 연료는 포함하지 않는다. CEN/TC 343에서 SRF를 공식용어로 하고 제시된 RDF 표준화(안)을 〈표 2-9〉에 나타냈다(고형연료의 법제 및 환경영향, 경제성에 대한 자세한 내용은 WRc, "Refuse Derived Fuel, Current Practice and Perspectives(2003)" 참조).

<표 2-9> CEN/TC 343의 SRF의 등급(안)

구분	단위	등급 기준				
		1	2	3	4	5
발열량	MJ/kg(wet product)	≥25	≥20	≥15	≥10	≥3
염소	%(wet median)	≤0.2	≤0.6	≤1.0	≤1.5	≤3.0
수은	mg/MJ(median) mg/MJ(80%)	<0.02 <0.04	<0.03 <0.06	<0.08 <0.16	<0.15 <0.30	<0.5 <1.0

출처 : 환경자원공사(2009), Waste-to-Energy Report(1권)

나. 독일

1) 재생에너지원법(EEG : Erneuerbare Energie Gesetzt)

재생에너지원법은 유기성 폐기물의 에너지화를 적극 촉진하도록 규정하였다. 전력생산 촉진 대상에는 Biowaste와 Biomass, 폐목재, 매립지 및 하수처리장에서의 발생 가스가 포함되어 있다. EEG의 핵심은 재생에너지원으로부터 생산된 전기를 주요 전기 공급망(grid)으로 배전하게 하고, 재생가능 전기를 생산하는 경우에 대하여 20년간 최소지불가격을 보증해 주는 것이다. 이를 통하여 재생에너지 전력 공급 비중을 2010년 12.5%, 2020년 20% 이상으로 확대하는 것이다. EEG는 친환경세제(eco-tax)와 함께 이산화탄소 배출을 줄이는 데 가장 성공적인 수단이며, 재생에너지 이용기술의 시장진입을 촉진하는 수단으로 평가받고 있다.

열병합 발전법에 따라 전력과 열에너지를 함께 생산하는 경우, 또한 열병합이 부분적으로 행해지거나 혁신적인 기술로 바이오매스를 이용하는 플랜트에서 생산된 전력에 대해서는 추가로 2.0cents/kWh를 보증 받는다. 모든 EEG 보조금의 비용은 민간 가계 전기요금의 3%에 불과하다(18.6€ct/kWh에서 0.56€ct). 2005년 기준으로 620억kWh(TWh), 독일 발전량의 10.2%는 재생에너지원에서 생산된 것이고 이 중 43TWh/년을 재생에너지원법에서 취급하고 있으며, 이것은 약 3,800만 톤의 CO_2 절감효과에 해당한다.

2) 시장자극 프로그램(MAP : Market Stimulation Programme)

시장자극 프로그램은 보조금을 지급하여 태양패널이나 고형 바이오매스를 연소할 수 있는 화로를 설치하도록 권고하는 프로그램으로써 환경 친화적이고 저비용의 바이오연료 또는 태양에너지로 바꾸도록 인센티브를 제공하고 있다. 가정이나 소기업, 도시, 단체 등이 신청할 수 있다.

우드 칩과 펠릿을 자동으로 공급하는 용량 8~100kW, 효율 88%의 보일러에 대하여 30kW 이하 용량의 보일러는 38.40유로(€)/kW를, 30kW이상은 24유로/kW의 보조금을 받는다. 30kW이하의 장작을 수동으로 공급하는 보일러는 효율성이 90% 이상이라면 26.00유로/kW(최소 780유로를 지원받는다. 추가적으로 100kW 이상의 열을 생산하는 바이오매스 플랜트는 장기 저리융자를 지원받는데 고정금리이며 일정 기간 동안 상환을 면제받는다.

3) 바이오연료에 대한 조세혜택

바이오연료는 2006년 7월까지 연료세가 면제되었고 8월 이후 혼합의무제로 바뀌었다. 순수 식물성 오일은 2007년 말까지 면세되고 BTL과 같은 새로운 바이오연료(2차 생성)는 2015년까지 면세된다. 농업인은 바이오연료를 면세로 이용할 수 있는 반면에 정유회사는 2009년까지 바이오연료를 벤젠에 2%, 디젤에 4.4%를 의무적으로 혼합해야 한다.

4) 주와 지방단위의 보조금

독일의 주 정부와 주요 도시들은 독자적인 프로그램과 기구를 갖추어 에너지 효율을 높이고 바이오매스 관련 지원사업을 추진하고 있다. 예를 들면 Bavaria에서 농업인은 농업투자 인센티브(AFP, 기본적으로 EU에서 제공)를 받아 EEG에서 보조되지 않는 바이오매스 보일러 투자의 40%까지 충당할 수 있다. North Rhine-Westphalia주에서도 기후와 환경보호에 기여하는 재생에너지의 개발과 시연, 시장출시 등을 지원하고 있다. 또한 주 정부는 에너지사용을 보다 효율화하려는 기업들을 지원하고 있으며, 중소기업을 지원하는 가장 중요한 도구 가운데 하나는 에너지이용 합리화와 재생에너지원 이용 프로그램(REN)이다. REN은 시연사업의 지원, 기술개발, 일반적인 지원과 협약 등 네 가지 분야를 다룬다. 금속산업과 섬유산업 등 특정 산업부문을 위한 특별 맞춤형 에너지개념도 있다.

5) 독일의 고형연료제품 품질 기준

독일의 RDF 품질기준 중 발열량은 생활폐기물로부터 생산된 RDF는 3,824kcal/kg이상, 특정 폐기물로부터 생산된 RDF는 4,780kcal/kg이상이 되도록 규정되었다. RDF의 중금속농도 기준은 〈표 2-10〉과 같다.

다. 영국

영국은 에너지 회수와 관련하여 EU Directives에 근거하여 관련 정책의 주요 방향을 결정하고 있으며, 폐기물에 대해서는 Waste Strategy 2007 계획에 의하여 폐기물 저감에 초점을 둔 종합적인 폐기물관리 정책(http://www. defra. gov. uk/ ENVIRONMENT /waste/strategy/)을 수립하고 있다. Renewable Obligation(RO)에서는 재생에너지에 의한 전력생산 의무화 및 지원 메카니즘(http://www.berr.gov.uk/ energy/ sources/ renewables/ policy/ renewables-obligation/page15630.html)을 설정하여 운영하고 있다. 영국의 폐기물 정책지표는 〈표 2-11〉과 같다.

<표 2-10> 독일의 고형연료제품 품질 기준

항목	중금속 농도(mg/kg)		항목	중금속 농도(mg/kg)	
	중간값[1]	80% 값[2]		중간값[1]	80% 값[2]
Cd	4	9	Sb	25	60
Hg	0.6	12	Pb	70[3]/190[4]	2003)/-[5]
Tl	1	2	Cr	40[3]/125[4]	1203)/250[4]
As	5	13	Cu	120[3]/350[4]	-[5]/-[5]
Co	6	12	Mn	50[3]/290[4]	1003)/500[4]
Ni	253)/80[4]	503)/160[4]	V	10	25
Se	3	5	Sn	30	70
Te	3	5	Be	0.5	2

1) 10개 또는 20개 샘플을 분석하여 가운데 오는 값이 '중간 값' 이하일 것, 2) 10개 샘플 중 8개가 '80퍼센트 값' 이하일 것, 3) 특정한 폐기물로부터 생산된 RDF의 경우, 4) 생활폐기물로부터 생산된 RDF의 경우, 5) 확실한 근거 제시 때까지 미적용

출처 : 환경자원공사(2009), Waste-to-Energy Report(1권)

<표 2-11> 영국의 폐기물 정책 지표

정책내용(관련법령/문서)	목표치
유기성 폐기물(Biogradable MW)매립(Landfill Directives)	2010 : 1995년 수준의 75% 2013 : 50%, 2010: 30%
위 매립제한치를 초과한 경우(LATS)	150유로/ton (톤당 약 29만원)
매립세 (Landfill tax)	2007년 8유로씩 48유로/ton까지 증가
생활 폐기물 저감(Waste Strategy 2007)	2010 : 2000년 수준의 29%로 저감 2015 : 35%, 2020: 45%
생활폐기물의 재활용/퇴비화 비율(Waste Strategy 2007)	2010 : 40% 2015 : 45%, 2020: 50%
도시폐기물의 재활용 / 에너지화(Recovery) 비율 (Waste Strategy 2007)	2010 : 53% 2015 : 67%, 2020: 75%
온실가스 저감(Energy Wite Paper 07 / Climate Change Bill)	2020 : 1990년 기준양의 26~32%, 총 전력생산량의 20% 2050: 60%

출처 : 영국 및 유럽의 도시폐기물관리와 에너지 회수정책 폐기물학회 2008 -류창국

Energy White Paper 2007에서는 신호기술별 지원을 차별화하는 RO Banding Scheme 도입 및 소각/열병합 발전, 가스화, 열분해, 혐기성 소화에 가중치 부여하고 있으며(http://stats.berr.gov.uk /ewp /index. asp), Biomass Strategy 2007에서는 에너지, 교통 및 산업에 대한 바이오매스 정책(http://www.defra.gov.uk/ environment/ climatechange/ uk/ energy/ renewablefuel/ pdf/ ukbiomassstrategy -0507.pdf)을 수립하고, Technology Demonstration Programme에서는 DEFRA (Department for Environment Food and Rural Affairs)가 후원한 가스화/열분해/소화 신기술 실증 프로그램으로 총 9개 플랜트에 3천만 파운드에(약 580억)을 지원하고 있다.

Strategy for the Environmental Transformation Fund에서는 저탄소 에너지와 에너지 효율 기술의 상용화 촉진을 목표로 하고 있으며, 영국의 기후변화와 2020년 이후의 재생에너지 목표에 기여할 것으로 예견되고 있다(http:// www. hfccat-demo.org/ http://www.berr.gov.uk/ energy/ environment /etf/ page41652.html, http:// www.defra. gov.uk/ environment/ climatechange/ uk/energy/fund/).

1) 에너지작물 지원제도(ECS : Energy Crops Scheme)

에너지 작물 지원제도는 임지조성 지원(Establishment grants)제도와 생산자 조직지원(Producer Group) 제도가 있다. 임지조성 지원제도는 버드나무, 포플러 등의 단기순환목과 억새류 재배를 위한 묘목구입, 식재, 육림 등의 비용을 조성 첫해에 지원해 주는 것이다. 단기순환목을 가축용 농지에 조성할 경우 더 높은 지원을 받을 수도 있다. 이들 작물은 최종적으로 에너지용으로 이용되어야 하고 최종 이용자가 작물로부터 적절한 거리(소형시설 10마일, 발전소 25마일) 내에 있어야 지원받을 수 있다. 생산자조직 지원제도는 최종적으로 에너지로 이용하기 위한 단기순환목을 공동 재배하는 조직에 최대 20만 파운드의 지원을 해준다. 지원자금은 인건비, 전문장비 구입, 사무실 운영, 광고, 홍보 등에 사용될 수 있다.

2) 임지 보조제도(EWGS: English Woodland Grant Scheme)

영국 임지 보조제도는 농장조림 특별지원제도와 임지보조제도를 통합하여 2005년부터 시행되고 있는 제도로, 신규 조림과 기존의 임지관리를 지원하는 것이 주요 목적이다. 임지의 조성계획부터 조성작업, 재조성 작업, 관리 등 다양한 지원제도가 준비되어 있고 임지조성을 희망하거나 재조성을 원하는 사람들은 비교적 쉽게 필요한 지원을 받을 수 있다.

3) 바이오에너지 인프라지원제도(Bioenergy Infrastructure Scheme)

바이오에너지 인프라지원제도는 바이오에너지의 최종사용자에 필요한 공급망을 구축하기 위해 농민, 임업인, 기업 등의 에너지 작물과 목질연료의 공급, 가공, 저장과 수확 등을 지원한다. 작물의 종류에 따라 지원가능 금액이 달라지며, 자금의 용도 또는 조직과 기업의 규모에 따라 다양한 기준을 세워놓고 있다.

4) 바이오에너지 자본보조사업(Bioenergy Capital grants scheme)

영국 내에서 열과 전기 생산의 원료로 바이오매스를 도입하려 할 경우 66백만 파운드 한도 내에서 바이오에너지 자본보조사업의 지원을 받을 수 있다.

5) 신 · 재생에너지 의무구입제도(RO : Renewables Obligation)

신 · 재생에너지 의무구입제도는 에너지 공급자에 대해 신 · 재생에너지 공급 비율을 의무화한 제도이다. 전기공급자들은 공급하는 전기의 일정 부분을 반드시 재생가능 자원으로부터 생산한 전기로 공급해야 한다(〈표 2-12〉 참조).

할당된 비율을 만족하지 못한 공급자는 다른 공급자로부터 구매하여야 하며 신 · 재생에너지 가격은 현재 MWh당 34.30파운드로 일반 전력의 3~4배이다. 재생가능 자원으로부터 생산한 전력량 비중은 2007/2008년에 7.9%, 2010/2011년 10%, 2020년 20%로 할당되었고, 이에 대해서는 기후변화부담금(Climate Change Levy)이 면제되고 2010년까지 매년 10억 파운드씩 관련 산업에 자금이 지원된다. RO Banding Scheme은 에너지백서(Energy White Paper 2007)에서 도입된 것으로 에너지 효율/미래 유망 기술에 따라 가중치가 부여된다.

<표 2-12> RO banding scheme에서의 가중치

Band	Technologies	가중치 (ROCs[30]/MWh)
Established	Sewage gas, Landfill gas ; Co-firing of non-energy crop biomass	0.25
Reference	Onshore wind, Hydro-electric Co-firing of energy crops ; EfW with CHP[31], 기타	1.0
Post-demonstration	Offshore wind Dedicated non-energy crop biomass	1.5
Emerging technologies	Wave; Tidal-stream, Geothermal, Solar photovoltaics, ACT(Gsification, Pyrolysis, Anaerobic digestion) Dedicated energy crop biomass Dedicated regular biomass with CHP	2.0

출처 : 영국 및 유럽의 도시폐기물관리와 에너지 회수정책 폐기물학회 '08 –류창국

6) 재생가능 수송연료의무비율판매제도(RTFO : Renewable Transport Fuel Obligation)

수송용 연료를 판매하는 모든 공급자들은 판매연료의 일정비율을 재생 가능 자원으로부터

30) RCOs(Renewables Obligation Obligation Certificates)

31) CHP(Combine Heat and Power) : 열병합

생산된 바이오디젤과 바이오에탄올 연료로 대체해야 한다. 통합 제시된 RTFO 목표치는 2008/2009년 총 연료판매의 2%, 2009/2010년 2.8%, 2010/2011년 3.5%로써 EU 전체 목표치 5.75% 보다 작지만 영국에서 바이오연료의 증가는 뚜렷할 것이다.

라. 미국

1) 바이오매스 연구개발법(Biomass Research and Development Act of 2000)

바이오매스 연구개발법은 바이오매스를 바이오 기반 산업제품으로 전환하는 것이 국가이익에 뚜렷한 잠재력을 제공할 것이라는 사실에 기초하여 2000년 제정되었고 현재는 개정법(Revised by the Energy Policy Act of 2005, Amended by the Energy Independence and Security Act of 2007)이 발효중이다. 바이오매스와 관련된 기술개발, 상용화 및 보급 전반을 다루며 USDOE[32)]와 USDA[33)]에 국가 바이오매스 전략의 실행의무, 바이오매스 연구의 필요성 명시 및 바이오매스 의안제출 범위 설정, 기술고문위원회(Technical Advisory Committee)와 바이오매스 연구개발위원회(Biomass R&D board) 개설, 보고, 재원 등을 규정하였다. 동법(Biomass R&D Act of 2000)은 biomass R&D를 수행하기 위한 재원으로 2002년에 5백만 달러, 2003~2007까지 매년 1,400만 달러를 지원하고 2006~2015까지 추가로 매년 2억 달러를 지원하는 것으로 규정(SEC. 310. [7 U.S.C. 7624 note] FUNDING)하였다. 동법에 근거한 바이오매스 연구개발의 계획 및 정책을 <그림 2-8> 에 나타냈다.

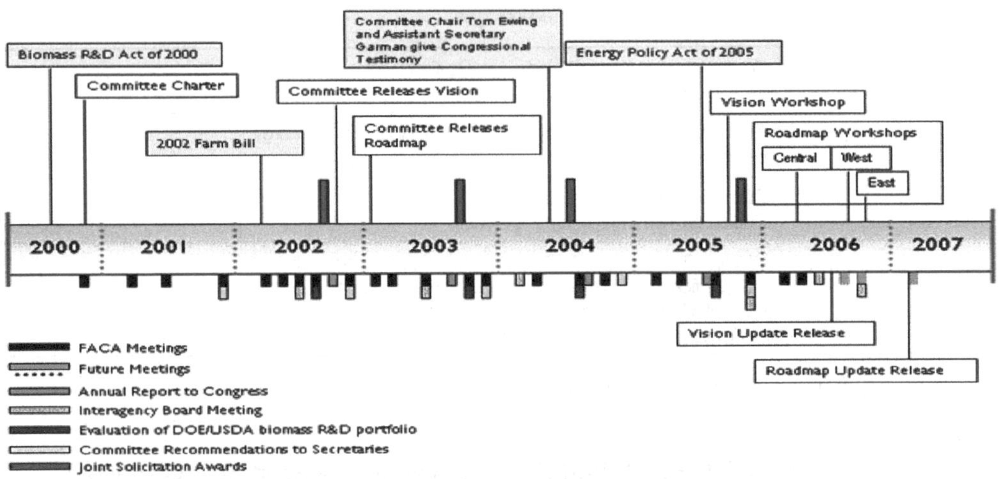

<그림 2-8> Biomass Initiative Timeline

출처 : http://www.brdisolutions.com/default.asp

32) USDOE(United States Department of Energy) : 미국의 에너지부
33) USDA(United States Department of Agriculture) : 미국의 농무부

가) Biomass Program

바이오매스 이용전략의 중심이 되고 있는 'Biomass Program'은 동법을 바탕으로 추진되고 있으며 바이오매스 이용을 통한 화석연료 의존도 감소, 미국 바이오매스 산업의 발전 등을 목표로 하고 있으며 상세 정보는 http://www1.eere.energy.gov/ biomass/index.html에서 볼 수 있다.

이 Program은 바이오매스 기반 제품을 바이오 파워(Biobased Power), 바이오 연료(Biobased Fuels), 바이오 제품(Biobased Products)로 구분하고 이들에 대하여 2030년까지의 장기적인 이용목표 전망을 〈표 2-13〉 에 단계적으로 명시하였다.

나) AgSTAR Program[34)]

AgSTAR Program은 미국 환경부, 농무부, 에너지부가 공동으로 후원하는 자발적인 프로그램이다. 이것은 액체나 슬러리 형태의 축산폐기물(분뇨)관리를 통하여 메탄배출을 줄이기 위해 계획된 것으로 메탄회수(바이오가스 회수시스템)기술의 이용을 장려한다. 바이오가스 회수시스템은 혐기성소화조에서 바이오가스를 포집 · 연소하여 전기, 열, 온수의 생산시스템을 포함한다.

<표 2-13> 미국의 바이오매스 이용 목표 전망

구 분	2010	2015	2020	2030
BioPower시장점유율 에너지 소비량(천조 Btu)	4.0 (3.1)	5.5 (3.2)	7.0 (3.4)	7.0 (3.8)
BioFuels 시장점유율,% 연료소비량(억 갤런-가솔린)	4.0 (80)	6.0 (129)	10.0 (227)	20.0 (510)
BioProducts 생산량(억 파운드)	23.7	26.4	35.6	55.3

출처 : Biomass R&D Initiatives, 2006, Vision for Bioenergy and Biobased Products in the United States

다) EnergySTAR Program[35)]

EnergySTAR 프로그램은 미국 환경부와 에너지부의 공동프로그램으로써 에너지 효율적인 제품선택과 에너지 절약의 실천을 통하여 에너지 비용의 절감과 함께 온실가스 배출량의 저감, 환경보호를 목적으로 한다. 미국에서 EnergySTAR프로그램에 의해 2008년에만 에너지를 절약하여 자동차 2,900만 대에 상당하는 온실가스 배출량을 절감하였고, 이는 190억 달러의 비용에 해당된다. EnergySTAR 프로그램은 가전제품, 사무용기기, 조명, 산업용 장비, 주택, 상업용 및 산업용 건물 등을 대상으로 하여 국가, 기업, 기관, 그리고 소비자들의 전력관리 및 대기전력사용에 대한 폭넓은 기술혁신을 통하여 목적을 이루고 있다. EnergySTAR 프로그램은 15,000개 이상의 민간 및 공공부문 조직과의 파트너십을 통해 최선의 에너지절약 실천과 에너지 효율적

34) http://www.epa.gov/agstar/index.html
35) http://www.energystar.gov/

인 해결방안을 선택하는데 필요한 기술정보와 도구를 제공하여 왔다. EPA는 이미 미국 전역의 80,000개 이상의 건물에 사용해 왔던 혁신적인 에너지 성능평가시스템을 제공한다.

2) 에너지정책법(Energy Policy Act of 2005 ; EPAct 2005)

에너지정책법은 매립지 가스이용에 대한 세액공제 혜택의 갱신 및 확대에 대하여 규정하였고, 채권금융, 세제혜택, 보조금 및 대출보증을 제공하며, 매립지가스도 신 · 재생에너지 생산장려금 대상으로 확장하였다. EPAct 2005는 재 · 생에너지 생산보조금 등 특징적인 제도들이 있다.

가) 신 · 재생에너지 전력생산 장려금제도(REPC : Renewable Energy Production Incentive

일반적으로 생산세액공제(PTC)라고도 하는 신 · 재생에너지 전력생산 장려금(REPC) 제도는 매립지가스를 포함하여 인증된 에너지 자원에 의해 생산된 전력 kWh당 연방 세액공제 제도이다. 인증된 자원목록은 지열에너지, 바이오매스, 태양에너지, 소수력발전, 도시 고형폐기물 연소, 정제석탄, 특정 수력발전 설비 등을 포함한다. REPC는 풍력, 태양광, 농림축산폐기물 및 다양한 비독성 유기물 바이오매스, 지열자원에 대하여 연간 인플레이션을 조정하여 1.5센트/kWh의 세액공제를 받는다. 전기생산 목적용으로 재배된 식물 바이오매스, 소수력발전, 매립지가스, 도시고형폐기물 및 수력으로부터의 전력은 세액공제율을 반으로 하며 미국 국세청(IRS) 2006 bulletine에 1.0센트/kWh로 보고되었다. 매립지가스 발전설비에 대하여 세액공제기간은 2004.10.22~2005.8.8의 설비에 대하여 5년이고, 2005.8.8~2009.1.1의 설비는 10년이다.

나) 녹색가격 프로그램(Green Pricing Program)[36)]

소비자가 신 · 재생에너지 기술에 많은 투자를 하는 전력회사를 선택하여 전력을 구매하도록 유도하는 제도로서 일반대중에게 국가의 신재생에너지 정책에 직접 참여할 수 있는 기회를 제공한다는 취지로 시행되고 있다. 소비자의 선택을 돕기 위해서 미국 에너지부 산하기관인 Energy Efficiency and Renewable Energy(EERE)가 각 전력회사의 신 · 재생에너지 투자기여도 정보를 공개하고, 그에 따라 각 회사가 생산한 신재생에너지 전력의 할증요금(premium)을 책정한다. 신 · 재생에너지 할증요금제는 대부분 전력회사의 자율에 맡기고 있으나, 아이오와, 미네소타, 몬타나, 뉴멕시코, 오레곤, 와싱톤주는 의무적으로 전력회사의 구매옵션에 포함되어 있다. 2006년 7월 기준으로 685개의 전력회사가 Green Pricing 제도에 참여하였고 지역, 전력회사, 에너지원에 따라 적용되는 할증요금이 다르나 평균적으로 1~3센트/kWh 정도이다. 소비자는 이런 정보를 바탕으로 전력회사를 선택하여 신 · 재생에너지를 구매할 수 있으며, 선택한 회사의 신 · 재생에너지에 책정된 할증요금을 자발적으로 부담하게 된다.

---

36) http://www.eia.doe.gov/cneaf/solar.renewables/page/greenprice/green_pricing.html

다) Net Metering 프로그램[37)]

EPAct 2005는 2008년까지 미국 내의 모든 전력회사가 Net Metering 서비스를 제공하도록 규정하고 있다. 전력 소비자가 전력을 생산할 경우 전력계량기가 역방향으로 돌아가는 양방향 전력계량시스템을 도입하여 소비전력에서 생산전력을 뺀 소비전력만을 계량하여 요금을 부과하는 제도이다. 또한 전력소비량보다 많은 전력을 생산했을 경우에는 잉여전력을 소매가격으로 환산하여 저축하였다가 필요시 상응하는 양의 전력으로 환산하여 사용이 가능하다. 이것은 발전설비를 갖춘 전력소비자에게 직접적인 경제적 이익을 제공한다. 40개 주와 Washington DC에서 Net Metering 제도를 시행 중이며, 주에 따라 다소 다르지만 대부분이 10㎾에서 1㎿ 이하의 소규모 발전시설에 적용한다. Net metering 프로그램에 참여 고객수는 아직도 매우 작은 부분을 차지하고 있으나 성장율이 매우 크다.

라) Energy Policy Tax Incentives Act of 2005(ETact 2005)

국내 에너지 생산 및 보전을 촉진하기 위해 145억 달러의 세금을 감축하는 내용을 포함한다. 또한 에너지 효율적인 가정과 자동차의 설계 및 개선, 태양광 · 풍력 · 에탄올 · 바이오매스 · 청정석탄기술을 포함한 신 · 재생에너지 자원의 이용촉진, 에너지 인프라 구축에 참여하는 사업체 및 개인에게 세금감면, 공제 및 장려금의 혜택을 준다는 내용이 포함되어 있다.

Biodiesel Income Tax Credit는 2008년까지 바이오디젤의 소득세 감면 혜택을 확대하여 바이오디젤 1갤런 당 1달러를, 혼합 바이오디젤은 바이오디젤 함유량 1갤런 당 1달러를 지원한다.

Excise Tax Credit for Biodiesel and Alcohol Fuel은 2008년까지 바이오연료 소비세의 감면혜택을 확대하는 프로그램이다. 190도 proof(2도 proof = 1%(v/v) 이상의 에탄올 1갤런 당 51센트를 지원한다.

Small Agri-biodiesel Producer Credit와 Small Ethanol Producer Credit는 2008년까지 연간 생산용량 6천만 갤런(gallon) 이하의 소규모 농산 바이오디젤 또는 에탄올 생산자에 대한 세금 감면 혜택에 관한 것으로 생산량 15만 갤런까지 갤런 당 10센트를 지원한다.

마) 기타 프로그램

Federal Purchase Requirement은 연방정부 전체 사용전력 대비 신 · 재생에너지 비중 확대를 위해 연방정부의 구매 확대를 규정한 것으로 2007~2009년 3% 이상, 2010~2012년 5% 이상, 2013년 이후 7.5% 이상으로 목표를 점진적으로 확대하였다.

Biomass Commercial Use Grant Program은 바이오매스 에너지 생산시설 운영자에게 원료 공급자금을 지원하는 제도로써 바이오매스 1톤당 20달러 이하를 지원한다.

Improved Biomass Use Grant Program은 바이오매스 이용기술 연구개발 사업에 대한 보

37) http://www.eia.doe.gov/cneaf/solar.renewables/page/greenprice/green_pricing.html

소금 지원제도로써 각 연구개발 사업에 50만 달러 이하를 지원하며 2006년부터 2016년까지 매년 5천만 달러를 지원한다.

3) 신재생에너지 발전의무비율 할당제(Renewable Portfolio Standard)

미국에서도 전력 판매업자에게 전체 전력공급량의 일정비율 이상을 신 · 재생에너지 전력으로 공급하도록 의무화하는 RPS제도를 채택하고 있다. 할당된 의무비율의 충당을 위하여 지역정부 및 민간전력판매회사는 자체적인 규정에 다라 신 · 재생에너지 자가 발전자에게 인센티브를 지급하고 전력을 구매하고 있으며, 이에 따라 안정적인 신재생에너지 수요창출과 함께 수요자의 경쟁을 통한 가격보장 효과까지 기대할 수 있다. 현재 20개 주와 Washington DC에서 RPS 제도를 시행 중이며, 지역별로 다른 의무비율 기준을 설정하고 있으나 정책적으로 RPS의 의무비율 목표치를 상향조정 하거나 목표달성 시기를 점차 단축하는 추세를 보이고 있다.

4) 바이오매스 이용촉진에 관한 기타의 법제들[38)]

가) Healthy Forest Restoration Act of 2003

건강한 산림유지와 함께 목질계 바이오매스의 활용 촉진을 목적으로 연구지원 및 금융지원에 대하여 규정하고 있다. Biomass R&D Act에 임산 바이오매스 관련 연구개발 내용을 개정하여 Forest Products Lab과 공동으로 Rural Revitalization Through Forestry Program을 추진하고, 2008년까지 매년 5백만 달러를 투자하여 목질계 바이오매스 기술의 적용과 시장 활성화를 유도하고 바이오매스 상용화 설비의 운영자에게 생산비 절감 목적의 보조금을 지원한다.

나) Executive Order 13134 "Developing and Promoting Biobased Products and Bioenergy"

바이오매스 제품 및 바이오에너지의 개발과 활용의 촉진을 목적으로 Executive Memorandum을 수반하여 공포되었다. 이 계획에는 2010년까지 바이오에너지 소비량을 2000년 기준으로 3배 증가(1차 에너지의 10%), 농림업 활성화로 산업 및 고용활성화, 200억 달러의 소득 창출, 에너지 수입의존도 축소, 에너지 전환기술 신개발로 국제적 공헌, 이산화탄소 배출량 1억 톤 감량을 통한 지구온난화 방지 등이 포함되어 있다.

다) Farm Security and Rural Investment Act of 2002(Farm Bill 2002)[39)]

농업계 바이오매스의 생산과 활용촉진을 목적으로 제정된 법령으로 미국 농림성에서 관련 업무를 전담한다. 바이오제품 및 바이오에너지 공동협의회(Biobased Products and Bioenergy Coordination Council)를 설립하고, 바이오매스 제품의 연방 구매, Biorifinery 기술개발 지원, 바이오디젤 관련 교육프로그램 추진, 에너지 회계감사 및 신재생에너지 기술개발프로그램 지원,

---

38) 경기개발연구원, "경기도의 바이오매스 에너지 이용체계 구축방안", 2008
39) http://www.usda.gov/farmbill2002/, http://nrcs.usda.gov/about/legislative/pdf/PLaw 107171.pdf

신재생에너지 시스템 및 에너지 효율개선 기술개발 지원, 바이오에너지 공동연구 및 활용 증대 사업 추진 등 다양한 정책을 추진한다.

마. 일본

1) 바이오매스 일본종합전략

2002년 12월 "바이오매스 일본종합전략"을 수립하였고 2006년에 일부 전략을 수정하였다. "바이오매스 일본종합전략"의 개요와 추진기관을 <그림 2-8>에 나타냈다. 지구온난화의 방지, 순환형사회의 형성, 경쟁력있는 전략적 산업의 육성, 농림어업 · 농산어촌 활성화를 전략의 효과로 제시하고 농림수산성을 중심으로 내각부, 경제산업성, 환경성, 문부과학성, 국토교통성과 함께 구성한 '전략책정 프로젝트팀'을 운영한다.

"바이오매스 일본종합전략"은 바이오매스 활용을 촉진시켜 2010년 까지 바이오매스를 활용하는 지자체를 500개 이상 구축하며, 전국적으로는 폐기물계 바이오매스는 탄소량으로 환산하여 80% 이상, 미이용 바이오매스는 탄소량으로 환산하여 25% 이상 활용하고 자원작물을 활용하는 것을 목표로 제시하였다.

종이찌꺼기, 가축분뇨, 음식물쓰레기 등 식품폐기물, 폐자재, 하수오니 등의 폐기물계 바이오매스는 현재의 연간 배출량을 에너지로 변환하면 원유환산으로 2,400만kL에 상당한다. 미이용 바이오매스는 볏짚, 겉겨 등 비식용 농작물과 산에 방치된 간벌재 등이며 원유환산으로 550만kL이고 2010년에는 이용이 진행될 것으로 예측되는 것이다. 에탄올 원료가 되는 사탕수수와 연료가 되는 채종유 등 자원 작물은 2020년에 화석연료에너지와 같은 가격수준이 될 것으로 보이며 원유환산으로는 540만kL이다. 해초와 유전자 변형작물 등의 새로운 작물은 2050년경에 생산량이 비약적으로 증가할 것으로 보인다. 종합전략은 이들을 모두 합하여, 원유환산량 3,500만kL, 탄산량은 국내에서 생산되는 플라스틱 탄소함유량의 3.3배에 해당하는 3300만 톤이 될 것이라고 한다.

고효율 폐기물에너지 이용시설 및 바이오연료 제조사업에 총 사업비의 30~50%를 국고에서 지원하여 2004년 기준 총 에너지소비량 중 신 · 재생에너지 기여도 1.3%를 2010년까지 3% 수준으로 확대 추진한다. 유기성 폐기물을 통합관리하는 바이오매스타운 건설을 추진한다. 바이오매스 열 이용량은 2006년 0.6MTOE에서 2010년 2.8MTOE로 증대시킬 예정이며 이것은 CO_2 삭감목표치의 약 10%인 760만톤 저감이 가능하다.

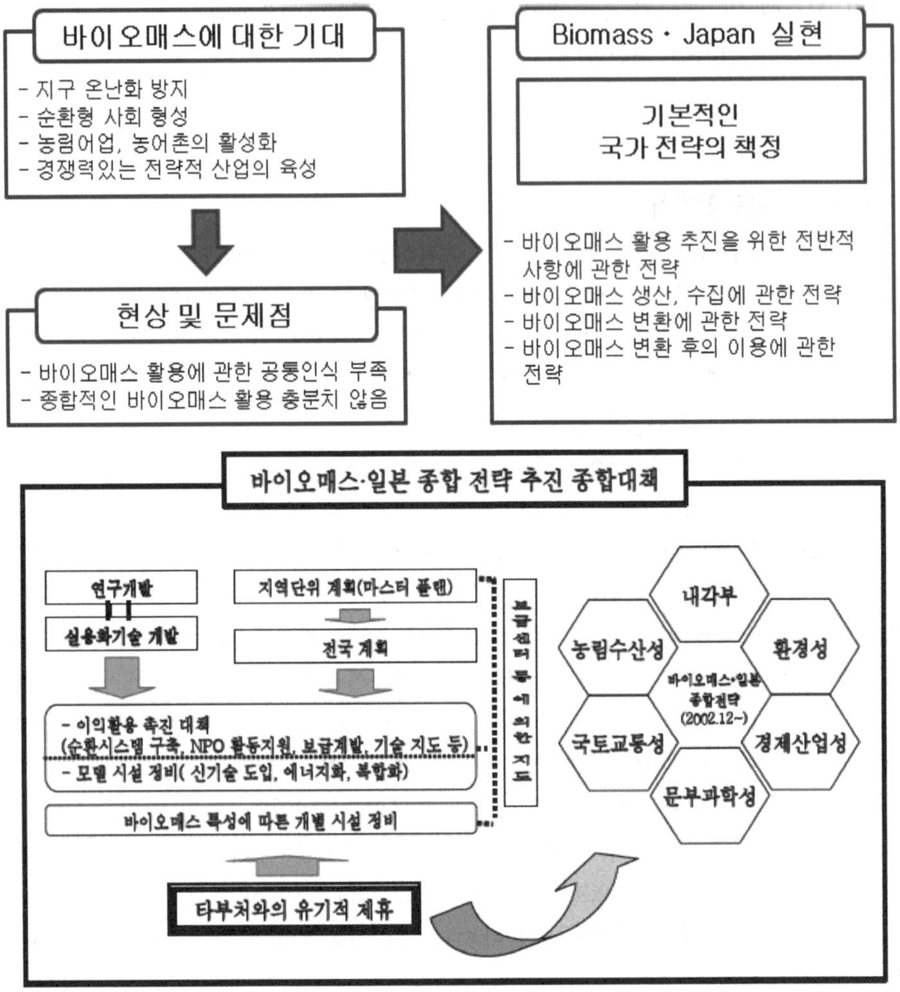

<그림 2-9> 바이오매스 일본 종합전략의 개요와 추진기관

한국은 최근 5년간 25억원의 지원에 불과하였으나 2005년 기준으로 바이오매스 기술개발에 대해 380억 엔을 지원하였다. 예산지원 중 연구단계와 실증시험단계에 대한 예산을 구분하여 철저한 실증을 거쳐 보급되도록 유도하고, 음식물류 폐기물 등 바이오매스 재활용시설, 바이오가스화발전시설 등 바이오매스 이용시설의 정비를 추진한다. 순환사회형성 추진 교부금을 통하여 환경성은 2008년 기준 492억 엔의 예산으로 열 회수 및 바이오가스화 등의 시설 정비를 지원(최대 50%까지 국고 지원)한다. 바이오매스를 활용한 에너지를 회수 · 이용하여 열 및 전력을 판매한다. 에너지대책 특별회계를 통해 민간 처리업자에게 국고를 보조하여 2007년도까지

10개 시설의 설치를 완료하고 추가로 3개 시설을 설치 중인데 이로부터 10만 톤의 CO_2 배출 저감효과를 보일 것이다. 폐기물 에너지화는 탄소배출권 거래 및 신·재생에너지 이용 의무할당제와 연계된다.

2) 전기사업자의 신재생에너지 이용에 관한 특별조치법-RPS제도

일본은 신·재생에너지 도입을 촉진하기 위한 대책으로 신·재생에너지 발전의무비율 할당제(RPS)를 채택하고 있다. "전기사업자에 의한 신·재생에너지 등의 이용에 관한 특별조치법(RPS법 : 일본 경제산업성 2002년 법률 제62호)"은 발전 및 열원의 대상 에너지로 풍력, 태양광, 지열, 중소수력(수로식으로 1,000kW 이하), 바이오매스의 5종류를 지정하였다. 그리고 일반전기사업자(동경전력 등 10개사)와 특정규모 전기사업자(18개사) 등 관련 전기사업자(2004년 2월, 28개사)를 의무대상 전기사업자로 구분하였다. RPS법의 의무이행 대상자인 전기사업자는 다섯종류의 신·재생에너지원을 비용 효율적으로 조합하여 할당량에 해당하는 전기를 공급해야 한다. RPS법에 따라 전기 사업자에게는 과거 전력공급실적을 고려하여 신·재생에너지 자원의 의무전력량이 부과되지만 법 시행 후부터 7년간의 경과조치를 두어 부담을 경감시키고 있다. 경과 조치종료 이후인 2010년도의 할당량은 122억kWh(전기공급량의 1.35%)로 예상된다.

3) 바이오매스 및 재생에너지 이용촉진을 위한 법제들

일본 환경성, 농림수산성, 경제산업성은 주로 바이오매스 이용촉진에 관련된 법제를 제정하여 정책에 반영하고 있는 부처들이며 이들 중 대표적인 법제의 일부를 정리하였다.

가) 에너지 유효이용 촉진법

자원의 유효이용에 관한 사업활동의 촉진을 위해 바이오매스 관련 특정사업 및 설비 사업자를 대상으로 '에너지 등의 사용합리화 및 자원의 유효한 이용과 관련된 사업활동의 촉진에 관한 임시 조치법'을 시행하고 있다. 대상 자원은 제재공장 등의 잔재, 건설폐목재, 제지잔재, 가축분뇨, 식품폐기물, 수산물잔재, 하수오니, 음식물쓰레기, 임지잔재, 농작물 비식용부를 지정하였으며, 기술적으로는 사료, 퇴비, 고분자이용, 공업원료화, 신재료 합성, 열화학적 변환, 생물화학적 변환이 해당된다.

사업계획의 승인을 받으면 관계자에게 필요한 협력을 요청할 수 있고, 신에너지·산업기술종합개발기구는 사업자의 특정 사업활동 및 설비의 설치·개선에 필요한 자금의 차입과 관련되는 채무의 보증을 실시한다. 또한 중소기업신용보험법으로 규정하는 에너지대책 보험과 관련하여 에너지 사용합리화 사업 활동과 관련된 보증을 받은 중소기업은 채무보증액을 우대받는 특례가 있다.

나) 바이오매스 활용 설비의 취득과 관련되는 법인세 등의 특별조치

일본은 녹색신고서를 제출하는 개인 또는 법인을 대상으로 '바이오매스활용 설비의 취득과 관련되는 법인세 등의 특별조치'를 시행하고 있다. 대상설비는 목질계 바이오매스 발전장치, 바이오에탄올 제조설비, 탄화제품 제조설비, 목질계 고형연료 제조설비, 정유 추출설비, 가축분뇨 퇴비화 설비 등 이다. 대상설비를 제작 또는 건설 후 1년 이내에 사업용으로 제공했을 경우 세액공제 또는 특별상각과 관련된 지원을 받을 수 있다.

목질계 바이오매스 발전장치와 바이오에탄올 제조설비는 소득세액, 법인세액의 20%한도 내에서 대상설비 취득가격의 100분의 7 상당액을 이득세액, 법인세액에서 공제하는 세액공제와, 보통상각 외에 대상설비 취득가격의 100분의 30 상당액을 상각비로서 필요경비 또는 손실금에 산입하는 특별상각이 있다.

탄화제품 제조 설비, 목질계 고형연료 제조 설비, 정유 추출 설비, 가축분뇨 퇴비화 설비는 보통상각에 대상설비 취득가격의 100분의 14 상당액을 상각비로서 필요경비 또는 손실금에 산입한다.

다) 바이오매스의 종합적 활용을 추진하기 위한 금융 조치

지역의 농림어업자가 제휴하여 생산과정에서 발생하는 유기성자원을 활용하기 위한 공동이용시설을 개량, 조성 또는 건설하려고 하는 경우에 필요한 자금을 농림어업 금융공고로부터 대출받을 수 있게 한 제도이다. 대출 대상사업은 주로 가축분뇨, 농작물 비식용부(볏짚, 왕겨 등), 제재공장 잔재, 임지잔재, 수산폐기물 등 농림어업의 생산과정에서 발생하는 유기성자원이 지정되었으며, 메탄발효, 에탄올발효, 유산발효, 가스화, 탄화, 사료화, 퇴비화, 물질변환 등 바이오매스를 자재, 에너지, 그 외에 유용한 형태로 변환하기 위한 시설이 해당된다.

라) 지역 바이오매스 활용 교부금 지원제도

바이오매스타운의 실현을 위한 지역의 창의적 연구를 집중시킨 주체적 추진과 바이오매스 변환시설의 정비, 바이오매스 발생 · 이용 시설 등의 일체적인 정비를 지원하기 위한 제도이며, 2007년에 143억 엔, 2008년에 111억 엔을 지원하였다. 지역 바이오매스 활용 추진 교부금은 바이오매스타운 구상의 책정, 바이오매스타운 구상실현을 위한 종합적인 이익활용에 대하여 지원되고, 지역 바이오매스 활용 정비 교부금은 지역의 효과적인 바이오매스 활용을 추진하기 위해서 필요한 바이오매스 변환 시설 및 바이오매스 공급 시설 · 이용 시설 등의 일체적인 정비, 신기술 등을 활용한 바이오매스 변환 시설의 시범적 정비, 가축 분뇨 등 유기성 자원의 활용에 필요한 퇴비화 시설 등의 공동이용시설의 정비에 지원된다.

마) 기타

바이오매스 마크제도는 소비자에게 바이오매스 이용 상품에 대한 정보를 제공함으로써 상품

의 지속적 보급을 목적으로 2006년 8월부터 사단법인 일본 유기자원협회에서 실시하였다. 바이오매스 마크는 바이오매스 이용 상품의 식별마크이며, 2009년 1월말 기준으로 생활용품 47건, 사무용품 15건 등 190여개의 제품이 등록되어 있다.

바이오매스 사업 도입지원 데이터베이스는 NEDO[40]가 바이오매스 에너지 이용을 희망하는 사업자 등을 대상으로 바이오매스의 이용 가능성에 대해 고려할 수 있는 데이터베이스를 제공한다. 이용자가 기초데이터 베이스에 이용하고 싶은 자원, 이용 가능한 바이오매스 자원량, 이용하고 싶은 에너지 형태 등을 선택 또는 입력하면, 시스템의 설비 용량, 에너지 생산성, 비용 등에 관한 기초적인 정보를 제공하는 서비스이다. 서비스 이용은 사용하고자 하는 자는 바이오매스의 종류에 대하여 적용 가능한 에너지전환 방법을 선정하면 바이오매스자원 양에 근거한 전환시설의 규모를 대략적으로 파악할 수 있다. 또한 필요한 바이오매스를 조달할 때의 소요비용 및 선정된 에너지 전환방법에 따른 에너지 생산량과 생산비용의 개략적인 파악이 가능하다.

바이오매스사업 지원제도에 대하여는 사업의 도입 전과 도입 시, 그리고 사업 시를 구분하여 〈표 2-14〉에 나타냈다.

<표 2-14> 바이오매스사업 지원 제도

구 분	지 원 내 용
사업 도입 전	◦기본 설계작성이나 심포지엄 개최, 보급개발·기술개발 등을 대상지역 신에너지 비전 책정사업, 바이오매스 미활용 에너지 조사사업, 바이오매스의 환경만들기 보조금, 중소기업·벤처 도전 지원 사업
사업 도입 시	◦농림수산성, 환경성, NEDO 등에 의해 실시 ◦주로 사업비 조성, 융자 지원제도, 이자 조성지원제도
사업 시	◦지역 에너지 이용설비와 관련한 고정자산세의 과세표준 특례조치, 에너지 수급 구조 개혁 투자 촉진 세제, 고정 자산세의 과세표준 경감 조치 등

출처 : 경기개발연구원, "경기도의 바이오매스 에너지 이용체계 구축방안", 2008

바이오매스타운 자문에 의한 지원활동은 2006년 8월부터 바이오매스타운 구축을 추진하기 위해 바이오매스 활용에 관한 다양한 바이오매스의 생산·수집, 변환, 이용 방법 등에 대하여 자문에 의한 다방면에서의 지원활동이다. 2006년 31명, 2007년 33명, 2008년 36명이 연수를 수료하였고, 연수 수료자들은 바이오매스타운 자문자로서 지방공공단체 등으로부터 요청을 받아 바이오매스 타운 구상 작성의 지원, 지역에 있어서의 바이오매스 관련 사업화 지원, 바이오매스 활용 지원(심포지엄 등의 강사, 자료 작성 등)의 활동을 하고 있다.

40) NEDO(New Energy and Industrial Technology Development Organization) : 신에너지 산업기술 종합개발기구

4) 고형연료의 품질규격

〈표 2-15〉는 일본의 고형연료제품 품질 기준을 나타낸 것이다. 일본 RDF는 성형 RDF만 인정하며 발열량 3,000kcal/kg 이상, 수분 10% 이하, 회분 20% 이하, 염소, 황, 질소, 유해금속 등은 기준값 없이 분석 값만 표기한다.

<표 2-15> 일본의 고형연료제품 품질 기준

항 목	규격 번호	기준값	시험기준 규격번호
크기	TR Z-0011	지름 10-50mm, 길이 10-100mm	JIS B 7570, 7576
발열량	TR Z-0011	최저 3,000kcal/kg	JIS Z 7302-2
수분	TR Z-0011	10% 이하	JIS Z 7302-3
회분	TR Z-0011	20% 이하	JIS Z 7302-4
Hg · Cd · Pb · Al · Cr · As · Se	TR Z-0011	미정(표기)	JIS Z 7302-5
염소	TR Z-0011	미정(표기)	JIS Z 7302-6
황	TR Z-0011	미정(표기)	JIS Z 7302-7
질소	TR Z-0011	미정(표기)	JIS Z 7302-8
겉보기 밀도	TR Z-0011	미정(표기)	JIS Z 7302-9
분화도	TR Z-0011	미정(표기)	JIS Z 7302-10

※ RDF품질표준은 일본규격협회(JSA)의 예비표준격인 TR(Technical Report)이 제시
출처 : 일본규격협회, 2002, 廢棄物固形化燃料, TR Z-0011

5) 바이오매스타운

일본에서 바이오매스 타운은 2002년 12월에 발표된 "바이오매스 일본 종합 전략"을 재검토하면서 교토의정서의 이행방안을 포함시켜 새로운 종합 전략이 수립되었고, '바이오매스-일본'의 지역적 목표의 실현방안으로 바이오매스타운 조성 계획이 수립 · 공포되었다.

"바이오매스타운"이란 지역 관계자들의 협력하에 바이오매스의 발생으로부터 이용까지 지역별 종합적인 활용 시스템이 구축되어 안정적이고 적절하게 바이오매스를 이용하고 있거나 앞으로 할 계획이 있는 지역을 의미하며 각 지역의 특성에 따라 바이오매스타운의 형태는 여러 가지로 나타낼 수 있다. 〈그림 2-10〉는 바이오매스타운 구상을 나타냈다.

바이오매스타운 조성을 통하여 대기 중의 CO_2 등 온실가스의 증가는 억제되고 지구온난화를 방지하는 효과가 있고, '일회용 사회'로부터 '자원이 순환 이용되는 사회'로의 이행을 촉진하여 순환형 사회형성에 기여한다. 또한 바이오매스를 이용한 새로운 산업이나 새로운 고용 창출이 가능한 전략적 산업의 육성과 함께, 종래의 농어촌 기능에 덧붙여 에너지나 물질의 공급이라는 새로운 역할 부여와 농어촌 지역의 경제 활성화에 기여하는 효과가 있다.

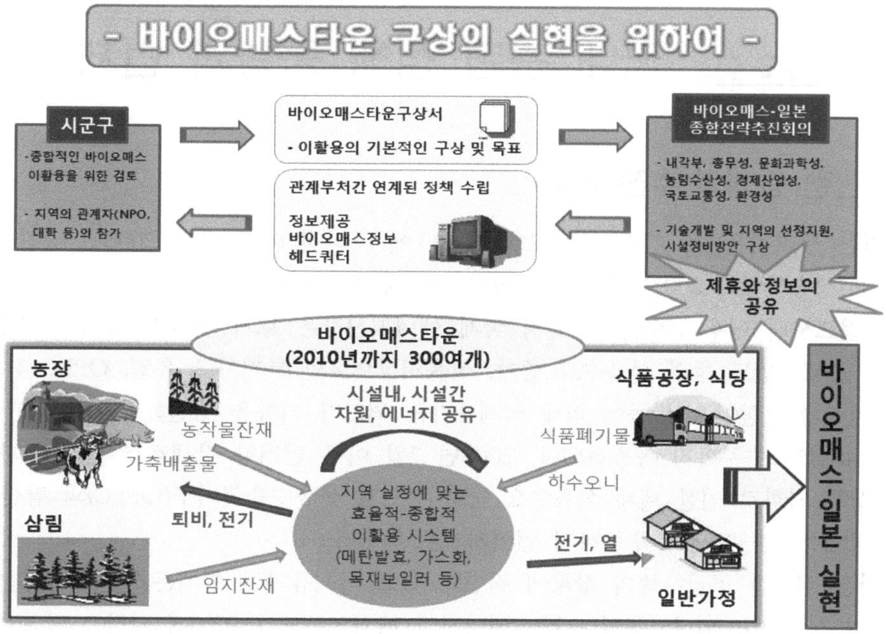

<그림 2-10> 바이오매스 타운 구상

제 2 절 국내 관련 정책 동향과 법제

1. 국내 관련 정책의 추진 현황

국제유가는 두바이유(油) 기준으로 〈그림 2-11〉에 나타낸 바와 같이 2008년 상반기에만 전년대비 52% 상승하였고 2003년부터 지속적인 상승경향을 보이고 있다.

1990년 걸프사태 이후 1998년 말까지 국제 에너지시장은 보기 드물게 장기간 안정세를 유지해왔으나 중국 · 인도 등의 석유수요 증가, 석유시장으로의 투기자금 유입, OPEC 감산 및 산유국들의 지정학적 불안요인 등에 의해 국제유가는 최고가 기록을 갱신하면서 2008년 7월에는 최고치인 148달러 수준까지 폭등하였다. 2008년 7월 이후 달러화 강세로 인한 투기자금 이탈, 국제경제 상황 악화로 인한 세계 석유수요 둔화 등으로 석유수출국기구(OPEC)의 감산결정에도 불구하고 국제유가는 70달러 수준까지 떨어지기도 하였다.

석유시장은 심각한 공급부족의 상황에 직면해 있고 국제유가는 언제든지 다시 급등할 수 있는 요인들이 상존하고 있다. 우리나라는 에너지의 해외의존도가 97%에 달하고 세계10위의 에너지소비국이면서 계절별 수요편차가 큰 시장구조를 가지고 있어 에너지시장에서 공급의 작은 변동에도 큰 영향을 받을 수 있다.

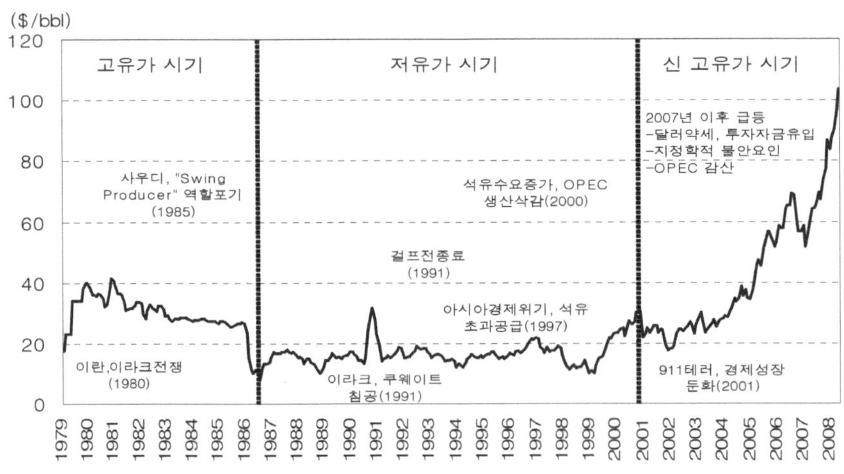

※ 유가상승률(전년대비(%)) : (2003) 12.2→(2004) 25.5→(2005) 46.8→(2006)24.7→(2007) 11.2→(2008.상반기) 52.3

<그림 2-11> 연도별 국제유가 변동현황

1973년 1차 석유파동이후 에너지 소비억제 및 절약정책과 관련하여 법 · 제도의 정비 및 각종 지원기반을 마련하였으며, 유가급변에 따라 대응해 왔던 에너지정책 동향은 〈표 2-16〉에 나타냈다.

<표 2-16> 유가 변동에 대응하는 에너지 정책동향

고유가 시대(1973~1985) : 위기대응 기반구축 및 에너지원 다변화	
대내외 환경	•국민경제 성장단계('73년 GDP 137억$), 중화학공업 육성 •중동국가 중심으로 OPEC 결성 등 자원민족주의 대두
주요 정책	•석유 비축사업 및 석유사업기금 조성 개시 •해외자원개발법 제정 및 석유 · 가스 등 개발 추진 •범국민적 에너지절약 운동 및 에너지 효율향상 정책 시행
성과	•고유가 대응을 위한 법적, 제도적 기반 조성 •석유의존도를 낮추기 위해 에너지원의 다변화 추진
저유가 시대(1986~2001) : 에너지 인프라 확충 및 구조조정	
대내외 환경	•환율 등 3저 효과에 따른 고도성장 및 IT 등 에너지 저소비형 산업비중 증가, IMF 외환위기 이후 구조조정 추진 •'86년 이후 유가 대폭락이후 OPEC 결속력 약화, 2000년 유가밴드제 도입으로 영향력회복
주요 정책	•국제유가 하락을 활용하여 석유사업기금 재원을 확충 •도시가스, 송유관 등 주요 에너지 공급인프라 구축 •ESCO[41], 자발적 협약 등 에너지 효율개선을 위한 제도 도입 •석유가격 자율화, 1차 에너지가격개편 등 시행, 전력 · 가스 등 구조개편 추진
성과	•효율적인 에너지 공급시스템 구축 및 경제적인 서비스 공급을 통해 경제성장 및 국민복지에 기여 •에너지 절약 및 이용 효율화 정책의 본격적인 추진
신(新) 고유가 시대(2002~) : 에너지 저소비형 사회구조로의 전환	
대내외 환경	•국민경제규모 확대, 경제성과 환경성이 조화된 지속가능발전 추진 •산유국들의 정세 불안 및 개도국의 수요 급증 등에 따라 국제유가 불안정
주요 정책	•신 · 재생에너지 기본계획 등 환경 친화적 에너지정책 추진 •미래 에너지의 안정적 공급을 위한 수소경제정책 수립 •에너지 원단위개선 3개년계획 등 에너지 효율향상 정책 강화
성과	•새로운 에너지정책 패러다임을 구현할 수 있는 법적 기반 마련

41) ESCO(Energy Service Company)

1973~1985년 고유가 시대의 에너지정책은 위기 대응기반 구축 및 에너지원 다변화에 중점이 두어졌다. 1973년 1차석유위기로 원유공급 감량에 따라 국가에너지 비상수급대책의 수립, TV방영시간 단축, 공공차량 운행억제 등 규제중심의 단순 소비억제시책을 중점 추진하였다. 「열관리법(1974.1)」을 제정하여 에너지다소비 사업자를 열관리 대상 업체로 지정, 관리하였다. 2차 석유파동을 계기로 「에너지이용합리화법(1979.12)」이 제정되었고 산업, 가정 · 상업 및 수송부문 등 에너지수요 전 부문에 대한 에너지절약 추진 및 석유 · 석탄 · 가스 등 에너지원의 합리적 이용을 위한 기본법 체계를 구축하여 에너지절약 정책을 제도적으로 정착시켰다.

1983년 국제유가가 하락세로 돌아서면서 1986~2001년 저유가시대를 맞았고 에너지 인프라 확충 및 구조조정에 정책의 중점이 두어졌다. 에너지절약의 장기비전과 에너지원단위 감축계획 등의 중장기 종합계획이 추진되고, 소비효율 등급제도와 에너지절약전문기업(ESCO) 제도 등을 도입하여 시장기능에 의한 에너지절약 시책이 추진되었다. 1993년부터 5년 단위로 「에너지이용합리화 기본계획」을 수립하고 에너지 효율향상 및 절약시책 등을 추진하였다. 그 결과, 1차 에너지소비 증가율은 연평균 1980년대 7.8%, 1990년대 7.5%에서 2002년 2.1%로 크게 둔화되었고, 에너지탄성치[42]는 1990년 1.53에서 2006년 0.42로 크게 낮아졌다. 1990년대 석유화학, 철강 등 에너지다소비 산업의 성장과 함께 물가안정시책에 따른 에너지가격 하락과 경기회복으로 인하여 에너지소비는 지속적으로 증가하였고 에너지효율에 대한 관심부족으로 에너지절약정책의 성과는 제한적이었다.

2002년 이후의 신(新) 고유가 시대는 에너지 저소비형 사회구조로의 전환에 초점을 두었다. 그간의 에너지정책은 에너지의 안정적 공급 위주로 추진되어 심각한 에너지 수급문제를 겪지 않았으나, 세계 석유공급이 충분하지 못한 상태에서 이란 핵문제, 산유국의 생산차질, 공급부족 우려에 따른 국제유가의 고공행진은 국내 경제전반에 부정적인 영향을 미쳤다. 신 고유가 시대의 유가상승 추이는 과거의 초단기적 현상과 달리 수요증가 및 공급여력 감소에 의한 구조적인 원인으로 장기간 지속되고 있다.

신 고유가시대 에너지 정책의 추이를 에너지 절약 및 이용효율, 신 · 재생에너지, 에너지기술 개발분야로 나누어 살펴본다.

「제3차 에너지이용합리화기본계획(2004~2008)」은 고유가의 구조적이고 장기적인 지속가능성과 기후변화협약 등이 종합적으로 고려되었다. 이 계획은 시장기능 중심의 에너지이용합리화 및 에너지 저소비형 사회구축을 추구한다. 에너지 절약 및 이용효율 개선을 위하여 산업부문에서 자발적 협약(Voluntary Agreement), 에너지관리기준 이행실태의 점검, 에너지진단제도와 에너지절약시설 투자확대, 수송부문에서 승용차 소비효율등급표시제 및 평균에너지 소비효율제도 시행, 경소형차 보급지원시책, 공공 및 가정상업부문에서 공공부문 에너지절약 추진지침, 고

42) 에너지탄성치 = 에너지소비증가율 / 경제성장율

효율 에너지기자재 보급촉진제도, 건물에너지효율등급인증제도, 에너지효율등급표시제도, 에너지 다소비 건물 집중관리제도, 절전형 사무 · 가전기기 보급촉진 및 대기전력 저감프로그램 실시 등의 시책을 통하여 부문별 에너지소비의 최소화 기반을 강화하였다. 집단에너지 공급시설의 설치를 확대하였고 에너지 및 자원사업 특별회계의 지원을 통한 에너지절약을 추진하였다.

지속적인 고유가에 대응하기 위한 「에너지원단위개선 3개년계획(2005∼2007)」을 수립하여 에너지 저소비형 경제구조로의 전환과 에너지절약 시책의 실효성을 제고하고 우리나라의 에너지 이용효율이 선진국 수준에 조속히 도달하도록 부문별 에너지이용 고효율화 및 인프라조성을 위해 범정부 차원의 98개 과제를 추진하였다. 초(超) 고유가상황에서 유가폭등에 따른 국내경제 충격의 최소화를 위하여 2008년 7월 「고유가극복 민생종합대책」을 발표하고 홀짝제 시행, 공공시설물의 경관조명 사용금지 등 공공부문의 에너지절약 조치와 민간부문의 자율적 요일제 참여와 옥외광고물의 과도한 전기사용 자제 등 적극적인 에너지절약 활동을 권장하였다.

에너지원의 다양화와 장기적인 에너지 수급안정을 꾀하고 심각해지는 환경문제에의 대응을 위한 대체에너지 기술개발의 법적 근거로 「대체에너지개발촉진법」이 1987년 제정되었다. 1988년 6월 대체에너지기술개발 기본계획이 수립되고 이 계획에 의거한 연구기반 구축사업이 완료되었다. '90년대에는 국제환경규제로 인하여 대체에너지 기술에 대한 필요성이 다시 강조되었다. 대체에너지, 에너지절약, 청정에너지 기술에 대한 통합적이고 체계적인 「에너지기술개발 10개년계획(1997~2006)」을 수립, 추진하였다. 1997년 12월 「대체에너지개발촉진법」은 「대체에너지 개발 및 이용 · 보급촉진법」으로 개정되었다. 신 · 재생에너지 시범보급사업 지원, 신 · 재생에너지 이용 권고와 이용에 대한 보조 · 융자 「대체지원, 국 · 공유재산 이용」 등의 지원근거를 마련하였고, 「대체에너지 기술개발 이용 · 보급 기본계획」을 수립하여 기술개발 및 이용 · 보급을 추진하였으며 2000년에는 이 기본계획을 수정하여 실증연구사업과 성능평가사업 등 보급 활성화를 위한 기반확충에 주력하였다. 또한 시장 잠재력이 큰 태양광, 풍력, 수소연료전지분야를 3대 중점 기술개발분야로 선정하고 국산 시스템개발을 시작하였다. 「제2차 신 · 재생에너지 기술개발 및 이용 · 보급 기본계획(2003~2012)」을 수립하고 총에너지소비 중 신 · 재생에너지 비중을 2011년까지 5%로 확대하기 위한 신 · 재생에너지원별, 연차별 기술개발 및 보급 세부추진계획을 수립하였다. 신 · 재생에너지 분야별 기술개발 로드맵을 제시하여 기술수준, 성공가능성, 파급효과 등을 고려한 차별적 전략을 추진하고 있다.

2004년 12월 「대체에너지 개발 및 이용 · 보급촉진법」은 「신에너지 및 재생에너지 기술개발 및 이용 · 보급촉진법」으로 전문 개정되었다. 대체에너지를 신 · 재생에너지로 명칭을 변경하고 신 · 재생에너지 기술의 국제표준화 지원, 신 · 재생에너지 설비 및 부품의 공용화제도 도입, 신 · 재생에너지 전문기업제도 도입, 신 · 재생에너지 통계전문기관 지정, 신 · 재생에너지 기술의 사업화 지원제도 등 보급 활성화를 위한 기반을 조성하였다. 신 · 재생에너지 이용 · 보급 촉진을 위하여 현재까지 추진해왔던 제도는 신 · 재생에너지 보급사업, 융자지원 및 세제지원, 설비 인증제도, 공공기관 이용 의무화제도, 발전차액지원제도(기준가격 의무구매제도, feed-in tariff ; FIT), 신 · 재생에너지 개발공급협약(RPA ; Renewable Portfolio Agreement) 제도 등이 있다.

최근에는 에너지기본법 시행 및 국내외 에너지 환경여건의 변화에 따라 제2차 기본계획을 전면 수정 · 보완하여 2008년 12월 「제3차 신 · 재생에너지 기술개발 및 이용 · 보급 촉진 기본계획(2009-2018)」을 발표하였다. 이 기본계획에 따라 Green Home 100만호 공급사업, 공공건물의 신 · 재생에너지의 사용의무화 비율 및 대상확대, 수소경제로의 이행 기반조성, 국제표준화, 시장기능 강화를 위한 신 · 재생에너지 의무공급제(RPS ; renewable portfolio standard) 및 신 · 재생에너지 인증서 거래(TREC ; tradable renewable energy credits) 등의 제도를 시행함으로써 신 · 재생에너지 확산을 위한 제도적 기반이 구축될 것으로 전망된다.

가연성쓰레기와 불연성쓰레기로 구분하여 수집 · 운반하도록 하였고 가연성쓰레기는 소각하고 소각시설에서 소각처리 시 발생되는 대기오염물질은 적정처리 후 배출하도록 폐기물의 수집운반 및 처리기준[17]에 명시되고, 매립시설에서 발생되는 가스를 모아 처리할 수 있는 시설을 설치하도록 규정[18]되기는 하였으나 에너지의 이용에 대한 규정은 볼 수 없다. 회수 가능한 에너지 및 폐열이 "재활용가능자원"에 포함하도록 규정된 것이 최초의 폐기물 에너지화의 근거 규정이라고 할 수 있다.

1999년 8월 개정된 폐기물관리법시행규칙에 에너지의 회수기준이 처음 신설되었고, 에너지 회수기준에는 발열량 및 에너지 회수효율, 회수열 및 폐기물의 이용에 대한 내용을 제시하였다. 폐기물로부터 환경부장관이 고시하는 에너지 회수기준에 따라 연료, 열 및 전기로써 에너지를 회수하는 활동은 재활용으로 정의되었다.

재활용 가능자원의 재활용을 주목적으로 재활용산업에 사용되는 유기성폐기물을 이용한 에너지화시설이 재활용시설로 규정되었다. "자원화시설"에 가축분뇨를 퇴비 · 액비 또는 바이오에너지 등으로 만드는 시설을 포함시켜 바이오가스 연료를 이용할 수 있게 하였다. 폐기물 고형연료 제품의 사용시설, 고형연료제품의 제조 · 사용자의 준수사항, 고형연료제품의 품질검사 및 품질 · 등급 인증 등 고형연료의 이용 · 보급에 대한 근거가 마련되어 2008년 1월부터 적용되기 시작하였다.

자원순환에 관한 기본원칙은 재사용하거나 재생이용하기 곤란한 폐기물의 전부 또는 일부는 에너지를 회수하기 위한 목적으로 사용하여야 하며, 재사용 · 재생이용 또는 에너지회수가 불가능한 폐기물은 환경에 미치는 영향이 최소화되도록 적절하게 처리하여야 한다고 에너지회수의 중요성을 강조하였다. 에너지 회수시설의 설치 · 운영 사업을 하는 재활용사업자에게는 자원순환에 필요한 자금(재활용산업 육성을 위한 자금 등)을 보조하거나 융자할 수 있으며, 필요한 경우에는 차관(借款)을 알선할 수 있도록 재정지원에 관한 규정을 두었다.

생활 속에서 버려지는 폐목재, 하수슬러지, 음식물쓰레기, 가축분뇨 등 폐자원과 바이오매스를 에너지로 바꾸는 발상의 전환이 필요하다. 비용을 들여 처리하던 폐자원을 에너지화 함으로써 경제적 부가가치 창출이 가능하며, 화석연료 대체 및 바이오가스 회수·이용에 따른 온실가스 감축효과가 커서 기후변화에 효과적으로 대응할 수 있다. 이러한 배경아래 2008년 10월 폐자원 및 바이오매스 에너지대책이 발표되었다. 여기에는 소각·매립되는 폐자원 에너지화, 목질계-초본계 바이오매스 에너지화, 해양바이오 에너지화, 수도권에 환경·에너지 종합타운 시범단지 조성, 10대 영역별 환경·에너지 종합타운 조성, 저탄소 녹색마을 600개 조성, 기술개발 인력양성 및 산업육성 등의 정책 추진전략을 포함되어 있다.

2. 중장기 정책 동향

가. 중장기 정책의 배경

폐기물 처리방식별 처리비용에 의하면 폐기물 에너지화는 폐기물을 단순매립·소각 처리하는 것에 비하여 경제성이 크게 개선된다. 고형연료 발전은 전력 판매수익과 온실가스감축에 의한 탄소배출권 확보수익에 의해 고형연료 생산비용을 상쇄하고도 큰 수익이 창출된다.

신·재생에너지 통계정보시스템의 연도별 보급통계에 나타난 2007년 설비별 생산량을 보면, 폐기물 에너지생산은 석유화학공정에서 부생되는 폐가스 1,890,017TOE, 소각시설 열회수(산업폐기물, 생활폐기물, 도시쓰레기) 1,438,976TOE, 고형연료(시멘트 킬른 보조연료, RDF/RPF) 418,606TOE의 형태로 나타났다. 산업공정 폐가스를 제외하면 소각열 회수이용이 현재 폐기물 에너지 중 큰 비중을 차지하고 있으나 「폐기물 에너지화 종합대책」의 추진 상태에 따라 장기적으로는 고효율 발전에 의한 전력생산으로 전환될 것으로 예상된다. 또한 2007년 바이오에너지 시설별 생산량은 바이오가스·매립지가스 190,075TOE, 바이오디젤 95,663TOE, 우드칩·성형탄·임산연료 84,420TOE의 형태이며 현재까지는 가스로써의 이용이 비중이 크고 2000년 이후 꾸준히 증가하고 있다.

바이오매스 자원의 기술적 잠재량은 2010년 기준 총 6,171천TOE/년이다. 이것은 임산바이오매스 2,450천TOE/년, 도시폐기물 2,141천TOE/년(가연성 890천TOE/년, 음식쓰레기·하수슬러지 1,251천TOE/년), 농부산 바이오매스 190천TOE/년, 축산폐기물 400천TOE/년, 농산물(유채재배) 990천TOE/년 등이다. 에너지 공급측면에서 부존 및 가용 자원량을 볼 때 미래의 이용 가능성이 가장 높은 것은 임산자원이고, 그 다음은 가연성 도시폐기물이며 농산물, 농업부산물 그리고 가축분뇨, 음식물쓰레기, 하수슬러지 등은 혐기성소화에 의해 바이오가스로 이용할 수 있다. 고농도 유기성 폐자원을 처리하기 위한 시설 중 폐자원 에너지화 시설은 소수에 불과하다. 대부분 하수슬러지를 처리하기 위한 시설이며 음식물쓰레기 및 축산폐기물을 위한 혐기성 소화시설은 미미한 상태이다.

전국 생활폐기물매립상 중 매립용량이 큰 매립장은 내부분 민간투사 등을 통해 발전시실 또는 매립가스 정제공급시설을 설치·운영 중이다. 2007년 현재 발전시설용량은 71.8MW, 가스정제공급 시설용량은 1,092 m^3/분이다. 매립가스 회수·이용에 의한 매립가스의 에너지화를 통하여 267만톤-CO_2/년 정도의 탄소배출권을 확보할 수 있을 것이다.[43)]

가축분뇨는 호기성 소화, 액비·퇴비 등으로 이용되고 있으며 에너지화가 매우 유리하다. 우리나라에서 발생한 음식물류폐기물, 음식물폐수, 가축분뇨, 유기성 슬러지 등 유기성 폐기물 168,138톤/일 전량을 에너지화 하는 것은 원유 대체효과가 756,807TOE/년이고, 온실가스감축 및 매전(賣電)에 따른 효과 등을 고려하면 경제적 효과는 1조 417억원/년이다. 또한 해양 투기되는 유기성 폐기물 전량(20,491톤/일)의 에너지화는 원유대체효과 113,330TOE/년이고 경제적 효과는 3,931억원/년이다.

「런던협약 96의정서」에 따라 가축분뇨와 하수슬러지는 2012년부터, 음식물쓰레기는 2013년부터 유기성폐기물의 해양투기가 금지된다. 유기성폐기물은 매립 및 해양배출비율이 줄어들고 육상처리로 전환될 수밖에 없는 상황이다.

「국가폐기물관리종합계획」 및 「음식물류 폐기물 처리시설 발생 폐수 육상처리 및 에너지화 종합대책」의 개별 기본계획 내용이 중복되는 부분이 있기는 하지만 내용확인을 용이하게 할 수 있도록 개별 기본계획 단위로 구분하여 정리하였다.

나. 국가에너지기본계획(2008~2030)

에너지 분야는 화석연료 자원의 고갈, 기후변화 등 인류사적 도전에 직면하고 있으며, 각 국은 미래지향적 에너지정책을 국가적 과제로 추진하고 있다. 국가에너지 기본계획은 중장기 에너지정책의 기본방향을 설정하여 국민경제의 건전한 발전에 필요한 에너지자원의 확보, 국내 수급안정 및 공급 인프라확충, 에너지 이용의 합리화 등에 체계적으로 대응하는 계획이다. 저탄소 녹색성장 구현 등 미래지향적 에너지정책 방향을 제시하는 국가에너지 기본계획은 에너지 관련 모든 분야를 대상으로 하며, 다른 에너지 관련 계획과 체계적으로 연계하고 거시적인 관점에서 조정하는 계획이며, 에너지원별, 부문별 등 다른 에너지 관련 계획에 대하여 원칙과 방향을 제시하는 에너지정책 관련 최상위 국가전략이다.

세계 각국의 녹색경쟁 속에서 우리나라는 2008년 8월 저탄소녹색성장을 에너지부문에서 뒷받침 할 「제1차 국가에너지기본계획」을 확정하였다. 〈표 2-17〉에서 나타낸 바와 같은 중장기 에너지비전을 제시하였다.

국가에너지 기본계획의 신·재생에너지 보급정책 비전은 2006년 총 에너지사용량에 대한 신·재생에너지 보급률 2.24%(5,225천TOE)를 2030년 11%로 확대한다는 것이다. 에너지비전 중 에

43) 이재덕(환경부) 매립가스 자원화사업 활성화 방안, 2008 폐기물 관리 및 처리기술 발표회, 2008.11.20, 수도권매립지관리공사

너지 자립사회구현과 탈석유사회로의 전환은 폐자원 · 바이오매스 에너지와 직접 관련된다. 에너지 자립사회 구현과 탈석유사회로의 전환은「제3차 신 · 재생에너지 기술개발 및 이용 · 보급 기본계획」으로 에너지 저소비사회 전환을 위한 에너지원단위 개선은「제4차 에너지이용 합리화 기본계획」으로 구체화 되었다. 또한 에너지비전을 구체화하기 위한 다른 계획들로써「제4차 전력수급 기본계획」,「그린에너지산업 발전전략」,「제9차 장기 천연가스 수급계획」,「국가에너지 · 자원기술개발 기본계획」,「2009 신 · 재생에너지 기술개발 및 이용 · 보급 실행계획」,「폐자원 및 바이오매스 에너지 대책」 등을 추진하고 있다.

다. 제3차 신 · 재생에너지 기술개발 및 이용 · 보급 기본계획(2009~2030)

제3차 신 · 재생에너지 기술개발 및 이용 · 보급 기본계획은 국가에너지 기본계획의 하부계획으로 재생 에너지원별 적정혼합, 기술개발 로드맵, 제품화 로드맵, 투자계획, 수출전략 등 세부내용을 포함한다. 2030년 신 · 재생에너지 보급률 목표 11% 달성을 위하여 풍력 등 빠른 시일내에 경제성이 확보될 것으로 예상되는 에너지와 바이오, 해양에너지 등 투자대비 보급효율이 높은 신 · 재생에너지원을 바탕으로 대량보급체제를 구축한다는 계획이다.

2030년까지 보급투자액 100조원, 기술개발투자액 11.5조원, 총 111.5조원의 투자를 통하여 이러한 보급목표와 기술개발 목표를 달성한다. 기술개발은 2020년까지 신 · 재생에너지의 발전(發電)단가를 화석연료에 의한 발전(發電)단가와 동일수준으로 달성하는 것을 목표로 한다.

〈표 2-18〉은 신 · 재생에너지원별 목표전망을 〈표 2-19〉은 폐기물 및 바이오매스 에너지의 주요 대상기술과 경제성 확보시기를 나타낸 것이다.

2008년 신 · 재생에너지 보급은 대부분을 폐기물과 바이오매스에 의존하며 각각 4,688TOE(73.7%)와 518TOE(8.1%)이다. 신 · 재생에너지 전체의 연평균증가율 7.8%보다 낮은 증가율을 보인 것은 폐기물과 수력뿐이다. 해양, 지열, 태양, 풍력, 바이오 등의 에너지는 연평균증가율이 15% 이상으로 매우 높다. 바이오, 태양, 풍력 등 자연 재생에너지에 의한 공급은 차츰 확대하고 폐기물 · 바이오매스 에너지 비중은 줄일 계획이다. 2030년에 폐기물 11,021TOE(33.4%), 바이오매스 10,357TOE(31.4%)를 공급하여 보급률은 다소 낮아졌으나 보급량은 2008년에 비하여 크게 증가하여 절대적으로 많은 양의 에너지가 폐기물 및 바이오매스 에너지를 통해 공급된다.

정부는 시장 성장성과 산업파급효과가 큰 태양광, 풍력, 수소연료전지, 석탄 IGCC[44] 등 4대 분야에 전략적 R&D를 강화하여 신 · 재생에너지 산업을 신성장동력 및 수출산업으로 육성하고, 바이오와 폐기물 분야는 상용화 및 실증연구를 통하여 국내 보급에 기여하게 한다는 계획이다. 성장가능성이 높은 4대 핵심분야의 경우 중대형 전략기술개발 및 원천기술개발 등을 통해 미래시장 선점을 위한 기반을 조성하고, 바이오, 폐기물, 태양열, 지열, 소수력, 해양

44) IGCC(Intergrated Coal Gasification Combined Cycle) : 석탄가스화 복합화력발전

분야는 단기 상용화 위주의 핵심기술 및 실증연구 추진으로 국내 신 · 재생에너지 보급의 활성화를 지원한다.

<표 2-17> 국가 에너지기본계획의 에너지비전 2030

기본방향

- "저탄소, 녹색성장"을 구현하고 녹색기술과 청정에너지로 신성장동력 및 일자리를 창출
- 지속적인 경제성장을 뒷받침하고 미래세대의 수요를 고려한 에너지안보(Energy Security), 에너지효율(Energy Efficiency) 및 친환경(Environmental Protection) 에너지 정책 추진

5대 비전	지 표	2006년	2030년
에너지자립사회 구현	자주개발율	3.2%	40%
	신재생에너지보급율	2.2%	11%
에너지 저소비사회로 전환	에너지원단위	0.347	0.185
탈석유사회로 전환	석유의존도	43.6%	33%
더불어 사는 에너지사회 구현	에너지빈곤층 비율	7.8%	0%
녹색기술과 그린에너지로 신성장 동력과 일자리 창출	에너지기술 수준	60%*	90%

*에너지기술 수준은 선진국을 100% 기준시 비교자료

□ '녹색성장' 구현을 위한 10대 이행과제

① 에너지 사용 효율의 개선
② 에너지 시장의 효율화 및 합리적 가격체계 구축
③ 신재생에너지 개발 · 보급 확대 및 성장동력화
④ 원전의 공급능력 및 국민 이해기반 확충
⑤ 해외자원개발 역량 확충
⑥ 에너지의 안정적 공급
⑦ 기후변화 대응 역량 강화
⑧ 에너지기술혁신을 통한 차세대 에너지산업 육성
⑨ 에너지 산업 해외진출
⑩ 에너지복지 · 에너지안전 사회구현

<표 2-18> 신 · 재생에너지원별 목표 전망(천TOE,%)

구 분	2008년	2010년	2015년	2020년	2030년	연평균 증가율
합 계	6,360	7,566	11,731	17,520	33,027	7.8%
비 중	2.58%	2.98%	4.33%	6.08%	11.0%	
태양열	33(0.5)	40(0.5)	63(0.5)	342(2.0)	1,882(5.7)	20.2%
태양광	59(0.9)	138(1.8)	313(2.7)	552(3.2)	1,364(4.1)	15.3%
풍 력	106(1.7)	220(2.9)	1,084(9.2)	2,035(11.6)	4,155(12.6)	18.1%
바이오	518(8.1)	987(13.0)	2,210(18.8)	4,211(24.0)	10,357(31.4)	14.6%
수 력	946(14.9)	972(12.8)	1,071(9.1)	1,165(6.6)	1,447(4.4)	1.9%
지 열	9(0.1)	43(0.6)	280(2.4)	544(3.1)	1,261(3.8)	25.5%
해 양	0(0.0)	70(0.9)	393(3.3)	907(5.2)	1,540(4.7)	49.6%
폐기물	4,688(73.7)	5,097(67.4)	6,316(53.8)	7,764(44.3)	11,021(33.4)	4.0%

※ 비중 = (신재생에너지 / 전체에너지) × 100 %

<표 2-19> 국산 폐자원 · 바이오매스 에너지 경제성 확보시기

구 분		2011	2012	2013	2014	2015	2016	2017	2018
바이오	통합소화 바이오가스 생산기술			●					
	저온 혐기성 소화기술								●
	BTL(Biomass to Liquid)								●
	바이오 오일								●
폐기물	RDF전용 발전설비 및 혼소설비	●							
	연속식 열분해유화 상용 플랜트		●						
	미활용폐기물, 열분해 유화시스템					●			
	폐기물가스화 합성가스생산시스템				●				
	가스화 연계 가스엔진 발전시스템								●

폐자원 · 바이오매스 에너지 분야는 생활폐기물과 축산폐기물을 이용한 열병합발전과 수송용 바이오가스 생산 등 폐기물 에너지화 사업을 지원한다. 목질계 바이오매스를 이용한 열병합발전 활성화를 위해 숲 가꾸기, 부산물 및 폐목재 활용, 순환림 조성 등을 통한 목질바이오매스 공급체계를 구축하고, 바이오디젤과 바이오에탄올의 혼합비율을 확대하고 바이오매스 원료의 안정적 공급기반구축을 위해 국산 유채종 개발과 해외 플랜테이션을 추진한다는 계획이다. 2009년도 실행계획은 바이오사업을 통하여 2008년 448천TOE에서 2009년 606천TOE로, 폐기물 열 이용설비에 의하여 2008년 4,624천TOE에서 2009년 4,979천TOE로 보급목표를 설정하였다. 바이오에너지에 있어서 유기성 폐자원을 이용한 세계적 수준의 바이오에너지 생산기술을 확보하고 목질계 바이오매스로부터 수송용 바이오 연료의 생산설비를 보강한다. 폐기물 중 RDF와 소각열 이용에 있어서는 폐기물에너지 종합대책을 바탕으로 보급이 크게 확대될 전망이다.

아울러 수송용 바이오연료 혼합사용 의무제(RFS ; renewable fuel standard) 도입을 위한 정책연구를 추진하며, 바이오연료의 단계적 도입방안, 국내 조달 가능성 및 공급에 따른 가격 상승, 보급 유통 인프라 구축 등에 대해 집중 검토한다고 발표하였다.

제3차 신 · 재생에너지 기술개발 및 이용 · 보급 기본계획은 신 · 재생에너지 확산을 위한 제도적 기반구축을 위하여 Green Home 100만호 공급사업, 공공건물의 신 · 재생에너지 사용의무화 비율 및 대상 확대, 수소경제로의 이행 기반조성, 국제표준화, 시장기능 강화를 위한 신 · 재생에너지 의무공급제(RPS) 및 신재생에너지 인증서 거래(TREC ; Tradable Renewable Energy Credits) 등의 제도를 시행한다. 신 · 재생에너지 기술개발과 Green Home 100만호 공급 등 보급사업을 연계하여 국산 개발 제품의 초기시장을 창출한다는 계획이다.

공공건물 신 · 개축, 증축 시에 사용에너지의 5% 이상을 신 · 재생에너지로 사용하도록 설계를 의무화하며, 민간건물에 대한 신 · 재생에너지 이용 건축물 인증제도를 시행하고 인센티브를 부여하여 공공 · 민간 건물과 신도시 등에 대한 신 · 재생에너지 보급을 확대한다. 또한 매립지

등 환경기초시설에 대해 태양광, 소규모 풍력 등 단소중립 프로그램을 추진한다.

RPS는 발전사업자들에게 발전용량의 일정비율 이상을 신 · 재생에너지로 공급하도록 의무화하여 시장 · 민간 중심의 신 · 재생에너지 보급확산 시스템을 구축하기 위한 정책이다. RPS 시행 하에서 정부는 민간 사업자에 대해 신재생에너지 설비에서 생산된 전력임을 인증하는 신 · 재생에너지 인증서(REC[45]))를 발급하고, REC는 인증서 시장에서 RPS 의무대상자에게 판매하도록 허용되며 가격은 수요 · 공급에 따라 결정된다. 정부는 TREC를 활성화하여 업계의 자율경쟁을 유도하고 신 · 재생에너지 가격이 시장 메커니즘 하에서 작동할 수 있도록 한다는 것이다. 2012년에 RPS 도입을 위한 신에너지 및 재생에너지 개발 · 이용 · 보급 촉진법 일부개정안이 2008년 12월 23일 국무회의를 통과하여 국회에 제출된 상태이며 '09년 정기국회에서 통과될 것으로 전망된다. 개정법 통과 이후 RPS시행에 따른 REC 가격, 패널티 등 세부사항이 시행령, 시행규칙 등에 고시될 것이다. 현재 시행중인 발전차액지원제도가 신재생에너지 분야 개발투자를 전적으로 정부재정보조에 의존하는 것과는 대조적인 제도이다.

라. 녹색성장 국가전략 및 녹색성장 5개년계획

2009년 2월 국회에 제안된 저탄소 녹색성장기본법(안) 제39조는 "친환경에너지인 태양에너지, 폐기물 · 바이오에너지, 풍력, 지열, 조력, 연료전지, 수소에너지 등 신재생에너지의 개발 · 생산 · 이용 및 보급을 확대하고 에너지 공급원을 다변화 한다"고 규정하였다. 동법 제24조는 자원순환의 촉진과 자원생산성 제고를 위하여 자원순환 산업을 육성 · 지원하기 위한 시책에는 에너지자원으로 이용되는 목재, 식물, 농산물 등 바이오매스의 수집 · 활용, 자원순환 관련 기술개발 및 산업의 육성 등에 관한 사항을 포함시키도록 규정하였다.

「녹색성장 국가전략」은 저탄소 녹색성장과 관련한 최상위 국가계획으로 2009년 7월 확정되었으며, 우리나라 녹색성장 정책의 효율적 · 체계적 운용을 위한 기본철학 및 목표를 제시한 것이다. 녹색성장 국가전략에 대한 5년 단위의 상세 실행계획인 「녹색성장 5개년계획(2009~2013)」은 연도별 달성목표, 투자계획, 수행주체 등 실행방안을 구체화하였다. 저탄소 녹색성장 기본법은 저탄소 녹색성장에 관하여는 다른 법률에 우선한다. 저탄소 녹색성장과 관련되는 타 법률의 제정 · 개정 또는 국가 · 지자체가 타 법령에 따라 수립하는 계획과 정책은 저탄소 녹색성장의 목적, 기본원칙 및 국가전략과 조화를 이루도록 할 것을 분명히 하였다. 폐자원 바이오매스 에너지와 관련된 정책방향과 제도에 대한 「녹색성장 국가전략 및 5개년 계획」의 내용을 살펴본다.

「녹색성장 국가전략」의 정책방향 「탈석유 · 에너지 자립 강화」는 신재생에너지 산업화촉진 및 청정에너지 보급 확대를 위하여 신 · 재생에너지 보급률 목표를 2009년 2.7%, 2013년

45) REC(Renewable Energy Credits) : 신 · 재생에너지 인증서

3.78%, 2020년 6.08%, 2050년 30%로 설정하였다. 이에 대하여 설정한 추진 과제 및 실행과제는 <표 2-20>과 같다.

「녹색성장 국가전략」의 정책방향 「산업의 녹색화 및 녹색산업 육성」은 자원순환형 경제·산업 구조 구축을 위하여 자원순환기본법 제정, 통합 자원순환 관리체계 구축 등 자원순환·생산성 제고 기반을 구축하는 것으로 계획을 세웠다. 녹색성장 5개년계획(2009~2013)에서는 신성장동력 녹색기술산업 육성을 위하여 폐기물 에너지 상용화기술개발 계획을 제시하였다. 여기에는 미래주도형 폐자원 에너지의 기초 및 상용화기술 확보, 바이오매스 활용 융합기술, 폐자원 에너지 분야의 맞춤형 전문인력 양성을 추진하는 것으로 계획이 제시되었다.

<표 2-20> 신·재생에너지원별 목표 전망

주요과제	세부내용
청정에너지 산업화 촉진 및 수출전략산업으로 육성	- 신재생에너지 표준화·인증제도 강화 및 실증·시범단지 조성 - 주요 수출품목 선정 및 선도기업 육성 및 수출 지원체제 구축 - 신·재생에너지 융복합 이용 기술개발 및 보급사업 추진
시장기능 도입을 통한 신·재생에너지 산업의 자생력 확보	- 신재생에너지 공급 의무화제도(RPS, 2020년 의무비율 10%목표), 수송연료의 바이오연료 혼합사용 의무화제도(RFS 등)도입 및 확대, 신재생에너지 인증서(RECs)도입 - Green Pricing 도입 등 민간 주도형 체제 구축
기술개발-보급 연계 및 부문별 신재생에너지 보급 확대	- 기술개발 진행에 따라 보급사업 규모 및 시기를 조정 - 기술 국산화 지원 및 국내제품의 시장점유율 확대 - 폐자원·바이오 에너지 기술개발을 통한 보급확대 및 폐자원에너지 효율성 극대화(버려지는 폐자원의 청정에너지로의 전환 : 고형연료 생산시설, 유기성폐자원 바이오가스화 시설 확대, 2020년까지 선진국대비 90~95%, '30년까지 세계시장 주도) - 신·재생에너지가 보이는 환경에너지 클러스터(환경에너지 종합타운) 조성
가정용/건물용 수요창출	- 가정·건물·도시에 특화된 보급사업 추진(아파트, 학교, 군부대 등 가구 및 건물단위로 보급사업 추진, 그린홈 100만호 사업) - 소규모 독립적 마을단위로 신·재생에너지 보급 추진(신·재생에너지 우수마을 및 저탄소 녹색마을 조성) 하는 것으로 목표를 설정

마. 제4차 자원재활용기본계획(2008~2012)

자원재활용기본계획은 "자원의 절약과 재활용 촉진에 관한 법률"에 따라 매 5년마다 수립하는 국가계획이다. 이 계획에는 국가경제의 자원순환성을 나타내는 선진지표인 「자원생산성」과 「자원순환률」을 거시목표로 새로이 도입하였다. 「자원생산성」은 특정 경제사회 내의 산업이나 사람들의 활동이 물질을 얼마나 효율적으로 이용하고 있는가를 나타내는 지표로서 자원의 투입량(국내 총 물질소비량) 대비 국민총생산액(GDP)의 수준으로 산정한다. 「자원순환률」은 국내 자원투입총량 대비 폐기물 순환이용량(폐자원 재활용량) 비율로 산정한다. 국내 자원투입총량에는 천연자원투입량과 폐자원 재활용량 및 수입량을 포함하고 수출량을 제외하며, 수입과 수출에는 원료자원, 반가공원료, 완제품의 수입 · 수출이 모두 포함된다. 우리나라의 자원생산성(실질 GDP/물질 총소비량)은 1995년 91만원/톤, 2005년 120.1만원/톤으로 1991~2005년 동안 43.6% 증가(연평균 2.6% 증가)하였고, 이러한 경향이 미래에도 지속된다는 가정 하에 2012년도의 자원생산성 목표를 135.5만원/톤으로 설정하였다. 자원순환율은 우리나라가 높은 수준의 폐기물 재활용률을 달성하고 있고, 자원순환율(폐기물 재활용량/국내 총 물질소비량)은 2003년 12.36%, 2005년 13.92%이며 과거 경향에 따라 2012년도의 자원순환율을 16.9%로 설정하였다.

이 계획이 제시한 폐기물 에너지이용에 대한 정책과제는 다음과 같다.

- 매립시설의 매립가스 자원화 타당성 조사 및 매립가스 발전사업 등 자원화시설 설치 확대, CDM[46] 사업과 연계 추진.
- 기존 및 신규 소각시설의 열회수/발전 설비 설치 등 에너지회수율 증대. 처리시설(매립장, 소각장)에서 에너지회수 목표율 설정 및 열회수시설 현대화 등을 지원함으로써 폐기물에너지 이용 촉진 및 효율화
- 전처리시설(MBT) 설치 · 운영, RDF 발전시설 확충에 의한 에너지회수 극대화 및 매립지 수명연장 추진. 음식물류 폐기물, 가축분뇨, 하수슬러지, 낙엽 등유기성폐기물을 종합처리시설(가스화 · 발전시설)에서 병합처리 하여 폐기물처리의 다양화, 규모의 경제 및 에너지 회수 실현
- 폐가구류 등 생활폐목재의 고형연료화 추진 및 발전시설 · 소성로 등 산업용시설에서 열원으로 사용. 폐목재 고형연료제품(WCF)의 품질기준, 사용시설 및 준수사항 등에 대한 검토
- 가연성폐기물의 연료화기술, 유기성폐기물의 가스화 등 최적 열분해 · 가스화 기술, 고효율 발전, 열이용 기술 등 폐기물 에너지화분야 기술개발 추진

자원재활용기본계획은 과거 재활용 실적과 변화된 여건을 고려하여 폐기물의 종류 및 품목별 세부 재활용목표(2012년)를 설정 · 관리함으로써 폐기물의 재활용 및 자원순환성을 제고할 계획임을 밝혔다. 여기에서 세부 재활용목표로서 생활폐기물 재활용률은 2005년 56.3% 에서 2012년 61%로, 음식물류폐기물 감량목표는 2012년 발생량 대비 7% 감량, 음식물류 폐기물의 분리수거 및 재활용률은 2012년 97%로, 폐목재 재활용률은 2005년 36% 에서 2012년 56%로 제고하는 것으로 목표로 제시하였다.

바. 폐기물 에너지화 종합대책

지금까지 폐기물 관리정책은 폐기물 에너지화에 대한 추진 인식, 기술개발 및 재정지원, 폐기물 연료제품의 품질, 수요처 확보 및 공급단가 등 여러 가지 시장 경제적 · 정책적 · 재정적

46) CDM(clean development mechanism) : 청정개발체제

문제를 해결하지 못하였고 폐기물 에너지화에 한계를 보였다.

「폐기물 에너지화 종합대책」은 원유가격의 초 고가화, 기후변화협약에 따른 온실가스 감축의무 가시화, '런던협약 96의정서'에 따른 유기성폐기물의 해양투기 금지 등 국내외 여건변화로 인하여 폐기물이 에너지 자원임을 분명히 하였으며, 동 대책은 폐기물 에너지화 여건조성에 기여할 것으로 기대된다.

〈그림 2-12〉는 폐기물 에너지화 종합대책의 추진목표와 추진전략을 나타낸 것이다. 현재 매립되거나 해양투기 되고 있는 가연성폐기물과 유기성폐기물을 2012년까지 1,218만톤/년의 31%(380만톤/년)를 2020년까지 전량 에너지화하여 소각여열(128만Gcal/년)과 에너지화(308,160m^3/일)하여 회수한다는 것이 추진목표이다. 2012년까지 에너지화 시설을 확충하는데 약 3조2천억 원 정도의 투자비가 소요될 것으로 예상된다. 목표 달성을 위한 추진대책으로 폐기물 에너지화 추진기반 구축 및 에너지화시설 확충, 기술개발촉진 및 CDM사업 활성화 등을 설정하였으며, 이를 구체화하기 위한 추진과제는 다음과 같다.

- 폐기물 에너지화 종합대책의 세부 실행계획 수립, 관계부처 · 지자체 · 지역주민 · 관계 전문가 간의 사업추진에 따른 협조 및 지원체계 구축
- 지자체에 대한 매립 · 소각시설 설치 · 확충에 소요되는 국고지원의 단계적 축소, 매립기준 강화, 매립부담금 부과, 단순 소각시설 설치제한 등 재정지원 축소 및 제도개선에 의한 폐기물 에너지화 유도
- 폐기물 에너지화 시설의 설치 · 운영을 위한 국고지원과 융자범위 확대 등 재정지원, 폐기물로부터의 발전 전력에 대한 고정요금 설정 및 변동요금 상향조정, 소각여열 공급단가 현실화 등 제도개선
- 정책기반 조성을 위한 관계법령 정비 : 매립기준 강화, 매립부과금 부과, 단순 소각시설 설치제한, 폐기물에너지 회수기준, 청정연료 사용지역에서의 고형연료 사용 및 발전시설 설치허용 여부, 미성형 RDF (Fluff Type)의 폐기물 고형연료 인정 여부 및 RDF 품질기준 등
- RDF시설 20개소(5,840톤/일), 전용발전시설 10개소(2,800톤/일), 바이오가스화 및 발전시설 23개소(4,240톤/일), 하수슬러지 건조 · 고형연료 생산시설 4개소(1,280톤/일) 등의 확충과 함께 지자체의 매립장 매립가스 회수시설 27개(214㎥/분) 및 소각여열 회수시설 42개(63만Gcal/년) 확충 등 지원 사업 병행추진

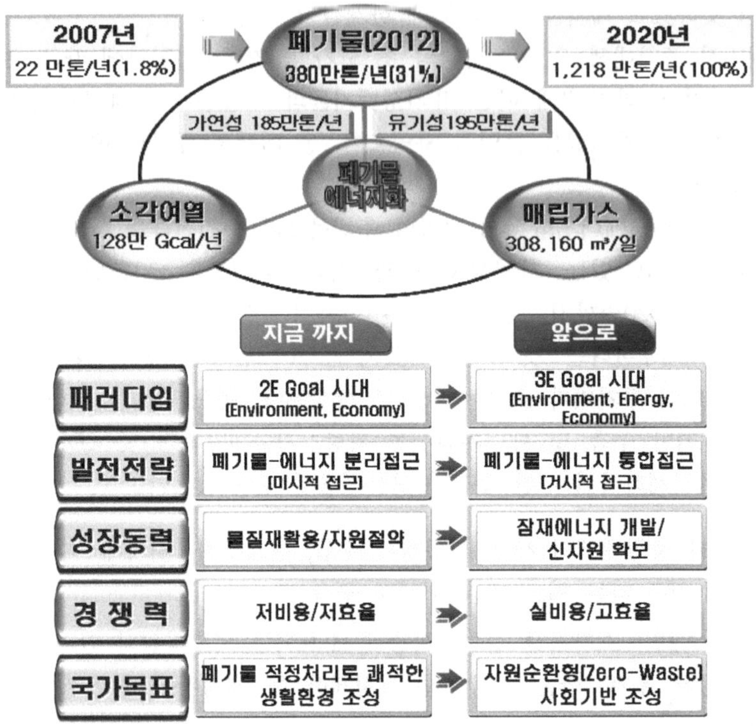

<그림 2-12> 폐기물 에너지화 종합대책의 추진목표와 전략

- 중부권, 동부권, 호남권, 영남권 등 권역별 폐기물 에너지타운 건설 추진(중부권은 수도권 매립지를, 나머지 권역은 타당성조사 및 사업공모 후 지자체와 민 · 관 대책협의회 협의를 거쳐 타운입지 선정)
- 환경정책, 에너지 효율성, 환경적 안정성에 부합하는 기술개발추진 및 지자체 · 환경부 · 산하기관의 협조와 지원을 통한 CDM사업 활성화

목표 달성시의 효과는 1조 3,373억원의 경제적 가치 창출과 전기 · 난방공급 등 생활에너지의 원유대체 효과와 1만 7천개의 일자리 창출, 소각시설 건설 · 운영에 따른 민원의 해소, 매립폐기물 최소화에 의한 대기오염저감 및 매립지 침출수 억제 등 환경부하의 감소 효과, 온실가스 감축수단, 런던협약에 따른 해양투기 금지 등 효과가 기대된다.

사. 폐자원 및 바이오매스 에너지 대책과 그 실행계획

폐자원 및 바이오매스는 비교적 저렴한 비용으로 신 · 재생에너지 목표달성에 기여할 수 있는 핵심적 수단이다. 재생에너지라는 특성에 기인하여 온실가스 감축의무 이행의 강력한 수단이 되고 에너지수입 감소에 따른 국제수지개선이 가능해진다. 폐기물처리에서 유발될 수 있는 환경오염 원인이 에너지화에 의해 감소된다는 측면에서 폐자원 및 바이오매스 에너지는 저탄소 녹색성장에 도달하는 유효하고 친환경적인 수단이 된다(목재 칩의 CO_2 배출량은 난방유의 약 1/10 수준). 그리고 국내·외 환경변화에 능동적으로 대응하고 국제 환경시장에 대한 국가경쟁력 확보 및 신(新) 성장동력의 기회가 된다. 폐자원·바이오매스 에너지를 포함하여 신·재생에너지 산업은 「4E(environment, economy, energy, employ) Goal」를 동시에 해결한다. 기존의 2E(environment, economy) Goal에서 4E Goal로의 변화에 대한 대응이 된다.

폐자원 및 바이오매스 에너지 대책은 우리나라의 저탄소 녹색성장 비전의 신·재생에너지 보급목표 2050년 20% 중 10%를 폐자원 및 바이오매스 에너지화 사업으로 실현한다는 목표를 수립하였다.

〈그림 2-13〉에 폐자원·바이오매스 에너지 대책의 추진목표를 나타냈다. 전체적으로 가연성을 기반으로 한 폐자원과 유기성폐기물 및 목질계 등의 바이오매스로 그 정책을 분류하는 것이 가능하다.

〈표 2-21〉에는 우리나라의 1차에너지 수요전망에 대한 신·재생에너지 보급목표 전망을 나타내었다. 2050년에는 전체 에너지에 대하여 신·재생에너지가 20%이며, 그 중에 폐자원바이오매스가 10%를 차지하고 있는 것을 알 수 있다. 〈표 2-22〉에는 2013년까지 에너지화를 목표로 하고 있는 대상 폐기물량으로 나타낸 것이며, 이를 달성하기 위하여 구체적인 추진방법 및 대책을 〈표 2-23〉에 정리하고 있다.

<그림 2-13> 폐자원·바이오매스 에너지 대책의 추진목표
출처 : 환경부 등, "폐자원 및 바이오매스 에너지 대책", 2008.10

<표 2-21> 에너지 수요 및 신·재생에너지 보급목표 전망(단위 : 천TOE)

구 분	2006년	2012년	2020년	2030년	2050년
1차 에너지 수요 전망	233,372	255,179	287,976	300,417	373,872
신 · 재생에너지 중장기 보급목표(A)	2.24% (5,225)	4% (10,207)	5.64% (16,241)	11% (33,027)	20% (74,774)
폐자원 및 바이오매스 에너지 보급목표(B)	1.82% (4,250)	3.3% (8,565)	4.7% (13,383)	7% (21,000)	10% (37,387)
신 · 재생에너지 점유율 〈 B/A × 100(%) 〉	81.3%	83.9%	82.4%	63.6%	50%

※ 폐자원 바이오매스 에너지화 종합대책의 목표치 기준

<표 2-22> 에너지화 대상 폐자원물량(2013년까지)

구 분		계	수도권매립지	에너지타운	개별시설
가연성 (천톤/년)	RDF 제조	1,636(100%)	360(22.0%)	1,035(63.3%)	241(14.7%)
	건 · 폐연료화	130(100%)	130(100%)	-	-
유기성 (천톤/년)	바이오가스화	1,045(100%)	264(25.3%)	409(39.1%)	372(35.6%)
	고형연료화	831(100%)	690(83.0%)	117(14.1%)	24(2.9%)
소각여열(천Gcal/년)		411(100%)	-	-	411(100%)
매립가스 (천m^3/년)	발 전	68,429(100%)	-	7,128(10.4%)	61,301(89.6%)
	정 제	23,760(100%)	14,256(60%)	-	9,504(40%)

<표 2-23> 폐자원 · 바이오매스 에너지 대책의 추진과제

항 목	목표 및 추진과제
가연성 폐기물	•목표 : 2012년까지 가용 폐기물(470만톤/년)의 39%(185만톤/년), 2020년까지 100% 에너지화 추진(2008~2012년 투자비 : 19,507억원) •생활폐기물 고형연료 제품(RDF) 제조, 건설현장, 산업체 폐플라스틱고형연료(RPF)제조
유기성 폐자원	•목표 : 2012년까지 해양투기 폐자원의 25%(178만톤/년), 2020년까지 100% 에너지 자원으로 활용 (2008~2012년 투자비 : 9,626억원) •음식물쓰레기 에너지화 : 음폐수 바이오가스화, 사료 · 퇴비로 재활용되는 음식물쓰레기 중 일부 에너지 전환 •가축분뇨, 하수슬러지 에너지화 : 바이오가스화, 안정화 후, 유기질 비료 활용, 음폐수와 병합 바이오가스화 •유기성 폐자원 병합처리 에너지화 : 음식물쓰레기, 가축분뇨, 하수슬러지의 병합처리 바이오가스화
소각 여열	•목표 : 2012년까지 미회수 여열의 65%인 128만Gcal/년을 추가, 가용량의 90%(617만 Gcal/년)회수이용. 2020년까지 68만Gcal/년을 추가, 가용량의 100%(685만Gcal/년)회수이용.('08~2012년 투자비 : 994억원) •소각여열 이용 활성화 : 소각여열 회수시설 신규설치 또는 기존 시설 보완
매립가스 에너지화	•목표 : 전국 27개 생활폐기물 매립장에서 발생하는 매립가스 323,280㎥/일의 95%인 308,160㎥/일(53만Gcal/년)을 2012년까지 에너지화 실현, 2012년 27개, 2020년까지 41개 매립장에 발전시설 및 자동차연료, 도시가스 공급 등 그린에너지 생산 · 보급시설 설치 •대규모(10N㎥/분 이상) 매립장은 매립가스 회수 및 발전사업 추진. 중규모(2N㎥/분 이상) 매립장은 매립가스 회수 및 정제사업 추진. 중 · 대규모 매립장은 바이오리액터 사업추진

<표 2-23> 폐자원 · 바이오매스 에너지 대책의 추진과제(계속)

항 목	목표 및 추진과제
폐가스 에너지화	•목표 : 현재 미활용상태의 약 30%의 폐가스를 2050년 까지 전량 에너지화. 향후 기업별 폐가스 발생 및 이용량에 대한 세부 조사실시, 기술개발 및 에너지화 추진. Pilot test 및 실증실험(2012년) 후 전량 에너지화 •폐가스의 에너지화 : 발생 및 이용실태 조사. 에너지화 기술개발 및 경제성 분석, 폐가스 에너지화 시설에 대한 지원방안 검토(2013년)
목질계 바이오매스	•목표 : 목질계 부산물의 공급 확대 및 수집률 제고(2007년 14%→2020년까지 40%)를 통해 2012년까지 1,560천m^3/년, 2020년까지 3,100천m^3/년의 바이오매스 에너지원 확보 •목질계 바이오매스 에너지 활성화 : 목질계 바이오매스 공급 확대. 숲 가꾸기 산물 수집 확대 및 공급체계의 개선, 바이오매스 활용시설 지원
초본계 바이오매스	•목표 : 향후 수요가 많고 부가가치가 큰 방향으로 에너지화 방안 마련 •초본계 바이오매스의 에너지 전환 활성화 : 볏짚의 연료용 바이오 에탄올화, 가스화, 직접연소 및 보일러 소각용으로 사용. 과수 바이오매스를 직접연소, 소각 및 펠렛화 하여 사용. 유채줄기는 펠렛화하여 에너지원 활용.
산지바이오 순환림 조성활용	•목표 : 2012년까지 1만ha의 바이오 순환림을 조성하고, 모니터링 결과를 토대로 2020년까지 4만ha 조성 •산림 바이오순환림 조성 : 도로접근이 용이한 야산지역을 "바이오 순환림"으로 개발하여, 속성수를 식재 · 활용(생태 우수지역, 대도시 인근지역은 보전) 및 산지 바이오순환림" 조성 방향 설정
수변구역 바이오 순환림 조성활용	•목표 : 2012년까지 수변구역 중 일부지역(430ha)에 순환림을 조성(2,000toe/년 확보) •수변구역 바이오 순환림 조성 : 미복원 지역(430ha)에 2010년부터 순환림 조성 시범사업 실시. 35~45%의 기름이 함유된 유채종자를 식용유, 공업원료, 바이오디젤 원료로 사용
유휴농경지 유채단지 조성	•목표 : 유휴농지 가용면적의 35%인 4.5만ha에 유채를 재배(4만2천TOE/년 확보) •2012년까지 유채 재배면적을 4.5만ha 수준으로 확대하고, 2012년부터 바이오디젤 원료 국산화율을 10% 까지 확대
어류부산물 연료화	•목표 : 2012년까지 어류 가공 부산물의 12%(10만톤/년)를 에너지화(바이오연료 3만톤/년 생산, 2.8만TOE/년 확보) •어유(fish oil)를 이용한 바이오디젤 생산 : 어류 가공 부산물의 발생량 · 특성 조사, 수집운반, 전처리기술 및 어유 회수 · 활용기술 개발 및 '11년부터 시범사업(4개소) 추진
해양생물 에너지화	•목표 : 미세조류 및 해조류의 대량배양 및 양식기술, 고효율에너지 추출 등의 공정기술 확립 및 시험양식을 통하여 2020년까지 상용화 추진 •해양생물자원에서 고효율의 바이오연료 생산. '11년부터 시범사업 실시, '20년까지 상용화 단계별 사업추진 •해조류이용 바이오매스 공급 및 에너지 생산: 2011년부터 대규모 바다숲 조성사업(35천ha) 추진 및 대규모 해조류 양산체제 확립 •갯 녹음 심화해역을 대상으로 바다 숲 시범조림사업 추진 및 해조류 대량생산 기술 및 바이오에너지 생산 핵심기술 개발 완료.
환경에너지종합타운 조성	•목표 : 수도권매립지를 환경 · 에너지 종합타운으로 조성하여 국가경쟁력 확보 및 일자리 창출 •2008~2020년까지 테마(폐자원 에너지화, 바이오 에너지화, 자연력을 이용한 에너지화, 환경 · 문화공간)별 종합테마파크 조성, 환경산업 육성 및 국제 환경 비즈니스 대응 •지속가능한 매립장 구현 및 2008~2020년까지 9,770톤/일 규모의 폐자원 에너지화 시설 확충(33만㎡활용)
권역별 환경에너지 종합타운 조성	•목표 : 2012년까지 전국 10대 권역에 환경 · 에너지 종합타운 조성 및 가용폐자원의 51% 에너지화 • 전국 광역쓰레기 매립장 부지를 권역별 환경 · 에너지 종합타운 건설 완료 및 태양광 · 풍력 · 바이오에너지타운을 유치하여 "환경 · 에너지 종합타운"으로 확대 발전
저탄소 녹색마을 조성	•목표 : 2020년까지 농촌지역 에너지 자립도를 40%~50%까지 제고. 연간 348만MWh를 공급(78.5만TOE/년 확보) •저탄소 녹색마을 조성 계획 및 세부 실행계획 수립, 그 조성지침 마련. '10년부터 저탄소 녹색마을 조성 시범사업 추진
기술개발 관련산업 육성	•2030년까지 폐자원 및 바이오매스 에너지화에 총 1조 6,1천억원(정부+민간) 연구비투자, 국내 기술수준을 선진국의 90~95% 달성 •신재생에너지 기술을 바탕으로 환경산업 육성을 위한 전문기술인력을 '13년까지 1만명 양성. 국내산업이 폐자원 및 바이오매스 에너지 세계시장에서 차지하는 비중을 '20년까지 7%('12년까지 수출액 8조원 이상)로 확대하여 환경 · 에너지 산업의 수출 전략

아. 기후변화대응 종합기본계획

기후변화대응 비전은 범지구적 기후변화대응 노력에 동참하고 녹색성장을 통한 저탄소사회를 구현하기 위하여 설정하였다. 기본계획은 기후친화산업을 신(新)성장동력으로 육성하고, 국민의 삶의 질과 환경을 개선하며, 기후변화대처를 위한 국제사회 노력을 선도하여 성숙한 세계국가라는 국정지표의 구현 등 3가지 목표 하에서 다양한 정책 수단을 제시하였다.

향후 5년간 31조원 이상 재원이 필요할 것으로 전망됨에 따라 금융 · 재원 배분정책 지원을 강화하고, 박막태양전지 · 대형풍력발전기 등 핵심기술에 대한 R&D 투자를 2배 이상 확대하여 '12년까지 총 5조원 가량을 투입한다. 법적 · 제도적 기반을 강화하기 위해 저탄소 녹색성장을 위한 법적기반 마련, 국가 배출통계시스템 구축, 신재생에너지 입지규제 완화, 배출권 거래제도 도입 및 실제현장에서의 적용방안을 검토해 나갈 것이다. 기후친화적인 방향으로 세제를 개편하거나 중 · 장기적으로 탄소세 도입을 검토하되 국민의 세 부담이 늘지 않도록 운영할 계획임을 밝혔다.

목표별 추진과제에서는 폐기물 매립기술 및 폐기물 자원화 사업의 수출을 추진한다는 계획이다. 2006년 폐기물 에너지는 신 · 재생에너지 총생산량(523만TOE) 중 76%에 달하며 400만toe이다. 2012년까지 폐기물 에너지화시설을 현재 3개에서 57개소(14,160톤/일) 설치하여 폐기물 에너지화율을 현재의 1.8%에서 31%로 제고시킬 계획이다. '12년까지 총 투자소요예상액 32,408억원의 재원은 국비, 지방비, 공기업투자 및 민자유치를 통해 조달한다. 또한 지자체 매립가스 회수시설 및 소각여열 회수시설을 보완한다. 2012년까지 가용폐기물의 31%를 에너지화하여 1만 7천여 개의 일자리 창출 및 연 1조3천억 원 경제적 편익창출이 예상된다.

개도국에 대한 매립기술 및 자원화사업 수출지원을 통하여, 베트남, 태국 등 동남아 국가의 시장여건 조사를 통하여 국가별 차별화 전략을 마련하고 컨설팅, 건설, 운영/관리 등 패키지화된 수출방안 적극 강구한다.

3. 현행 관련 법, 제도 및 기준

폐자원 · 바이오매스 에너지는 우리나라에서 신 · 재생에너지원 중 비중이 가장 큰 에너지로써 중요성이 점차 증대되고 있다. 현재 우리나라에서 시행중인 폐자원 및 바이오매스 에너지 관련 법령은 〈표 2-24〉과 같다. 이들 중 대표적인 것들을 중심으로 폐자원 및 바이오매스 에너지의 의미를 확인할 수 있는 법제를 정리하였다. 지경부는 전기 및 열로서 에너지이용에 관련법이 대부분이며, 환경부는 개별매체(물, 폐기물,대기 등)에 대한 규제, 농림부는 부산물의 이용 등에 관련되어 있다.

<표 2-24> 폐자원 및 바이오매스 에너지 관련 법령

구 분	소관부처	관련 법령
에너지 정의 및 이용	지식경제부	· 에너지기본법, 신 에너지 및 재생에너지 개발 · 이용 · 보급 촉진법, 집단에너지사업법, 석유 및 석유대체연료사업법, 전원개발촉진법, 전기사업법, 발전소주변지역 지원에 관한 법률
폐자원 에너지화	국토해양부	· 국토의 계획 및 이용에 관한 법률,
	환경부	· 폐기물관리법, 자원의 절약과 재활용촉진에 관한 법률, 건설폐기물의 재활용 촉진에 관한 법률, 환경영향평가법, 대기환경보전법, 수도권 대기환경개선에 관한 특별법, 하수도법, 가축분뇨의 자원화 및 이용촉진에 관한 법률
농업계 바이오매스 에너지화	농림수산식품부	농지법, 친환경농업육성법, 비료관리법, 축산법, 가축분뇨의 자원화 및 이용촉진에 관한 규칙
산림계 바이오매스 에너지화	산림청	산림기본법, 산림자원의 조성 및 관리에 관한 법률, 산지관리법, 임업 및 산촌 진흥촉진에 관한 법률

출처 : 환경부 등, "폐자원 및 바이오매스 에너지 대책", 2008.10

가. 에너지 관련법

1) 에너지 기본법

에너지정책에 대한 장기적 · 통합적 비전의 제시, 에너지정책의 기본원칙 천명, 에너지 관련 개별법 및 정책의 유기적 연계성 강화, 급변하는 국제에너지시장의 여건변화에 능동적으로 대처할 수 있는 기반 조성, 에너지정책의 환경친화성, 사회적 수용성 및 형평성의 제고를 통한 국민경제의 지속가능한 발전과 국민의 복리향상에 기여하는 것을 목적으로 한다.

에너지 정책의 기본원칙, 국가 에너지 기본계획 및 지역 에너지 기본계획의 수립, 에너지기술 개발계획의 수립 · 시행, 국가에너지위원회의 설치 · 운영, 에너지정책의 집행경과 등의 국회 보고 등을 주요 내용으로 한다. 이들 주요 내용에 있어 폐자원 및 바이오매스 에너지화와 관련성이 큰 항목을 살펴본다.

에너지정책 및 에너지 관련 계획에는 에너지의 안정적인 공급 실현에 대한 사항과 신 · 재생에너지 등 환경친화적인 에너지의 생산 및 사용 확대에 대한 사항을 포함시켜 수립 · 시행하도록 규정하였다. 에너지정책을 효율적이고 체계적으로 추진하기 위하여 5년마다 수립 · 시행해야 하는 국가에너지기본계획에 다음 사항이 포함되어야 한다.

- 에너지의 안정적인 확보 · 도입 · 공급 및 관리를 위한 대책에 관한 사항
- 신 · 재생에너지 등 환경친화적 에너지의 공급 및 사용을 위한 대책에 관한 사항
- 에너지 사용의 합리화와 이를 통한 온실가스의 배출감소를 위한 대책에 관한 사항

- 에너지 관련 기술의 개발 및 보급을 촉진하기 위한 대책에 관한 사항
- 국내 부존 에너지자원의 개발 및 이용을 위한 대책에 관한 사항: 시 · 도지사는 국가에너지기본계획의 효율적인 달성과 지역경제의 발전을 위하여 수립 · 시행해야 하는 지역에너지계획에 다음을 포함시켜야 한다.
- 에너지의 안정적 공급을 위한 대책에 관한 사항
- 신 · 재생에너지 등 환경친화적 에너지 사용을 위한 대책에 관한 사항
- 에너지 사용의 합리화와 이를 통한 온실가스의 배출감소를 위한 대책에 관한 사항
- 집단에너지공급대상지역으로 지정된 지역의 경우 해당지역의 집단에너지공급을 위한 대책에 관한 사항
- 미활용 에너지원의 개발 · 사용을 위한 대책에 관한 사항: 에너지 관련 기술의 개발과 보급을 촉진하기 위한 에너지기술개발계획에는 다음의 사항을 포함시키도록 하였다.
- 에너지의 효율적 사용을 위한 기술개발에 관한 사항
- 신 · 재생에너지 등 환경친화적 에너지에 관련된 기술개발에 관한 사항
- 에너지 사용에 따른 환경오염 저감을 위한 기술개발에 관한 사항
- 온실가스 배출을 줄이기 위한 기술개발에 관한 사항
- 개발된 에너지기술의 실용화의 촉진에 관한 사항

2) 에너지이용합리화법, 집단에너지사업법

에너지의 합리적인 이용을 도모하고, 열사용기자재의 효율제고 안전관리에 관한 사항을 정하는 것을 골자로 에너지이용합리화법이 1979년도에 제정되었다. 그 이후, 에너지소비 급증 및 돌발적인 에너지 위기상태 발생 등으로 인한 효율적인 에너지수급 관리가 필요하게 되었고, 또한 기후변화협약 등 환경규제에의 대응과 에너지절약 강화, 에너지 절약산업의 효율적인 육성체제 마련, 신에너지 및 재생에너지의 보급목표 달성을 위한 신 · 재생에너지에 대한 관리 및 지원강화 등을 개선하여 현재에 이르렀다. 현행 에너지이용합리화법은 에너지 수급 안정과 에너지의 합리적이고 효율적인 이용 증진, 에너지소비로 인한 환경피해 저감을 통하여 국민경제 발전 및 국민복지 증진과 지구온난화의 최소화에 기여함을 목적으로 운영할 수 있게 되었다. 에너지의 사용자와 공급자뿐만 아니라 모든 국민에게도 에너지를 합리적으로 이용하여 온실가스의 배출저감을 위해 노력하여야 한다고 규정하였다.

집단에너지사업법은 에너지절약과 집단에너지공급 확대 및 집단에너지사업의 합리적 운영을 위하여 1991년 제정된 이후, 여러 차례의 법 개정을 통하여 기후변화협약에 능동적으로 대응하고 집단에너지 사업자에 대한 규제 완화 및 집단에너지사업의 발전을 도모하였고, 또한 집단

에너지 공급사업자가 이익잉여금의 일부를 적립하도록 의무화하였다. 신 · 재생에너지를 이용한 집단에너지시설의 설치 및 보급을 지원 · 촉진하기 위한 여건의 조성과 함께 집단에너지의 공급을 확대하기 위하여 천연가스 또는 신 · 재생에너지를 연료로 사용하는 집단에너지사업자를 우선 지원할 수 있도록 하였으며, 집단에너지사업자를 열 생산자의 범위에 포함시킴으로써 열 거래를 통한 에너지 이용의 효율성을 높일 수 있게 되었다.

에너지사용자는 사업장 안에서 발생하는 폐열을 이용하기 위하여 노력하여야 하며, 사업장 안에서 이용하지 아니하는 폐열을 타인이 사업장 밖에서 이용하기 위하여 공급받으려는 경우에는 이에 적극 협조하여야 한다. 폐열의 이용을 촉진하기 위하여 필요하다고 인정하면 폐열을 발생시키는 에너지사용자에게 폐열의 공동이용 또는 타인에 대한 공급 등을 권고할 수 있다. 다만, 폐열의 공동이용 또는 타인에 대한 공급 등에 관하여 당사자 간에 협의가 이루어지지 아니하거나 협의를 할 수 없는 경우에는 조정을 할 수 있다. 「집단에너지사업법」에 따른 사업자는 집단에너지공급대상지역으로 지정된 지역에 소각시설이나 산업시설에서 발생되는 폐열을 활용하기 위하여 적극 노력하여야 한다고 규정하였다.

나. 저탄소 녹색성장기본법(안)[47]

저탄소 녹색성장기본법(안)은 저탄소 녹색성장에 관한 기본법으로서, 타 법률(에너지기본법, 지속가능발전기본법 등)에 우선하여 적용되며 타 법률의 제정 또는 개정시 이 법의 목적과 기본원칙을 준용하도록 규정하였다. 이 법은 저탄소사회(low carbon society) 구현을 위해 기후변화와 에너지 대책을 하나의 법체계 내에서 유기적으로 연계 및 조화하도록 하였다. 기후변화 대응, 에너지효율화, 신 · 재생에너지, 녹색기술 및 녹색산업발전, 녹색국토 등 녹색성장에 관한 부문을 종합적 · 포괄적으로 담았다. 에너지자립 및 온실가스 감축 등을 위한 목표설정 관리, 온실가스 배출량과 에너지 생산량 등의 보고와 공개, 세계 탄소시장 참여와 비용효과적 온실가스 감축수단인 총량제한 배출권거래제 도입 등의 내용을 담았다.

저탄소 녹색성장 추진을 위해 에너지정책 및 에너지와 관련된 계획을 수립 · 시행함에 있어서 제시된 기본원칙에는 다음의 내용이 포함되었다.

- 석유 · 석탄 등 화석연료의 사용을 단계적으로 축소하고 에너지 자립도를 획기적으로 향상시킨다.
- 에너지 가격의 합리화, 에너지의 절약, 에너지 이용효율 제고 등 에너지 수요관리를 강화하여 지구온난화를 예방하고 환경을 보전하며, 에너지 저소비 · 자원순환형 경제 · 사회구조로 전환한다.

47) 2009년 10월 현재 국회 계류 중

- 친환경에너지인 태양에너지, 폐기물 · 바이오에너지, 풍력, 지열, 조력, 연료전지, 수소에너지 등 신 · 재생에너지의 개발 · 생산 · 이용 및 보급을 확대하고 에너지 공급원을 다변화한다.

에너지정책의 기본원칙에 따라 20년을 계획기간으로 하는 에너지기본계획을 5년마다 수립 · 시행하여야 한다. 에너지기본계획에 포함되어야 할 사항은 에너지의 안정적 확보, 수요목표, 에너지원 구성, 신재생에너지 등 환경친화적 에너지 공급 및 사용을 위한 대책에 관한 사항 등이다.

범지구적인 온실가스 감축에 적극 대응하고 저탄소 녹색성장을 효율적 · 체계적으로 추진하기 위하여 온실가스 감축 목표, 에너지 절약 목표 및 에너지 이용효율 목표, 에너지 자립 목표, 신재생에너지 보급 목표에 대한 중장기 및 단계별 목표를 설정하고 그 달성을 위하여 필요한 조치를 강구하여야 한다고 규정하였다.

이 법(안) 제24조는 자원순환의 촉진에 대하여 규정하였다. 자원을 절약하고 효율적으로 이용하며 폐기물의 발생을 줄이는 등 자원순환의 촉진과 자원생산성 제고를 위하여 자원순환 산업을 육성 · 지원하기 위한 시책에는 자원순환 촉진 및 자원생산성 제고 목표설정, 자원의 수급 및 관리, 폐기물 발생의 억제 및 재제조 · 재활용 등 재자원화, 에너지자원으로 이용되는 목재, 식물, 농산물 등 바이오매스의 수집 · 활용, 자원순환 관련 기술개발 및 산업의 육성 등에 관한 사항을 포함시키도록 규정하였다.

다. 폐기물관리법, 자원의 절약과 재활용촉진에 관한 법률

1) 폐기물관리법 및 재활용촉진법

분뇨, 쓰레기, 산업폐기물 등 폐기물 관리에 관한 사항을 단일법에 규정하여 폐기물을 적정하게 관리할 수 있도록 1986년 폐기물관리법이 제정되었다. 폐기물 에너지에 대한 의미가 평가된 것은 1999년 2월 개정된 폐기물관리법에 연료, 열, 전기의 형태로 에너지를 회수하는 활동이 재활용에 포함되면서부터라고 할 수 있다. 폐기물관리법에서 회수 가능한 에너지 및 폐열을 재활용 가능자원에 포함하도록 규정한 것이 폐기물 에너지화의 근거라고 할 수 있다. 폐기물관리법과 자원의 절약과 재활용촉진에 관한 법률은 에너지의 회수기준과 발열량 및 에너지 회수효율, 회수열 및 폐기물의 이용에 대한 내용을 규정하였다. 또한 유기성폐기물을 이용한 에너지화 시설, 가축분뇨를 퇴비 · 액비 또는 바이오에너지 등으로 만드는 시설도 재활용시설에 포함시켰다.

2007년 8월 개정된 자원의 절약과 재활용촉진에 관한 법률은 폐기물 고형연료에 대하여 구체화시켰다. 재활용제품 중 폐기물을 이용하여 만든 고형연료제품을 제조하여 공급하려는 자는 환경부장관이 지정하는 인증기관으로부터 품질 · 등급의 인증을 받도록 하는 등 고형연료제품의 품질인증절차, 인증기관, 인증을 받은 고형연료제품의 사후 품질관리 등에 관한 사항을 명확히 정함으로써 고형연료제품의 제조 · 유통 · 사용을 체계적으로 관리할 수 있도록 하였다.

2008년 3월 개정된 자원의 절약과 재활용 촉진에 관한 법률은 자원순환의 개념 및 기본원칙을 규정하고 폐자원 · 바이오매스 에너지이용을 활성화 시킬 수 있게 되었다. 에너지회수시설의 설치 및 운영, 폐기물 전처리시설의 설치 및 운영 등을 새로이 규정하거나 강화하여 자원순환을 촉진하였다. 자원순환의 개념을 정립하면서 발생된 폐기물은 최대한 재사용 · 재활용 · 에너지회수 등으로 순환 이용하도록 하는 등의 기본원칙을 규정하였다.

라. 기타 관련법의 정비 현황

유기성 폐기물 및 바이오매스 에너지화에 대한 관심이 최근 급증하면서 기존의 법령이 에너지화의 제약요인이 되는 경우가 있어 이에 대한 정비가 필요하다. 예를 들어 가축분뇨와 음식물류 폐기물 또는 하수슬러지를 병합하여 혐기성 소화를 할 경우, 동일한 공정에 의하여 처리됨에도 불구하고 가축분뇨의 경우에는 가축분뇨 관리 및 이용에 관한 법률의 적용을 받고 음식물류 폐기물과 하수슬러지는 폐기물관리법의 적용을 받기 때문에 별도의 인허가 과정을 거쳐야 한다. 또한 가축분뇨 관리 및 이용에 관한 법률에서 바이오가스를 가축분뇨 자원화의 하나로 인정하고 있으나 가축분뇨 자원화 시설기준에는 적합한 기준이 마련되어 있지 않다.

정부는 폐자원 및 바이오매스 에너지화 촉진을 위해 필요한 관계법령 개선사항을 지속적으로 발굴하고 그의 개정을 추진할 계획이라고 한다. 관계부처 및 부처내 부서간 협의(실무 T/F, 전문가 포럼)를 통하여 관계부처별 개선 필요사항을 제기하고 협의하여 개선이 필요한 법령에 대하여 2010년 말까지 개정작업을 완료할 예정이라고 밝혔다. 법 · 제도적 불확실성 및 시장제약요인 해소를 통하여 정책추진의 효율성을 높이고 시장 활성화가 가능할 것으로 전망된다. 폐자원 및 바이오매스에너지 대책에서 검토하여 발표한 법령정비 대상과제를 〈표 2-25〉에 나타냈다.

폐기물의 자원순환 및 에너지화를 위하여 생활폐기물로부터 가연성분을 분리 · 선별하여 고형연료(RDF등)로 사용할 수 있도록 장려하고 있다.

현행 규정에는 보일러 특성이나 사용자의 사용조건에 관계없이 일률적으로 성형 고형연료만을 인정하고 있어 생활폐기물 연료화 정책에 제약이 되고 있다. 열병합발전시설, 화력발전소, 제지회사 등 고형연료를 이용할 수 있는 사용자들은 비성형 고형연료도 사용이 가능하도록 요구하고 있고 유럽에서는 대부분 비성형 고형연료를 사용한다. 이의 개선방안으로 비성형 폐기물 고형연료(RDF) 품질기준 제정, 사용시설확대, 비성형 생활폐기물 고형연료제품(Fluff RDF)의 사용허용 및 품질기준 규정에 대해 2009년 7월 13일 자원의 절약과 재활용촉진에 관한 법률시행규칙을 일부 개정하였다. 그 주요내용은 고형연료제품 전용발전시설을 고형연료제품 사용량이 일일 연료사용량의 30%이상 사용시설로 완화하고, 발전용량을 삭제하여 고형연료제품을 사용할 수 있는 화력발전시설의 범위를 확대(현행 10MW 이상의 화력발전시설) 하였으며, 보일러시설을 200kg/hr이상 사용하는 보일러시설로 완화(현행 400kg/hr

이상 또는 200kg/hr 이상을 연속하여 사용하는 보일러시설)하였다. 또한 고형연료 사용 시설에 열병합발전시설 추가하고, 비성형 고형연료의 저장 · 보관 · 운반 등의 관리기준, 수분 함량 등 품질기준을 신설하였다.

<표 2-25> 폐자원 • 바이오매스 에너지화를 위한 개선대상 내용

구분	배경 및 조치 필요내용
폐기물관리법	- 2012년부터 유기성 폐기물의 해양투기 규제(런던협약)에 대비한 육상처리대책 강구. 음폐수 육상처리 및 에너지화 종합대책(2008~2012)에 의거, 육상처리시설 확충. 2012년 말까지 전량 육상 처리. - 행정절차중복 : 음식물, 가축분뇨 등 병합 바이오가스화 시설을 설치하는 경우 가축분뇨의 관리 및 이용에 관한 법률과 폐기물관리법 등에서 정하는 시설설치 승인(신고) 등의 행정절차를 처리대상별로 각각 이행하여야 함(폐기물관리법, 가축분뇨의 관리 및 이용에 관한 법률).
	- 근거규정 미비 : 가축분뇨와 음식쓰레기는 퇴 · 액비로 사용하고 있음에도 음폐수 병합 바이오가스화 시설에서 발생하는 소화액은 액비 사용이 허용되지 않는 실정(가축분뇨의 관리 및 이용에 관한 법률, 비료관리법)
	- 적용법규 불명확 : 유기성오니(하수슬러지) 및 음식물류 폐기물을 이용하여 바이오가스 생산/연료화 할 수 있는 근거규정이 불명확. 음폐수는 폐기물 또는 폐수의 구분이 명확하지 않아 바이오가스 활용시 재활용으로 해석 곤란(폐기물관리법, 자원의 절약과 재활용촉진에 관한 법률, 수질 및 수생태계 보전에 관한 법률) ※가축분뇨의 관리 및 이용에 관한 법률에 의거하여 가축분뇨는 에너지화 가능. ※유기성오니(하수슬러지) 연료는 석탄 화력발전소에서 사용 가능.(폐기물관리법 시행규칙, 환경부령 제346호, 2009.8.7, 별표16의 제27호)
	- 동물성잔재물 및 동물의 사체는 소각하거나 매립하도록 규정되어 혐기성소화에 의한 바이오가스 생산을 제한 → 동물성 잔재물 및 동물 사체의 에너지화가 가능하도록 개선 필요.(일부 지자체는 도축폐기물을 이용한 바이오가스화 사업추진 중.)
	- 가연성폐기물 에너지와 관련한 회수대상 폐기물, 검사 및 측정기준 등이 미흡하여 폐기물 에너지화에 따른 제반 부작용 요소 있음. → 가연성 폐기물 에너지 회수기준, 측정 및 검사기준 정비 필요
	- 사업장에서 배출되는 폐기물 중 소각 가능한 폐기물은 소각처리 하도록 한정하고 있어, 폐지류, 폐목재, 폐섬유류 등 연료화가 가능한 가연성 폐자원이라도 에너지화 할 수 없는 상태임. → 소각 가능한 폐기물을 소각이외 방식으로도 에너지화할 수 있도록 허용.
건설폐기물재활용촉진법	- "재활용되지 아니하는 소각 가능한 폐기물은 소각"하여야 한다고 규정하고 있어 에너지전환이 가능한 가연성폐자원을 단순 소각처리하거나 매립하여 자원의 낭비를 초래하고 있음. → 건설폐기물로 분류되는 폐기물 중 소각처리가 가능한 가연성건설폐기물은 에너지화 하도록 유도하여 사업장계 폐기물의 에너지화 촉진 필요. (건설폐기물의재활용촉진에 관한 법률)

<표 2-25> 폐자원 · 바이오매스 에너지화를 위한 개선대상 내용 (계속)

구분	배경 및 조치 필요내용
대기환경보전법	- RDF는 기존의 폐기물이 갖고 있는 오염성분을 최소화하고 열량을 높인 제품일 뿐만 아니라, 폐기물처리의 개념으로 볼 수 있으므로 석탄 등 다른 고체연료의 사용규제와 차별 필요 → 청정연료 사용 의무화지역에서의 RDF 등 고형연료 제품의 사용을 위한 전용보일러 설치 허용 검토의 필요
	- 바이오가스화 연료는 자동차의 연료계통 개조 없이 압축천연가스(CNG)차량에 그대로 이용할 수 있음. 자동차연료의 제조기준에는 폐자원 바이오매스의 바이오가스화를 이용하여 생산한 연료가 포함되어 있지 않음. → 자동차 연료 제조기준에 바이오가스를 포함시켜 청정연료 사용 촉진 및 사업추진 활성화 도모 필요
자연공원법	- 새로운 바이오매스 에너지원 발굴을 위하여 용도지구에서 허용되는 행위기준의 변경 필요. → 환경부와 산림청간 체결한 "국립공원내 산림관리협약('03.8.20)" 검토 및 탄소흡수원 증진, 산불방지, 문화재 보호 등을 위한 육림 허가규정 필요.
수도권 대기환경법	- LFG 등 바이오가스는 메탄(CH_4)이 60%이상 포함되어 있고 정제하여 천연가스 수준의 저공해연료로 생산이 가능. - 압축천연가스(CNG) 차량에 대한 실증 연구사업이 진행 중임. → 유기성폐기물의 육상처리대책, 수도권 대기환경개선, 청정연료의 생산 및 보급촉진을 위하여 바이오가스를 저공해 자동차연료로 사용 가능하도록 개선 필요. → 바이오가스를 저공해자동차 연료로 지정 검토 필요.
도시가스사업법	- 유기성폐자원 바이오가스화 촉진을 위해 수요처 확대 필요 → 유기성폐자원에서 회수되는 바이오가스도 도시가스로 공급할 수 있도록 허용 필요.
국토계획법	- 입지제한 : 용도지역별 건축제한으로 인해 폐기물처리시설 증 · 개축이 제한되어 기존시설인 경우에도 폐자원 에너지화 시설로 전환, 증설 등이 어려움(국토계획 및 이용관리법)
공장설립법	- 입지제한 : 산단내 업종별 배치로 인해 폐기물 에너지화 시설은 폐기물처리시설 구역으로 입지가 제한되어 있어 에너지활용 곤란 ※ 산단내 입주기업에 공급하는 경우에 대한 예외규정을 마련(산업집적활성화 및 공장설립법의 개선협의 완료)
집단에너지법	- 진입제한 : 열공급 사업 허가기준을 다른 사업자의 공급구역과 중복되지 않도록 규정하여 소각폐열(증기) 등의 공급사업 추진 곤란(집단에너지사업법)
도시가스법	- 진입제한 : 도시가스 사업 허가기준을 다른 사업자의 공급구역과 중복되지 않도록 규정하고 있어 바이오가스 생산업계의 사업진입 불가(도시가스사업법)
공공자금법	- 융자제도 : 환경개선자금 이율이 에너지이용합리화 자금 이율에 비해 현저히 높아 민간의 폐자원에너지 분야 투자 활성화를 저해(공공자금관리기금법)

※ 근거 : 2009년 9월기준 환경부를 비롯한 정부의 보도자료 등을 재구성

폐자원 · 바이오매스 에너지화를 촉진시키기 위하여 초기시장의 형성 지원, 가격구조의 왜곡 보정, 수급조절 기능 강화 등 관련분야의 규제 개선을 통해 시장기능에 의한 순리적 에너지화를 유도하는 정책을 고려할 수 있다. 환경부에서는 국내외 경제여건 변화, 국가재정 등을 감안

하여 다음과 같은 중장기 정책과제로 추진할 계획을 갖고 있다.

기술축적이 미흡하고 경제성이 상대적으로 낮고 초기투자비가 높게 소요되는 유기성 폐자원 에너지화시설은 재정지원 비율을 상향 조정한다. 예를 들면, 지자체의 시설설치에 대한 국고지원 비율을 하수처리시설 지원비율 수준(70%)으로 상향 조정하거나 유기성 폐자원 바이오가스 및 열원 활용을 위한 인프라 구축사업에 대한 국고지원을 도입 또는 확대(50% 이상)하는 것이다.

폐자원 에너지화 시설의 광역화 · 집중화에 따른 경제적 효과를 극대화하기 위하여 환경에너지타운 조성사업에 대한 국고지원을 차별화 하는 것을 검토할 필요가 있다. 광역화시설에 대한 지원의 차별화를 통하여 기초지자체별 소규모시설 설치 및 운영의 난립에 따른 정부투자의 비효율성을 극복할 수 있다. 폐자원 에너지타운이 입지하는 기초지자체 및 지역주민에 대한 인센티브 지원방안을 강구하는 것도 한 가지 방법이다.

초기투자비가 높게 소요되고 사업의 안정화에 상당기간이 소요되는 환경에너지타운 조성사업에 대한 공공부문의 투자를 확대한다. 경제위축으로 민간자본의 투자유치가 충분히 이루어지기 어려운 현실적 여건을 고려하여 공공기관의 자본투자 및 운영비를 분담하는 방식으로 사업추진 방식을 도입하는 것이다. 수도권매립지관리공사의 '수도권매립지 환경에너지타운 조성사업'의 자본참여 방식이 그 예가 될 것이다.

신 · 재생에너지의 보급 · 확대를 위해 생산 · 판매 · 유통 시 부가가치세 면세 및 세액공제의 필요성이 제기되었다. 기존에 부가가치 면세대상인 연탄 · 무연탄과 더불어 RDF, 유기성 폐자원, 매립장 회수 바이오가스, 소각여열, 목재펠릿연료 등의 제조시설 및 제품에 대하여 보급활성화를 위하여 면세와 세액공제를 해주는 것이다.

폐자원 및 바이오매스 에너지화에 의한 발전차액 지원수준을 현실화하여 실비용 수준으로 상향 조정하고 지원방식의 개편을 추진한다. 열에너지 회수 · 활용에 대한 인센티브제 도입, 열 차액지원 방식의 직접보조금제도, 지역난방공사 등 공공기관에 대한 열에너지의 일정비율 의무사용제도 또는 우선구매제도의 도입을 검토한다.

에너지화 활용실적에 비례한 직 · 간접 인센티브를 부여하거나 확대한다. 폐플라스틱 등 폐자원 에너지화 실적에 연동하는 부담금 감면 및 면제제도를 도입하고 환경친화기업 지정시 활용실적에 연동한 가산점을 부여하며 투자세액 공제율 확대, 환경규제 완화, 정부구매제도 개선 등 제도 개편을 추진한다. 매립대상 쓰레기의 탄소함유량 제한 및 매립부담금제 도입 등을 통하여 지자체 및 관련업계의 폐자원 에너지화를 유인한다.

라. 신 · 재생에너지 사업관련 법, 제도 및 기준

폐자원 · 바이오매스 에너지는 바이오에너지와 폐기물에너지로 구분되며 바이오에너지와 폐기물에너지의 기준 및 범위는 〈표 2-26〉와 같다.

<표 2-26> 바이오에너지와 폐기물에너지의 기준 및 범위

에너지원		기준 및 범위
바이오 에너지	기준	1. 생물유기체를 변환시켜 얻어지는 기체 · 액체 또는 고체 연료 2. 제1호의 연료를 연소 또는 변환하여 얻어지는 에너지 ※ 제1호 또는 제2호의 에너지가 신 · 재생에너지가 아닌 석유제품 등과 혼합된 경우에는 생물유기체로부터 생산된 부분만을 바이오에너지로 본다.
	범위	1. 생물유기체를 변환시킨 바이오가스 · 바이오에탄올 · 바이오액화유 및 합성가스 2. 쓰레기매립장의 유기성폐기물을 변환시킨 매립지가스 3. 동 · 식물의 유지를 변환시킨 바이오디젤 4. 생물유기체를 변환시킨 땔감 · 우드칩 · 펠렛 및 목탄 등의 고체연료
폐기물 에너지	기준	1. 각종 사업장 및 생활시설의 폐기물을 변환시켜 얻어지는 기체 · 액체 또는 고체의 연료 2. 제1호의 연료를 연소 또는 변환시켜 얻어지는 에너지 3. 폐기물의 소각열을 변환시킨 에너지 ※ 제1호 내지 제3호의 에너지가 신 · 재생에너지가 아닌 석유제품 등과 혼합되는 경우에는 각종 사업장 및 생활시설의 폐기물로부터 생산된 부분만을 폐기물에너지로 본다.

출처 : 신에너지 및 재생에너지 개발 · 이용 · 보급 촉진법 시행령 별표 1

1) 신재생에너지 사업에의 투자권고 및 이용 의무화

신재생에너지의 기술개발 및 이용 · 보급을 촉진하기 위하여 필요하다고 인정하는 경우에는 에너지관련 산업을 영위하는 자에 대하여 다음 사업을 실시하거나 그 사업에 투자 또는 출연할 것을 권고할 수 있다[41]. 여기에 해당되는 사업은 신 · 재생에너지에 대한 자원조사 · 기술수요조사 · 통계작성, 연구 · 개발 · 기술평가, 신 · 재생에너지 설비의 성능평가 · 인증 · 사후관리, 신 · 재생에너지 분야 기술지도 · 교육 · 홍보, 신 · 재생에너지 시범사업 및 보급사업, 신 · 재생에너지 이용의 의무화 지원 등이다.

신 · 재생에너지의 이용 · 보급을 촉진하기 위하여 국가, 지방자치단체, 정부투자기관, 정부출연기관, 정부출자기업체 등은 연면적 3천m^2 이상의 건축물을 신축 · 증축 또는 개축할 경우 총 건축공사비의 일부를 신 · 재생에너지 설비에 의무적으로 사용하여야 한다. 국가의 지원을 받아 신 · 재생에너지 설비를 설치하거나 의무적으로 신 · 재생에너지 설비를 설치하는데 필요한 세부적인 사항은 신 · 재생에너지 설비의 지원 · 설치 · 관리에 관한 기준(지식경제부고시 제2008-232호, 2008.12.24)에 규정되었다. 여기에는 총 건축공사비의 산정기준 및 방법을 비롯하여 일반보급보조사업, 그린 홈 100만호 보급사업, 국민임대주택 태양광 보급사업, 신 · 재생에너지 지방보급사업, 설치의무기관의 신 · 재생에너지 설비설치 및 신 · 재생에너지설비 등의 융자지원 사업에 대하여 세부사항이 포함되어 있다.

신 · 재생에너지 보급사업으로 시행하는 폐기물에너지 보급사업은 폐기물관리법, 자원의 절약과 재활용촉진에 관한 법률 등 폐기물의 관리 및 재활용 관련 법령에 적합하게 시행하여야 한다.

2) 신 · 재생에너지 발전가격의 고시 및 발전차액지원 제도

신 · 재생에너지원으로 생산된 전력은 보통 기존 발전원에 비하여 생산단가가 높아 가격경쟁력이 낮다. 발전차액지원제도(FIT ; feed-in-tariff)에 의하여 정부가 신 · 재생에너지원으로 생산된 전력을 시장가격보다 높은 가격으로 구매해 줌으로써 신 · 재생에너지 산업 육성에 큰 역할을 하여 왔다.

발전차액지원제도[44]는 태양광 · 풍력 · 바이오 · 조력 등 신 · 재생에너지 발전에 의하여 공급한 전기의 전력거래가격이 정부가 고시한 기준가격보다 낮은 경우에 당해 전기를 공급한 신 · 재생에너지 발전사업자에게 발전차액(고시된 기준가격과 전력 거래가격과의 차액)을 전력산업기반기금에서 우선 지원해주는 제도이다. 이 제도는 2012년 신 · 재생에너지 의무공급제도가 도입됨에 따라 폐지될 예정이다.

신 · 재생에너지 발전에 의하여 공급되는 전기는 발전원별로 기준가격을 정하고 이를 고시한다. 기준가격을 고시하는 때에는 발전차액을 지원하는 기간을 포함하여 고시할 수 있다. 발전차액을 지원받은 신 · 재생에너지발전사업자에 대하여 결산재무제표 등 기준가격의 설정을 위하여 필요한 자료의 제출을 요구할 수 있다. 발전차액의 지원을 위한 발전원별 기준가격 산정기준은 다음과 같다.

- 신 · 재생에너지 발전소의 표준공사비 · 운전유지비 · 투자보수비 및 제세공과금
- 신 · 재생에너지 발전소의 설비이용률, 수명기간, 사고보수율과 발전소 내에서의 신 · 재생에너지 소비율 등의 설계치 및 실적치
- 신 · 재생에너지 발전사업자의 송 · 배전선로 이용요금
- 신 · 재생에너지의 발전기술 상용화 수준 및 시장보급여건
- 운전 중인 신 · 재생에너지 발전사업자의 경영여건 및 운전실적
- 전기요금과 전력거래시장에서의 신 · 재생에너지 거래가격의 수준

발전차액을 지원받을 기준가격의 적용대상은 태양광, 풍력, 수력, 폐기물소각(RDF 포함), 바이오에너지(LFG, 바이오가스, 바이오매스), 해양에너지(조력), 연료전지이며 전원별 적용기준 및 기준가격은 〈표 2-27〉과 같다.

기준가격 적용기간은 발전차액 지원개시일로부터 총 15년으로 하되 태양광 전원은 20년으로 한다. 발전차액지원제도 시행이전 상업운전을 시작한 발전설비의 발전차액 지원개시일은 2001년 10월 11일로 간주한다.

수력 및 바이오에너지에 대해서는 전력시장 계통한계가격(SMP)과 연동시킨 고정요금과 변동요금을 선택할 수 있다. 기준가격을 용량에 따라 차등을 두었고 소용량 설비에 기준가격을 높게 설정하고 있다.

<표 2-27> 적용대상 전원의 적용기준 및 기준가격

전원		적용설비 용량기준	구 분		기준가격(원/kWh) 고정요금	기준가격(원/kWh) 변동요금	비고
풍력		10kW이상	-		107.29	-	감소율 2%
수력		5MW이하	일반	1MW이상	86.04	SMP+15	
				1MW미만	94.64	SMP+20	
			기타	1MW이상	66.18	SMP+ 5	
				1MW미만	72.80	SMP+10	
폐기물 소각 (RDF 포함)		20MW이하	-		-	SMP+ 5	
바이오 에너지	LFG	50MW이하	20MW 이상		68.07	SMP+ 5	화석연료 투입비율 30%미만
			20MW 미만		74.99	SMP+10	
	바이오 가스	50MW이하	150KW 이상		72.73	SMP+10	
			150KW 미만		85.71	SMP+15	
	바이오 매스	50MW이하	목질계 바이오		68.99	SMP+ 5	
해양 에너지	조력	50MW이상	최대조차 8.5m이상	방조제유	62.81	-	
				방조제무	76.63	-	
			최대조차 8.5m미만	방조제유	75.59	-	
				방조제무	90.50	-	
연료전지		200kW이상	바이오가스 이용		227.49	-	감소율 3%
			기타연료 이용		274.06	-	

- 화석연료 투입비율은 월 단위를 기준, 발전에 소요된 열량에 대한 화석연료의 열량비율임.
- 풍력, 연료전지의 발전차액 지원개시일별 기준가격 : 감소율 적용 개시 시점은 매년 10월 11일.

신 · 재생에너지 발전차액지원의 경우 유기성 폐기물(바이오에너지)에 대한 보전가격은 SMP 5~15원으로 낮게 책정되어 있으며 LFG 및 바이오가스 고정요금의 경우도 상대적으로 낮게 적용되었다. 200KW 이하의 소규모 신 · 재생에너지는 한전과 직거래 할 수 있도록 함으로써 거래수수료, 회원가입등록비 · 연회비, 전력거래용 전력량계 설치비의 부담을 경감시켰다.

<표 2-28> 차액지원 개시일 시점별 기격

차액지원 개시일 시점	풍력 (원/kWh)	연료전지(원/kWh)	
		바이오가스 이용	기타연료 이용
2009년	105.14	220.67	265.84
2010년	103.04	214.05	257.87
2011년	100.98	207.63	250.13

- SMP(System Marginal Price) : 전력거래소에서 수요와 공급량에 따라 변동하는 거래가격
- 수력의 일반은 수력발전을 주목적으로 하는 설비이며, 기타는 수력발전이 부가적인 목적 설비
- 용량은 동일사업자가 인근지역(설치장소의 경계가 250미터이내의 지역을 의미한다) 에서 설치한 용량의 합을 기준으로 적용함.

출처 : "신 · 재생에너지이용 발전전력의 기준가격지침"(지식경제부 고시 제2009-207호, '09.9.4)

3) 신재생에너지 개발공급협약

신 · 재생에너지 개발공급협약(RPA[48])은 대형 에너지공급사인 발전사업자에게 중장기 신 · 재생에너지 개발공급계획을 수립하여 정부와 협의 후, 자발적으로 협약을 체결 · 시행하는 제도이며 2005년 7월 시행되었다.신 · 재생에너지설비 설치 및 관련 연구개발투자, 신 · 재생에너지 홍보사업, 사업자 지원사업 등 신 · 재생에너지 공급규모 확대를 위하여 공공기관에서 자발적으로 선도적 역할을 하겠다는 정부와의 협약이다.

한국전력공사 등 9개 에너지공기업과 정부는 2005년 7월 25일에 2006~2008년 3개년간 1차 RPA를, 2009년 7월 10일 2009~2011년 3개년간의 2차 RPA를 체결하였다.

1차 협약기간 중 투자금액은 6,059억원(계획 8,855억원 대비 68.4%), 발전설비 보급실적 201MW(계획 359MW 대비 56%), 열설비 보급실적 104Gcal/h(계획 126.4Gcal/h 대비 82.2%), 연구개발 투자실적 1,299억원(계획 1,617억원 대비 80.3%)이었다. 2차 협약기간 중 투자금액은 2조9천억원(1차 실적 6,059억원 대비 4.8배 수준)이고, 신 · 재생설비 보급 1,330MW(1차 실적 201MW 대비 6.6배 수준), 신 · 재생에너지 보급비율은 1.66%(1차 협약 0.77%), 연구개발 투자 1,043억원(1차 실적 1,299억원 대비 19.7% 감소)으로 계획되었다.

<표 2-29> 신재생에너지원별 세부 투자계획(2009~2011) (단위 : MW)

계	태양광	풍력	수력	연료전지	해양	바이오	기타	열설비
1,330.96	101.53	371.9	141.29	27.3	275.2	10.72	347.7	55.52

출처 : 지식경제부 보도자료(2009.7.10) 에너지공기업, 2011년까지 신 · 재생에너지 분야에 3조원 투자

48) RPA(Renewable Portfolio Agreement) : 신 · 재생에너지 개발공급협약

4) 신재생에너지 보급사업

신 · 재생에너지의 이용 · 보급을 촉진하기 위하여 필요하다고 인정하는 경우에는 보급사업을 할 수 있다. 보급사업에 대한 추진절차, 지원대상, 지원조건, 그 밖에 필요한 사항은 신 · 재생에너지 설비의 지원 · 설치 · 관리에 관한 기준(지식경제부고시 제2008-232호, 2008.12.24)에 고시되었다. 신 · 재생에너지 설비가 설비인증을 받거나 신 · 재생에너지 기술의 국제표준화 또는 신 · 재생에너지 설비와 그 부품의 공용화가 이루어진 경우에는 보급 사업을 추진할 수 있다.

가) 보급보조사업

개발된 신 · 재생에너지 기술의 상용화를 위한 자가용 신재생에너지설비의 시범보급과 상용화된 자가용 신 · 재생에너지 설비의 보급에 소요되는 비용을 정부가 보조하는 사업이다. 보급보조사업의 내용과 참여기준은 각각 〈표 2-30〉 및 〈표 2-31〉과 같다.

<표 2-30> 보급보조사업 내용

구분	사업내용 및 지원조건
일반보급 사업	개발된 신 · 재생에너지기술의 상용화된 일반 보급설비로서 자가용에 한해 설치비의 최대 60% 이내 지원 태양열, 지열, 바이오설비 : 소요시설비용의 50% 이내 태양광, 풍력, 소수력설비 : 소요시설비용의 60% 이내 폐기물 이용설비 : 소요시설비용의 30% 이내
시범보급 사업	개발된 신 · 재생에너지 기술의 상용화를 위한 시범보급설비(정부지원 R&D활용조건)로서 자가용에 한해 설치비의 최대 80% 이내 지원
계획보급 사업	지자체 또는 공공기관 등과 연계하여 사업비를 지원하는 사업으로서 평가위원회의 심의를 거쳐 조정된 사업을 지원(태양열주택포함)

신 · 재생에너지 설비에 대해 설치비의 일정부분을 정부에서 무상보조 지원함으로써 국내 개발제품의 상용화를 촉진하고 초기 시장창출 및 보급 활성화를 유도하는 사업이다. 일반보급사업, 시범보급사업, 계획보급사업이 있다.

나) 지방보급보조사업

지방보급사업은 지역특성에 맞는 신 · 재생에너지 보급을 통하여 에너지 수급여건 개선 및 지역경제 발전을 도모하고자 16개 광역지자체 및 기초 지방자치단체가 추진하는 관할 지역 내의 신 · 재생에너지 설비를 보급하는데 소요되는 비용의 일부를 정부가 보조, 지원하는 사업이다.

<표 2-31> 보급보조사업 참여기준

사업명		구분	참여 기준
전문기업	일반보급사업	공통적용	-지원사업 공고일 기준 「지식경제부고시 제2008-232호 "신 · 재생에너지설비의 지원 · 설치 · 관리에 관한 기준"」 제2조제12호에 해당하는 전문기업
		발전설비	1.지원사업 공고일 기준, 전기공사업을 등록한 기업 2.지원사업 공공일 기준, 최근 3년 이내에 신 · 재생에너지 발전설비용량 3kW급 1기 이상 또는 누적용량 5킬로와트 이상을 직접설치 한 기업
		열이용설비	-지원사업 공고일 기준, 기계설비공사업 또는 난방시공업(1종, 2종)을 등록한 기업
		폐기물설비	-지원사업 공고일 기준, 기계설비공사업 또는 공해방지시설업의 등록을 요구하는 경우에는 이를 등록한 기업
	시범보급사업	공통적용	-해당분야 국내 기술개발사업에 참여한 자
지원신청자	일반 · 시범보급사업		-해당시설 설치 예정지 건물 등기부등본의 소유자(대표자) 또는 소유예정자(단, 건축법 시행령 제5조 제5항 제9,10,11호에 해당하는 가설건축물의 소유자는 참여가능) -국가 및 지방자치단체 소유 건물 제외(단, 건축법 시행령 제3조의4관련 별표1 제10호 가목 학교 중 초등학교, 중학교, 고등학교는 가능)

<표 2-32> 지방보급사업 지원현황(1996~2007) (단위: 백만원)

구 분	계	1996~2000	2001	2002	2003	2004	2005	2006	2007
합 계	270,229	29,411	16,992	21,992	26,322	36,887	40,000	47,500	51,125
태양열	19,927	1,803	660	1,516	1,404	2,902	2,835	4,227	4,580
태양광	70,645	3,835	3,250	6,621	9,590	9,380	8,389	15,703	13,877
소수력	15,919	2,640	-	1,080	950	1,344	225	3,119	6,561
풍 력	52,975	12,645	7,350	7,340	7,650	6,440	7,350	-	4,200
폐기물	5,310	160	1,000	1,750	370	1,680	-	-	350
바이오	11,517	60	2,882	1,100	200	140	1,260	-	5,875
지 열	8,945	-	-	-	1,240	1,505	1,770	2,432	1,998
기 타	84,991	8,268	1,850	2,585	4,918	13,496	18,171	22,019	13,684

※ 기타 : 교육 · 홍보, 타당성 조사 등

사업은 기반구축사업과 시설보조사업으로 나뉜다. 기반구축사업은 지자체가 지역내의 에너지를 효율적으로 개발하거나 활용하기 위한 능력을 확충하기 위한 사업으로 교육 · 홍보사업, 타당성 조사사업 등이 있다. 시설보조 사업은 지역 내의 에너지수급안정 또는 에너지이용합리화를 목적으로 설치하는 신 · 재생에너지관련 시설 및 설비지원 사업으로 태양광 발전시설 설치사업, 수력발전시설 설치사업 등이 있다. 지자체장이 매년 3월말까지 사업을 신청하면 사업평가 및 심의위원회의 평가 후 12월말까지 사업별 예산확정을 통보한 후 이후 사업비를 교부해 주는 체계로 운영된다.

지원조건은 기반구축사업의 경우 소요자금의 100%이내, 시설보조사업의 경우 소요자금의

70%이내(지방비 분담조건)에서 지원해 준다. 그렇지만 2008년부터 전기분야는 60%, 열분야는 50% 지원하고 있다.

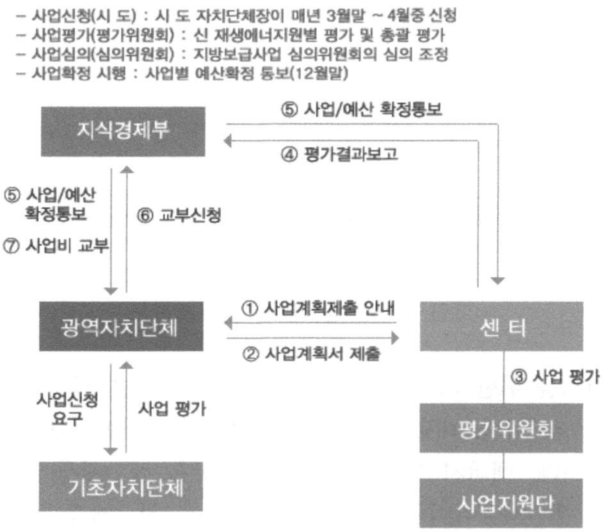

<그림 2-14> 지방보급사업 업무추진 절차

다) 융자지원사업

신 · 재생에너지 시설 설치자 및 생산자를 대상으로 신 · 재생에너지 설비의 설치 · 생산 등에 소요되는 비용을 정부가 장기저리의 융자지원을 통해 초기 투자비를 경감하고 사업적 경제성을 확보하여 신 · 재생에너지 설비 및 관련 산업을 보급 · 육성하기 위한 제도이다. 자금지원은 시설자금, 생산자금, 운전자금으로 분류되며 융자금 지원대상은 〈표 2-33〉와 같다. 융자지원업무 흐름도는 〈그림 2-15〉에 나타냈다.

<표 2-33> 융자금 지원 대상

분류	세 부 내 용
시설자금	신 · 재생에너지를 이용하기 위한 시설을 설치하고자 하는 사업주가 신청하는 자금 예) 태양광발전설비, 풍력발전설비, 태양열설비, 지열설비 등의 시설 설치자금
생산자금	신 · 재생에너지 설비의 부품 또는 제품을 생산하는 공정라인을 설치하고자 하는 사업주가 신청하는 자금 예) 태양광모듈 생산라인, 풍력발전 터빈 생산라인 등의 생산시설 설치자금
운전자금	신 · 재생에너지 관련사업을 운영하는 사업주가 운영자금 확보 또는 원활한 자금유동성 확보를 위해 신청하는 자금

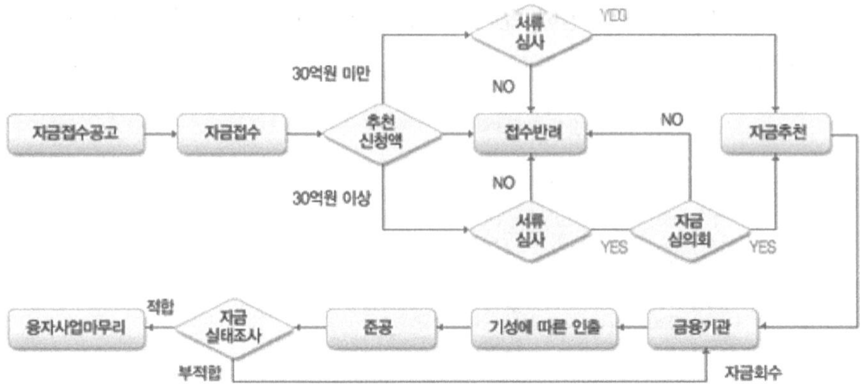

<그림 2-15> 융자지원 업무흐름도

2009년도 융자지원사업을 위한 자금지원지침에 의하면 2009년 지원예산액은 에너지특별화자금 563.4억원, 전력기금 740억원, 대출기간은 5년 거치 10년 분할상환(바이오 · 폐기물분야는 3년 거치 5년 분할상환)이다. 에너지 특별화자금 지원대상은 신 · 재생에너지 발전시설 외의 시설설치 또는 생산자금 · 운전자금이며 전력기금 지원대상은 신 · 재생에너지 발전시설의 설치이다. 〈표 2-34〉와 〈표 2-35〉은 각각 에너지 및 자원사업 특별회계자금(에너지 특별화자금) 지원사업 지원조건과 전력기금 지원사업 지원조건을 나타낸 것이다.

〈표 2-36〉은 신재생에너지 보급확대를 위해 지원된 1983년~2007년의 융자지원액을 에너지원별로 나타낸 것이다. 총 융자지원액은 7,407억원이며, 지원 실적을 에너지원별로 살펴보면 태양에너지 3,328억원, 바이오 1,197억원, 폐기물 1,077억원, 풍력 840억원, 소수력 544억원의 시설자금이 각각 지원되었다.

<표 2-34> 에너지 특별화자금 지원사업의 세부지원조건

<table>
<tr><th>자금구분</th><th>이자율</th><th>대출기간</th><th>지원
비율</th><th>동일사업자당
지원한도액</th></tr>
<tr><td>생산자금 및 시설자금</td><td rowspan="3">2009년도
1/4분기 현재
3.0%
(분기별
변동금리)</td><td rowspan="2">5년 거치 10년 분할상환
(바이오 및 폐기물 분야 3년
거치 5년 분할상환)</td><td rowspan="3">90%이내
(대기업
50%이내)</td><td>100억원이내
(30억원이내)</td></tr>
<tr><td>신 · 재생에너지 기술개발
국산화사업</td><td>150억원이내</td></tr>
<tr><td>운전자금</td><td>1년 거치 2년 분할상환</td><td>10억원이내</td></tr>
</table>

※ ( )은 바이오 및 폐기물에너지 분야사업에 관한 것임

<표 2-35> 전력기금 지원사업의 세부지원조건

자금구분	이자율	대출 기간	발전용량	지원비율 (대기업지원율)	동일사업자당 지원한도액
시설자금 (태양광)	2009년도 1/4분기 현재 3.0% (분기별 변동금리)	5년거치 10년 분할상환	500kW이상 ~ 1MW미만	40%이내(40%이내)	100억원이내
			300kW이상~500kW미만	50%이내(40%이내)	
			100kW이상~300kW미만	60%이내(50%이내)	
			100kW미만	70%이내(50%이내)	
시설자금 (태양광외)			-	90%이내(50%이내)	

<표 2-36> 융자 지원실적(1983~2007) (단위: 백만원)

구 분		계	1983~2000	2001	2002	2003	2004	2005	2006	2007
합 계		740,675	273,770	8,498	16,980	47,775	49,985	101,854	120,473	121,340
시설자금	태양열	151,755	145,785	2,267	462	1,586	591	1,035	29	442
	태양광	181,048	1,221	12	1,280	2,003	5,206	24,329	48,176	98,821
	바이오	119,675	26,682	3,000	5,218	24,121	21,860	27,632	8,350	2,812
	폐기물	107,714	63,512	2,123	5,904	10,099	4,772	4,238	11,869	5,197
	소수력	54,413	25,386	1,039	2,802	1,137	6,615	6,303	7,637	3,494
	지 열	13,064	0	-	409	1,790	2,900	2,529	2,733	3,112
	풍 력	84,074	241	0	-	6,759	7,031	28,946	36,236	4,861
	기 타	19,054	6,555	-	-	-	1,010	5,014	4,612	1,863
소 계		731,648	269,382	8,441	16,075	47,495	49,985	100,026	119,642	120,602
운전자금		9,027	4,388	57	905	280	0	1,828	831	738

1983년~2007년의 에너지원별 융자지원액을 보면 태양광, 태양열, 바이오가스, 폐기물 설비에 주로 지원된 것으로 나타났다. 1983년~2000년까지는 주로 태양열 및 폐기물 소각열 이용시설을 중심으로 지원되었다. 2001년~2005년까지는 바이오가스이용설비에 가장 큰 비중으로 지원된 반면에 2006년~2007년에는 태양광발전에 집중 지원되었다.

라) Green Home 100만호 보급사업

일반주택, 공동주택 및 마을단위의 공동체에 태양광, 태양열, 지열, 소형풍력, 바이오 등의 신 · 재생에너지원을 주택에 설치할 경우 설치비의 최대 60% 이내를 정부가 무상 지원하는 사업이다. 2020년까지 신 · 재생에너지 주택(Green home) 100만호 보급을 목표로 추진하고 있다. 국민임대주택 태양광 보급사업을 포함하는 태양광주택 10만호 보급사업은 그린 홈 100만호 보급사업에 해당하는 것이다. 〈표 2-37〉는 그린 홈 100만호 보급사업 내용을 요약한 것이다.

<표 2-37> 그린 홈 100만호 보급사업 요약

분야	구분	지원규모	지원비율	비고
태양광	고정식	3kW 이하/호	최대 60%이내	계통연계 기준
	추적식			
	BIPV[49]			
태양열	평판형	8~30m^{2}이하/호	최대 50%이내	심야전력 이용설비 제외
	단일진공관형			
	이중진공관형			
바이오	목재 펠렛 보일러	58.1kW이하/호 (50,000kcal/h이하)	최대 50%이내	-
소형풍력	소형풍력	3kW이하/호	최대 60%이내	계통연계 기준
지 열	수직밀폐형	17.5kW이하/호 (5RT[50]이하/호)	최대 50%이내	심야전력 이용설비 제외

신 · 재생에너지 분야별 기술개발사업비 지원실적은 <표 2-38>에 나타낸 바와 같다. 1988년~2007년 동안에 11개 신 · 재생에너지 기술과제 820개에 대하여 정부지원액 5,597억원을 포함하여 총 9,179억원이 투자되었다. 주로 수소 · 연료전지, 풍력, 태양광, 석탄 IGCC 분야에 집중 지원되었다.

<표 2-38> 분야별 기술개발사업비 지원실적(1988~2007)

분 야	과제수	기술개발사업비(백만원)		
		계	정부지원	민간부담
수 소	35	61,659	37,500	24,159
연료전지	68	267,919	138,519	129,400
태 양 광	112	135,685	88,092	47,593
풍 력	45	101,511	70,051	31,460
태 양 열	80	32,741	23,924	8,817
바 이 오	115	65,081	43,390	21,691
폐 기 물	68	63,375	36,633	26,742
석탄이용	49	103,076	52,225	50,851
소 수 력	12	7,502	4,757	2,745
해 양	9	8,910	6,454	2,456
지 열	29	20,615	14,908	5,707
기 타	198	49,784	43,276	6,508
합 계	820	917,858	559,729	358,129

* 과제 수는 신규과제 기준임.(기타에는 정책, 국제공동 및 학술진흥사업 포함)

마) 신 · 재생에너지 인증제도

신 · 재생에너지 인증제도란 신 · 재생에너지 설비의 품질을 보장하고 소비자의 신 · 재생에너

49) BIPV(Building Integrated Photovoltaic System) : 건물일체형태양광발전시스템
50) RT(Refrigeration Ton)

지에 대한 신뢰성을 제고하기 위하여 설비에 대한 인증을 실시하는 제도로서 2003년 9월에 도입되었다. 인증제도는 태양열, 태양광, 풍력, 지열, 연료전지, 기타 등 6개 분야에 총 22종의 인증품목으로 구성되어 있는데 폐자원·바이오매스 에너지는 인증대상에 포함되지 않는다.

신·재생에너지설비 인증절차는 업체의 생산, 품질유지, 사후관리능력 등 일반심사(공장확인)와 제품성능, 내구성 등 설비심사(성능검사)로 2원화하여 실시하며, 신·재생에너지설비 제조(수입)자의 신청에 의하여 심사 후 인증서를 발급한다.

마. 폐기물 고형연료 관련 법, 제도 및 기준

폐기물 고형연료는 각종 사업장 및 생활폐기물을 변환시켜 얻어지는 고체연료이다. 폐기물을 이용하여 만든 고형연료제품의 제조·유통·사용을 체계적으로 관리할 수 있도록 자원의 절약과 재활용촉진에 관한 법률을 개정하여 2008년부터 시행하고 있다. 폐기물 고형연료제품은 환경부령으로 정하는 사용시설에서 사용하도록 규정하였으며, 고형연료제품을 제조하여 공급하려는 자는 환경부장관이 지정하는 인증기관으로부터 고형연료제품의 품질·등급 인증을 받아야 한다고 규정되어 있다. 고형연료제품의 품질·등급기준은 〈표 2-39〉과 같다.

폐기물 고형연료제품의 사용시설은 ①시멘트 소성로(燒成爐), ②화력발전시설, 열병합발전시설 및 발전용량이 2MW 이상인 발전시설, ③석탄사용량이 시간당 2톤 이상인 지역난방시설, 산업용보일러, 제철소 로(爐), ④고형연료제품 사용량이 시간당 200 kg 이상인 보일러시설(소각시설의 설치기준 및 소각시설의 검사기준에 적합한 시설로서 초기 가동 시 연소실 출구 온도가 800℃ 이상이 될 때 고형연료제품을 자동 투입할 수 있는 장치를 갖춘 시설만 해당한다), ⑤그 밖에 환경부장관이 고형연료제품의 사용에 적합하다고 인정하여 고시하는 시설로 정하고 있다.

고형연료제품의 모양은 생활폐기물 고형연료제품(RDF), 폐플라스틱 고형연료제품(RPF), 폐타이어 고형연료제품(TDF), 폐목재 고형연료제품(WCF)으로 구분하여 품질·등급 기준을 정하였다. 고형연료제품을 제조하거나 사용하는 자는 품질·등급의 유지·관리 등에 관한 준수사항을 지켜야 한다. 고형연료제품의 품질·등급의 인증절차, 품질·등급기준, 인증을 위한 시험·분석에 관한 구체적인 사항 및 준수사항은 자원의 절약과 재활용촉진에 관한 법률 시행규칙 별표 8에 규정되어 있다. 고형연료제품의 제조자가 제조시설 및 저장시설을 설치하는 경우에 갖추어야할 시설의 요건도 규정되어 있다. 폐기물 고형연료제품은 연료의 사용으로 인한 대기오염을 방지하기 위하여 고체연료의 사용이 제한될 수 있다. 고체연료의 사용이 금지되는 지역은 대기환경보전법시행령 별표11의 2와 청정연료 등의 사용에 관한 고시(환경부고시, 제2007-180호)에 규정되어 있으며 서울과 6개 광역시, 경기도의 13개시 정도이다.

<표 2-39> 고형연료제품의 품질 · 등급기준

구분			내 용
품질기준	모양 및 크기	RDF	가) 성형된 생활폐기물 고형연료제품(RDF) : 파쇄 · 분쇄 · 절단한 후 모양과 크기의 일관성을 유지하기 위하여 압출 · 가열 · 마찰 등의 방법으로 성형 · 가공한 것으로서, 단면의 모양이 원형일 경우 지름이 30mm 이하(단면이 원형이 아닐 경우에는 원형의 단면적으로 환산한다)이고, 길이는 100mm 이하이며, 길이 전체에 걸쳐서 단면의 모양이 일정할 것 나) 성형이 되지 아니한 생활폐기물 고형연료제품(RDF)(이하 "비성형 생활폐기물 고형연료제품(RDF)"이라 한다) : 파쇄 · 분쇄 · 절단하되 성형 · 가공 과정은 거치지 아니한 것으로서, 체 구멍의 크기가 가로 50mm, 세로 50mm 이하(체 구멍이 원형일 경우 면적이 2,500mm^2 이하)인 체에 통과시켰을 때 무게 기준으로 제품의 95% 이상이 통과할 수 있을 것. 다만, 제20조3에 따른 고형연료제품 사용시설과 같은 부지에서 제조하는 경우에는 체 구멍의 크기가 가로 120mm, 세로 120mm 이하(체 구멍이 원형일 경우 면적이 14,400mm^2 이하)인 체에 통과시켰을 때 무게기준으로 제품의 95% 이상이 통과할 수 있을 것
		RPF	파쇄 · 분쇄 · 절단되어 성형이 되지 아니한 상태의 가연성 고형폐기물을 모양과 크기의 일관성을 유지하기 위하여 압출 · 가열 · 마찰 등의 방법으로 성형 · 가공하되, 가공품의 단면 모양은 원형(가공품의 단면이 원형이 아닌 다른 모양인 경우에는 원형의 단면적으로 환산한다)으로서 지름은 50mm 이하로 하고, 길이는 100mm 이하로 할 것
		WCF	가공품의 가장 긴 단면의 길이가 100mm 이하가 되도록 할 것
품질기준	모양및 크기	TDF	크기의 일관성을 유지하기 위하여 선별 · 파쇄 · 절단 등의 방법으로 가공하되, 가공품의 가장 긴 단면의 길이가 120mm 이하가 되도록 할 것
	저위발열량		3,500kcal/kg 이상일 것.(단, RPF와 TDF는 6,000kcal/kg 이상)
	수분		고형연료제품 무게의 10.0 % 이하. (다만, 비성형 생활폐기물 고형연료제품(RDF)은 고형연료제품 무게의 25.0 % 이하)
	회분		고형연료제품 무게의 20.0% 이하. 단, TDF 및 WCF의 경우, 각각 고형연료제품 무게의 4.0% 및 8.0% 이하(모두 건조된 상태 기준임).
	염소		고형연료제품 무게의 2.0% 이하. 다만, WCF의 염소 함유량은 고형연료제품 무게의 0.3% 이하.(모두 건조된 상태 기준임)
	황분		고형연료제품 무게의 0.60% 이하. 단, TDF는 고형연료제품 무게의 2.0% 이하. WCF는 1.20% 이하(모두 건조된 상태 기준임)
	금속 성분 (건조기준)	수은	1.20mg/kg 이하. 단, WCF는 1.0mg/kg 이하
		카드뮴	9.0mg/kg 이하. 단, WCF는 2.0mg/kg 이하
		납	200.0mg/kg 이하. 단, WCF는 30.0mg/kg 이하
		비소	13.0mg/kg 이하. 단, WCF는 2.0mg/kg 이하
		크롬	WCF의 경우 30.0mg/kg 이하
	수분		고형연료제품 무게의 10.0 % 이하. (다만, 비성형 생활폐기물 고형연료제품(RDF)은 고형연료제품 무게의 25.0 % 이하)
	회분		고형연료제품 무게의 20.0% 이하. 단, TDF 및 WCF의 경우, 각각 고형연료제품 무게의 4.0% 및 8.0% 이하(모두 건조된 상태 기준임).
	염소		고형연료제품 무게의 2.0% 이하. 다만, WCF의 염소 함유량은 고형연료제품 무게의 0.3% 이하.(모두 건조된 상태 기준임)
	황분		고형연료제품 무게의 0.60% 이하. 단, TDF는 고형연료제품 무게의 2.0% 이하. WCF는 1.20% 이하(모두 건조된 상태 기준임)
	금속성분 (건조기준)	수은	1.20mg/kg 이하. 단, WCF는 1.0mg/kg 이하
		카드뮴	9.0mg/kg 이하. 단, WCF는 2.0mg/kg 이하
		납	200.0mg/kg 이하. 단, WCF는 30.0mg/kg 이하
		비소	13.0mg/kg 이하. 단, WCF는 2.0mg/kg 이하
		크롬	WCF의 경우 30.0mg/kg 이하
등급기준	발열량	1등급	6,500 kcal/kg 이상
		2등급	5,500 ~ 6,500 kcal/kg 미만
		3등급	4,500 ~ 5,500 kcal/kg 미만
		4등급	3,500 ~ 4,500 kcal/kg 미만
	염소 농도	1등급	0.50 % 미만 (건조된 상태 기준)
		2등급	0.50 ~ 1.00 % 미만 (건조된 상태 기준)
		3등급	1.00 ~ 1.50 % 미만 (건조된 상태 기준)
		4등급	1.50 ~ 2.00 % 미만 (건조된 상태 기준)

고체연료를 사용하여도 해당 시설에서 배출되는 오염물질이 배출허용기준 이하로 배출되는 시설로서 환경부장관 또는 시 · 도지사에게 고체연료의 사용을 승인받은 시설의 경우에는 고체연료를 사용할 수 있다. 청정연료사용기준(대기환경보전법시행령 별표11의 3)에 따라 청정연료 외의 연료사용이 허용된 화력발전소에서는 고체연료를 사용할 수 있다. 고형연료제품 사용시설에 대한 대기오염물질의 배출허용기준은 대기환경보전법 시행규칙 별표8 을 따른다. 또한 연 1회 이상 다이옥신 배출량을 측정하여야 하며, 측정결과 배출가스의 다이옥신 농도를 생활폐기물 소각시설의 다이옥신 배출기준 이내로 유지 · 관리하여야 한다.

바. 산림 바이오매스 및 폐목재 관련 법, 제도 및 기준

임산물은 목재, 수목, 낙엽, 토석 등 산림에서 생산되는 산물, 그 밖의 조경수, 분재수 등이다. 산림에서 생산된 목질계 임산물인 산림 바이오매스를 에너지로 활용하는 난방시설의 설치사업과 산림바이오매스를 수집 · 유통 · 가공하는 사업자는 정부로부터 재정지원을 받을 수 있다. 이 경우 산림의 공익성, 투자기간의 장기성, 저수익성 등 임업의 특성을 고려하도록 하였다. 등급 분류기준과 등급에 따른 재활용기준은 〈표 2-40〉와 같으며, 〈표 2-41〉에는 분류기준에 따른 폐목재의 발생원 · 종류별 등급분류표를 나타냈다. 임목폐기물, 생활계폐목재, 건설폐목재 및 사업장 폐목재 등의 폐기물[39]은 환경부장관이 고시하는 폐목재의 분류 및 재활용기준에 따라 재활용될 수 있다.

<표 2-40> 폐목재 등급 분류기준 및 재활용 용도 · 방법

구분	분류 기준	재활용 용도 · 방법
1 등급	원목상태 그대로이거나 원목을 기계적으로 가공 · 처리한 상태의 것으로서 가공 · 처리과정에서 페인트 · 기름 · 방부제 등으로 오염되지 않은 폐목재	나무판 등 목재성형제품 · 톱밥 · 성형탄 · 산업용 활성탄 · 고형연료제품(WCF) · 바이오에탄올(목질계 에탄올연료)제조, 축사 · 제초 · 퇴비용 원료로 사용, 열분해 · 가스화 원료로 이용, 폐기물관리법 시행규칙 제3조에 따른 에너지회수기준에 적합하게 에너지 회수용도로 사용
2 등급	가공 · 처리 · 사용과정에서 접착제, 페인트, 기름, 콘크리트 등의 물질이 사용되었거나 이에 오염된 폐목재(할로겐족유기화합물이나 방부제로 처리 · 오염된 폐목재는 제외)	1등급 폐목재의 재활용용도 · 방법 중 톱밥 · 성형탄 제조 용도 및 축사 · 제초 · 퇴비용 원료로의 사용을 제외한 용도로 사용
3 등급	가공 · 처리 · 사용과정에서 할로겐족유기화합물이나 방부제가 사용되었거나 이에 오염된 폐목재와 「자원의 절약과 재활용촉진에 관한 법률」 시행규칙 제20조의3 제2항의 고형연료제품의 품질 · 등급기준에 적합하지 않는 폐목재 칩 및 위의 1~2등급에 해당되지 않는 기타 폐목재	열분해 · 가스화 원료로 이용하거나 폐기물관리법 시행규칙 제3조에 따른 에너지회수기준에 적합하게 에너지를 회수하는 용도로만 사용

출처 : 폐목재의 분류 및 재활용기준(환경부고시 제2008-147호, 2008.10.21)

<표 2-41> 폐목재 발생원 종류별 등급 분류

발생원별 폐목재의 종류				등급
임목폐기물			벌목 등 산림작업과정에서 발생하는 잔재물(뿌리, 가지, 줄기 등)	1등급
생활계폐목재	임목 폐목재(5톤미만발생)		임목폐기물 중 하천, 호소로 떠내려 온 폐목재, 농업 폐목재(방부목재 이외의 것)	1등급
			농업 폐목재(방부처리 목재)	3등급
			전지목(가로수, 정원수 등)	1등급
	목재 포장재		과일 · 야채 등	1등급
	폐가구류		순수목재	1등급
			파티클보드 · 합판류, 섬유판	2등급
			할로겐족유기화합물로 코팅된 가구	3등급
	실외목재구조물		놀이터, 공원, 조경시설, 하천시설 등에 사용된 방부처리된 목재	3등급
건설폐목재	신축현장 폐목재		각재류(비계목, 받침목, 토류판 등)	1등급
			나무판제품(파티클보드 · 합판류), 섬유판	2등급
	해체현장 폐목재		순수목재	1등급
			건물 내장재(방부처리목재 제외)	2등급
			목조주택 및 건물외장재(방부처리 목재)	3등급
			실내 · 외 목재구조물(계단, 울타리, 의자 등)에 사용된 방부처리 목재	3등급
	목재 파레트		순수목재	1등급
			파티클보드 · 합판, 섬유판	2등급
사업장계폐목재	임목 폐목재(5톤이상발생)		나무줄기, 가지, 뿌리 등	1등급
	제재부산물		원목 가공과정에서 발생되는 톱밥, 수피 등	1등급
	목재가공 공장부산물		원목상태의 깨끗한 목재 부스러기 및 분진	1등급
			2등급 폐목재로 가구, 악기 등 목재 성형제품을 제조하는 과정에서 배출되는 나무토막 등 목재 부산물 및 분진	2등급
			2등급 폐목재로 나무판제품(합판, 파티클보드, 섬유판 등)을 제조하는 과정에서 발생되는 목재 부산물 및 분진	2등급
			방부처리 목재 등 3등급 폐목재로 물건을 제조하는 공정에서 발생되는 목재 부산물 및 분진	3등급
	목재포장재	목재 파레트	원목상태의 깨끗한 목재 · 부스러기	1등급
			파티클보드 · 합판류, 섬유판(MDF)	2등급
		목재 상자	원목상태의 깨끗한 목재 · 부스러기	1등급
			파티클보드 · 합판류, 섬유판(MDF)	2등급
			기름 · 페인트 · 방부처리 된 탄약상자	3등급
	전선드럼		원목상태의 깨끗한 목재	1등급
			파티클보드 · 합판	2등급
			페인트 등으로 도색된 드럼 및 섬유판(MDF)	3등급
	실외목재 구조물		철도침목, 전신주, 방음벽, 목조교량, 부두시설 및 시트파일 등 담수 및 해수와 접촉하는 구조물에 사용된 폐목재	3등급
	폐선박 및 차량에서 나오는 목재			3등급
	건축물의 화재현장에서 발생한 폐목재			3등급
	기타산업시설		냉각탑, 산업용 바닥재 등에 사용된 폐목재	3등급

- 발생원별 등급이 설정되지 않았거나 설정된 등급에도 불구하고 해당 폐목재의 유해물질 함유 정도가 높은 것으로 판단되는 경우 그 특성에 따라 낮은 등급으로 분류하여야 한다.
- 등급이 서로 다른 폐목재가 혼합되어 있는 경우 낮은 등급으로 분류한다.

출처 : 폐목재의 분류 및 재활용기준(환경부고시 제2008-147호, 2008.10.21)

제 3 장

폐자원 및 바이오매스의 특성, 발생·처리현황

폐자원 및 바이오매스는 다양한 경로를 거쳐 처리되거나 이용되고 있다. 폐자원 및 바이오매스를 이용하여 에너지를 얻기 위한 대책을 수립하고, 공정을 설계하기 위해서는 이들의 발생경로를 파악하고, 각 물질별 특성 및 발생 원단위를 파악하는 것이 중요하다. 따라서 한정된 범위 내에서 발생하는 폐기물종류별 원단위를 이용하여 전체 처리용량을 산출, 종류별 특성에 따라 처리계획을 수립하여야 한다.

본 장에서는 국내 폐자원 및 바이오매스를 크게 폐기물계, 농업계, 산림계 및 기타로 구분하여, 각각의 대상물질별 발생경로 및 발생량을 바탕으로 발생현황과, 처리 및 자원화방법, 자원으로서 이용 및 처리량을 을 정리하였다.

제 1 절 폐기물계

폐기물에서 발생되는 것은 폐기물 발생 및 처리현황 통계에서 생활계(가연성 폐자원, 음식물류폐기물, 목재류), 사업장일반(가연성 폐자원, 폐목재류, 폐수처리슬러지, 동식물성폐잔재물, 폐식용유), 건설계(폐목재)로 집계되고 있고 사업장 배출시설계로 분류되나, 하수도 통계에서는 하수슬러지, 분뇨슬러지 등으로 발생량이 집계되고 있다. 〈표 3-1〉에는 폐기물 발생 및 처리현황 통계 및 하수도 통계에서의 분류현황을 나타냈다.

<표 3-1> 폐기물 통계자료 작성시 분류현황

폐기물 발생 및 처리현황 통계								하수도 통계	
생활계			사업장 일반(가연성)				건설계		
플라스틱 및 필름류, 종이류, 기타	폐목재류	음식물류 폐기물	가연성 폐기물	폐수처리슬러지 (정수,공정, 하수)	동식물성 폐잔재물	폐식용유	폐목재	하수 슬러지	분뇨 슬러지

〈그림 3-1〉에는 폐기물계를 중심으로 발생, 수집운반, 처리 등의 경로를 나타내었으며, 그림에서 알 수 있는 것처럼 발생원의 특성, 폐기물의 성상 등에 따라 수집운반 및 처리에 차이가 있다.

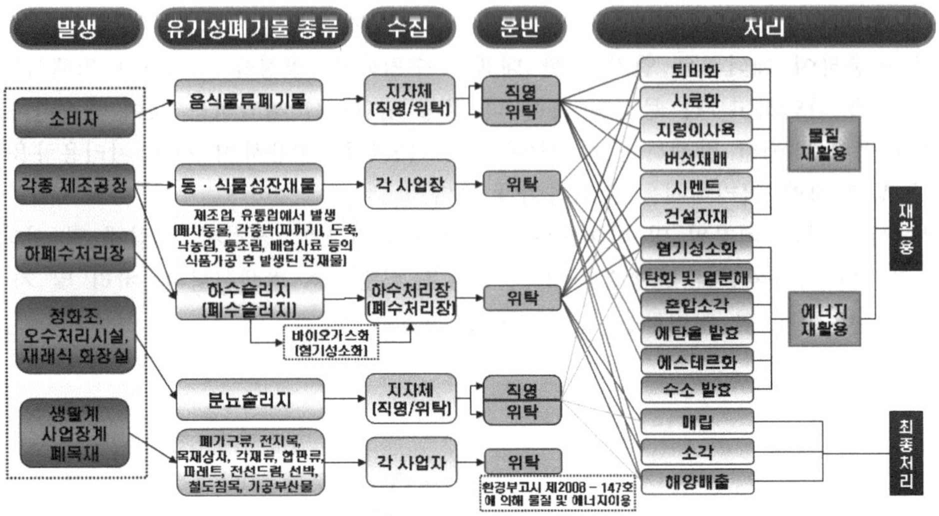

<그림 3-1> 폐기물계 폐자원 및 바이오매스의 처리흐름도

1. 가연성 폐기물

가. 발생현황

각종 폐자원의 발생량을 살펴보기 위해 대상 폐기물 범주를 크게 생활폐기물, 사업장폐기물 내 사업장배출시설계폐기물, 사업장폐기물 내 건설폐기물과 지정폐기물로 구분하여 해당 폐기물계에 속하는 가연성폐기물을 중심으로 발생량을 제시하고자 한다.

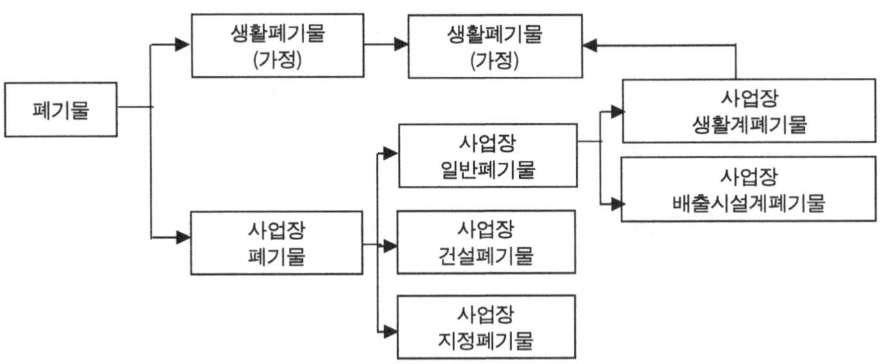

〈그림 3-2〉 폐기물관리법상의 폐기물의 분류체계
(환경통계연감, 2008)

〈표 3-2〉는 전체 대상 폐기물의 연도별 발생현황을 나타낸 것이다. 2010년도의 총 폐기물 발생량(지정폐기물 제외)은 374,642톤/일로 지난 10년동안 지속적으로 증가하고 있는 경향을 보여주고 있다. 폐기물 구성비는 생활폐기물이 전체 폐기물 발생량의 13.12%, 사업장배출시설계 폐기물의 36.8%, 건설폐기물이 47.5%로서 건설폐기물이 가장 큰 구성비율을 차지하고 있다. 〈그림 3-3〉은 전체 폐기물 및 대상 폐기물별 발생량 변화 추이를 나타내고 있다. 발생량 변화 추이를 살펴보면, 생활폐기물의 경우 증감 폭의 변화가 미미한 수준이나 건설폐기물의 경우 2005년이후에 지속적으로 증가하여 전체 폐기물 발생량도 증가하였다.

폐기물 발생현황에서 건설폐기물이 최근에는 둔화되고 있으나, 전체 폐기물에 대하여 50%전후의 구성을 보여주고 있다.그러나 건설폐기물의 경우 가연성 폐기물의 구성 비율은 다른 대상 폐기물계에 비해 폐자원으로서 활용 가능성이 현저히 떨어진다. 각각의 대상 폐기물계에 속하는 폐자원의 발생현황을 살펴보기 위해, 대상 폐기물 별 유기성 및 가연성 폐기물의 발생현황을 살펴보면 다음과 같다.

<표 3-2> 폐기물 구성별 발생량 (단위 : 톤/일)

구 분			2001	2003	2004	2005	2006	2007	2008	2009	2010
총계	발생량		260,757	303,029	311,666	304,357	328,954	346,669	368,890	367,455	374,642
	증가율		11.15%	9.19%	2.85%	-2.35%	8.08%	5.39%	6.02%	-0.4	1.95
생 활 폐기물	발생량		48,499	50,736	50,007	48,398	48,844	50,346	52,072	50,906	49,159
	증가율		4.43%	1.67%	-1.44%	-3.22%	-0.92%	3.08%	3.31%	-2.2	-3.4
사업장 폐기물	소계	발생량	212,258	252,293	261,659	255,959	280,110	296,323	316,818	316,549	325,483
		증가율	13.26%	10.83%	3.71%	-2.18%	9.44%	5.79%	6.47%	-0.08%	2.8
	배출 시설계	발생량	95,908	98,891	105,018	112,419	101,099	114,807	130,777	123,604	137,875
		증감율	-5.5%	-0.62%	-6.20%	-7.05%	-10.1%	-13.6%	-13.9%	-5.5%	11.5
	건설 폐기물	발생량	108,520	145,420	148,489	134,906	168,985	172,005	176,447	183,351	178,120
		증감율	-37.8%	-21.0%	-2.1%	-9.2%	-25.3%	-1.79%	-2.58%	3.9%	-2.9
	지정	발생량	7830	7,982	8,152	8,634	10,026	9,511	9,594	9,060	9,488
		증감율	-2.92%	-0.05%	-2.13%	-5.91%	-16.1%	-5.14%	-0.87%	0.87%	4.7%

출처 : 환경부, '전국 폐기물 발생 및 처리현황', (2011)

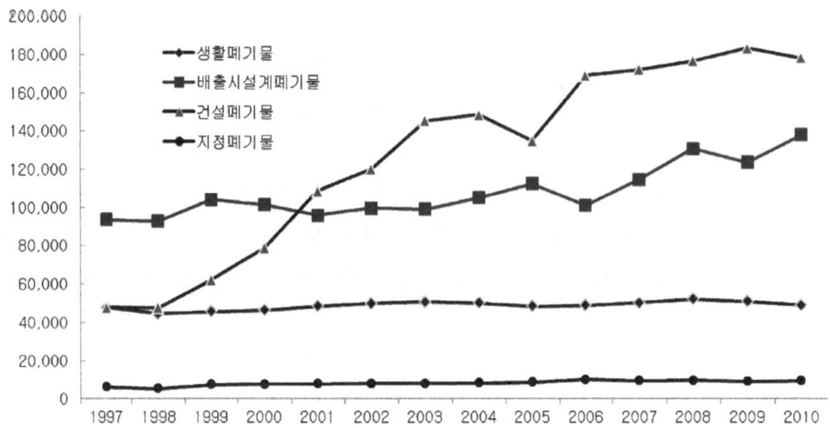

<그림 3-3> 폐기물 발생량 변화추이 (환경부, 2011)

1) 생활폐기물

생활계 폐기물에 속하는 가연성폐기물은 주로 가정 및 사업장에서 발생되는 음식물류폐기물, 종이류, 나무류, 폐플라스틱류 등으로 분류되며 이들 가연성폐기물 중 폐플라스틱 등은 고형연료화, 음식물류폐기물은 유기성폐기물로 메탄가스화 등의 에너지화 기술의 적용대상 폐자원이다.

생활폐기물은 폐기물 총 발생량 구성비율 중 13.12%를 나타내고 있다. 2010년 기준 생활폐기물 발생량은 49,196톤/일에 이르며, 전년도 생활폐기물 발생량 50,906톤/일에 감소하고 있다.

연도별 생활폐기물 발생추이를 보면 2003년까지 발생량이 증가하다가 2004년을 기점으로 전년대비 발생량 감소로 돌아선 후 2006년 이후 다시 증가 추세를 나타냈으나, 최근에는 감소경향을 보여주고 있다. 생활폐기물계에 속하는 폐기물 성상별 연도별 발생현황을 〈표 3-3〉에 나타냈다.

<표 3-3> 각종 생활폐기물의 연도별 발생량 (단위 : 톤/일)

구 분		2001	2002	2003	2004	2005	2006	2007	2008	2009	2010
합 계		48,499	49,902	50,736	50,007	48,398	48,844	50,346	52,072	50,906	49,169
불연성	소 계	5,583 (11.5)	5,223 (10.5)	5,668 (11.2)	5,703 (11.4)	4,457 (9.2)	4,219 (8.6)	3,778 (7.5)	4,905 (9.4)	3,713 (7.29)	3,674 (7.47)
	연탄재	601 (1.2)	535 (1.1)	595 (1.2)	574 (1.1)	611 (1.3)	563 (1.2)	-	-	-	-
	유리류	-	-	-	-	-	-	405 (0.8)	390 (0.7)	425 (0.83)	411 (0.84)
	금 속	954	886	896	845	705	711	570	439	376	337

	초자류	(2.0)	(1.8)	(1.8)	(1.7)	(1.5)	(1.5)	(1.1)	(0.8)	(0.74)	(0.69)
	기 타	4028 (8.3)	3,802 (7.6)	4,177 (8.2)	4,284 (8.6)	3,141 (6.5)	2,944 (6.0)	2,803 (5.6)	4,076 (7.8)	2,912 (5.72)	2,926 (5.95)
가연성	소 계	28,664 (59.1)	30,079 (60.3)	30,118 (59.4)	29,439 (58.9)	29,213 (60.4)	29,980 (61.4)	31,912 (63.4)	32,519 (62.5)	31,678 (62.2)	30,695 (62.4)
	음식물	11,237 (23.2)	11,397 (22.8)	11,398 (22.5)	11,464 (22.9)	12,977 (26.8)	13,595 (27.8)	14,451 (28.7)	15,142 (29.1)	14,118 (27.7)	13,672 (27.8)
	종이류	5,746 (11.8)	5,641 (113)	5,624 (11.1)	5,735 (11.5)	5,473 (11.3)	5,166 (10.6)	5,586 (11.1)	5,136 (9.9)	4,915 (9.65)	4,783 (9.73)
	목재류	2,400 (5.0)	2,400 (4.8)	2,454 (4.8)	2,421 (4.8)	2,261 (4.7)	2,308 (4.7)	2,425 (4.8)	2,430 (4.7)	2,341 (4.6)	2,205 (4.48)
	기 타	9,281 (19.1)	10,641 (21.3)	10,642 (21.0)	9,819 (19.6)	8,502 (17.6)	8,911 (18.2)	9,450 (18.8)	9,811 (18.8)	10,304 (20.24)	10,035 (20.41)
재활용품		14,252 (29.4)	14,600 (29.3)	14,950 (29.5)	14,865 (29.7)	14,728 (30.4)	14,645 (30.0)	14,656 (29.1)	14,648 (28.1)	15,515 (30.47)	14,790 (30.08)
1인 1일 발생량(kg)		1.01	1.04	1.05	1.03	0.99	0.99	1.02	1.04	1.02	0.96

출처 : 환경부, '전국 폐기물 발생 및 처리현황', (2011)

전체 생활폐기물(재활용을 위해 분리배출 · 수거한 양 제외) 중 재활용을 제외하고 폐자원으로 이용될 수 있는 가연성 폐기물의 구성비율은 전체 생활폐기물의 89.3%이며, 불연성 폐기물은 10.7% (2010년 기준)로 나타났다.

2010년 기준 분리배출 · 수거한 양 13,672톤/일을 포함한 음식물 · 채소류의 발생량은 전체 생활폐기물 49,169톤/일의 27.8%이며, 가연성 폐기물의 44.5%로 가장 많은 발생량을 나타내었다. 또한 기타로 명시되어 있는 가연성의 대부분은 플라스틱 등의 고분자 수지 등이다. 이들 가연성은 수분함량이 장애이나, 건조기준으로는 고발열의 폐자원으로서 에너지 생산 대상 폐기물이다.

2010년 기준 지역별 생활폐기물 발생량을 원단위로 〈표 3-4〉에 제시하였다. 전국 16개 시도를 대상으로 평균값이 0.96이며, 이 가운데 서울이 0.97로 나타났다.

2) 사업장 배출시설계폐기물

사업장폐기물은 그 종류 및 발생원이 다양하며, 발생원에 따라 관리하는 주체의 차이가 있다. 가연성 사업장 배출시설계폐기물에 속하는 폐기물은 폐지류, 폐목재류, 폐합성고분자화합물(폐섬유류, 폐합성수지, 폐합정고무, 폐피혁), 유기성슬러지류(폐수처리슬러지, 공정슬러지, 정수처리슬러지, 하수처리슬러지), 동식물성폐잔재물, 폐식용유, 기타 등 13개 항목이다. 불연성 사업장배출시설계폐기물에 속하는 폐기물은 광재류, 연소재, 소각재, 분진류, 폐주물사모래류, 폐금속류, 폐석회 · 석고류, 폐촉매, 폐흡착재, 폐흡수재, 유리 · 도자기편류, 무기성 슬러지류(폐수처리슬러지, 공정슬러지, 정수처리슬러지, 하수처리슬러지), 기타 등 15개 항목이다.

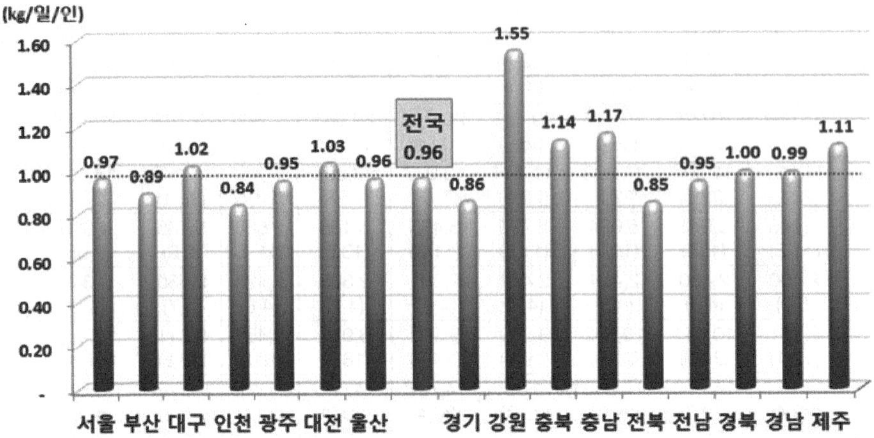

<그림 3-4> 생활폐기물의 지역별 원단위 발생량 (2010년 기준)

사업장 배출시설계폐기물 연도별 발생량 및 점유율은 〈그림 3-5〉에 제시하였다. 사업장배출시설계폐기물은 2010년기준 폐기물 총 발생량 구성비율 중 37.8%를 나타내고 있으며, 전년도 34.5%에 비해 3.3% 증가하였다.

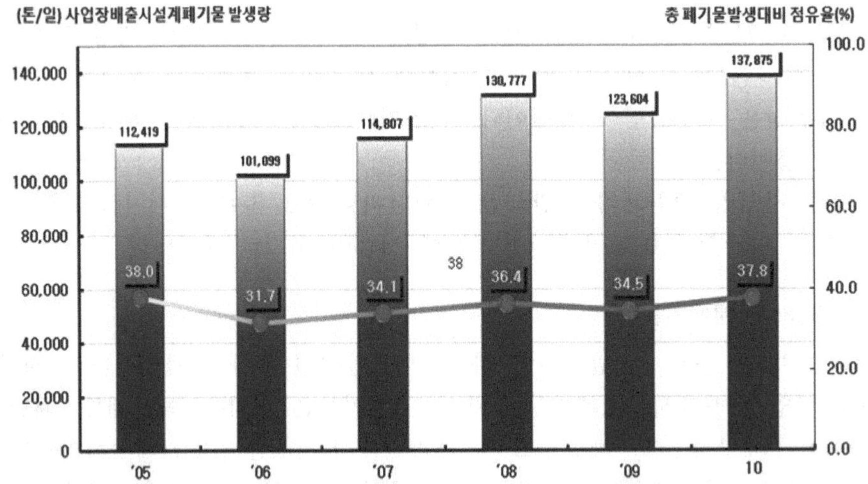

<그림 3-5> 사업장 배출시설계폐기물 연도별 발생량 및 점유율(환경부, 2010)

사업장배출시설계폐기물의 2010년도 발생량은 137,875톤/일에 이르며 전년도 사업장 배출시설계폐기물발생량 123,609톤/일에 비해 증가하는 경향을 보여주고 있다. 이와 같은 증가추세는 사업장 배출시설계폐기물 중 소각재, 연소재, 분진 등 중간처리시설 잔재물 처리량의 증가가 원인으로 사료된다.

사업장 배출시설계폐기물에 속하는 폐기물 성상별로 연도별 발생량은 <표 3-5>에 제시하였다. 2007년 총 사업장배출시설계폐기물 중 폐자원으로 이용될 수 있는 가연성 폐기물의 구성 비율은 전체 생활폐기물의 22.7%이며, 불연성 폐기물은 77.25%로 나타났다. 이 중 유기성 슬러지류의 발생량은 16,613톤/일로 전체 가연성 폐기물 발생량 31.364톤/일의 가장 높은 52.9%의 구성 비율을 나타내었다. 이러한 유기성 슬러지류 폐기물은 주요 유기성 폐자원으로서 에너지 생산대상 폐기물이다.

<표 3-4> 각종 사업장 배출시설계폐기물의 연도별 발생량(톤/일)

구 분		'05	'06	'07	'08	'09	'10
총 계		112,419	101,099	114,807	130,777	123,604	137,875
가연성	소 계	30,876	36,076	30,887	29,798	29,257	31,364
	폐지, 폐목재	1,941	1,742	2,069	1,901	2,387	2,228
	고분자화합물	6,451	7,563	6,882	6,766	7,109	7,897
	유기성오니류	19,067	17,115	17,627	17,044	15,245	16,613
	기 타[51]	3,417	9,656	4,309	4,087	4,516	4,626
불연성	소 계	81,543	65,023	83,920	100,979	94,347	106,511
	광 재 류	29,970	22,801	30,485	32,108	17,772	39,969
	연 소 재 류	23,080	6,889	10,735	17,679	21,842	24,184
	폐 금 속 류	2,940	1,313	1,978	1,691	2,672	3,017
	무기성오니류	12,718	16,455	12,882	19,059	24,442	13,603
	기 타[52]	12,835	17,565	27,840	30,442	27,619	25,738

출처 : 환경부, '전국 폐기물 발생 및 처리현황', (2010)

사업장 폐기물은 업종에 따라 발생량에 종류 및 발생량에 차이가 있으며, 가장 많이 발생되는 업종은 제조업이며, 제조업중에서도 1차 금속제조업에서 광재 등이 가장많이 발생되는 것을 알 수 있다. 그 외에는 전기 가스 상수도업, 하수 및 폐기물재생처리업에 많이 배출되고 있다. 사업장배출계에서는 전술한 종류별 발생량에서도 알 수 있는 것과 같이 폐수처리오니, 하수처리처리 오니 등이 많은 량을 차지하고, 업종에서도 많은 분포를 보이는 것을 확인 가능하다.

---

51) 가연성 기타- 동식물성 폐잔재물, 폐식용유, 그 외 가연성 기타류

52) 불연성 기타- 폐주물사 모래류, 폐석회 석고류, 폐촉매, 폐흡착재 · 흡수재,유리 · 도자기편류, 그 외 불연성 기타류

<표 3-5> 사업장폐기물의 업종별 발생량 및 분포

구분	분 류	발생량(톤/년)	구성비(%)
총 합 계		137,875	100
A	농업, 임업 및 어업	415	0.3
B	광업	119	0.1
C	제조업 합계	89,138	64.7
C(10)	식료품 제조업	3,770	2.7
C(11)	음료 제조업	1,299	0.9
C(12)	담배 제조업	24	0
C(13)	섬유제품 제조업; 의복제외	763	0.5
C(14)	의복, 의복액세서리 및 모피제품 제조업	80	0.1
C(15)	가죽, 가방 및 신발 제조업	419	0.3
C(16)	목재 및 나무제품 제조업;가구제외	465	0.3
C(17)	펄프, 종이 및 종이제품 제조업	4,273	3.1
C(18)	인쇄 및 기록매체 복제업	92	0.1
C(19)	코크스, 연탄 및 석유정제품 제조업	145	0.1
C(20)	화학물질 및 화학제품 제조업;의약품 제외	4,834	3.5
C(21)	의료용 물질 및 의약품 제조업	433	0.3
C(22)	고무제품 및 플라스틱제품 제조업	3,302	2.4
C(23)	비금속 광물제품 제조업	4,869	3.5
C(24)	1차 금속 제조업	32,512	23.6
C(25)	금속가공제품 제조업;기계 및 가구 제외	1,930	1.4
C(26)	전자부품, 컴퓨터, 영상, 음향 및 통신장비 제조업	1,525	1.1
C(27)	의료, 정밀, 광학기기 및 시계 제조업	22	0
C(28)	전기장비 제조업	62	0
C(29)	기타 기계 및 장비 제조업	2,624	1.9
C(30)	자동차 및 트레일러 제조업	1,321	1
C(31)	기타 운송장비 제조업	2,209	1.6
C(32)	가구 제조업	104	0.1
C(33)	기타 제품 제조업	22,061	16
D	전기, 가스, 증기 및 수도사업	24,375	17.7
E	하수, 폐기물처리, 원료재생 및 환경복원업	14,589	10.6
F	건설업	3,216	2.3
G	도매 및 소매업	620	0.4
H	운수업	508	0.4
I	숙박 및 음식점업	394	0.3
J	출판, 영상, 방송통신 및 정보서비스업	18	0
K	금융 및 보험업	39	0
L	부동산업 및 임대업	36	0
M	전문, 과학 및 기술서비스업	135	0.1
N	사업시설관리 및 사업지원서비스업	542	0.4
O	공공행정, 국방 및 사회보장행정	3,100	2.2
P	교육서비스업	123	0.1
Q	보건업 및 사회복지서비스업	201	0.1
R	예술, 스포츠 및 여가관련 서비스업	76	0.1
S	협회 및 단체, 수리 및 기타 개인서비스업	225	0.2
T	가구내 고용활동 및 달리 분류되지 않은 자가생산활동	6	0
U	국제 및 외국기관	0	0

3) 건설폐기물

건설폐기물의 연도별 발생량 및 점유율을 〈그림 3-6〉에 제시하였다. 건설폐기물은 2010년 기준 폐기물 총발생량 구성 비율 중 48.9%를 나타내고 있으며, 전년도 51.2%에 비해 감소한 것으로 나타났다.

건설폐기물의 2010년도 발생량은 178,120톤/일에 이르며 전년도 건설폐기물 발생량 183,351톤/일에 비해 감소하는 경향을 보여주고 있다. 이와 같은 감소추세는 최근에 건설경기를 반영하고 있는 것으로 건설폐기물 재활용업체 반입되는 폐기물이 점진적으로 감소되고 있는 것으로 조사되고 있다.

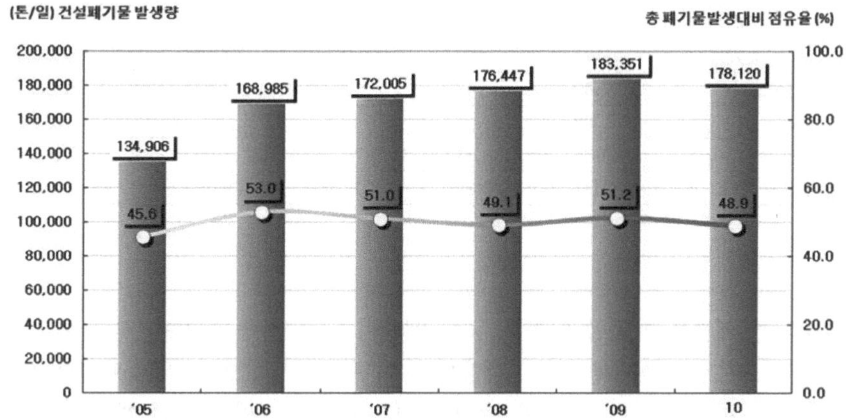

<그림 3-6> 건설폐기물 연도별 발생량 및 점유율(환경부, 2011)

건설폐기물의 경우 2005년부터 「건설폐기물의 재활용촉진에 관한 법률」에 의거하여 건설폐기물 성상 분류기준이 변경되어 〈표 3-8〉은 2005년 이후 성상 분류기준 변경 후 항목을 바탕으로 건설폐기물의 연도별 성상현황을 나타냈다[53]. 2010년도의 건설폐기물 구성 비율은 건설 폐재류 폐기물이 83.6%, 혼합건설폐기물 12.1%, 건설 폐토석 3.0%, 가연성 건설폐기물 0.88%, 비(非)가연성 건설폐기물 0.36% 순으로 나타났다. 건설 폐재류의 경우, 폐 콘크리트가 전체 건설폐기물 중에서 64.17%로 가장 큰 비중을 차지하고 있으며, 다음으로 폐 아스팔트가 18.3%를 나타내었다. 이와 같이 건설폐기물의 경우 전체 폐기물의 47.5%로 높은 구성 비율을 나타내고 있으나, 실제 에너지화 대상인 폐자원으로 분류되는 가연성 건설폐기물의 구성 비율이 전체 건설 폐기물의 0.88% 수준에 그쳐 폐자원으로서의 이용 가능성은 다른 폐기물계에 비해 미비한 수준에 머무르고 있다.

53) 자료 : 환경부, '전국 폐기물 발생 및 처리현황' (2008)

<표 3-7> 건설폐기물의 연도별 성상 발생현황 (단위 : 톤/일)

구분		'05[54]	'06	'07	'08	'09	'10
총계[55]		134,906	168,985	172,005	176,447	183,351	178,120
건설 폐재류	소계	94,303	132,954	141,158	143,053	149,715	148,969
	폐콘크리트	78,506	110,296	117,866	115,842	115,424	114,302
	폐아스팔트 콘크리트	15,384	21,674	22,176	25,291	32,612	32,535
	기타	413	984	1,116	1,920	1,679	2,132
가연성 건설폐기물	소계	4,729	2,737	1,688	2,203	2,093	1,573
	폐목재	3,697	1,772	727	923	1,125	636
	폐합성수지	1,009	947	948	1,266	901	839
	기타	23	18	13	14	67	98
비가연성건설 폐기물	소계	497	487	317	1,156	803	654
	건설오니	399	473	300	1,145	795	645
	기타	98	14	17	11	8	9
건설폐토석		6,806	8,817	7,102	7,632	6,779	5,347
혼합건설폐기물		28,571	23,990	21,740	22,403	23,961	21,577

나. 처리현황

국내에서 발생되는 폐기물중 종량제 봉투 등에 배출이 되는 각종 폐자원 및 바이오매스는 매립지에서 최종처분과 소각로를 이용한 연소 감량화가 이루어지고 있으며, 배출원에서 분리배출되는 것은 퇴비화, 사료화, 혐기성 소화, 하수병합처리, 기타 등으로 처리 및 자원화 되고 있다.

각종 폐자원 및 바이오매스 가운데 에너지화 주요 대상물질인 유기성폐기물은 사회적 여건과 국제협약 등으로 인하여 인식 및 대책이 변화되어 왔다. 특히, 매립지 내에서 매립작업, 침출수, 악취 등의 문제점이 지적되면서 이들 유기성폐기물 중에서 각종 슬러지에 대해서는 2003년 7월, 음식물류폐기물에 대해서는 2005년 12월부터 직매립을 금지시키고 있다. 또한 2012년부터 가축분뇨 및 하수슬러지 등의 해양배출이 전면 금지됨에 따라 폐기물 관리법은 점차 감량화 및 자원화하여 매립 혹은 유용하게 이용될 수 있도록 명시하고 있다. 〈표 3-10〉은 전체 폐기물의 연도별 처리방법 및 처리량 추이에 대해 제시한 것이며 〈그림 3-7〉은 전체 폐기물의 연도별 처리현황을 도표화 한 것이다.

기존 폐기물 처리방법에서 탈피해 점차 감량화 및 자원화에 의한 순환형 시스템 구축에 대한 필요성이 시사됨에 따라 주요 폐기물 처리방법으로 재활용이 시행되고 있다. 재활용을 이용한 폐기물 처리는 전체 처리비율의 약 83.4% 수준으로 점차 증가하는 추세인 반면, 매립과 소각, 해양배출을 통한 폐기물의 처리량은 점차 감소하는 추세이다.

54) '05년 자료는 서울시 건설폐기물 통계 정정에 의해 수정된 수치임.
55) 건설폐재류 기타 : 폐벽돌, 폐블럭, 폐기와 - 가연성건설폐기물 기타 : 폐섬유, 폐벽지 - 비가연성건설폐기물 기타 : 폐금속류, 폐유리

<표 3-7> 총 폐기물의 연도별 처리방법 및 처리량 변화 (단위:톤/일)

구 분	'05	%	'06	%	'07	%	'08	%	'09	%	'10	%
계	303,514	100	318,928	100	337,158	100	359,296	100	357,861	100	365,154	100
매립	42,817	14.1	25,433	8.0	37,554	11.2	37,784	10.5	39,794	11.1	34,306	9.4
소각	17,217	5.7	17,209	5.4	17,957	5.3	18,709	5.2	18,518	5.2	19,511	5.3
재활용	232,334	76.5	266,554	83.6	273,561	81.1	295,863	82.3	292,557	81.7	304,381	83.4
해역배출	11,146	3.7	9,732	3.0	8,086	2.4	6,940	2.0	6,992	2.0	6,956	1.9

출처 : 환경부, '전국 폐기물 발생 및 처리현황', (2011)

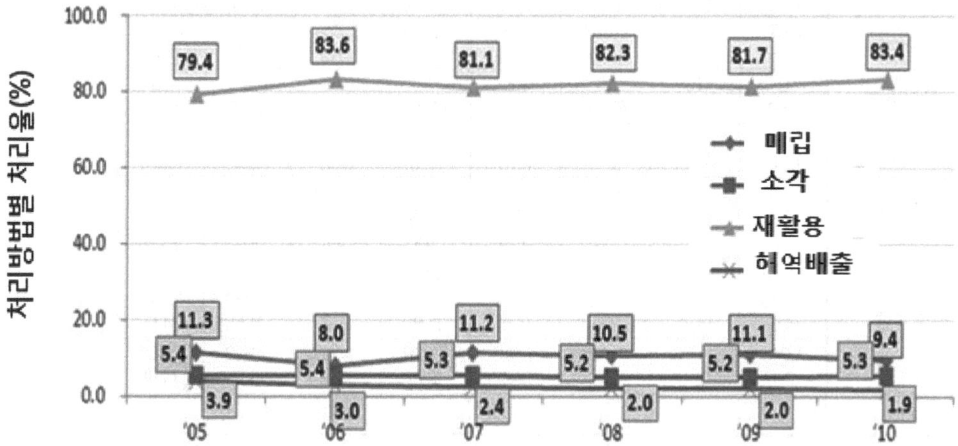

<그림 3-7> 전체 폐기물의 연도별 처리 현황(환경부, 2011)

1) 생활폐기물의 처리현황

생활폐기물의 연도별 처리방법 및 처리량은 〈표 3-11〉에 제시하였고 처리현황 추이는 〈그림 3-8〉에 도표화 하였다. 생활폐기물 처리는 매립, 소각, 재활용에 의해 실시되고 있으며, 이 가운데 재활용을 이용한 처리가 2010년기준 전체 처리량의 60.5%를 보여주고 있다. 생활폐기물의 재활용을 이용한 처리량은 꾸준히 증가하고 있는 추세이다.

<표 3-8> 생활폐기물의 연도별 처리방법 및 처리량 (단위:톤/일)

구 분		2001	2,002	2003	2004	2005	2006	2007	2008	2009	2010
합 계		48,499	49,902	50,736	50,007	48,398	48,848	50,346	52,072	50,906	49,159
소 각		6,577 (13.6)	7,229 (14.5)	7,348 (14.5)	7,224 (14.4)	7,753 (16.0)	8,327 (17.0)	9,348 (18.6)	10,349 (19.6)	10,309 (20.3)	10,609 (21.6)
매 립		21,000 (43.3)	20,724 (41.5)	20,450 (40.3)	18,195 (36.4)	13,402 (27.7)	12,601 (25.8)	11,882 (23.6)	10,585 (20.3)	9,471 (18.6)	8,797 (17.9)
재활용	소 계	20,922 (43.1)	21,949 (44.0)	22,938 (45.2)	24,588 (49.2)	27,243 (56.3)	27,622 (56.5)	29,078 (57.8)	31,138 (59.8)	31,126 (61.1)	29,753 (60.5)
	음식물	6,378 (13.2)	7,130 (14.3)	7,718 (15.2)	9,316 (18.6)	12,104 (25.0)	12,317 (25.2)	13,326 (26.5)	13,710 (26.3)	13,701 (26.9)	13,429 (27.3)
	종이류	6,511 (13.4)	6,601 (13.2)	6,825 (13.5)	6,446 (12.9)	6,240 (12.9)	5,804 (11.9)	5,543 (11.0)	5,352 (10.3)		
	목재류	54 (0.1)	59 (0.1)	63 (0.1)	66 (0.1)	66 (0.1)	214 (0.4)	582 (1.2)	872 (1.7)		
	플라스틱	1,236 (2.5)	1,321 (2.6)	1,357 (2.7)	1,432 (2.9)	1,600 (3.3)	1,854 (3.8)	2,472 (4.9)	2,474 (4.8)		
	고무피혁	8 (0.02)	13 (0.03)	16 (0.03)	28 (0.1)	12 (0.02)	25 (0.1)	5 (0.01)	18 (0.03)		
	연탄,유리	51 (0.1)	47 (0.1)	44 (0.1)	32 (0.1)	28 (0.1)	69 (0.1)	11 (0.02)	19 (0.04)		
	금속류	3,470 (7.2)	3,447 (6.9)	3,481 (6.9)	3,436 (6.9)	3,411 (7.0)	3,366 (6.9)	2,481 (4.9)	2,701 (5.2)		
	토사류	23 (0.05)	15 (0.03)	26 (0.1)	102 (0.2)	30 (0.1)	72 (0.1)	55 (0.1)	1,166 (2.2)		
	병 류	2,176 (4.5)	2,279 (4.6)	2,302 (4.5)	2,269 (4.5)	2,323 (4.8)	2,396 (4.9)	2,280 (4.5)	2,340 (4.5)		
	기 타	1,016 (2.1)	1,038 (2.1)	1,106 (2.2)	1,462 (2.9)	1,429 (3.0)	1,503 (3.1)	2,322 (4.6)	2,486 (4.8)		
기타처리		-	-	-	-	-	298(0.6)	38(0.1)	-		

출처 : 환경부, '전국 폐기물 발생 및 처리현황', (2008)

2010년도 기준으로 49,195톤/일의 생활폐기물 중 29,753톤/일이 재활용에 의해 처리되었으며 재활용률은 60.5%로 과년도 대비 지속적으로 증가하고 있는 추세이다. 소각에 의한 처리는 9,348톤/일이며 소각율은 21.6%로서 예년에 비교하여 지속적으로 증가하고 있다. 이러한 현상은 서울에서 잔여소각용량에 대하여 타구의 반입을 허용하고, 소각에 있어서 효율서이 확보되어가고 있기 때문으로 판단된다.

반면, 매립은 2000년 20,100톤/일에서 2010년 8,797톤/일로 처리량이 절반이하 수준으로 감소하였으며, 매립율도 43.3%에서 17.9%로 급격히 감소하고 있다. 이는 생활폐기물 발생량의 30%정도를 차지하는 음식물류폐기물의 직매립이 2005년 12월부터 금지됨에 따라 2004년에서 2005년 사이 매립률이 8.7%로 크게 감소하였기 때문이다.

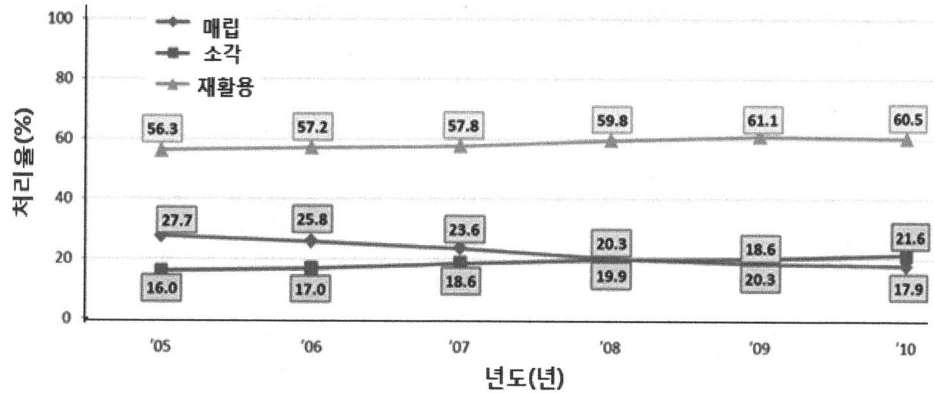

<그림 3-8> 생활폐기물의 연도별 처리 현황(환경부, 2011)

2) 사업장 배출시설계폐기물의 처리현황

사업장배출시설계폐기물의 연도별 처리현황 추이는 〈그림 3-9〉에 도표화 하였으며 처리방법 및 처리량은 〈표 3-15〉에 제시하였다. 사업장배출시설계폐기물 처리는 매립, 소각, 재활용, 해양배출에 의해 실시되고 있으며 전체 처리량 중 재활용을 이용한 처리가 70% 이상을 이루고 있다.

2010년 기준으로 137,875톤/일의 사업장 배출시설계폐기물 중 99,627톤/일이 재활용에 의해 처리되었으며, 재활용률은 72.3%로 전년도 대비 증가하였으며, 전체적으로 등락을 반복하는 추세를 보여주고 있다. 소각에 의한 처리는 7,983톤/일이며 소각율은 5.79%로 전반적으로 감소되는 경향을 보여주고 있다. 매립의 경우 23,309톤/일이 처리되어 매립율은 16.9%로 다시 둔화되는 경향을 보여주고 있다.

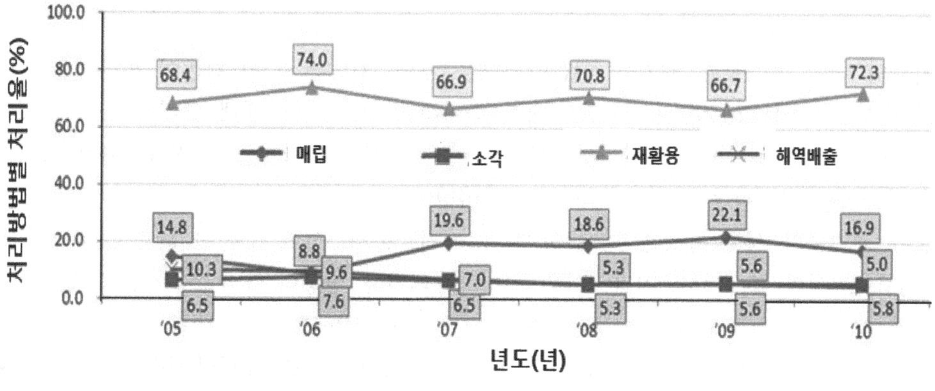

<그림 3-9> 사업장배출시설계폐기물 연도별 처리 현황(환경부, 2011)

<표 3-9> 사업장 배출시설계폐기물 연도별 처리방법 및 처리량 (단위 : 톤/일)

구 분	2001 (%)	2002 (%)	2003 (%)	2004 (%)	2005 (%)	2006 (%)	2007 (%)	2008 (%)	2009 (%)	2010 (%)
계 (%)	95,908 (100)	99,505 (100)	98,891 (100)	105,018 (100)	112,419 (100)	101,099 (100)	114,807 (100)	130,777 (100)	123,604 (100)	137,875 (100)
매립 (%)	18,493 (19.3)	15,455 (15.5)	14,240 (14.4)	13,646 (13.0)	16,604 (14.8)	8,894 (8.8)	22,503 (19.6)	24,285 (18.6)	27,531 (22.3)	23,309 (16.9)
소각 (%)	7,875 (8.2)	7,094 (7.1)	7,735 (7.8	7,044 (6.7)	7,326 (6.5)	7,708 (7.6)	7,478 (6.5)	6,937 (5.3)	6,926 (5.6)	7,983 (5.79)
재활용 (%)	61,727 (64.4)	67,451 (67.8)	76,916 (77.8)	84,328 (80.3)	88,489 (78.8)	74,750 (73.9)	76,740 (66.9)	92,615 (70.8)	82,155 (66.5)	99,627 (72.26)
해양배출 (%)	7,813 (8.1)	9,505 (9.6)	10,193 (10.3)	11,139 (10.6)	11,532 (10.3)	9,746 (9.7)	8,086 (7.0)	6,940 (5.3)	6,992 (5.6)	6,956 (5.05)

전체 사업장 배출시설계폐기물 가운데 에너지화 기술 적용대상물질인 사업장 배출시설계 가연성폐기물의 처리현황을 〈표 3-16〉에 정리하였다. 사업장 배출시설계 가연성 폐기물의 주요 처리방법은 재활용이며 평균적으로 전체 처리량의 36% 이상을 이루고 있다.

2. 음식물류 폐기물

가. 발생 및 성상 특성

음식물류 폐기물은 생활계폐기물 중에서 "나무류 · 채소류, 남은 음식물류 배출"로 분류된 것을 말하며 보통 가정 및 식당, 급식소 등에서 발생되고 있다. 현행 폐기물관리법에서는 감량화의무사업장을 지정(100인 이상 급식시설, 125m^2이상 요식업소 ; 기초 자치단체의 조례에 의하여 조정가능)하고 있으며, 이들 사업장에서 발생되는 음식물류 폐기물로 분류되며 자가처리하거나 위탁처리하는 것으로 되어 있다.

통계자료의 전국 음식물류 폐기물 연간발생량을 보면 2010년 4,901천톤이 발생하였다. 음식물쓰레기의 발생량면에서 2005년도 기점에 대폭 증가하여 2008년도 재채 증가하여, 최근에는 둔화되는 경향을 보여주고 있다. 또한 생활폐기물 중 음식물류 폐기물의 점유비율은 2010년도에 27.8%, 1인당 1일 발생량은 0.26kg/인 · 일을 나타났다

음식물류 폐기물의 성상 특성은 ①제3차 전국 폐기물통계조사에 수록된 값과 ②국립환경과학원(2006) 연구보고서의 봄, 여름, 가을, 겨울 음식물류폐기물 성상의 평균값을 적용하였다. ①과 ② 연구자료의 평균값을 계산하면 삼성분은 수분 72.4%, 가연분 22.05%, 회분 5.55%이고 원소분석값은 C 49.45%, H 6.23%, O 36.10%, N 3.17%, S 0.13%, 건조 고위발열량 4,442kcal/kg, 습윤 저위발열량 539.7kcal/kg으로 분석되었다.

<표 3-10> 음식물류 폐기물 연간 발생량

구 분	2001	2002	2003	2004	2005	2006	2007	2008	2009	2010.
생활계폐기물 발생량 (천톤/년)	17,702	18,214	18,519	18,253	17,665	17,828	18,376	19,006	18,580	17,943
음식물류 폐기물 (천톤/년)	4,101	4,160	4,160	4,184	4,736	4,184	5,020	5,120	5,001	4,901
음식물류 폐기물 (천톤/년) (종량제봉투 내)	-	-	-	-	-	4,881	5,274	5,527	5,153	4,990
전년도 대비 음식물류 폐기물 증감율(%)	▼1.73	▲1.44	-	▲0.58	▲13.2	▼11.66	▲19.88	▲1.99	▼2.32	▼2.00
(종량제봉투 내 음식물류 폐기물 포함)	-	-	-	-	-	(▲3.06)	(▲8.05)	(▲4.80)	(▼6.77)	(▼3.16)
생활계폐기물 중 음식물류 폐기물 점유 비율 (%)	23.2	22.8	22.5	22.9	26.8	23.47	27.8	26.9	26.9	27.32
	-	-	-	-	-	(27.38)	(28.7)	(29.1)	(27.7)	(27.8)
1인당 생활계폐기물 발생량 (kg/인.일)	1.01	1.04	1.05	1.03	0.99	0.99	1.02	1.04	1.02	0.97
1인당 음식물류 폐기물 발생량 (kg/인.일)	0.23	0.24	0.24	0.24	0.27	0.23	0.28	0.28	0.27	0.26
(종량제 봉투 내 음식물류 폐기물 포함)	-	-	-	-	-	(0.27)	(0.29)	(0.30)	(0.28)	(0.27)

출처 : 환경부, '전국 폐기물 발생 및 처리현황', 2011년

<표 3-11> 음식물류폐기물 성상

종류	삼성분(%)			원소분석(%)					건조고위발열량 (Kcal/kg)	습윤저위발열량 (Kcal/kg)
	수분	가연분	회분	C	H	O	N	S		
①	65	29	6	45.89	6.36	35.30	2.55	0.06	4,228	857
②	79.8	15.1	5.1	53	6.1	36.9	3.8	0.2	4,656	222.4
평균	72.40	22.05	5.55	49.45	6.23	36.10	3.18	0.13	4,442.00	539.70

출처 : ① 환경부, '제3차 전국폐기물통계조사', (2006~2007)
② 국립환경과학원, '유기성폐기물 종합관리기술 구축(I)', (2004)

나. 처리현황

음식물류폐기물은 가정, 식당, 급식소, 시장, 대형유통매장, 숙박업소 등에서 배출이 된다. 배출되는 형태에 따라 종량제봉투에 혼합되어 매립 또는 소각되거나 분리배출 될 경우 크게 자원화 처리되는 방법과 하수와 병합처리하는 방법이 있다. 하수병합처리는 하수종말처리장에서 하수와 병합하여 처리하는 것으로 최종적으로 슬러지로 배출되어 처리한다.

자원화 방법에는 농가원형이용, 사료화, 퇴비화로 나눠진다. 농가원형이용은 음식물류 폐기물 감량의무 사업장에서 배출되는 음식물류 폐기물에 한하여 농가에서 직접 수거한 후 가축의 사료나 퇴비로 이용하는 것을 말한다. 또한 사료화 방법은 액상사료와 건조사료가 있으며 액상사료후 잔재물 퇴비는 퇴비화시설로 위탁하여 처리되고 있다. 퇴비화시설에

는 호기성 퇴비화와 혐기성 퇴비화로 나누어지며, 혐기성 퇴비화에 바이오가스화 시설이 있어 전력 및 열을 생산하고 잔재물은 퇴비로 만들고 있다.

2010년 기준으로 음식물류 폐기물 처리현황을 보면, 분리배출 후 재활용(하수병합처리 포함)된 양이 97.05%를 차지하고 있으며, 소각 2.14%, 매립 0.85%로 집계되었다.

음식물류 폐기물의 연도별 처리방법 추이를 보면 재활용 비율은 지속적으로 늘어나고 매립비율은 급격하게 감소하고 있다. 음식물류 폐기물 처리시설 수는 259개이며 시설용량은 17,500.2톤/일, 처리량은 12,633톤/일이며 민간시설에서 50%이상을 처리하고 있다.

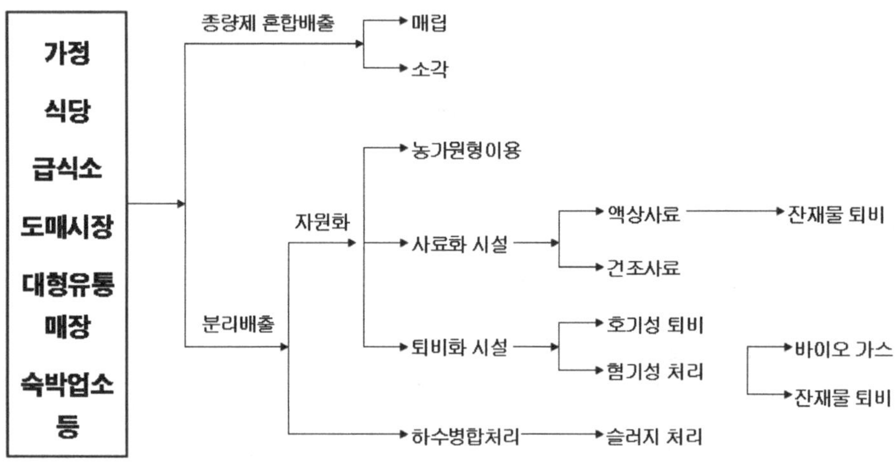

<그림 3-10> 음식물류 폐기물 처리방법

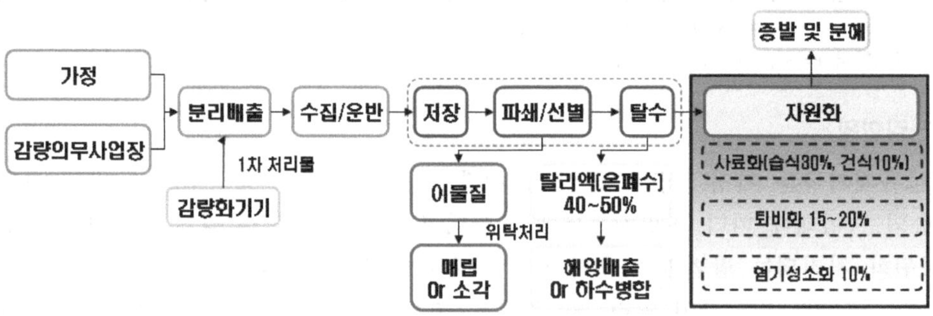

<그림 3-11> 음식물류 폐기물의 처리경로

<표 3-12> 음식물류 폐기물 처리현황 (2010년 기준)

구 분		2001년	2002년	2003년	2004년	2005년	2006년	2007년	2008년	2009년	2010년
발생량 (천톤/년)		4,101	4,160	4,160	4,184	4,736	4,184	5,020	5,120	5,001	4,901
		-	-	-	-	-	697	255	407	152	89
처리	매립 (%)	34.31	29.35	24.88	14.02	2.74	0.39	1.20	0.69	0.49	0.81
		-	-	-	-	-	11.32	40.97	41.94	51.39	35.35
	소각 (%)	8.93	8.09	7.41	4.72	3.98	1.57	2.65	2.23	2.19	2.14
		-	-	-	-	-	17.22	44.41	49.71	38.09	55.25
	재활용 (%)	56.76	62.56	67.71	81.27	93.28	95.87	96.15	97.08	97.32	97.05
		-	-	-	-	-	69.52	14.55	8.35	10.52	9.39
	기타 (%)	-	-	-	-	-	2.17	-	-	-	-
		-	-	-	-	-	1.94	0.07	-	-	-
	합계 (%)	100.00	100.00	100.00	100.00	100.00	100.00	100.00	100.00	100.00	100.00

출처 : 환경부, '전국 폐기물 발생 및 처리현황', (2008)

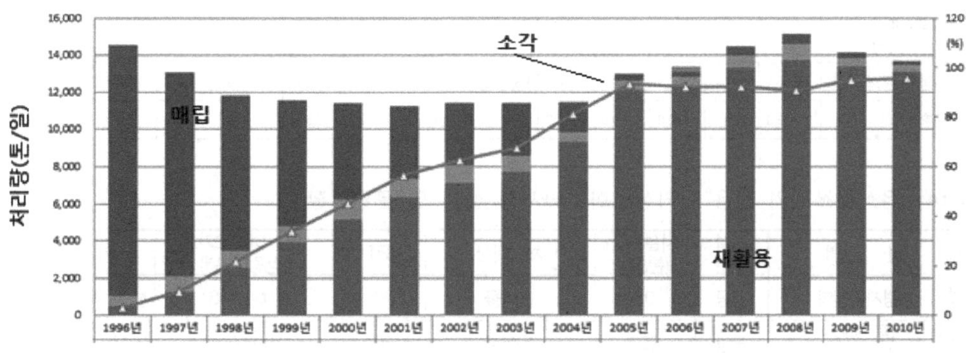

<그림 3-12> 음식물류 폐기물 처리방법별 추이(%)
(환경부, 1998~2008)

특히 최근에 에너지화로 관심이 집중되고 있는 음식물류 폐기물 바이오가스 시설현황은 〈표 3-14〉과 같으며, 음식물류폐기물을 처리하는 곳과 음폐수를 처리하는 곳으로 구분이 가능하다.

<표 3-13> 진국 음식물 자원화시설 현황(2010년)

구 분		총계	사료화				퇴비화				기타						
			소계	건식	습식	건식+습식	소계	호기성	혐기성	지렁이	소계	혐기성 소화	하수병합	파쇄, 탈수	탈수 건조	기타	사료+퇴비
개소수		259.0	124.0	33.0	83.0	8.0	86.0	80.0	5.0	1.0	49.0	1.0	9.0	9.0	8.0	16.0	6.0
시설용량 (톤/일)		17,500.2	8,588.5	3,410.0	4,171.5	1,007.0	5,175.7	5,037.7	130.0	8.0	3,736.0	200.0	630.0	604.0	840.0	731.5	730.5
처리량(톤/일)		12,633.0	6,101.7	2,655.6	2,670.1	776.0	3,502.6	3,395.5	97.1	10.0	3,028.7	162.1	532.6	477.7	781.3	481.7	593.4
가동율(%)		72.2	71.0	77.9	64.0	77.1	67.7	67.4	74.7	125.0	81.1	81.1	84.5	79.1	93.0	65.8	81.2
제품생산량	(톤/일)	3,294.5	1,686.4	469.9	1,001.6	214.9	815.4	780.4	33.2	1.8	792.7	-	-	172.6	111.9	217.5	290.7
	(㎥/일, kwh)	56,435.9	-	-	-	-	-	-	-	-	56,435.9	22,801.0	33,634.9	-	-	-	-
판매여부	유상	37.0	9.0	7.0	-	2.0	24.0	24.0	-	-	4.0	-	2.0	-	1.0	-	1.0
	무상	159.0	73.0	20.0	48.0	5.0	57.0	51.0	5.0	1.0	29.0	1.0	7.0	7.0	7.0	3.0	4.0
	기타(자가이용 등)	52.0	42.0	6.0	35.0	1.0	5.0	5.0	-	-	5.0	-	-	2.0	-	2.0	1.0
사용처 (개소)	농가	134.0	54.0	20.0	29.0	5.0	71.0	68.0	2.0	1.0	9.0	1.0	-	-	3.0	1.0	4.0
	자가이용	47.0	45.0	3.0	42.0	-	1.0	1.0	-	-	1.0	-	-	1.0	-	-	-
	중간원료	22.0	6.0	4.0	-	2.0	6.0	6.0	-	-	10.0	-	-	7.0	1.0	1.0	1.0
	기타	44.0	18.0	6.0	12.0	-	8.0	5.0	3.0	-	18.0	-	9.0	1.0	4.0	3.0	1.0
이물질	발생량(톤/일)	782.2	305.9	106.4	159.8	39.7	227.0	217.6	9.1	0.3	249.3	21.0	114.4	37.8	15.1	14.0	47.0
	과다배출여부 (%)	6.2	5.0	4.0	6.0	5.1	6.5	6.4	9.4	2.5	8.2	13.0	21.5	7.9	1.9	2.9	7.9
폐수발생량(톤/일)		8,695.1	3,661.9	1,844.5	1,264.4	553.0	3,060.2	2,913.5	126.7	20.0	1,973.0	88.6	701.4	368.3	298.1	203.6	313.1
감량화율(%)		73.9	72.4	82.3	62.5	72.3	76.7	77.0	65.9	82.0	73.8	100.0	100.0	63.9	85.7	54.8	51.0

<표 3-14> 음식물쓰레기 전용 혐기성소화처리시설 설치 및 운영현황

시 설 명	시설 구분	시설용량 (톤/일)	처리대상	HRT	'10년 바이오가스 발생량(㎥/년)	바이오가스 활용
동대문 환경자원센타	공공	98	음식물	30	3,030,743	발전, RTO 연료
생곡 음식물쓰레기 자원화시설	공공	200	음식물	30	7,908,911	발전
달성 음식물 자원화시설	민간	30	음폐수	15	82,524	소화조 가온, 사료제조 에너지
송도 환경자원센타 음식물 자원화시설	공공	78	음폐수	7.5	441,356	발전(연료전지), 소각
수도권 침출수처리장 혐기소화시설	공공	700	음폐수	20	5,316,526	소화조 가온, 냉난방
광주 음식물 자원화시설	공공	160	음폐수	20	426,318	건조기 보일러
안동시 음식물 자원화시설	공공	45	음폐수	7.3	87,600	소화조 가온
안산 음식물 자원화시설	공공	160	음폐수	15	181,000	RTO 연료

출처 : 환경부, '음식물 처리시설 운영현황', (2010)

국내 음식물쓰레기의 경우 염분과 수분함량이 높고, 이물질과 섬유질이 많아 음식물쓰레기만을 대상으로 할 경우 처리에 어려움이 있는 것으로 알려져 있다.

한편 음식물쓰레기의 하수병합처리시설은 13곳으로 서울 강서구, 부산 수영구, 대구 북구, 울산 남구, 강원 속초, 경남 밀양, 경남 사천 등에서 시설을 운전 중에 있다. 병합처리는 다양한 유기성폐기물을 이용하고 있으며, 가축분뇨, 하수슬러지, 분뇨로 구분이 가능하다.

가축분뇨만으로 경제성을 확보하는 것이 불가능하여 음식물류 폐기물의 혼합비율을 높여가려하나, 농림부 비료공정규격에서는 가축분뇨에 음식물류 폐기물의 혼합비를 30%를 제한하고 있으며, 30%초과시에는 액비로서 사용을 제한하고 있다.

또한 최근에 하수처리장에서 바이오가스화에 대한 관심이 증가되면서 소화조 건설이 진행되고 있으며, 바이오가스 생산량을 늘이기 위한 수단으로 음폐수 혹은 음식물류 폐기물의 혼합이 검토되고 있다.

<표 3-15> 음식물쓰레기 병합 혐기성소화처리시설 설치 및 운영현황

시 설 명	시설구분	시설용량(톤/일)	처리대상	HRT	'10년 바이오가스 발생량(㎥/년)	바이오가스 활용
서울 난지물재생센터	공공	3,033	하수슬러지, 음폐수	25	11,194,202	소화조 가온, 소각장 연료, 발전, 판매
부산 수영사업소	공공	1,680	하수슬러지, 음식물	25	1,778,873	소화조 가온, 소각
대구 신천 공공하수처리시설	공공	1,624	하수슬러지, 음폐수	30	4,405,720	소화조 가온, 소각
인천환경공단 승기사업소	공공	631	하수슬러지, 음폐수	46.3	714,119	소화조 가온
울산 용현 음식물 하수병합처리시설	공공	780	하수슬러지, 음식물	22	6,356,107	판매, 소화조 가온
파주 음식물 및 축분 혼합처리시설	공공	110	가축분뇨, 음식물	17/20	1,346,000	보일러 연료, 소각
국제 축산영농조합 바이오가스 연구시설	민간	5	가축분뇨, 음식물	-	51,000	발전, 소화조 가온, 소각
속초 음식물 하수병합처리시설	공공	249	하수슬러지, 음식물, 분뇨	15	1,291,978	발전, 소화조 가온, 소각
속초 음식물 하수병합처리시설	공공	249	하수슬러지, 음식물, 분뇨	15	1,291,978	발전, 소화조 가온, 소각
아산 통합형 바이오가스 발전시설	공공	100	하수슬러지, 음폐수, 축분	6	99,426	발전
순천 하수처리장	공공	500	하수슬러지, 음폐수, 축분	25	1,306,700	소화조 가온
구미 하수처리장	공공	909	하수슬러지, 음폐수,축분	30	1,772,845	소화조 가온, 난방
밀양 음식물 하수병합처리시설	공공	200	음식물,축분, 분뇨	25	963,739	소화조 가온, 난방, 소각

출처 : 환경부, '음식물 처리시설 운영현황', (2011)

3. 폐목재

가. 발생 및 성상 특성

폐목재 발생은 크게 생활계, 사업장계, 건설계로 나눌 수 있다. 생활계에서 발생되는 폐목재의 종류에는 임목계류(유목, 농업폐목재, 전지목, 건설임목), 시장에서 주로 발생되는 과일상자나 가정에서 발생되는 폐가구류, 기타 공원에서 발생되는 벤치 등이 있다. 건설계 폐목재는 신축현장과 해체현장에서 발생되며 신축현장에서는 각재류, 합판류, 파레트 등이 있고, 해체현장에서는 내 · 외장재 등의 폐목재가 다른 건설폐재와 혼합되어 발생되고 있다. 사업장계에서는 제재부산물, 목재분진, 목재 가공공장 부산물, 파레트, 목재포장상자, 전선드럼, 선박 해체목, 철도침목 등이 발생된다.

<표 3-16> 발생원별 폐목재 세부 종류

발생원	종류	
생활계 폐목재	임목계 폐목재	하천, 호소 유목
		농업폐목재(인삼지주목, 버섯재배목 등)
		전지목(가로수, 정원수)
		건설임목폐목재 (뿌리, 가지, 줄기)
	목재상자(과일 · 어상자)	
	폐가구류(순수목재, 합판, MDF)	
	놀이터, 공원, 야외시설물 방부폐목재(벤치 등)	
건설 폐목재	신축 폐목재	각재류(비계목, 받침목, 토류판 등)
		합판류(거푸집 등)
		파레트(순수목재, 합판, MDF)
	해체 폐목재	순수목재 (한옥 등 철거시 발생)
		내 · 외장재 등
		방부폐목재(목조주택, 목조교량, 펜스 철거 등)

발생원	종류
사업장 폐목재	제재부산물 (톱밥, 수피 등)
	목재분진(나무판제품 제조시설 등)
	목재 가공공장 부산물(순수목재, 합판, MDF)
	파레트(순수목재, 합판, MDF)
	목재포장상자 (순수목재, 합판, MDF)
	전선드럼(순수목재, 표면도색)
	선박 해체목
	철도침목

출처 : 국립환경과학원, '폐목재 관리체계 개선 및 재활용 활성화방안', (2007)

국내에서 발생되는 폐목재를 크게 4개 분야 즉, 임목부산물, 생활계폐목재, 건설폐목재, 사업장폐목재로 분류하여 조사하여, 〈표 3-17〉에는 2002 ~2010년까지의 환경부에서 집계한 폐기물계 폐목재의 통계자료를 나타내고 있다. 생활계, 사업장계, 건설계폐목재의 3개 분야를 합한 폐목재의 발생량 총계를 살펴보면, 2002년 2,121,927 톤/년에서 2010년에 1,933,406 톤/년으로 2002년 대비 8.8%가 감소하였고 생활계 폐기물과 사업장 배출시설계 폐기물, 건설폐목재의 모두 증가와 감소 추세를 반복하고 있다.

폐기물계 폐목재의 총량 또한 증가와 감소 추세를 반복하고 있으며, 이는 2005년도까지는 폐목재 발생량 중 가장 큰 부분을 차지하는 영역인 건설폐목재의 발생량과 비례였으나, 2006년도 이후 총 배출량 중 가장 큰 부분인 생활계폐목재의 발생량과 비례하는 것으로 나타나고 있다. 각 배출계 별로 살펴보면, 2002년 대비 2010년의 폐목재발생 증감률은 생활계폐목재가 31.9%, 사업장계폐목재가 125%로 증가하였고, 건설폐목재는 73.1%로 감소함하고 있다.

<표 3-17> 폐기물계 폐목재의 발생량 (단위: 톤/년)

구분	생활계폐목재 (생활+사업장생활)	사업장배출시설계 폐목재	건설폐목재	총 계
2002	876,000	285,101	960,826	2,121,927
2003	811,030	84,753	924,800	1,820,583
2004	883,665	310,396	1,185,410	2,379,471
2005	825,520	499,393	1,341,813	2,666,726
2006	842,411	459,155	646,948	1,948,514
2007	885,233	607,993	265,436	1,758,662
2008	886,831	601,921	336,927	1,825,679
2009	1,013,787	809,935	410,481	2,234,203
2010	946,355	755,148	231,922	1,933,406

〈표 3-18〉에 언급된 것처럼 폐목재의 성상은 발생원에 따라서 약간의 성상의 차이가 나타난다. 임산부산물에 속하는 버섯재배폐목의 경우 수분함량이 높게 나타나 낮은 발열량값을 보이고 있다. 또한 목재 생선상자의 경우 어류의 염분으로 인하여 염소의 함량이 높게 나타나는 경향이 있다(배재근, 2007).

<표 3-18> 폐목재의 성상

원료 종류		원소분석(%)					공업분석(%)				고위 발열량 (kcal/kg)	저위 발열량 (kcal/kg)
		탄소 (C)	수소 (H)	질소 (N)	유황분 (S)	산소 (O)	수분 (M)	휘발분 (V.M)	회분 (Ash)	고정탄소 (F·C)		
폐목재	생 활	48.58	6.18	3.34	0.010	40.94	7.82	72.13	0.95	19.10	4,640	4,260
	사업장 (수피)	52.62	5.84	0.08	0.003	40.62	12.9	60.4	0.84	25.88	4,910	4,520
	건설	47.96	6.14	2.04	0.010	43.31	9.94	71.62	0.54	17.90	4,520	4,130

출처 : 한국에너지기술연구원, '시험분석결과보고서', (2006)
※ 발열량은 건조시료 기준

나. 폐목재 처리현황

2010년 전국 폐목재(임목부산물 제외) 발생량은 1933.4천 톤/년이며, 이중에 생활계 폐목재가 946.3천톤/년으로 전체 폐목재 발생량의 48.9%를 차지하고 있으며, 사업장 배출시설계 폐목재가 755.1천톤/년으로 39.0%를 차지하고 있다. 생활계폐목재 가운데 가정에서 발생되는 생활폐목재가 579.4천 톤/년으로 생활계폐목재의 61.2%를 차지하고 있다.

건설폐목재 발생량은 건설 및 해체과정에서 발생하는 폐목재와 임목폐기물을 모두 포함한 양으로서 231.9천톤/년이 발생하고 있다. 폐목재 발생량의 약 76%인 1477.4천 톤/년이 재활용되었으며, 생활계폐목재의 재활용률이 87%로 가장 높고, 사업장배출시설계폐기물의 재활용이 77%로 가장 저조, 건설폐목재의 재활용률은 79%이다. 건설폐목재의 경우 매립처분 비율이 16%로 적지 않은 수치를 나타내고 있으며, 이는 약 36,700톤/년에 해당하는 수치이며, 장래 재활용으로 전환될 필요가 있다. 사업장 폐목재의 경우에도 소각처리 비율이 23%로 170,100톤/년에 해당하는 수치로 이 또한 재활용으로 전환될 필요가 있다.

<표 3-19> 2010년 폐목재 발생 및 처리현황 단위 : 천톤/년

구분	생활			건설	사업장 배출시설계	총계
	소계	가정생활	사업장 생활계			
총계	946.3	579.4	366.8	231.9	755.1	1,933.3
매립	137.0	108.9	28.1	36.7	36.5	210.2
소각	362.8	342.8	20.0	47.9	170.1	580.8
재활용	711.6	392.9	318.7	183.9	581.9	1,477.4

〈자료출처〉 환경부, 2010 전국폐기물 발생 및 처리현황

폐목재는 유기성 자원으로 다른 폐기물과 달리 물질재활용 및 열에너지 회수용도로 활발하게 이용되고 있으나, 사업장폐목재나 건설폐목재의 경우 연료용으로 광범위하게 불법 · 유통되고 있어 문제가 되고 있다. 홍수열(2008)은 폐목재 재활용업체와 에너지 업체간 원료확보를 둘러싼 경쟁이 치열해 질 우려가 있으며, 이 경우 물질재활용업체가 위축될 우려가 있으므로 이에 대한 대비가 필요함을 지적하고 있다. 제재부산물의 경우 부가가치가 매우 높기 때문에 톱밥용이나 MDF 제조용 원료로 우선 공급될 것으로 판단되나 신축현장에서 배출되는 건설폐목재의 경우 물질재활용업계와 에너지업계간 원료쟁탈전이 발생할 가능성이 있는 실정이다.

4. 하수슬러지

가. 발생 및 성상 특성

각 가정에서 사용하고 난 물을 하수구로 버리고 이 물은 하수관거를 통하여 하수종말처리장으로 모여 처리하게 되며, 이때 소화 후 탈수처리에서 부산물로 나오는 것을 하수슬러지라고 한다. 하수슬러지는 2003년 이전 대부분이 매립되어 처리되었지만 매립장에서 슬러지 매립작업시 작업성이 나쁘고 슬러지에 함유되어 있는 각종 유해 중금속이 토양에 잔류하게 되어 지하수 및 지표수를 오염시키며 침출수량의 증가를 초래하여 2003년 7월부터 하수슬러지의 육상 매립을 금지시켰다. 이후부터 처리비용이 저렴한 해양투기방식으로 대부분 하수슬러지가 처리되고 있으나, 1996년부터 '런던협약 96의정서'에 의해 각종 폐기물의 해양배출기준이 국제적으로 강화되고 있다.

2010년기준 전국에 465개의 하수처리장이 가동중에 있으며, 이들은 시설용량은 시설용량은 25,095천㎥/일이나, 18,756천㎥/일이 처리되었다. 이러한 하수가 처리되면서 하수슬러지가 8,438㎥/일이 발생되었으며, 원단위로 환산시에는 하수1톤당 슬러지가 0.450kg/㎥발생되었다.

하수슬러지의 성상은 국립환경과학원(2006) 자료의 여름, 가을, 겨울에 발생된 하수슬러지의 성상값을 평균하여 나타내었다. 수분은 약 80%, 가연분 9.2%, 회분 11.21%이고, 원소분석 값은 C 47.68%, H 4.48%, O 41.52%, N 4.85%, S 1.47%, 건조 고위발열량은 3,794kcal/kg, 습윤 저위발열량은 4.37kcal/kg을 나타냈지만 대부분이 계산상에는 음의 값을 나타내었다. 이러한 현상은 유기물의 함량이 낮은 상태에서 수분함량이 높기 때문이며, 최근에는 가연분의 함량이 증가하는 경향이 있어 발열량이 증가하고 있는 경향을 보여주고 있다.

<표 3-20> 하수슬러지 발생량 (2010년 기준)

연 도	처리장수	시설용량 (천㎥/일)	실제 처리량 (천㎥/일)	슬러지 케익 발생량(톤/년)	단위슬러지 발생량(㎏/㎥)
1996	91	11,452	10,037	1,171,205	0.354
1997	93	15,038	12,150	1,298,409	0.333
1998	92	16,074	13,995	1,478,229	0.283
1999	150	17,711	15,168	1,447,170	0.288
2000	172	18,399	15,771	1,741,371	0.303
2001	184	19,230	16,024	1,902,410	0.325
2002	207	20,233	17,051	2,073,095	0.333
2003	242	20,885	17,842	2,266,888	0.348
2004	268	20,839	18,067	2,266,473	0.369
2005	294	22,568	18,183	2,560,959	0.385
2006	344	23,159	18,249	2,742,475	0412
2007	357	23,816	18,187	2,744,201	0.411
2008	403	24,280	17,433	2,817,357	0.443
2009	433	24,748.9	18,468.4	3,024,336	0.449
2010	465	25,095	18,756	3,080,043	0.450

출처 : 환경부, '하수도통계', (2004~2008)

<표 3-21> 하수슬러지 성상

종류	삼성분(%)			원소분석(%)					건조고위발열량 (Kcal/kg)	습윤저위발열량 (Kcal/kg)
	수분	가연분	회분	C	H	O	N	S		
평균	79.5	9.2	11.21	47.68	4.48	41.52	4.85	1.47	3,794	4.37

출처 : 국립환경과학원, '유기성폐기물 종합관리기술 구축(Ⅰ)', (2004)

나. 하수슬러지 처리현황

하수슬러지의 처리현황을 1991년부터 2010년까지의 흐름을 〈표 3-22〉에 나타냈다. 90년대초에는 대부분의 슬러지는 매립되어 처리되었으나, 90년대 중반부터 슬러지의 직매립 금지 정책이 시행이되고, 97년도에 폐기물관리법에 명시되면서 매립은 서서히 감소하고, 감소한 만큼 해양배출이 되어, 2005년도에는 전체배출량은 77.9%가 해양배출되었다.

이러한 해양배출이 증가하면서 2003년부터 런던덤핑조약에 의한 해양배출규제에 대한 논의가 시작되면서 해양배출을 규제하기 시작하여 2005년부터 서서히 감소하여, 그 량이 재활용으로 전환되고 있다. 재활용에서도 신재생에너지 정책에 의한 화력발전소 등의 RPS 제도 등에 의하여 에너지화하는 방안들이 적극적으로 검토되고 있으며, 2010년도부터 연료화라는 새로운 분야에 대한 통계를 집계하게 되었다.

또한 이러한 처리현황을 시도별 집계로 〈표 3-23〉에 나타냈다. 2010년 기점에서 시도별로 해양배출이 진행되고 있는 것으로 집계되고 있으나, 2013년부터 해양배출이 금지될 예정에 있는 것으로부터 대책을 수립중에 있으며, 대규모의 하수처리장은 건조에 의하여 연료화를 진행중에 있는 것으로 파악되고 있다.

<표 3-22> 년도별 하수슬러지의 처리 및 자원화 현황 (단위; 천톤/년)

년도	발생량(천톤/년)	처분량(천톤/년)														미처분	
		계	재활용		매립		소각		해양배출		연료화		기타			
			처리량	%	처리량	%	처리량	%	처리량	%	처리량	%	처리량	%	처리량	%
1991	600	600	16	2.7	584	97.3	-	-	-	-	-	-	-	-	-	-
1992	612	612	31	5.1	579	94.6	-	-	-	-	-	-	1	0.3	-	-
1993	770	770	19	2.5	665	86.3	-	-	86	11.2	-	-	-	-	-	-
1994	962	962	26	2.7	766	79.7	-	-	169	17.6	-	-	-	-	-	-
1995	1,162	1,162	24	2.1	932	80.2	-	-	206	17.7	-	-	-	-	-	-
1996	1,298	1,298	30	2.3	1009	77.7	5	0.6	243	18.7	-	-	11	0.9	-	-
1997	1,478	1,348	43	3.9	989	66.9	9	1.5	279	20.1	-	-	9	0.7	130	8.8
1998	1,695	1,413	34	2.0	792	46.8	27	2.1	552	32.6	-	-	8	0.5	282	16.6
1999	1,593	1,574	80	5.1	641	40.7	33	5.3	820	52.1	-	-	-	-	19	1.2
2000	1,741	1,739	88	5.1	439	25.2	93	7.3	1,118	64.2	-	-	0.92	0.1	1.6	0.1
2001	1,902	1,897	118	6.2	229	12.0	138	10.7	1,391	73.3	-	-	20.4	1.1	5.4	0.1
2002	2,076	2,076	239	11.5	197	9.5	222	12.4	1,418	68.3	-	-	-	-	-	-
2003	2,267	2,267	152	6.7	113	5.0	280	11.7	1,626	71.8	-	-	96	4.2	0.3	0.0
2004	2,426	2,426	239	9.85	343	1.4	284	11.2	1,869	77.1	-	-	-	-	-	-
2005	2,561	2,560	122	4.78	437	1.7	286	11.2	1,994	77.9	-	-	115	4.5	0.76	0.0
2006	2,743	2,742	336	12.3	431	1.6	308	11.2	2,012	73.4	-	-	425	1.6	0.91	0.0
2007	2,743	2,743	383	14.0	108	4.0	351	13.0	1,868	68.0	-	-	34	1.0	0.34	0.0
2008	2,817	2,817	534	18.9	104	3.69	458	16.3	1,721	61.1	-	-	-	-	0.30	0.0
2009	3,024	3,024	746	24.7	440	14.5	410	13.5	1,428	47.2	-	-	-	-	3.5	0.1
2010	3,083	3,083	635	20.6	338	10.9	545	17.7	1,314	42.6	238.7	7.7	8	0.3	-	-

<표 3-23> 하수슬러지 처리량(2010년 기준) (단위 : 천톤/년)

시·도	발생량	처리방법							이월량
		계	재활용	육상매립	소각	해양배출	연료화	기타	
전국	3,080,043	3,080,043	635,318	337,966	544,592	1,314,087	238,697	9,382	-
서울특별시	585,138	585,138	216,600	104,302	49,944	145,055	68,457	779	-
부산광역시	187,921	187,921	74,955	-	10,196	102,770	-	-	-
대구광역시	139,196	139,196	40,980	-	0	98,216	-	-	-
인천광역시	99,578	99,578	13,217	64,701	0	21,578	-	83	-
광주광역시	91,639	91,639	42,784	24,701	0	24,154	-	-	-
대전광역시	85,872	85,872	-	31	0	85,837	-	4	-
울산광역시	77,122	77,122	-	-	8,084	69,037	-	-	-
경기도	936,655	936,655	57,011	109,494	324,810	302,694	140,282	2,364	-
강원도	69,125	69,125	32,972	1,872	434	33,237	-	610	-
충청북도	99,592	99,592	19,931	-	29,895	28,061	20,584	1,120	-
충청남도	111,257	111,257	40,473	-	2,482	68,295	-	7	-
전라북도	153,949	153,949	11,546	14,408	-	127,995	-	-	-
전라남도	83,326	83,326	7,594	12,846	8,698	51,642	2,478	68	-
경상북도	161,724	161,724	33,902	4,283	52,391	71,148	-	-	-
경상남도	175,018	175,018	41,963	496	57,657	64,978	5,575	4,348	-
제주도	22,931	22,931	1,390	831	-	19,390	1,321	-	-

슬러지의 처리경로는 하수처리장에서 농축단계부터 고려할 필요가 있으며, 농축, 소화, 탈수의 과정을 거쳐 탈수 슬러지가 또다시 슬러지처리 경로로 흘려가게 된다.

예전에는 전량 도시폐기물과 혼합매립하거나 해양배출하는 방식으로 처리되었으나, 직매립과 해양배출이 금지되면서 소각되거나 재활용 하는 형태로 처리되고 있다.

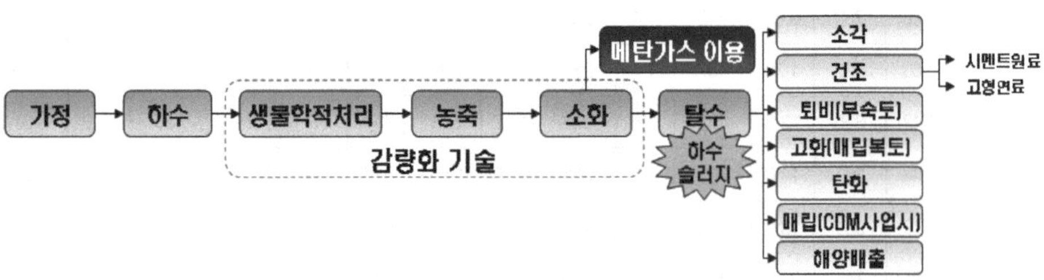

<그림 3-13> 하수슬러지의 처리경로

슬러지의 연료화에 대하여 관심이 증가하면서, 건조기술에 대하여 관심이 증가하고 있다. 슬러지의 처리는 완전건조하는 방법과 부분건조시켜 처리하는 방법으로 구분하고 있으며, 완전건조란 슬러지의 수분함량이 약 10~30% 이하인 상태를 말하며 주로 농업용 비료, 산업 시멘트, 고형연료화, 소각, 매립 등으로 처리되고 있다.

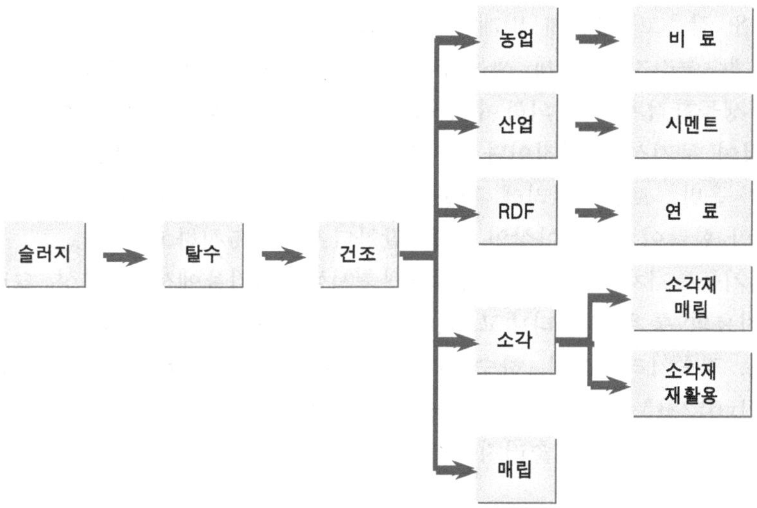

<그림 3-14> 하수슬러지의 완전건조시 처리경로

부분건조 처리방법은 함수율이 높은 슬러지를 직접 소각하거나 도시쓰레기를 혼소할 경우 수분증발에 많은 연료가 소모되므로 소각로 투입 전단계에 건조로를 설치하여 미리 슬러지를 적절히 건조하는 방식으로 수분함량은 50% 이상 정도이다.

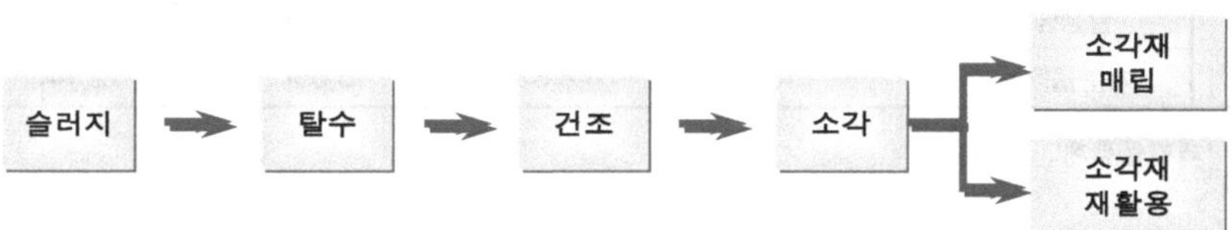

<그림 3-15> 하수슬러지의 부분건조시 처리경로

정부는 향후 하수슬러지의 적절한 처리방법으로 하수슬러지의 고형연료화 방안을 마련중에 있으며, 폐자원 및 바이오매스 R&D사업에서 하수슬러지 가스화를 통한 에너지 이용기술 개발을 계획(2009~2014)하고 있다.

5. 폐수슬러지

가. 발생 및 성상 특성

폐수슬러지는 산업활동에 의하여 부산물로 발생되는 것이며 고농도로 중금속 등 유독성 물질을 다량 함유하고 있는 경우가 많아 특별한 관리가 요구되는 폐기물이다. 각 산업체는 폐수처리 시설을 갖추고 실정에 맞게 처리방법을 달리하여 폐수를 정화하여 배출하고 있다. 발생되는 폐수슬러지는 크게 생물학적처리 및 화학적처리에 의하여 발생되는 것으로 분류가능하며, 생물학적처리에 의하여 발생되는 것이 유기성슬러지, 화학적인 처리에 의하여 발생되는 것이 무기성 슬러지이다. 유기성슬러지는 「폐기물관리법 시행규칙 별표 5」 "폐기물의 수집 · 운반 · 보관 · 처리에 관한 구체적 기준 및 방법(제14조 관련)"에서 '고형물 중 유기성물질의 함량이 40% 이상인 것을 말한다.'라고 명시하고 있다.

환경부의 폐기물통계자료를 보면 사업장배출시설계폐기물에서 유기성 슬러지류로 묶어서 각종 슬러지류의 통계를 나타내고 있다. 슬러지의 종류는 발생원에 따라 폐수처리슬러지, 공정슬러지, 정수처리슬러지, 하수처리슬러지로 분류된다. 유기성 슬러지류의 2010년도 총 발생량은 16,612천톤으로 하수처리 슬러지가 45.4%로 가장 많은 발생비율을 보였고, 폐수처리 슬러지 46.8%, 공정 슬러지 5.65%, 정수처리 슬러지 2.14% 순의 발생비율을 보였다.

<표 3-24> 유기성 슬러지류 발생량 (2010년 기준) (단위 : 천톤/년)

구분		합계	폐수처리	공정	정수처리	하수처리
2007년	발생량	6,433.7	2,650	710.9	341.8	2,731
	백분율(%)	100	41.2	11.0	5.3	42.4
2010년	발생량	16,612.4	7,779.50	939	355.9	7,538.00
	백분율(%)	100	46.83	5.65	2.14	45.4

출처 : 환경부, '폐기물통계', (2011)

무기성 슬러지류의 경우 폐수처리 슬러지 46.8%, 공정 슬러지 37%, 정수처리 슬러지 4.46%, 하수처리슬러지 5.3%의 발생비율을 보였다. 폐수처리 슬러지는 유기성 슬러지류와 무기성 슬러지류의 발생이 비슷한 비율을 보이고 있고, 공정 슬러지의 경우 무기성 슬러지류의 발생비율이 훨씬 많음을 알 수 있다. 하수처리 슬러지는 유기성 슬러지류의 비율이 더 높아 자원화처리에 있어 유리한 것으로 평가된다.

<표 3-25> 무기성 슬러지류 발생량 (단위 : 천톤/년)

구분		합계	폐수처리	공정	정수처리	하수처리
2007	발생량	4,702	2,400.1	1,648.1	337.4	316.4
	백분율(%)	100	51.0	35.0	7.2	6.7
2010	발생량	13,602.8	7,238.4	5,031.4	605.9	727.1
	백분율(%)	100	46.83	36.9	4.46	5.34

출처 : 환경부, '폐기물통계', (2011)

폐수슬러지의 성상은 업종별로 각각 다른 값을 가진다. 한국산업단지공단(2009)에 의하면 업종별 발생슬러지의 삼성분, 원소분석, 발열량 값을 다음과 같이 나타내고 있다.

<표 3-26> 업종별 발생슬러지의 성상 분석자료

업종		음식료	섬유의복	목재종이	석유화학	운송장비	기타	비제조	평균
시료수		6	8	10	34	2	3	4	
수분(%)		63.84	66.8	66.82	72.13	65.50	68.92	74.87	68.34
유기물(%)		21.69	14.9	14.94	21.83	30.00	20.28	10.18	19.12
회분(%)		14.97	18.2	18.24	6.03	4.50	10.80	14.95	12.53
건기준회분(%)		40.85	37.95	54.98	21.64	13.04	34.76	59.60	37.53
원소분석	C(%)	38.92	23.78	23.96	36.10	30.80	28.51	10.40	27.5
	H(%)	4.42	4.6	3.85	4.56	5.10	11.68	5.69	5.70
	O(%)	23.16	29.38	30.30	25.86	27.05	23.98	36.94	28.10
	N(%)	3.30	3.10	0.64	4.66	4.35	3.04	2.46	3.08
	S(%)	0.44	1.65	3.59	0.68	0.35	0.70	1.16	1.22
건조고위발열량 (kcal/kg)		3,604	2,694	1,805	3,552	3,228	3,574	1,238	2,814
습윤저위발열량 (kcal/kg)		1,188	222	202	441	123	680	-71	398

출처 : 한국산업단지공단, '슬러지 종합관리방안 수리 등을 위한 연구', (2009)

나. 처리현황

다음 〈그림 3-16〉은 폐수의 발생부터 폐수슬러지의 처리경로를 나타낸 것이다. 사업장에서 발생된 폐수는 생물 · 화학적처리를 거쳐 농축, 개량, 탈수를 하게 된다. 폐수슬러지는 탈수과정에서 발생되며, 대부분의 사업장에서는 발생된 폐수슬러지를 위탁처리 한다.

폐수슬러지 처리는 중력, 원심력, 부상분리 등의 방법으로 농축하고 호기 · 혐기성반응으로 안정화를 시키며, 다량의 수분을 포함하고 있으므로 탈수시켜서 수분이 적은 탈수슬러지

도 받은 다음 처리한다. 일반적인 처리방법으로는 중간처리단계인 소각, 열건조, 고형화, 열분해 등의 방법이 있고, 퇴비화, 건설자재, 경량골재, 토지개량제, 에너지원 등으로 재활용되기도 한다. 최종처리단계로는 매립 및 해양배출이 있다.

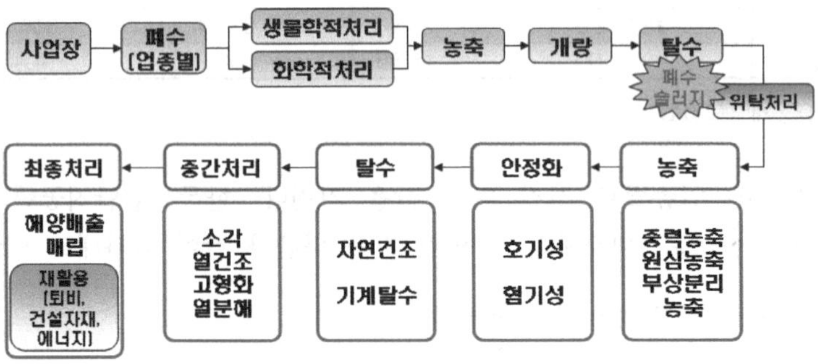

<그림 3-16> 폐수슬러지의 처리경로

2010년 기준 슬러지 처리현황을 보면, 전반적으로 해역배출〉재활용〉소각〉매립 순인 것을 〈표 3-27〉에서 알 수 있다. 폐수처리 오니에 있어서는 슬러지의 처리현황은 재활용 40%로 가장 높고, 해역배출이 29.7%, 소각이 24.7, 매립 5.7로 나타났다.

<표 3-27> 슬러지류의 처리 현황 2010년 기준 (단위 : 천톤/년)

구분	폐수처리 오니	공정오니	정수 처리오니	하수 처리오니
발생량	7,779.5	939.0	355.9	7,538.0
매립	446.7	163.6	0.5	289.3
소각	1,925.5	65.0	1.2	1,440.5
재활용	3,094.1	578.9	348.3	2,006.9
해역배출	2,313.2	131.5	5.9	3,801.3

출처 : 환경부, '폐기물통계', (2011)

6. 분뇨슬러지

가. 발생 및 성상 특성

분뇨는 각 가정과 공장, 사무실, 상가 등 사람이 생활하는 공간에서는 항상 발생되고 있다. 분뇨는 배출된 생분뇨, 종이류, 변기의 세척수 등이 일정기간 저류된 후 수거차량에 의해 수거된 것으로 그 성상은 변소의 이용상태 및 구조, 수거간격, 수거방법, 지역특성차 등에 의해 차이가 있으며 식생활습관, 문화수준, 계절적인 요인 등에 따라 성상에 많은 차이가 있다. 분뇨는 수세식을 통하여 정화조에 부패된 후에 수거되는 정화조 분뇨와 배출된 분뇨를 그대로 수거하는 생분뇨로 분류가 가능하다. 생분뇨는 1일 발생량인 원단위로 산출하는 것이 가능하나, 정화조 분뇨는 각 건물에 설치되어진 정화조내에서 혐기성상태에서 1년 가까이 상당량이 분해되어 발생하기 때문에 원단위로 산출하는 것은 불가능하다. (국립환경과학원, 2006)

전국 195개 분뇨처리시설에서는 이월량을 포함하여 177,148m^{3}의 슬러지가 발생하였으며, 그 중 재활용 84,718m^3(47.9%), 해양배출 38,264m^3 (21.6%), 육상매립 9,253m^3 (5.2%), 소각 5,135m^3 (2.9%) 및 기타의 방법으로 10,567m^3(6.0%)의 슬러지를 처리하였다.

<표 3-28> 분뇨슬러지 발생 및 처리현황 2010년기준 (단위 톤/년)

시·도	발생량	처리방법							이월량
		계	재활용	육상매립	소각	해양배출	연료화	기타	
전국	177,148	176,919	84,718	9,253	5,135	38,264	28,982	10,567	229
서울특별시	-	-	-	-	-	-	-	-	-
부산광역시	18,718	18,718	18,718	-	-	-	-	-	-
대구광역시	1,829	1,829	1,512	317	-	-	-	-	-
인천광역시	17,512	17,512	1,148	-	-	16,364	-	-	-
광주광역시	-	-	-	-	-	-	-	-	-
대전광역시	-	-	-	-	-	-	-	-	-
울산광역시	4,012	4,012	-	-	-	4,012	-	-	-
경기도	33,628	33,627	11,468	3,355	3,936	4,084	1,613	9,172	1
강원도	17,776	17,776	16,452	-	-	1,121	-	203	-
충청북도	10,554	10,554	7,552	2,360	369	-	274	-	-
충청남도	5,382	5,343	3,462	260	11	1,610	-	-	39
전라북도	17,105	17,094	12,468	-	23	4,604	-	-	10
전라남도	6,397	6,218	3,824	521	729	549	-	594	179
경상북도	35,058	35,058	2,389	1,140	16	4,290	26,805	419	-
경상남도	7,881	7,881	5,266	755	51	1,630	-	179	-
제주도	1,296	1,296	460	547	-	-	290	-	-

출처 : 환경부, '하수도통계', (2011)

분뇨슬러지의 성상은 국립환경과학원(2006) 자료의 성상값을 평균하여 나타내었다. 수분은 약 77%, 가연분 14%, 회분 8.98%이고, 원소분석 값은 C 42.28%, H 5.06%, O 45.87%, N 5.48%, S 1.32%, 건조 고위발열량은 4,170kcal/kg, 습윤 저위발열량은 113.1kcal/kg을 나타내고 있다.

<표 3-29> 분뇨슬러지 성상

종류	삼성분(%)			원소분석(%)					건조고위발열량 (Kcal/kg)	습윤저위발열량 (Kcal/kg)
	수분	가연분	회분	C	H	O	N	S		
평균	77	14	8.98	42.28	5.06	45.87	5.48	1.32	4,170	113.1

출처 : 국립환경과학원, '유기성폐기물 종합관리기술 구축(Ⅰ)', (2004)

나. 처리 경로

각 가정, 공장, 상가, 사무실, 공공기관 등에서 발생된 분뇨는 각 가정, 건물과 산업체내에 설치된 수세식과 수거식(정화조)의 2가지 방법으로 모여지고, 수거식은 단독정화조 또는 오수처리시설에서 정화 처리되며 처리과정에서 발생되는 슬러지는 청소업체에서 수거·운반하여 분뇨처리시설에서 최종처리하게 된다.

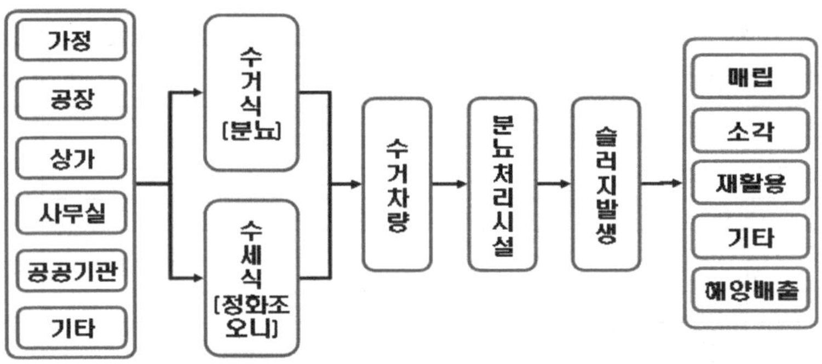

<그림 3-17> 분뇨슬러지의 처리경로

7. 동식물성 폐잔재물

가. 발생 및 성상 특성

동·식물성 폐잔재물은 사업장계로 분류되는데, 주로 식료품 제조업, 유통업, 판매업 등에서 발생되고 있으며 그 종류로는 도축, 고기가공 및 저장, 낙농업, 과실 및 야채, 통조림 및 저장가공, 동식물 유지류, 빵 제품 및 국수, 설탕 및 과자, 배합사료, 조미료, 두부 등이 있다. 또한 음료 제조업에서는 주정, 소주, 인삼주, 증류수, 약주, 탁주, 청주, 포도주, 맥주, 청량음료, 기타 등이 있다.

<표 3-30> 동 · 식물성잔재물 성상

종류	삼성분(%)			원소분석(%)					건조고위발열량 (Kcal/kg)	습윤저위발열량 (Kcal/kg)
	수분	가연분	회분	C	H	O	N	S		
평균	72.09	20.19	7.72	46.99	5.05	42.69	4.58	0.7	4,116.78	390.8

출처 : 국립환경과학원, '유기성폐기물 종합관리기술 구축(I)', (2004)

폐기물 통계에서 집계한 배출시설계에서 2010년 기준으로 발생한 동 · 식물성 폐잔재물 양은 연간 3,005톤/일이다.

동 · 식물성 잔재물의 성상은 국립환경과학원(2006) 자료의 업종별 성상값을 평균하여 나타내었으며, 편차가 가장 높은 값과 낮은 값은 제외한 평균값을 사용하였다. 수분은 약 77%, 가연분 14%, 회분 8.98%이고, 원소분석 값은 C 42.28%, H 5.06%, O 45.87%, N 5.48%, S 1.32%, 건조 고위발열량은 4,170kcal/kg, 습윤 저위발열량은 113.1kcal/kg을 나타내고 있다.

나. 처리현황

동 · 식물성 폐잔재물은 각종 제조업의 제품생산시설의 제조공정에서 발생된다. 이들은 매립 246.3, 소각 184.4, 재활용 2,557.2, 해역배출 17.2톤/일로 처리되고 있으며, 대부분은 사료 및 퇴비 등으로 재활용되고 있다. 동 · 식물성폐잔재물에 대한 자료는 많지 않다.

<그림 3-18> 동식물성폐잔재물의 처리경로

한국환경자원공사(현 한국환경공단)에서는 2008년에 동물성 잔재물 재활용 중간생성물 품질인증기준 마련 연구를 수행하였는데, 여기서 조사된 자료에 의하면 동물성 잔재물의 경우 재활용 원료의 대부분이 가축부산물, 닭 · 오리부산물, 생선부산물로 전체 재활용 원료의 약 60%를 차지하였고, 재활용되는 방법으로는 원형이용과 부산물퇴비의 방법이 약 68% 정도로 가장 많았다. 또한, 수집 · 운반시 문제되는 부분은 심한악취가 62%, 빠른 부패가 29%로 나타나 발생된 동물성 잔재물에 대하여 특별히 관리가 요구되고 있는 것으로 나타났다.

8. 폐식용유

가. 발생현황

폐식용유 배출원은 크게 생활계와 사업장계로 구분이 가능하다. 생활계는 가정, 음식점, 급식소 등에서 배출되는 것을 말하며, 다량배출 업소는 패스트푸드, 치킨업소, 피자가게, 음식점 등이다. 사업장계는 배출시설계로 식품제조업체에서 식품제조 공정 후 배출되는 것을 말한다.

<표 3-31> 연간 폐식용유 발생량 추정 (단위 : 톤/년)

구분	최소	최대	평균	회수율
합계	245,777	295,971	270,874	
패스트푸트	2,787	3,406	3,096	65%
치킨전문 체인점	70,508	86,176	78,342	65%
일반음식점	74,829	91,458	83,144	90%
식품제조업	45,500	51,188	48,344	65%
가정	52,154	63,744	57,949	15%

출처 : 한국학술정보(주), '폐식용유의 활용 방안', (2007)

폐식용유의 발생량에 대하여 파악할 수 있는 자료는 많지 않다. 폐기물 통계에서는 사업장계에서 배출되는 폐식용유에 한하여 집계하고 있을 뿐 생활계에서 배출되는 양에 대해서는 자료가 거의 없다. 김정욱(2007)은 연간 폐식용유 발생량은 27만톤이며, 이 중 식품제조업에서 18% 정도 발생하는 것으로 추정하였다. 폐식용유의 회수율은 일반음식점이 90%로 가장 높았으며 가정에서 발생되는 폐식용유의 회수율이 15%로 가장 낮았다. 가정에서 발생되는 폐식용유는 하수로 버려지거나 휴지에 흡수되어 종량제 봉투에 혼합되어 버려지는 경우가 있다. 폐기물 통계에서 집계한 배출시설계에서 2006년 기준으로 발생한 폐 식용유의 양은 연간 34,848톤(95.5톤/일)이다.

나. 폐식용유 처리현황

「①폐기물관리법, ②자원의 절약과 재활용촉진에 관한 법률 시행규칙 별표1, ③폐기물관리법 시행규칙 별표16」 에서 규정하는 폐식용유 재활용 용도 및 기준은 다음과 같다.

실제 폐식용유는 〈표 3-33〉과 같이 사료, 지방산, 철강, 비누, 바이오디젤의 용도로 재활용되고 있다.

<표 3-32> 폐식용유를 이용한 BDF제조의 생산비용

①	- 「산업표준화법」 제15조에 따라 인증받은 제품(KS규격제품)을 제조하는 자 - 「사료관리법」 제11조에 따라 성분등록을 한 사료를 제조하는 자 - 「비료관리법」 제4조에 따라 공정 규격이 설정된 비료 또는 같은 조에 따라 지정된 부산물비료(副産物肥料)를 제조
②	- 폐식용유를 주원료로 비누제품 제조 - 폐식용유를 사용하여 유류 제조(석유 및 석유대체연료 사업법 제31조제2항에 따라 고시된 바이오디젤 및 BD20[56]) 품질기준에 적합한 것)
③	- 폐식용유를 농경지의 퇴비(「비료관리법」 제4조에 따른 공정규격에 맞는 원료 또는 제품인 경우만 해당한다)나 가축의 먹이로 사용하는 경우. 다만, 재활용하는 자의 농경지 및 가축에 재활용하는 경우만 해당하며, 비용을 받는 경우는 제외

<표 3-33> 폐식용유 재활용 현황

종류	내 용
사료	동물배합사료 제조공정에서 가축의 성장촉진을 위한 에너지원으로 배합사료에 약 1.5~4%까지 폐식용유를 첨가하여 제조
지방산	여러 가지 지방산이 합쳐져서 하나의 유지(기름)을 형성하고 있으며, 폐식용유를 정제하여 지방산을 별도 분리한 후 페인트 원료 등으로 사용
철강	제철소 제련공정 중 석탄을 코크스로 변환하여 연료로 사용하며, 이 때 코크스의 발열량을 높이기 위해 폐식용유를 분사함
비누	동식물성 유지나 폐식용유를 이용하여 기능성 비누제품 제조
바이오디젤	폐식용유를 정제 분리 후 불포화지방산을 바이오연료로 사용

2006년 기준 사업장계 폐식용유의 처리현황을 보면, 재활용되는 비율은 10.9%에 불과하고 대부분 기타방식으로 처리되고 있다. 폐식용유가 대량으로 배출되는 업소의 경우 대부분 유상으로 판매하고 있다. (사)자원순환사회연대의 조사(2008)에 의하면 폐식용유 판매가격은 패스트푸드점의 경우 리터당 400-600원, 통닭집의 경우 500-560원, 피자점의 경우 444원-500원, 음식점의 경우 389원-556원인 것으로 나타났다.

56) BD20 = 바이오디젤(20%) + 경유(80%)

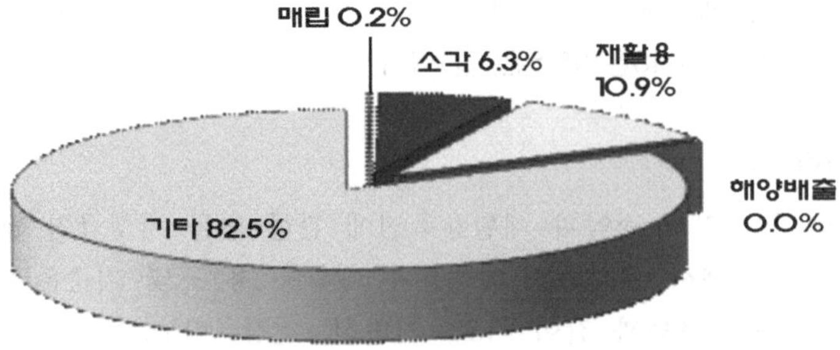

<그림 3-19> 사업장계 폐식용유 처리현황(%) (2006년 기준)

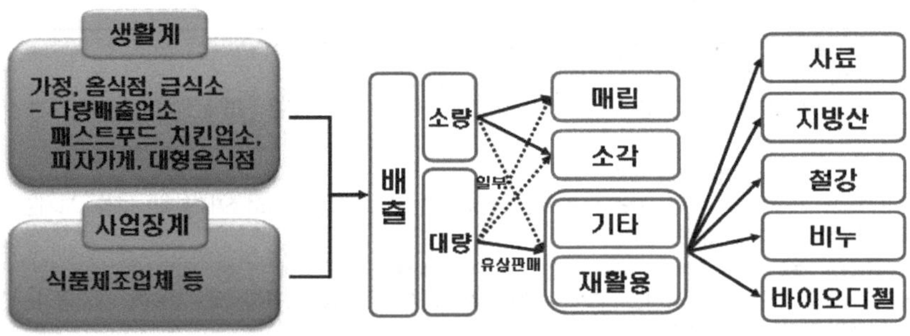

<그림 3-20> 폐식용유의 처리흐름

폐식용유를 이용한 바이오디젤연료(BDF) 제조 생산비용은 일본 신에너지 및 산업기술 개발기구(NEDO)에서 〈표 3-44〉와 같이 나타내고 있다. 하루 1,500L의 생산규모에서 건설, 운영 · 유지비는 리터(L)당 72엔, 하루 200L의 생산규모에서는 리터(L)당 87엔으로 조사되었다.

〈표 3-35〉에 의하면 2008년 8월 기준 폐식용유를 이용하여 바이오디젤을 제조하는 업체는 21개이고 이 중 정유사에 납품한 실적이 있는 업체는 11개사 이다.

<표 3-34> 폐식용유를 이용한 BDF 제조의 생산비용

구 분		BDF 제조비용(엔/L)		
		합계	건설	운영 · 유지비
폐식용유 이용	1일 1,500L생산규모	72	27	45
	1일 200L 생산규모	87	35	52

출처 : 신용광, 농업경영정책연구 제 32권 3호, '유채를 이용한 바이오에너지 개발방안', (2005)

<표 3-35> 바이오디젤업체 현황 (2008.8 기준)

업체명	소재지	연락처	생산능력 (㎘/년)
♠♤ (주)가야에너지	경기도 평택시 포승면 만호리 633	02-436-5161	100,000
♠♤ 에코솔루션㈜	전북 정읍시 북면 태곡리 931-1	063-538-2727	45,000
♠♤ (주)단석산업	경기도 시흥시 정왕동 1239-5	031-488-0731	60,000
♠♤ 비엔디에너지㈜	전남 순천시 서면 구상리 143-5	061-755-3352	50,000
♠♤ ㈜넥센코	충북 제천시 금성면 양화리 234	043-653-3326	48,000
♠♤ (주)비디케이	전북 정읍시 영파동 456	063-536-2003	32,400
㈜에너콘	전남 나주시 봉황면 와우리 1-22	061-332-1073	6,000
♠ ㈜비젤	전북 군산시 소룡동 1582-13	031-386-5200	36,300
(주)씨앤지	전남 순천시 서면 구상리 152-4	061-755-8600	9,000
GNO㈜	경기도 양주시 남면 경신리 187-1	031-863-7157	12,000
(주)넥스오일	전북 군산시 오식도동 816-1	063-464-6951	99,000
♠♤ ㈜에너텍	경기 평택시 포승읍 만호리 644	031-681-6017	80,000
㈜바이오도일코리아	인천 남동구 고잔동 246-148	032-446-2051	12,000
♠ SK케미칼㈜	울산시 남구 황성동 600	02-2008-2311	34,000
♠ 애경유화㈜	울산시 남구 상개동 724	02-8502-000	32,000
비엔디에너지군산㈜	전북 군산시 오식도동 813-6	063-463-0090	50,000
삼화유업㈜	강원도 원주시 반곡동 266-3	02-443-0230	4,307
㈜케이씨아이	경기도 시흥시 정왕동 1237-8	031-497-6411	3,000
♤ JC케미칼㈜	울산시 울주군 온산읍 화산리 354	052-707-7700	79,200
제이앤비오일㈜	전북 정읍시 하북동 862-10	063-536-5103	16,200
서강오씨아이㈜	경남 밀양시 초동면 명성리 2474	055-391-0002	79,000
비고	♤ : 바이오디젤협회 회원사 ♠ : 2008년 바이오디젤 및 정유사 납품실적이 있는 업체		

출처 : (사)자원순환사회연대, '폐식용유 재활용 현황 기초조사', (2008)

제 2 절 농업계 폐자원 및 바이오매스

1. 자원작물계 바이오매스

농업에서 얻어지는 자원작물계 바이오매스는 바이오연료 생산을 위해 사용되는 작물들과 곡물, 옥수수 등 일차적으로 발생되는 농작물 잔류물 등이 포함된다. 또한 다양한 종류와 농작물들, 사탕수수, 쌀, 과일, 견과류 등의 농작물로부터 얻어지는 바이오매스 자원을 포함한다. 바이오매스는 폐기물계에서 발생되는 폐자원과 달리 버려지는 물질이 아닌 원래 생물량 또는 생체량을 뜻하므로 농업계에서 바이오매스 발생현황은 농업계 내 농산물 생산량을 통해 살펴보도록 한다. 농업계 바이오매스 별 발생량 현황을 살펴보면 다음과 같다.

가. 발생 및 성상특성

자원작물계 바이오매스는 농림부의 통계연보에 의하여 〈표 3-35〉과 같이 식량작물, 채소, 특용작물, 과수, 뽕밭, 기타 등으로 대분류 된다.

<표 3-35> 자원작물계 바이오매스의 분류

대분류	중분류	세분류
식량작물	미곡	논벼, 밭벼
	맥류	겉보리, 쌀보리, 맥주보리, 밀, 호밀
	잡곡	조, 수수, 옥수수(자실용, 간식용), 메밀, 기타
	두류	콩, 팥, 녹두, 기타
	서류	감자(봄가자, 가을감자, 시설감자), 고구마
채소	과채류	오이, 호박, 참외, 수박, 토마토, 딸기
	엽채류	배추, 시금치, 상추, 양배추, 무
	조미채소	고추, 마늘, 파, 양파, 생강
	기타채소	
특용작물	참깨, 들깨, 땅콩, 유채, 약용작물, 기타	
과수	사과, 배, 복숭아, 포도, 감귤, 감, 자두, 기타	
뽕밭		
기타	묘상, 사료작물, 기타	

출처 : 농림부, '농림통계연보', (2008)

자원작물계 바이오매스는 주로 생산과 가공과정에서 발생된다. 생산과정에서는 수확과 동시에 줄기와 뿌리부분이 부산물로 발생되는데 주로 볏짚과 고추줄기, 깨줄기, 두류줄기, 고구마줄기 등이 있다. 대부분의 채소류는 생산과정에서 부산물이 거의 발생하지 않으나, 과수의 경우 매년 2월경 가지치기를 하여 전정가지 부산물이 발생된다. 가공과정 중에서는 미곡과 맥류의 도정과정에서 왕겨, 미강, 쇄미, 청미 등이 발생된다. 여기서 왕겨의 경우 kg당 15원에서 50원 정도로 거래가 되기도 하고, 무상으로 인근 농가, 축사, 양계장 등에서 가져가기도 한다. 하지만 미강, 쇄미, 청미의 경우 시장에서 높은 가격(미강 140~200원/kg, 쇄미 500~600원/kg, 청미 200~500원/kg)으로 활발하게 거래되는 품목으로 부산물 개념의 바이오매스 활용용도로 보기는 힘들다.

자원작물계 바이오매스의 발생량은 별도의 통계자료가 없기 때문에 재배면적별 원단위를 이용하여 추정한다. 볏짚의 경우 2007년부터 통계청에서 발생량이 발표되고 있지만 지역별 자세한 현황은 나오지 않는다. 농산바이오매스의 발생량 추정에 대해 기존 연구된 문헌자료[57]를 정리하여 보면 다음과 같은 작물별 부산물 발생원단위를 사용할 수 있다. 각 작물별 원단위를 정리하여 〈표 3-36〉에 나타냈다.

볏짚 발생량은 원단위로서 추정이 가능하다. 통계청의 농림어업/논벼수량 구성요소에 보면 2008년 $1m^2$당 벼의 포기수는 21.4로 나타나 있다. 포기수당 볏짚의 발생량은 약 0.025kg[58]으로 이 값을 이용하여 볏짚의 발생량을 추정할 수 있다. 또한 10a당 발생량은 건조상태 기준으로 홍성구(2005)의 경우 650kg, 전라북도(2005)의 경우 500~550kg, 한국농촌경제연구원(2006)의 경우 616kg이다. 한국에너지기술연구원의 신재생에너지 현황정보에서는 653kg이다. 기존 연구에서 볏짚의 발생원단위는 10a당 500~653kg이다. 한편 통계청에서는 2007~2008년도 지역별 논벼의 볏짚생산량에 대한 통계를 제공하고 있는데, 2007년의 경우 10a당 528~661kg(평균 594kg), 2008년의 경우 496~652kg(평균 608kg)이다. 이상의 논의를 종합할 경우 볏짚의 발생량을 추정하기 위한 발생원단위로 10a당 600kg을 사용하도록 한다.

미곡종합처리장(RPC[59])의 자료(한국농촌경제연구원, 2006)에 의하면 원료곡의 23.72%가 왕겨로 발생한다. 10a당 왕겨 발생량에 대해 한국농촌경제연구원(2007)과 한국에너지기술연구원 모두 118kg으로 산정하고 있다. 또한 김포지역의 RPC와 충북 영동지역의 RPC 두 곳의 설문조사결과 왕겨는 약 18~20%의 발생률을 보였고, 10a당 미곡은 480~500kg 발생되고 있어 약 86~100kg 왕겨 발생률을 보였다. 이를 종합하면 왕겨의 발생량은 10a당 100kg의 원단위를 사용하도록 한다.

---

57) 전라북도, 「전북 쌀산업 발전 대책」, 2005 / 한국농촌경제연구원, 「농업부문 바이오매스의 이용활성화를 위한 정책방향과 전략」(1차년도), 2006 / 한국농촌경제연구원, 「농업부문 바이오매스의 이용활성화를 위한 정책방향과 전략」(2차년도), 2007 / 홍성구 등, 「농촌지역 바이오매스자원의 최적 이용 기술개발」, 농림부 · 한경대학교, 2005

58) 볏짚발생량 : 약 10a당 500~600kg으로 추정 가능

59) RPC(Rice Process Complex) : 미곡종합처리장

<표 3-36> 작물별 부산물 발생원단위

구분	부산물	발생량 (kg/10a)	비 고
벼	볏짚	600	홍성구(2005), 전라북도(2005), 한국에너지기술연구원(http://kredc.kier.re.kr/) 통계청 2007~2008년도 지역별 논벼의 볏짚생산량
	왕겨	100	한국농촌경제연구원(2006), 김포지역 영동지역 RPC설문조사
맥류	짚	298	한국농촌경제연구원(2007), 한국에너지기술연구원(http://kredc.kier.re.kr/)
고구마	줄기	646	
대두	줄기	269	
고추	줄기	333	홍성구(2005)
깨	줄기	564	
사과	가지	1,899	한국농촌경제연구원(2006), 홍성구(2005)
배	가지	1,433	
포도	가지	2,686	
복숭아	가지	521	

출처 : 한국농촌경제 연구원, '농업부문 바이오매스의 이용활성화를 위한 정책방향과 전략 2차년도', (2006, 2007)
홍성구, '농촌지역 바이오매스자원의 최적이용기술개발', (2005)
통계청, '지역별 논 · 벼의 볏짚생산량', (2007~2008)

맥류의 짚(298kg)과 고구마줄기(646kg), 대두줄기(269kg)의 발생원단위는 한국농촌경제연구원과 한국에너지기술연구원 모두 같은 자료를 사용하고 있다. 한국농촌경제연구원은 농업과학연구소의 자료를 이용하였다.

고추와 깨의 줄기의 경우 홍성구(2005)의 자료에 의하면 고추는 10a당 186~480kg, 깨의 경우 88~1,040kg이 발생하고 있다. 발생량 편차가 매우 큰 관계로 중간값을 사용하여 10a당 부산물 발생원단위로 고추는 333kg, 깨는 564kg으로 한다.

'한국농촌경제연구원(2006)'에서는 '홍성구(2005)'의 자료를 이용하여 사과, 배, 포도, 복숭아의 m^2당 평균 전정가지 발생량을 추정하였는데, 10a 단위로 환산하면 각각 1,899kg, 1,433kg, 2,686kg, 521kg이다. 이상의 논의를 바탕으로 해당 작물별 부산물 발생원단위를 정리하면 위의 〈표 3-38〉과 같다. 표에 의하면 작물별 원단위를 이용하여 2007년도 농산바이오매스의 발생량을 산정하여 본 결과, 볏짚이 5,702천 톤으로 가장 많은 발생량을 보였고, 다음으로 왕겨가 950천톤 발생하였다. 총 9,080천톤이 발생된 것으로 나타났다. 〈그림 3-21〉은 2007년 기준 전국 농산물 부산물 발생량을 도표화로 제시한 것이다.

<표 3-37> 전국 농산바이오매스 발생량(2007년 기준)(단위: ha, 천톤)

발생량 합계 전국 9,182	미곡		맥류		두류		고구마		고추	
	재배면적	볏짚 왕겨	재배면적	짚	재배면적	줄기	재배면적	줄기	재배면적	줄기
	950,250	5,702 950	55,664	166	88,120	237	21,093	136	54,876	
	깨		사과		배		복숭아		포도	
	재배면적	줄기	재배면적	줄기	재배면적	줄기	재배면적	줄기	재배면적	줄기
	59,827	337	29,358	558	19,888	285	13,188	69	17,003	457

출처 : - 통계청, '경지면적조사', (2008)
- 통계청, '작물통계', (2007)
- 한국농촌경제연구원, '농업부문 바이오매스의 이용활성화를 위한 정책방향과 전략 1, 2차년도', (2006, 2007)
- 홍성구, '농촌지역 바이오매스자원의 최적이용기술개발', (2005)

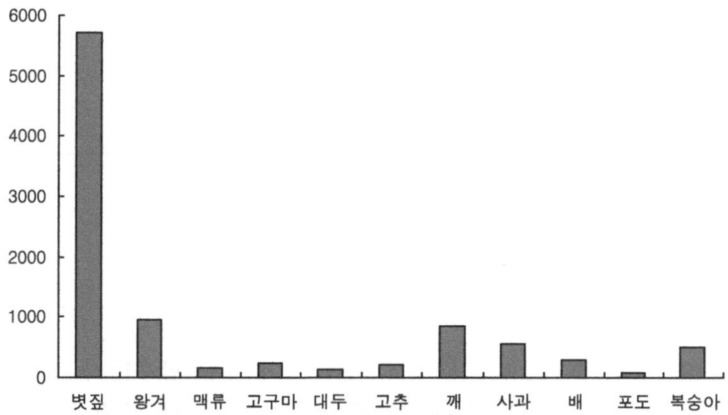

<그림 3-78> 전국 농산부산물 발생량(2007기준)

자원작물계 바이오매스의 작물별 성상은 농업공학연구소 내부자료(볏짚, 왕겨, 맥류, 대두줄기 발열량)와 홍성구(2005)에서 연구된 고추, 깨, 사과, 배, 포도, 복숭아의 삼성분과 원소분석, 발열량 자료를 사용하였다. 고구마 줄기 발열량은 국립농업과학원 자료를 사용하였다.

조사된 작물의 원소분석 값은 작물 종류에 관계없이 대부분 일정한 값을 보였다〈표 3-38〉. C 42~47%, H 5.6~6.8%, N 0.6~1.16%이고 발열량 역시 대부분이 약 3,000~4,500kcal/kg 값인 것으로 조사되었다. 이들 자원작물의 부산물은 수분함량에 차이가 있을 수 있으나, 대부분이 셀룰로오스질인 것으로부터 원소함량 및 발열량에는 그다지 큰 차이가 없는 것을 알 수 있다.

<표 3-38> 자원 작물별 생싱된 부산물 등의 성싱

종류		삼성분(%)			원소분석(%)					습윤저위발열량 (Kcal/kg)
		수분	가연분	회분	C	H	O	N	S	
볏짚		6.48	82.30	11.22	46.49	6.41	46.25	0.84	-	3,312
왕겨		3.56	80.16	16.28	34.90	5.13	59.41	0.34	0.12	3,961
맥류짚		-	-	-	-	-	-	-	-	3,653
줄기	고구마	-	-	-	-	-	-	-	-	4,534
	대두	-	-	-	-	-	-	-	-	4,044
	고추	11.3	-	-	42.29	5.65	-	1.16	-	4,089
가지	깨	12.4	-	-	44.65	6.02	-	0.65	-	3,957
	사과	32.8	-	-	46.42	6.00	-	0.66	-	2,933
	배	35.1	-	-	46.54	6.10	-	0.70	-	2,702
	포도	22.9	-	-	48.66	6.10	-	0.65	-	3,176
	복숭아	24.1	-	-	47.62	6.02	-	0.93	-	3,599

비고
- 볏짚 : flash pyrolysis와 촉매 개질에 의한 볏짚으로부터 청정 바이오 연료제조, 환경부
- 볏짚, 맥류짚, 대두줄기 발열량 : 농업공학연구소 내부자료
- 고구마 줄기 발열량 : 국립농업과학원 자료 (http://blog.daum.net/niast0158/8547423)
- 왕겨 : 박동규(2007) 톱밥과 왕겨의 열분해 특성 연구
- 고추, 깨, 사과, 배, 포도, 복숭아 : 홍성구(2005)
- 자료부족 표시(-)

출처
- 농림부, 농업공학연구소 내부자료
- 홍성구, '농촌지역 바이오매스자원의 최적 이용 기술개발', (2005)
- 국립농업과학원, '고구마 줄기 발열량'
- 박동규, '톱밥과 왕겨의 열분해 특성 연구', (2007)

과수 전정가지의 경우 홍성구(2005)에서 과수 전정직후 함수비가 40~50%의 분포를 보였고, 2주 건조 후 약 20~30%로 함수율이 감소하였다. 과실부산물의 종류별로 단위면적당 부산물 발생량과 단위중량당 발열량을 이용하여 단위면적당 열량을 산정하였다. 이 자료를 이용하여 과수부산물의 에너지 부존량을 산정할 수 있다.

<표 3-39> 과실부산물 바이오매스의 성상

구분	단위중량당 열량(kcal/kg)		단위면적당 열량 (kcal/㎡)
	습윤저위발열량(%)	건조고위발열량	
사과	2,933(32.8)	4,599	6,267.6
배	2,702(35.1)	4,532	3,810.93
포도	3,176(22.9)	4,486	4,742.90
복숭아	3,599(24.1)	4,601	2,097.68
비고	( ) : 2주 건조 후 수분		

출처 : 홍성구, '농촌지역 바이오매스자원의 최적 이용 기술개발', (2005)

나. 처리현황

자원작물계 대부분은 발생원에서 다양한 용도로 이용되고 있으며, 특히 최근에 사료가격 등이 급등함에 따라 사료 등의 용도로 포장되어 저장, 이용되고 있다.

<표 3-40> 농업부산물의 이용용도 및 형태

작물	종류	이용 용도	이용 형태
미곡	볏짚	조사료, 축사 깔짚	원형, 절단
	왕겨	축사 깔재, 사료, 퇴비, 공산품(헬멧)	원형, 왕겨숯, 왕초액 등
	미강	사료, 퇴비, 현미유 등	원형, 펠릿화, 가공
	쇄미	사료, 떡용	원형, 가공
	청미	사료	원형, 가공
과실	전지	퇴비, 땔감, 타용도(울타리) 등	파쇄, 원형
유채	줄기	사료, 퇴비용	원형
	씨	식용유, 바이오디젤	

출처 : 한국농촌경제연구원, '농업부문 바이오매스의 이용활성화를 위한 정책방향과 전략 ', (2006)

한국농촌경제연구원(2006)의 조사에 의하면, 볏짚을 자가 경작지에 퇴비로 이용하거나 사료로 이용하는 비율이 약 85%에 달했다. 외부에 판매하는 비율은 약 8%였다. 전라북도(2005)의 조사에서도 이와 비슷하게 자가 퇴비나 사료로 이용하는 비율이 약 84%였다.

<그림 3-22> 농산바이오매스 이용흐름도

<표 3-41> 지역별 볏집의 활용용도

구 분	자가논, 밭에 퇴비로 이용	본인가축 사료로 이용	외부에 무상공급	외부에 판매	과수원 등에 이용	계
도시근교	66.0	-	4.0	28.0	2.0	100
평야지	62.8	18.6	-	18.6	-	100
산간지	46.0	39.0	5.0	-	10.0	100
준산간지	62.6	26.5	2.3	4.3	4.3	100
평균	59.3	25.1	2.7	8.2	4.7	100

출처 : 한국농촌경제연구원, '농업부문 바이오매스의 이용활성화를 위한 정책 방향과 전략', (2006)

볏짚의 판매단가는 10a당 평균 600kg의 볏짚이 생산된다고 하였을 때 평균 50원/kg에 거래되고 있다(한국농촌경제연구원, 2006). 실제로 김포지역의 농업기술센터와 영동군 농업기술센터에 설문한 결과 kg당 50~100원 정도에 거래되고 있었다. 농업부문에서 축산의 비중이 커지면서 볏짚 곤포의 수요가 꾸준히 증가하고 있는데, 현재 볏짚 곤포의 판매단가는 400kg기준 개당 4만원에 이른다(한국농촌경제연구원, 2007). 곤포작업을 거친 볏짚의 판매단가는 100원/kg으로 그냥 판매될 경우에 비해 판매단가가 높다. 홍성구(2005)는 볏짚의 경우 축산농가로부터 수요가 많은 시기에는 5톤 트럭에 최고 약 60여만원에 거래가 되는 등 에너지생산을 위한 바이오매스로서 가능성이 비교적 낮은 것으로 평가하고 있으며, 축산농가의 수가 적거나 가격이 저렴한 중국산 조사료 수입비중이 높아지는 경우에 제한적으로 활용이 가능한 것으로 평가하고 있다.

한국농촌경제연구원(2007)에서는 10a당 653kg의 볏짚이 생산되는 것으로 가정하고, 400kg 곤포 1개의 판매단가를 40만원으로 할 경우 16ha 이상의 논에서 발생하는 볏짚을 곤포 생산할 경우 수익을 창출할 수 있을 것으로 산정하고 있다.

<표 3-42> 농가의 미곡부산물의 이용 실태

구분	퇴비 활용	가축사료/깔개	식용 활용	정미소에 두고 옴	계
왕겨	82.9	9.8	-	7.3	100
미강	41.0	48.7	-	10.3	100
쇄미	-	80.0	10.0	10.0	100
청미	-	76.9	19.2	3.9	100

출처 : 한국농촌경제연구원, '농업부문 바이오매스의 이용활성화를 위한 정책 방향과 전략', (2006)

한국농촌경제연구원(2006)의 조사에 의하면, 농가의 왕겨 이용실태를 보면, 퇴비로 활용하는 경우가 83%로 가장 많고, 가축사료나 깔개로 사용하는 비율이 9.8%, 정미소에 두고 오는 경우가 7.3%로 나타났다.

미곡종합처리장(RPC)에서 발생하는 부산물의 사용용도는 다음과 같다. 미곡종합처리장에서 나오는 왕겨는 전문업체나 농가에게 판매되고 있다. 왕겨, 미강 등 미곡 부산물은 각각을 전문으로 취급하는 업자들에 의해 유통, 이용되고 있다. 평야지의 경우 2~3개 시군을 범위로 해서 6~7명의 전문 취급업자들이 활동하고 있다. 전문 유통업자들은 RPC나 정미소에서 부산물을 구입한 후 수요자에게 판매한다. 왕겨는 축사의 깔개용이나 인삼 밭 등에서 수요가 많다.(한국농촌경제연구원, 2006) 미곡처리장에서 왕겨의 판매가격은 kg당 15~30원 수준이며, 팽연왕겨의 경우 50원까지도 판매되고 있다 (홍성구, 2005). 미곡부산물의 유통체계는 다음과 같다.

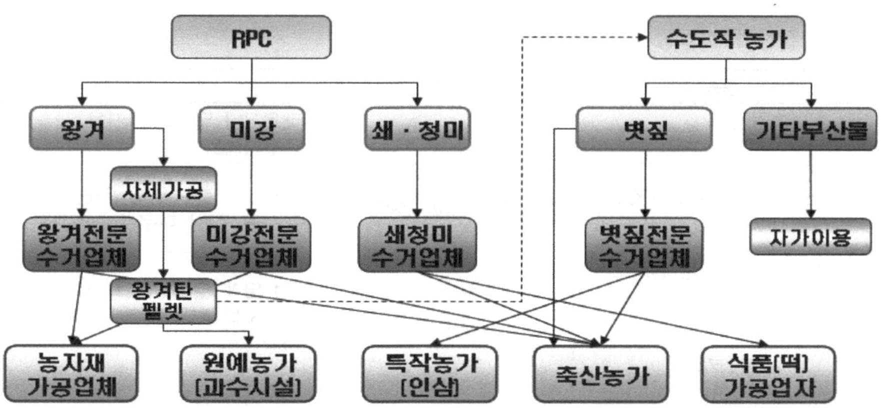

<그림 3-23> 미곡바이오매스의 유통체계
(한국농촌경제연구원, 2006)

<표 3-43> RPC부산물의 판매처와 사용용도

구분	판매처	주요 사용 용도
왕겨	전문 업체 및 농가	축산용, 마늘밭 등 퇴비용
미강		사료용, 현미유, 친환경쌀겨농법용
쇄미	전문 업체 및 농가	사료용, 떡용
청미	농가 및 수요자	사료용

출처 : 한국농촌경제연구원, '농업부문 바이오매스의 이용활성화를 위한 정책 방향과 전략',(2006)

홍성구(2005)의 경기도 안성지역을 대상으로 한 조사에 의하면 옥수수와 콩은 사료 등으로 활용하는 반면 고추와 깨는 많은 경우 농지에 그대로 방치하고 수확 후 대부분 소각처리하고 있는 것으로 나타났다. 고추의 부산물은 대부분 가지이며 농지에 방치하고 있는 상태로 깨는 묶어서 탈립한 후 한 곳에 모아두고 있으며, 다른 용도로 거의 활용하고 있지 않아 에너지생산용부산물로 가능성이 높은 것으로 평가되었다.

홍성구(2005)에 의하면, 포도의 일부 품종을 제외하고 대부분 2~3월에 전정이 이루어지고 있어 전정가지 발생이 시기적으로 집중되고 있는 것으로 나타났다. 전정된 가지는 많은 경우 땔감으로 이용하거나 농지 주변에 방치하고 있으며, 일부 농가에서는 파쇄기를 이용하여 파쇄 후 농지에 살포하고 있었다. 대부분의 과수농가에서는 전정가지의 처분에 어려움을 호소하고 있어, 에너지 생산용도로 활용가능성이 높은 것으로 나타났다. 한편 농촌경제연구원(2006) 조사에서는 전정가지로 발생하는 굵은 가지 및 잔가지 모두 퇴비로 사용하는 비율이 높으며, 소각하는 비율은 25% 정도로 나타났다.

<표 3-44> 과수 전정가지 발생시기 및 이용실태

구분	품종	발생시기	이용실태
사과	부사, 아오리, 홍로, 천추	수확후~3월전	그냥 태우거나 땔감으로 사용 모아서 울타리로 사용
배	신고, 감천, 원황, 화산, 장십랑	잎이 떨어지고 2월말	굵은 가지는 추려내고, 가는 가지는 파쇄하여 퇴비로 사용. 그냥 태우거나 땔감으로 사용
포도	버팔로, 델라웨어, 신로또, 캠벨, 청포도	2월초	파쇄하여 땅에 뿌려 퇴비로 사용 땔감으로 사용 그냥 소각
	거봉, 마스카토	가을	
	시스카드	11월	
복숭아	미백, 월미, 얼미, 유명, 황도, 천중도	2~3월	그냥 태우거나 땔감으로 사용 모아서 울타리로 사용

출처 : 홍성구, '농촌지역 바이오매스자원의 최적 이용 기술개발', (2005)

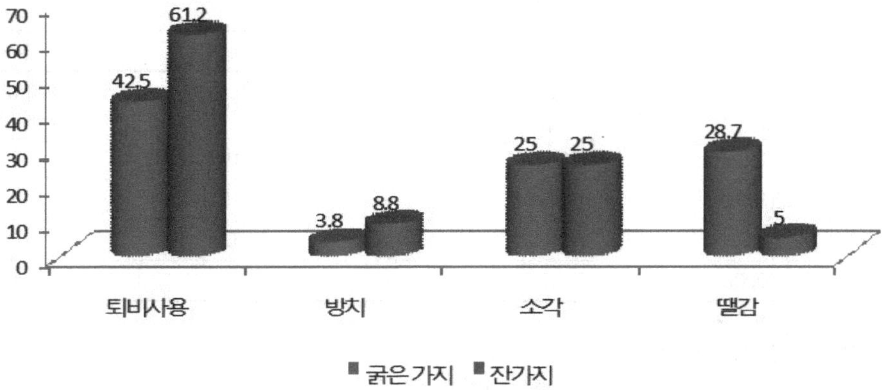

<그림 3-24> 과실 바이오매스 이용형태
(한국농촌경제연구원, 2006)

2. 축산바이오매스

가. 발생 및 성상특성

축산바이오매스는 가축을 사육하는 과정에서 발생되는 가축분뇨를 말하며, 「가축분뇨의 관리 및 이용에 관한 법률」에서 분, 뇨, 세정수를 모두 가축분뇨로 정의하고 있다.

가축분뇨 발생량은 축종별 사육두수에 축종별 발생원단위를 곱하여 산출하고 있으며, 통상적으로 환경부 고시를 이용하여 산출하였으나, 2008년도에 환경부 수생태보전과에서 발표한 가축별 배출원단위(분+뇨+세정수)는 한우 13.7kg/일/두, 젖소 37.7kg/일/두, 돼지 5.1kg/일/두(슬러리 돈사 5.3kg, 톱밥깔짚 4.2kg, 정화 8.6kg), 닭 (산란계 0.1247kg/일/수, 육계 0.1855kg/일/수) 등이다. 돼지의 경우 돈사의 형태에 따라 돈분뇨의 발생원단위가 상이하다. 한국에너지기술연구원에서는 돈분뇨 발생원단위를 6.0kg 육돈기준으로 5.8kg을 채택하고 있다. 일반적으로 환경부 고시기준인 5.1kg의 정화방식의 원단위를 사용한다. 본 연구에서 사용된 분뇨 발생량원단위는 한우 13.7kg, 젖소 37.7kg, 돼지 5.1kg, 닭(산란계) 0.1247kg이다.

각 지역의 가축분뇨 발생량을 대입하면 그 지역의 가축분뇨 메탄가스 발효시 에너지발생량을 산정할 수 있다. 2010년말 기준 전국 가축사육두수는 〈표 3-47〉과 같다. 축종별 사육두수에 각 원단위를 사용하여 전체 가축분뇨 발생량을 산정하여 〈표 3-48〉에 나타내었는데, 돼지의 분뇨가 전체의 44.1%로 가장 많은 발생되는 것을 볼 수 있으며 소 27.1%, 젖소 15.4%, 닭 13.4% 순서로 발생량을 보였다.

<표 3-45> 축종별 가축분뇨 발생원단위 산정연구 비교(kg/일/두)

구 분	한 우	젖 소	돼 지	닭
환경부	13.7	37.7	5.1	산란계-0.1247 육계-0.1855
국립환경연구원(1992)	36.5	-	18.0	-
한국과학재단(1992)	30.0	-	25.0	-
한국과학기술원(1990)	20.0	40.0	6.0	-
축산연구소(2000)	-	-	-	0.12

환경부 수생태보전과- 867, 2008
국립환경연구원, 「국립환경연구원보」, 1992
한국과학재단, 「중소규모 축산폐수의 효율적 처리방안 개발에 관한 연구」, 1992
한국과학기술원, 「전국 축산분뇨의 적정 관리대책 연구」, 1990
축산기술연구소, 「가축분뇨의 자원화」, 2000

출처 : 인천광역시, '강화군 축산폐수공공처리시설 타당성조사보고서' (2004)

<표 3-46> 전국 가축사육두수 (2010년 말기준) (단위 : 마리)

구분	계	젖소	소	말	돼지	양 · 사슴	닭 · 오리	개
농가수	212,143	9,078	106,739	480	12,239	9,638	25,411	48,558
사육두수(천두)	208,274	508	2,748	23.8	11,188	241.6	192,613	952

출처 : 농림부, '농림통계연보', (2008)

<표 3-47> 전국 가축분뇨 발생량 (2010년 말기준) (단위 : ㎥/일)

구분	계	젖소	소	말	돼지	양 · 사슴	닭 · 오리	개
계	135,653	19,155	37,653	326	57,059	169	20,244	1,047
허가	60,688	9,686	11,138	181	39,678	0	5	
신고	55,689	7,342	17,427	129	14,243	51	15,910	587
신고미만	19,276	2,128	9,089	17	3,138	118	4,328	459

* 축종별 원단위 젖소 0.0377, 한우 · 말 0.0137, 돼지 0.0051, 양 · 사슴 0.0007, 개0.0011 m3/두/일

가축분뇨의 성상은 국립환경과학원(2004) 자료를 이용하였다. 이 보고서에서는 축돈, 축우, 축계 등 세종류의 가축이 배설하는 분뇨를 대상으로 하였고 가축사육 규모별 대, 중, 소로 구분하여 성상분석을 실시하였다.

<표 3-48> 가축분뇨 성상 평균값

종류	삼성분(%)			원소분석(%)					건조고위 발열량 (Kcal/kg)
	수분	가연분	회분	C	H	O	N	S	
축돈	87.4	9.1	3.5	57.75	4.65	32.21	4.85	0.57	4,415
축우	67.9	25.2	6.9	41.07	4.17	50.97	3.16	0.63	3,847
축계	77.0	13.7	9.3	50.32	5.90	38.11	5.15	0.52	3,194
평균	77.5	15.9	6.6	49.71	4.89	40.43	4.39	0.58	3,818

출처 : 국립환경과학원, '유기성폐기물 종합관리기

〈표 3-49〉에는 가축분뇨를 이용하여 혐기성소화시에 얻을 수 있는 메탄가스 및 에너지량에 대하여 나타냈다. 본 자료는 가축분뇨가 BOD 30,000ppm, 메탄 발생량이 0.35m^3/kg-BOD, 전환율이 80%, 메탄발열량 원단위가 8,500kcal/m^{3}라는 전제에서 계산되었으며, 전국에서 발생되는 축분을 5,100만톤/년으로 하여 계산 시에 연간 36만TOE의 에너지가 생산되는 것으로 계산되었다.

<표 3-49> 가축분뇨의 에너지 환산 원단위 자료 및 예시

- ㅇ 가축분뇨 발생량 = 약 4,056만 톤 (2007 전국 가축분뇨 발생량 추정)
- ㅇ 가축분뇨에 의한 BOD발생 원단위 = 30kgBOD/㎘ = 30,000mg/L
- ㅇ BOD에 의한 메탄가스발생 원단위 = 0.35m^3/kgBOD
- ㅇ 메탄반응률(제거율) = 0.8
- ㅇ 메탄발열량 원단위 = 8,500kcal/m^3

※ 에너지 발생량 계산 예시(2007년 전국 가축분뇨 발생량 기준)

BOD발생량 = 가축분뇨 발생량 × BOD발생원단위
= 4,056만 톤/년 × 30kgBOD/㎘ = 121,680만kgBOD/년

메탄가스발생량 = BOD발생량 × 메탄가스발생원단위 × 메탄반응률
= 121,680만kgBOD/년 × 0.35㎥/kgBOD × 0.8
= 34,070만m^3/년

에너지발생량 = 메탄가스발생량 × 메탄발열량원단위
= 34,070만㎥/년 × 8,500kcal/㎥ = 2.9조kcal/년
= 29만TOE/년

출처 : 산업자원부, "골칫거리 축산분뇨가 에너지자원으로 활용된다" 보도자료, (2006)

나. 처리현황

「가축분뇨의 관리 및 이용에 관한 법률」에 의하면 가축분뇨 관리체계는 사육시설 규모에 따라 허가 · 신고 · 신고미만으로 분류된다. 허가 및 신고농가는 처리시설을 설치하여 운영하여야 하는 관리의무가 있고, 신고미만 농가는 무단방류 금지 이외에는 처리의무가 없다. 소규모 신고 및 신고미만 농가에서 발생되는 분뇨처리를 위해서 공공처리시설을 설치하여 운영하고 있다.

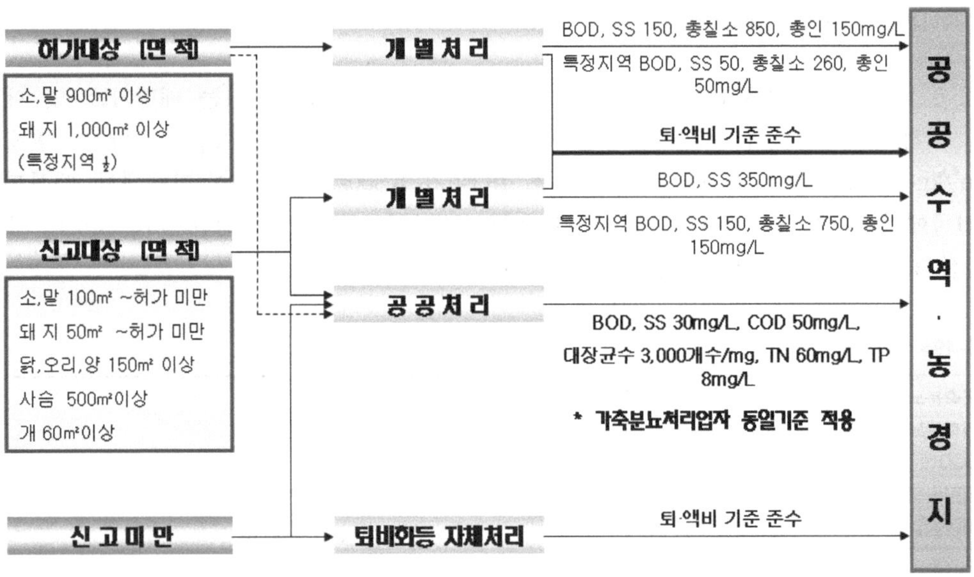

<그림 3-25> 축산농가 가축분뇨 관리체계
(농림부 · 환경부 합동, 2004)

<표 3-50> 축산폐수처리시설의 설치현황 201년말 기준(단위:개소수)

지역	설치대상 농가수	시설설치				위탁처리				미설치 (사유)
		계	정화처리시설	퇴비화시설	액비화시설	공공처리시설 유입처리	재활용 신고자에 위탁처리	해양배출	분뇨처리업자에 위탁처리	
계	67,909	72,998	1,366	62,635	3,053	2,803	1,860	794	316	171
허가	15,206	17,893	568	13,539	1,318	1,156	609	611	72	20
신고	52,703	55,105	798	49,096	1,735	1,647	1,251	183	244	151

전술한 축산폐수처리시설의 현황에서 시설을 설치한 농가에서는 폐수정화하거나, 퇴비화, 액비화시설을 갖추고 있고, 위탁처리는 공공처리시설, 업체, 해양, 분뇨와 병합처리하는 형태로 구분되고 있다.

가축분뇨 처리방법에 대한 최근 자료를 보면 퇴비, 액비, 퇴 · 액비 등의 자원화 방법으로 처리되는 비율이 89.9%이며, 정화처리가 1.87%, 해양배출이 1.1%이다. 처리주체별로 보면, 자체처리 91.85%, 공공처리 3.83%, 위탁처리 4.07%였다.[60]

우분, 돈분, 계분, 기타 등의 축종에서 가축분뇨는 분뇨혼합배출, 고액분리, 톱밥돈사 등의 형태로 발생된다. 분뇨혼합배출과 톱밥돈사는 간이침전(고액분리)을 거쳐 액비화, 폐수처리, 해양배출, 하수연계 등의 방법으로 처리되고, 고액분리된 고형분은 퇴비로 사용된다.

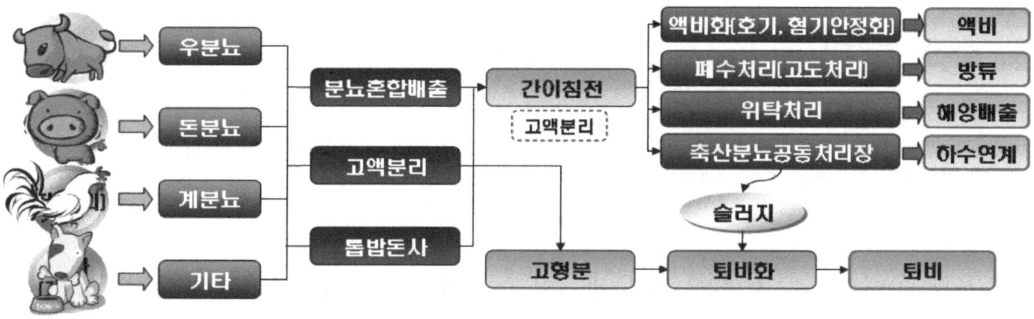

<그림 3-26> 축산분뇨의 처리흐름도

60) 김법정, '가축분뇨의 관리 및 이용에 관한 법률의 주요내용 및 가축분뇨 관리대책', "가축분뇨 자원화의 과제와 대응방안", 2007. 3. 국회의원 우원식, (사)자원순환사회연대

<표 3-51> 가축분뇨 혐기성 소화시설 설치 및 운영현황

시 설 명	시설구분	설치년도	시설용량(톤/일)	처리대상	HRT	'10년 바이오가스 발생량(㎥/년)	바이오가스 활용
안성 유기성 바이오 에너지화시설	민간	'09.11	20	가축분뇨	20	87,635	소화조 가온, 냉난방
공주 가축분뇨 공공처리시설	공공	'01. 3	250	가축분뇨	7	57,400	발전, 소각
청양 바이오가스 플랜트	민간	'07. 3	20	가축분뇨	60	157,000	보일러 연료
정림 바이오가스 플랜트	민간	'08.10	20	가축분뇨	25	124,100	소화조 가온
무주 가축분뇨 공공처리장	공공	'09. 2	50	가축분뇨	7	6,975	발전
농협중앙회 고창 바이오가스 발전소	민간	'10. 5	50	가축분뇨	48	20,400	발전
제주시 가축분뇨 공공처리장	공공	'05. 2	100	가축분뇨	11	50,000	소화조 가온, 소각

출처 - 산업자원부, '신 · 재생에너지 RD&D 전략 2030', (2007)
- 홍승모, '고농도 유기성 폐기물을 이용한 바이오가스 열병합 발전', '바이오매스 순환이용 에너지 자립형의 녹색마을 조성', (2008)

가축분뇨 바이오가스 시설은 최근 관심이 높아지고 있으나, 보급실적은 아직까지 미미한 수준이다. 초기에는 농림수산식품부 및 지식경제부 에너지관리공단 등에서 연구 및 시범과제로 시작했으며 최근에 실규모의 시설이 계획되어 설치되기 시작했다. 가동 중인 대부분의 가축분뇨 혐기성소화 시설은 실증화를 위한 소규모 플랜트로 바이오가스 생산량이 적고, 바이오가스 이용 측면에서 효율성이 낮은 것으로 알려져 있다. 또한 소화후에 발생되는 소화액을 액비 등으로 활용하는 것으로 계획하고 있으나, 그 수요처 확보 등에 어려움을 겪고 있다.

제 3 절 산림계 바이오매스

1. 발생 및 성상 특성

산림계 바이오매스는 간벌목이나 숲가꾸기 등의 산림작업 후 산지에 그대로 방치된 부산물과 산불 등으로 인해 발생하는 피해목에 한정한다. 농림부의 폐목재 발생실태 및 재활용 촉진방안(1999)과 한국농촌경제연구원(2007)에서는 산림작업 후 발생하는 부산물에 대하여 사업별 임목벌채재적에 조재율을 적용한 값과 지상부 확장계수를 이용하여 계산하였다. 지상부 확장계수[61]는 침엽수의 경우 1.29, 활엽수 1.22, 혼효림 1.26을 사용한다. 조재율은 주벌, 수종갱신 및 기타를 벌기령 40년생을 기준으로 0.85, 간벌은 20년생을 기준으로 0.6을 적용한다(산업자원부, 2007). 부산물 발생부피는 조재율에 대한 부산물 발생률에 임목벌채재적을 곱한 값과 줄기재적을 제외한 가지와 잎의 재적을 합하여 구한다.

부산물 발생부피 = (1-조재율)/조재율 X 임목벌채 재적+임목벌채 재적 X (지상부 확장계수-1)

실제 각 사업별 임목벌채 재적은 사업의 벌채허가 재적의 비와 같다고 가정하며, 실제 임목벌채 재적을 전체에 대한 각 사업별 임목벌채 허가재적의 비중으로 곱하여 각 사업별 임목벌채재적을 구한다. 숲가꾸기 사업의 경우 부산물 발생량은 ha당 32.9m^3를 적용하여 계산한다.

2007년 산림청 통계연보의 임목벌채 허가량과 위의 공식을 사용하여 산림바이오매스의 발생량을 산정해 보았다. 전국을 대상으로 추정한 결과 숲가꾸기 사업 부산물은 약 5,793,361m^3 발생하였고, 벌채부산물은 약 1,214천m^3의 발생량을 보였다. 이를 혼효림의 전건비중(톤/m^3)으로 환산하면, 각각 3,708천톤/년, 777천톤/년으로 2007년 기준 산림계 바이오매스의 발생량은 약 4,485천톤으로 추정할 수 있다.

산업자원부(2007)[62]에서는 국내 주요 수종별[63] 벌목 후 시간경과에 따른 수분함량이 약 40%에서 23%까지 줄어드는 것으로 연구되었다. 또한 공업분석에서 휘발분은 약 75~80wt%의 값을 나타냈고, 회분함량은 0.8~7.1% 값을 보였으며, 고위 발열량은 평균 4,521~4,911kcal/kg로 나타났다.

---

61) 줄기 양에 대하여 줄기와 가지 잎 등 지상부 전체 양을 나타내는 계수
62) 산업자원부(2007), 목질계 바이오매스의 에너지 활용 방안
63) 적송, 리기다, 낙엽송, 상수리나무, 졸참나무, 벚나무, 밤나무, 은행나무, 아까시나무

지식경제부(2007)[64]의 연구결과 보고에 의하면, 국내 주요 수종별[65] 벌목 후 시간경과에 따른 수분함량이 약 40%에서 23%까지 줄어드는 것으로 확인되었다. 또한 공업분석에서 휘발분은 약 75~80 wt%의 값을 나타냈고 [66]회분함량은 0.8~7.1%값을 보였으며, 고위 발열량 값은 평균적으로521~4,911 kcal/kg을 나타났다. 〈표 3-52〉은 임산계 바이오매스 중 산림부산물 및 개발부산물의 성상을 제시(발열량은 건조시료 기준)한 것이며, 〈표 3-53〉은 국내 수종별 성상특성을 나타낸 것이다.

<표 3-52> 산림부산물 및 개발부산물의 성상

구분	원소분석(%)					공업분석(%)				고위 발열량 (kcal/kg)	저위 발열량 (kcal/kg)
	탄소 (C)	수소 (H)	질소 (N)	유황분 (S)	산소 (O)	수분 (M)	휘발분 (V.M)	회분 (Ash)	고정탄소 (F·C)		
산림부산물	48.92	6.11	0.02	0.002	44.38	9.37	72.78	0.57	17.28	4,570	4,180
개발부산물 (뿌리목)	49.98	5.97	N.D	0.010	41.97	11.95	66.11	2.07	19.87	4,670	4,280

출처 : 한국에너지기술연구원, '시험분석결과보고서' (2006)
* 발열량은 건조시료 기준.

주요 수종의 원소분석 결과 C 47~50%, H 5~6%, N 0.09~1.92%, S 0.2~0.5% 값으로 분석되었다. 한국에너지기술연구원에서 2006년에 분석한 산림부산물 및 개발부산물(나무뿌리 등)의 원소분석, 발열량 값(〈표 3-53〉 참조)중에서 탄소와 발열량 분석 값이 산업자원부(2007)의 분석 데이터와 비슷하며 한국중부발전(2007)의 국내 수종별 성상에서도 탄소값은 46~50% 발열량은 약 4,216~5,133kcal/kg으로 비슷한 분석값을 나타내었다.

따라서 국내 몇몇 수종에 대한 원소구성 및 발열량은 침엽수와 활엽수에 대한 발열량을 수종별로 합산, 평균하여 구하면 목질계 바이오매스의 발열량은 약 4,500~4,800 kcal/kg을 나타낸다.

다음 〈표 3-54〉는 국립산림과학원에서 목질계 바이오매스와 타 에너지의 발열량을 비교한 자료이다. 〈표 3-55〉에는 년도별 임목벌채 현황을 나타냈으며, 벌채방법별로 그 현황을 부피톤(m^3)으로 나타내고 있다. 주벌은 자라는 초기에 잡목 솎아내기 작업 후 나무가 일정한 크기 이상으로 자란 다음 수행하는 작업, 또는 일반적으로 식재 후 10~20년 사이에 비교적 굵은 나무들을 다시 솎아내는 작업을 말한다. 간벌은 수풀 내 나무 상호간의 경쟁을 완화시키고 알맞은 생육공간을 만들어 남아있는 나무의 지름 생장을 촉진시켜 건전한 수풀로 유도하여 우량한 목재를 생산하는 데 그 목적이 있다. 수종갱신은 나무의 종류를 바꾸어 심는 것을 말한다.

64) 지식경제부(2007), 목질계 바이오매스의 에너지 활용 방안
65) 적송, 리기다, 낙엽송, 상수리나무, 졸참나무, 벚나무, 밤나무, 은행나무, 아까시나무
66) 회분(灰分) : 유기성물질을 태우면 탄소화합물은 날라가고 무기성분만이 찌꺼기로 남는 것. 재

<표 3-53> 국내 수종별 성상특성

수 종	원소분석(%)				발열량** (MJ/kg)	발열량** (Kcal/kg)
	C	H	N	O*		
평균	0.00	0.00	0.00	0.00	0.00	0.00
리기다소나무	50.95	6.60	0.14	42.32	19.77	4722.89
아까시나무	49.61	6.20	0.32	43.88	17.65	4216.44
오리나무	48.92	6.33	0.16	44.59	19.09	4560.44
백합나무	47.98	6.35	0.19	45.48	18.65	4455.33
느티나무	48.92	6.13	0.26	44.70	18.87	4507.88
밤나무	49.97	6.07	0.15	43.81	19.05	4550.88
낙엽송	47.80	5.96	3.12	43.12	18.30	4371.72
플라타나스	48.81	6.09	0.15	44.95	19.77	4722.89
현사시	46.91	6.05	3.23	43.81	19.58	4677.50
일본잎갈나무	47.80	5.96	3.12	43.12	20.39	4871.00
소나무	48.53	6.27	3.07	42.13	20.83	4976.11
잣나무	48.96	6.18	3.25	41.61	21.49	5133.78
비고	* 자료 : 국립산림과학원 * 산소함량 = 100 - 탄소, 질소, 수소함량 ** Higher heating value ※ 1MJ = 238.8915 Kcal					

출처 : 한국중부발전(주), 바이오에너지 자원조사 및 사업타당성 연구, (2007)

<표 3-54> 목질계 바이오매스와 타 에너지의 발열량 비교

구분	침엽수	활엽수	벙커C유	경유	무연탄	전력
단위	kcal/kg	kcal/kg	kcal/ l	kcal/ l	kcal/kg	kcal/kWh
발열량	4,800	4,500	9,790	9,044	8,000	860

유형별로의 허가실적을 살펴보면, 2010년을 기준으로 주벌 허가실적이 25%로 가장 높게 나타났고, 기타 벌채 허가실적이 3%로 가장 낮았다. 주벌, 수종갱신 허가실적의 경우 시간이 지날수록 증가하는 추세를 보이지만, 솎아베기, 피해목, 기타 벌채 허가실적의 경우는 매년 일정하지 않은 실정을 볼 수 있다. 하지만 임목벌채 허가실적 총량이 계속해서 증가하는 현상으로 보아 최종적으로 목재를 사용하는 수요처가 증가하고 있다는 것을 알 수 있다.

<표 3-55> 년도별 임목벌채 히기실적 (단위 : m3)

구분	합계	주벌	솎아베기	수종갱신	피해목	기타
2002	1,230,578	474,079	273,237	296,806	96,093	90,363
2003	1,283,486	454,278	336,872	323,012	55,030	111,294
2004	1,559,330	522,405	340,079	469,737	66,337	160,772
2005	1,730,896	589,790	438,699	422,624	72,748	207,035
2006	1,806,359	557,435	553,774	447,803	56,006	161,341
2007	2,206,324	685,182	764,734	503,820	47,262	205,326
2008	2,287,634	794,648	739,672	522,539	35,828	194,947
2009	3,719,945	1,027,076	1,343,460	687,222	83,417	578,770
2010	4,220,008	1,057,442	332,508	720,275	422,258	112,490

목재가 자연계에서 벌채되어 소비자에게 공급되고, 최종적으로 처리 및 자원화되는 물질흐름은 〈그림 3-27〉와 같다. 크게 산림계와 공장 · 도시계로 나누어볼 수 있고, 산림계에는 궁극 자원 량인 미개발림과 이용 가능한 자원 량인 개발림으로 나누어진다. 우선 채취 가능한 평지림에서 벌채가 이루어지고 이때 솎아베기재와 임지잔재 등이 발생한다.

벌채된 원목은 차량을 이용하여 제재소로 반출되고 제재소에서는 원목을 사용 용도에 따라 목재로 가공이 되는데, 이 과정에서 폐재가 발생되며 가공된 목재는 건축물 등 수요지에서 이용이 되면서 또다시 많은 폐재가 발생된다. 발생된 폐재는 회수절차를 거쳐, 다시 합판, PDF, MDF 등의 물질재활용과 가공을 통한 WDF로 제조되어 에너지 재활용한다.

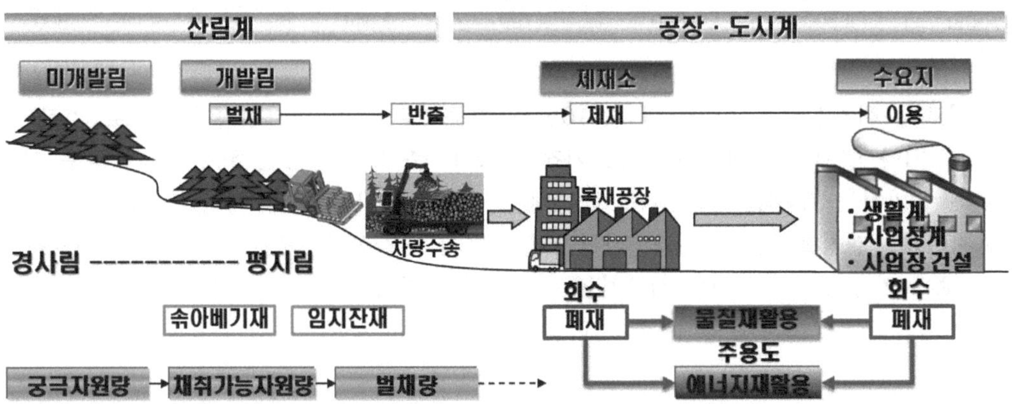

<그림 3-27> 목재의 물질흐름

2. 처리현황

산림계바이오매스의 정확한 처리현황은 현재로서는 집계하기 힘들다. 산림계 바이오매스 가운데 현재 수집되어 활용되고 있는 것은 숲가꾸기 사업 일부에 국한하여 이루어지고 있다. 계곡으로부터 계곡부 홍수위 폭 만큼의 거리이내지역, 수변부의 만수위와 하천의 홍수위로부터 30m 이내 지역, 또는 숲가꾸기 산물이 유입될 수 있는 집수유역 안의 지역, 도로 · 임도 · 농경지 · 택지로부터 30m 이내 지역 등 수해와 산불 등 산림재해 예상구역에서 산물수집이 이루어지고 있다. 그 외에 지역에서 발생하는 산물은 집재하지 않고 지면에 최대한 닿도록 처리하여 부식을 촉진하도록 정하고 있다. 일반 육림사업이나 목재벌채허가사업의 경우 전적으로 인력에 의한 벌채에 의존하고 있어 산림잔재가 거의 수집되지 않고 있는 실정이다. 산림잔재의 이용 실태 조사 결과 말구직경이 7~15cm 이하의 잔재는 톱밥, 칩 등으로 일부 활용되나 직경 6cm 이하의 작은 나무, 간벌재와 주벌재의 초두목, 가지목 등은 거의 전량 폐기되고 있다 (한국농촌경제연구원, 2006).

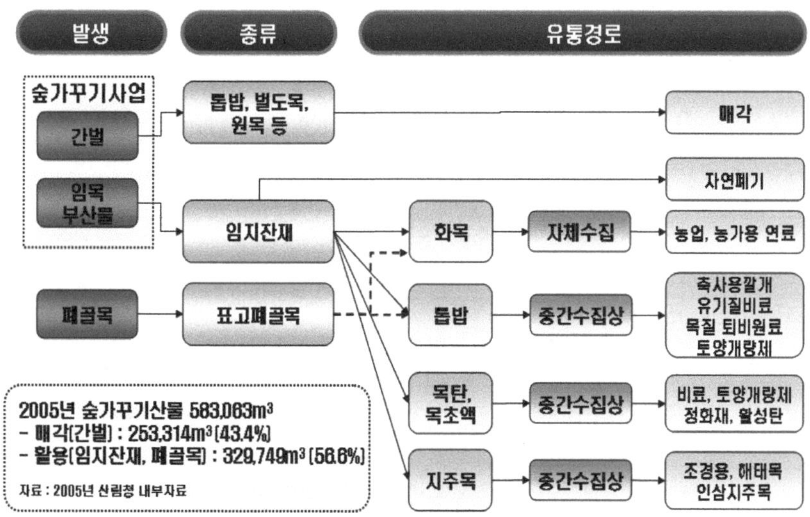

<그림 3-28> 산림계바이오매스의 이용흐름도

산림계바이오매스는 간벌, 임목부산물, 폐골목 등으로 발생되며, 간벌재는 톱밥, 벌도목, 원목 등의 형태로 매각된다. 간벌 과정에서 발생된 임목부산물은 임지잔재가 되어 자연 폐기되기도 하고, 필요한 사람이 끌어내려 톱밥의 형태로 가공되어 축사용깔개, 유기질비료, 토양개량제로 사용되거나 인삼지주목, 해태목 등으로 사용된다. 또한 화목용으로 농가에서 사용하기도 한다. 목탄, 목초액 등으로 가공되어 활성탄 등으로도 이용된다.

제 4 장

폐자원 및 바이오매스 에너지와 기술

제 1 절 이용기술의 분류

폐자원 및 바이오매스를 원료로 한 에너지화 기술은 다양하게 분류되고 있으며, 매체중심인 고체연료화기술, 액체연료화 기술 및 기체연료화기술로 구분하기도 하고, 처리방법에 따라 물리적, 화학적, 생물학적 처리기술로도 분류하기도 한다. 연구자에 따라 다양하게 분류하고 있으며, 〈표 4-1〉에서와 같이 액체연료, 가스화, 생산가공기술로도 분류하고 있다.

<표 4-1> 바이오매스 활용 기술

대분류	중분류	내 용
액체연료 생산기술	연료용 바이오에탄올 생산기술	당질계, 전분질계, 목질계
	바이오디젤 생산기술	바이오디젤 전환 및 엔진적용기술
	유화 및 액화기술(열적전환)	바이오매스 액화, 연소, 엔진이용기술
가스화기술	혐기성소화에 의한 메탄가스화 기술	유기성 폐수의 메탄가스화 기술 및 매립지 가스이용 기술(LFG)
	가스화기술(열적전환)	바이오매스 열분해, 가스화, 가스화발전 기술
	바이오 수소 생산기술	생물학적 바이오 수소 생산기술
생산, 가공기술	에너지 작물 기술	에너지 작물재배, 육종, 수집, 운반, 가공기술
	생물학적 CO_2 고정화 기술	바이오매스 재배, 산림녹화, 미세조류 배양기술
	고형연료 생산, 이용기술	바이오 고형연료 생산 및 이용기술 (왕겨탄, 칩, RDF(폐기물연료) 등

자료) 에너지관리공단 신재생에너지센터(http://www.knrec.or.kr/)

폐자원 및 바이오매스를 하나로 정의를 내리기는 어려우나 대부분이 가연성 물질이며, 폐자원은 부분적으로 플라스틱 등의 고분자수지가 혼재되어 있다. 바이오매스는 종류가 매우 다양하지만 근원은 결국 동식물이다.

바이오에너지 생산기술이란 동 · 생물 유기체를 각종 기체, 액체 또는 고체연료로 변환하거나 이를 연소하여 얻을 수 있는 열 및 증기, 전기를 생산하는데 응용되는 화학, 생물, 연소공학 등을 종합적으로 고려하여야 하고 〈표 4-2〉와 같이 바이오매스 활용 기술로 구분할 수 있다. 바이오매스는 크게 에너지이용과 제품(물질) 이용방법으로 분류할 수 있으며, 에너지이용 방법에는 직접연소법, 가스화, 액체화 방법 등이 있고, 제품이용 방법에는 비료, 사료, 공업원료, 기능성식품원재료 등으로 이용할 수 있다.

식물은 성상에 따라 크게 사람이 식량으로 사용할 수 있는 당질계, 전분질(녹말)계 바이오매스와 식량으로 사용할 수 없는 셀룰로오스계 바이오매스로 분류된다. 따라서 바이오매스 에너지 기술은 원료 바이오매스의 성상에 따라 각기 다른 활용 기술이 적용되고 있다. 또한 목재, 목초, 농작물 등의 순수한 형태는 물론 농 · 임업의 부산물, 폐목재, 음식물류 폐기물, 가축 배설물 등의 폐기물에 이르기까지 매우 다양한 형태의 자원화 기술들이 시도되거나 적용되고 있다.

<표 4-2> 이용방법 분류에 의한 바이오매스 종류

분 류		변환 후 형태	주된 용도	이용가능 바이오매스
에너지재활용	직접연소	장작, chip, pellet, briquet	발전 · 열원용 연료	나무, 목재, 폐목재, 간벌재, 제재공장 등 잔재, 농산부산물, 음식물쓰레기, 초본류 등
	가스화	메탄	발전 · 열원용 연료	가축배설물, 식품폐기물, 하수오니, 농산부산물과 잔사 등
	액체화	바이오디젤	디젤차연료	폐식용유, 유채기름, 유지식물과 나무, 식물유, 동물성 지방 등
		에탄올	자동차연료	옥수수, 사탕수수, 사탕무, 건설발생목재, 감자, 고구마 등
		메탄올	발전 · 열원용 연료, 연료전지연료	왕겨, 톱밥, 제재공장 잔재 등
물질재활용	비료	퇴비	퇴비로 이용	가축배설물, 식품폐기물, 하수오니
	사료	사료	가축 · 양어장 사료 이용	식품폐기물, 수산폐기물
	공업용 원료	플라스틱	식품접시, 농림수산용 자재	식품폐기물, 옥수수, 감자녹말, 쌀
		재생목질보드	가구, 합판	간벌재, 제재공장 등 잔재
	기능성식품원재료	DHA, EPA	영양제	수산폐기물

자료) 한국농촌경제연구원(2006)

폐자원 및 바이오매스가 원료에 따라 전분질계, 셀룰로오스계, 유기성폐기물계로 나누어진다면 바이오에너지 기술은 바이오매스의 성상에 따라 고체, 액체, 가스상으로 분류될 수 있다. 고체 바이오매스 중 나무류와 작물의 껍질, 줄기 등의 농업 폐기물은 고전적인 땔감으로 이용되었으며, 임산자원이 풍부한 나라에서는 산림에 의해 생산된 목재를 칩 또는 펠렛으로 가공해서 지역난방 등에 대규모로 사용하고 있다. 가축분뇨와 도시폐기물을 이용한 메탄발효는 지역냉난방 또는 발전연료로 이용되고 있다.

생물학적 전환기술 외에 대부분의 에너지화기술은 열화학적 변환기술에 의한 것이다. 이러한 변환기술은 단지 연료로서 가공하는 고형연료화, 가스를 생산하는 열분해가스화, 단순하게 연소하여 열을 회수하는 직접연소 기술 등으로 구분한다.

<표 4-3> 폐자원 및 바이오매스 열화학적 변환 기술

분류	변환 기술	대상 물질	실용화 정도	기 술 개 요
열화학적변환	직접 연소	건조계	실용화	직접 연소하여 열로서 이용되거나, 보일러 발전을 하는 기술
	혼소	건조계	실용화	석탄화력발전소 등에서 석탄 등의 화석 자원과 바이오매스를 혼합 연소하는 기술
	고형 연료화	건조계	실용화	100~150℃로 가열하고 목분 또는 목분과 석탄의 혼합물을 가압, 리그닌을 바인더로 해서 성형 고화하는 기술
	가스화	건조계	실용화	바이오매스를 완전 연소하기 위해서는 불충분한 산소 또는 공기조건으로 열처리하고, 주로 열분해에 의해 생성하는 가연성 가스를 얻는 기술
	열분해	건조계	실용화	바이오매스를 1초 이하의 단시간과 500~600℃의 고온으로 폭기하고, 급속히 냉각하는 것에 의해 가스화를 억제, 유상(油狀) 생성물을 얻는 기술
	탄화	건조계	실용화	바이오매스를 공기 공급하지 않고 가열하고, 탄소를 주성분으로 하는 고형연료를 얻는 기술
	에스테르화	유지	실용화	유지(油脂)를 메탄올과 반응시켜 에스테르화하여 디젤 대체연료를 얻는 기술

1. 고체연료화 기술

고체연료화기술로는 가연성 폐자원을 연소시켜 발생하는 열을 이용하여 온수나 전기를 생산하는 방법이 있고, RDF 제조, 하수슬러지 고형연료 및 목질계 바이오매스를 이용하여 목재펠렛이나 목재칩을 제조하는 기술이다. 폐자원의 에너지전환 목적은 폐기물의 감량화 외에 연소시 발생하는 에너지를 회수하여 판매하는 것으로 이는 신 · 재생에너지 생산 및 에너지 대체에 기여하고 있다. 연소시 발생되는 소각열은 폐열보일러에서 증기로 회수되며, 발생증기를 이용하여 온수 및 전력을 생산한다. 일반적으로 폐기물 소각시 발생하는 총 열량의 65~75%는 회수가능하다.

고체 연료의 에너지화 기술은 소각기술, 유화기술, 열분해기술, 가스화기술 등을 말 할 수 있는데 소각기술은 상업화된 기술이고 열분해기술도 일부 폐타이어를 대상으로 건류방식으로 사업화되었다. 소각의 경우 발전, 스팀, 온수, 온풍 등이 모두 상업화 되어 있는 상태이다.

최근 선진국을 중심으로 기존의 소각기술에 비해 처리가스량이 상대적으로 적고 보다 환경친화적으로 자원 및 유기물질을 회수하여 환경친화적 청정에너지를 확보할 수 있는 열분해 · 가스화 용융 방식으로 폐기물 처리기술이 바뀌고 있는 상황이다. 도시 고형폐기물 열분해 기술은 독일 및 일본을 중심으로 연구개발이 활발하게 이루어지고 있는데 특히 일본의 경우 폐기물가스화, 엔진적용 발전 및 열 이용 기술개발이 급속히 이루어지고 있다. 도시 생활폐기물의 열분해 · 가스화 시스템을 이용하여 빈용의 최적화를 통한 발전 설비 및 열원설비의 적용성을 검토하여 청정발전시스템의 적용방안을 확보하고 이를 적극 활용하는 실용화 시스템이 전세계적으로 추진되고 있다.

2. 액체연료화 기술

현재 바이오매스를 전환하여 액체연료를 만드는 기술로는 당분, 전분 혹은 목질계 바이오매스를 당화하고 발효하여 발효에탄올을 생산하고 이를 정제, 탈수하여 순수에탄올(99.3%-W/V 이상)을 생산하는 기술, 유채, 해바라기 혹은 두류 등 유지를 다량 포함하는 작물을 재배하거나 폐식용유, 폐우지 혹은 돈지 등을 에스테르화하여 디젤유와 비슷한 성상의 바이오디젤을 생산하는 기술 그리고 하수슬러지 등 폐슬러지나 셀룰로오스계 고형폐기물 혹은 바이오매스 자원을 건류, 열분해 등 고온고압반응에 의한 액화기술로 대별할 수 있다.

바이오매스 중 당분과 전분을 이용하여 에탄올을 얻는 발효기술은 양조기술로 이미 확립된 기술이며, 목질계(셀룰로오스를 다량 포함한 초본식물 및 나무의 줄기성분)를 이용한 에탄올 생산기술은 석유가 본격적으로 등장하기 이전의 1, 2차 세계대전 당시 미국, 독일, 일본 등이 각종 산을 이용한 가수분해로 목질계를 당으로 만들고 이를 발효하여 에탄올을 생산하여 자동차, 비행기 등 군수용 내연기관의 연료로 사용한 사실이 있는 것으로 보아 현재도 기술적으로는 불가능한 일이 아니다. 다만 경제성이 문제인데 이는 유전공학 기술의 등장으로 효소당화, 발효기술들이 개선되면서 생산원가절감이 이루어지고 있다. 유채, 해바라기 등의 유지식물이나 폐식용유 등의 유지를 이용하여 이를 에스테르화하여 바이오디젤을 차량에 공급하는 기술은 이미 에스테르화공정이 상업화되어 있고 유럽에서는 대기오염의 우려가 큰 지역에 바이오디젤을 이용한 차량이 보급되고 있다.

바이오매스의 열적액화는 액화생성물이 균일상이 되기 힘들고, 그 품질도 내연기관 사용 가능성이 아직 미지수이므로 하수슬러지 등 각종 산업슬러지의 액화와 목질계 에탄올의 부산물로 생성되는 리그닌의 액화 등에 연구개발이 진행되고 있다.

3. 기체연료화 기술

바이오매스를 포함하는 유기물의 가연성 가스를 통한 바이오에너지의 생산은 유기물의 가스화과정이 유기물의 자연적 분해과정의 하나이고 가스연료가 비교적 청정하고 사용이 편리한 연료라는 점에서 최근 다양한 개발이용이 추진되고 있다. 유기물의 가스화는 혐기성소화, 미생물 발효를 통한 가스 생산과 열적 가스화기술을 망라하고 있으며 혐기성소화 생성물의 일종인 매립가스의 개발이용도 포함된다.

유기성 바이오매스의 혐기성 분해현상은 1930년대부터 혐기성 미생물에 의한 것임이 차츰 규명되어 왔으며 1960년대에 이르러서는 축산분뇨, 인분 등의 혐기소화로 발생되는 바이오가스를 취사 등에 이용하려는 노력이 국내에서도 시도된 바 있다. 유기물의 혐기성 분해는 하수구 등의 미생물에 의해 분해되면서 메탄가스를 발생하는 현상 등에서 자연적으로 관찰되며 수중 유기물(산소 결핍상태)의 부패에서 보듯이 유기물 분해의 제1차적인 현상이다. 이러한 현상은 꾸준히 연구되어 유기성 폐수를 분해 처리하는 기술로 정착되었으며, 음식물쓰레기의 분해에도 적용되기 시작하면서 중요한 바이오에너지 및 환경기술로 발전하게 되었다.

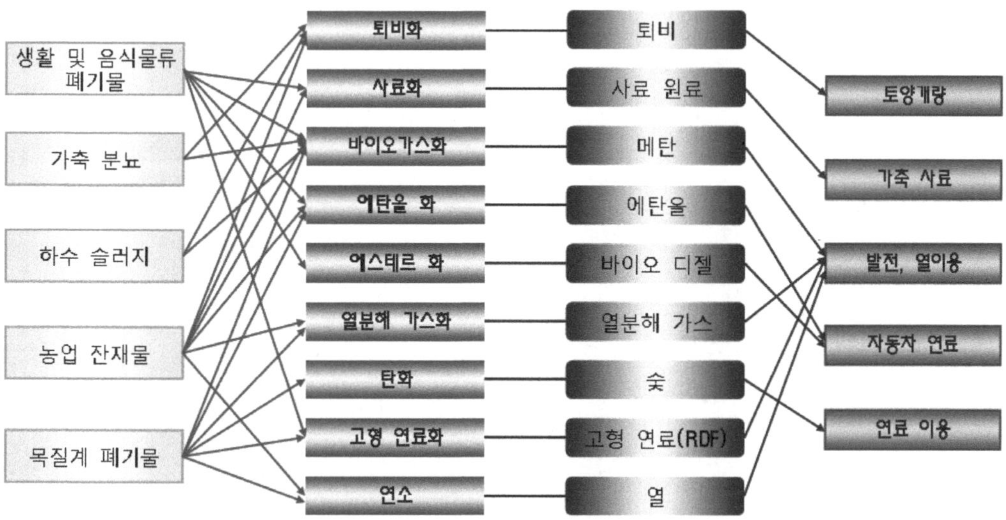

<그림 4-1> 바이오매스 종류별 물질 및 에너지 기술

오늘날 혐기소화기술은 가축분뇨를 포함하는 산업폐수처리, 하수슬러지 및 유기성 폐기물의 감량화 기술로써 정착되고 있다. 혐기성소화기술은 대상 폐기물의 수분함량에 따라 습식공정과 건식공정으로 대별되며 발효조의 형태와 운전온도 그리고 전체 시스템의 구성요소에 따라 여러 가지 형태의 공정이 개발되어 있다. 한편 혐기소화와 동일한 원리로 생성되는 매립지 가스의 추출, 포집, 이용은 기존 매립지의 환경정화, 조기안정화 그리고 강력한 지구온실가스인 메탄가스의 대기 중 방출 방지측면에서 재조명되고 있으며 최근 선진각국은 물론이고 신설되

는 매립지는 계획단계에서부터 매립가스의 적정이용을 고려하여 가스 추출정, 침출수, 드레인 등을 시공하는 경우가 많아졌다. 그리고 미생물을 이용하는 유기물의 가스화 방법 중에서 청정연료인 수소를 생산하는 방법도 연구되고 있지만 기초연구단계이고 아직까지 실용화단계에 이르지 못하고 있다. 〈그림 4-1〉에서는 원료인 폐자원 및 바이오매스로부터 물리화학적 변환과정을 거쳐 재활용 및 에너지화기술을 보여주고 있다.

바이오매스의 열적가스화는 종래의 땔감 사용에 많은 인력을 요구하는 점 때문에 한 때 에너지시장에서 모습을 감추었다. 하지만 화석 에너지원이나 전력의 공급이 절대적으로 부족한 저개발국의 원격지 등에서 성공적으로 추진되어 왔으며, 최근에는 미국, 스웨덴 등 선진국과 브라질 등에서 농부산물, 폐목재, 도시쓰레기 중 유기성분 등의 바이오매스 가스화발전을 연구하여 이를 전력화하는 파일럿 플랜트의 연구단계에 도달해 있다. 그리고 미국, 덴마크 등에서는 석탄 등을 이용한 열병합 발전에서 밀짚, 목재칩 등을 발전연료의 50-70%까지 혼소하는 기술을 개발하여 상업화단계로 발전시키고 있다.

제 2 절 고체연료이용 에너지회수기술

1. 직접연소 열회수 기술

가. 기술개요

연소란 연료가 공기중의 산소와 반응하는 현상으로 공기 중의 산소와 반응하면서 연료가 가지고 있는 에너지가 연소열로 전환하게 된다. 연소가 일어나기 위해서는 연료, 발화점 이상의 온도 및 산소를 필요로 한다. 연료로는 고체연료, 액체연료 및 기체연료가 있으며 일반적으로 고체연료보다는 기체연료가 잘 연소된다. 폐기물 및 바이오매스와 같은 연료가 고온의 연소로에서 공기중의 산소와 직접적으로 반응하여 연소되는 과정을 직접연소라고 하며, 또한 소각이라고도 한다.

기술적 측면에서 직접연소는 빠른 반응속도, 고온의 반응열 및 많은 반응생성물이 관여하는 복잡한 반응이다. 고체연료의 연소는 〈그림 4-2〉에서 보는 바와 같이 건조, 열분해 및 가스화 및 연소단계를 거치게 된다. 건조단계에서는 연료에 함유된 수분을 증발시키고, 연료중에 수분이 낮을수록 고체연료 연소에 필요한 에너지요구량이 작아지게 되어 연소효율은 높아지게 된다.

(a)건조 (b)열분해 및 가스화 (c)연소

<그림 4-2> 직접연소 진행과정

연료는 연소 전에 건조된 후에 열적 열화단계(탈휘(脫揮) 발화)인 열분해와 가스화과정을 거친다. 열분해란 산화제 없이 연소되는 과정으로 탄화수소물질이 생성되고, 가스화란 산화제로 공기 혹은 순수한 산소나 스팀을 사용하여 연소하는 과정으로 일산화탄소, 이산화탄소, 물, 수소 및 메탄 등으로 구성된 가스상 물질이 생성된다. 마지막 연소단계에서 공급되는 공기로 인하여 열분해와 가스화로부터 생성된 생성물이 완전 연소되어 회재, 타르 및 숯(char)이 남게 된다.

연소기술은 연료를 상업적으로 이용할 수 있는 유용한 에너지로 전환할 수 있다. 즉, 연소로(또는 소각로)에서 고체연료의 연소과정을 통해 발생하는 고온의 연소가스로부터 보일러 등을 거쳐 스팀이나 고온가스를 생산하여 터빈을 구동함으로서 열에너지로부터 전기를 발생하게 된다. 연소효율은 주로 고체연료의 연소정도, 연소로에서 발생하는 열에너지에 좌우한다.

나. 연소(소각)방법

폐기물 및 바이오매스를 연소(또는 소각)하는 방법은 크게 화격자식, 유동상식 및 회전로식으로 구분할 수 있다. 화격자식은 로 하부에 화격자가 있어 화격자의 이동, 요동, 반전에 의하여 폐기물을 이송, 교반, 반전하게 되며, 연소용 공기는 화격자 하부에서 공급하게 된다.

화격자는 〈그림 4-3〉에서 보는 바와 같이 건조화격자, 연소화격자 및 후연소화격자로 구성되어 있다.

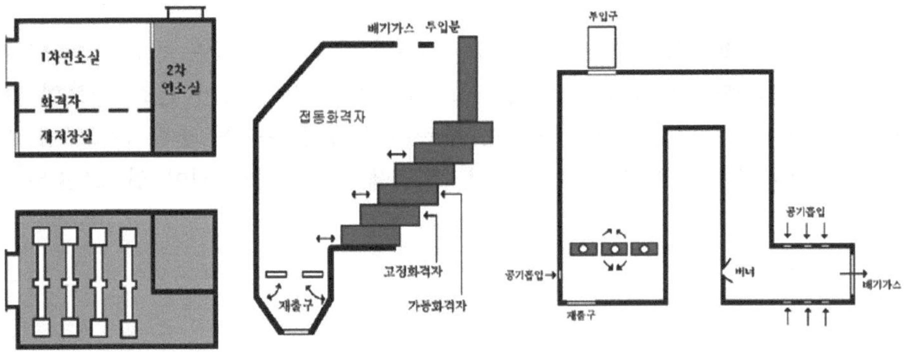

<그림 4-3> 화격자식 연소방식

공기비는 일반적으로 1.5~2.5이고, 체류시간은 1~2시간이며, 화격자 부하율은 200~350kg/m^2 · hr이다. 회 발생량은 8~15%이고, 강열감량은 5~15%이다. 화격자식은 고정화격자 방식, 가동화격자 방식이 있다.

유동상식은 〈그림 4-4〉에서 보는 바와 같이 로 내에 유동매체(모래 또는 석회석 등)가 적절한 높이까지 채워져 있고, 연소용 공기는 유동 매체의 하부에 있는 공기분산판을 통해 주입하는 방식으로 유동매체는 하부로부터 유입되는 가스에 의하여 격렬한 운동을 하여 혼합을 증진시켜 열전도가 증가하게 된다. 여러 개의 공기분사 노즐로부터 공기를 압송하여 모래를 유동시켜 유동층을 형성하게 되고, 미리 가열된 유동층에 폐기물을 주입하여 순간적으로 건조, 소각하게 된다.

<표 4-4> 소각로 형식별 특성 및 장단점

항목	화격자식	유동상식	회전로식
폐기물	·종이류 ·목재류 ·생활쓰레기	·난연성 폐기물에 적합 ·슬러지, 폐유, 폐윤활유 소각에 탁월 ·광범위한 폐기물 소각가능	·슬러지, 고무 점성폐기물에 유효
전처리	불필요	전처리필요	불필요
처리규모	대용량이 가능	200톤/가·일 이하	대용량이 가능
효율	·화격자 설계여부에 따라 효율이 좌우되며 수분함량이 많은 쓰레기의 경우는 보조연료 등의 사용이 불가피함	·쓰레기가 연소공기와 격렬하게 혼합되기 때문에 열전도 효과가 크고, 소각상태를 균일하게 유지할 수 있어 소각효율이 아주 우수할 것으로 평가됨	·쓰레기와 연소용 공기와의 접촉효과가 떨어져 완전연소를 위해 일반적으로 2차 연소실이 있음. 일반적으로 소각효율이 좋지 못한 것으로 평가됨.
보조연료	보통	적다	적다
에너지 이용율	높음	낮음	높음
장점	·폐기물의 연속적 투입, 소각, 배출가능 ·대량의 폐기물 소각 가능 ·수분 함유율이 다소 많거나 저 발열량의 폐기물도 어느 정도 소각 가능	·구조가 간단하고 취급이 용이 ·동력비, 운전비가 적게 소요 ·부피가 큰 폐기물 소각 가능 ·다양한 액·고상폐기물 소각가능 ·전처리 불필요 ·1400℃ 이상 가동 가능하여 독성물질 파괴 가능	·유동매체의 열용량이 커서 기·액·고형폐기물의 전소 및 혼소 가능 ·반응시간이 빨라 소각시간이 짧다. (로 부하율이 높다.) ·연소효율이 높아 미연소분 배출이 적고 2차 연소실이 불필요 ·가스의 온도가 높지 않아 과잉공기량이 적다.(NOx 배출 저감) ·기계적 구동부분이 적어 고장이 없다. ·로내온도 자동제어로 열회수 용이 ·열매체의 축열량 높아 단기간 정지후 가동시 보조연료 필요 없이 정상가동 ·적은공간으로 많은 양의 폐기물처리가능 ·로내에서 산성가스의 제어 가능
단점	·수분이 많거나 플라스틱과 같은 열가소성 폐기물에 부적당 ·체류시간이 길다. ·교반력이 약하여 국부가열이 발생 ·고온으로 기계적으로 구동 하므로 금속부의 마모손실 발생	·비교적 넓은 부지가 소요 ·설치비가 비싸다. ·탈수성이 나쁘면 조립작용으로 괴상물질 생성으로 불완전 연소 ·2차 연소실 필요 ·투자비에 비해 소각능력 떨어짐 ·열효율이 낮다. ·높은 농도의 분진발생 가능성 ·내화물의 마모	·상으로부터 찌꺼기 분리가 어렵다. ·투입이나 유동화를 위해 파쇄 필수 ·유동매체의 손실로 인한 보충필요 ·유동매체의 용융을 막기 위하여 연소온도는 816℃를 초과할 수 없다. ·운전비, 특히 동력비가 높다. ·분진발생률이 높다.

연소로 온도는 700~800℃이고, 유동층의 열용량이 1.42×105kcal/m^3으로 보유열량이 높아 연소의 최적조건을 형성하게 된다. 일반적으로 공기비는 1.2~1.8이고, 화상 부하율 450~700kg/m^2·hr이며, 회 발생량은 4~6%이고, 강열감량은 거의 없다. 유동매체의 온도가

700~800℃에 해당하는 열을 보유하고 있으므로 유동매체는 불활성일 것, 열 충격에 강하고 융점이 높을 것, 내마모성일 것, 비중이 작을 것, 공급이 안정적일 것, 쉽게 구입할 수 있고 가격이 저렴할 것, 입도분포가 균일할 것 등과 같은 조건을 구비하고 있어야 한다.

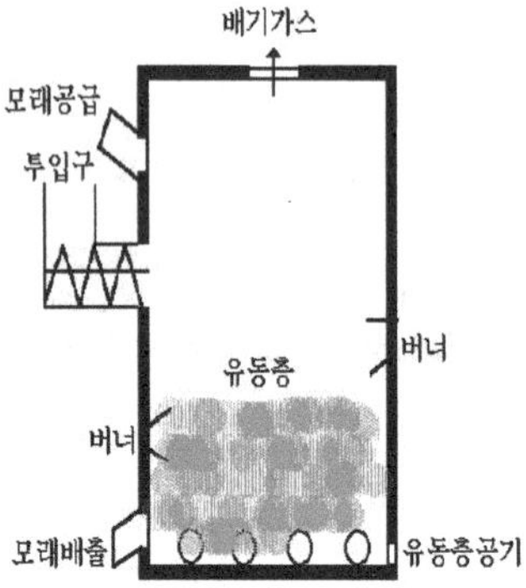

<그림 4-4> 유동상식

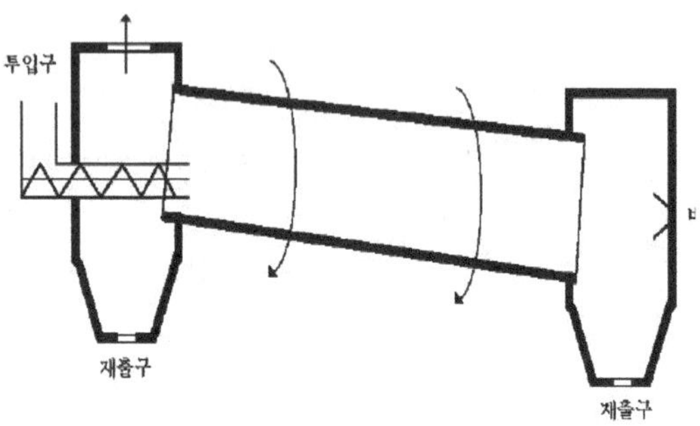

<그림 4-5> 회전로식

회전로식은 〈그림 4-5〉에 나타낸 것처럼 원통형의 소각로로 0.5~8° 의 각도로 기울어져 있으며 폐기물의 혼합을 높이기 위해 소각로가 지속적으로 0.5~5rpm으로 회전하여 상부에서 투입된 폐기물이 소각로를 따라 연소되면서 출구에서 만나는 방식으로 원통형의 소각로가 회전하면서 소각물을 교반, 반전 및 이송시키면서 건조, 연소, 회재방출이 이루어지고, 회분식 또는 연속식으로 가동 가능하며, 연소온도는 800~1,600℃ 정도이다.

다. 폐자원의 에너지 회수기술

폐자원이나 바이오매스를 연소로에서 공기를 공급하여 직접연소시 생산되는 에너지는 열과 스팀이다. 일반적으로 전기를 발생시키거나 제조공정에서 필요로 하는 증기를 만들기 위해 연료를 직접 연소하게 된다. 직접연소는 고온의 가스로부터 전기를 생산하는 전력발전시스템으로 사용할 수 있으며, 또한 고온의 가스로부터 스팀을 생산하여 열에너지를 이용하고 보일러 배가스 열(여열)을 회수하여 전기를 생산하는 열병합발전시스템이 사용되고 있다. 직접연소과정에서 발생하는 여열회수 형태는 회수된 에너지 종류에 따라 〈그림 4-6〉과 같이 크게 온수, 스팀, 전력 등으로 분류될 수 있다. 즉 고온의 연소배가스로부터 배가스-공기 열교환기를 이용하여 예열된 공기를 얻게 되며, 배가스-물 열교환기를 이용하여 고온의 증기나 온수를 얻어서 전력이나 온수를 생산할 수 있다.

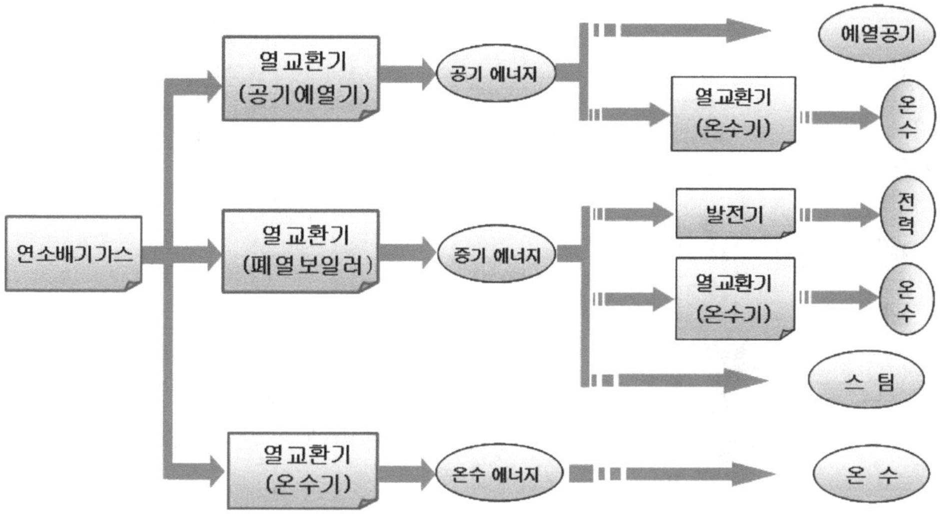

<그림 4-6> 소각시설 발생 여열 회수 형태

또한 직접연소시 발생하는 연소배가스중 함유된 분진 등을 제거한 후 고온의 연소배가스를 가스엔진이나 가스터빈에 직접 공급하여 전기를 생산하는 방식과 고온의 연소배가스로부터 고온의 온수를 생산하여 스팀터빈에 공급하여 전기를 생산하는 열병합 발전을 〈그림 4-7〉와 〈그림 4-8〉에 나타내었다. 또한 〈표 4-5〉과 〈표 4-6〉에는 여열을 활용하는 방식에 따른 특성을 비교하였다.

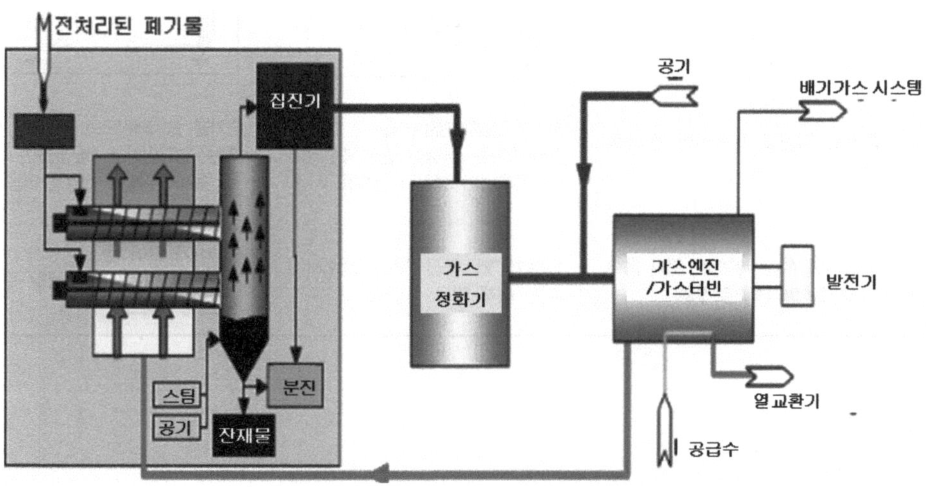

<그림 4-7> 가스엔진을 이용한 열병합 발전 시스템

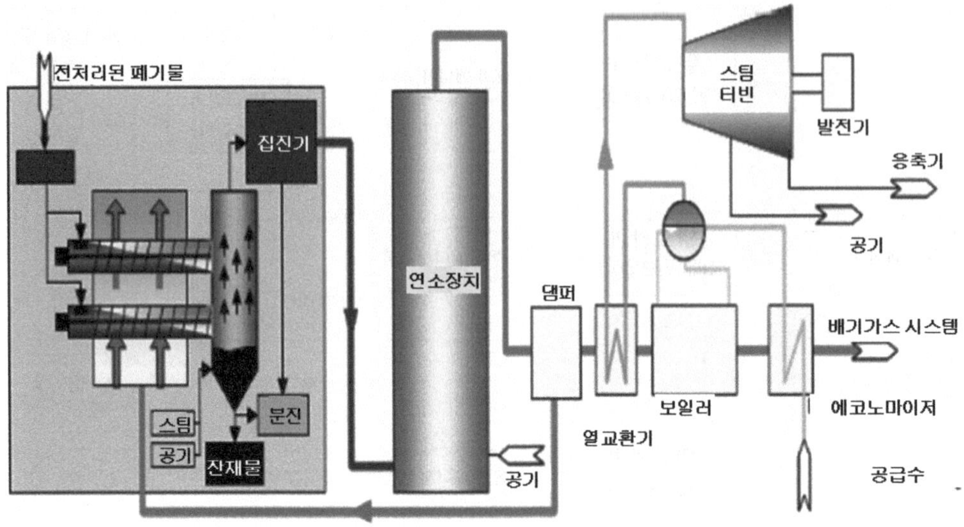

<그림 4-8> 증기터빈을 이용한 열병합 발전 시스템

<표 4-5> 여열 활용 형태에 따른 특성 비교

항 목	발 전	열 공 급	발전+열공급
공 정	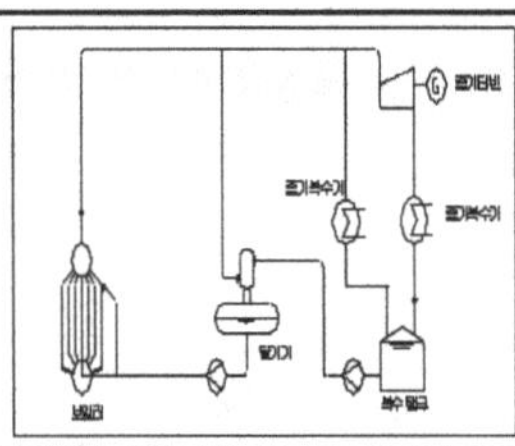	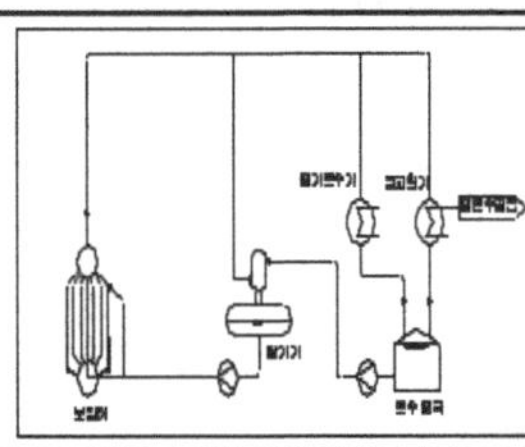	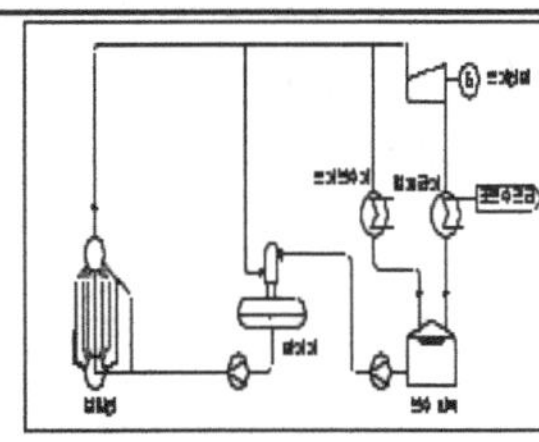
장 점	· 증기의 잠열을 이용하여 전력을 생산	· 증기의 잠열과 현열 이용 · 잉여증기는 공냉식 증기복수기에서 응축하여 보일러 급수로 사용	· 증기를 증기터빈으로 발전 후 배출증기는 열교환하여 열공급하는 방식으로 증기의 잠열과 현열을 이용가능
단 점	· 폐열회수를 위해 복수기로 증기 응축 시 냉각된 열이 대기로 방출	· 하절기 열 공급 부하 감소시에 대한 대책 필요	· 시설비가 많이 듬 · 지역난방 등에 열 공급할 수 있는 인프라가 필요

<표 4-6> 소각여열 이용 방식에 따른 장・단점 비교

항목		장점	단점
발전	배압식	· 정전시에도 소내동력 공급 · 소각장 계획시 별도 추진 가능 · 터빈 후단의 증기 배출열 이용가능	· 폐열이용율이 낮음 (증기보유 열량의 15% 정도 사용) · 복수기 냉각으로 열손실이 있음
	복수식	· 정전시에도 소내동력 공급 · 소각장 계획시 별도 추진 가능 · 발전량이 배압식 대비 많음	· 터빈 후단의 온도가 낮아 열이용이 어려움 · 복수기 냉각으로 열손실이 있음 · 시설비는 배압식 대비 높음
지역난방		· 여열의 회수효율이 좋다.	· 지역난방시설이 소각장과 근접 위치 필요 · 하절기에는 지역난방 열부하 감소 · 지역난방 보수시 증기를 별도 처리해야 함.
발전+지역난방		· 소내에 전력 공급 · 폐열의 회수효율이 좋음 · 경제적인 수익율이 매우 높음.	· 지역난방시설이 소각장과 근접 위치 필요

라. 바이오매스 에너지화 기술

바이오매스를 연소시켜 직접 열을 얻는 것은 물론 전력으로 변환 할 수도 있다. 이 방법은 바이오매스 변환에 가장 널리 이용되고 있다. 목재가 난방 등의 열원으로 널리 이용되는 것 외에 폐목재, 나무 부스러기, 나무껍질, 톱밥 등의 폐기물도 열원으로 이용되고 있다. 또한 왕겨, 콩깍지 등의 농산 폐기물, 도시 폐기물 등도 열원으로 이용되고 있다. 그러나 이들의 발열량은 〈표 4-7〉와 같이 화석 연료에 비해 현저히 낮다. 또한 5%이하의 연소효율을 보이는 현재의 공업용 및 상업용 프로세스로는 적용할 수 없어 보다 대규모・고효율 프로세스의 개발이 필요하다. 이러한 관점에서 연소-증기 터빈에 의한 발전(연소 발전)이 개발되고 있다.

바이오매스는 운반, 이용 등을 용이하게 하기 위해 여러 가지 가공을 하고 있다. 예를 들면 대마, 갈대 등은 톱밥 및 수피(樹皮)를 가열 압축하여 봉상으로 성형 가공하고 펠렛화 연료는 바이오매스를 분쇄, 건조, 압축한 후 펠렛상으로 제조하는 것으로 바이오매스의 종류에 관계없이 연료화 하는 것이 가능하다. 최근 생 쓰레기 등의 생활 폐기물을 연료화하기 위한 효율적인 장치가 개발되고 있다. 목질 바이오매스 외의 폐기물을 혼합・성형화하여 열량이 높은 연료로도 제조되고 있다. 예를 들면 석탄 분말과의 혼합물인 CWF(Coal Wood Fuel)나 플라스틱과의 혼합물인 WPF(Wood Plastic Fuel) 등이 있다. 또한 유분에 미분말로 만든 목질 또는 목탄을 혼합하여 발열량이 높은 콜로이드 연료를 만들고 있으며, LOM(Lignin Oil Mixture), WOM(Wood Oil Mixture)이나 CCOM(Charcoal Oil Mixture) 등이 있다. 〈표 4-7〉에서 나타낸 것과 같이 각각을 특성에 따라 목질과 유분과의 혼합비를 변화시켜 고 에너지의 연료를 얻을 수 있다.

<표 4-7> 각종 연료의 발열량

연료명	발열량(kcal/kg)	비 고
목탄 장작 닥나무껍질 소나무 폐목재 전나무껍질 펄프폐액	6,700-7,500 3,600-4,100 5,100 4,900 4,100 3,600 3,000	 수분 15-25% 건조상태 건조상태 수분 약15% 수분 약11-12%
열분해가스 저칼로리 고칼로리	 700-1,800 2,500-4,500	 가스화제에 공기 사용 가스화제에 산소사용
고형복합연료 WPF CWF	 6,000-8,000 5,500-6,500	 폐재, 폐플라스틱 폐재 4-2, 석탄 6-8
콜로이드연료 LOM WOM CCOM	 7,900 6,700 7,200-9,000	 리그린 분말1:중유 또는 등유1, 수분15% 목재분말 1:등유 1 목재분말 1:등유1:수분 20-0%
등유 중유 석탄 LPG LNG	11,500-12,000 9,000-11,000 6,200 12,000 10,400	

자료) 황석일, 한국과학기술정보연구원(2003).

한편, 바이오매스를 효과적으로 연소시키기 위해 연소장치의 개발에도 많은 진전이 있다. 소각로의 형식으로는 스토커형, 로터리킬른형, 유동상형 등이 대표적이다. 특히 최근에는 고체폐기물의 소각처리 뿐만 아니라 배열 회수기술이 함께 개발된 실용적인 연소로의 예가 많다. 목재 칩 등의 소각용으로서 바크 보일러(bark boiler)가 오래 전부터 이용되고 있지만, 상기 세 종류 중에서 유동상형 연소로는 가압 가스화 프로세스에도 적용할 수 있다. 고체폐기물 소각과는 달리 균질연료인 바이오매스의 연소는 특별한 문제가 발생하지 않는다. 특히 염소계 유기화합물의 혼입도 거의 없기 때문에 배기가스 처리에 대한 문제도 발생하지 않는다.

바이오매스의 직접연소에 영향을 미치는 인자는 연료형태, 함수율, 발열량 등의 연료특성과 연소량, 공기비율, 연소온도, 연소시간 등의 연소조건, 연소장치의 구조 등을 들 수 있다. 현재 주로 이용되는 목질계 바이오매스 연료는 펠렛과 칩 형태가 있고, 에너지 변환방식은 직접연소와 가스화방식이 있다. 직접연소의 연료형태는 펠렛, 급탄, 유동상, 미세분말 등이 있고, 연소장치로는 보일러와 스토브 등이 활용된다. 소규모 보일러와 스토브는 열 이용에, 중규모 및 대규모 보일러는 열병합 발전에 주로 이용된다. 목질 바이오매스를 사용하는 보일러의 선정은 보일러 구조를 참조하여 용도, 연료특성, 연소량 등을 고려하여 효율, 배출가스, 비용 등을 검토해야 한다. 구체적으로 목질계 바이오매스의 직접연소는 〈그림4-9〉에서와 같이 스팀터빈에 의해 전력을 생산하고 터빈에서 배출되는 저압증기는 공정용 증기 또는 지역난방용 증기로 사용하는 배압식과 터빈에서 팽창중인 증기를 추기하여 공정용 열부하로 공급하고 나머지 배기는 복수기로 보내는 복수식이 있다. 배압식은 복수식에 비해 종합 열효율이 높은 편이다.

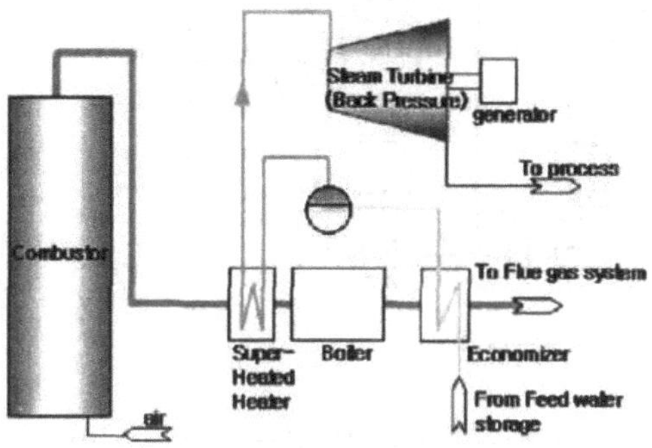

(a) 배압식

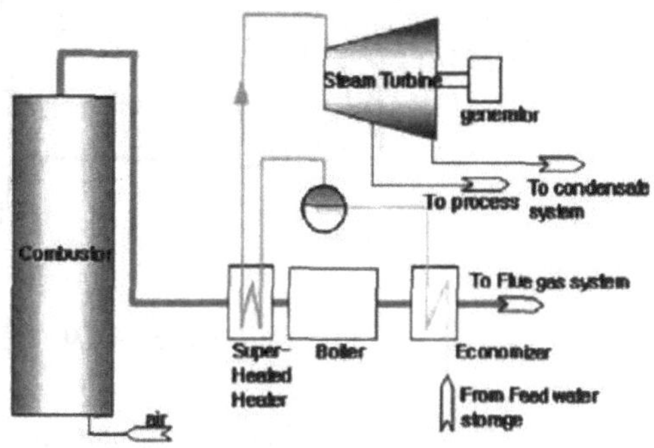

(b) 복수식

<그림 4-9> 바이오매스의 증기발전 열병합 시스템

2. 혼합연소 기술

가. 기술 개요

혼합연소란 바이오매스와 화석연료를 혼합 및 연소하여 에너지, 즉 전기에너지를 생산하는 연소시스템이다. 일반적으로 사용되는 화석연료는 석탄이고, 바이오매스 연료는 숲가꾸기 사업에서 나오는 폐목재, 간벌목재 등의 목질계 바이오매스뿐만 아니라 하수슬러지, 건축폐자재, 지팽이풀, 버드나무와 같은 에너지작물 등이 포함된다. 대부분의 바이오매스는 혼합연소하기 전에 많은 전처리과정을 거쳐야 한다. 예를 들면 모양, 크기, 수분함량 등을 연소조건에 맞도록 전처리과정이 필요하다.

혼합연소는 매우 간단한 공정인데 일반적으로 열량기준으로 20%의 바이오매스와 석탄을 혼합하여 석탄화력발전소에 공급하여 에너지를 생산한다. 혼합연소시스템은 두 가지 연료를 연소실에 공급하기 전에 혼합하는 시스템과 개별적으로 연료를 연소실에 공급하는 시스템으로 구분할 수 있다. 전자는 기존 석탄 화력발전소에서 연료처리, 가공 및 저장시설을 갖추고 있어야 한다.

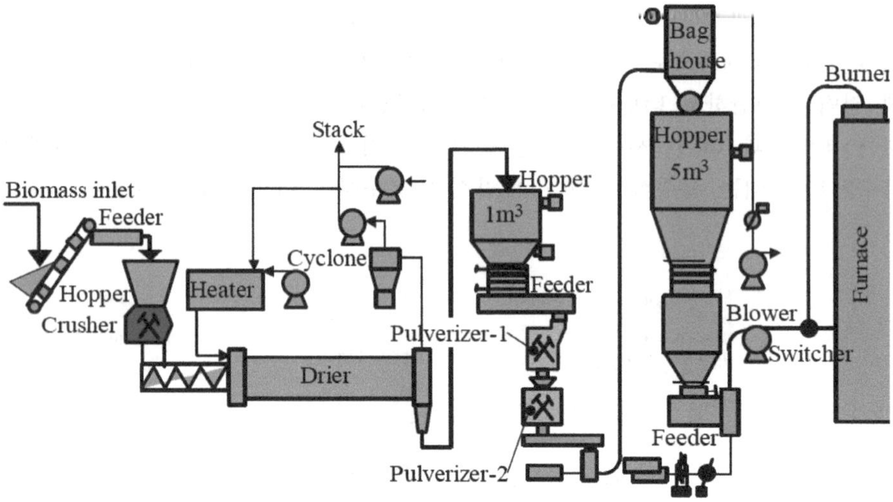

<그림 4-10> 혼합연소의 전처리공정

〈그림 4-10〉에서는 석탄과 바이오매스의 혼합연소를 위하여 두 가지 연료가 혼합되어 연소실에 공급되는 전처리공정을 보여주고 있다[67]. 혼합연소에서 사용하는 바이오매스는 주로 목질계를 사용하고 있다. 수분함량이 50%이고 크기가 50mm인 목질계 바이오매스를 파쇄기와 건조기를 이용하여 분쇄 및 건조과정을 거치고 난 후 수분함량이 20%이하이고 크기가 20mm 이하로 조절한다. 다음으로 두 가지의 분쇄기(pulverizer)를 거쳐 가루형태로 분쇄한 후 연소실에 공급한다.

나. 연료공급별 연소방법

1) 직접 혼합연소

가장 저렴하고 간단하면서 용이한 연소기술이다. 바이오매스는 화력발전소 및 석탄화학공정의 석탄 전처리공정과 같이 분쇄기, 벙커 및 미분쇄기과정을 거친 후에 보일러 연소실에 직접 공급한다. 바이오매스를 야드에 있는 석탄과 혼합하거나 각각의 연료를 연소실에 분리해서 공급할 수도 있다. 다중 연료 유동층 보일러(Multi-fuel fluidized boiler)는 기존의 격자연소에 비하여 낮은 연소온도로 인하여 90% 이상의 효율을 보이고 있으며 배출가스 농도가 낮은 장점을 가지고 있다.

67) The Japan Institute of Energy, "The Asian biomass handbook", 2008.

2) 간접 혼합연소

바이오매스를 가스화하여 생성된 가스연료인 합성가스(대부분 수소와 일산화탄소로 구성)를 보일러 연소실에서 연소하는 방법이다. 때로는 고온의 합성가스를 냉각하거나 정제하고 있어서 높은 운전비용이 발생하기도 하지만 생성가스가 수소와 일산화탄소로 구성되어 있는 합성가스이기 때문에 합성가스를 다양하게 이용할 수 있어 연료의 유연성이 높은 편이다. 연료별로 가스화되고 있어 석탄과 바이오매스로부터 발생하는 회분을 분리하기가 쉽다. 화학적 조성과 물리적 성질이 다른 바이오매스에서 발생하는 연료가스의 조성을 일정하게 조정하여 보일러 연소실에 공급하게 되면 보일러의 효율을 일정하게 유지할 수 있다.

3) 병렬 혼합연소

바이오매스를 각 연소실에서 연소하여 스팀을 생산하고, 스팀을 이용하여 전력을 생산하는 방법이다. 수평 혼합연소는 바이오매스 전용보일러에 나무껍질, 폐목재 등을 사용하는 있어 일반적으로 제지산업에 적용되고 있다.

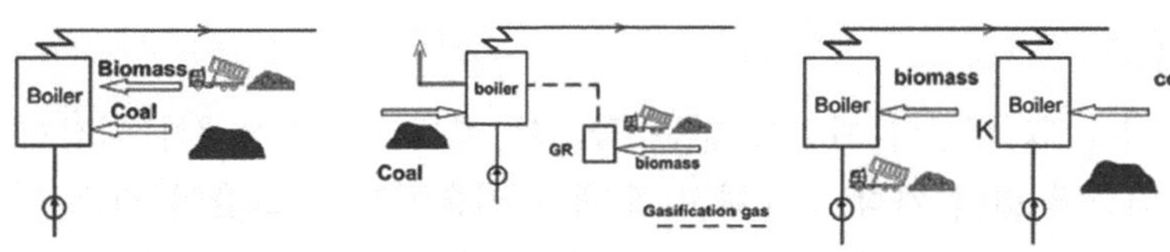

(a)직접혼합연소 (b)간접혼합연소 (c)병렬혼합연소

<그림 4-11> 연료공급별 혼합연소 방식

다. 연소로의 연소방식

1) 상압유동층 연소기

연료와 공기가 유동하면서 연소하는 기술로서, 석탄 혼합연소장치에 널리 적용된 상업화된 기술이다. 연소실은 공급되는 연료에 함유된 불순물, 낮은 에너지함량 또는 높은 수분함량에도 높은 연소온도를 유지하기 위해 모래로 구성된 하나의 베드를 가지고 있다. 연소실 챔버는 베드의 90%가 모래와 회분으로 채워지게 되고 나머지는 연료이다. 격자연소기에 비해 SO_2와 NOx와 같은 연소배가스가 적은 편이다. 바이오매스를 연소하기 위한 연소기의 개조비용은 매우 적은 편이다. 상압유동층 연소는 순환형, 기포형 및 정치형 유동층 보일러가 일반적인 형태이다.

2) 압력유동층 연소기

상압보다 높은 압력에서 연소가 일어나는 것을 제외하고는 상압유동층 연소와 비슷한 원리를 가지고 있는 연소이다. 그러므로 바이오매스 연료를 연소실내 압력조건으로 공급해주어야 하는 문제점이 있다.

3) 미분연소기

석탄이나 바이오매스와 같은 연료를 버너에 공급하기 전에 일반적으로 1mm이하로 전처리하는 공정을 필요로 한다. 연료의 선택이 매우 제한적이기는 하지만, 전 세계적으로 전력생산에 사용되고 있는 가장 보편적인 연소기이다. 이 연소기를 사용하는 이유는 배가스를 줄일 수 있기 때문이지만 낮은 에너지밀도로 인하여 높은 유량과 많은 바이오매스 양이 필요하다. 전력을 생산하기 위하여 바이오매스를 공급하는 방법은 석탄연소버너와 분리된 전용 바이오매스 버너, 연소 전에 석탄과 함께 전처리한 바이오매스의 혼합 및 석탄처리공정에서의 바이오매스와 혼합하는 방법이 있다.

4) 화격자 연소기

연료가 순환되거나 그 이상의 가공이 없는 공기와 함께 화격자상에서 직접연소하는 방식이다. 고체연료의 연소에 있어 가장 단순하고 오래된 기술이지만, 효율이 다소 낮고 많은 배출가스를 발생하게 된다. 연소실온도는 다른 연소기에 비해 높은 800-1400℃이다. 격자 연소기에서 목질계 연료를 문제없이 사용할 수 있지만, 다른 바이오매스 연료에 대해서는 연료의 질과 수분함량변화에 매우 민감한 특성을 가지고 있다. 바이오매스와 석탄을 혼합하여 연소하게 되면, 바이오매스의 혼합연소로 인하여 상당량의 화석연료를 대체할 수 있으며, CO_2발생량을 줄일 수 있고, 바이오매스의 화학적 조성으로 인하여 배출가스 중 SO_2와 NOx을 줄일 수 있다. 비교적 저렴한 가격으로 전 세계적으로 널리 분포하고 있는 바이오매스와 폐자원을 입수하여 효용가치를 높일 수 있을 뿐만 아니라 기존 화석연료의 혼합연소설비의 개조가 간단하고 저렴하다는 장점을 가지고 있다.

3. 전처리로서 건조기술

폐자원 및 바이오매스는 보유 열량 등 재활용 자원으로서의 이용가치가 있는 것으로 평가되고 있어 현재는 많은 나라들에서 폐기물이 아니라 자원으로 인정하고 있다. 이런 차원에서 자원 재활용을 염두에 둔 처리공법으로 적용하고 있는 기술 중 슬러지 건조기술은 중요한 위치를 점하고 있다. 함수율이 높은 폐자원 및 바이오매스(슬러지, 음식물쓰레기, 축산부산물, 농수산부산물 등)은 직접 이용이 곤란하기 때문에 대부분의 처리 및 재활용 과정에서 함수율을 낮추기 위한 전처리 공정으로 적용하거나 완전 건조 후 직접이용하기 위해 건조 공정을 채택하고 있기 때문이다.

일반적으로 건조는 함수율을 낮추기 위한 단순한 기술로 인식하고 있지만 건조되는 물질의 특성에 따라 건조 특성이 다르게 나타날 뿐 아니라 사용처의 상황에 따라 다른 상태의 건조 슬러지를 요구하기 때문에 기술 선정에 신중을 기할 필요가 있다.

가. 건조기술의 개요

1) 건조과정 및 특성

슬러지에 포함되어 있는 수분은 크게 결합수와 비결합수의 두 가지 형태로 구분하며, 고형물의 미세한 틈 등에 모세관현상에 의해 부착되어 있는 수분을 나타내는 모관결합수, 고형물 입자들 사이를 채우고 있는 간극모관결합수, 모관압에 의해 고형물 입자들을 쐐기상으로 결합시키고 있는 쐐기상의 모관결합수, 슬러지 입자 표면에 부착되어 있는 수분으로 각 입자와 화학적 흡착을 하고 있는 표면부착수, 슬러지 입자를 형성하는 세포의 세포액으로 존재하는 내부수 등의 5가지의 형태로 구분하고 있다.

이들 수분의 결합강도는 내부수〉 표면부착수〉 쐐기상모관결합수〉 간극모관결합수〉 모관결합수의 순서로 저하되며 슬러지 건조과정을 3단계로 나누어 볼 때 모관결합수는 건조 2단계(항율건조기간)에서 내부수와 표면부착수는 건조 3단계(감율건조기간)에서 증발되고 내부수는 세포액으로 존재하기 때문에 건조로 완전히 증발시킬 수 없다.

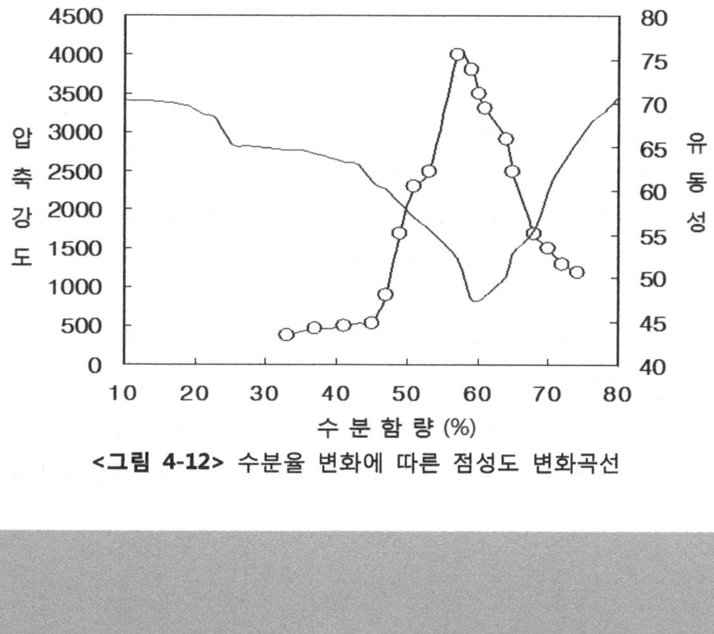

<그림 4-12> 수분율 변화에 따른 점성도 변화곡선

건조대상물의 물성은 삼성분 조성이나 발생되기까지의 적용하는 전처리여부에 따라 크게 달라지며, 물성의 변화에 따라 건조 특성이 크게 변화된다. 예를 들면 슬러지의 경우에는 건조 특성에 가장 큰 영향을 미치는 인자는 탈수성 개선을 위해 투입하는 응집제의 종류 및 투입량으로, 최근 하수슬러지 탈수에 주로 사용하고 있는 고분자 응집제는 건조기의 열교환 접촉면을 막히게 하거나, 슬러지를 덩어리화 시키는 데 일조하여 건조를 어렵게 하는 것으로 알려지고 있다.

아래 그림은 고분자응집제가 건조에 미치는 영향을 나타낸 것으로 함수율이 65% 정도에서 점성도가 급격히 증가했다가 40%대에서 다시 원 상태로 회복되는 것을 볼 수 있다. 이 구간을 점성 구간(glue zone)이라 하며, 이 구간에서는 슬러지가 아교처럼 끈끈해지고 수분증발율도 현저하게 떨어지게 된다. 점성구간을 벗어난 슬러지에서는 슬러지 입자가 쪼개지면서 분진이 발생하기 시작하고 20% 이하로 건조가 되면 더욱 작은 건조 알갱이로 쪼개지면서 분진 형태의 슬러지가 되는데 이 구간에서는 분진의 발화 혹은 폭발이 발생할 수 있다.

2) 건조방식 및 기술의 분류

건조기술은 건조의 목적이나 방식, 건조기의 형식에 따라 여러 가지로 분류하며, 각각의 기술들에는 나름대로의 특징이 있기 때문에 기술선정 시 신중을 기할 필요가 있다. 건조기술은 건조목적 및 건조방식에 따라 분류하며, 건조 목적에 따라 완전건조기술과 부분건조기술로, 건조방식에 따라 직접건조방식과 간접 건조방식으로 구분한다.

가) 건조 목적에 의한 분류

건조목적에 따라 건조기술을 분류해 보면 건조 슬러지를 비료, 시멘트 원료 등으로 직접 이용하기 위해 적용하는 완전건조기술과 소각 등의 후속 처리를 위한 전 단계로 적용하는 부분건조기술이 있다.

① 완전건조기술

슬러지를 농업용 비료나 산업용 연료 등으로 재활용하기 위해서는 수분함량을 30% 이하의 상태로 건조시킬 필요가 있는데 이때 적용하는 기술이 완전건조기술이다. 완전 건조된 슬러지는 슬러지의 부피가 감소되었을 뿐만 아니라 고형물질(DS)의 농도가 높고 부패, 변질의 우려가 낮으며 고온의 건조과정에서 병원균이 사멸되므로 취급이 용이하고 위험성이 낮다.

② 부분건조기술

함수율이 높은 슬러지를 직접 소각하거나 도시쓰레기를 혼소할 경우 수분증발에 많은 연료가 소모되므로 소각로 투입 전 단계에서 일정 수준 이하로 함수율을 낮추는 조작을 행하게 되는데 이때 적용하는 기술이 부분건조기술이다. 부분건조 시의 건조율은 후단 공정에서 발생되는 폐열량 혹은 후단 공정에서 요구되는 함수율 등을 기초로 결정하게 되는데 별도의 열

공급이 없는 소각시설의 경우 발생되는 폐열량을 효율적으로 이용하는 차원에서 수분함량을 60% 정도까지 건조하는 것이 적정한 것으로 보고 있다.

부분건조기술 적용 시의 경제적 효과에 대해 일본에서 실시된 실험 결과에 따르면 초기시설 투자비는 건조-소각공정이 직접소각공정의 투자비보다 약 10%정도 더 소요되지만 운영관리비면에서 건조-소각공정이 직접소각공정보다 20%정도 절약되어 전체적으로 약 15%의 절감 효과가 있는 것으로 보고되고 있다.

<표 4-8> 직접건조방식과 간접건조방식의 비교

항 목	직접건조방식 (대류전열방식)	간접 건조방식 (전도전열방식)
구조 및 원리	소각로에서 발생하는 연소가스와 슬러지가 건조기 내에서 직접 접촉하여 연소가스의 대류에 의하여 슬러지를 건조하는 방식 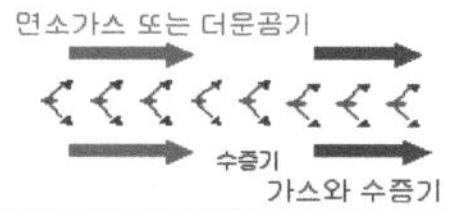 	소각로에서 발생하는 연소가스 또는 열교환에 의하여 생산된 열매체(또는 Steam)건조에 설치된 배관에 통과시켜 슬러지를 건조하는 방식 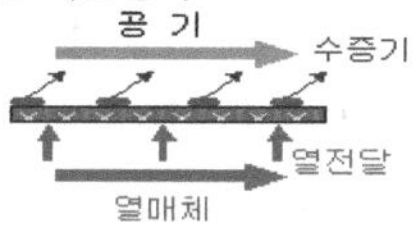
건조 슬러지 특 성	함수율: 10% 이하, 성상:분말, 입상 비중: 0.7이하, 발열량:2,000Kcal/kg내외(습윤저위기준), 안정성: 생물, 물리적으로 안정, 저장성: 가능	함수율: 10% ~ 60%, 성상: 입상, 비중: 0.7 ~ 1.1, 발열량: 1,500Kcal/kg내외(습윤저위기준), 안정성: 생물, 물리적으로 변화가 용이, 저장성: 불리
후속공정 연계 용이성 -퇴비화 -고 화 -연료화 -소 각 -용 융	양호 양호 양호 우수 우수	우수 우수 우수 양호(열활용측면에서는 우수) 양호(열활용측면에서는 우수)
열전달효율	높다	낮다
열회수효율	낮다	높다
열매체 온도	200~400℃	200℃ 전후의 증기 등
건조능력	크다	적다
설치비용	저렴	고가
설치면적	소	대
설비구성	간단	복잡
건조배가스량	대	소
건조속도	빠름	느림
유지보수성	용이	어려움
안전성	화재위험성 산재	안전
건조기 종류	회전, 밴드, 유동층, 기류, 분무	디스크, 패들, 원반, 씬필름

나) 건조방식에 의한 분류

하수 슬러지의 건조방식은 열의 이용방식에 따라 연소열을 직접 건조에 이용하는 직접건조방식과 연소열로 증기 등을 발생시켜 간접열을 이용하는 간접건조방식이 있다.

① 직접건조방식

직접건조방식은 버너 등의 연소가스와 슬러지를 직접 접촉시켜 건조시키는 방식으로 직접접촉에 의한 건조방식이기 때문에 열효율 면에서 유리하고 증기발생장치 등이 없기 때문에 시설이 간단하다는 장점이 있지만 건조과정에서 머리카락 등의 연소되기 쉬운 물질들이 일부 연소되어 악취가 발생할 뿐 아니라 슬러지로부터 분리된 수분이 연소가스와 함께 방지시설 쪽으로 이송되므로 이를 처리하기 위한 방지시설의 용량이 커지고 방지시설 구성이 어려운 단점이 있는 것으로 지적되고 있다.

직접건조방식의 대표적인 건조기는 드럼식 건조기이며, 대부분 건조 효율을 높이기 위해 내부에 슬러지 분쇄를 위한 회전축을 설치하고 있다.

② 간접건조방식

간접건조방식은 버너 등의 연소열로 열매체유 등을 가열한 후 이를 이용 슬러지와 접촉하는 디스크 등의 열 전달면을 가열함으로써 간접 건조하는 방식으로 연소가스와 건조가스의 배출통로가 분리되어 있어 악취물질의 처리가 용이하고 부하변동에 대응하기 쉬우며 수분량 조절이 용이하다는 장점은 있으나 열 전달면에 슬러지가 부착되어 장애를 일으킬 가능성이 높으며 열매체유 등의 가열을 위한 별도의 시설을 설치하여야 하는 단점이 있는 것으로 지적되고 있다.

나. 건조기의 종류

건조기의 종류는 일반적으로 건조열원을 이용하는 방법에 따라 달라지며, 건조 열원인 열풍이나 열매체(Steam, Oil등)를 단독으로 이용하는 형식과 이들을 조합하여 사용하는 형식이 있다. 건조열원으로 열풍을 이용하는 열풍건조기에는 드럼 건조기가 있으며, 열매체를 이용하는 열매체건조기에는 디스크건조기, 패들건조기 등이 있고 혼합식으로는 유동상건조기가 있다.

1) 유동상건조기 (Fludized Bed Dryer)

하수 슬러지를 연료 등으로 직접 이용하기 위해 완전 건조시키는데 주로 이용하는 건조기로 탈수 슬러지가 유동층건조기의 상부로 유입되어 유동층 하부로 떨어지고 하부에 설치된 파이프 노즐로부터 열풍이 불어져 슬러지를 유동시키면서 건조시키는 형태의 건조기이다. 건조된 슬러지는 투입구 반대편으로 배출되며 입상(粒狀)의 형태를 나타낸다. 열원으로는 버너와 열교환기에 의한 열풍 및 수증기가 이용되며, 수증기는 약 103~105℃ 정도의 것이 이용된다. 건조 시 보통 10% 정도의 분진이 발생되며 싸이클론으로 이를 회수하여 건조기에 재투입하므로 분진 퇴적에 의한 배가스 통로의 막힘현상은 발생되지 않는다. 현재 사용되고 있는 최대용량은 수분증발기준량 기준 2.3ton/hr이다.

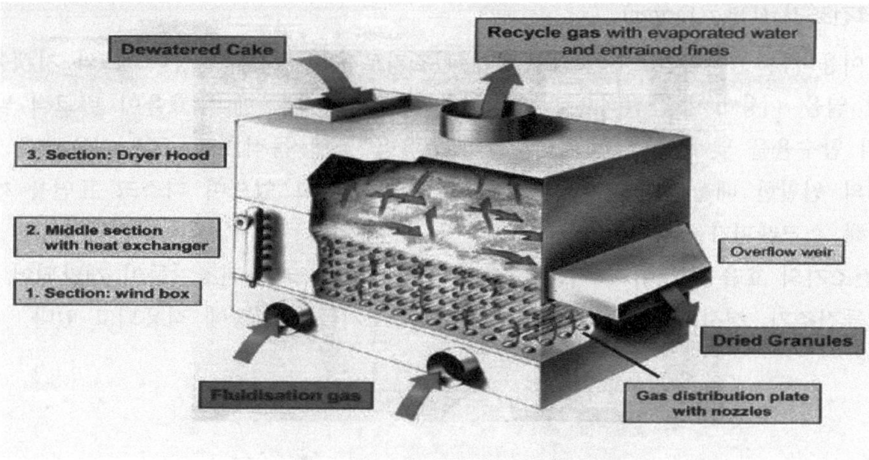

<그림 4-13> 유동상건조기의 구조

2) 드럼건조기 (Drum Dryer)

열풍건조 방식의 대표적인 건조기로 경사형 또는 수평형의 드럼 내에 슬러지를 투입하여 350~400℃의 열풍과 접촉시킴으로써 건조시키는 건조기이다.

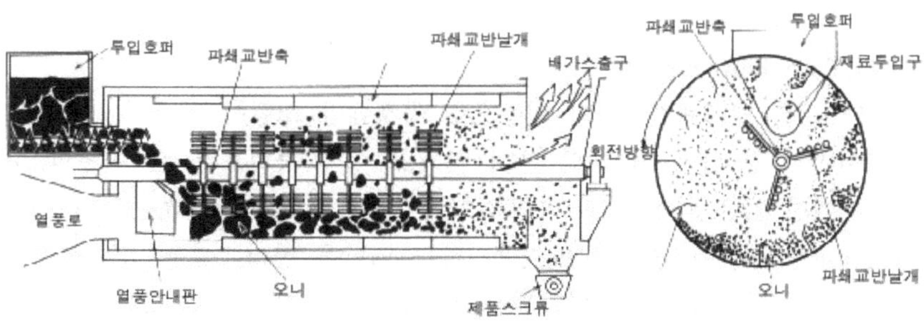

<그림 4-14> 드럼건조기의 구조

슬러지의 이송은 경사형의 경우 드럼의 회전(약 8~10rpm)에 의해, 수평형의 경우 드럼의 내부 벽면에 설치된 버켓에 의해 행해지며 건조효율을 높이기 위해 슬러지 중의 내부수를 노출시킬 목적으로 내부에 회전 날개를 설치하여 슬러지를 분쇄하는 형식의 건조기가 현재 널리 이용되고 있다. 건조 슬러지는 투입구의 반대편으로 배출되며 분말상(粉末狀)의 형태를 나타낸다. 건조과정에서 발생하는 분진형 슬러지와 연소가스가 후단 방지시설에 부하를 주어 방지시설 설치 및 운영에 어려움을 주고 있으며, 악취의 발산에 의한 민원 발생의 우려가 있다.

3) 디스크건조기 (Disc Dryer)

스팀을 이용하는 열매체건조기의 대표적인 건조기로 여러 개의 원형디스크와 자켓을 통과하는 스팀의 열을 이용하여 간접적으로 슬러지를 건조하기 때문에 열효율이 비교적 낮은 편이며, 슬러지 함수율을 낮추어 후단 처리시설의 효율을 높일 목적으로 주로 적용된다. 디스크에는 슬러지의 원활한 배출을 목적으로 1~3° 의 경사를 주고 있으며 디스크 표면을 깨끗이 유지하기 위해 스크레퍼가 설치되어 있다.

디스크건조기의 효율을 높이기 위해 변형된 형태의 디스크형 건조기들이 개발되어 이용되고 있는데 패들건조기, 경사디스크형 건조기와 같은 건조기들이 현장에 적용되고 있다.

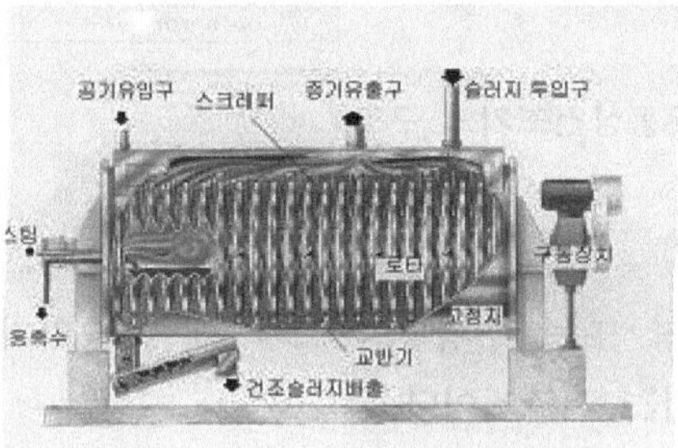

<그림 4-15> 디스크건조기의 구조

4) 박막건조기(Thin Film Dryer)

디스크건조기와 같은 열매체건조기의 일종으로 자켓에만 스팀이 공급되어 내부로 열이 전달되도록 한 구조이며 내부에는 슬러지의 분배 및 이송이 가능하도록 큰 원통의 축에 수십 개의 사각으로 이루어진 얇은 막형의 판이 용접되어 있어 자켓과 접촉하는 슬러지가 벽면에 부착되어 열전달 효율을 떨어트리는 현상을 방지하는 역할을 한다. 성능측면에서는 디스크 건조기와 유사하나 자켓에만 스팀이 공급되기 때문에 많은 전열면적을 필요로 하며 상대적으로 설비가 커지게 되고 유지보수에 어려움이 있다.

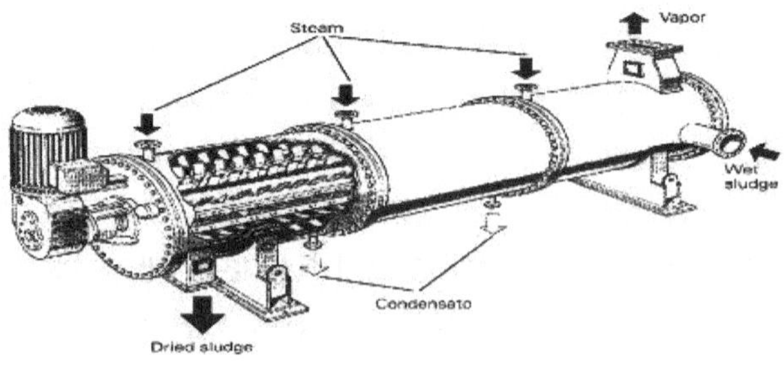

<그림 4-16> 박막건조기의 구조

다. 건조기술 선정 시 고려사항

건조가 슬러지 처리에 미치는 영향이 매우 크기 때문에 건조기술 선정에 신중을 기하여야 한다. 건조기술 선정 시 고려 인자로는 경제성, 운영의 편리성, 환경에 미치는 영향 등이 있다.

1) 경제성

건조기는 대부분 열을 가하여 수분을 증발시키는 기계이기 때문에 시설설치비 이외에도 연료비, 전기비, 인건비 등의 여러 요소들을 동시에 검토해야 한다. 일반적으로 시설 설치비는 공급되는 슬러지 톤당 0.5~0.6억이 투입되며 이를 운영비에 반영할 경우 전체 건조비용 중 약 40% 정도를 차지한다.

<표 4-9> 건조에 소요되는 에너지량

구 분	부분건조(35% DM)	완전건조(95% DM)
연료(ℓ /t DM)	120	300
전기(kwh/t DM)	30	50

※ 연료는 경유 기준임.

연료비는 건조 효율에 따라 변화되지만 시설 설치비를 제외한 전체 운영비의 50%이상을 차지하는 중요한 인자이므로 효율이 높은 건조기를 선택하고 경제적인 연료사용을 검토할 필요가 있다.

2) 운영의 편리성

하수 슬러지에는 유기물이 다량 함유되어 있기 때문에 건조 슬러지는 120℃ 이상에서 자연 발화하는 문제가 있다. 이를 극복하기 위해서는 우선적으로 안전한 시설을 설치하여야 하겠으나 공정이 단순 간편하여 운전상 실수로 인한 재해를 원천적으로 봉쇄할 수 있어야 한다.

3) 환경에 미치는 영향

지금까지 슬러지의 건조에서는 건조과정에서 발생하는 악취의 발산과 비산 슬러지의 배관 내 퇴적에 따른 막힘현상으로 인한 문제점이 지적되어 왔다. 따라서 방지시설의 종류, 구성 및 용량에 주의를 기울여 적정한 방지시설을 설치하여야 한다. 건조 슬러지를 외부로 이송하여 재이용하는 경우에는 이송과정에서의 흩날림, 악취발산이 이용에 장애를 초래할 수 있으므로 건조 슬러지의 형상 및 운송방안에도 주의를 기울여야 할 것이다.

라. 건조처리기술 사례

1) 디스크 건조기술

가) 기술의 개요

드럼내 원형 디스크를 통과하는 증기의 열을 이용하여 디스크 표면에 부착된 슬러지를 간접적으로 건조하는 기술이다.

나) 건조기의 구조

건조기는 몸체, 중심중공축(Rotor), 원형판(Disc), 스크래퍼(Scraper), 조절기(Agitator), 감속기 및 모터로 구성되어 있으며, 원형판의 구조는 증기의 유입과 응축수의 배출이 용이한 구조로 계획되며, 전열면적을 극대화 할 수 있는 구조로 되어 있다.

- ROTOR(중심중공축): 유이된 증기를 원형편(Disc)에 고르게 분산, 열의 사각지대 예방, 국부냉각, 국부과열 예방

<그림 4-17> 건조기 구조 및 외형

- DISC(디스크): 주요 열전달이 이루어지는 면으로 마모 및 부식을 고려 설계, 내부로 증기가 통과하여 열접촉면적 극대화
- SCRAPER(긁기판): 슬러지와 원형판이 동시에 회전하는 것을 방지함, 열전달 효과 증진 및 슬러지 축적방지, 혼합효과 극대화
- AGITATOR(조절기): 양 · 음 · 중립으로 설치되어 혼합, 전지시킴, 경사각 조절이 가능한 조립식 구조

ㅇ 슬러지 흐름: 구동부축 상부로 유입되어 반대쪽 하부로 배출됨
ㅇ 증기흐름: 구동부(Drive)의 반대편에 설치된 사이폰 관(Syphon pipe)을 통해 공급된 증기는 충분한 열교환 후 응축수로 배출
ㅇ 마모대책: 저속운전, 건조 정도에 따른 마모량 증가고려(함수율 55%이상으로 계획), 내열·내마모의 동시 발생을 고려하여 12mm이상 두께의 디스크 계획(디스크 재질 : SB42, 케이싱 재질 : SS400+STS304 Lining), 마모 정도가 큰 디스크 끝단 보호용 보강재 설치

다) 건조공정

ㅇ 완전건조공정

완전건조란 슬러지의 수분함량을 약 10~15% 이하로 만든후 재활용하기 위한 건조로서 슬러지의 재활용을 위해 펠렛(Pellets)을 성형하고, 슬러지의 부피를 감소시키 위하여 건조한다. 생산된 고형연료는 고형물질(DS) 농도를 높혀 발열량을 높이고, 부패, 변질방지, 병원균사멸, 취급이 용이하다.

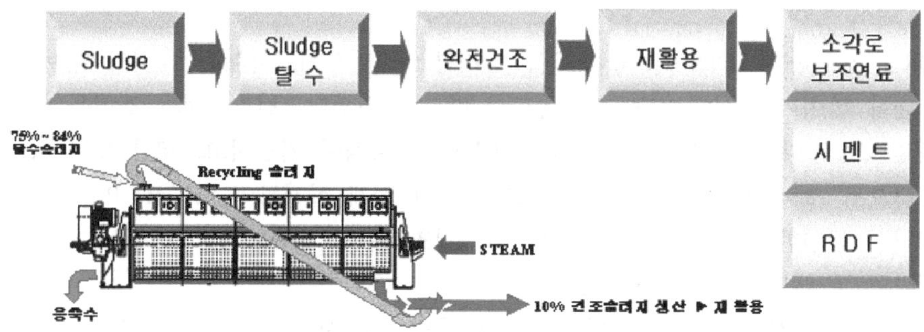

<그림 4-18> 완전건조공정 처리계통도

ㅇ 부분건조

슬러지의 수분을 저감한 후 소각하기 위해서 부분건조를 실시하는 공정으로서 슬러지의 건조 후 수분함량을 약 55~65% 부분 건조후에 소각을 하거나, 퇴비 등의 원료로서 이용한다.

라) 주요특징

ㅇ 슬러지내 수분증발량 극대화를 위해 : 배기가스 온도 98℃ 유지에 의한 수분증발량 극대화, 건조기 내부압력을 진공으로 유지(-20mmAq이하)
ㅇ 열전달 사각지대 및 과열지역을 방지하는 구조로 열효율 극대화
ㅇ 배기가스와 함께 배출되는 분진등의 2차 오염물질 발생이 거의 없는 설비

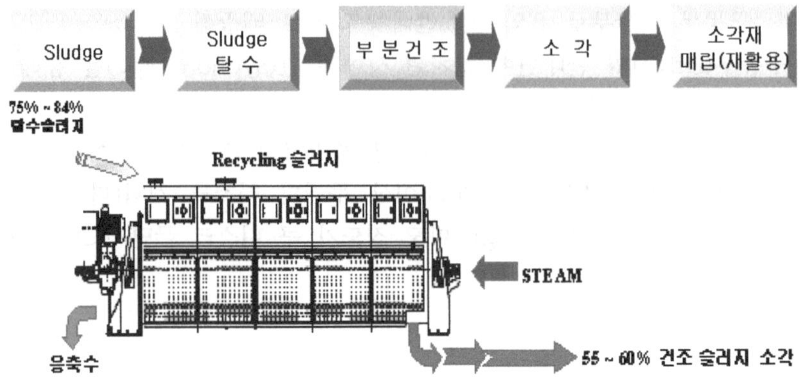

<그림 4-19> 부분건조공정 처리계통도

마) 공정의 구성

스팀 등의 열매체를 이용한 간접가열식 디스크건조기로써, 종래의 1축식 및 다축식 건조기에 비해, 용적당 전열면적을 최대화하고, 교반 및 파쇄에 따른 면적당 수분증발효과를 극대화한 설비로 되어 있다.

STATOR를 취부하여 IDLE RUNNING을 방지할 수 있으며, 파쇄된 슬러지 내부의 수분증발효과를 극대화 하여 다축식에 비해 건조속도를 빠르게 하였다. 건조상태의 조정은 증기(STEAM) 압력과 배출 GATE의 높낮이를 운전중에도 외부에서 조정이 가능하고, 교반 Impeller도 탈 · 부착이 가능하므로 조정 범위가 크다. 충진율을 비교적 적게 설정하여 SHORT-PASS가 적고, 다축식에 비교하여 균일한 입도의 제품을 배출한다. 건조기부터 배출되는 배기가스량이 적어 환경오염 방지시설의 부하량이 적고 경제적이다.

DISK DRYER의 전열은 ROTOR와 DISK의 양면 및 JACKET에서 간접적으로 전달되는 방식이며, 증발수분을 빠르게 건조기 외부로 배출하여 건조기 내부의 수분(습도)을 낮추도록 CARRIER AIR를 유인 송풍기로 흡입한다. 직접 건조방식에 비해 배출 슬러지의 수분을 조절할 수 있고, 운전이 용이하며 화재의 위험성을 줄일 수 있다.

나) 특징 및 구조

<그림 4-20> 건조설비 외형도

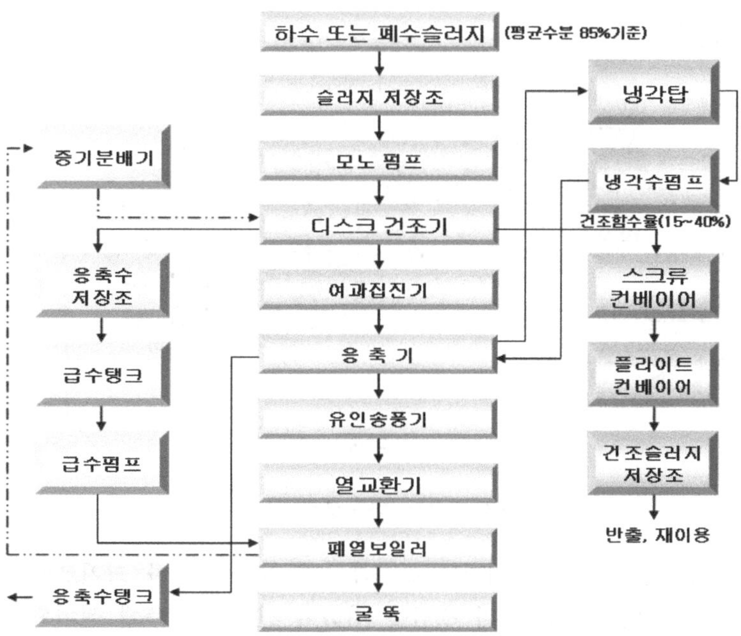

<그림 4-21> 처리계통도

2) 다단로식 건조기

다단로식 건조기는 5~6단으로 구분된 컨테이너형 건조기로써 1단에서 6단으로 위에서 아래로 지그재그식으로 이동하면서 슬러지를 건조시킴으로써 건조효율이 뛰어나고 설치면적이 작으며, 직접열공급방식으로 열효율이 좋고 공기와 슬러지의 이송방향이 교차식이라 건조효율이 뛰어나며 연속처리식 건조방법으로 처리용량과 건조 슬러지의 함수율 조정의 용이함 그리고 슬러지의 건조 단계에 따라 이송-교반-분리-분쇄날개를 설치하여 건조된 슬러지의 형상이 작고 일정하게 건조될 수 있는 특징을 가지고 있다.

가) 건조기의 특징

다단로 건조기는 충분한 체류시간의 확보를 위하여 높이 방향으로 5~6단 설치되어 있으며, 체류시간 조정이 쉽고 향류식 건조기로 슬러지 건조에 적합하다. 장치내에는 다수의 이송/교반과 분쇄패들에 의해 충분한 교반과 분쇄가능하나, 구동부가 많은 관계로 유지보수에 어려움이 있을 수 있다.

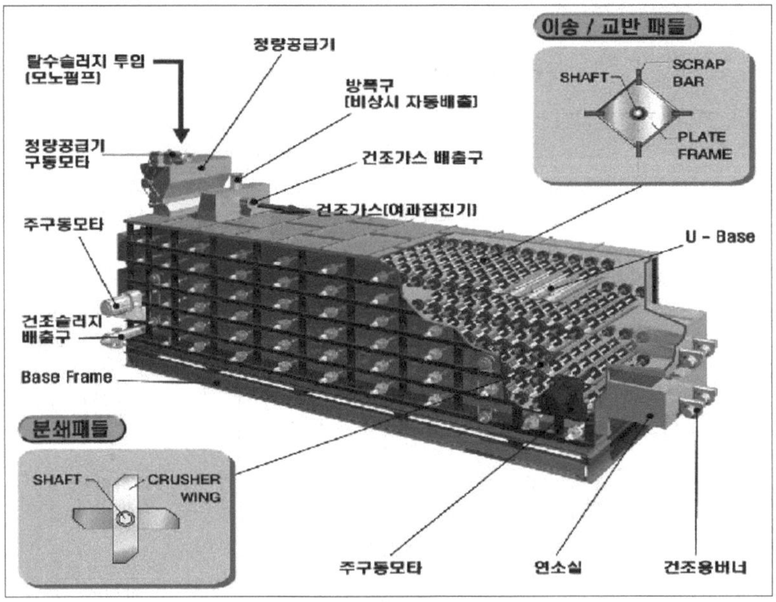

<그림 4-22> 다단로식 건조기

건조 공정중 발생되는 슬러지 덩어리는 분쇄패들에 의해 일정한 크기로 분쇄되어 배출 분쇄기가 별도로 불필요하다. 유지관리비 절감을 위하여 건조기 양측에 설치된 버너에 의한 직접 열원을 공급하고 있으며, 타 방식에 비해 수분 증발 효율이 높아 최소의 연료소모를 줄이고 있다.

구동모타의 효과적인 연결로 동력소모를 최소화 시키는 구조이며, 패들의 유지 보수가 용이하도록 각각 분리 보수가 가능한 구조로 되어 있다.

나) 건조원리

내부는 슬러지가 순차적으로 통과하는 U-base와 패들로 형성된다. 이송·교반패들은 6~11rpm으로 회전하며 분쇄패들은 350~400rpm으로 회전하고, 건조기 내부온도를 유지하기 위하여 열풍을 공급하는 연소실과 버너가 있다.

건조기 내부는 -10mmAq~-20mmAq로 운전하여 배가스를 강제배출함으로 안전하고 효율적인 연속건조방식으로 함수율 60~95% 탈수슬러지를 5~40% 건조슬러지로 처리된다.

다) 건조기 구조

투입되는 슬러지 파쇄 및 투입량 자동조절이 가능한 정량공급기, 건조기에 투입된 슬러지를 이송·교반하는 이송·교반패들, 건조 중 고점착성단계(수분 65~50%)에서 슬러지가 아교처럼 끈끈해지면서 발생되는 슬러지 덩어리를 분쇄하는 분쇄패들, 건조슬러지를 배출하는 배출스크류, 건조열풍을 공급하는 버너와 연소실, 동력전달장치, 비상시 배가스를 배출하는 방폭구, 건조가스 배출구 등으로 구성되었다.

라) 건조장치의 process

건조 process는 건조공정과 분쇄공정의 2단계로 나뉘어진다.

① 건조공정

- 1단계 (SPREADING PROCESS) : 투입된 초기 슬러지를 U-Base 위에 고르게 발라 표면적을 넓혀 수분 증발을 쉽게 하는 공정
- 2단계 (CRACKING PROCESS) : U-Base 표면의 슬러지가 열품에 의해 증발과 균열이 일어나는 공정
- 3단계 (SEPARATING PROCESS) : 표면 증발이 완료된 슬러지가 U-Base에서 분리되는 공정
- 4단계 (SCRAPPING PROCESS) : 분리된 슬러지가 이송/교반 패들에 의해 건조되는 공정
- 5단계 (CRUSHING PROCESS) : 이송/교반된 슬러지 덩어리가 고속 회전하는 분쇄패들에 의해 분쇄되면서 수분이 증발되는 공정
- 6단계 (AGITATING PROCESS) : 분쇄 완료된 건조슬러지가 최종 배출되기 전 이송/교반되는 공정

② 분쇄공정

분쇄공정은 덩어리분쇄, 건조효율증대, 최종건조 및 분쇄, 혼합공정의 4단계로 나뉘어져 있으며, 〈그림 4-24〉로 나타내었다.

- 1차 분쇄(덩어리 분쇄공정) : 2단 후반부에서 생성되기 시작한 덩어리를 1차 분쇄하는 공정
- 2차분쇄(건조효율증대공정) : 10~15mm의 덩어리를 건조효율을 높히기 위해서 분쇄하는 공정
- 3차 분쇄(최종건조 및 분쇄공정) : 최종배출목표 함수율과 입자크기를 만족시켜주는 분쇄공정
- 4차 분쇄(혼합공정) : 3차 분쇄공정후 최종 혼합과 건조효과를 증대시켜 주는 분쇄

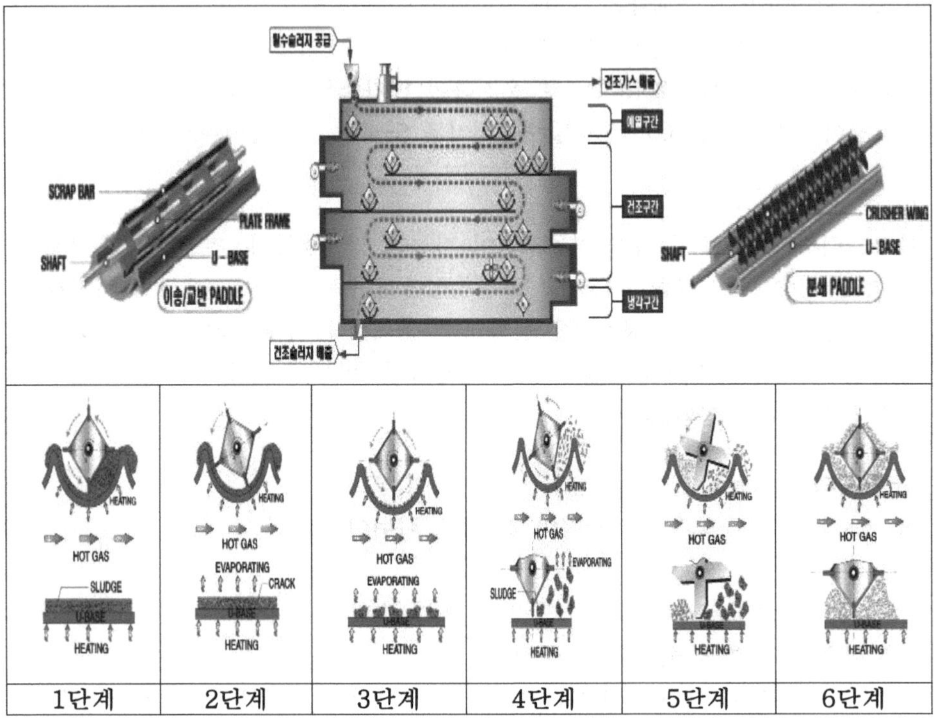

<그림 4-23> 다단로식 건조기의 형태

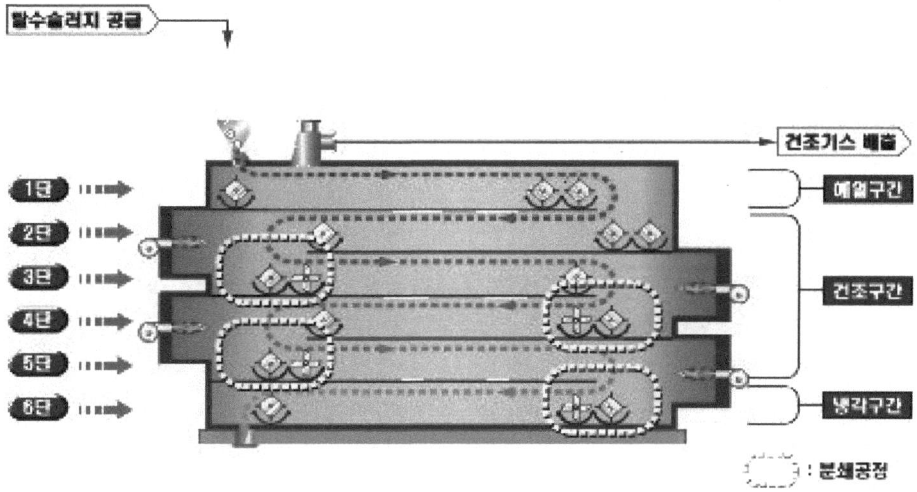

<그림 4-24> 분쇄공정

③ 건조 및 배출가스처리공정

배출가스처리 공정을 포함한 건조공정에 대하여 전체 처리 공정을 3가지 방식이 가능하다. 첫 번째 방식은 여과집진기와 습식세정탑의 조합방식이고 두 번째 방식은 습식세정탑과 바이오필터 조합방식이다. 〈그림 4-25〉의 형태는 이러한 처리공정을 유입부터 최종처리단계까지 나타낸 것이다.

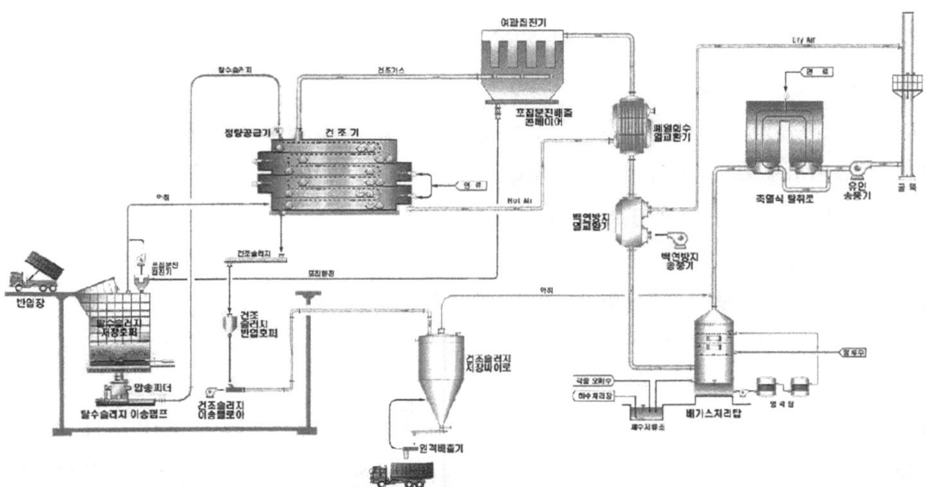

<그림 4-25> 다단로식 건조기 공정도

3) 열풍접촉 순환식 건조기술

가) 기술 개요 및 원리

회전건조기의 일종으로 회전드럼 내부에 슬러지의 표면적을 넓히고 교반효과를 높이기 위해 파쇄교반날개를 장착한 건조기이다.

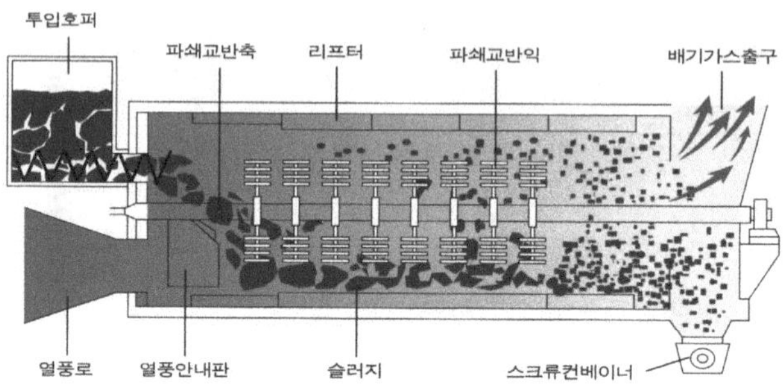

<그림 4-26> 건조기 구조도

건조기에 투입된 탈수슬러지는 180~250rpm으로 회전하는 파쇄기에 의해 분쇄되며 열풍로의 열분산 안내판에 의해 화염접촉을 차단하고 열풍접촉을 유도, 단시간에 건조과정을 거친다. 탈수슬러지는 드럼의 회전에 의해 낙하 유출구로 이동 균일한 입자를 형성 건조가 촉진되므로 별도의 펠라타이저가 불필요하다. 최종 건조슬러지는 건조기 하단으로 배출 건조슬러지 냉각기에서 40℃이하로 냉각 · 제습된 후 건조슬러지 저장싸일로에 이송 저장된다.

나) 설비구성 및 처리공정

① 혼합설비

혼합설비는 이송설비 및 믹서로 이루어져 있으며, 탈수 슬러지와 건조 슬러지를 일정한 수분 함유량을 유지하도록 혼합하여 건조기에 투입시키는 설비이다. 이송설비는 냄새, 먼지 및 소음을 최소화되도록 완전 밀폐형으로 구성되어 있다.

② 건조설비

건조설비는 열풍을 발생시키는 열풍 발생로와 원통형 건조기 및 배기가스 응축기로 구성되어 있다. 열풍 발생로에서 발생된 약 500℃의 열풍은 혼합 슬러지와 동일 방향으로 직접 접촉하며 이동하고, 혼합 슬러지는 건조기 내에서 캐스케이드 현상을 반복하며 약 20~30분의 짧은 시간에 멸균된 건조제품을 생산하며, 건조 슬러지의 수분 조절을 자유로이 할 수 있다.

건조 슬러지 수분은 최대 8~9%W.B., 건조 슬러지 입경은 2~4mm, 건조 슬러지 제품 온도는 80℃ 이상이며, 건조기 배기가스는 응축기를 통과한 다음 대부분을 재순환하여 방지시설

규모를 줄이고, 시스템의 에너지 효율을 극대화 시키도록 하고 있다.

③ 선별 및 파쇄설비

건조된 슬러지는 선별장치를 통과하게 되며 제품 규격기준(2~4mm)을 통과한 건조 슬러지는 저장 싸이로에 이송되어 저장되며, 선별장치를 통과하지 못한 건조 슬러지는 파쇄설비에서 1차 파쇄된 다음 건조 슬러지 재순환 호퍼에 저장된다.

다) 기술의 특징 및 경제성

- 건조효율이 간접식 건조방식에 비해 열용량계수가 높으며, 파쇄교반장치에 의해 슬러지를 파쇄하여 열풍과의 접촉면적 증대하고 미압의 진공상태 유지로 건조기내 열효율 향상
- 수분함량 8~9%로 건조하여, 멸균 및 저장시 소화가스 발생을 억제하며, 취급이 용이하고 안전하다(부피 감소율 : 약70% 이상)
- 건조슬러지 성상이 과립형(2~4mm)으로 균질하고 강도가 충분하여 다양한 용도로 활용이 되며, 운반/저장 등 취급에 편리하다.
- 계절적 변동이 심한 하수 슬러지의 부하변동을 사전에 차단하여 시스템의 안정성을 확보한다.
- 완전밀폐식으로 냄새, 먼지 및 소음이 최소화된다.
- 운전의 용이성 및 무인 자동운전 가능 (운전인자의 연동으로 슬러지 부하 변동에 대하여 전자동 최적운전상태 유지)

4) 이젝터 기술의 저온진공건조 시스템

가) 기술의 개요

본 기술은 저온 감압 건조장치에 관한 것으로 하수슬러지를 본체에 넣고 진공용 이젝터 및 냉각파이프 장치를 이용하여 저렴한 에너지 비용 및 간결한 시스템으로 신속하게 건조하여 2차 오염의 발생 없이 하수슬러지를 5%이하의 함수율로 완전건조 하여 취급성이 좋은 재활용 원료로 생산하는 기술이다. 증발현상과 응축현상을 이용하는 소위 상변화 열전달의 응용으로서 열의 이동이 빨라 결과적으로 건조 소요시간이 단축되며, 하수슬러지의 증발건조에 필요한 열량만 소모되므로 에너지의 소모량이 극소화하게 됨을 그 특징으로 한다.

나) 기술의 원리

하수슬러지를 투입하고 보일러를 가동하여 스팀을 발생하게 한다. 발생된 스팀은 내장된 동파이프 상부로 유입하기 전에 진공용 이젝터를 작동시켜 먼저 본체 내부의 발생 수증기와 공기를 흡입한 후, 파이프로 유입되어 하수슬러지의 증발에 필요한 열량을 공급함으로써 건조물에 함유된 수분이 증발하게 된다.

《표 4 10》 건조기술 비교

구 분		저온진공건조	열풍건조	냉풍건조	동결건조
증발압력(절대압)		저진공10-30 mmHg	대기압760 mmHg	대기압760mmHg	극저진공0.3 mmHg
증발온도		10~30 ℃	100 ℃	100 ℃	-30 ~ -40 ℃
가열매체		온수	90℃ 전후 열풍	5℃ 전후 냉풍	고온 열매체
피건조물 온도		15 ℃	85 ℃ 이상	5 ℃ 전후	-30 ℃ 전후
건조실 형태		진공 건조실	상압 건조실	상압 건조실	극저진공 건조실
사용에너지 종류		기름, 전기	기름, 전기	전기	기름, 전기
에너지 소모량		100% (기준)	300~400%	300~400%	500%
인 건 비		100% (기준)	300~400%	300~400%	500%
운전 용이성		무인자동운전	화재주의,유인운전	정기수리 필요	고도의 보수기술
유지보수기술		용이	용이	전문가 필요	전문가 필요
건조후품질	색 깔	거의 동일	상당 고온 탈색	일부 변색	거의 보존
	향 기	거의 동일	상당량 손실	일부 손실	향이 사라짐
	영양소	거의 동일	상당량 손실	약간 손실	-
	모 양	원래 모양 유지	말라 비틀어짐	상당 변형	원래 모양 유지
	건조후 보관	상온(저온)보관	상온보관	저온 보관	냉동보관
	수분흡수	매우 빠름	매우 느림	느림	매우 빠름

진공용 이젝터는 보일러에서 발생한 스팀이 갖는 열에너지를 이용하여 건조기 내부에서 발생하는 수증기와 공기를 흡입하여 배출함으로써 결과적으로 건조기 내부의 압력을 낮추어 지정된 압력의 진공상태를 유지하는 것이다. 또한 하수슬러지에서 발생된 수증기와 건조기 내부에 잔존하는 공기에 의한 대류 열전달을 촉진하고 나아가 고농도로 존재하는 발생 수증기의 본체 내부로의 물질 확산을 촉진하여 결과적으로 건조속도를 극대화하기 위한 목적으로 교반장치를 설치한다.

냉각파이프는 진공용 이젝터의 흡입 부하를 줄이기 위하여 건조기 본체 내부에 설치되어 냉각 파이프 내부의 냉각수 온도와 증발온도의 차로 인하여 발생 수증기의 보유 열량이 냉각수로 이동함으로써 응축이 진행된다. 응축수 이젝터는 냉각 파이프 연직하부의 집수통에 고이는 응축수와 본체 내부의 일부 수증기와 공기를 흡입하여 외부로 배출하는 기능을 갖는다. 이와 같이 건조기 내부를 진공상태로 유지하면서 열전달을 촉진함으로써 건조에 소모되는 에너지를 최소화 하고 건조과정 중 부패를 억제하며 최종 함수율을 낮추는 완전건조가 달성되는 것이다.

다) 처리 공정의 구성

① 슬러지 저장 호퍼 : 차량으로 이송되어온 슬러지를 1차적으로 수집 저장하는 곳

② 슬러지 이송 투입 : 슬러지를 진공건조기 본체로 이송하여 투입하는 공정이다.

③ 건조공정 : 투입된 슬러지는 자동 운전 조작에 의해 진공건조 시스템이 가동

④ 응축수 배출 : 건조공정중 발생되는 물은 투입량 대비 70-80%에 해당하며 이때 발생되

는 응축수를 별도의 탱크에 저장

⑤ 배출 : 건조가 완료된 슬러지는 저장 등 취급성을 위하여 성형 공정으로 이송

⑥ 성형 : 건조 슬러지를 압축 · 성형

⑦ 저장 : 성형 완료된 슬러지는 저장소로 운반되며 이후 재활용 목적에 맞도록 활용

라) 최종생산물에 대한 적용분야

현재 조경용, 골프장, 산림 등지에 사용할 수 있는 바이오 유기비료로 개발 중

① 농가 농경지 토양개량제 및 유기비료로 활용

② 가로수, 녹지정비, 공원, 임야, 간척지, 도로절개지등 사용

③ 골프장 잔디 관리용(페어웨이)

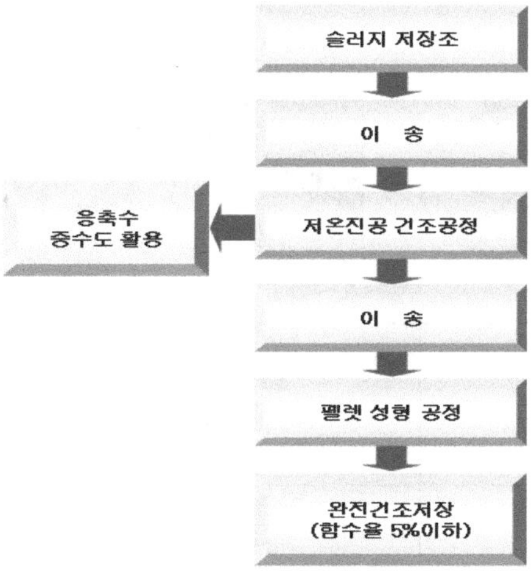

<그림 4-27> 처리계통도

<표 4-11> 장단점의 분석

장점	단점
- 2차 오염의 문제 해결 · 침출수 발생이 전혀 없고 발생되는 응축수를 중수로 활용 가능하다. · 하수슬러지의 건조 과정 등에서 발생하는 악취가 없다. · 파리, 모기 등 여름 해충의 발생이 없다. · 처리시설이 깨끗하고 친환경적으로 운영가능하다.	- 국내실적 없다. - 기술개발 단계임으로 기술적 신뢰성 미흡하다. - 분진폭발 위험이 있다. - 건조 배가스량이 많다.
- 처리 시스템의 안정성 · 처리공정을 단순화하여 기계적인 부하 및 유지보수 비용이 적다. · 운전이 쉽고 타 처리시설과의 연계성이 좋다. (소각시설, 퇴비화 등) · 구조가 간단하고 고장이 적다.	

5) 폐열을 활용한 킬른식 건조기술

가) 기술개요

본 기술은 직접가열방식, 향류식의 슬러지 회전건조로(Rotary kiln)로, 슬러지의 건조특성에 맞게 회전건조로 내부에 나선이송환(Sprial), 리프터 플레이트(Lifter plate) 및 스크린(Screen)의 크기와 위치에 변화를 주어 고함수율 및 고점성의 슬러지를 함수율 20% 이내의 5~10㎜ 크기의 구형입자로 건조하는 기술이다.

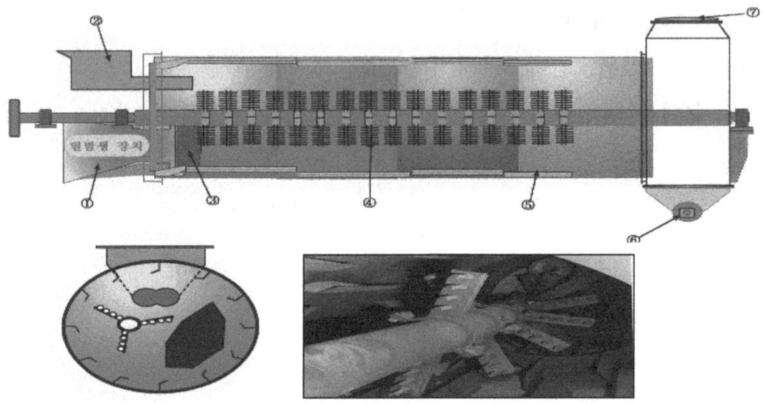

번호	명 칭	용 도	비 고
①	폐열투입구	회류형소각열장치	900℃-1100℃
②	원료정량공급기	처리물 정량공급	5톤/시(85%)
③	열확산장치	고열분산장치	스텐310S
④	파쇄교반날개	고형물파쇄시키는장치	16셋트
⑤	리프타(바케트)	건조물을퍼주는장치	-
⑥	배출(건조물)	건조물외부이송장치	-
⑦	배출가스	측정농도는 검사치참조	180℃-230℃

<그림 4-28> 건조로 구조

가연성 폐기물(가연성 쓰레기)의 소각을 이용한 열발생장치에서 건조로에 공급되는 열풍의 균일한 분포를 위해, 적절한 각도를 가진 열확산장치를 설치하여 연소가스의 직접 슬러지 접촉을 막고, 하수슬러지를 Rotary Kiln 내면의 바켓에 의해 긁어올림과 낙하시에 중앙의 샤프트에 장착된 파쇄 교반날개(분쇄장치)에 의해 파쇄하고, 미립화되어 열접촉면적을 증대시켜 하수슬러지 건조효율을 증대시키는 기술이다.

회전건조로를 수평으로 설치하여 기계적 부하를 최소화하고, 나선이송환에 의한 건조구간별 슬러지 적정량 이송으로 막힘현상을 방지하여 장기간 연속 가동을 가능하게 한다. 슬러지 투입구 측의 일정구간에 열풍과의 접촉면적을 넓게 하고, 슬러지를 상승·낙하시켜 입자를 잘게 파쇄하여 건조효율을 극대화할 수 있는 스크린 설치 및 리프터 각도를 구성하고 있다. 고함수율(80% 이상) 및 점착성이 높은 슬러지를 효율적으로 건조하기 위하여 건조로 내부의 시설물을 배치하고 있다.

적절한 각도를 가지는 열확산장치로 건조로내에 공급되는 열원을 적절하게 확산전달하는 방식이며, 하수슬러지 등은 원료정량공급기에 의해 자동제어되어 건조기에 투입되고, 열발생장치에서 공급 되는 열원은 건조로 입구에 장착된 열확산장치에 부딪혀 열풍으로 전환되고 건조과정 각 단계에서 적절하게 건조로내에 분포되어 건조효율이 개선된다. 회전식 드럼으로 유입된 폐기물은 리프타에 의해 긁어올림과 낙하를 반복하면서 낙하시 중앙에 장착된 샤프트의 날개차들에 의해 혼합 및 파쇄되고 미립화 되어 열접촉 표면적을 증대시킨다.

샤프트에 장착된 날개들은 각도 0° ~30° 범위이고 그 편차는 5° 의 크기를 가지며 각도의 크기에 따라 물질의 이송속도가 조절, 각기 다른 각도를 가지고 있어 건조과정중 적절한 이동속도를 유지하며 폐기물이 이동된다. 리프타의 기능은 슬러지가 회전식 드럼으로 유입되자마자 드럼안에 설치된 리프타에 의해서 바닥에서 꼭대기로 들어올려진 다음, 다시 바닥으로 떨어질 때 고속으로 회전하는 분쇄장치의 날개 바퀴에 의해서 혼합 및 파쇄를 하면서 물질이송 역할을 하는데 이 과정은 배출구 근처에 도달할 때까지 반복 되고, 뜨거운 공기에 효과적으로 노출되게 된다. 이렇게 해서 만들어진 물질의 작은 덩어리들은 재차 작은 알갱이로 만들어지는 폭포형 효과가 일어난다.

나) 처리 공정

슬러지 공급설비, 건조설비, 배가스 처리설비로 크게 3개 공정으로 구분된다.

- ○ 슬러지 공급설비 : 슬러지 원활하고 안정적인 공급
  - 저장조류(슬러지 보조호퍼, 슬러지 메인호퍼)
  - 이송기기류(벨트컨베이어, 스크류컨베이어, 드래그체인컨베이어)
- ○ 건조설비 : 투입된 슬러지를 적정함수율 이하로 건조한다.
  - 회전건조로
  - 연료공급기기(연료저장탱크, 연료펌프, 연료분사펌프)
- ○ 배가스 처리설비

  건조로에서 배출되는 건조배가스의 대기오염물질을 제거하여 외부로 배출
  - 방지시설 (싸이클론, 멀티싸이클론, 백필터, 세정집진장치, 소석회분사장치)
  - 백연처리장치, 배기설비(유인송풍기, 굴뚝)
- ○ 건조슬러지 반출설비 : 건조된 건조슬러지를 건조로에서 반출하기 위한 설비
  - 저장조류(건조슬러지 저장싸이로)

- 이송기기류(패들스크류컨베이어, 벨트컨베이어, 버킷엘리베이터)

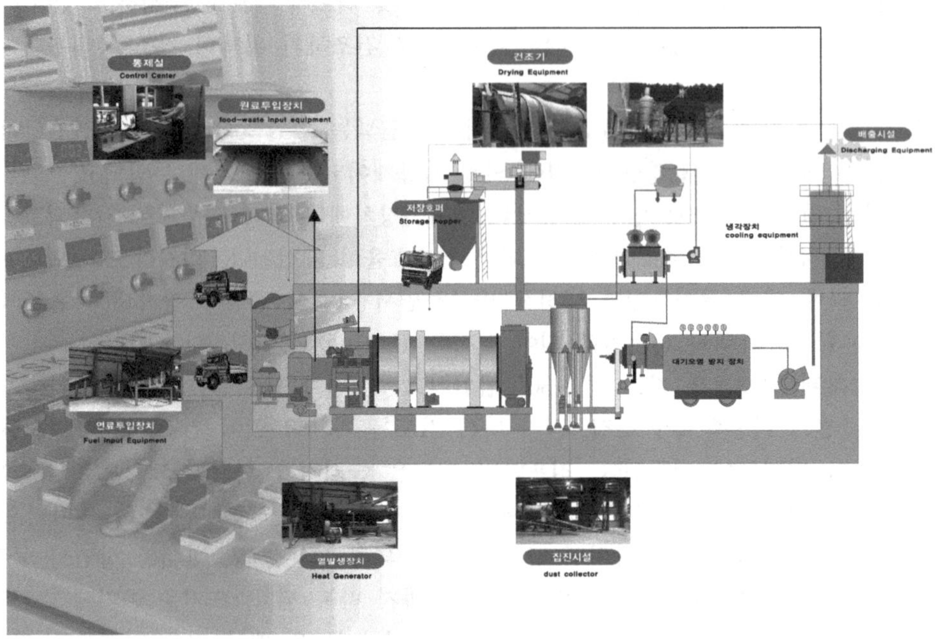

<그림 4-29> 공정흐름도

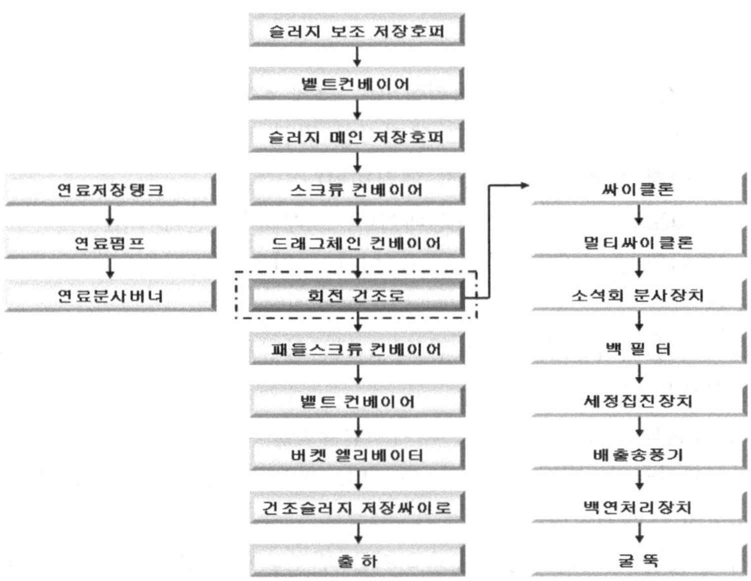

<그림 4-30> 처리계통도

6) 원심박막 건조기술

가) 기술의 원리

원심박막건조기는 분배링과 회전날개를 통하여 농축슬러지를 얇은 필름 형식으로 낙하하게 한 다음 가열증기의 열로서 건조(간접가열식)시키는 원리를 이용한다. 따라서 원심박막건조기는 탈수된 Cake를 건조시키는 기존시스템과 다른 원리로서, 슬러지를 얇은 필름 형식으로 만들기 때문에 슬러지의 특성에 영향을 받지 않으면서 높은 열전달 효율로서 건조시키는 시스템이다. 원심박막건조기의 부분별 구조는 [그림 4-31]과 같다.

나) 원심박막건조기의 성능 관계

원심박막건조기의 처리 성능은, 공급 슬러지량과 건조슬러지의 목표함수율에 따라 결정됩니다. 일정한 조건의 가열증기에서 운전할 경우, 슬러지 공급량이 많으면 건조슬러지의 함수율이 높아지며, 슬러지 공급량이 작으면 건조슬러지의 함수율이 낮아진다. 또한 건조기 회전날개의 회전수 증감에 따라 건조슬러지의 함수율을 조정할 수 있다(이는 건조기내에서 슬러지가 체류하는 시간을 변화시킨다.).

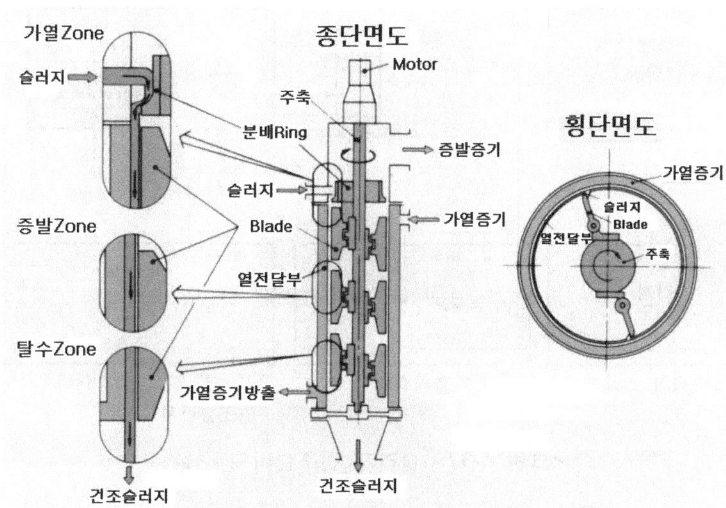

<그림 4-31> 원심박막건조기의 부분별 구조

본 건조기는 가열증기에 의한 간접 건조방식으로서 유입 슬러지의 특성에 영향을 받지 않고 안정한 처리 성능을 유지한다.

슬러지 공급량과 건조슬러지 함수율과의 관계는, 슬러지 특성과 건조기의 회전수에 의하여 달라지며, 슬러지 공급량이 같더라도 슬러지의 특성상 건조슬러지의 함수율은 달라질 수 있다.

<표 4-12> 후속공정에 따른 함수율 비교

후 속 공 정	함 수 율
(1) 폐기처리 (현재의 탈수설비와 동일)	85~80%
(2) 소각로 투입 (건축자재 등)	70~60%
(3) Compost (비료)	60~50%
(4) 농지환원 (토양개선재)	50~40%
(5) 용융로 투입 (건축자재 등)	45~35%

다) 후속 처리공정에 따른 함수율의 결정

건조기의 주축회전수 또는 농축슬러지의 공급량을 Inverter로 제어하여 함수율 35%~60%의 건조슬러지를 생성한다. 농축슬러지 공급량은 쉽게 조정할 수 있으며, 처리중에도 함수율의 조정이 가능하여 몇분 내에 목표 함수율을 얻을 수 있다.

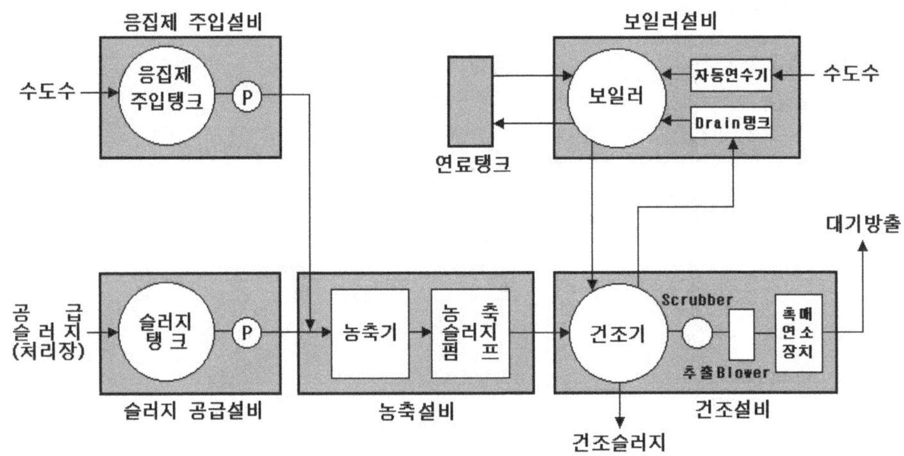

<그림 4-32> 슬러지 건조설비의 구성

라) 처리 공정

① 슬러지 공급계통 : 처리장의 슬러지 저류조로부터 함수율 98~99%의 생슬러지를 슬러지 서비스탱크로 이송한 다음, 슬러지 공급펌프로서 농축기까지 이송합니다. 농축기에서 농축된 함수율 85~90%의 농축슬러지는 농축슬러지 이송펌프에 의해 다시 건조설비로 이송됩니다. 건조공정을 완료한 배출 슬러지의 최종 함수율은 약 50%이하

② 응집제 공급계통 : 응집제 탱크에 저장된 고분자응집제 용액(농도 0.15%)은 주입율 0.5~0.8%로서 슬러지 배관에 주입

③ 가열 Steam Line : 보일러에서의 가열증기(약175℃)는 건조기의 Jacket으로 유입됩니다. 증기는 drain 회수하여 재사용

④ 연료공급계통 : 연료저장탱크에서 보일러로 공급되는 배관

⑤ 건조 배가스 처리계통 : Blower에 의하여 추출된 건조기내의 배기공기는 Scrubber내로 유입되며, Scrubber 내에서는 먼지 및 암모니아를 제거하기 위하여 배기공기를 냉각수로 Spray합니다. 배기공기는 외부로 배출하기 전에 촉매연소장치를통하여 악취를 제거시킴

<표 4-13> Belt Press 시스템과의 비교

항 목	슬러지건조시스템	Belt Press 시스템
응집제 / 주입율	고분자응집제 0.5~0.8% / DS	고분자응집제 0.9~1.5% / DS
처리공정	연속공정	연속공정
처리슬러지 함수율	35~60%	75~83%
운전제어/ 운전환경	① 설비 운전시 전문지식 불필요. ② 운전시 설비 세정 불필요. ③ 폐쇄형 구조이며 추출공기는 촉매연소 장치에서 악취가 제거되어 악취가 없음.	① 설비 운전시 유입 슬러지의 특성 변화, 응고제 주입율, Belt속도와 압력 등 요소에 따른 전문 지식이 필요하고 운전복잡. ② 탈수처리 후 필터 세정이 필요. ③ 악취 제거설비가 필요하다. 설비가 개방되어 있고 탈수된 슬러지의 함수율이 높으므로 악취가 다량 발생된다.
설비의 특징	① 메카니즘이 간단. ② 건조슬러지의 함수율이 낮다. ③ 건조슬러지의 발생량이 작다. ④ 건조슬러지의 재처리 용이. ⑤ 건조슬러지의 장시간 보존.	① 메카니즘이 간단. ② 탈수방식이므로 탈수슬러지의 함수율이 높다.
처리된 슬러지 비교	① 슬러지는 불결하지 않고 낮은 함수율로 악취가 거의 없다. ② 건조슬러지의 취급이 용이하며, 고체 알갱이 상태이므로 토양에 보관이 가능하다.	① 탈수된 슬러지는 매우 불결하고함수율이 높아 악취가 심함. ② 슬러지를 쉽게 처리할 수 없다.
결 점	① 보일러설비가 필요하다. ② 건조기의 고속회전에 의해 어느 정도의 소음과 진동 발생.	① 별도의 탈취설비가 필요하다. ② 필터 매트의 세정이 필요.

마) 장 · 단점

① 장점

슬러지 감량에 따른비용이 절감, 기존 탈수기 대비 발생 슬러지 량이 1/2.5로 감량되어 Cake 처분비, 처리 인건비(98.5% 함수율 농축 슬러지 대비 3% 용적), 시설투자비 등이 절감된다. 50% 함수율로 자연상태에서 발효/부숙되어 수분조절제와 교반설비가 필요 없이 퇴비화/부숙이 가능함. 즉, 별도의 퇴비화/부숙 전용설비가 필요 없다. 이동식의 경우에는 1대로서 여

터 처리공정을 순회하며 처리가 가능하고, 무인운전 가능하여 유량에 따라 자동적으로 조정이 되어 연속적으로 안정한 건조슬러지를 생성시킬 수 있으므로 운전원의 낮은 전문지식으로도 운전이 가능하다. 중앙제어실 또는 통합감시제어시스템과의 통신으로 원격감시가 가능하며, 폐쇄형 구조이므로 악취발생이 거의 없으며, 건조시의 배가스는 흡착 및 탈취 처리되어 환경개선이 가능하다.

② 단점

국내 설치사례가 없어 기술의 신뢰성 확보가 미흡하며, 1기당 처리능력이 작기 때문에 대규모 시설에 부적합하나, 다수설비 설치로 설치면적을 증가시킬 수 있다. 기존 탈수설비의 철거 또는 가동중단을 요구함에 따라 기존시설 적용에 불합리하며 농축슬러지내 협잡물 및 토사 등 다량 포함시 건조기 작동에 무리가 따를 수 있다.

7) 삼중드럼 건조기술

가) 기술의 원리 및 내용

열풍로 또는 소각로 발생하는 연소가스와 슬러지가 건조기 내에서 직접 접촉하여 연소가스의 대류에 의하여 슬러지를 직접건조하는 방식으로 아래 그림과 같이 연소가스의 열풍이 사방에서 슬러지와 접촉하여 물 입자를 건조시켜 열효율이 높다.

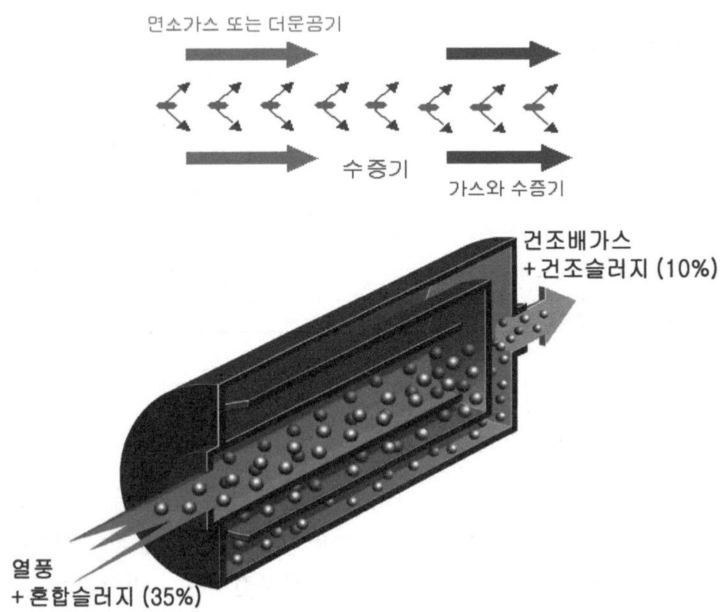

<그림 4-33> 건조원리

나) 삼중드럼 건조기

삼중 드럼건조기는 약 400℃의 고온 열풍으로 건조기 내에서 함수율 35% 전후의 혼합슬러지(8mm이하 크기)에 직접 접촉하는 대류 건조방식이다. 수평하게 설치된 3개의 통로가 형성된 회전하는 드럼 내에서 고속 열풍(15m/s전후)으로 파쇄 및 건조가 이루어진다.

입자가 큰 것은 천천히 작은 것은 빠르게 이동하면서 20분 이내에 건조가 이루어지며 대부분 4mm 이하의 입자 상태로 건조되어진다. 슬러지의 점성구간을 피해 완전건조하여 이송효율이 우수하고 기계적 마찰이 적어 내구성 향상에 기여한다. 슬러지의 건조 과정에서 3~8mm 크기의 입자가 외피에서 건조가 이루어지면서 내부에 있던 수분이 외피로 이동이 이루어지고 건조물의 외피 온도는 최종 배출될 때까지 90℃ 전후로 유지되고 계속 건조가 이루어진다.

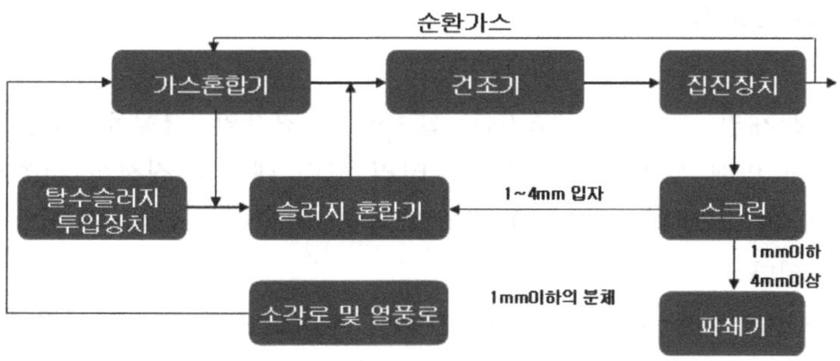

<그림 4-34> 건조공정 계통도

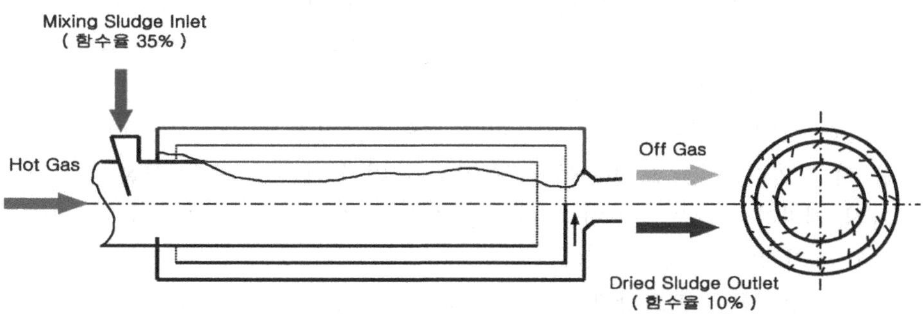

<그림 4-35> 건조기 구조도

다) 열풍 발생로

열풍을 발생시켜 건조의 열원으로 이용키 위한 설비로 Burner, Combustion Chamber Circulating air Inlet, Granulate Inlet hot Gas Outlet로 구성된다.

○ Burner : 연료로는 LNG, 경유, 소화조, Gas, LFG 등이 이용될 수 있으며 연소 연료량

과 공기는 건조기 입출구 온도, 건조물의 함수상태 순화 Gas량과 같이 연산 자동 제어 된다.

- ㅇ Combustion Chamber : 연료의 연소와 열풍생산, 순환 Gas와의 혼합 기능을 갖으며 고온에 견딜 수 있도록 내화물로 축조되어 있고 열효율 향상, 2차 오염물질의 생성 억제, Gas 혼합이 효과적으로 이루어질 수 있도록 구성되어 있다.
- ㅇ Granulate Inlet : 35% 전후의 함수율로 혼합된 Sludge를 건조기에 투입전 열풍 발생로 후단에 설치된다.
- ㅇ Hot Gas Outlet : 건조기와 직결되며 건조 대상인 35%의 Sludge를 열풍에 의해 건조기로 이송된다.

8) 대류형(직접식) 건조기술

가) 기술개요 및 원리

CTD 건조기는 25개의 슬러지 건조기를 설치한 20년간의 경험을 바탕으로 Sernagiotto Technologies SPA에 의해 설계되고 개발된 로터리 드럼 대류형 직접식 건조기이다. 열매체로는 가열로에서 발생시킨 고온의 공기이며 공기의 낮은 비열로 인하여 건조기의 가동과 중지는 약 15~20분이 소요된다.

건조기의 형태는 3개의 동축 실린더를 포함한 로터리드럼으로 구성되며 회전속도는 약 16rpm으로 기아모터와 연결된 벨트에 의해 운전된다. 드럼내부에 구동요소는 없으며 3개의 실린더는 드럼과 조합되어 있고, 유일한 기능은 공기/슬러지 흐름을 유도하는 것이다. 2개의 동심 통로를 갖도록 설계된 드럼은 건조될 슬러지와 고온공기의 접촉시간을 극대화한다. 건조물은 공기의 흐름에 의해 이송되고 필요시 드럼이 신속히 비워진다.

최종 건조물은 균일한 입도를 갖고 있으며 드럼으로 투입되는 슬러지는 이미 혼합되어 알갱이 모양을 하고 있다. 건조 드럼내에는 구동부위가 없기 때문에 최종산물은 높은 밀도의 입자분포를 가진 깨지기 어려운 균질한 상태이다. (입자크기 > ø 1mm) 건조기에서 배출되는 공기와 증기로된 물의 온도는 약90℃이다.

공기와 스팀의 혼합물은 포화상태가 아니다.(대략 건조공기의 8/10 kg이 증기 1kg을 만드는데 사용된다) 건조물에 의한 최대온도는 공기와 스팀 혼합물의 포화온도를 초과할 수 없으며 이 온도는 약 60℃에서 조절된다. 이 온도는 슬러지의 유기성 휘발성 물질 감소를 차단할 뿐만 아니라 유기물질이 분해되는 가능성을 감소시킨다.

나) 공정설명

탈수된 슬러지는 슬러지 가교현상을 방지할 수 있는 Silo에 저장된다. 탈수슬러지는 Silo로부터 재순환되어지는 건조된 슬러지와 혼합되는 믹서로 이송되어진다. 혼합시 슬러지는 일정한 습도와 크기를 가지며, 열교환 성능의 증가뿐만 아니라 뜨거운 공기에 노출되는 부분을 증가화 시킬 수 있도록 건조된 슬러지 입자들의 외부 표면을 균일하게 덮고 있다.

알갱이 모양의 혼합슬러지는 가열로에서 보내진 고온공기와 직접 접촉되는 건조기에 투입된다. 대류건조기는 수평식 로타리 드럼으로 구성되어지는데, 내부는 3개의 동축실린더로 구성되어 있다. 슬러지는 고온공기와 3개의 동축실린더 내부 벽에 균일하게 배치된 패들에 의해 이송된다.

건조된 슬러지가 드럼을 통과하여 미세한 입자들을 제거하는 고효율 백필터에서 원심 송풍기에 의해 이송되어지는 공기와 증기의 흐름으로부터 분리되어진다. 또한 백필터는 여과백에 과부하를 줄 수 있는 굵은 입자들을 사전에 제거하기 위한 pre-chamber를 갖고 있다. 백필터의 다음단계로, 습윤공기는 매우 미세한 입자를 제거하고, 건조과정동안 생산된 증기의 응축을 위해 냉각장치에 의해 세정되어지고 냉각된다. 습식 원심 분리기는 슬러지의 매우 작은 입자들을 제거하는 동시에 임펠러의 원심력을 통해 냉각장치를 벗어나는 증기화된 물을 제거한다. 원심 분리기에서 배출 된 후, 일부공기는 연소로에 재투입되고 나머지 공기는 배출 STACK으로 이송된다.

백필터에 의해 분리된 슬러지는 스크류와 로타리 밸브에 의해 배출되어 버켓 엘리베이터에 의해 진동체로 이송되어진다. 체는 특별한 내구성 재질과 막힘을 방지하는 구조로 만들어진 두 개의 분리된 스크린으로 구성되어 진다. 이 체는 건조된 슬러지를 세 종류의 입도 범위로 분리하며 중간 사이즈는 최종 배출구로 보내지며 작거나, 큰 입자들은 스크류와 버켓 엘리베이터에 의해 재순환처리 사용된다. 따라서 알갱이 모양의 건조된 생산품은 분말의 형태가 없고 저장이나 이송에 어떠한 문제도 발생하지 않는다. 슬러지는 트럭으로 직접 배출할 수 있는 경사진 스크류컨베이어를 갖춘 최종 배출 저장 사일로에 버켓 엘리베이터에 의해 운반된다.

다) 기기설명

열풍은 공정에 쓰이는 공기를 대략 400℃까지 가열할 수 있는 버너를 가진 가열로에서 생산된다. 접선 방향에서 재순환 공기를 주입시키는 내부 분사판을 가지고 있는 2단계의 가열로는 플레이트 컨베이어에 의해 나뉘어져 있다. 연소실 내부는 전체적으로 세라믹 섬유로 덮여있으며 버너는 천연가스, 바이오가스 또는 액화 오일 가스로 작동될 수 있고 팬은 완전연소를 위해 필요한 공기량을 공급한다.

건조 드럼은 내부 실린더에서 외부 실린더까지 건조되어지는 물질의 혼합물을 운반하는 방식으로 만들어진 세 개의 동축 실린더로 구성된 회전 드럼으로 이루어져 있다. 버너에 의해 가열된 공기는 건조되어지는 물질과 접촉하고 공기 온도는 400℃(유입)에서 90℃(유출)로 떨어진다. 드럼의 두 개의 롤러 트랙은 바닥에 고정시키기 위해 철 구조물에 고정되어진 두 개의 스틸 바퀴로 지지되어 진다.

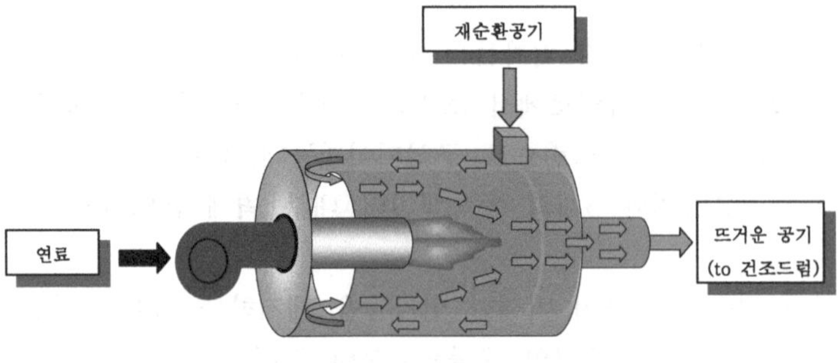

<그림 4-36> 열풍발생 시설

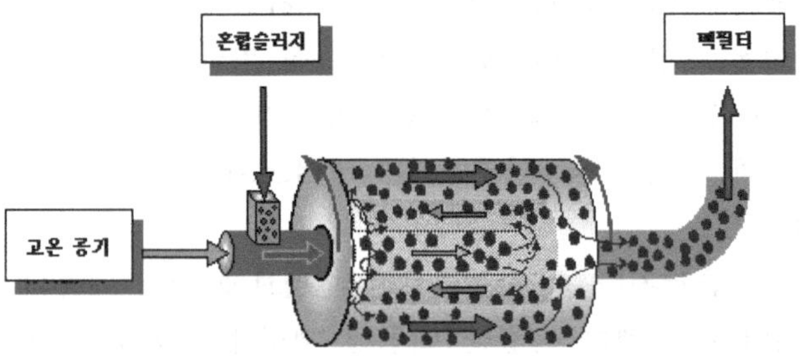

<그림 4-37> 건조 드럼

건조기를 나가는 건조 슬러지는 재 순환되어지고, 혼합기에서 젖은 슬러지와 섞여지고, 혼합된 물질들은 드럼으로 공급되어진다. 혼합단계(젖은 슬러지와 건조된 슬러지)는 성공적인 건조를 위해 필수적인 요소다. 특히 건조 시스템으로 보내지는 물질은 젖은 슬러지로 덮여진 알갱이 모양의 건조 슬러지 형태로 균일하게 만드는 것이 중요하다. 혼합된 알갱이 모양의 구조는 다음의 특징을 가진다.

- 뜨거운 공기 흐름에 모든 알갱이의 노출 표면적 증가
- 건조 드럼에 공급되는 혼합 슬러지의 형상은 균일한 알갱이의 모양을 가지는데, 이러한 특징들은 분말이나 굵은 입자의 비율이 낮은 적정한 알갱이 형태의 건조슬러지를 얻기 위해 필요하다.

마지막으로 혼합기는 중심의 회전 샤프트에 고정시킨 내구력있는 패들의 형태로 개발되어 왔다. 패들은 혼합기 케이싱과의 거리를 조정할 수 있도록 높이를 조정할 수 있으며, 체류시간과 알갱이 크기를 조절할 수 있도록 패들의 각도를 조절할 수 있다. 젖은 슬러지와 건조된 슬러지의 적절한 혼합을 위해 3분 정도의 체류 시간을 갖도록 혼합기의 부피를 계산한다. 혼합된 물질은 균일한 알갱이 크기를 가질 것이며 이것은 고온 공기에 노출되는 것을 향상시키며 건조 효율을 증가시킨다.

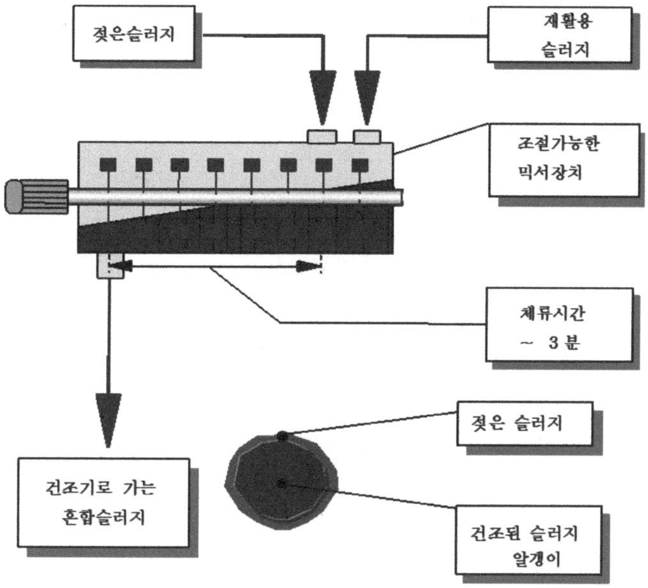

<그림 4-38> 슬러지 공급 계통도

공기 / 건조 슬러지 분리 백필터는 드럼에서 배출되는 공기로부터 건조슬러지 입자를 분리하는데 사용되어진다. 압축공기- 자동 청소 형식이며 과부하로부터 백필터를 보호하기 위해서 굵은 입자들을 제거하기에 적합한 전처리 챔버, 백 표면에서 응축 형성물을 방지하기 위한 보온을 하고 있다. 백필터는 높은 분진 제거율을 나타내며 필터에서 배출되는 분진의 농도는 20mg/Nm3을 넘지 않는다. 배가스가 백필터 후단에서 세정되고 응축되어지는 것을 고려할 때, 대기로의 배출은 약 10mg/Nm3 이하가 될 것이다. 백필터 통과 후의 낮은 분진 농도는, 공기의 세정과 응축을 위해 사용된 배출수의 부유물질 증가를 상당히 낮게 할 수 있으며 그 농도는 수십 mg/l에 불과하다. COD의 증가에 관하여는, 세정에 의해 제거되는 부유물질의 양에 따라 달라지는데 그 농도는 약 100~150mg/l 이다.

백필터를 통과한 공기는 이송팬을 통해 스팀이 응축되고 가스가 세정되는 포화 응축장치로 보내진다. 증기 응축장치를 통과한 후, 가스는 분진과 습기를 제거하기 위해 원심분리기로 이송되어 진다. 이 처리 이후에, 가스의 90%가 약 35℃의 온도로 가열로에 재순환 재가열 되어지고, 그런 뒤에 다시 건조 과정으로 공급되며 남아 있는 10%는 대기로 배출된다. 로터리 밸브에 의해 백필터로 부터 추출된 건조 슬러지는 세 종류의 다른 입자크기 범위로 나눌 수 있는 진동체로 옮겨진다. 이 체는 두 개의 겹쳐진 스크린을 가진 조밀한 스틸 플레이트로 구성되어 진다. 전체피복을 하는 금속 구조물은 실제 진동에 의해 생기는 수평력에 견딜 수 있도록 적절하게 균형이 이루어져 있다.

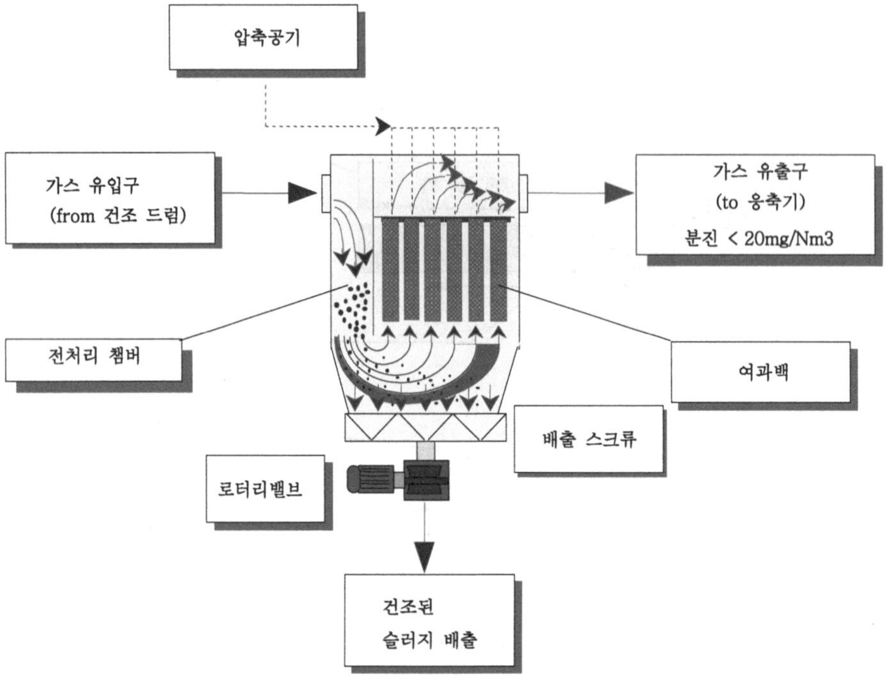

<그림 4-39> 건조슬러지 분리공정

건조 슬러지는 버켓 엘리베이터가 있는 적절한 사일로에 저장되어 진다. 원통형 저장 사일로는 원뿔형 배출 호퍼를 갖추고 있다. 사일로의 꼭대기는 전기 진동기에 의해 청소되는 자동 필터가 장착되어진다. 진동되는 바닥은 저장된 물질을 배출하여, 경사진 스크류 컨베이어에 투입하며 스크류 컨베이어는 상하로 움직임이 가능한 하역 장치를 갖추고 있어 배출지점에서 직접 트럭에 적재가 가능하다. 하역 장치는 또한 주변에 분진이 흐르는 것을 방지하기 위한 필터와 팬을 갖추었다.

CTD 건조기는 대기로 방출되는 공기 중의 황화수소, 암모니아, 메르캅탄류 등 냄새를 유발하는 일부 유기 물질들을 제거하기 위하여 선택적으로 탈취 시스템을 갖출 수 있다. 탈취시스템을 설치 하느냐 안하느냐의 선택은 처리 물질의 성상에 따라 달라지며 대체적으로 생물학적 슬러지에는 필요하지 않다.

4. 고형연료화

가. 폐기물 고형연료화 기술

1) 기술 개요

고형연료는 도시생활폐기물중 불연성분(유리, 돌/흙, 금속류, 비금속류 등)을 제거하고 양질의 가연성 폐기물만을 선별하여 파쇄/분쇄/건조/성형공정을 거쳐 만들어지는 연료로 정의되어 있다. 폐기물의 고형연료로는 생활폐기물 고형연료(RDF), 폐플라스틱 고형연료(RPF), 폐타이어 고형연료(TDF)로 구분하고 있다. 폐기물의 고형연료화가 신 · 재생에너지의 한 분야로써 부각되어지고 있으며, 기존의 소각, 매립되는 폐기물의 양을 최소화하여 환경부하를 감소시키고 매립지의 수명연장에도 도움이 된다. 자원고갈, 고유가, 에너지 수요의 급증으로 인한 에너지가격 상승의 대응방안으로도 활용될 수 있다.

고형연료는 발열량이 높고 연소성이 우수하며 연소시 유해물질의 배출이 적고 타 연료와의 혼합연소가 가능하고 제조원가가 저렴하며, 수송과 저장에 용이하다는 특성 및 장점을 가지고 있다. 폐기물을 소각하거나 매립하는 것 보다 고형연료로 만들어서 발전시설에 대체열원으로 사용하면 상대적으로 시설비용이 적고, 대기오염물질(CO, NOx, SOx)이 기준치 이하로 배출되며, 수질오염을 일으키지 않고, 중금속/연소재/분진 등의 잔류물 배출량이 적으며 열병합발전시 열에너지 회수율이 높고 폐기물 처리비용이 적다.

고형연료제품을 사용할 수 있는 시설로는 시멘트 소성로, 고형연료 전용발전설비 및 10MW 이상의 화력발전시설, 석탄 사용량이 시간당 2톤 이상인 지역난방시설/산업시설, 고형연료제품 사용량이 시간당 200kg 이상인 전용보일러시설 등으로 정하고 있다.

버려지는 상태 그대로 연료로 사용되기도 하고 제조과정을 거쳐 만들어지는 형태를 연료로 사용하기도 한다. 예를 들면 RDF의 제조공정은 제조회사나 방법에 따라 다를 수 있지만 일반적으로 선별공정, 파쇄/분쇄공정, 건조공정, 성형공정, 탈취공정을 거치게 된다. 이중에 선별기술이 제일 중요하고 향후 기술개발이 더 필요한 공정이다. 〈그림 4-40〉에 비성형/성형 고형연료에 대한 예가 나와 있다.

미국에서는 사기업 위주로 고형연료 발전시설이 운영되기 때문에 공익성보다는 채산성이 중시되어 고비용의 성형 고형연료보다 상대적으로 저렴한 비성형 고형연료를 주로 사용한다. 고형제품 연료화 시설과 발전소가 같이 위치하는 것이 특징이고 연료는 컨베이어 벨트를 통해 운반된다. 주로 스토커식 연소방식을 채택하고 있으며 최근에는 석탄이나 바이오매스와의 혼합연소 기술개발에도 많은 연구가 이루어지고 있다. 일본의 경우 고형연료 전용연소시설 및 혼합연소시설이 고루 가동 되고 있고 주로 유동층 연소방식이 채택되어 사용되고 있다. 10여 곳의 지자체에 위치하는 고형제품 연료화 시설에서 한 곳의 발전소로 연료를 운송/저장하는 방식을 사용하고 있어 수송과 저장에 용이한 성형 고형연료만을 연료로 인정하고 있다.

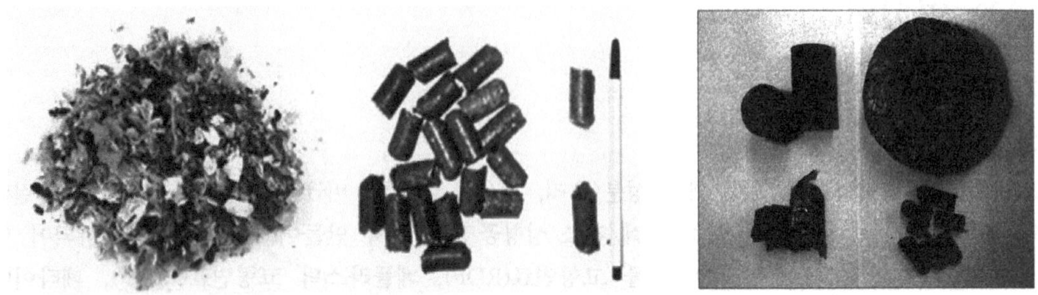

(a) 비성형 고형연료 (b)성형 고형연료

<그림 4-40> 고형연료의 종류

2) 제조공정

고형연료의 제조공정으로 선별공정, 파쇄/분쇄공정, 건조공정, 성형공정, 탈취공정이 있다. 선별공정에서는 금속/비금속, 유리, 모래 등의 불연물을 인력선별기, 자력선별기, 풍력선별기, 비철선별기 등을 이용하여 분리하는 공정으로 제조공정 중 가장 큰 비중을 차지한다. 파쇄/분쇄공정에서는 파쇄기나 분쇄기를 이용하여 고형연료를 잘게 파쇄하거나 미분탄 형태로 분쇄한다. 건조공정은 파쇄되거나 분쇄된 연료를 건조기를 이용하여 수분의 함량을 일정량 이하로 건조시킨다. 성형공정을 위해 연료를 미리 잘게 분쇄하여야 하고, 그 연료를 압축 성형시킴으로써 펠렛이나 브릿켓 모양으로 반출하게 된다.

가) 비성형 고형연료

수거된 폐기물은 최적 연소조건에 적합하도록 일차 전처리하여 에너지생산의 연료로 이용하는데, 〈그림 4-41〉은 전형적인 비성형 RDF 생산공정이다. 수거된 폐기물을 일차 파쇄하고 먼저 음식물 등 6cm 이하의 수분이 많은 유기성 폐기물은 분리하여 발효공정으로 보내서 유기질 비료 또는 가축용 사료를 생산한다.

유기성 폐기물을 분리한 후 풍력을 이용하여 비중차 선별기, 자석분리기와 와전류를 이용한 알루미늄 분리기를 거치면서 금속류과 비철금속을 분리하여 재활용센터로 보낸다. 최종적으로 음식물 등 유기성 폐기물과 금속류 등 불연성물질이 분리된 폐기물은 다시 파쇄하여 비성형 RDF형태를 생산하여 에너지 생산설비의 연료로 사용한다.

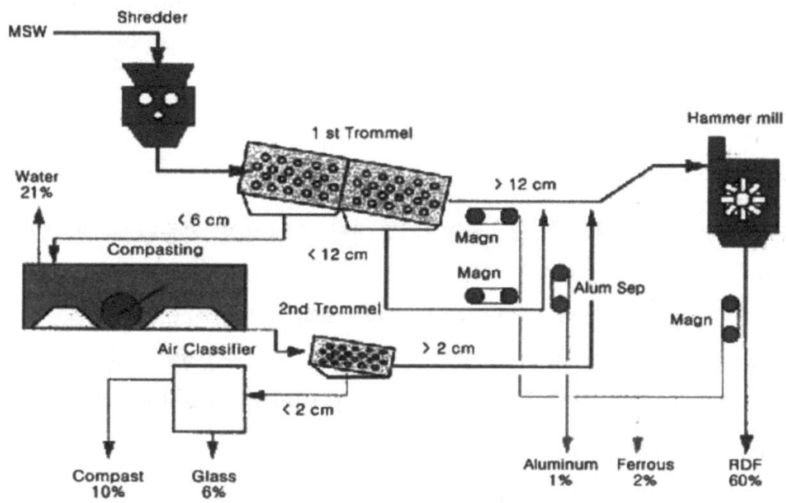

<그림 4-41> 비성형 고형연료 제조공정

나) 성형 고형연료

성형 RDF를 제조하는 공정은 〈그림 4-42〉와 같이 크게 두 가지 방식으로 구별되고 있다. 일본의 RMJ(Recycle Management Japan)사가 개발한 기술은 폐기물을 우선 파쇄, 선별한 후 건조하여 수분을 10% 이하로 한 후 성형하는 방식이다. 건조과정에 필요한 에너지는 외부에서 공급되는 증기나 폐열을 사용하기도 하고, 생산된 RDF 일부를 연료로 사용하는 보일러를 가동하여 필요한 열을 공급하기도 한다. 생산된 RDF의 부패를 방지하여 악취발생을 억제하고 장기 보관성을 높이며, 연소과정에서 발생하는 황산화물과 염화수소를 중화시켜 대기오염물 발생을 억제하기 위해서 성형과정 중에 소량의 소석회를 첨가하기도 한다.

J-Cartell에서 개발한 RDF방식은 폐기물의 파쇄와 선별과정 후 바로 생석회를 5-10% 정도 투입한다. 생석회와 폐기물내 수분의 화학반응에 의한 고온을 발생시켜 폐기물을 멸균처리하고 1차 건조시킨 후 성형을 하여 RDF를 생산하고 다시 2차 건조를 시켜 최종 제품을 생산한다.

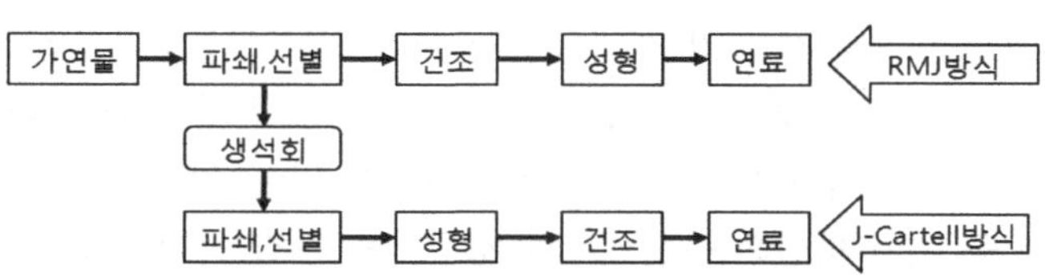

<그림 4-42> 성형 고형연료 제조공정

이와 같이 일정한 형태를 갖는 고형연료(RDF) 제조기술들은 원래 유럽에서 개발되었으나 일본에서 본격적으로 상용화에 성공한 기술들로 현재는 공정이 복잡한 J-Cartell 방식보다는 대부분 RMJ방식이 일본시장을 주도하고 있다.

나. 하수슬러지의 고형연료화

슬러지는 하수처리장, 정수처리장 및 폐수처리장에서 수처리의 최종단계에서 발생하는 최종 폐기물로 불용성의 유 · 무기계 고형분과 미생물덩어리로 이루어져 있다. 수처리장에서 최종 배출되는 탈수 슬러지는 수분함량이 95% 미만이거나 고형물함량이 5% 이상인 것으로 한정하고 있으며, 유기성 물질의 함유정도에 따라 유기성 및 무기성 슬러지로 구분한다. 유기성 슬러지는 고형물 중 유기성물질의 함량이 40% 이상인 것으로 일정규모 이상의 배출시설에서 발생하는 유기성 슬러지는 직 · 매립을 금지하고 있다.

일반적으로 하수슬러지[68]의 처리 · 처분방법은 퇴비화, 고화, 탄화, 건조, 소각, 고온용융, 열분해, 해양투기, 매립 등으로 분류할 수 있다. 현재 국내에는 다양한 분야의 하수슬러지 처리기술이 개발 또는 도입되어 있어 현장 상황에 맞추어 적합한 기술을 선택할 수 있다. 그러나 국내 설치 사례가 많지 않고 또한 적용실적도 소각과 같은 일부 기술에 한정되고 있어 소개되고 있는 다양한 기술의 안정성을 입증할 만한 충분한 자료가 제공되지 못하며 이에 따라 개발된 기술이 제대로 현장에 적용되지 못하고 있는 실정이다.

최근에는 슬러지 처리규제의 강화 및 기후변화협약에 따른 온실가스 감축을 위하여 폐기처분하여야 할 폐기물에서 가연성 유기물질을 다량 함유하고 있는 슬러지 특성을 이용하여 자원으로 재활용하려는 추세에 있다. 특히 슬러지는 수분을 제외하면 50% 이상이 가연성 유기물로 구성되어 있고, 건조 시 열량이 일반적으로 2,000kcal/kg 이상이 되고 있어 예전부터 저급 탄소계 연료로 구분되어져 왔다. 국내에서 발생되는 유기성 하수슬러지의 대부분은 함수율이 높은 관계로 곧바로 연료로 활용할 수는 없으나 효율적인 건조과정을 거치면 연료로 활용이 가능한 것으로 평가되고 있다.

슬러지의 다양한 처리 · 처분의 방법 중에서 에너지화와 관련이 있는 건조를 통한 연료화에 대하여 좀더 세부적으로 살펴보면 다음과 같다. 슬러지의 연료화에 있어서 가장 큰 단점으로 작용하고 있는 것은 70~80%의 높은 함수율로 이 함수율을 효율적으로 낮추는 것이 관건이다. 건조 시 소모되는 에너지 비용이 슬러지가 가지고 있는 고유의 열량보다 높은 공정은 슬러지 대체연료화의 실현을 어렵게 만들고 있어 효율적인 건조기술개발이 필요하다. 최근에는 하수 처리과정에서 슬러지의 연료 활용을 위하여 혐기성 소화조를 통과시키지 않고 처리하는 경우가 증가하고 있는 추세이다. 이러한 과정을 거쳐 배출되는 슬러지의 경우에는 건조 시 유기물의 함량이 60% 이상으

68) 재활용을 대상으로 하는 하수슬러지의 경우 85%이하로 탈수처리한 것을 말한다.

로 슬러지 자체의 열량이 높아 대체연료로의 제조 가능성을 높하수슬러지의 고형연료화 공정을 간략히 나누면 ①원자재의 반입및 저장, ②계량 및 혼합공정, ③건조공정, ④성형및 반출공정으로 나눌 수 있으며, 이를 구성하는 시설은 ①슬러지, 첨가제의 반입 및 저장시설, ②슬러지, 첨가제의 계량 및 혼합시설, ③원료, 공정산물의 이송 및 정량공급시설, ④건조물의 성형 및 건조시설 그리고 ⑤열원공급 및 악취제거 시설로 이루어져 있다. 이를 〈그림 4-43〉에서 보여주고 있다.

하수슬러지는 계절변동에 따라 유입되는 하수의 성상이 달라짐으로 슬러지의 성상 또한 변동하게 된다. 또한 하수슬러지의 성상은 계절별 특성과 더불어 처리지역에 의한 영향도도 크기 받게 된다.

〈표 4-14〉과 〈표 4-15〉에서는 계절별, 지역별 하수슬러지의 특성을 보여주고 있다[69]. 여름철과 겨울철 하수슬러지의 대상지역은 처리지역의 하수성상을 대표할 수 있는 지역을 고려하여 대도시, 중·소도시, 농촌, 산업단지 및 농·공단지로 구분하여 보여주고 있다. 여름철 하수슬러지의 함수율은 67.2%-85.8%의 범위로 전체 평균은 77.0%이며, 건조고위발열량은 1,154-2,453kcal/kg이다. 여 주고 있다.

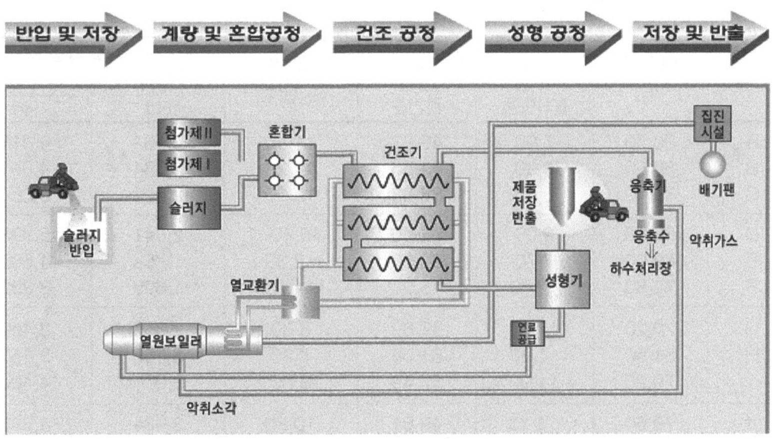

<그림 4-43> 슬러지 고형연료화 처리시스템의 공정개요도

한편 겨울철 하수슬러지의 함수율은 70.1-85.6%의 범위이고 전체 평균은 79.0%이며, 건조고위발열량은 1,123-4,020 kcal/kg으로 지역에 따라 하수슬러지간에 큰 편차를 보이고 있다. 한편 국내 하수처리장에서 발생되는 슬러지의 열량은 건조정도에 따라 2,000~5,000kcal /kg의 범위에 있는 것으로 조사되며, 소화조에서의 체류시간이 짧을수록 유기물의 함량이 높아 열량이 높은 것으로 분석되고 있다[70].

69) 국립환경연구원, "유기성 폐기물 종합관리기술 구축(II)" 2004.
70) 환경관리공단, "유기성폐기물을 이용한 에너지제품의 품질기준 설정방안 연구", 2008.

<표 4-14> 여름철 하수슬러지 특성

구분	지역	함수율 (%)	유기물		회분 (%,W.B)	발열량(kcal/kg)		
			W.B (습기준)	D.B (건기준)		실측	Dulong식	
						Hd	Hd	LHV
대도시	A	68.40	12.00	37.97	19.60	2,034	3,216	-
	B	75.80	9.00	37.19	15.20	2,389	4,150	-
	C	79.00	9.60	45.17	11.40	2,341	1,398	-
중,소도시	D	85.80	9.70	68.31	4.50	1,874	4,086	-
	E	80.30	7.90	40.10	11.80	1,589	690	-
	F	67.60	11.20	34.57	21.20	1,641	2,825	-
농촌	G	78.50	11.00	51.16	10.50	2,145	3,780	-
	H	80.50	15.00	76.92	4.50	2,078	2,746	-
	I	75.80	12.00	50.00	12.00	2,453	4,499	61.10
산업단지	J	83.10	4.30	25.44	12.60	1,414	3,151	-
	K	79.60	10.70	52.45	9.70	1,987	1,030	-
	L	77.80	8.30	37.39	13.90	1,875	3,637	-
농공단지	M	75.90	10.40	43.15	13.70	1,874	5,321	64.01
	N	67.20	9.50	28.96	23.30	1,154	3,342	-
	O	79.60	5.10	25.00	15.30	1,355	6,649	-

<표 4-15> 겨울철 하수슬러지 특성

구분	지역	함수율 (%)	유기물		회분 (%,W.B)	발열량(kcal/kg)		
			W.B (습기준)	D.B (건기준)		실측	Dulong식	
						Hd	Hd	LHV
대도시	A	80.70	7.90	40.93	11.40	2,164	4,018	-
	B	80.50	8.30	42.56	11.20	2,684	4,051	-
	C	79.40	8.00	38.83	12.60	2,420	3,686	-
중소도시	D	85.60	9.00	62.50	5.40	2,041	5,393	-
	E	80.00	7.70	38.50	12.30	1,756	4,500	-
	F	72.80	12.50	45.96	14.70	1,699	3,393	-
농촌	G	79.20	12.00	57.69	8.80	2,855	3,469	-
	H	81.50	11.30	61.08	7.20	3,158	3,857	-
	I	79.30	11.90	57.49	8.80	3,061	4,406	22.56
산업단지	J	79.60	10.10	49.51	10.30	3,984	4,968	-
	K	83.30	8.50	50.90	8.20	2,255	4,279	-
	L	79.40	6.50	31.55	14.10	1,875	3,914	-
농공단지	M	75.20	10.90	43.95	13.90	6,020	2,999	-
	N	70.10	8.60	28.76	21.30	2,365	2,821	-
	O	78.20	6.80	31.19	15.00	1,123	5,397	-

※ Hd : 건조고위발열량, LHV : 습윤저위발열량, "-" : 0이하

다. 목질계 바이오매스의 고형연료화

1) 목질계 바이오매스 종류

목질계 바이오매스의 종류로는 폐목재, 벌목재 및 초본계 바이오매스가 있다. 폐목재는 산림훼손으로 발생하는 목재 폐기물이나 산업활동 과정에서 발생하는 목재 잔여물, 그리고 다양한 용도로 사용된 후 폐기되는 목재를 의미한다. 벌목재는 산림의 관리 및 경영과정에서 발생하며 발생원별로 주벌목, 간벌목, 수종갱신목 등으로 구분된다. 벌목재의 대부분은 주벌 및 간벌과정에서 발생하여 이물질이 거의 없고 성상이 비교적 균일하여 건조 후 목질칩으로 생산하면 좋은 연료가 될 수 있다.

목질계 바이오매스의 연료로서의 능력에 영향을 미치는 요소로는 〈표 4-16〉와 같이 함수율, 발열량이 있으며 그 외 회분과 같은 불순물도 영향을 미친다. 초본계 바이오매스는 미곡바이오매스(볏짚, 왕겨) 및 과수바이오매스(전지된 가지)로서 대부분 유가로 판매되고 있거나, 농가에서 축사 및 가축먹이로 자원화 되고 있다.

<표 4-16> 함수율에 따른 목재의 발열량

목재의 상태	함수율(%)	발열량
벌체 직후	50-60	7.1 MJ/kg = 1,700kcal/kg
한 여름동안 건조	25-30	12.2 MJ/kg = 2,900 kcal/kg
다년간 건조	15-20	15.5 MJ/kg = 3,700kcal/kg
완전 건조	-	18.8 MJ/kg = 4,500 kcal/kg

자료) 김래현 '바이오매스의 에너지변환과 산업화(2005)', 아진출판사

2) 목재 펠렛

목재를 연료로 가공하는 방법은 여러 가지가 있으나 가장 단순한 방법은 목재 칩으로 분쇄하는 것이다. 그러나 연료용 칩은 가공이 단순한 반면에 함수율이 높고 불균일하며 분량이 많은 단점이 있다. 그러한 단점을 해결하는 수단으로 펠렛이 주목받고 있다. 목재 펠렛의 제조공정은 톱밥이나 목피 및 폐목재를 균일하게 파쇄하고 압축하여 펠렛으로 성형하는 과정을 거친다. 펠렛의 길이는 10~20mm, 직경은 6~15mm로 하며 최대 25mm까지도 가능하다. 가정용으로는 6mm정도가 가장 좋다. 목질 펠렛 제조에는 열을 가하여 용해 및 고착시키기 위한 접합제등의 첨가물이 필요하다. 목재 펠렛은 최소 발열량이 약 4,000~5,000kcal/kg이며, 함수율 8~13%, 무게 650kg/m^3, 등유 1m^3 = 펠렛 2.1톤의 특성을 가지고 있다. 모양과 수분함수율이 일정하여 자동운전기기에 적합하고 압축으로 밀도가 높기 때문에 수소에도 적합하며 건조된 것은 장기간 저장할 수도 있다. 단점으로는 습기에 약하고 성형과정에 에너지가 소비되며 또한 연소 후에 재가 남기 때문에 그 처리가 필요하다.

3) 목재칩

목재칩은 목제품 제조원료 및 연료생산을 목적으로 우드칩 파쇄기를 이용하여 잘게 절삭한 목재조각을 의미한다. 크기는 담배 크기에서 작은 성냥갑 정도(50~150mm)로, 가공비와 가공시 에너지소비량이 적으나 대용량의 설비를 필요로 한다. 또한 $1m^3$의 석유에 해당하는 열량을 발생시키기 위해서는 $12m^3$의 목재칩이 필요하기 때문에(25wt% 함수율기준), 목재칩을 사용할 경우 보다 넓은 연료 저장공간이 필요하고 연료수송도 잦아지는 단점이 있다. 함수율 25wt% 목재칩의 발열량은 약 14MJ/kg 정도이다.

4) 목재브리켓

목재브리켓은 느슨한 바이오매스 원료를 일정한 밀도로 압축하여 생산한 고품질의 연료를 의미한다. 목재브리켓은 목재를 그대로 이용하는 것에 비해 효율을 향상시킬 수 있으며 수송 및 저장이 용이하고 기계적으로 다루기도 수월하다. 모든 농업 또는 임업 부산물을 이용하여 제조가 가능하지만 상대적으로 수분이 적은(15% 이하) 바이오매스 폐기물이 브리켓의 생산에 유리하여 생산가가 연료목재 보다 높은 수준이어서 시장진입을 하지 못하는 실정이다.

제 3 절 액체 연료 에너지화 기술

1. 가연성폐기물의 열분해 유화기술

가. 기술개요

열분해프로세스는 1970년대초 오일쇽크를 계기로 석유자원의 고갈문제가 클로즈업되어 폐기물로부터 기름, 가스를 회수하기 위하여 연구가 시작되었다. 그 후에 연유가격의 안정화, 유화.가스화기술의 경제성 문제로 인하여 이들의 연구는 중단되기도 했다. 최근에는 원유가가 상승되고, 소각에서 당시옥신 등의 2차오염문제가 심각화되면서 재차 검토되기 시작했다.

열분해기술은 가연성 폐기물을 처리하여 2차오염물질의 발생을 최소화시키면서 에너지를 회수하는 기술의 하나로서 열분해방법이 개발되고 있다. 열분해는 폐기물을 무산소 또는 저산소 분위기하에서 고온(350~1200℃)으로 가열하는 조작이며, 연소는 발열반응에 의하여 이루어지나 열분해는 흡열반응에 의하여 진행된다.

소각은 연소반응에 의하여 각종 유기물을 산화분해시켜, 최종적으로 CO_2와 H_2O를 생성하고, 나머지 불연물은 회분이라는 형태로 남지만, 이에 비교하여 열분해는 탄소쇄가 긴 고분자화합물을 산소가 없는 상태에서 환원분해시켜, 각종 유기화합물을 저분자화 한다. 저분자 생성물은 탄소쇄의 길이 및 화합물의 형태에 따라 가스화 혹은 액상화되며, 이러한 물질은 석유계화합물과 거의 같은 성상을 유지하여 연소에 필요한 연료로서 재사용이 가능하다.

1) 대상폐기물

대상폐기물은 탄소쇄를 가진 유기화학물질을 포함하고 있는 것이면 어떤 것도 가능하며, 가연성의 폐기물이 대부분 포함된다. 열분해기술에서 폐유와 폐용제 다음으로 액체연료화에 가장 많이 사용하고 있는 폐기물은 고분자화학물질인 폐플라스틱이며, 폐지 혹은 슬러지, 목재 등은 당쇄에 의하여 연결된 셀룰로오스성분을 가지고 있으므로 저분자화하여 분해하는 것이 가능하다.

폐플라스틱은 오염이 적고, 일부 폐플라스틱은 비교적 쉽게 액화할 수 있다.플라스틱의 액화는 일반적으로 열분해를 하는데 플라스틱에 따라서는 열분해에 의한 액화보다도 가스화가 진행된다. 이 때문에 수율을 고려한 대상폐기물의 선정이 필요하다. 또한 일반적으로 염화비닐과 같이 염소화합물이 포함되어 있으면, 액화설비를 부식시킬 뿐아니라 그 연료를 사용하는 연소설비도 부식시키므로 좋지 않다. 재생한 연료는 촉매를 사용하면, 시판 정유나 경유에 가까운 연료로 정제할 수 있다. 한편 타이어나 고무조각도 열분해로 액화할 수 있으며 플라스틱과 비교하면 재생연료의 품질이 중유에 가깝고, 카본플라스틱이 많아 수율이 낮다.

2) 분해과정

폐기물을 무산소상태에서 열을 가하면, 환원성분위기에서 분해되어 기체, 액체로 분해되어 증발하고, 분해되지 않는 물질은 고체(잔사)로 남게된다.

$$\text{폐기물(가연성폐기물)} + \text{열} \xrightarrow[\text{무산소분위기}]{} gG(\text{기체}) + lL(\text{액체}) + sS(\text{고체})$$

이들 생성물의 수율은 원료의 화학구조 · 형상 · 열분해온도와 속도에 의존한다. 이들 열분해 생성물은 산소를 공급하여 연소하면, 물과 이산화탄소 및 열로 되어, 재연소에 의하여 에너지를 회수할 수 있다.

열분해의 온도가 높으면 높을수록 고분자화합물이 더욱더 적은 탄소쇄의 저분자로 분해되며, 온도가 낮은 수록 생성되는 물질의 탄소쇄는 길게 된다. 일반적으로 각종 탄화수소화합물이 탄소수가 12개(C12)이상이면 고상이고, 탄소수가 6개에서 12개(C6~12)이면 액체상, 탄소수가 6(C6)개이하이면 기상으로 되는 점으로부터 열분해온도에 따라 탄소쇄의 분해정도에 따라 생성되는 연료의 상이 변화하게 된다.

탄소수가 길게 잘려서 액상의 기름이 생성되는 350~450℃에서의 반응을 액상화공정이라하며, 750℃전후에서 탄소수가 짧게 잘려 가스가 생성되는 반응을 가스화공정이라고 말한다. 최근에는 고온에서 용융하는 열처리시스템이 개발되면서, 수소가스 및 메탄가스가 주로 생성되는 1100℃이상에서 반응을 용융가스화반응이라고 한다. 이들 온도에 따른 반응을 분류하여 보면, 다음 표와 같다.

열분해 생성물은 탄소쇄의 크기와 함께 열분해에 이용한 화학물질의 종류에 많은 영향을 받는다. 예를 들면 폴리스티렌을 열분해하며, 모노머인 스티렌의 함량이 증가한다. 또한 최근에는 상기의 열분해온도를 저하시켜 경제성을 확보하기 위하여 많은 노력을 하고 있으며, 그 하나의 방법으로서 촉매를 사용하고 있다.

또한 상기의 열분해에 의하여 로내에 잔류하는 것은 탄화물로서 다른 말로는 Char라고도 하고, 순탄소와 유리 · 금속 · 토사를 포함하는 한다. 일반적으로 상용화되고 있는 열분해 장치는 크게 고온분해와 저온분해로 구분이되며, 고온분해는 열분해가스화, 저온분해는 열분해유화라고 한다.

<표 4-17> 온도에 따른 열분생성물의 변화

구분	반응온도	생성연료	주된 성분(탄소쇄)	비고
액상화공정	350~450℃	기름상 액상	C_6~C_{12}	각종 유기화합물을 포함하는 타르, 또는 기름(알콜류, 벤젠류등이 혼재)
가스화공정	750℃전후	가스상 연료	C_1~C_6	탄화수소, 일산화탄소등으로 되어 있는 가연성가스
용융가스화공정	1100℃이상	가스상 연료	C_1~C_2와 수소가스	

3) 플라스틱 열분해특성과 분해생성물

플라스틱은 원료소재의 종류가 많아, 열분해특성 및 분해생성물은 다르다. 상승온도 200℃/hr의 분해실험에서 폴리에틸렌(PE), 폴리프로필렌(PP), 폴리스틸렌(PS)는 300℃전후에서 분해가 시작되며, 약 400℃에서 분해가 완료한다. 폴리염화비닐(PVC)는 200℃이상으로 탈염화수소(HCl)반응에 의해 급격한 감량이 일어나고, 아울러 300℃이상에서 사슬의 분해가 일어난다. 폴리에틸렌 트레프탈레이트(PET)는 200℃에서 분해가 시작되어 고온에 이르기가지 서서히 분해가 진행된다. 유리나 수지의 분해는 100℃이상, 페놀수지의 분해는 200℃이상에서 시작되며, 고온이 될 때까지 서서히 분해가 진행된다. 실제 열분해유화의 온도조건은 400℃전후이다. 여기에서 생상하는 분해물의 화학조성은 플라스틱소재의 종류에 따라 다르다.

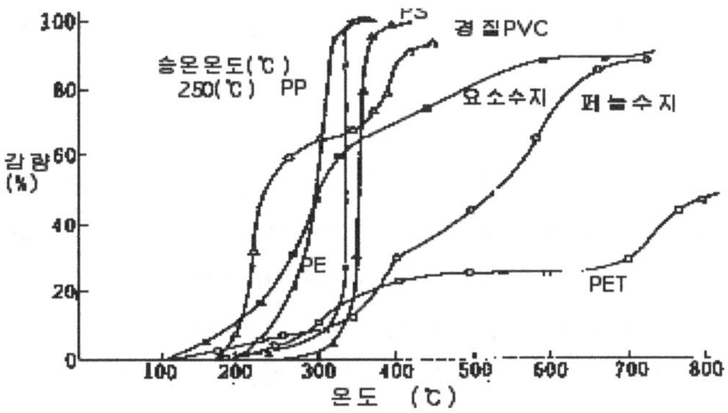

<그림 4-44> 플라스틱의 종류별 열분해 특성

이들 생성물의 비율은 분해온도조건에 따라 변화한다. 또한 각각의 열분해 기구도 다르며, 대표적인 폐플라스틱인 폴리에틸렌과 폴리프로필렌은 렌덤분해에서 탄소수가 C1~C40의 파라핀계 및 올레핀계 탄화수소가 주요 생성물이며, 그외에 고리화반응에 의해 고리화합물도 생성한다. 폴리스틸렌은 이중합이며, 생성물은 모노머인 스틸렌이 주성분이다.

<표 4-18> 플라스틱의 열분해 생성물

종 류	주 요 생 성 물
폴리에틸렌	포화탄화수소, 불포화탄화수소, 환상화합물
폴리프로필렌	포화탄화수소, 불포화탄화수소, 환상화합물
폴리스틸렌	스틸렌이 주성분, 그외에 에틸벤젠, 그밖에 에틸벤젠, 톨루엔, 벤젠
폴리염화비닐	염화수소와 카본잔사가 주성분 그외에 미량 벤젠
폴리에틸렌	테레프탈산, 벤젠 등
폴리부타디엔	1,3-부타디엔, 프로필렌, 에탄, 부탄환상화합물

폴리염화비닐은 비교적 저온(200~300℃)에서 탈염화수소반응(Zipper reaction)이 일어나며 아울러 고온에서 고리화와 중축합반응이 일어나서 주로 불휘발성잔사와 미량의 벤젠 등의 방향족화합물을 생성한다. 그 결과로서 폴리염화비닐의 열분해생성물은 염화수소와 불휘발성 잔사가 주성분이 되며, 액체연료는 거의 얻어지지 않는다. 다만, 연질염화비닐수지는 가소제가 포함되어 있으므로, 이 경우에는 가소제의 열분해물(프탈산 등)도 생성한다. 폴리부타디엔(부타디엔고무)의 열분해생성물은 모노머인 1,3-부타디엔외 대부분의 파라핀계 및 올레핀계 탄화수소를 포함하여 생성한다. 테레프탈산은 승화성을 지니며 상온에서 결정체이며, 다른 플라스틱의 분해유에도 거의 용해하지 않는다.

이상과 같이 플라스틱원료소재의 종류에 따라서 열분해반응과 생성물이 다르기 때문에 목적하는 연료유의 성상에 합당하도록 원료소재나 분해온도를 선택하는 것이 중요하다.

나. 유화기술의 형태

폐플라스틱 등의 고분자화합물의 유화에 있어서 탄소쇄를 가진 고분자화합물이면, 이용상에 문제가 없으나, 폴리에틸렌테레프탈레이트(PET), 염화비닐수지(PVC) 및 고분자보다 충진물이 많은 것, 기타 질소함유플라스틱들에 대해서는 주의할 필요가 있다.

열분해유화를 목적으로 폐플라스틱을 회수할 경우, 그 품질상태는 배출원이나 회수방법에 따라 다양하다. 그러나 경제적 합리성을 추구하면, 처리물의 품질에 대응하여 가장 낮은 처리비용의 설비가 되도록 하는 구성하는 것이 필요하다. 기본적으로 무산소의 환경을 조성하고, 정해진 온도에서 물질의 분해를 유도하도록 하는 것이 필요하며, 그 유형을 〈표 4-19〉와 같이 분류하기 도 한다.

최근 환경문제가 제기되고 있으며, 폐기물처리비의 상승에 따라 다시 사업장폐플라스틱을 대상으로 하는 유화기술의 개발이 진행되었고, 자가처리나 처리비를 받아 사업화하는 기업이 있다.

<표 4-19> 폐플라스틱 유화기술의 형태

방식	특징		장점	단점
	용융	분해		
용융욕식	외부가열 또는 불필요	외부가열	기술적으로 용이	1. 폐플라스틱의 열전도율이 적기 때문에 가열설비와 분해로가 크다. 2. 전열면의 코킹 3. 플라스틱용융량이 많기 때문에 시작 및 긴급정지가 복잡
2단식	외부가열과 마이크로파에 의한 내부가열병용	외부가열 전처리(탈HCl)	1. 용융이 용이, 2. 전처리에 의한 분해이후 부식이 적다, 3. 스크류교반에 의한 전열이 균일하여 분해속도가 크다., 4. 이물의 혼입이 가능	1. 처리능력의 증가로 스크류수가 증가한다. 2. 플라스틱용융량이 많아 시작 및 긴급정기가 복잡
스크류식	불필요	외부가열	1. 용융이 필요없음, 2. 스크류교반에 의한 가열이 균일하여 분해속도가 크다.	1. 대형화에 난점
파이프스틸식	중질유에 용해 또는 분산	외부가열	1. 가열이 균일하여 기름회수율이 높다., 2. 분해조건의 조절용이	1. 분해관내 코킹방지
유동상식	불필요	내부가열(부분연소)	1. 용융이 필요없음, 2. 분해속도가 크다., 3. 플라스틱용융물이 거의 없기 때문에 시작·정지가 간단, 4. 열효율이 높다., 5. 대형화가 용이	1. 분해생성물에 유기산소화합물 등을 포함하므로 적당한 잔류분을 회수할 필요가 있다.
접촉식	외부가열	외부가열(촉매사용)	1. 분해온도가 낮으므로 코킹이 많다., 2. 가스생성율이 많다.	1. 용융욕식과 동일한 로와 가열설비가 크다. 2. 플라스틱용융량이 많아 시작 및 긴급정지가 복잡 3. 염화비닐, 열경화성수지의 불가역반응은 곤란 4. 이물 혼입으로 제한

이후 경제적 인센티브가 주어져 유화사업의 진전이 확실하게 된 경우 이미 개발된 잠재기술을 가진 기업이 다시 참여하는 것이 주목되고 있다.

최근기술개발의 특성을 지닌 하나는 특정 폐플라스틱(주로 PE, PP, PS)를 처리대상으로 한 용융욕식으로 비교적 싼 가격인 배치식 소규모설비가 설치되고 있는 것이며, 이들 시설이 영세하거나, 설치되어진 시설이 부식, 혹은 정제가 제대로 이루어지지 않아 사업화에 걸림돌이 되고 있다. 염화비닐수지의 혼입을 피하면서 간단한 장치와 쉬운 운전조작으로 에너지를 절약하는 저비용처리를 목적으로하는 기술에 대하여 관심이 높아지고 있다.. 한편, 국가기관에서도 도시쓰레기분별 폐플라스틱의 열분해유화기술의 실증실험도 실시되고 있다. 또한 촉매를 사용하여 열분해생성물질 개질하여 생성유의 품질향상을 달성한 기술도 개발되고 있다.

다. 고분자수지 유화기술의 사례

유화설비의 프로세스를 하기의 그림에 나타내었다. 여기에서는 전처리공정과 유화처리공정으로 구성되며, 전처리에서 분별폐플라스틱에 포함되어 있는 유화에 부적당한 물질(이물, 열경화성수지, PVC 등)을 제거하고 나서 유화처리를 하는 것이 특징이다.

1) 전처리공정

도시분별 폐플라스틱으로부터 우선 수선별로 병 · 그릇 · 도자기 등의 부적합한 물질을 제거한다. 다음에 1차파쇄기에서 파쇄하여 자력선별에 의해 철류를 제거한 뒤 2차파쇄기에서 10㎜ 이하로 파쇄한다. 이 파쇄플라스틱(프라프)에는 식물잔사 등이 부착되어 있으므로 세정조에서 오물을 제거한다. 이후 중력선별조에서 물과 비중차를 이용하여 습식선별에 의해 비중이 물보다 큰 이물질(모래, 유리, 금속류 등), 열경화성수지, PVC의 대부분 등의 침강물을 분리 · 제거시킨다. 비중분리에서 부상한 프라프는 탈수기에서 탈수하여 기류건조기에서 열풍으로 건조시키고 유화처리공정에 공급된다.

2) 유화처리공정

전처리된 프라프는 일단 감용후 압출기에서 가열 · 용해시키고 나서 원료혼합조에 연속적으로 공급시킨다. 여기에서는 고온의 열분해유와 교반 · 혼합하여 280~320℃에서 균일하게 유동화시키는 것과 동시에 혼입해 있는 PVC를 거의 완전하게 열분해시키고, 발생하는 염화수소가스는 계외로 배기한다. 이 배기가스는 연돌지점에서 알칼리용액과 접촉시키고 염화수소를 중화흡수하여 무해화하여 대기에 방출시킨다. 유동화한 플라스틱은 펌프로 열분해조에 보내고, 여기에서 가열로 순환에 의해 400℃로 가열하여 분해한다. 분해기화한 가스는 탈염소화조를 거쳐 접촉분해조에 보내진다. 탈염소화조에는 중화제가 충진되어 있어 전공정에서 미량으로 잔류한 염소분을 흡수하여 접촉분해조내 촉매의 열화를 방지한다. 접촉분해조에는 합성제오라이트촉매가 충진되어 있어 열분해 가스는 접촉분해되고, 보다 분자량이 작은 탄화수소가스로 된다. 이것은 응축기에서 냉각 · 응축하여 상온에서 유동성이 좋은 생성유가 된다.

미응축가스는 LPG가스에 상당하는 열량을 가지고 있어 대형설비에서는 가열용 등으로 사용하는 것도 고려해 볼 수있다. 열분해조에서 축적하는 분해잔사(카본질, 회분)은 센트라에 의해 정기적으로 뽑아낸다.

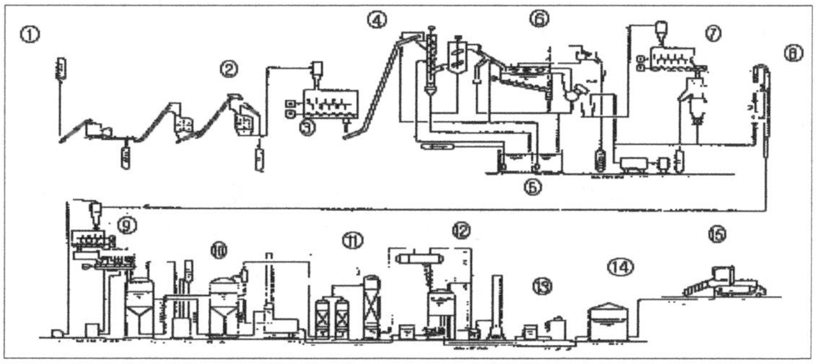

①전처리설비 ②자선기 ③파쇄기 ④세정조 ⑤침전조 ⑥선별기 ⑦파쇄기 ⑧ 기류건조기 ⑨감용기 ⑩ 열분해조 ⑪접촉분해조(촉매) ⑫응축기 ⑬보일러 ⑭생성유저장고 ⑮주유차

<그림 4-45> 도시쓰레기 플랜트의 흐름도

3) 유화생성물의 분석.

투입한 플라스틱 파쇄물이 100%라는 전제에서 생성된 물질은 생성유 77.5%, 염화수소 2.3%, 분해가스 15.5%, 카본잔사 4.7%였으며, 생성유의 성상은 비중(15/4℃) 0.796, 비점도(30℃, cSt) 1.401, 반응 중성, 인화점(℃) 0이하, 유동점(℃) -7.5, 회분(wt%) 0.001이하, 총염소(wt ppm) 7.5였다.

내부의 온도에 따라 유출량에 차이가 있었으며, 10%유출온도(℃) 85, 50% 유출온도(℃) 178, 90% 유출온도(℃) 322로 측정되었다, 종말점(℃) 361로서 총유출량(Vol. %) 97, 저위발열량 10,100kcal/kg를 보였다.

2. 유기성폐자원의 직접유화 기술

가. 기술개요

직접액화는 바이오매스로부터 바이오오일을 얻을 수 있는 유일한 방법으로 수열액화(受熱液化)라고도 한다. 현재 바이오매스 변환기술인 직접액화공정은 석유화학공정에서 생산되는 디젤이나 가솔린 단가에 비하여 높아 아직까지는 경제적이지 않다. 대규모의 바이오매스 운반으로 인한 높은 수송비, 복잡한 반응메커니즘으로 인하여 액화공정의 기술개발부족으로 인한 낮은 전환효율이 직접액화공정의 상업화에 최대 걸림돌이 되고 있다.

직접액화는 바이오매스가 300~400℃ 온도와 고압 열분해 공정으로부터 생성되는 수소 및 일산화탄소를 함유한 합성가스가 수화되어 액체연료를 생산하는 공정이다. 이때 부산물로 열분해 생성물인 경질의 타르가 물에 용해되고 고분자량의 타르가 숯(char)과 혼합되어 일어지게 된다. 직접액화에서 사용되는 바이오매스는 목재, 하수슬러지, 분뇨 등이 사용되고 있다.

나. 유화기술의 특성

직접액화는 물속에서 일어나므로 원료자체의 건조과정이 필요 없어 해양바이오매스, 음식물쓰레기, 유기성슬러지 등과 같은 높은 수분함유 바이오매스를 원료로 사용할 수 있다. 또한 온도에 따라 여러 가지 반응이 일어나므로 많은 응용이 가능하다.

〈그림 4-46〉에서 보는 바와 같이, 100℃에서는 수용성 성분이 용해되어 추출하게 되고, 150℃ 이상에서는 수화가 일어나서 셀룰로오스, 헤미셀룰로오스, 프로테인 등과 같은 바이오매스 폴리머가 모노머로 분해된다.

200℃, 1MPa에서는 고체상의 바이오매스가 슬러리와 같은 액체상으로 전환하게 되고, 300℃와 10MPa에서 액화가 일어나서 액체연료인 바이오오일을 얻을 수 있게 된다. 반응시간, 촉매 등과 같은 반응조건에 따라서 주 생성물은 숯(char)(수열 탄화물)이 될 수 도 있다. 임계점 및 촉매 조건하에서는 바이오매스는 바이오매스가 가스화하게 된다.

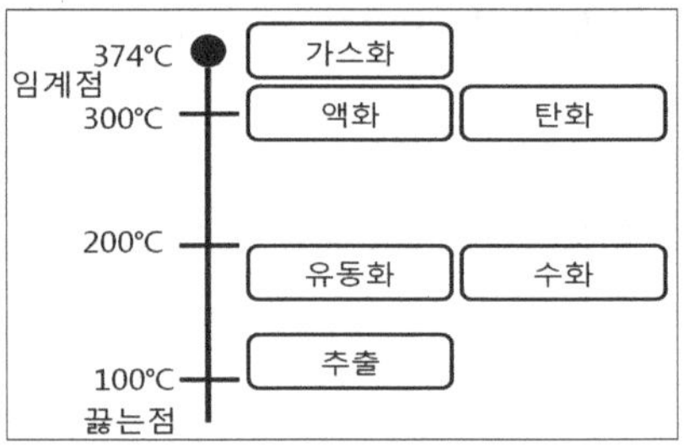

<그림 4-46> 고온-압축수에서의 반응경로

다. 반응메커니즘

직접액화는 기본적으로 열분해이므로 바이오매스의 열화와 고화가 일어난다. 직접액화 반응메커니즘은 다음과 같다〈그림 4-47〉.

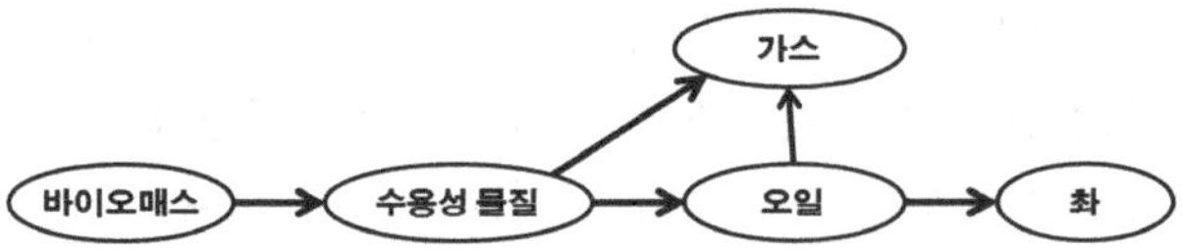

<그림 4-47> 액화반응 경로

먼저 바이오매스가 물에 용해하여 열화되고 나서 수용성 물질이 고화되어 바이오오일을 형성하게 된다. 반응이 지속적으로 일어나게 되면 생성된 오일이 고화되어 숯(char)으로 변하게 된다.

라. 바이오오일의 특성

〈표 4-20〉에서는 바이오매스 종류에 따른 바이오오일의 특성을 보여주고 있다. 목재는 수소와 CO_2 같은 환원성 가스 없이 알카리촉매를 사용하고, 하수슬러지는 촉매를 사용하지 않고 직접 액화하여 바이오오일로 변환된다. 오일의 특성은 약 20%의 산소를 가지고 있어서 석유로부터 얻어진 중질유의 발열량(약 42 MJ/kg)보다 높고, 또한 오일의 점도가 높다.

<표 4-20> 바이오매스에 따른 바이오오일의 특성

바이오매스	목재	하수슬러지
원소성분(wt%)		
탄소	72	71
수소	6	9
질소	-	6
산소	22	16
H/C	1.00	1 · .52
고위발열량(MJ/kg)	29-32	33-34
점도(mPa.s)	〉 106	103 - 104

목재로부터 생성된 오일은 다량의 산성 성분을 함유하고 있어서 저장시 부식과 고화될 수 있다. 하지만 하수슬러지로부터 생성된 오일은 단백질로 인해 생성된 질소를 가지고 있어 연소시 NOx가 발생하게 된다. 화학적 조성은 피리딘 유도체, 피라진 유도체 및 아마이드 화합물로 구성되어 있어 필요하면 분리하여 사용할 수 있다.

3. 바이오디젤 생산기술

가. 기술 개요

식물성 기름(불포화 지방산)을 메틸에스테르화하여 디젤과 아주 유사한 성상의 바이오디젤을 얻게 된다. 이는 생분해가 가능하고 무독성이며 연소 시 공해가 거의 발생하지 않기 때문에 환경적으로 매우 유용하다.

식물의 씨앗과 과육을 짜서 얻어지는 기름이며, 바이오디젤로 사용되는 식물유는 기본적으로는 얻던 것도 사용이 가능하나, 실제로 가장 많이 사용하고 있는 것은 유채(84%), 하바라기(13%), 대두유(1%), 팜유(1%) 등등이다. 최근에는 식용유를 연료로서 이용하는 것에 의문이 높아지고 있으며, 이에 대응한 비식용유의 이용을 검토하고 있다. 바이오디젤의 역사는 디젤 엔진의 역사만큼이나 상당히 오래 전인 1900년, Rudolf Diesel 박사는 땅콩기름을 연료로 이용하는 엔진을 선보였다. 그러나 화석 원유의 채취 비용이 감소하면서 원유로부터 정제된 디젤유가 디젤 엔진의 연료로 사용되었다. 근년에는 원유 가격의 상승, 화석연료의 고갈, 환경문제 등으로 인해 환경친화형인 바이오디젤 연료에 관심이 다시 높아지고 있다.

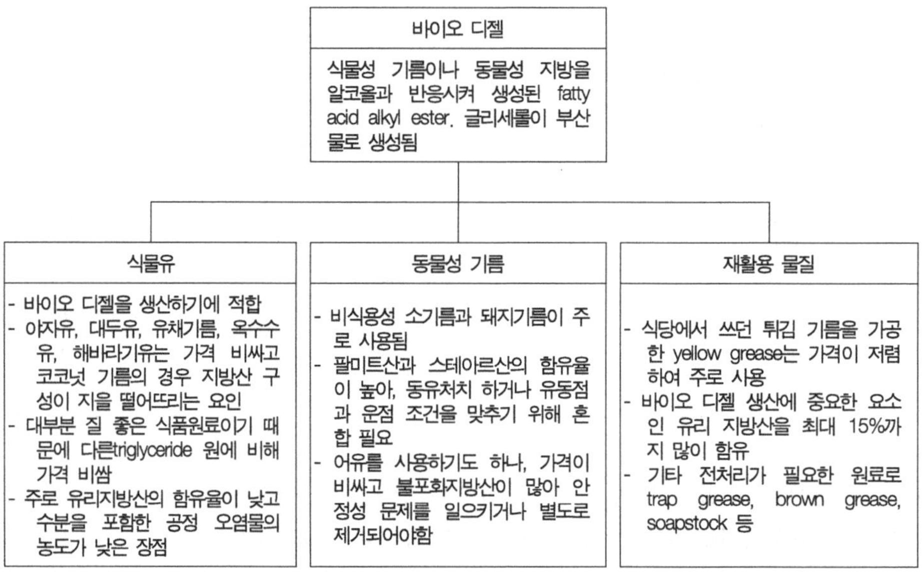

<그림 4-48> 바이오디젤의 연료로 사용되는 물질의 특성

최근의 바이오디젤의 시도는 1981년에 남미에서, 1982년에 오스트리아, 독일, 뉴질랜드에서 보고되었다. 1985년에는 유채(rape)씨 기름의 메틸에스테르화(RME[71]) 파일럿플랜트가 오스트리아에서 가동되고, 1990년에는 농촌지역에서 최초의 상업 생산이 개시되었다. 같은 해에 각종 엔진에서의 장시간 운전시험이 성공리에 수행되고 대폭적인 시장 도입의 계기가 되었다. 바이오디젤은 주로 EU에서 생산되고 있지만 동구, 말레이시아, 북미에서도 널리 보급되고 있다. EU에서의 바이오디젤의 생산능력은 연간 1 Mton 이상에 달한다. 프랑스에서의 바이오디젤(RME)의 가격은 0.43ECU/L이다. 유럽에서는 바이오디젤의 원료로서는 유채씨 기름이 사용

71) RME(Rapeseed Methyl Ester) : 유채씨 기름의 메틸에스테르화

되고 있다. 유채씨 기름은 1불포화 올레인산(C 18:1)을 60% 함유하고 있으며 다른 지방산은 소량(포화 지방산은 6% 이하, 리노렌산(C 18:3)도 약간) 함유하고 있다. 한편 말레이시아에서는 Palm oil, 프랑스, 이탈리아에서는 해바라기 기름, 미국에서는 대두유를 주로 사용하고 있다. 근래 프로세스 기술의 진보에 따라 조류나 동물성 유래의 트리글리세린도 바이오디젤의 원료로 사용되고 있다. 바이오디젤의 성상은 〈표 4-21〉와 같으며, 물리적 성질은 석유 유래의 디젤과 거의 동등하며, 산소를 10% 정도 함유하고 있고 발열량도 다소 낮아 배기가스의 개선에 기여하고 있다. 동결온도도 첨가물을 투입하면 -8℃에서 -22℃로 낮추는 것이 가능하며 실용상의 문제는 없다.

<표 4-21> 바이오디젤의 성상

물리화학적 성질	단위	디젤 EN 590:1993	바이오디젤 DIN E 51,606:1997
밀도(15℃)	kg/m^3	820~860	875~900
점도(40℃)	mm^2/S	2.00~4.50	3.5~5.0
인화점	℃	〉 55	〉 110
유황	중량%	〈 0.20	〈 0.01
세탄가	-	〉 49	〉 49
산소함유량	중량%	0.0	0.9
발열량	MJ/dm^3	35.6	32.9
효율	%	38.2	40.7

자료) T. Ogi, Petrotech, 21(11), p.24-30, 1998.

〈그림 4-49〉에서 나타낸 바와 같이 바이오디젤은 지방산메틸에스테르로 구성되어 있으며 에스테르 작용기의 산소 2개를 분자내에 포함하고 있어 함산소 연료라고 할 수 있다. 이 바이오디젤과 같은 함산소 연료(Oxygenated Fuel)는 연소시 분자에 포함하고 있는 산소가 반응에 참여하면서 연소반응을 촉진하여 완전연소가 쉽고 그에 따른 배기가스 저감효과도 탁월하다.

바이오디젤 1kg당 3.2kg의 CO_2를 삭감할 수 있다는 보고가 있으며, 특히 SOx는 99% 삭감, CO_2를 20% 삭감, 탄화수소 32% 삭감, 검댕 50% 삭감, 입자 39% 삭감 등 배기가스가 현저하게 개선된다. 한편, 식물성 기름을 에스테르화하지 않고 직접 디젤에 블랜드(blend)하여 이용하는 방법도 있다. Wibulswas 등은 C.I.(Compression Ignition) 엔진으로 블랜드 바이오디젤의 연소 테스트 결과, 발열량, 점도 등에서 이론값에 해당하는 결과를 얻었으며 경우에 따라서는 이론값 이상의 결과를 얻었다. 이용한 식물성 기름은 팜유, 대두유, 미두유의 세 종류이었다. 또한 일산화탄소 배출을 저감하는 것도 가능하였다. 이러한 결과에 따라 최대중량 30%를 디젤에 직접 혼합하는 것이 가능하였다.

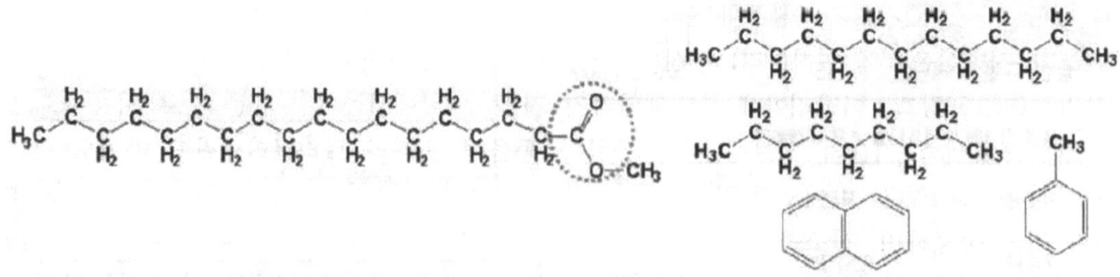

(a)바이오디젤의 분자구조 (b)일반 경유의 분자구조

<그림 4-49> 바이오디젤과 일반경유의 화학구조

가. 기술 개요

디젤엔진은 중유와 경유를 연료로서 개발된 것이다. 따라서 지방산메틸에스테르(FAME)를 연료로 한 경우에 여려가지 차이점이 있다. 고위발열량은 석유계와 비교하여 13%정도 낮고, 출력이 5~10%정도 낮아진다. 또한 지방산 메틸에스테르의 유동점은 유채 -4℃, 팜유는 10℃로서 높고, 경유 -7℃에 비교하여 한냉지에서 사용할 경우에 문제를 안게된다. 따라서 경유와 혼합사용과 저급지방산 메틸에스테르(야자유, 팜유 등)과의 혼합이 검토되고 있다. 경유와 지방산메틸에스테르는 서로 잘 혼합되기 때문에 어떠한 비율로도 혼합이 가능하다.

바이오디젤은 경유에 5~30% (BD5~BD30)를 섞어 사용하기도 하며 연소 시 공해가 거의 발생하지 않기 때문에 대기오염을 줄일 수 있는 청정 대체 에너지이다. 바이오 디젤 연료의 배기가스가오존(스모그)을 형성할 가능성은 경유보다 거의 50%정도로 낮으며 황 성분을 0.01wt% 이하로 포함하고 있기 때문에 연소 시에 유황분을 거의 배출하지 않는다. 배기가스 성분 중의 불연 탄화수소를 93%, 일산화탄소를 46%, 부유 입자상 물질을 68% 수준으로 감소시킨다. 도시지역에서는 디젤의 배기가스에는 발암성물질, 기관지염, 알레르기르 일으키는 물질이 들어있어 문제로 되어 있으나, 바이오디젤은 이러한 문제를 상당부분 해결이 가능하다고 증명하고 있다.며 발암성 방향족화합물인 Polycyclic Aromatic Hydrocarbons를 80%, nitratedPAH를 90% 까지 감소시킨다. 다만 연소성능이 우수해짐에 따라 공기 중의 질소도 함께 산화가 되어NOx의 배출량은 증가한다.

최근에는 식물유를 대체하는 수단으로서 폐식용유를 사용하면서 가격면서 경쟁력을 확보하고 있으며, 수집운반의 문제, 대량으로 메릴화할 경우에 글리세린시장 가격의 저하가 문제될 것으로 전문가들은 지적하고 있다.

나. 생산과정

식물유를 그대로 바이오디젤연료로서 사용하기 위해서는 엔진자체의 개량이 필요하다. 그러나 에스테르화하면 기존의 디젤엔진을 그대로 이용이 가능하다. 에스테르화는 여려종류의 알콜(메탄올, 에탄올, 프로판올 등)을 기름과 반응하여 에스테르화 화합물을 얻는 조작이다. 비용적인 측면에서 메탄을 가장 많이 사용한다.

지방산과 글리세린이 결합된 상태인 트리글리세라이드와 자유지방산을 가지고 있는 식물성 유지는 에스테르 교환반응을 통하여 바이오디젤을 생산할 수 있다(반응 1). 수산화칼륨(KOH)이나 수산화나트륨(NaOH)과 같은 알카리촉매를 사용하여 오일과 메탄올을 혼합하여 60~70℃에서 한 시간 동안 교반하고 난 후, 반응기내 상부에 존재하는 글리세린과 하부에 있는 에스테르화된 생성물을 상분리하여 바이오디젤인 지방산메틸에스테르를 얻게 된다. 폐오일에 함유되어 있는 자유지방산은 알카리 촉매와 반응하여 비누화생성물(반응 2)을 만들게 되어 바이오디젤 수율이 낮아지게 된다.

이와 같이 알카리촉매의 부가적인 반응으로 인하여 자유지방산을 먼저 산촉매로 에스테르화시키고 난 후 알카리촉매를 사용하게 된다. 이외에도 촉매를 사용하지 않는 무촉매 방법인 이온교환수지 촉매방법, 리파아제 촉매방법 또한 초임계메탄올 방법이 제안되고 있다.

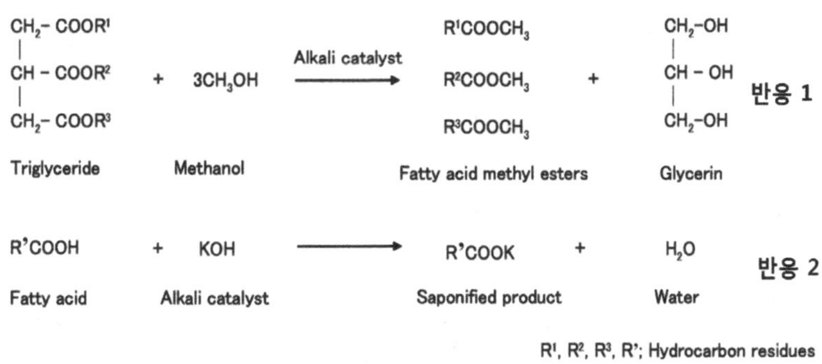

에스테르화 반응효율을 증대하기 위하여 트리글리세라이트를 초임계수와 수화반응하고 난 후 초임계조건하에서 메탄올로 지방산과 에스테르화하는 방법도 제안되고 있다(반응 3, 반응4).

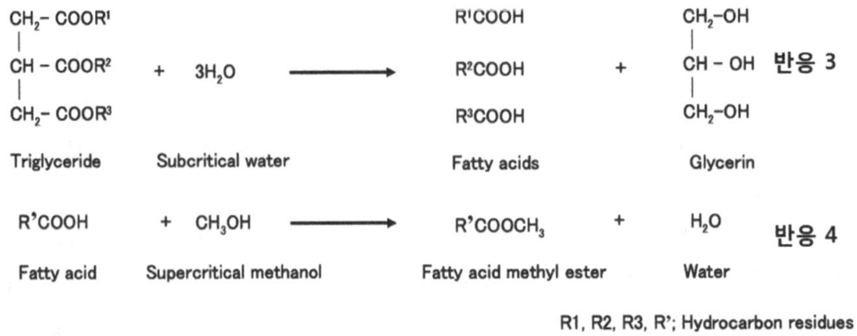

다. 생산공정

바이오디젤의 대량 생산공정 개발은 주로 강염기성 균질촉매를 이용하고 있다. 유럽에서는 1980년대에 KOH, K_2CO_3, NaOH와 같은 강염기 촉매를 이용한 에스테르 제조공정 개발을 중점적으로 수행하였고 많은 특허를 제출하였다. 프랑스의 노방스사는 세계 최초로 강염기성 촉매를 이용한 제조방법의 상용화에 성공하여 연간 3만톤의 바이오디젤을 생산하고 있다〈그림 4-50〉.

현재 가동되는 강염기 촉매를 이용한 공정에서는 수 배 내지 수십 배로 저급알콜에 희석된 유지를 수산화나트륨 촉매하에서 1~10시간에 걸쳐 분리탑에서 지방산 알킬에스테르와 글리세린이 분리된다. 이때 글리세린 층에 존재하는 염기성 촉매는 황산 등의 산으로 중화시켜 침전시킨 다음 여과공정을 거쳐 제거되고, 여과가 완료된 용액은 증류 분리탑으로 이송되며, 여기서 저급알콜은 증류에 의하여 제거된다. 분리탑에서 분리된 지방산 알킬 에스테르은 수 차례의 물 세척을 거쳐 최종 생산품으로서 건조탑에서 회수된다.

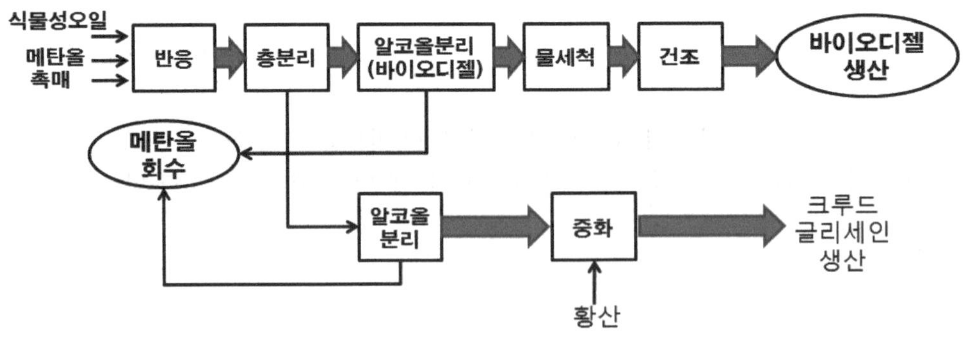

<그림 4-50> 회분식 바이오디젤 생산공정 개요

그러나 수산화물 균질촉매를 이용한 공정은 촉매가 친수성이 매우 높아 식물성 기름에 대한 용해도가 낮아 반응성이 떨어진다는 단점이 있다. 또한 이러한 공정은 대부분이 회분식반응기에서 이루어지고 있어 공정의 효율성 증대와 생산량의 증대에 있어 많은 단점이 도출되고 있다.

오스트리아에서는 〈그림 4-51〉와 같은 연속식 교반반응기 2개를 직렬로 연결한 공정을 개발하여 대량 생산 체제를 마련하였다. 이 공정에서는 먼저 제1 반응기에서 동식물성 유지와 메틸알콜을 알카리 촉매와 혼합하여 바이오디젤을 합성한다. 이 반응의 특징은 유지와 메틸알콜이 2상(액/액)을 형성하여 반응이 일어나며, 디글리세리드, 모노글세리드가 형성하는 반응 도중 단일상을 형성 후 강친수성 글리세린과 강 친유성 지방산 알킬에스테르의 농도가 증가하여 2상을 형성한다.

따라서 반응초기와 반응말기에 촉매가 친수성 반응물에 대부분 녹기 때문에 반응이 일어나기 위하여 강한 교반이 필수적이며, 말기에는 특히 글리세린층이 대부분의 촉매와 상당량의 메틸알콜이 상당량 용해하여 반응의 진행이 늦어지거나 수율이 떨어지는 현상을 보인다. 따라서 강력한 교반기가 반응기에 설치되어야 한다.

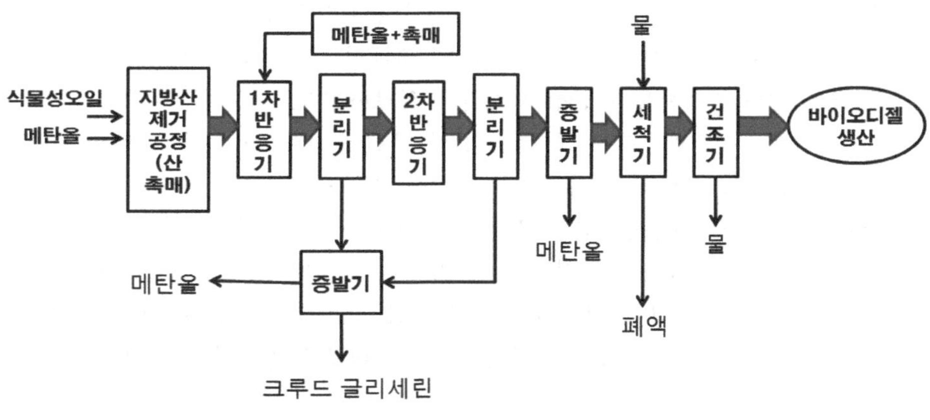

<그림 4-51> 연속식 바이오디젤 생산공정(오스트리아)

그러나 잘 혼합된 상태에서도 에스테르교환반응이 가역반응이므로 2상 반응에서는 수율이 80~90% 정도에서 평형을 이룬다. 따라서 97% 이상의 고순도 지방산 메틸에스테르를 얻기 위하여 일차 반응 후 촉매와 저급알콜을 흡수한 글리세린을 제거해야 한다. 글리세린을 제거한 후 다시 메틸알콜과 촉매를 첨가하여 이차반응기에서 반응시킴으로서 97% 이상의 순도를 얻을 수 있다.

위 반응공정은 복잡하지만 연속적인 2단계 공정으로 지방산 알킬에스테르를 대량으로 생산할 수 있는 최초의 연속공정이라 볼 수 있다. 그러나 2상반응으로 인한 상당량의 촉매와 메틸알콜이 글리세린층으로 옮겨가는 문제점으로 인하여 반응속도가 느려 설비가 커지는 단점도 있다.

연속공정에서 촉매의 효율을 높이려는 노력은 여러 가지 연속공정의 후속적인 개발과 함께 지속적으로 이루어졌다. 알카리촉매를 대체하기 위하여 Na금속촉매를 이용한 연속공정(프랑스), Na와 K를 이용한 식물성오일의 에스테르 교환반응(미국) 등 다양한 방법이 개발되었다. 특히 독일의 Henkel사가 개발한 소듐메톡사이드 촉매를 이용한 연속식 관형반응기에서의 지방산 알킬에스테르 합성공정은 2상 반응에서의 촉매성능 저하 방지와 공정처리 성능을 높이기 위한 방안을 제시하고 있다.

다단계 연속식 교반반응기의 비효율성과 과다한 장치비를 줄이기 위하여 연속식 관형반응기가 이상적이나 혼합장치가 없는 관형반응기에서 2상 반응의 효율을 높이는 것에는 많은 제한점이 있다. 이들은 글리세린 층으로 촉매의 이동 방지를 위하여 메틸에스테르(친유성 성분층)에 잘 녹는 메톡사이드를 사용함으로서 촉매의 성능저하를 최소로 하였으며, 반응초기와 말기 2상의 혼합을 극대화하기 위하여 관형반응기에서 반응액을 빨리 지나치게 하여 혼합성능을 높게 유지하였다. 그 결과 연속식 관형반응기의 혼합특성이 연속식 관형반응기의 성능에 일치하도록 하는데 성공하였다. 따라서 Henkel사는 연속식 관형반응기 두 개 이상을 직렬로 설치하고 그 사이에 글리세린 회수설비와 저급 알콜 및 촉매의 추가공급시설을 설치한 2단계 이상의 다단계 직렬식 연속 관형반응기 공정의 개발을 완료하였다.

97% 이상의 고순도 알킬에스테르, 특히 지방산 메틸에스테르는 현재 바이오디젤로 사용이 급격히 증대되고 있는데, 유럽의 바이오디젤 사양에 의하면 순도가 96.5% 이상이 되어야 한다. 따라서 96.5% 이하의 지방산 메틸에스테르는 연료로서 사용할 수가 없기 때문에 최소 2단계의 반응이 요구되고 있다. 이 공정은 현재 유럽과 미국의 표준공정으로 채택되어 바이오디젤의 보급에 큰 역할을 하고 있다. 최근 일본에서는 상기 독일의 공정과 유사한 조건에서 NaOH를 촉매로 이용하여 폐식용유를 지방산 메틸에스테르로 전환하는 공정을 개발하기도 하였다.

〈그림 4-52〉에서는 국내에서 개발하여 제안하고 있는 바이오디젤생산 공정을 나타냈다. 식물성 기름에 메탄올과 KOH를 가하여 산촉매의 존재하에서 반응을 하여 증발기, 원식분리기 등을 통하여 지방산을 제거하고, 글리세린을 제거하여 정제하는 공정으로 이루어져 있다.

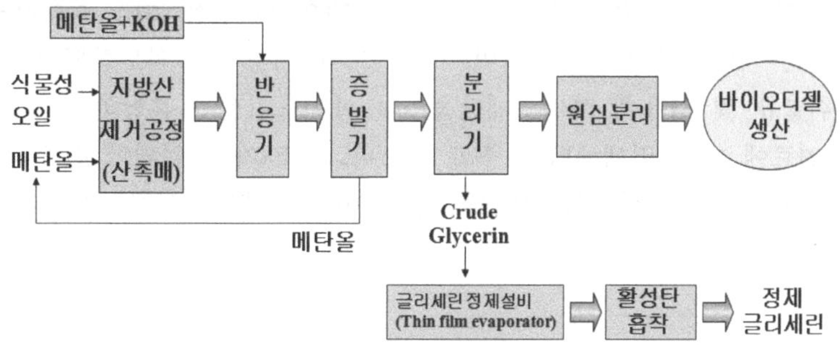

<그림 4-52> 국내에서 개발하여 제안하고 있는 생산공정

라. 바이오디젤 기술 전망

원료인 '油菜'도 본격 재배 제주 등 지자체들 '바이오디젤' 도입 적극 검토하고 있으며, 국내 기업들은 '원료 확보' 위해 해외 진출을 시도하고 있다. 원료도 옥수수와 콩, 유채(油菜), 사탕수수, 밀, 자트로파(다년생 관목), 볏짚 등을 이용한 추출 기름으로 확대되고 있다.

2012년도에 들어와 바이오디젤 주유소가 설치되고 있으며, 바이오디젤20(BD20). 경유 80%에 대두유 등으로 만든 바이오디젤이 20% 섞여 있는 기름을 공급하고 있다.

현재는 지자체의 청소차량과 건설장비차량 등이 BD20을 사용할 여정이며, 점진적으로 확대할 계획이다. 바이오디젤 원료를 국내에서 생산하게 되는 사업도 본격적으로 시작됐다. 전남, 전북과 제주도 등 3개 지자체는 금년에 각각 50만평씩 총 150만평의 유휴 농경지에서 유채 생산에 본격 착수할 예정이다. 앞으로 3년 동안 국고와 지방비 등 모두 26억원을 지원해 유채 재배농가가 생산한 물량을 전량 수매할 계획이다.

국내 기업들은 카사바와 자트로파 같은 낯선 이름의 식물들을 대상으로 바이오디젤을 얻기 위한 시도를 하고 있으며, 자트로파는 인도나 아프리카 등지의 열대지방에서 흔하게 만드는 자라는데, 열매에 든 씨앗에서 바이오디젤이 만들어진다.

바이오디젤은 경유와 물리·화학적 특성이 거의 같아서 5~30%까지 경유와 섞어 사용할 경우 일반 경유 차량에 사용할 수 있다. 혼합비율에 따라 BD5(바이오디젤 5% + 경유 95%), BD20(바이오디젤 20% + 경유80%)과 BD100(바이오디젤 100%)으로 불린다. 독일에서는 BD100이 시중에 시판돼 대량 보급돼 있다. 프랑스는 공공기관의 바이오 디젤 사용을 의무화할 정도로 정부가 적극 지원에 나서고 있다. 이태리, 스웨덴, 체코, 스위스 등지에서는 대형트럭, 또는 버스회사 차량을 대상으로 BD30을 보급하고 있다.

2014년부터 시행을 검토하고 있는 RFS(Renewable Fuel Standard)는 발전사업자에 적용되는 RPS(Renewable Portfolio Standard)와 유사한 개념으로 연료를 공급하는 기업에 적용되는 제도로서 '신재생연료 의무혼합제도'로 불리고 있다.

현재 경유에 바이오디젤을 5% 혼합하는 'BD5'와 바이오디젤을 20% 혼합하는 'BD20'이 시행되고 있으나 이는 자발적인 혼입규정이며, RFS제도가 시행되면 의무화되어 강제화되는 것이 특징이다. 즉 휘발류 및 경유에 바이오에탄올이나 바이오디젤을 혼합하는 것을 '권고'하고 있고, 해당 신재생연료에 대해 면세혜택을 주고 있으나, RFS가 도입되어 신재생연료에 대한 기존의 면세혜택은 사라지고, 대신 기존 연료에 일정 비율을 혼합하도록 의무화된다.

4. 에탄올 발효기술

가. 기술 개요

에탄올 발효란 각종 식물성 잔재물이나 미 이용 곡류로부터 추출되는 전분이나 당이 주 원료가 되며 효모의 작용에 의해 에탄올을 얻는 기술을 말한다. 포도당(glucose), 과당(fructos), 자당(sucrose) 등의 당류는 효모의 작용에 의해서 분해되어, 에탄올과 이산화탄소를 생성한다. 이 미생물 작용은 오래 전부터 술을 제조하는데 이용되어 왔으며, 이 작용을 에탄올 발효라고 부른다. 효모를 이용하여 생성시키는 에탄올은 증류 과정을 통해 순도를 높여 회수하면 연료로서 이용할 수 있다.

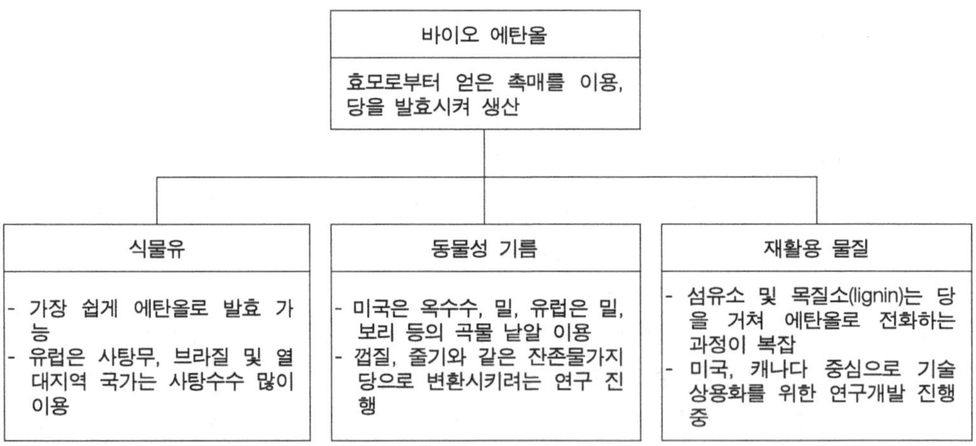

<그림 4-53> 에탄올 연료에 사용하는 원료의 특징

리그노셀룰로오스계의 원료를 이용하는 경우에는 우선 셀룰로오스 및 헤미셀룰로오스를 가수분해하여 당을 생성하고, 뒤이어 생성한 당을 에탄올 발효한다. 이 기술에 있어서 리그노셀룰로오스계의 바이오메스로부터 에탄올을 생산하는 연구 개발이 활발히 진행되고 있으며, 가수분해에는 저농도 황산이나 농황산 등의 산이나, 셀룰라제가 이용된다. 전처리로서 백색부후

균(白色腐朽菌)을 이용하여 리그닌을 분해하고, 셀룰로오스에의 효소의 작용을 높이는 연구도 진행되고 있다. 기술개발 과제로는 에탄올의 고효율 증류, 저가의 리그노셀룰로오스계 바이오메스의 가수분해 기술이 요구된다.

브라질에서는 석유위기 직후부터 국책으로 사탕수수를 원료로 에탄올을 생산하여 자동차 연료에 이용하고 있으며, 미국에서는 옥수수를 원료로 하는 에탄올을 생산하여 휘발유에 10% 혼입한 E10이라 불리는 연료가 자동차연료로 이용되고 있다. 에너지원뿐만 아니라 시약용으로서는 일본에 있어서도 생산되고 있으며 이미 실용화한 기술이다.

바이오매스를 이용하여 화학물질 또는 연료용 에탄올을 생산하는 공정에서 바이오매스의 전처리 공정은 필수 불가결한 주요 공정으로 고려되고 있다. 전처리 공정의 주목적은 바이오매스의 구조를 변경함으로써 효소로 하여금 흡착이 용이하게 하여 가수분해 효율을 증진시키는데 있다. 목질계 바이오매스는 90%이상이 섬유소, 헤미셀룰로오스, 그리고 리그닌으로 구성되어 있다. 이상적인 전처리 공정은 이러한 바이오매스를 주요 요소인 섬유소와 헤미셀룰로오스, 그리고 리그닌으로 수율을 높게 분리하는 것이다. 지금까지 목질계 바이오매스의 전처리 방법으로 증기 폭쇄법, 알칼리 처리법, 이산화황 처리법, Organosolv 처리법, 과산화수소처리법, 초임계 암모니아 처리법, 약산처리법, 그리고 암모니아 동결 폭쇄법(AFEX) 등 수많은 방법들이 연구되어 왔다. 이들 공정 이외에 암모니아 재순환 침출공정(ARP : Ammonia Recycled Percolation)이 개발되었다.

에탄올은 수송용 대체연료로서 아주 우수한 특성을 갖고 있음이 입증 되고 있다. 에탄올은 휘발유와 혼합연료(가소홀, Gasohol)의 형태, 산화물(ETBE, Ethyl Tertiary Buthyl Ether)의 혼합연료 혹은 수화에탄올(95%(v/v)에탄올 + 5%(v/v)물)로 기존의 내연기관에 거의 완벽하게 사용될 수 있다. 즉 〈표 4-22〉에서 보는 바와 같이 먼저 공연비(Air/Fuel ratio)를 낮게 유지할 수 있으며, 증발잠열이 높고, 옥탄가가 높으며 화염온도는 낮다.

실제로, 에탄올은 이와 같은 이유로 Indianapolis 500 같은 고성능 자동차 경주에서 종종 휘발유 보다 우수한 연료로 경주차에 사용되기도 하며, 브라질에서는 수화에탄올 자동차가 휘발유 자동차 보다 더 많이 출고되기도 하였다.

나. 발효과정[72)]

미생물이 혐기적으로 당질을 대사하여 발효생성물을 생성하는 과정에서 에너지를 획득하는 현상을 발효라고 정의가 가능하며, 에탄올발효 이외에도 유산발효, 아세톤·부탄올 발효 등 다양한 발효가 알려져 있다. 최근에는 유용물질을 생산하는 미생물 대상활성 전반을 포함하여 말하기도 한다.

---

72) 한국환경정책평가연구원, "바이오매스로부터 청정연료(에탄올) 생산", 기술현황분석보고서, 1993.

<표 4-22> 가솔린과 에탄올의 연료특성 비교

연료특성	에탄올(바이오)	가솔린
증기압(mmHg) 38.1℃ 46.4℃ 4.8℃	129 165 21	414 ~ 776 640 160
열량 (kcal/L)	5,060	7,589
옥탄가 (RON)	111	91 ~ 98
증발열 (kcal/L)	158	62
비중	0.789	0.70 ~ 0.76
비등점 (℃)	78.7	27 ~ 205
분자량	46.1	100 ~ 105
탄소함유량 (g/L)	412	640
공연비	9.0	14.5
발화 한계농도 (Vol%)	3.3 ~ 19	1.4 ~ 7.6
인화점 (℃)	13.1	-42.4
자동 착화점 (℃)	218	125

과당과 같은 당분이 효모에 의해 이산화탄소와 에탄올로 분해하여 이루어지는 에탄올 발효는 글루코오스, 푸룩토스 및 스크루즈와 같은 당질재료가 혐기성 소화조건하에서 해당(解糖)과정을 통해 효모에 의해 대사되어 에탄올과 이산화탄소를 생산하게 된다(식 1). 1분자의 글루코오스로부터 2분자의 ATP가 생산되어 효모세포 성장에 필요한 에너지로서 사용된다. 인간은 오래 전부터 알콜 양조, 발효음식 제조, 지방 등에 에탄올 발효를 이용하고 있다.

$$C_6H_{12}O_6 \rightarrow 2C_2H_5OH + 2CO_2 \qquad (식\ 1)$$

19~20세기에 발효와 증류기술의 급격한 발달로 인하여 에탄올은 여러 화학산업, 음료 및 음식산업, 의료기뿐만 아니라 연료분야에서 이용되고 있다. 1970년 오일쇼크 이후에 대규모의 에탄올 연료는 미국은 옥수수로부터, 브라질은 사탕수수로부터 생산하여 화석연료를 대체함으로써 온실가스발생을 줄이고 있다. 전 세계적으로 에탄올 생산을 위하여 다양한 셀룰로오스 재료로부터 에탄올 생산기술이 개발되고 있다.

에탄올 발효는 상압과 실온조건하에서 미생물반응이다. 상업적으로 에탄올 발효에 사용되는 효모는 *Saccharomyces(S.) cerevisiase*로서 매우 우수한 발효성능을 가지고 있다. (식 1)에 의하면 효모는 100g의 글루코오스로부터 51.14g의 에탄올을 생산한다. 글루코오스의 50%는 이산화탄소로 손실되지만, 글루코오스에 남아 있는 91%의 에너지(2.872 MJ/mol)가 에탄올에 함유된다. 그러므로 에탄올 발효는 바이오매스를 액체연료인 에탄올로 전환하는 우수한 미생물학적 과정이다. 효모세포는 1883년 덴마크에서 순수배양균인 맥주로부터 분리되어 에탄올발효의 대사과정에 크게 기여하였다.

바이오매스로부터 에탄올발효에 의해 생산되는 바이오에탄올은 전분이나 당분을 이용하여 생산되는 전분 에탄올(starch ethanol)과 섬유소자원을 활용하여 생산하는 섬유소유래 에탄올(cellulosic ethanol)로 크게 구별한다. 미국에서는 옥수수를 이용하여 에탄올을 생산하고 있으며 휘발유에 10% 첨가한 가소홀을 자동차연료로 사용하고 있다. 브라질은 사탕수수를 이용하여 에탄올을 생산하며, 가격경쟁력이 가장 우수한 것으로 알려져 있다. 전분 에탄올 생산기술은 포화단계에 도달하였지만, 단위공정의 합성 및 최적화 등 공정공학을 이용한 생산성 향상에 많은 노력을 기울이고 있는, 반면 섬유소유래 에탄올은 아직 기술개발단계에 머물러 있다.

1) 당분의 에탄올발효

대규모 에탄올 생산에 사용되는 당질재료로는 쥬스, 사탕수수와 사탕무의 당밀이다. 당밀은 당분을 결정화하고 난 후에 생성되는 고농도의 부산물이다. 당밀의 당분 농도는 주요 당질성분인 글루코오스, 프룩토스와 스크루스를 약 50% 함유하고 있다. 이와 같은 당질재료는 효모와 Zymomonas에 의해 에탄올발효에 좋은 재료이다. 브라질과 인도에서는 에탄올 생산을 위하여 사탕수수 쥬스를 사용하고 있다. 브라질에서 사용하고 있는 에탄올 발효공정은 Melle-Boint 공정이라 불리는 연속공정이거나 준연속적인 발효공정에서 효모균이 원심분리를 통하여 회수되고 pH 3에서 묽은 황산으로 오염된 박테리아를 멸균하고 나서 발효조로 재순환된다.

고농도의 효모균을 가지고 11~17%의 당분을 가지고 있는 사탕수수 쥬스로부터 15시간동안 발효하여 6~8%의 에탄올을 함유한 맥주를 만들 수 있다. 당밀은 사탕수수 쥬스나 비트쥬스와 2회 정도 회석하거나 혼합하고 난 후 발효하는데 사용된다. 발효수율이 82%이고 당밀의 당분농도가 55%일때, 95% 에탄올 $1m^3$을 생산하기 위해 필요한 당밀은 습기준으로 3.3톤이다.

2) 전분의 에탄올 발효

전분은 글루코오스 단량체가 연결되어 있는 글루코오스 고분자물질이다. 전분을 100~130℃에서 가열하고 난 후 알파아밀라제와 글루코아밀라제를 사용하여 글루코오스로 수화한다.

$$(C_6H_{12}O_6)n + nH_2O \rightarrow 2C_6H_{12}O_6$$

옥수수를 사용하는 미국과 고구마를 사용하는 중국에서 대규모의 에탄올 생산이 이루어지고 있다. 고구마로부터 에탄올 생산을 위한 저온가열조건은 1990년대에 일본에서 실시되었는데, 고구마를 먼저 해머밀로 분쇄하여 80-90℃에서 1시간동안 가열하고 난 후 알파아밀라제를 첨가하여 전분을 액상화하여 점도를 낮추고 온도를 58℃로 냉각하고 나서 액상의 전분을 글루코오스 아밀라제를 사용하여 2시간 동안 수화하여 글루코오스로 수화하면 글루코오스 농도는 약 15%가 된다. 발효된 맥주를 30-34℃에서 4일 동안 발효하고 난 후에는 8% 에탄올을 얻게 된다. 전분가(澱粉價)가 24.3%인 고구마를 92% 발효하여 95%의 에탄올 $1m^3$을 생산하기 위해서는 5.03톤의 고구마가 필요하다.

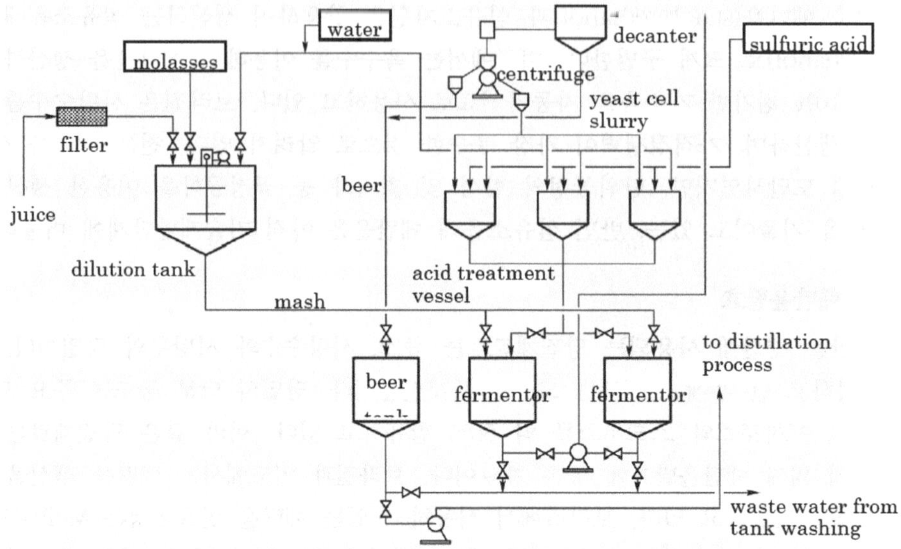

<그림 4-54> Melle-Boinot 에탄올 생산공정

4) 목질계 바이오에탄올

목질계 바이오에탄올은 곡물원료 에탄올의 부작용으로 가격폭등, 사회적 반발 등의 대안으로 대두되고 있다. 원료로는 밀짚, 옥수수 잎/줄기 등 농폐기물 및 목재 등의 목질계 바이오매스가 이용된다.

바이오매스 원료로 목질계 바이오매스인 침엽수나 활엽수와 같은 목재를 이용하는 경우, 각 조성분간의 결합이 치밀하고, 이용가능한 당이 리그닌에 둘러싸여 있을 뿐만 아니라 결정성 셀룰로오스가 당화효소 등이 접근이 어려울 정도로 셀룰로오스 섬유 간 결합이 긴밀하게 결합되어 있다는 특징이 있다. 이러한 견고함은 셀룰로오스 주변의 수소결합과 반데르발스(van der waals) 인력의 결합으로 인하여 가수분해가 어려운 구조를 띄고 있다. 따라서 치밀한 구조의 목질 바이오매스를 분해하여 유용물질로 얻고자 하는 경우에는 이용 목적이 되는 구성성분의 수율이 높으면서 화학적 성상이 손상되지 않는 전처리 공정이 요구되고 있다[73].

이들 원료로부터 바이오에탄올을 생산하기 위해서는 에탄올 발효에 앞서 산 또는 효소를 촉매로 한 당화공정이 선행되어야 한다. 발효 및 정제공정은 이미 상용화된 바이오에탄올 생산공정과 동일하여 현재 상용 공정과 직접 연계 가능하다는 장점이 있다.

목질계 바이오매스를 이용하여 화학물질 또는 연료용 에탄올을 생산하는 공정에서 바이오매스의 전처리 공정은 필수 불가결한 주요 공정으로 고려되고 있다. 전처리 공정의 주목적은 바

73) 김영숙, 목재공학, Vol.37(3), 274-286, 2009.

이오매스의 구조를 변경함으로써, 효소로 하여금 흡착이 용이하게 하여 가수분해 효율을 증진시키는데 있다. 목질계 바이오매스는 90%이상이 섬유소, 헤미셀룰로스, 그리고 리그닌으로 구성되어 있으며, 이상적인 전처리 공정은 이러한 바이오매스를 그것의 주요 요소인 섬유소와 헤미셀룰로스, 그리고 리그닌으로 수율을 높게 분리하는 것이다.

지금까지 목질계 바이오매스의 전처리 방법으로 증기 폭쇄법, 알칼리 처리법, 이산화황 처리법, Organosolv 처리법, 과산화수소처리법, 초임계 암모니아 처리법, 약산처리법, 그리고 암모니아 동결 폭쇄법(AFEX) 등 수많은 방법들이 연구되어 왔다. 이들 공정 이외에 암모니아 재순환 침출공정(ARP: Ammonia Recycled Percolation)이 개발되어 있다.

목질계를 원료로 하는 경우에도 목질계의 주성분인 셀룰로스를 산이나 효소(cellulase)로 분해하는 과정을 거쳐 발효하여 에탄올을 얻게된다. 목질계 바이오매스 중의 헤미셀룰로스는 산이나 효소(Xylanase)존재 하에서 자일로즈(Xylose)를 비롯한 오탄당으로 대부분 분해되는데 지금의 효모나 박테리아로는 좋은 효율로 에탄올을 생산할 수 없다. 그러나 최근 성능이 좋은 자일로즈 발효균주들이 개발되고 있다. 효소를 이용한 생물공정으로 목질계 바이오매스를 에탄올로 전환하는 공정은 화학공정이나 산을 이용한 방법에 비해 여러 가지 이점이 있다. 첫째, 효소는 대개 특정한 반응에 대하여만 촉매작용을 하므로 분해 생성물, 부산물 등이 생성되고, 둘째, 생물공정은 상온, 상압 반응이므로 시설비가 적게 들며 반응되지 않는 성분(바이오매스의 경우 리그닌 등)은 변환 없이 배출되므로 다른 용도로 쓸 수 있으며, 마지막으로, 생물공정은 새로운 공정 및 기술 개발이 계속되고 있으므로 공정 개선 및 경제성 제고가 용이하다.

연료용 에탄올을 생산하는 반응 메커니즘은 크게 두 가지로 당화와 발효라 할 수 있다. 당화란 셀룰로스 성분이 효소의 작용에 의해 글루코스로 전환되는 과정이며, cellulase 효소가 셀룰로스의 반응표면에 흡착하여 셀룰로스를 cellobiose로 바꾸는 과정과 이렇게 생성된 cellobiose 효소는 β-glucosidase 효소반응에 의해 글루코스로 전환되는 과정으로 나눌 수 있다. 이때 cellulase 효소는 cellobiose와 글루코스에 의해 억제영향을 받는데 특히 cellobiose와 최종 생성물인 글루코스에 의해 억제영향을 받는다. 따라서 글루코스에 의한 억제작용에 더 민감한 것으로 보고되고 있다.

발효란 당화 과정에 의해 생성된 글루코스가 효모 등의 미생물에 의해 혐기성 조건하에서 에탄올과 이산화탄소로 전환되는 과정을 말한다. 일반적인 바이오매스로부터 에탄올로의 생물학적 전환 공정에 대한 모식도를 다음의 〈그림 4-55〉에 나타낸다. 당화공정 중에서 먼저 산당화 공정을 설명하면, 묽은 또는 농축된 산은 섬유소계 바이오매스로의 셀룰로스와 헤미셀룰로스 구조를 파괴시켜 에탄올로 전환시킬 수 있는 당의 형태로 전환시킬 수 있다. 우선적으로 섬유소계 바이오매스를 작은 크기로 분쇄시켜 산이 기질의 구조 안쪽으로 깊이 침투할 수 있도록 한다. 이러한 산 당화는 기본적으로 바이오매스의 헤미셀룰로스를 자일로오스(Xylose)

및 다른 형태의 환원당으로 전환시키는 과정을 의미하며 당화 후에 남는 잔류 셀룰로스 및 리그닌이 함유된 헤미셀룰로스 성분들은 전체 공정을 위한 연료로 사용이 가능하다. 분리당화 발효 공정은 당화과정과 발효과정을 각각 다른 반응기에서 수행하는 것으로서 당화과정과 발효과정에서 효소와 효모에 대해 각각 최적화된 조건하에 반응시킬 수 있다.

그러나 분리 당화발효 공정에서의 효소반응은 그 중간생성물과 최종 생성물인 셀룰로바이오스와 글루코스에 의해 억제영향을 받기 때문에 반응이 진행됨에 따라 축적된 글루코스의 농도가 높아지면 반응이 종결되는 단점이 있다. 이를 극복하기 위해 효소의 양을 늘리는 방법이 있지만 효소의 생산비용이 비싸기 때문에 경제적인 방법이 될 수 없다. 이러한 분리 당화발효 공정의 단점을 극복하기 위해서 동시 당화발효 공정은 하나의 반응기에서 당화과정과 발효과정을 동시에 수행한다. 동시 당화발효 공정에서는 당화과정에서 글루코스가 생성되자마자 효모가 발효과정에 의해 글루코스를 바로 제거하고 반응기내에 당의 축적을 최소화할 수 있다.

이러한 이유 때문에 동시 당화발효 공정은 분리당화발효 공정에서 나타나는 최종 생성물의 억제작용을 방지할 수 있고 효소의 가수분해 반응을 향상시킬 수 있다. 부가적으로 장치비의 절감과 낮은 효소 투입량에 의한 비용감소 효과를 볼 수 있고, 반응기내에 에탄올이 존재하므로 오염문제를 감소시킬 수 있는 장점이 있다. 실제로 목질계 바이오매스를 원료로 하여 동시 당화발효 공정과 분리 당화발효 공정의 경제성을 평가했을 때 동시 당화발효 공정이 더 경제적이라고 보고되고 있다.

섬유소계 바이오매스의 당화 및 발효공정에서 얻어진 에탄올이 연료용 에탄올로 사용되기 위해서는 일반적으로 분리와 정제과정을 거쳐야 한다. 전통적인 분리, 정제과정은 발효액으로부터 에탄올을 분리한 다음 증류 방법에 의해 에탄올을 95%의 농도까지 농축시키고 이것을 다시 공비증류(Azeotropic distillation) 방법에 의해 에탄올을 연료용 등급인 99%이상의 농도로 올리는 과정을 사용하였다. 이러한 분리, 정제과정에 사용되기 위해 필요한 에탄올 농도는 10%정도이어야 하고 6%이하의 농도에서는 경제적으로 매우 불리하다.

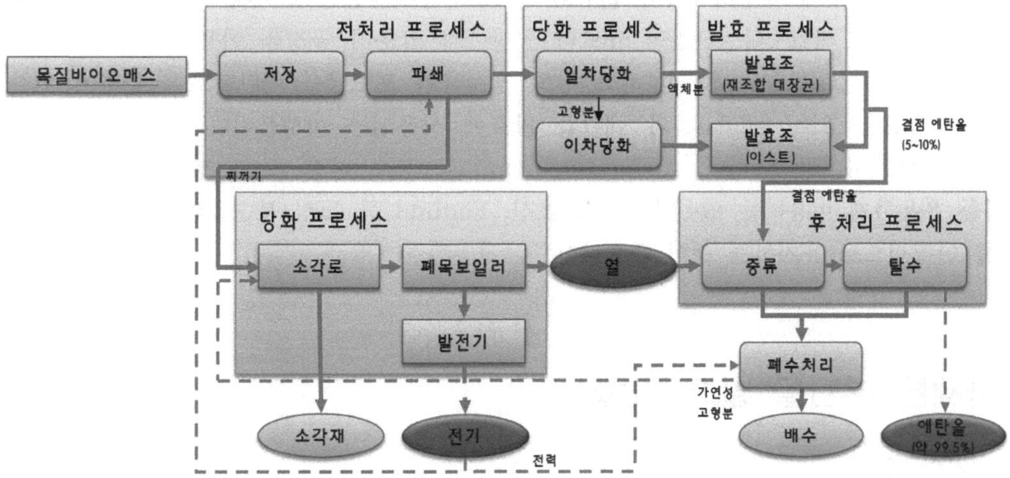

<그림 4-55> 목질계 바이오매스를 이용한 에탄올 생성 처리순서도

<표 4-23> 목질계 에탄올 생산 공정의 경제성 분석결과와 생산단가 결정 인자

연구자 (발행연도)	기준 연도	무수 에탄올 생산원가 (¢/L)a)	부산물이득 (¢/LETOH)	용량 (ton/yr)	가상원료	원료 가격 ($/ton건량)	에탄올수율 (%)b)	자본비용 비중 (%)	원료가격 비중 (%)
Wright et al. (1986), c)	1985	81.2	2.3	443,566	hard-wood	46	65	38	30
Nguyen and Saddler (1991), d)	1989	73.9	4.9	165,000	aspen	52	61	-	14
Hinman et al.(1992), c,d,e)	1990	36.4	2.0	580,333	hard-wood	46	68	37	36
von Sovers and Zacchi (1995), c)	1992	71.2	9.8	100,000	pone	61	76	48	30
Wooley R.et al.(1999) d,e)	1997	38.0 (36 ~ 43)	-	158,000	yellowpoplar	25	257 (ℓ/ton)	58	26

〈자료출처〉 : 박순철 (2003) a) 부산물 이득은 고려하지 않은 것임(wooley분석 제외), b) Cellulose (glucose로 당화되는 부분) 가용량으로부터 산정된 수율. c) 95.4%(w/v)함수에탄올 생산가정, d) 오탄당 발효가 가능한 것으로 가정. e) 동시당화 발효공정 채택.

그러나 최근 연구에 의하면 기존의 증류공정에 흡착제를 사용한 흡착회수공정(Sorptive Recovery Process)을 결합하여 4.5%의 에탄올로부터 99.4%의 연료용 에탄올을 얻고 있다. 결국 현재까지 개발된 정제공정을 이용하여 연료용 에탄올을 경제적으로 얻기 위해서는 동시당화발효 공정에서 얻어진 에탄올의 농도가 최소한 4~5%이상이어야 한다.

이를 해결하기 위해 막분리공정이 연구되어졌으며 투과증발법에 의해 원하는 농도의 에탄올을 얻을 수 있게 되었으나, 산업적 규모의 공장에서 막분리 공정을 이용하는 것은 타당성이 없다고 사료된다. Cellulose를 당화하고 당화 생성물인 포도당을 에탄올로 전환하기 위한 발효기술의 핵심은 효소(Cellulase)와 에탄올 발효에 사용되는 미생물이다. 목질계의 당화액은 포도당을 주로 하지만 Xylose, Arabinose, Mannose 등도 다량 (25% 정도)포함하고 있으므로 이를 유용하게 이용하는 일이나 그 외 초산, Furfural 등 독성 불순물의 존재 하에서도 발효계를 안정적으로 유지하는 것이 중요하다.

5. 아세톤-부탄올 발효 기술

가. 기술 개요

아세톤-부탄올 발효는 토양 속에 있는 혐기성 박테리아인 클로스트리듐을 이용하여 글루코오스로부터 아세톤과 부탄올을 생산하는 반응이다. 그러므로 아세톤-부탄올 발효를 ABE 발효라고도 한다. 19세기 말에 발견된 이래 이 박테리아를 이용하여 옥수수, 고구마 등에서 아세톤과 부탄올을 제조하였으며, 한 때 아세톤의 공업적 제조법으로서 대규모로 시행되었다. 토양에 널리 분포하고 있는 클로스트리듐(Clostridium)으로부터 아밀라제, 자일라제, 프로티스와 리파제를 추출할 수 있다. 아세톤-부탄올 발효는 전분으로부터 부탄올을 생산하는 웨이즈만 타입과 사카로스로부터 부탄올을 생산하는 사카로 타입이 있다. 아세톤-부탄올 발효는 오래전에 개발된 상업화된 기술이다. 아세톤-부탄올 발효를 제1차 세계대전 때에는 무연화약으로부터 아세톤을 생산하였고, 제2차 세계대전 때에는 전투기 연료인 부탄올을 생산하였다. 제 2차 세계대전 후에는 아세톤-부탄올 발효는 석유화학산업에 의해 잊혀지게 되었지만, 최근에 바이오연료로의 부탄올로 재평가되고 있다.

나. 발효반응

상업적인 부탄올 생성을 위하여 사용되는 박테리아는 아세톤 생성을 억제하면서 부탄올과 이소프로판올을 생산하는 아세톤-부탄올 박테리아와 부탄올-이소프로판올 박테리아이다. 아세톤-부탄올 반응경로는 다음과 같다. 글루코오스가 피부르산, 아세틸 CoA와 아세토아세틸 CoAr로 분해되어 아세톤, 부탄올, 이소프로판올과 에탄올을 생산하게 된다. 아세톤 - 부탄올 발효의 화학양론식은 다음과 같다.

$$95C_6H_{12}O_6 \rightarrow 60C_4H_9OH + 30CH_3COCH_3 + 10C_2H_5OH + 220CO_2 + 120H_2 + 30H_2O$$

아세톤-부탄올발효에서 부탄올은 점진적으로 누적되어 부탄올 함량이 3kg/m^3 이상에서는 부탄올 생산을 억제하게 된다. 부탄올 생산이 억제되면 박테리아의 성장, 기질의 소비 및 생성물의 누적이 감소하게 되어 부탄올함량이 30kg/m^3에서 포화된다. 발효후에 배양액을 증류하여 56.3℃의 비점을 가진 아세톤과 78.8℃의 비점을 가진 에탄올 및 117℃의 비점을 가진 부탄올 혼합용액으로부터 비점차이를 이용하여 생성물을 분리한다.

다. 에너지효율과 생성물

95몰의 글루코오스는 아세톤-부탄올 발효를 거쳐 60몰의 부탄올, 30몰의 아세톤, 10몰의 에탄올 및 120몰의 수소를 생산하게 된다. 글루코오스에 있는 모든 에너지는 부탄올, 아세톤, 에탄올 및 수소로 전달된다.

아세톤-부탄올 발효는 무연화약으로부터 아세톤을, 전투기의 연료인 부탄올을 공급하기 위하여 상업화되었지만, 최근에는 석유화학산업에서 아세톤과 부탄올이 합성되고 있다. 재생가솔린 또는 디젤첨가제인 바이오연료는 세계적으로 많은 관심을 보이고 있다. 부탄올은 가솔린이나 디젤에 첨가하여 사용할 수 있으며 에탄올보다 가솔린과 친화성을 가지고 있어 부탄올은 매우 유망한 바이오연료이다. 부탄올 발효는 에탄올과는 다르게 효모가 아닌 박테리아에 의해 이루어지며 역사적으로 바이오부탄올을 고농도로 생산하는 미생물이 탄수화물을 혐기조건하에서 바이오부탄올로 전환시켜 생산하였다. 이 때는 생산되는 바이오에탄올에 비하여 부탄올 농도 및 생산성이 낮아지지만, 바이오에탄올과 같은 수준으로 최종 농도와 생산성이 증가되어야만 수송용 연료인 가솔린을 대체할 수 있는 연료가 될 수 있을 것이다.

제 4 절 기체연료 에너지화 기술

1. 가스화 기술

가. 기술 개요

가스화 공정의 개발은 1970년대와 1980년에 있었던 두 차례의 Oil Shocks 이후이며, 따라서 주요한 가스화 공정의 목적은 석탄의 석유 대체이다. 폐기물 처리를 위한 가스화 공정의 도입은 폐기물의 매립에 의해 발생될 수 있는 매립장소의 한정 및 환경적 요인과 재래식방법의 연소를 통한 폐기물 처리 시 발생되는 기술적인 문제를 해결하기 위한 것이다.

폐자원이나 바이오매스를 고온 하에서 산화제로 부분산화시켜 연료가스나 화학 중간물질인 합성가스로 전환하는 공정을 열화학적 가스화, 간단히 가스화라고 한다. 이때의 산화제를 가스화제라 한다. 생산되는 합성가스의 성분은 수소, 일산화탄소가 대부분이고 이 외에도 소량의 이산화탄소, 물, 메탄, 탄화수소 및 질소를 함유하고 있다. 사용되는 가스화제로는 일반적으로 공기, 산소 및 스팀을 사용한다. 가스화반응은 고온인 500-1400℃이고 압력은 상압이나 최대 33bar의 고압에서 행해진다. 산화제로 공기에 의한 가스화의 생성물에는 공기중의 질소로 인하여 질소를 다량 함유하게 되며, 산소나 스팀을 산화제로 공급하는 가스화의 생성물에는 비교적 수소와 일산화탄소를 많이 함유하게 된다. 〈그림 4-56〉은 전형적인 가스화공정의 공정도이다.

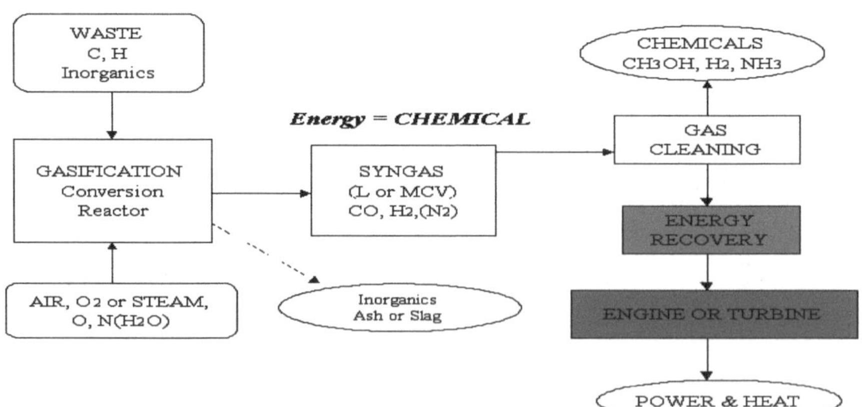

<그림 4-56> 가스화 공정도

가스화 공정은 일반적으로 아래와 같은 주요 과정을 거치게 된다.

1) 폐기물로의 열전달을 통한 건조과정
2) 폐기물로부터 휘발성 유기물질 및 Syn-gas(가스화 반응에서 생산된 연료가치가 있는 기체로 일산화탄소, 수소 메탄 등이 주성분임)의 발생과 Tar 및 Char가 발생되는 과정
3) 추가적인 부분산화에 의한 Char의 가스화 및 Tar의 열분해 과정

가스화 공정에 있어서 Carbon Conversion(탄소 전환)을 높이기 위해서는 반응기의 온도를 높게 유지하는 것이 바람직하나, 가스화 과정에는 이외에도 폐기물 속에 포함된 Ash의 처리, Syn-gas의 발열량, Refractory(내화성, 내열성, 부식성) 등은 고려되어야 할 여러 변수들이다.

나. 가스화반응

폐기물이나 바이오매스의 가스화반응은 〈그림 4-57〉과 같이 가스화후에 열분해라는 2단계 과정을 거쳐 일어난다.

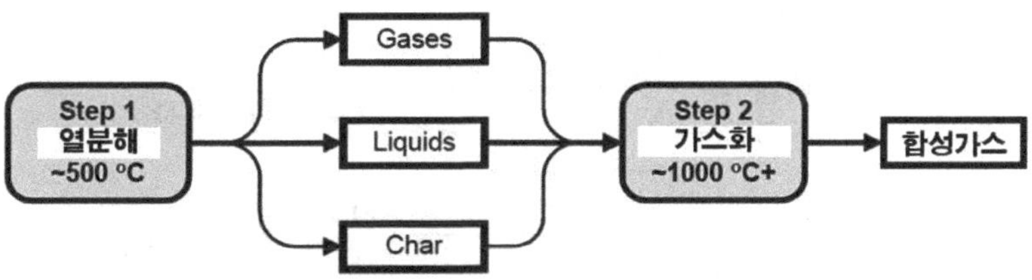

<그림 4-57> 가스화 과정

열분해는 열에너지에 의해 원료가 분해되는 것으로 흡열반응이고 75-90%의 휘발분이 기체나 액체로 전환되는 탈휘발과정이다. 탄소성분와 같은 나머지 비휘발성 물질은 숯(char)으로 남게 된다. 휘발성 탄화수소와 숯(char)는 2단계 과정인 가스화에서 합성가스로 전환된다. 가스화반응식은 다음과 같다.

발열반응

(1) 연소 (바이오매스/숯) + $O_2 \rightarrow CO_2$
(2) 부분산화 (바이오매스/숯) + $O_2 \rightarrow CO$
(3) 메탄화 (바이오매스/숯) + $H_2 \rightarrow CH_4$
(4) 수성가스화 $CO + H_2O \rightarrow CO_2 + H_2$
(5) CO 메탄화 $CO + 3H_2 \rightarrow CH_4 + H_2O$

흡열반응

(6) 스팀-카본반응 (바이오매스/숯(char)) + H_2O → CO + H_2

(7) 보도우드반응 (바이오매스/숯(char)) + CO_2 → 2CO

바이오매스를 원료로 한 유동층 가스화기에서 가스화가 진행되는 과정을 〈그림 4-58〉에서 도식적으로 잘 보여주고 있다.

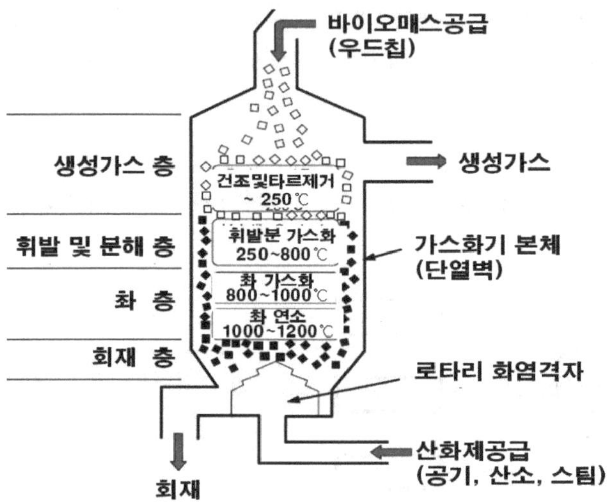

〈그림 4-58〉 가스화기의 개요

먼저 입구측에서 연료는 중력에 의해 로내로 유입되며, 로내의 가스화 반응은 아래에서 위로 진행되고, 재는 아래에서 제거되고, 생성가스는 위로 배출된다. 가스화의 기본 메커니즘은 연료 표면에 존재하는 수분이 증발되는 단계, 110~120℃에서 내부 수분이 증발되는 단계, 200~300℃에서 열분해되어 일산화탄소, 이산화탄소, 수소 및 수분이 가스화하는 단계, 휘발분이 다 증발되어지면 고정탄소와 회분이 숯(char)으로 변하는 단계, 숯(char)의 가스화 단계, 마지막으로 숯(char)의 연소단계로 구분되어진다. 주요 생성물로는 수소, 일산화탄소, 메탄, 이산화탄소, 수분 및 소량의 탄화수소를 포함하고 있다. 또한 무기물질과 오일성 타르(Tar)도 생성된다. 생성가스는 연료의 조성과 가스화 공정에 따라 천연가스 발열량의 약 10-50%에 해당한다. 가스화제에 스팀이 많이 함유되어 있고 주위온도가 750℃ 이상이면 습식가스반응($C+H_2O \Rightarrow CO+H_2$)이 일어나고 CO, CO_2, H_2를 발생시킨다. 습식가스반응의 속도는 느리고 잔여물로 숯(char)이 쉽게 만들어 진다. 타르(Tar), 숯(char), 검댕(Soot)은 연소효율을 떨어뜨리고 장비에 유해할 수 있다. 대부분의 가스화로는 정압상태로 운전되고 완전연소에 필요한 공기량의 1/3정도로 사용한다. 생성가스의 발열량은 가연가스 (CO, H_2, CmHn)의 비율에 의해 정해지고, 바이오매스의 가스화는 저열량가스(4-12MJ/m^3)를 생성한다. 이와 같은 가스화반응은 연소영역, 반응영역 및 열분해영역으로 나누어 이루어진다.

다. 가스화기의 종류

가스화기의 개발은 주로 경험적으로 이루어지고 있으며 많은 문제들은 기계적이고 시행착오에 의해 해결된다. 가스화기를 설계하는 경우 열이동의 문제가 중요하며 다음 사항들이 검토된다.

① 반응물 - 공기, 물, 산소, 열분해 속도
② 열과 물질전달 방법 - 상향식, 하향식, 유동층, 부유층형태
③ 원료의 종류 및 형태 - 목재, 도시생활쓰레기, 펠렛, 분말
④ 회재종류 - 회재, 슬래그
⑤ 압력 - 감압, 저압, 고압

바이오매스를 처리하는 가스화기는 원료의 주입방법에 따라 상향식, 하향식 및 유동층의 세가지로 구분되며 각각의 특성은 다음과 같다.

1) 상향식 가스화기

가스화기 중에서 가장 간단한 가스화기는 상향식 가스화기이며 공기는 반응기의 밑에서 가스분산판을 통해 주입된다. 원료와 공기가 열분해 영역에서 반응하여 가스, 숯과 타르를 형성하고 이때 생성된 숯(char)이 반응기 하부로 떨어지면서 다시 공기와 반응하여 연소가스인 이산화탄소를 생성하여 반응열이 생성된다. 이렇게 생성된 이산화탄소와 주입되는 수증기는 숯(char)과 반응하여 일산화탄소나 수소로 환원된다.

환원영역을 거쳐 생성된 가스들이 상승하면서 인입되는 축축한 바이오매스와 접촉하여 가스가 낮은 온도에서 배출되게 열을 교환한다. 이 상향식 반응기는 열분해영역에서 여러 종류의 화합물, 타르, 기름이 생성되는 반면 공기가 반응기 하단 측면에서 공급되기 때문에 반응기 바닥에 응축이 일어나는 문제점을 가지고 있다.

2) 하향식 가스화기

하향식 가스화기는 상향식 가스화기의 문제점인 가스로부터 타르나 기름을 제거하기 위해 특별히 고안되었다. 가스가 노즐을 통해 주입되고 연소생성물은 가스분산판 아래 뜨거운 탄소층을 통과할 때 환원된다. 계속적인 조작으로 하강하는 바이오매스를 열분해하고 기름 증기는 뜨거운 탄소층을 통과하여 간단한 가스나 고화탄소로 분해된다. 이 분해의 중요한 결과는 불

꽃안정이라고 불리는 효과이며 온도는 800~1000℃에서 유지된다. 타르의 기름은 상향식 가스화기에서 생성된 양보다 10%이하 감소된다.

3) 유동층 가스화기

유동층 반응기는 앞의 가스화반응기에서 문제점으로 나타난 균일한 온도와 가스와 고체상의 균일한 접촉을 개선하기 위하여 개발되었으며 전형적인 유동층 반응기는 〈그림 4-59〉에 나타내었다.

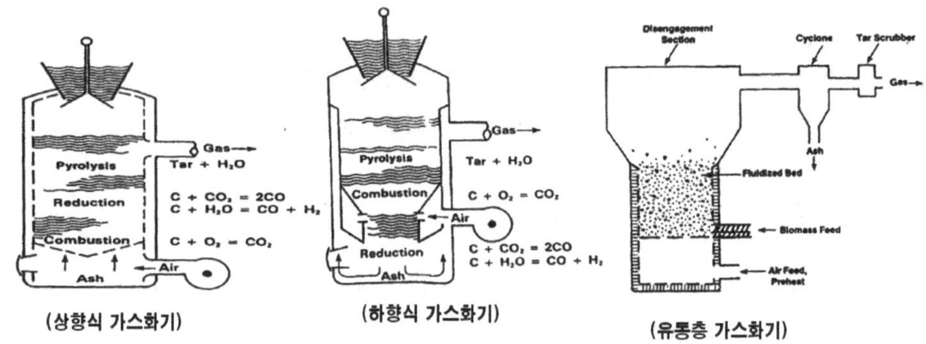

<그림 4-59> 가스화기의 종류

유동층 가스화기는 불활성물질(모래)이나 반응성물질(석회석이나 촉매)을 포함한다. 이 물질들은 열이동을 돕고 촉매의 역할이나 가스정제를 돕는다. 반응 중에 이 물질들은 부유상태에 있으며 실제 유동층 반응기에서 고체들은 매우 빠르게 섞이고 반응기 전체에서 높은 열이동을 제공한다.

가스화 반응기의 종류별 장 · 단점은 〈표 4-24〉에 나타내고, 가스화 온도가 공정변수에 미치는 영향은 〈그림 4-60〉에 나타내었다. 온도가 낮을수록 합성가스의 생성량 및 타르의 생성량은 흑연(Char)의 생성량은 낮다.

가스화 및 열분해를 통해 생성되는 Syn-gas를 이용한 최종부산물을 만드는 과정은 합성가스의 연소를 통해 발생되는 배가스로부터 열을 회수하여 발전하는 방법과, 합성가스를 냉각 및 정제한 후 가스터빈을 통해 전기를 생산하는 방법으로 나눌 수 있다. 가스화 및 열분해를 통한 최종부산물의 제조과정, 열분해를 통한 최종부산물의 제조과정을 〈그림 4-61〉에 나타냈다.

그림에서 알 수 있는 것과 같이 중간크기의 합성가스는 전기를 생산하거나, 메탄올, 수도, 연료알콜을 합성하는 것이 가능하고, 저분자는 연소하여 전기를 생산하고, 암모니아 등을 합성할 수 있다.

<표 4-24> 가스화 형태별 비교

가스화타입	장 점	단 점
상향류식	- 높은 전환 - 낮은 타르 생산 - 낮은 Ash 잔류 - 높은 체류시간 - 단순 구조	- 낮은 용량 - 단일화 Bed 필요 - 화격자 표면에 슬래그 형성 - 건조 연료 필요 - Poor turndown capability
하향류식	- 높은 열적 효율 - 연료에 영향을 받지 않는다. - 50%이상 수분함량 폐기물 처리 가능 - 스케일 업에 따른 문제가 없다.	- Syn-gas 내에 높은 타르 함유 - 타르 내에 20%이상의 에너지 함유 - 낮은 수소와 이산화탄소 발생 - 하류의 촉매반응에 의한 타르의 열분해 필요
기포 유동상 (Bubbling fluidized bed)	- 가스와 폐기물의 접촉과 혼합이 좋다. - 높은 비열/온도 조절이 용이함. - 연료에 따른 변수들을 적용시킬 수 있다. - 가동, 중지가 쉽다.	- Ash에 부착된 탄소의 손실 - 예비 공정이 필요 - 소각로 크기에 한계
비말흐름 Entrained flow	- 무타르 Syn-gas - 메탄가스 함유 적음. - 높은 전환	- Ash의 슬래그화 - 탄소의 손실 - 원료의 크기 감소와 슬러리 형태로 보급해야 함. - 폐기물과 가스의 접촉이 나쁘다. - 수입 원자재 필요 - 운전 중 압력을 받는다. - 안전상 문제

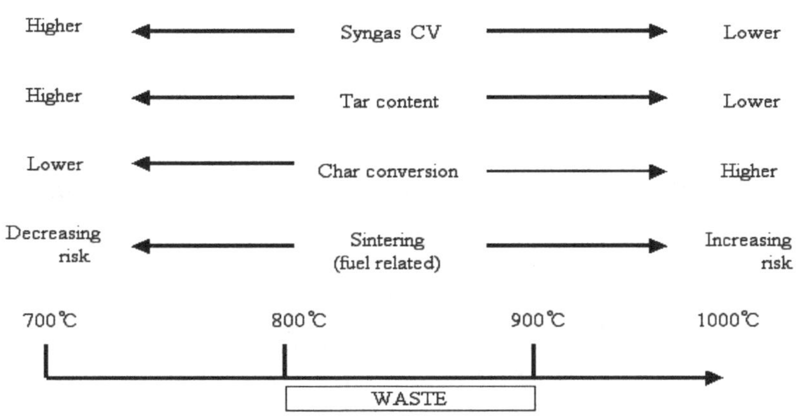

<그림 4-60> 가스화 온도가 공정변수에 미치는 영향

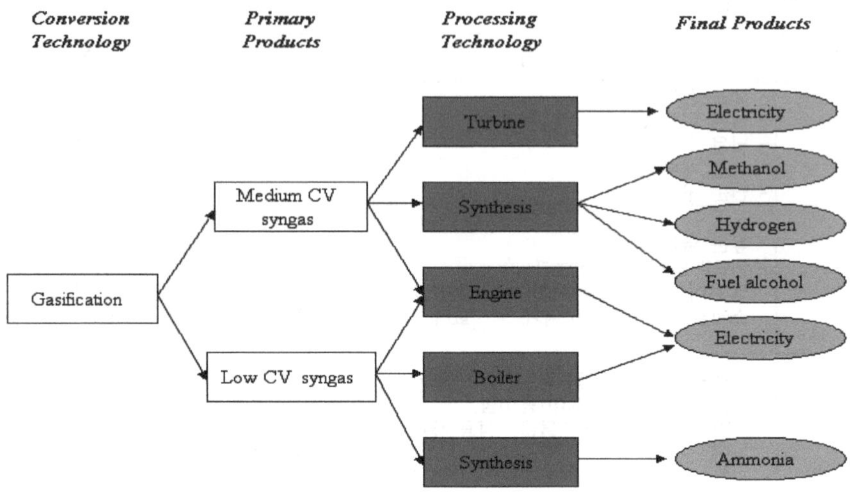

<그림 4-61> 가스화 전환공정의 생산물

라. 생성가스의 특성

다양한 바이오매스로부터 가스화방식에 따라 생성되는 생성가스가 영향을 받게 된다. <표 4-25>에서는 다양한 원료에 따른 생성가스를 보여주고 있다. 가스의 조성은 가스화기 종류, 공급되는 원료에 따라 좌우된다.

<표 4-25> 연료 및 가스화기에 따른 생성가스 성상

연료	가스화방식	부피 퍼센트(v%)					열량 MJ/m^3
		CO	H_2	CH_4	CO_2	N_2	
숯	하향식	28~31	5~10	1~2	1~2	55~60	4.6~5.65
목재(12-20wt%수분 함유	하향식	17-22	16-20	2-3	10~15	55~50	5.00~5.86
밀짚펠렛	하향식	14~17	17~19	-	11~14	-	4.50
코코넛 껍질	하향식	16~20	17~19.5	-	10~15	-	5.80
압축사탕수수	하향식	15~18	15~18	-	12~14	-	5.30
숯	상향식	30	19.7	-	3.6	46	5.98
옥수수	하향식	18.6	16.5	6.4	-	-	6.29
볏짚	하향식	16.1	9.6	0.95	-	-	3.25

자료) D. Y. Goswami, "Alternative Energy in Agriculture", Vol II, pp. 83-102, CRC Press, 1986.

마. 혼합가스화

혼합가스화기술은 석탄과 바이오매스를 혼합하여 가스화하는 신기술로서 합성가스 품질을 향상시키고 환경부하를 줄일 수 있다. 석탄은 주로 화력발전소에 사용되고 있지만, SOx, NOx와 같은 대기오염물질을 배출하여 산성비가 형성되어 환경오염을 유발하게 된다. 또한 석탄 연소로 인해 지구온난화 가스인 이산화탄소가 발생하게 된다. 한편 바이오매스는 석탄보다 낮은 에너지밀도를 가지고 있지만 석탄에 비하여 이산화탄소 배출을 줄일 수 있는 연료로 사용할 수 있다.

석탄과 바이오매스를 혼합가스화하여 생성가스인 합성가스의 품질저하 없이 온실가스를 줄일 수 있는 시너지효과를 가지게 된다. 그러나 바이오매스의 지속적인 공급이 문제이다. 예를 들면 에너지작물은 계절별 등 외부변화에 따라 줄어들게 되며, 사람들의 생활패턴 변화에 따라 유기성폐기물의 성상이 심하게 변동하기 때문이다. 이에 대한 대안으로 가스화기에 공급하는 석탄 량을 자체적으로 변동해야 한다. 석탄과 바이오매스의 혼합가스화를 위한 연료공급방식은 〈그림 4-62〉에 나타낸 바와 같이 ①석탄과 바이오매스의 혼합물 공급, ②원료공급 분리, ③바이오매스를 열분해한 숯(char)과 석탄의 공급, ④바이오매스와 석탄을 개별적으로 가스화하는 방법 등이 있다.

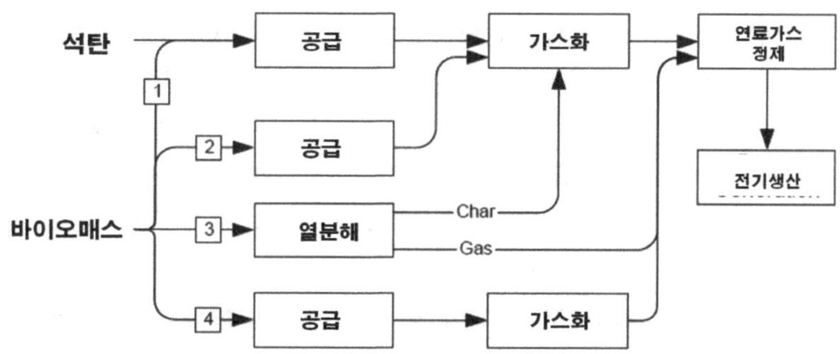

<그림 4-62> 석탄/바이오매스 혼합가스화 방식

<표 4-26> 가스형태의 가스화 생성물의 분류

- 열량에 따른 구분

가스종류	Weak gas	Stack gas
열 량	〈 12,500 KJ/N㎥	〉 12,500 KJ/N㎥

- 가스화제 및 성분에 따른 구분

가스종류	Generator gas	Water gas
CO	21 ~ 30%	40%
H_2	11 ~ 18%	50%
CO_2	5 ~ 11%	5%
N_2	47 ~ 56%	4%
H_2O	-	1%
HI	5,040KJ/N㎥	12,600KJ/N㎥
가스화제	공기	수증기

2. 열분해 가스화 기술

가. 개요 및 특성

가연성 폐기물의 열적 처리 방식은 크게 소각과 열분해/가스화 방식으로 구별할 수 있다. 지금까지 개발된 소각 방식에서는 대기오염물질과 2차 공해 물질(다이옥신류 등)의 재합성 및 배출로 인한 문제점이 대두되어 열분해 방식이 차세대 처리방안으로 적극 검토되고 있다.

열분해(Pyrolysis)는 산소를 차단하거나 억제하여 산소부족 상태에서 대상물에 가열하여 분해하는 방식이고, 가스화(Gasification)는 열분해과정에서 남은 탄소분 등을 가스로 전환하는 반응 방법이며, Steam Reforming은 열분해 반응 시 스팀을 주입하여 CO와 H_2의 가연성 가스로 분해하여 가스연료나 액체연료를 생산하는 방법으로 이러한 열적반응들은 이들 간에 상호 연관된 반응들이다. 가연성 폐기물의 내부온도를 상승시키면 열분해가 일어나면서 가스화가 진행되므로 인해 가연성 가스가 발생한다. 이러한 열분해 장치는 19세기부터 사용되었으며, 초기에는 석탄을 가스화하기 위하여 1839년 독일의 Bischof에 의해 만들어졌다. 이후 1840년 프랑스의 Ebelman, 1845년 스웨덴의 Ekman, 1861년 독일의 Siemens 형제에 의해 이어졌고 Siemens 열분해가스화 장치는 중공업용 노(爐)의 연료를 생산하기 위한 것이었다. 1900년대에 들어서 나무, 짚 등의 셀룰로오스 계 물질의 가스화를 위한 기술이 개발되었으며, 2차대전 중에는 자동차 연료로 목탄가스화 노가 이용되었다. 전쟁이 끝난 후 이들의 사용은 석유류의 공급으로 대부분 중단되었으나 스웨덴이나 핀란드에서는 열분해 및 가스화를 위한 연구가 계속되었다.

미국은 1929년 U.S. Bureau of Mine에서 고체 폐기물의 열분해에 관해 연구하였으며, 1967년 Kaise와 Friedman이 균질한 유기성 폐기물의 열분해에도 적용할 수 있도록 개량하였다. 1973년 들어 Battle Northwest에서는 고체 폐기물의 연료가스화에 있어서 공기-수증기의 혼합공급으로 잔류물을 줄일 수 있음을 실험적으로 규명하였고 미국 EPA에서 도시폐기물을 대상으로 파쇄 및 선별 기술을 조합한 에너지 회수 방향으로 진행되기도 하였다.

나. 열분해 가스화이론 및 반응

열분해란 원료물질을 저산소 상태에서 가열하여 가스와 오일, Char로 분해하는 과정으로서 원료 + 열 → 기체 + 액체 + 고체의 반응물을 얻는 생산공정을 일반적으로 말한다. 탄소가 주성분인 다 분자 유기물(석탄, Poly화된 플라스틱 등이 포함)에 직 · 간접으로 열을 가하면 가열속도, 반응온도 및 촉매 등의 조건에 따라 달라지나 유기물의 탄소 결합이 끊어져 분해가 일어나는데 이것이 열분해 반응이다. 가연성 폐기물의 열분해와 고체상, 액체상의 반응물을 가스로 전환하는 가스화 반응의 과정에서 일어나는 열화학적인 변화는 매우 복잡하고 다양한 반응 경로를 거치기 때문에 아직 완전한 이론적 규명이 미흡한점이 있어 정확한 이해가 어려운 실정이지만, 전체적인 화학 반응경로를 거시적 관점에서 이해함으로써 열분해, 가스화 용융 등 다양한 열적처리 기술에 접근 할 수 있다.

1) 건류열분해 반응

$$\text{폐기물} \rightarrow H_2,\ C_mH_n,\ C,\ O,\ \Delta H = 1\text{kcal/mol}$$

350℃ 이상 가열되면 건류 열분해반응이 일어나 CH_4, CO, H_2 의 Gas성분과 C로 표현한 Char, C_mH_n으로 표현한 분해유분과 Tar로 표현된다.

2) 수성가스화 반응

$$C + H_2O \rightarrow CO + H_2,\ \Delta H = 31.4\text{kcal/mol}$$

$$C + 2H_2O \rightarrow CO_2 + 2H_2,\ \Delta H = 18.2\text{kcal/mol}$$

수성가스화 반응은 수증기를 수소 및 산소공급원으로 하는 간접 수소첨가반응으로 고온, 저압 하에서 반응이 이루어지므로 Char는 고온에서 반응이 이루어진다.

3) 부다트 반응

$$C + CO_2 \rightarrow 2CO,\ \Delta H = 38.2\text{kcal/mol}$$

고온의 반응로에서 CO2의 환원반응으로 부다트(Boudouard)반응이라 하며, 고온, 저압 하에서 반응이 이루어지므로 850℃ 이하에서는 반응하지 않는다.

4) 수소첨가 메탄반응

$$C + 2H_2 \rightarrow CH_4,\ \Delta H = -17.9\text{kcal/mol}$$

Char의 수소화 반응에 의한 CH4 생성반응으로 연소용 CH4 제조시에는 고순도의 수소를 사용하는 직접수소첨가 반응으로 진행하기도 한다. 저온, 고압에서 수소분압이 높으면 진행이 촉진되며 고온가스화시에는 반응속도가 저하된다.

5) 수성가스 전환반응

$$CO + H_2O \rightarrow CO_2 + H_2,\ \Delta H = -9.8kcal/mol$$

균일계의 수성가스 전환반응으로 고온 하에서 수증기가 존재하는 경우 반응이 진행하고 CO가 CO2로 전환하면서 H2를 생성시키는 발열반응이다.

6) CH_4 합성반응

$$C + 3H_2 \rightarrow CH_4 + H_2O,\ \Delta H = -49.0kJ/mol$$

CO와 H_2의 결합에 의해 CH_4를 합성하는 반응으로 생성가스의 고에너지 처리를 위한 2차 처리 반응에서 중요한 반응이다.

7) Char의 연소반응

$$C + CO_2 \rightarrow 2CO,\ \Delta H = 97.0kJ/mol$$

$$2C + O_2 \rightarrow 2CO_2,\ \Delta H = 58.8kJ/mol$$

위 반응은 반응기 내에서 복합적으로 진행되며 생성가스의 열역학적 상태를 고려하여 각 기체의 농도변화는 평형상태를 유지한다.

열분해(Pyrolysis, 또는 Thermal decomposition)란 폐기물을 산소 결핍 상태에서 가열하여 그 내부의 유기물질을 물리 화학적으로 분해하는 것이다. 열분해시에는 수소성분이 많은 휘발분이 증류되어 나오므로 탈 휘발화(Devolatilization)라고도 하며 또한 Char가 잔유물로 남으므로 탄화(Carvonization)란 표현도 사용되고 있다.

건류(Dry distillation)는 사실상 고체 연료를 열분해하여 휘발분을 증류하고 원래의 연료 중에 포함되어 있는 회분의 대부분이 잔류하도록 탄소를 주체로 하는 고체 연료를 형성 또는 제조하는 과정을 일컫는 용어로서 열분해와 동일한 의미로도 사용되고 있다.

가스화(Gasification)란 탄소, 수소 등을 함유한 고체, 액체의 원료에서 합성용 가스, 공업용 연료가스 등을 제조하는 반응을 총칭하는 것으로 폐기물 처리에서는 폐기물을 열분해하여 공기, 산소, 물, 이산화탄소 등의 반응 가스 첨가에 의해 연료가스로 만드는 것을 일컬으며 고온 열분해로 분류되고 있다.

다른 측면에서 열분해를 설명하면 공기가 없는 무산소 상태에서 폐기물을 가열하여 가스, 액체 및 고체상태의 연료를 생산하는 공정을 말한다. 국내에서는 통상적으로 완전 무산소상태의 열분해와 부분적인 산소공급 형태의 가스화를 총칭하여 열분해반응이라 하고 있다. 열분해시설과 가스화시설은 모두 폐기물을 기체상, 액체상 그리고 고체상 연료로 전환시키기 위하여 사용되는 시설이지만, 두 시설 사이의 주요한 차이점은 열분해시설의 경우에는 산소가 없는 상태에서 흡열반응에 의하므로 외부에서 열을 가하여야 하는 반면에 가스화시설은 흡열반응과 발열반응이 동시에 수반 되며 폐기물의 부분연소를 위하여 공기(산소)를 공급하는 공정으로 국내에서 사용되고 있는 열분해시설의 대부분이 이 가스화시설에 해당된다. 이처럼 열분해 기술은 직접 소각의 산화반응 경우와는 달리 기본적으로 산소가 억제되므로 환원 반응이 우세하여 다이옥신을 최소한으로 배출하는 매력적인 공정이다. 300~600℃ 사이의 온도에서 저산소 또는 무산소 상태로 열분해를 하게 되며 이 단계에서는 폐기물의 주위가 환원 분위기로서 다이옥신의 생성을 억제하게 되고 소각에 비하여 2차 오염도 줄일 수 있다. 폐기물을 무산소, 저산소 분위기에서 가열하면 탄화수소, 메탄, 일산화탄소 등으로 된 가연성 가스와 각종 유기화합물을 포함하는 Tar, Oil, 그리고 Char(숯) 등으로 화학적으로 분리된다. 열분해 시설의 운전 요소로서 열분해를 통해 연료의 성질을 결정짓는 요소로는 운전온도, 가열속도, 폐기물의 성질 및 입자크기 등이다. 온도가 증가할수록 수소함량은 증가되며, CO2함량은 감소되고 있다. 분해온도가 증가되면 가스구성비가 증대되며, 산과 Tar, Char양은 감소된다.

가열속도 또한 낮은 경우나 높은 경우 모두 가스 생산량에 차이가 많으나 가열속도가 큰 경우에는 수분함량과 용액상태의 유기물질량이 감소되고 있다. 열분해 과정에 영향을 주는 다른 요소로는 수분을 들 수 있는데 수분함량이 많을수록 운전온도까지 온도를 올리는데 소요시간이 많이 소요되며, 예열을 통하여 폐기물을 건조시키는 경우에는 소요비용이 증대된다.

일반적으로 도시폐기물로부터는 가스, 액체, Tar와 같은 연료의 생산이 가능하며, 폐기물의 입자크기가 작을수록 쉽게 열분해가 조성된다. 〈그림 4-63〉에서는 폐기물의 열적처리 방법과 그 이용방안에 대해 분류하였다. 이와 같은 새로운 처리기술 개발에 관하여 유형별로 크게 4가지 Type으로 대별할 수 있다.

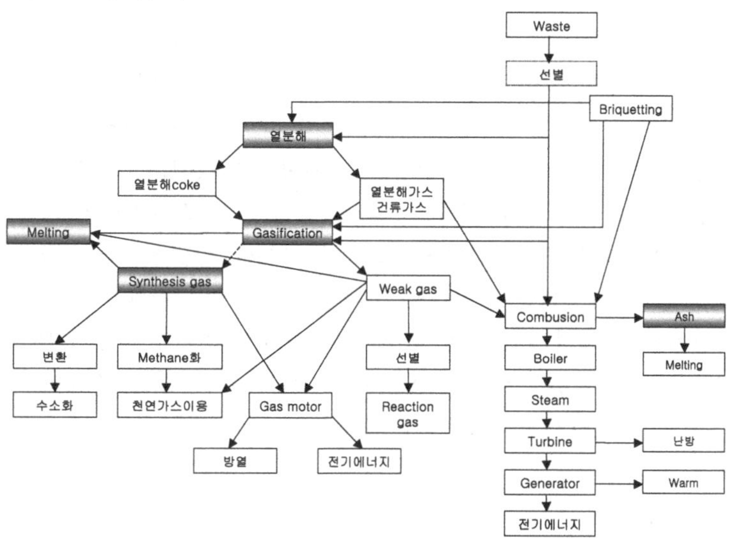

<그림 4-63> 폐기물의 열적처리 방법과 그 이용방안

지금까지 폐기물 열적처리의 대부분은 소각기술을 이용하였으나 폐기물의 성상, 열량변화, 대기오염물질의 규제강화, 후단 Boiler 수명, 중금속함유 Ash의 처리문제, Energy의 이용측면 등의 변화에 따라 새로운 처리형태의 설비개발이 필요하게 되어 다양한 소각, 열분해, 가스화, 용융 방안이 단독으로 또는 상호 조합되어 적용되는 시도가 늘고 있다.

1) 소각공정
2) 열분해 + 소각공정
3) 열분해/가스화공정 : Syn-gas 생산 - 발전(가스터빈, 가스엔진, 연료전지) - 폐열회수
4) 열분해 + 가스화공정 : Syn-gas 생산 - 연소 - 폐열회수
5) 열분해 + 2차 연소공정
6) 1) ~ 5) 공정 + 용융공정

어떠한 공정이 우수하거나 대표성을 갖는 것은 아니나 공정을 선택하는 데는 발생 폐기물 특성, 지역적 특성, 안정성, 대기오염물 배출 등의 친환경성 부분과 Energy 이용측면을 고려 시 소각기술은 열분해/가스화·용융기술로 전환되어 가는 시점이다. 따라서 어느 공정으로 폐기물의 열적처리공정을 선택 시 우선적으로 폐기물이 지니고 있는 물리화학적 특성과 Energy 이용측면을 함께 고려해야만 한다.

다. 열분해/가스화 용융기술의 특징 및 필요성

1) 기술의 특징

열분해/가스화·용융기술은 폐기물 소각 처리 시 발생하는 다이옥신 등의 유해물질이 대량 배출되는 문제점을 해결하기 위한 폐기물의 감량화, 감용화, 에너지 이용측면에서 환경적인 안정화 측면으로의 전환이 필요하여 개발되고 있으며 다이옥신의 처리 전 배출을 극소화하여 후처리 설비 부하를 격감시키고, 소각재 전량을 무해화, 재활용하여 수질 및 토양오염을 방지함으로써 최종처분장의 입지난을 해소하는 등의 장점을 지니고 있다. 또한 "폐기물을 처리한다"는 개념에서 "자원화 하여 재활용한다"는 발상의 전환을 실현시키는 기술로서 각광을 받고 있다. 유럽과 일본 등의 환경선진국에서는 열분해용융기술이 차세대 소각기술로 인식, 실험 및 실증 설비를 설치하는 등의 기술개발에 박차를 가하고 있다. 특히 일본의 경우 재정적인 부담이 많지만 기존 소각시설을 열분해·용융시설로 교체하고 있는 추세이다. 그러나 우리나라의 경우 소각시설이 초기단계인 현실에서 국내적용이 유리한 상태이므로 복합적인 검토가 시급한 실태이다.

2) 열분해 가스화 기술의 필요성

열분해 소각로의 장점은 완전연소와 무산소 또는 저산소분위기에서 물질을 분해함으로 다이옥신 등 유해물질 발생 및 재생성이 적고, 발생되는 분진이나 Carbon Black(미연소탄소분)(화격자식 : 3,000 ~ 10,000 mg/Sm^3, 열분해식 : 200 ~ 600 mg/Sm^3) 등의 형성이 최소화되기 때문에 2차 오염 문제가 가장 적은 시스템이다.

무기물질이 고온으로 용융되어 회수된 용융슬래그는 도로 기층재 등으로 재활용되며 기존방식보다 설치비는 많이 들지만 단위 쓰레기당 발전효율이 약 25%정도로 기존방식(7~13%)보다 높으며, 과잉공기비가 적어 방지시설이 작아지고 Plant의 기기가 소형화되는 장점을 지니고 있어 전체운영비 측면에 절감이 가능함으로 경제적으로 유리하다. 열분해장치의 내부구조는 소각로와 형식이 동일하며, 단지 산소의 공급유무와 기밀성유지 여부에만 차이가 있다. 그 형식은 고정상(Fixed), 유동상(Fluidized Bed), 부유상태(Suspension) 등으로 나누어진다. 고정상 열분해 장치는 상부로부터 분쇄되었거나 파쇄 되지 않은 폐기물이 주입되어 건조된 후 열분해되고 Slug나 재가 하부로 배출된다. 가스의 상승속도는 0.2~0.6 m/hr로 체류기간이 비교적 길다.

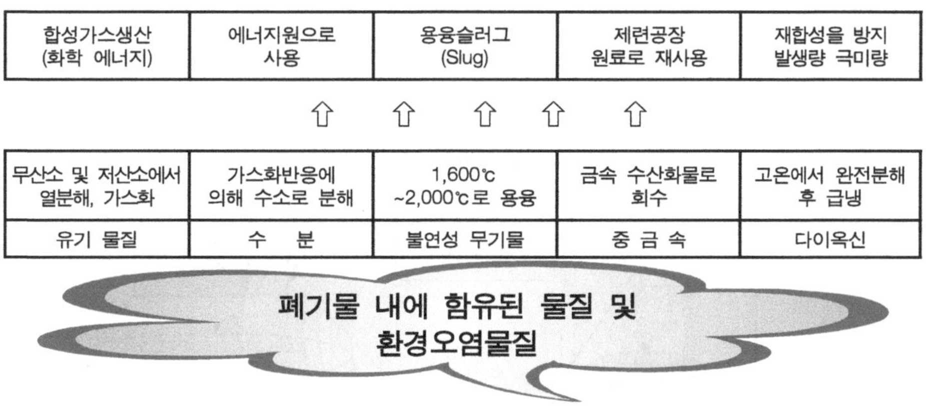

<그림 4-64> 열분해 용융방식의 특징

유동상 열분해 장치는 고정상과 부유 상태의 열분해 장치의 중간단계로 반응속도가 빠르기 때문에 폐기물의 수분함량 변화에도 큰 문제없이 운전되는 장점을 가져왔으나 열손실이 크며 운전이 까다로운 것이 결점으로 알려지고 있다.

부유 상태의 열분해 장치는 가장 최근에 개발된 것으로 어떠한 종류의 폐기물도 열분해 시키는 장점을 가지고 있으나, 투입되는 폐기물의 크기가 작아야 하며 또한 유입량이 크지 못한 단점을 가지고 있다.

<표 4-27> 열분해와 소각처리기술의 비교

항목	열분해	소각
열이동	흡열반응	발열반응
물리 · 화학적 반응형태	분해(저 산소)	연소(산소공급)
송풍량 및 배기가스	무산소 및 저산소이므로 공기송풍이 최소이며, 공기순환 및 연료이송을 위한 최소공기량 필요하고 배기량이 적음.	완전연소를 위한 이론공기량 이상의 공기 공급이 필요하므로 송풍량에 비례하며 배기가스량이 많음.
장치의 형태	밀폐형	개방형
에너지 회수방법	기름 및 가스 상의 연료	폐열회수에 의한 지역 난방 및 발전
2차 오염	배기가스의 오염농도가 낮으나 중금속등이 분해 잔사에 잔류	다이옥신, 중금속등의 2차 오염물질에 대한 우려
에너지 공급방법	폐기물 분해에 의해 발생되는 유류 및 가스와 보조연료	폐기물의 연소에 의한 자체 발생열 및 보조연료
유지관리	무 산소 및 저 산소 분위기 유지를 위한 기술 필요	현재 이용되는 소각시설에 대한 기술 축적

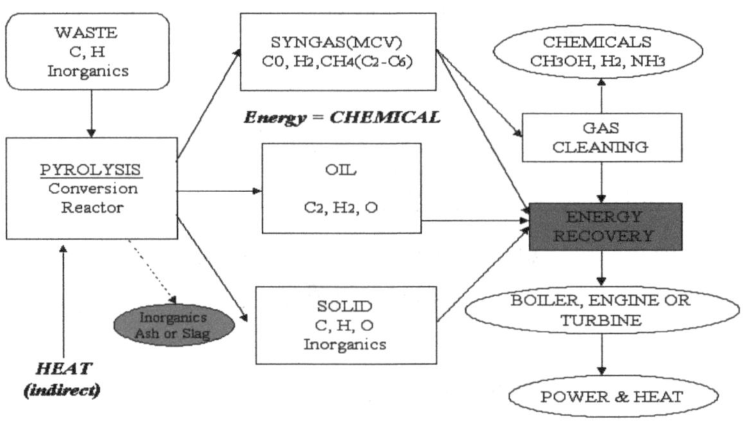

<그림 4-65> 열분해공정의 공정 흐름

열분해는 산소가 존재하지 않는 조건에서 400~800℃로 폐기물을 가열하여 열적변형을 일으키도록 하는 과정을 의미한다. 열분해의 부산물은 가스, 액체 및 고체의 Char이며, 생성량은 열분해 온도 및 압력에 따라 변하게 된다. 열분해공정은 연소 및 가스화공정과는 다르게 자체적으로 열분해에 필요한 열원을 갖지 못하기 때문에 외부에서 반응기 벽을 통하여 열원을 공급해 주어야 한다.

라. 열분해/가스화 기술의 운전인자 및 생성물

1) 열분해와 온도의 관계

폐기물의 열분해 공정을 보면 크게 건조 - 건류 - 가스형성 공정으로 분류된다. 이와 같은 열분해 공정 중 폐기물 중에 포함되어 있는 유기성 물질의 분해 되는 과정을 온도별로 분류해 보면 〈표 4-28〉과 같다. 200℃까지의 온도영역에서는 수분의 물리적인 분리에 의한 스팀 발생으로 건조 공정이 진행되는데 이때 많은 에너지가 요구된다(1기압에서 540kcal/kg-H_2O). 수분량이 많을 경우, 예를 들어 Sludge, 오수, 액상 폐기물을 첨가 시에는 압축이나 건조공정이 반응로에 들어가기 전에 진행되는 것이 좋다.

<표 4-28> 온도에 따른 유기성 물질의 열분해과정

온도 (℃)	화 학 반 응
100 ~ 200	열적건조, 수분분리(물리적)
250	탈산, 탈황, 결합수분 및 CO_2 분리, 중합분리, H_2S-화합물 분리
340	지방함유 물질 분리, 메탄 및 다른 지방물질들의 분리
380	탄화 (C-함유 건류물질)
400	C-O 및 C-N 결합물질의 분리
400 ~ 600	건류 오일이나 건류 타르에서 피치로 변환
600	피치에서 열함유 물질(기상, 단쇄형 C-H물질)로 분리, 방향성물질 발생
〉 600	Olefin,(Ethylen-) Ethylen → Butylen

200~500℃의 온도영역에서는 건류공정이 진행된다. 그래서 셀룰로오즈, 단백질, 지방, 플라스틱류 같은 고분자유기물질들이 분리되고, 대형 분자구조들은 기체, 액상 유기물, 고상 카본류로 분리되어진다. 500~1,200℃의 온도영역에서 가스는 건류 시 발생하는 생성물들이 계속 분리되면서 만들어진다. 이때 고체 카본 및 액상 유기성물질로부터 안정된 가스인 H_2, CO, CO_2, CH_4등이 발생한다.

2) 열분해 반응속도 및 생성물 분포

가연분의 열분해속도는 기화반응기 생성물의 양 및 분포를 알 수 있는 정보를 제공하는 주요인자이다. 또한 열분해 반응을 이해하면 급속 열분해의 현상과 압력, 그리고 수소를 첨가하여 기체 및 액체 탄화수소의 생성을 촉진시킬 수 있는 가능성도 예측할 수 있다. 특히 급속 열분해 방법은 가연물의 공업 분석치 휘발분 보다 많은 양의 휘발분이 생성됨을 발견한 이후 많은 연구의 대상이 되어져 왔으며 비교적 낮은 온도에서 휘발분의 최소 체류시간을 가지고도 석탄으로부터 기름을 대략 30~35% 정도 생산할 수 있고 수소의 분압을 증가시켜서 기체 및 액체 탄화수소의 생성을 증가시킬 수 있음이 발표되었다.

생성물의 양과 분포는 가열율 및 온도영역에 달려 있고 〈표 4-30〉에서 보듯이 대략 4가지로 분류된다. 저속가열(〈1℃/sec)은 이제까지 주로 제철산업에서 코크스를 만드는데 사용한 방법이며 앞에서 기술한 열분해 시험법인 Fischer나 ASTM 방법이 이 가열영역에 속한다.

<표 4-29> 열분해 시 가열 온도

가열율에 따른 분류		
구 분	가열율℃/S	100μ입자가 1000℃까지 도달되는 시간
저속 가열	〈〈1	20min
중간속도 가열	5~100	
급속 가열	500~1,000,000	
후래시 가열	〉10^6	〈1ms
탄화의 온도 영역에 따른 분류		
저온 탄화	~500℃	
중간온도 탄화	~750℃	
고온 탄화	~1,000℃	
초고온 탄화	〉1,200℃	

<표 4-30> 생성물과 열분해 조작온도

원하는 휘발성 생성물	열분해 조작 조건			
	가열율	탄화온도	고체 체류시간	휘발분 체류시간
1. 타르	급속	저온(~500℃)	길다	짧다
2. 액체	급속	중간온도(~750℃)	길다	길다
3. 기체	급속	고온(〉1,000℃)	길다	—
4. CH_4	급속	~600℃	길다	—
5. H_2	급속	1,000~1,100℃	길다	—
6. C_2H_2	Flash	〉1,200℃	길다	중간범위
7. CO	—	중간온도(~750℃)	길다	—

원하는 코크스나 휘발분의 생성을 위하여 각기 다른 온도영역이 사용된다. 급속가열의 목적은 휘발분 형태의 산물을 많이 얻는 것이다. 즉 액체와 기체의 탄화수소를 많이 생성하고 반면에 코크스나 Char를 적게 생산하는 것이 급속가열의 특징이다. 이를 〈표 4-31〉에서 보여주고 있다.

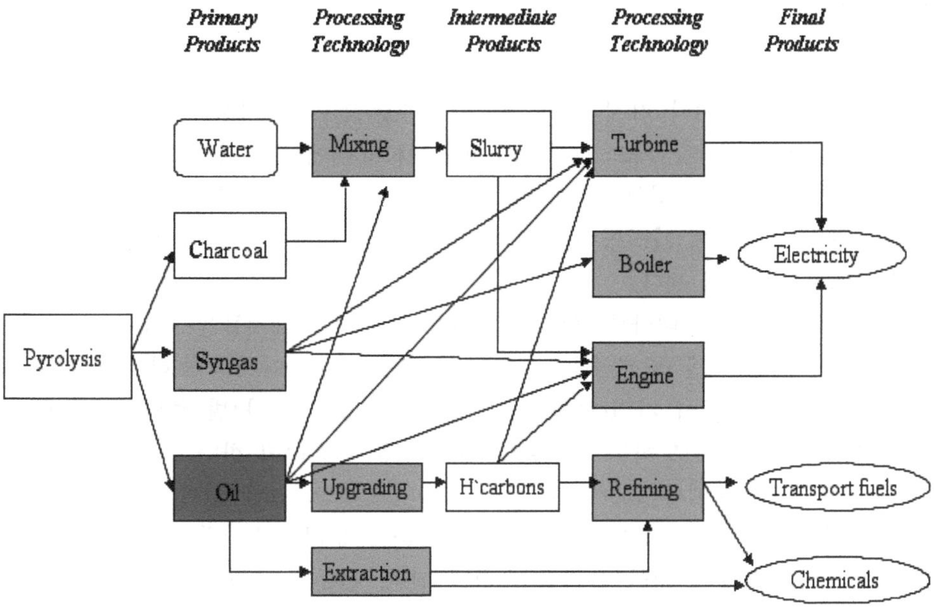

<그림 4-66> 열분해 공정의 생산물

열분해는 산소가 없는 상태에서 열적 분해로 처음에는 연소와 가스화가 일어나게 되며 이러한 과정이 진행됨에 따라 완전 또는 부분산화가 수반되게 된다. 낮은 온도와 긴 증기체류는 숯을 발생시키고, 높은 온도와 긴 체류시간은 바이오매스 가스 전환을 증가시키며 중간정도의 적당한 온도와 짧은 체류시간은 액체를 생산하는 최적의 조건이 된다.

<표 4-31> 목질계 바이오매스 열분해방식에 따른 생성물 특성

방식	조 건	액체	숯(char)	기체
급속	500℃, 증기체류시간; 1초미만	75%	2%	13%
중간	500℃, 증기체류시간; 10-20초	0%	20%	30%
탄화	저온, 400℃,	30%	35%	35%
가스화	고온, 800℃	5%	10%	85%

자료) IEA, "Biomass Pyrolysis", Biomass and Bioenergy, 31(4), pp. VII-XVIII, '07.

3. 탄화 기술

가. 기술 개요 및 특성

탄화(carbonization)는 여러 가지 유기물을 열분해(pyrolysis) 시켜 다른 물질로 만드는 화학적 변화를 말하며, 유기물을 가스 배출구가 있는 용기 내에서 공기의 공급을 차단하고 가열하면 연소되지 않고, 각종 구성원소가 서로 결합하여 여러 가지 화합물을 만들며, 이들은 다시 결합 또는 분해에 의하여 가연성 가스로 변화되므로 포집하여 탄화작업의 열원으로 활용되고 최후에는 탄화물만 남게 된다.

예로부터 나무, 나무껍질, 대나무, 쌀겨, 슬러지 등 유기성 폐기물을 무산소 상태에서 가열을 통해 열분해를 시켜 숯을 주생성물로 얻을 수 있는 기술원리에 기초하여 슬러지 등 유기성폐기물을 무 산소 상태에서 가열하면 노 내에서 수분 및 가스가 발생하고 열분해가 시작되며, 잔존물에는 탄소를 주체로 하는 무기물이 남는 것을 탄화라고 한다.

유기성 물질을 환원상태에서 400~600℃에서 공기나 산소의 공급 없이 간접가열하면 불안정해지면서 거대한 분자로부터 작은 가스 상의 분자들로 분리되며, 이때 엔트로피(entropy)가 증가되면서 파괴되고 온도에 따라 유기성 물질들 건조, 건류가스 형성, 탄화의 순서로 탄화가 진행된다.

200℃까지의 온도영역에서는 수분의 분리에 의한 건조 공정이 진행되고 200℃~400℃의 온도영역에서는 유기성 폐기물의 주 구성체인 유기물의 세포막이 파괴되면서 세포질 및 수분으로 분리되며 추출된 수분은 증발되고 세포질은 주성분인 Cellulose, 단백질, 지방 같은 고분자 유기물질 등으로 다시 분리되어 기체상물질, 액상 유기물, 고상 탄화물 등으로 분리된다. 400℃~1,200℃의 온도영역에서는 건류시 발생된 생성물들이 계속 분리되면서 H_2, CO, CO_2, CH_4 등의 합성가스(Synthesis gas)가 생성된다.

<표 4-32> 탄화로에서의 온도변화에 따른 화학반응

온도 (℃)	화 학 반 응
100~200	열적건조, 수분분리(물리적)
250	탈산, 탈황, 결합수분 및 CO_2 분리, H_2S-화합물 분리
340	지방함유 물질 분리, 메탄 및 다른 지방물질들의 분리
380	C-함유 건류물질
400	C-O 및 C-N 결합물질의 분리
400 ~ 800	탄화물 형성
〉 600	Olefin.(Ethylen-) Ethylen → Butylen

나. 탄화반응

탄화반응은 질소와 같은 불활성기체 안에서 발생하는 열분해반응과 기본적으로 비슷하다. 나무의 경우 수분이 증발된 후 200~500℃에서 엔트로피가 증가되는 방향으로 진행되고, 셀룰로오스, 헤미셀룰로오스와 리그닌성분이 액체와 고체성분으로 분해되면서 무게가 빠르게 감소한다. 이 영역에서 나무 구성성분들이 건조와 분해과정을 통해 분자간의 그리고 분자내의 분열이 되풀이되고, 그 결과 저중량의 성분들은 액체와 가스로 생성되고 고 중량의 성분들은 분해되지 않는 성분들과 결합하여 숯(char)으로 생성된다. 탄화반응의 전체 개요도를 〈그림 4-67〉에 나타내었다.

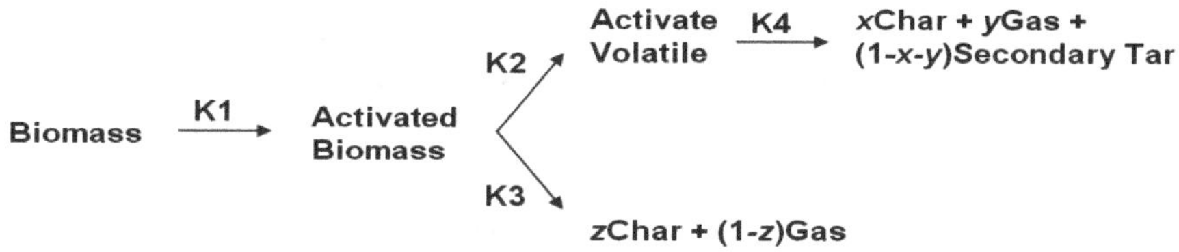

<그림 4-67> 탄화반응의 전체 개요도

생산물의 분포는 나무 구성성분에서 기체, 액체, 고체로의 분해단계뿐 만 아니라 그 후 발생하는 액체성분의 분해에도 많은 영향을 받는다. 생산물 분포에 영향을 주는 여러 인자들로 수분, 이송되는 연료 크기, 발열량, 작동온도 등이 있다. 타르의 생산을 증가시키기 위해서는 이송되어지는 연료의 크기를 작게 하거나 발열량이 높은 연료를 사용한다. 고온으로 탄화반응이 일어나면 숯의 생산이 줄어든다. 온도변화에 따른 화학반응은 〈표 4-33〉에, 또한 〈그림 4-68〉에서는 탄화처리 공정도를 보여주고 있다.

<표 4-33> 탄화로에서의 온도변화에 따른 화학반응

온도(℃)	화 학 반 응
100~200	열적건조, 수분분리
250	탈산, 탈황, 결합수분 및 CO_2 분리, H_2S 화합물 분리
340	지방함유물진 분리, 메탄 및 다른 지방물질들의 분리
380	C-함유물질분리
400	C-O 및 C-N 결합물진의 분리
400~800	탄화물 형성

다. 탄화 생성물 용도

숯은 요리, 난방, 고로 환원제 이외에도 사료, 퇴비 발효촉진제, 오수 정화제, 수질정화제, 탈수보조제, 폐유흡착제 등 흡착성질을 이용하는 분야에 유용하게 사용되고 있다. 목초산같이 끓는 점이 낮은 액체생성물은 농업재료나 탈취제로 사용되는 반면 타르와 같이 끓는 점이 높은 생성물은 매우 제한적인 분야에서 사용되는데 크레오조트와 같은 의료용품 제작에 쓰이기도 한다.

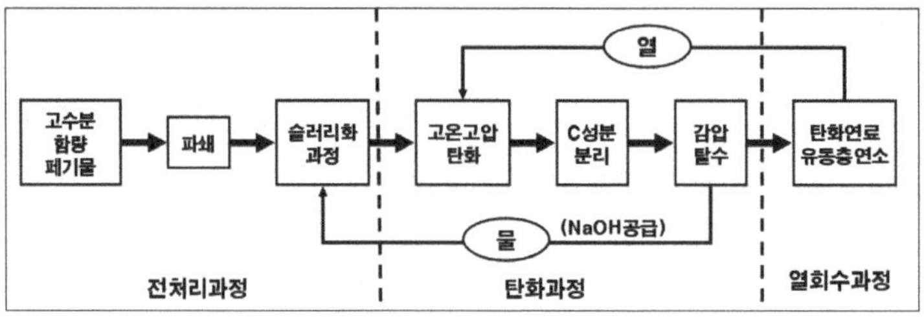

<그림 4-68> 탄화처리 공정

라. 탄화로의 분류

탄화로는 가열방식에 따라 직접가열식과 간접가열식으로 분류되고 로 구조에 따라 유동상, 이동상 및 스크류식 등이 있다. 〈표 4-34〉에서는 탄화로에 따른 특성을 나타내주고 있다.

<표 4-34> 탄화로의 분류표

구분	교반식 유동탄화로	수형 이동상 탄화로	내열식 로터리 킬른	스크류로
생산량	300~400kg/hr	115~140kg/hr	50kg/hr	-
탄화온도	400~450℃	800~1000℃	800℃	400~600℃
탄화물 생산량	20~25%	20%	10~15%	20~25%
건조방식	2차 연소가스 이용	탄화로 상부의 연소가스 이용	기름버너 사용	외열 이용
특징	ㅇ 원료의 크기가 클 경우 부적합 ㅇ 탄화로 내부가 교반층임. ㅇ 탄화물의 체류시간에 의해 입자의 물성이 달라짐 ㅇ 로내의 체류시간은 20-30분	ㅇ 원료는 일괄 투입방식으로 배출이 불균형 ㅇ 탄화로 내부에 편류발생 용이 ㅇ 노 내 · 외부의 온도차 발생 ㅇ 로 중앙의 구슬에 의해 원료가 걸리고 낙하하기 어려운 경우 발생	ㅇ 기름버너 사용으로 로터리 출구에서 가열로 인해 탄화물 연소됨 ㅇ 기름사용으로 운영비 높음 ㅇ 탄화물 생산량이 다른 로에 비해 적음	ㅇ 스크류의 전송속도에 의해 탄화물 생산량 차이 발생 ㅇ 외열사용으로 탄화로 내의 온도제어 어려움 ㅇ 경제성을 고려해 연속운전 바람직 ㅇ 저온, 중온탄화에 적합

1) 직접가열 회전로상식 탄화설비

원통형의 입형시설로, 가열용 공기와 버너의 화염이 노 내의 연소가스와 함께 선회하면서 선회연소에 의하여 건조 탄화된다. 노 내의 온도와 건조 탄화 조건이 선회 흐름에 의하여 균일하게 조성되기 때문에 효율이 좋은 건조 탄화가 이루어진다. 건조 슬러지는 원통 외주부에서 투입되어 교반 날개에 의하여 서서히 내부로 유도되어, 골고루 건조 탄화되며 탄화물은 중심부에서 하부로 유출된다. 또한 노상의 회전수를 조정함으로써 체류시간을 조정하여 슬러지 수분량의 변화에 대응할 수 있는 구조로 되어 있다. 탄화로에서 발생한 건조가스는 재연소실로 유도되어 850℃에서 2초 이상 체류하여 완전연소 된다.

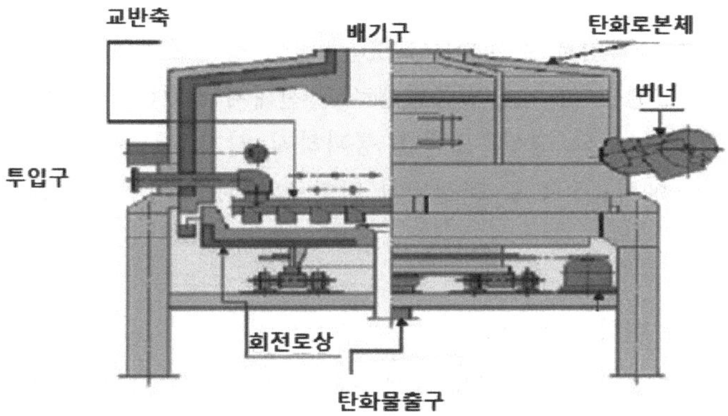

<그림 4-69> 직접가열 회전로상식 탄화로의 구조

직접가열 회전식 탄화설비는 간접가열 방식에 비해 설비가 간단하며, 설비비, 건축비 등 초기투자비가 저렴하고, 고효율 직화식 연소이므로 열효율이 높다. 또한, 연속운전이 기본으로 24시간 연속으로 운전하여 초기시설투자비와 유지관리비의 절감을 기대할 수 있다.

2) 간접가열 회전로상식 탄화설비

입형의 완전 밀폐형 구조로 외주에 600℃의 열풍이 체류하는 쟈켓을 설치하고 내부 중앙에 특수한 날개가 부착된 축을 설치하여 이 날개의 회전에 따라 건조슬러지가 가열된 벽면에 원심력에 의해 접촉되어 탄화된다. 탄화기 내부는 무산소 상태이기 때문에 염화비닐 등을 400~450℃로 가열하여도 산화반응이 일어나지 않기 때문에 염화비닐의 염소, 벤젠 등의 결합없이 가스화 된다. 분리가스는 연소 혹은 냉각된 후 무공해화 되어 대기 중으로 방출된다.

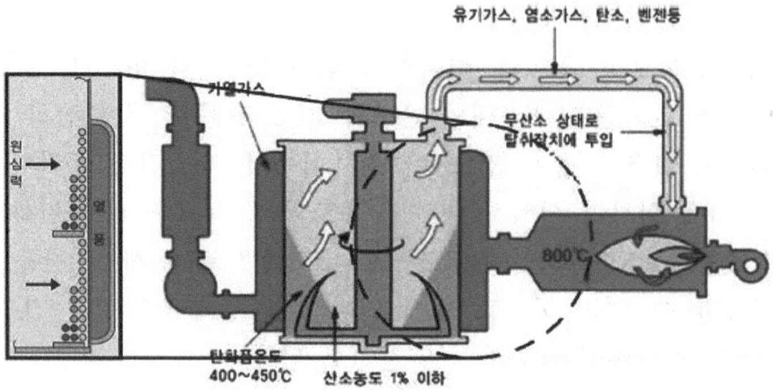

<그림 4-70> 간접가열 회전로상식 탄화로의 구조

탄화물은 자동적으로 냉각기로 옮겨져 20~30분 내에 상온으로 냉각된 후 외부로 자동배출된다. 피탄화물에서 발생되는 가스는 열풍발생로로 전해져 800℃이상에서 순간적으로 완전연소된다. 300~600℃의 다이옥신 생성온도대를 통과하지 않기 때문에 다이옥신은 발생하지 않는다. 연소가스는 노 내에서 650℃로 조정되어 탄화로의 외주 자켓으로 보내져 내부 가열원으로 유효 이용된다.

3) 간접가열 스크류식 탄화설비

건조기에서 완전 건조된 슬러지는 탄화로에 투입되어 예열관과 탄화관을 거치면서 탄화로 내부의 간접열에 의해 휘발분과 탄소분으로 분리되고 연속적으로 탄화물을 생성한다. 탄화과정에서 발생된 휘발성 건류가스는 탄화관 상부의 가스배출구를 통해 배출되며 탄화로 내부의 분위기 온도에 의해 연소되어 탄화기의 열원으로 이용된다.

탄화로에서 배출되는 850~1,100℃의 연소가스는 건조기에 공급되는 건조용 공기를 가열하는데 사용된 후 약 500℃로 낮아진 상태로 건조기에 투입되어 건조열원으로 이용된다.

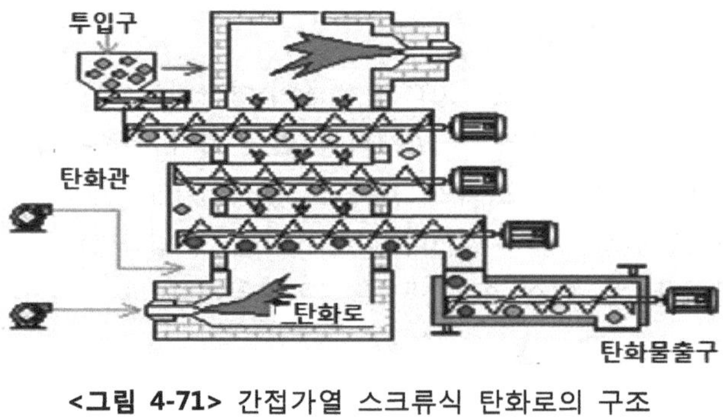

<그림 4-71> 간접가열 스크류식 탄화로의 구조

4. 수열 가스화 기술

가. 기술 개요

1980년대 이후 산업발달과 인구증가로 인하여 하수슬러지, 도시폐기물, 식품가공 폐기물 등 수분함량이 높은 바이오매스가 급격하게 증가하여 이들 바이오매스에 대한 에너지화 필요성이 높아지고 있다. 일반적인 건식 가스화를 이용하여 수분함량이 높은 바이오매스를 에너지화 할 경우 반드시 많은 에너지를 소비해야 하는 건조공정이 필요하게 되어 전체적인 운전비용을 증가시키는 요인이 된다. 또한 고온(>800℃)에서 스팀을 이용한 바이오매스 가스화의 경우 반응매질(스팀)인 기상에 원료인 고상 바이오매스가 용해되지 않기 때문에 기상에서 고상으로 혹은 고상에서 기상으로의 물질전달저항이 크게 작용하여 가스화 반응속도가 낮다.

반면 초임계수는 상대적으로 낮은 온도에서(450~650℃)도 높은 반응성으로 인해 바이오매스를 쉽게 가수분해하여 저분자 유기물질로 전환시키고 생성되는 저분자유기물질은 초임계수에 쉽게 용해되기 때문에 균일상 가스화 반응이 가능하다. 또한 생성되는 H_2, CO_2, CH_4 등 가스도 초임계수에 용해되기 때문에 가스화 속도가 현저하게 증가하게 되어 바이오매스의 완전한 가스화를 짧은 시간에 이루어 낼 수 있다. 이러한 초임계수 가스화의 장점(균일상 반응, 높은 반응속도, 높은 밀도, 완전가스화)을 이용할 경우 스팀개질 반응기 크기보다 현저하게 작은 반응기 설계가 가능하여 장치 설치비를 최소화할 수 있다.

또한 바이오매스의 스팀개질법의 가장 큰 한계중 하나는 타르 및 숯(char)의 형성이다. 일반적으로 타르는 열분해에 의하여 생성되며 숯(char)는 불완전한 가스화에 의해 생성이 된다. 연구에 의하면 목재톱밥을 유동층 반응기를 이용하여 상압에서 스팀 가스화 하였을 경우 700℃에서 숯(char)의 생성이 원료 대비 10~20wt%나 되었다[74]. 이러한 불완전한 가스화에 의한 숯(char)의 형성은 곧 수소 생산량의 저감을 의미하기 때문에 타르와 숯(char)의 생성을 억제하는 것이 매우 중요하다. 초임계수 가스화는 초임계수의 높은 반응성으로 인해 타르나 숯(char)의 형성을 억제할 수 있어 생성되는 가스의 양을 증가시킬 수 있다. 그 이외의 장점으로는 고압의 수소를 직접 얻을 수 있기 때문에 수소저장 시 압축공정을 생략할 수 있다.

습식 바이오매스를 가스화할 때 높은 수분함량 때문에 열·화학적 가스화를 적용하기는 어렵지만 수열가스화는 반응매체로 물을 사용하므로 에너지 소비공정인 건조과정을 거치지 않고 처리할 수가 있다. 초임계수와의 반응성이 높아서 수열가스화는 빠르며 100%의 가스화를 이룰 수가 있다. 습식 바이오매스로부터 바이오메탄화 과정을 거쳐 메탄가스를 얻을 수 있지만, 완전반응에 수 주일이 걸리며 미반응의 발효슬러지와 폐수처리문제가 발생하게 된다. 수 주일간의 반응시간은 대형 반응기에서 이루어지게 되며 발효슬러지가 퇴비로 전환되지만 퇴비사용이 가능한 넓은 부지가 없게 되면 퇴비는 폐기물이 된다. 수열가스화반응은 수 분내에 일어나

74) M. Antal et al., Combustion Science and Technology, 68, 165 (1980).

게 되며 적절한 조건하에서는 완전반응에 도달하게 된다. 완전반응을 이끌어내기 위하여 알칼리, 금속 또는 카본촉매와 같은 촉매를 첨가하여 반응을 가속화하기도 한다.

물을 반응매체로 한 고압 하에서의 가스화가 연구되고 있다. 이 프로세스 규모는 실험실 수준이지만 수성 매체(초임계수)를 이용함으로써 대량의 에너지가 요구되는 원료의 건조공정이 필요없기 때문에 에너지 면에서 유리한 점, 성장이 빠른 수성 바이오매스에 응용 가능한 점, 고압 액화와 달리 배수처리가 거의 필요 없는 점 등의 장점이 있다.

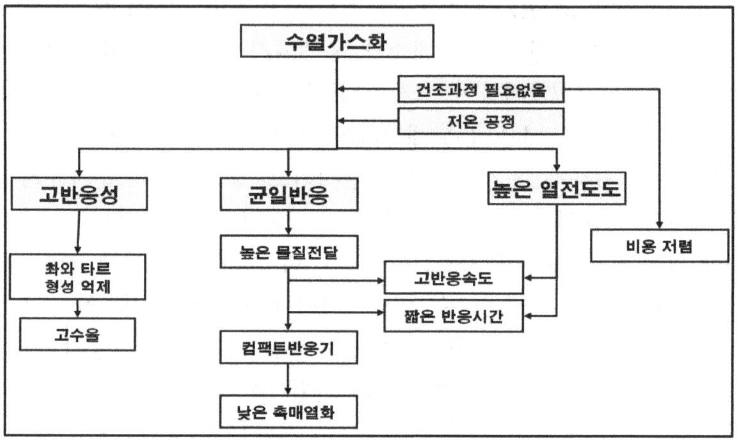

<그림 4-72> 수열가스화의 장점

나. 초임계수

열역학적 평형을 이루고 있는 액체 및 증기의 온도와 압력을 올려주면 열팽창에 의하여 액체의 밀도는 감소하는 반면, 기체는 압력이 상승함에 따라 밀도가 높아진다. 임계점에서 두 상의 밀도는 같아지면서 액체와 증기 사이의 구분이 없어지게 되며, 〈그림 4-73〉에서 보여주는 바와 같이 압력이나 온도의 증가에 따라 물은 초임계 상태를 갖는다. 물은 임계치(온도 374℃, 압력 22.1MPa) 이상의 온도와 압력 하에서 존재할 경우 밀도, 유전상수, 열전도도, 점도, 확산계수, 여러 용질에 대한 용해력을 비롯한 물리적 성질들이 임계점 이하의 물 또는 기체상의 수증기의 성질과는 전혀 다르게 변한다. 예를 들면 초임계 영역에서 물의 구조를 설명함에 있어 중요한 성질 중의 하나로 유전상수를 들 수 있는데, 유전상수는 물의 수소결합과 극성의 정도를 나타내는 수치이다. 임계영역의 동일압력 조건에서 온도가 증가할수록 유전상수는 감소한다.

이는 물 분자간의 수소결합이 약화됨을 의미하며, 임계영역에서 물의 밀도가 감소함에 따라 수소결합의 정도 또한 감소함을 나타낸다. 이처럼 초임계수의 유전상수는 비극성 용매(예 : 벤젠, 에틸에테르, 헥산 등)의 유전상수와 비슷한 값을 갖게 되며 이는 결국 초임계수는 약한 극성 또는 비극성용매로 작용함을 나타낸다.

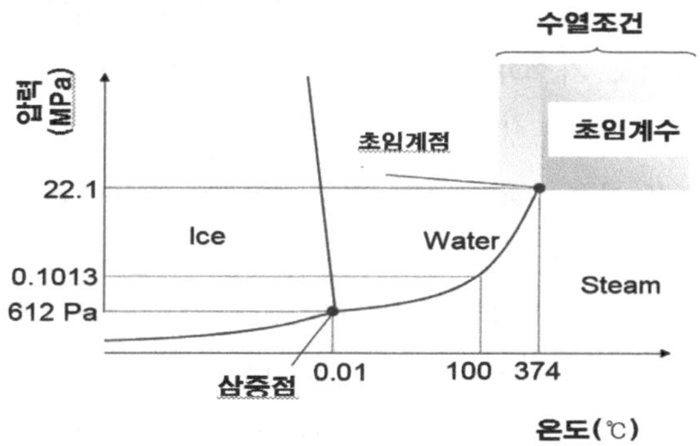

<그림 4-73> 물의 상평형도

초임계 영역에서 물은 비극성 용매와 같이 작용할 수 있으며 상온 · 상압에서 불용성인 유기화합물과 완전히 혼합되므로 혼합물이 초임계 상태에 이르면 모든 성분은 완전히 혼합되어 단일 상으로 존재하게 된다. 따라서 초임계수는 보통 상태의 물에 용해되지 않는 유기물에 대한 우수한 용매라는 것을 알 수 있다. 또한 물에 거의 용해되지 않는 기체도 초임계 상태에서는 물과 완전히 혼합된다. 344℃ 이상의 온도에서 질소, 산소, 수소와 헬륨은 초임계수와 완전히 혼합된다고 알려져 있다. 마지막으로 초임계수의 점도는 물과 비교하여 약 10배 정도 낮고 열전도도는 물과 비교하여 약 2배 정도 높다. 따라서 초임계수를 반응매질로 이용할 경우 유기물질에 대한 용해력과 물질 및 열확산이 뛰어나 신속한 반응이 가능하다.

다. 수열가스화

초임계수란 임계온도(646K), 임계압력(22.1MPa) 이상의 물로서 액체와 기체와의 중간적인 성질을 가지고 있는 것으로 반응성이 풍부하여 기체 및 유기물과도 비교적 자유롭게 혼합되고 약간의 압력 변화에 의해 밀도나 용해도와 같은 물성을 자유롭게 변화시키는 특징이 있다.

하와이대학 자연에너지연구소에서는 바이오매스를 초임계수(500-650℃, 25~35MPa) 중에서 주로 수소, 이산화탄소로 직접 가스화할 수 있는 것을 발견하고 실험실 규모의 연속장치에서 검토하였다. 횡형의 관형 반응관은 내경 4.75mm, 외경 9.53mm, 유효 가열길이 600mm의 인코넬제로 내부에 탄소촉매(활성탄)를 충진한다. 가스화율은 원료 농도에 의존하며, 글루코오스 용액에서의 실험에서는 농도가 0.8M 이하로 되면 무촉매로 완전 가스화가 가능하고, 고농도(1.2M)의 경우에도 활성탄 촉매를 충진함으로써 완전 가스화가 가능하였다. 전체의 가스화 반응은 다음과 같다.

$$(C_6H_{10}O_5)_n + 7nH_2O \rightarrow 12nH_2 + 6nCO_2$$

약간의 메탄이 생성되기 때문에 수소를 얻기 위해서는 고온 쪽이 바람직하다. 초임계수 가스화는 600℃, 35MPa라 하는 매우 가혹한 조건에서 가스화가 이루어지지만 금속 촉매를 이용하면 저온(300-450℃)에서도 가스화가 가능하다. 이 반응은 1990년 전후에 미국 백텔연구소에서 발견하여 개발되었다. 전체의 가스화 반응은 다음 식으로 된다.

$$(C_6H_{10}O_5)n + nH_2O \rightarrow 3nCH_4 + 3nCO_2$$

앞에서 언급된 가스화와는 달리 주로 메탄이 생성된다. 백텔연구소에서 개발한 벤치 스케일 규모의 연속 장치는 22L/h(1일 0.5톤)의 처리능력으로, 350℃, 24MPa의 조건에서 가스화한다.

한편 일본 자원환경기술종합연구소(National Institute for Resource and Environment, NIRE)에서는 이 가스화 반응에서 수소가 얻어지는 것에 관심을 가지고 있다. 이것은 가스화가 다음 식과 같이 가스화 과정과 메탄화 반응에 의해 일어나는데 착안하고 있다.

$$C + 2H_2O \rightarrow CO_2 + 2H_2 \text{ (가스화 반응)}$$
$$CO_2 + 4H_2 \rightarrow CH_4 + 2H_2O \text{ (메탄화 반응)}$$

저온에서는 메탄화 반응의 속도가 늦기 때문에 반응을 조절함으로써 수소를 추출하는 것이 가능하다. 실험실 규모(0.2 L/h)의 기초적 단계에 머물고 있지만 저온에서의 수소 제조가 기대되고 있다.

5. 슬러리 연료화 기술

가. 기술 개요

목재 등을 가압한 물속에서 270~330℃으로 수 십분 가열해 바이오매스를 탄화한다. 탄화한 바이오매스가 물에 현탁 상태(슬러리)가 되므로 이것을 액체연료와 같이 이용하는 것이다. 최종 생성물은 탄소를 주성분으로 한 고체 생성물이 물에 현탁한 슬러리연료이다.

나. 슬러리 연료의 특성

270~330℃정도의 저온의 수열 조건하에서 바이오매스를 장시간 열처리 하면, 바이오매스는 열분해를 받지만 가스화는 거의 진행되지 않고 탄소를 주성분으로 한 고체 생성물이 주로 생성한다. 생성된 고체 생성물은 물에 현탁한 슬러리로서 액체와 같이 취급이 가능하고, 미분의 석탄과 물이 혼합된 석탄 슬러리(CWM[75])로서 연료로 이용하는 것이 가능하다.

75) CWM(coal water mixture) : 혼합된 석탄슬러리

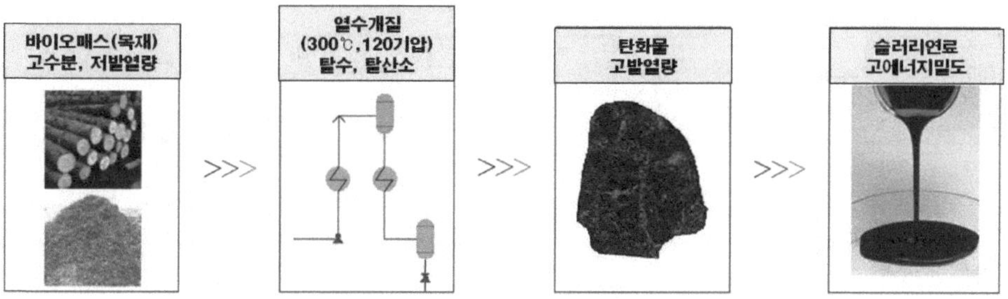

<그림 4-74> 슬러리 연료화 제조공정

다. 대상원료

목질계 바이오매스(폐지, 폐목재, 건축 폐기물 및 목재 등), 수분을 다량 함유한 바이오매스(가축 배설물, 음식물 쓰레기, 하수 슬러지, 수산 잔재물 등), 농업 폐기물(왕겨, 볏짚, 밀짚 등), 목초 등을 바이오매스 원료로 사용할 수 있다. 나무를 원료로 했을 경우에는 부산물로서 목초액을 얻을 수 있다.

6. 혐기성 소화기술

가. 기술 개요

혐기성소화처리는 예전부터 기술이 확립되어 발전되어 오고 있는 전통적인 기술로서 비교적 기온이 온난한 지역에서 액상 및 반고상 폐기물의 처리에 이용되었다. 대부분의 공정에서 고형물의 함량이 10% 이내인 것에 적용되고 있으며, 최근의 기술발전에 의하여 고형물이 25% 전·후인 고형상 폐기물에도 적용이 시도되고 있다.

혐기성소화처리는 일명 "메탄발효"라고도 하며, 주된 목적은 폐수 또는 폐기물처리와 동시에 메탄이라는 에너지를 회수하기 위하여 적용되고 있다. 즉, 혐기성소화는 산소가 없는 무산소 상태에서 분해 가능한 유기물을 분해시켜 메탄으로 전환시키는 것이다. 생물학적 처리범주 내에 포함되며, 초기에는 통성혐기성균이 작용하여 가수분해와 산발효를 시키고 산소가 고갈되는 지점에서 편성혐기성균이 메탄을 생성하게 된다.

혐기성 소화는 유기물을 여러 미생물의 분해작용에 의하여 메탄으로 전환하는 일련의 프로세스이지만 이 프로세스는 다음과 같이 4단계로 구분하는 것이 가능하다. 즉, 고형상의 유기물을 액상화하고 가수분해하는 과정, 식초산, 프로피온산, 부틸산을 생성하는 저급지방산(휘발성 유기상, VFA)을 생성하는 과정, 이들을 식초산 및 수소가스로 분해하는 과정, 이들 산물을 이용하여 메탄을 생성하는 과정이다.

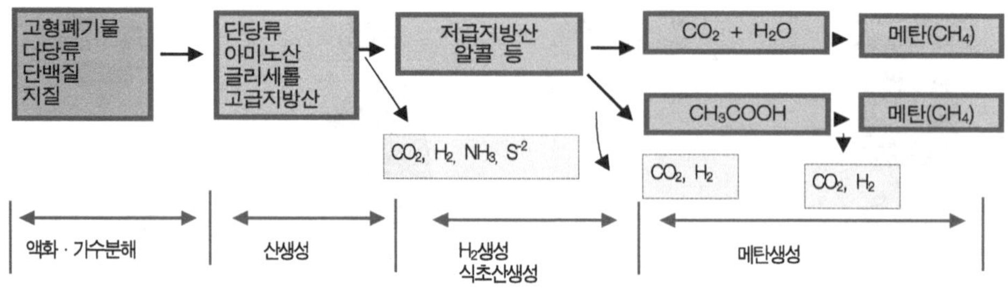

<그림 4-75> 혐기성소화 단계별 처리과정

바이오매스를 혐기성 소화처리 하는데 있어서 〈표 4-35〉에서는 바이오매스의 함수율에 따라 건식및 습식 혐기성 소화로, 반응온도에 따라 중오S 및 고온소화로 또한 상에 따라 단상 및 2상소화로 분류하여 각 혐기성 소화의 특징을 보여주고 있다.

나. 혐기성 소화에 관여하는 미생물

혐기성조건하에서 유기물이 메탄으로 분해되는 메탄발효에 관여하는 모든 미생물은 산소에 대하여 민감한 절대 혐기성균이다. 유기물의 농도가 높고 산소의 공급이 제한되어 있는 생태계에서는 거의 모두 메탄이 생성되고 있다. 담수나 해수의 침전물, 동물의 내장, 혐기성 소화조, 쓰레기의 매립장뿐만 아니라 살아있는 나무, 툰드라 및 온천지등에서도 메탄발효가 일어나고 있다. 다당류를 비롯하여 당류, 단백질, 지방 등 유기물이 포함된 폐기물이 메탄발효의 기질로 이용된다.

메탄생성균은 초산, 메탄올, 포름산, 메틸아민, 일산화탄소 그리고 수소와 이산화탄소만을 기질로 이용할 수 있기 때문에 상기 유기물이 메탄으로 발효될 때 까지는 최소한 3종류의 미생물군이 작용한다.

이들은 ①복잡한 고분자 유기물을 분해하고 발효하는 발효균, ②수소의 농도가 낮은 환경에서 유산, 에탄올, 프로피온산 및 낙산 등을 메탄생성균이 이용할 수 있는 초산과 수소로 분해하는 공생 초산생성미생물, ③초산, 포름산, 수소와 이산화탄소등을 메탄으로 발효하는 메탄생성균, ④메탄발효과정에 관여하여 유황성분과 질소성분의 환원에 관여하는 황산염환원 세균과 탈질세균이다. 참고로 〈표 4-36〉에 혐기성 분해 관여미생물을 나타내었다.

<표 4-35> 혐기성 소화의 특징에 따른 분류

기준	분 류	특 징
함수율	건식 혐기성	-함수율 : 65~70% -주로 단상법으로 설계 -함수율 60% 이하에서 반응기 내부의 이송을 방해하고, 미생물의 분해활동을 저해할 위험성 증가 -반응기 용량의 최소화
	습식 혐기성	-함수율 : 90% 내외 -반응기 내에서 혼합과 이송이 용이 -소화가스 방출 및 열과 물질의 이송과 교환조건이 양호 -반응기 용량 증가
반 응 온 도	중온 소화	-온도조건 : 35-37℃ -고온소화에 비해 에너지 소비 및 암모니아 발생비율이 낮음 -고온소화에 비해 적용 사례가 많음
	고온 소화	-온도조건 : 50-55℃ -위생적인 측면에서 중온소화보다 양호 -중온소화에 비해 약 10% 더 높은 가스 생산율 및 유기물 분해율 -소화과정 중에 가온에 필요한 높은 에너지 소비 -혐기분해에 장애가 되는 암모니아 발생비율이 높음
상(狀)	단상 소화	-한 반응기 내에서 혐기성 박테리아 대사의 모든 과정이 병행으로 실시
	2상 소화	-두개의 반응기에서 가수분해, 산 생성, 아세테이트 생성, 메탄생성단계의 조건을 구분하여 운영 ※가수분해 및 산생성단계, 아세테이트 및 메탄생성단계의 2상으로 운전하는 경우가 많음

<표 4-36> 혐기성 관여 미생물

혐기성 관여균	이용기질 및 미생물
메탄균	초산, 메탄올, 이산화탄소, 포름산을 기질로 하는 메탄가스 생성
가수분해균	고분자화합물을 저분자화합물로 분해
탈질세균	질소화합물을 이용하여 N_2, NH^{4+}, N_2O생성
황환원세균	황산염을 지질로 이용하여 H_2S생성
공생초산생성균	저급지방산등 C_3 이상의 화합물을 이용하여 초산생성
효모초산생성균	C_1, C_2화합물을 이용하여 초산생성

※ C_x (x=1,2,3) ; 탄소가 x개인 탄화수소 화합물

다. 반응조건

1) 투입유기물량

투입유기물량은 발효조내 '단위용량당 몇 kg의 유기물을 넣는가'로 나타내고, 균의 성질과 발효온도에 의하여 그 적정량이 결정된다. 재래법의 1조 방식의 유기성폐액의 메탄발효법에서는 중온, 고온의 발효에서 2~3 kg-VS/m^3/d가 최적이고, 2상식에서는 6kg-VS/m^3/d가 최적이다.

2) 영양조건

투입유기물의 C/N비(탄소/질소비) 및 C/P비(탄소/인비)는 메탄발효를 잘하기 위하여 중요한 요소이다. 탄소는 미생물의 에너지공급원으로서, 질소와 인은 미생물의 아미노산, 단백질, 핵산 등의 형성요소로서 가장 중요한 영양원이다. 그러므로 혐기성 미생물반응은 C/N비와 C/P비의 영향을 받는다. C/N비는 탄소 1g당의 가스가 발생하는 량으로 가장 활발하게 혐기성반응이 일어나는 범위는 12~16이다. C/N비가 적은 유기물은 질소가 충분히 이용될 수 없기 때문에 과잉의 질소가 암모니아로 변화하고 메탄발효반응은 저해된다. 인은 생체막과 ATP 등의 생명현상에 불가결한 원소로서 C/P비로서 100~150정도 필요하다.

미량요소로서 철은 제1상 및 제2상에서 각 균체내에서의 각종 산소의 형성에 필요하다. 철은 혐기성소화조 내에서 발생하는 황화수소에 의한 발효저해를 억제하고, 메탄균의 반응조 밖으로 유출을 억제하는 효과가 있다. 니켈은 메탄발효단계에서 메탄균의 생리에 필요한 미량금속원소로 되어 있다. 그 외의 미량요소로서 식물재배에 필요한 칼륨, 코발트도 당연히 필요하다.

3) 균 농도

메탄발효에 있어서 분해속도 (ds/dt)c는 다음과 같다.

$$(ds/dt)c = -u\ X/Y_{X/S}$$

이들은 균의 비증식속도 u 및 발효조내 균농도 X에 비례하고, 수율 $Y_{X/S}$에 반비례하는 것을 나타내고 있다. 기질의 분해속도를 높이는 것, 즉 분해처리능력의 향상은 u, $Y_{X/S}$가 발효조내의 메탄균의 특성을 나타내고 있기 때문에 균농도 X를 발효조내에서 어느 정도 높이느냐에 따라 지배된다.

4) 반응온도의 영향

혐기성소화는 온도에 따라 무가온, 중온(35-37℃), 고온(50-60℃)의 3종류로 구분된다. 즉 혐기성미생물을 자연계에서 생식하는 균, 동물의 체내온도에서 생식하는 균, 고온에서 사는 균으로 분류한다. 이러한 분류조건에 의하여 반응조에 미생물을 배양하더라도 온도조건에 일치한 미생물의 증식곡선이 나타나게 된다. 무가온의 발효속도는 에너지를 감안한 중온에서도 효율이 떨어지고, 고온에서는 에너지소비 및 관리상의 문제점 때문에 대부분의 소화조는 중온으로 유지되고 있다. 고온소화는 중온소화에 비교하여 2-3배정도의 처리효율이 높으나 온도, 유기물부하 등의 변화에 대한 안정도, 복원력이 적기 때문에 숙련된 노하우가 필요하다. 현재 혐기성 소화조가 중온소화인 것은 고온발효에 비하여 가온을 위한 필요열량이 낮게 소요되고, 조작성이 좋기 때문이다.

5) pH의 영향

일반적인 혐기성소화는 pH가 중성범위에서 이루어지며, 초기에 산성을 유지하다가 안정되면 pH가 중성으로 전환된다. 혐기성 소화조 내에서 메탄균이 활성화되어 메탄발생량이 최대로 되는 적정범위는 7.0-7.5이다. 소화조의 적정운전을 위해서 pH는 항상 적정하게 유지되어야 한다.

라. 혐기성소화조

혐기성 소화조로 처리하는 경우 유기성폐기물의 전처리와 후단공정은 비슷하게 이루어지나 유기성폐기물을 분해시키는 공정에서 차이가 뚜렷하게 나타난다. 즉 반입된 유기성폐기물은 선별 · 파쇄공정을 거쳐 이송되어 일차 산 발효과정을 거쳐 혐기성소화조로 보내진다.

전처리 시설은 투입된 유기성폐기물을 파쇄 및 선별하여 처리공정에 방해를 주는 이물질은 제거하고 선별된 유기물을 ∅10mm이하의 미세입자로 파쇄한 후 반입되는 유기물을 탈수액 및 신수(新水)를 공급/혼합하여 함수율을 90% 정도의 현탁액으로 만들어 후속공정인 산/메탄 발효조에서 가수분해 및 메탄 발효반응이 원활하게 이루어지도록 하는 것이다.

혐기성소화조로 투입된 유기성폐기물는 처리시스템에서 정한 온도로 유지하고 교반조 내부의 전단계(가수분해), 1단계(산발효), 2단계(메탄발효) 과정을 통하여 일정기간동안 체류되면서 안정화되어 메탄가스가 발생된다. 이때 발생되는 메탄가스는 이송되어 저장된 후 열에너지원이나 전기를 얻은 원료로 이용된다.

혐기성소화조에서 유기성폐기물의 혐기성소화가 원활하게 진행되기 위해서는 유기물 함유율, C/N비, 소화온도, pH, 알카리도, 독성물질 등의 운전조건을 잘 맞추어 주고 혐기성소화조의 상태를 수시로 파악하여 이상 유무를 파악하면서 관리하여야 운전의 적정성을 기할 수 있다.

혐기성소화조는 혼합 및 가온방식에 의해 분류할 수 있다〈그림 4-76〉. 혐기성소화조에서 중요한 것은 밀폐된 공간내에서 산소를 차단시키면서 소화조내 미생물상과 유기물을 접촉시켜 효율을 향상시키는 것이다. 기본적으로 산소를 차단한다는 전제조건에서 내부수(水)를 순환시키거나 혼합시키는 방식을 채택하고 있다.

내부수를 펌프에 의하여 순환시키는 펌프순환방식, 모터를 설치하고 내부에 실린더형의 순환관로를 설치하여 모터의 교반에 의하여 물질을 순환시키는 기계교반식이 있으며, 송풍기(Blower)에 의하여 내부가스를 순환시켜 공기력에 의하여 내부를 혼합시키는 가스교반방식으로 구분된다.

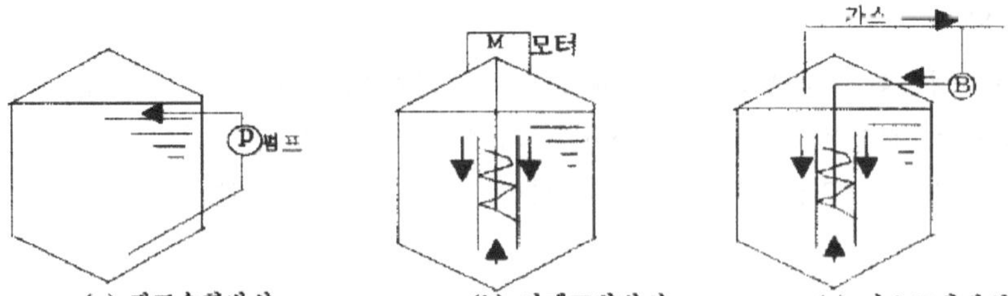

(a) 펌프순환방식 (b) 기계교반방식 (c) 가스교반방식

<그림 4-76> 혼합방식에 의한 혐기성 소화조 분류

혐기성 소화조는 기본적으로 가온조작이 필요하므로 가온조작에 있어서 내부의 미생물에 영향을 주지 않으면서 전체적으로 온도를 유지하기 위해서는 반응조의 주위에 자켓을 설치하고, 자켓에 온수를 보내는 방법과 증기를 보내는 방법으로 분류할 수 있다.

〈그림 4-77〉의 a, b, c는 고온의 온수를 보내어 제어하는 방법으로서 고온의 온수를 보내면서 냉각수에 의하여 온도를 제어하는 방법과 외부배제 및 가스를 연소시켜 온수보일러를 가동시켜 온도를 유지하는 방법으로 구분된다. d, e, f는 보일러를 설치하여 생산된 증기를 반응기 주변의 자켓으로 공급하는 방법이다. 전기를 생산하지 않고 발생되는 가스를 연소시켜 사용하는 방법이 범용적으로 사용되고 있으며, 보일러를 설치하여 발생하는 메탄가스를 연소시켜 증기화하여 온도를 유지하는 것이다. 소화조 가온방식중에서 무엇보다도 중요한 것은 기본적으로 에너지절약과 동시에 혐기성 미생물 반응조에 영향을 최소화하는 가온방식을 고려해야 한다.

7. 수소 발효 기술

가. 기술 개요

바이오매스의 생물학적 방법에 의한 수소의 생성기술은 백 년 전에 시작되었으나 실험실 규모의 연구로 가능성만 확인되었을 뿐 실제 적용에는 아직도 많은 연구가 필요한 상황이다. 생물학적 방법에 의한 수소생성은 광합성직접물분해(direct biophotolysis), 광합성간접물분해(indirect biophotolysis), 전환반응(biological water-gas shift reaction), 광합성발효(photo-fermentation), 혐기발효(dark- fermentation)의 다섯 가지로 대별된다. 모든 공정은 수소화효소(hydrogenase)와 질소화효소(nitrogenase) 같은 수소생성효소에 의하여 좌우된다.[76]

76) Ni 등, 2006

<표 4-37>는 바이오에너지기술연구회에서 발췌한 바이오수소 생산기술의 종류에 관한 자료이며.[77], 이 중에서도 현재 선진국에서 추진 중인 내용은 다음 세 가지로 정리 가능하다.

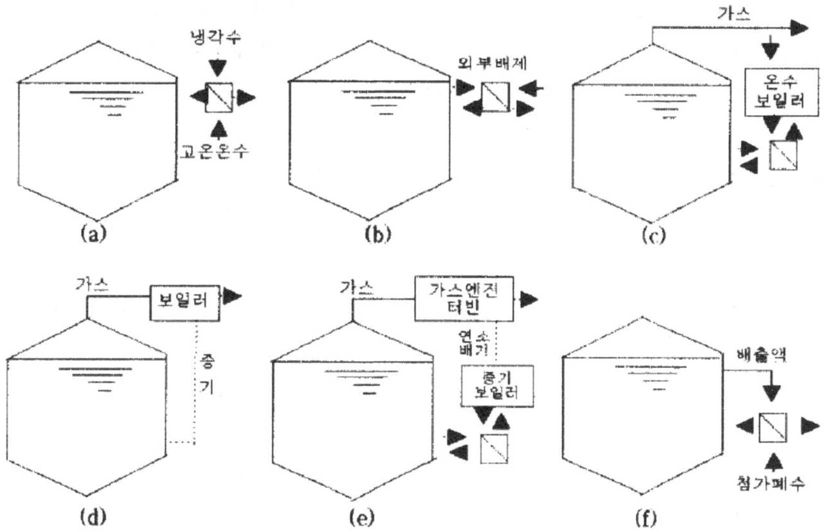

<그림 4-77> 가온방식에 의한 혐기성소화조 분류

첫째는 수중 미생물인 green algae가 태양광을 에너지원으로 이용하고, 물로부터 양성자와 전자를 공급받아 수소를 생산하는 효소에 의한 물 분해 수소생산 연구이다. 즉 자연계에 존재하는 수소 생산력이 우수한 미생물이 태양에너지를 받아서 미생물 자체가 갖는 고유의 광합성 작용에 의해 물을 분해하고 공기 중 이산화탄소를 고정화하여 균체가 성장하며, 이로부터 수소를 발생하는 현상으로 마치 식물체가 태양에너지를 이용하여 잎과 꽃을 피우고 열매를 주는 것과 유사한 광합성 작용으로서 이는, algae와 같은 자연계 미생물은 각각 녹색 띄는 미생물로 태양에너지 중 일정한 파장의 빛을 흡수하여 물로부터 수소를 발생시키고 동시에 미생물 자체가 성장하는 것을 말하미, 또한 Cyanobacteria는 공기중의 이산화탄소를 흡수하여 균체가 성장하는데 이와 같이 생성된 균체는 일정 조건에서 태양에너지를 이용하여 수소 생산 효소인 hydrogenase, nitrogenase에 의해 수소 가스를 발생한다.

둘째, 질소 고정력이 있는 cyanobacteria가 광합성 중에 세포의 일부분인 vegetative cell에서는 물을 분해하여 산소를 발생하고, 이산화탄소를 고정하며, 세포의 다른 부분인 heterocyst에서 이산화탄소와 수소를 발생하는 2 단계 수소 생산 연구가 지난 20여 년간 진행되었다.

셋째, 최근 일본을 비롯한 유기성 폐자원이 풍부한 국가에서 집중적으로 연구되는 기술로

77) http://www.bera.or.kr/bio/hydro/content.asp, 2007

써, 유기물로부터 광합성 세균 특히 purple non-sulfur bacteria에 의한 수소생산 또는 빛이 존재하지 않는 조건에서 혐기 미생물에 의해 유기물 자체가 에너지원으로 사용되는 발효에 의한 수소 생산 연구가 중심이 되고 있다.

이외에도 생물학적 수소생산 연구는 식물체 내의 엽록체 및 미생물 효소를 추출하여 수소를 발생 하는 균체외 (in vitro)에서 수소를 발생시키는 기술과 아울러 광합성 세균의 일산화탄소 전환 반응에 의한 수소 생산 등이 진행되고 있다.

<표 4-37> 바이오수소 생산기술의 종류

원료	방법	Chemistry
물	광합성 직접 물분해 (direct photolysis)	$H_2O \xrightarrow{} PS\,II\ (\xrightarrow{light} O_2) \rightarrow PS\,I \rightarrow FD \rightarrow H_2\,ase \rightarrow H_2$
	광합성 간접 물분해 (indirect photolysis)	$H_2O \xrightarrow{light} PS \rightarrow (CH_2O)$ CO_2 $(CH_2O) \rightarrow FD \rightarrow H_2\,ase,\ N_2\,ase \rightarrow H_2$
바이오매스	혐기발효 (Dark Fermentation)	$C_6H_{12}O_6 + H_2O \xrightarrow{dark} 4\text{~}6\ H_2 + CO_2 +$ 유기산
	광합성 발효(Photosynthetic Fermentation)	유기산 $+ H_2O \xrightarrow{light} 4\text{~}7\ H_2 + CO_2$
	In Vitro Reaction	$C_6H_{12}O_6 + GDH,\ H_2\,ase \xrightarrow{light}$ gluconic acid $+ H_2$
가스 (CO)	전환반응 (Shift Reaction)	$CO + H_2O \xrightarrow{dark} CO_2 + H_2$

물로부터 생물학적 기술에 의한 수소 생산은 공기중의 이산화탄소를 고정하고, 수소와 산소를 발생하는 원천기술로써 오래 전부터 미국, 유럽에서 태양에너지를 이용하는 광합성 미생물의 분리, 개선 및 반응기에 관한 연구가 진행되고 있다. 바이오매스로부터 혐기 및 광합성 발효를 연속적으로 적용하는 기술은 비교적 최근에 일본을 비롯한 유기성 폐기물이 많은 국가에서 수소에너지 생산과 유기성 폐기물 처리라는 두 가지 목적에 부합하는 연구로써 활발히 진행되고 있다.

나. 하수슬러지를 이용한 수소생산 (혐기성발효)

하수슬러지를 이용한 수소생산 공정은 2단계 발효에 의한 수소생산 공정과 유사하다〈그림 4-78〉.

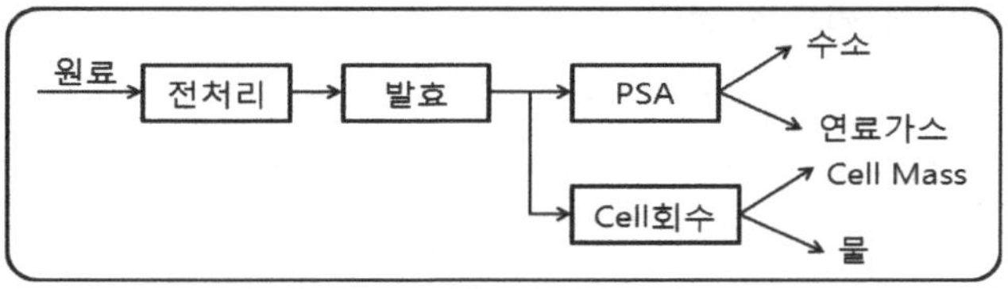

<그림 4-78> 2단계 발효에 의한 수소생산 공정

수소생산의 첫 단계는 전처리이며 일반적으로 하수슬러지의 생분해도를 증가시키기 위하여 열화학적 전처리 및 질소, 인 등의 영양분 공급을 병행한다. 두 번째 단계는 발효이며, 유기성 폐기물을 이용하여 메탄가스나 수소를 생산한다. 사용되는 발효기(바이오리액터)로는 연속회분식 반응기와 충전층 및 바이오필터 반응기로 구분할 수 있다. 일반적으로 바이오필터 반응기가 연속회분식 반응기보다 수소 생산율이 높고, pH, 온도, 유기물 부하 등의 생산공정의 변화에 대응하는 안정성이 높은 장점을 가지고 있다.

혐기성 조건에서 발효를 이용하면 다양한 범위의 기질, 유기성 폐기물 등으로부터 수소생산이 가능하다. 게다가 발효를 이용한 수소생산은 빛에 의존하지 않고, 미생물의 높은 성장속도로 인한 수소생산속도를 높일 수 있는 장점이 있다. 유기성 물질로는 주로 탄수화물, 즉 포도당이 가장 선호되는 탄소원으로 이용되고, 발효과정을 거치면서 수소와 함께 초산 혹은 낙산(酪酸) 등이 발생한다.

$$C_6H_{12}O_6 + 2H_2O \Rightarrow 2CH_3COOH + 4H_2 + 2CO_2 \quad \text{식(1)}$$

$$C_6H_{12}O_6 \Rightarrow CH_3CH_3CH_3COOH + 2H_2 + 2CO_2 \quad \text{식(2)}$$

포도당을 기질로 이용하는 혐기성 혹은 통성 혐기성 미생물은 화학적 종속영양성으로 발효의 최종 산물은 피부르산이다. 대표적 미생물로는 클로스트리디움과 장내세균 등이 있다. 이론적으로 혐기성 미생물은 식(1)과 같이 포도당 한 분자당 4분자, 통성 혐기성 세균은 식(2)에서처럼 2분자의 수소를 생성한다. 통성 혐기성 세균은 산소에 덜 민감하여 잔존하는 산소에 의해 배양이 손상을 입어도 수소생산 반응이 재생가능하며 수소생산 공정에서 혐기성 미생물보다 통성 혐기성 미생물이 선호될 수 있다. 암발효에 이용되는 미생물은 중온성(25~40℃), 고온성(40~65℃), 초고온성(65~80℃), 초호열성(〉80℃)등의 다양한 온도조건으로 나눌 수 있다. 주로 이용되는 미생물종은 에테로박터, 바실러스 및 클로스트리디움 등이 있다. 이 암발효 반응을 통해 생성되는 수소는 혼합된 가스형태로 수소이외에 이산화탄소와 미량이지만 메탄, 일산화탄소, 황화수소 등이 포함되어 있다. 마지막 단계로 수소 이외의 성분인 이산화탄소, 메탄, 일산화탄소 및 황화수소 등의 불순물을 혼합가스로부터 분리하여 고순도의 수소를 생산하게 된다.

다. 혐기성발효와 광합성 발효의 결합

광합성을 수행하는 세균이 사슬길이가 짧은 유기산을 전자공여체로 사용하여 광에너지를 이용하면 수소생성이 야기된다. 이러한 미생물은 발효미생물에 비하여 이론적으로 높은 수소생성 수율과 넓은 범위의 스펙트럼 빛에너지를 이용할 수 있는 장점이 있다. 게다가 이러한 미생물은 산소를 발생하는 활성이 없이 산소에 의한 저해작용을 피할 수 있다. 혐기발효와 광합성 발효를 조합한 방법은 수소 생성수율을 최대화할 수 있다. 이러한 시스템에서 첫 단계의 탄수화물 혐기발효는 수소와 분자량이 적은 유기산을 중간물질로 생성하고, 다음 단계인 광반응기에서 광합성 세균에 의해 유기산이 수소로 전환되는 공정을 이용하는 것이다. 두 번째 발효시스템에서 홍색 비유황 세균을 이용하여 암발효의 유출수로부터 수소생산을 하게 된다. 이때 다양한 기질, 즉 식품공정의 폐수와 슬러지를 이용하여 암발효와 광발효를 조합하여 수소생산성을 올릴 수 있다.

<표 4-38> 미생물 수소생산 비교

공정	원료	에너지효율(%)	단위비용 (US $/MBTU)
광-바이오수소	물과 유기산	10	10
혐기성 수소	당밀	28.34	30
급속열분해	석탄, 바이오매스	-	4
수전해	물	-	10
고온수전해	물	-	13
광합성수소	유기산	-	21
가솔린	원유	-	6

이러한 높은 수소생성 수율은 혐기발효에서 시트릭산 회로가 광발효와 조화를 이루어 환원된 NAD^+(Nicotineamide Adenine Dinucleotide)를 효율적으로 이용하기 때문이다. 빛에너지를 이용하여 탄수화물로부터 수소로 전환시키는 효율이 수소생성의 핵심요소이다. 혐기성 미생물은 탄수화물을 분해하여 에너지와 전자를 만들어내며 음의 자유에너지를 지닌 반응만 일어나기 때문에 혐기조건하에서 분해가 이루어진 후, 생성된 유기산은 더 이상 이용되지 않는다. 포도당으로부터 수소와 이산화탄소로의 완전분해는 혐기성발효에 의해서는 실제로 불가능하다. 그러나 광합성세균을 이용하여 빛에너지를 활용하면 양의 자유에너지를 지닌 반응이 가능하다. 이미 말산염(malate)과 유산염(lactate)으로부터 광합성 세균인 홍색 비유황세균에 의한 수소생성은 잘 알려져 있다. 혐기발효의 주된 산물은 초산과 낙산 등이다. 이러한 두 종류의 미생물을 이용한 생물공정은 빛에너지 수요를 줄일 수 있고 수소 생성수율도 올릴 수 있다[78].

제 5 절 폐자원 및 바이오매스 활용기술 종합 비교 분석

폐자원 및 바이오매스 활용을 위해서는 다양한 기술에 있어서 각 기술별 문제점 및 한계를 극복해 가는 것이 가장 중요한 요소이다. 또한 이를 통해 에너지로서 이용가능성을 극대화하여 다양한 활용방안에 대하여 종합적으로 검토되어야 할 것이다. 따라서 본 절에서는 전술한 습식, 건식계 및 기타 바이오매스 활용기술에 대하여 장단점 및 적용사례 등을 종합적으로 검토하여 바이오매스를 유효하게 이용할 수 있도록 종합적으로 정리하였다.

1. 습식계 바이오매스 활용기술

습식계 바이오매스는 수분을 많이 포함하고 있는 바이오매스로 음식물류 폐기물, 가축분뇨, 슬러지류, 동 · 식물성 잔재물으로 구분된다. 습식계 바이오매스를 활용하여 에너지를 생산하는 방법으로는 바이오가스화(혐기성소화)가 있다. 바이오가스화(혐기성소화)는 혐기성소화 공정에 의한 바이오가스 즉, 메탄을 생산하는 기술을 기본으로 한다. 혐기성소화의 경우 메탄함량이 높은 에너지가 가스형태로 발생하기 때문에 우리나라와 같이 국토가 좁고 화석연료의 매장량이 제한된 자원 빈곤국에서는 유기성 폐기물을 이용한 바이오가스 생산은 오염물 처리와 에너지 생산의 동시적인 효과를 갖는다. 바이오가스화에 적합한 바이오매스는 음식물류 폐기물, 음폐수, 가축분뇨, 하수슬러지, 농업 잔재물, 목질계 폐기물 등 다양한 유기성 폐기물의 처리가 가능하며, 음식물류 폐기물, 가축분뇨, 하수슬러지 등을 병합하여 처리도 가능하다.

2. 건식계 바이오매스 활용기술

건식계 바이오매스는 수분을 그다지 포함하지 않고 건조되어 있는 바이오매스로 특히 목질계 바이오매스(임지잔재, 솎아베기재, 제재잔재, 건설폐재), 볏짚, 왕겨 등으로 주로 목질계 자원으로 목본식물이나 초본식물을 의미하는 것으로 나타났다. 건식계 바이오매스를 활용하여 에너지를 생산하는 방법으로는 열화학적 변환으로 고형연료 또는 보일러 등을 활용하여 에너지를 얻는 방법들이 있는 것으로 나타났다.

가. 바이오매스 연소

직접연소는 공기 중의 산소를 이용하여 건식계 바이오매스를 연소시키는 방법으로 감량화,

78) Debabrata Das et al. Int. J. hydrogen Energy, 33(21), p.6046(2008)

진염병 예방을 위한 화학·물리적인 안정화, 부패성 물질처리를 위한 무해화 처리공법으로 널리 이용되고 있다. 바이오매스 직접연소장치로 분류할 경우 고정층 연소로, 유동층 연소로 등으로 대별할 수 있다. 또한 주요처리공정으로 연료투입장치, 연소장치, 보일러, 슈퍼히터, 배가스 정제장치, 연돌 등으로 구분할 수 있다.

혼합연소는 기존의 발전소에 석탄과 혼합하여 연료로 활용하는 방법으로 기존의 발전소 주요 장치를 활용함으로 가장 경제적인 기술이 될 수 있다. 또한 전기생산 효율도 직접연소 비해 높고 단기적인 차원에서는 매우 효율적인 바이오매스 연소기술로 평가되고 있다. 특히 기존 발전소 시스템의 개조 없이 혼소 가능한 바이오매스 양도 2% 이내인 것으로 나타났다. 간접연소는 바이오매스를 고온에서 처리하여 가연성 가스를 생산한 후 이를 가스엔진이나 가스터빈에서 연소하여 전기 및 열에너지를 생산하거나 가연성 가스의 개질 등으로 에너지를 얻는 기술이다.

나. 바이오매스 고형연료화

고형연료화는 바이오매스 중 목재의 이용이 가장 널리 일반화된 형태로 세계 각지에서 이용되고 있는 것으로 나타났다. 또한 목질계 연료는 목재 폐기물 또는 산림잔재를 원료로 활용하여 사용할 수 있고 국내에서 생산·소비할 수 있어 자원활용 차원에서 환경친화적인 것으로 나타났다. 목질칩(Wood Chip)은 목제품 제조원료 및 연료생산을 목적으로 목질칩 파쇄기를 이용하여 잘게 절삭한 목재조각으로 목질칩의 원료 목재에 따라 수분함량이 다양하게 나타나나 30wt% 이내로 유지하는 것이 바람직하다. 함수율 25%인 목질칩의 발열량은 약 2,400kcal/kg(10MJ /kg)으로 나타났다.

목질펠릿(Wood Pellet)은 목재 가공과정에서 발생하는 건조된 목재 잔재를 압축하여 생산하는 작은 원통모양의 표준화된 목질계 연료를 지칭한다. 함수율은 목질칩에 비해 낮아서 약 10wt% 수준이며 다른 목질계 연료에 비해 밀도가 높아 운반이 용이하다. 제조공정은 톱밥 등을 균일하게 파쇄·압축하여 펠릿으로 성형과정을 거친다. 목질 브리켓(Wood Briquette)은 느슨한 바이오매스 원료를 일정한 밀도로 압축하여 생산한 고품질의 연료를 의미하는 것으로 목재를 그대로 이용하는 것에 비해 효율을 향상시킬 수 있으며 오염물질 배출을 저감할 수 있는 것으로 나타났다. 또한 수송 및 저장 그리고 기계적으로 다루기도 쉬운 것으로 조사되었다. 바이오매스 고형연료화의 특징 중 하나는 압축에 의한 성형에 아무런 첨가물질이 필요 없다는 점이다. 이유는 목재의 주요성분 중 리그닌(Lignin)과 레신(Resin)이 열에 의해 연화되어 달라붙는 것으로 나타났다.

다. 바이오매스 열분해

건식계 바이오매스는 열적으로 불안정하며 효소가 없는 상태에서 가열하면 열 크래킹 및 응축반응에 의해 기체, 액체, 고체상태로 분해하게 된다. 바이오매스 가스화는 목질자원을 부분연소 혹은 불활성가스에서 가열분해하여 CO, H_2 등 가열성 가스를 얻을 수 있고 발생한 고온의 가스를 이용하여 발전이 가능한 것으로 나타났다. 바이오매스 오일화는 목질자원을 불활성가스에서 500℃ 이하로 가열 분해하여 액체연료(油)를 얻는 방법으로 열분해 온도와 시간, 폐기물 자체의 구성성분, 가열방법 등에 의해 고품질의 오일을 제조할 수 있다.

라. 바이오매스 탄화

건식계 바이오매스를 무산소 상태에서 가열하면 로내에서 수분 및 가스가 발생하고 열분해가 시작되어 잔존물에는 탄소를 주체로 하는 탄화물이 생성된다.

바이오매스 탄화는 대체로 100kg의 마른 나무에서 약 30~50kg의 목탄을 생성하고 탄화온도가 증가하면 탄화물의 탄소함량과 발열량이 증가하여 600℃에서 탄화한 것이 탄소함량 85% 이상일 경우 약 7,400~8,400kcal/kg의 발열량으로 탄화온도나 탄화시간 또는 수종에 따라 다양하게 변화하는 것으로 나타났다. 바이오매스 탄화하여 생성되는 탄화물은 보조연료, 매립장복토재, 토양개량제 등으로 사용할 수 있으나, 사용에 있어서는 법 및 제도에 대한 검토가 필요하다.

3. 기타 바이오매스 활용기술

기타 바이오매스는 섬유질, 전분질, 유분 등의 특성을 가진 바이오매스로 활용기술로는 바이오에탄올, 바이오디젤, 에코경유 등 유지류에서 발효공정을 통해 바이오연료를 생성하는 것으로 나타났다.

가. 바이오 에탄올(에탄올 발효)

에탄올발효는 각종 식물성 잔재물이나 미이용 곡류로부터 추출하는 전분이나 당이 주 원료가 되며 효모의 작용에 의해 에탄올을 얻는 기술을 말하는 것으로 포도당, 과당, 자당 등의 당류는 효모의 작용에 의해서 분해되고 에탄올과 이산화탄소를 생성한다.

나. 바이오 디젤(에스테르화)

에스테르화는 폐식용유 등을 메탄올과 반응시켜 메틸 에스테르계 물질을 생성하는 기술을 말하며 이 과정을 통해 생성되는 바이오디젤은 자동차 연료로 활용될수 있다.

바이오디젤의 원료가 되는 기름은 크게 유채씨, 해바라기씨, 대두 등과 같은 다량의 식물유를 함유하는 종자를 이용하거나 기타 쌀기름과 같이 각종 곡식물의 가공처리에서 발생하는 부산물 기름 혹은 폐식용유 등을 이용하고 있는 것을 나타났다.

다. 바이오 수소 발효

수소 발효는 반응조건 조절을 통해 유기성 바이오매스들로부터 수소를 생산하는 미생물을 이용하여 수소(H_2) 가스를 생산하는 기술이다.

<표 4-39> 건식 및 습식계 바이오매스 활용기술 종합검토

구분	습식에너지화기술	건식 에너지화기술				기타처리기술		
	혐기성소화기술	연소열 이용기술	고형연료화기술	열분해 기술	탄화 기술	바이오 에탄올발효	바이오 에스테르화	바이오 수소발효
처리 원리	바이오매스를 혐기성 조건하에서 발효시켜 메탄과 이산화탄소를 주성분으로 하는 가연성 가스를 얻는 기술	고온 연소실에 폐자원 및 바이오매스를 이론적 산소요구량 이상 공급 후 불꽃산화시켜 기체상태의 이산화탄소와 수증기로 전환하고 발생한 연소열을 에너지로 회수	폐자원 및 목질계 바이오매스를 파쇄 등과 같은 전처리 과정을 거쳐 균일화시킨 후 일정 이상 압력의 압축기를 이용하여 압축성형시켜 목재 연료로서 활용	폐자원 및 목질계를 무산소 또는 저산소 상태에서 가열하여 저온에서 타르 및 액체상태의 연료 생성 (Pyrolysis, 500~900℃), 고온에서 가스상태의 연료생성 (Gasification, 1,100~1,500℃)	폐자원 및 바이오매스 열분해와 마찬가지로 무산소 상태에서 가열하여 로내의 수분과 가스가 발생하고 열분해를 통해 잔존되는 탄소 주체의 무기물의 형태로 탄화물 형성	섬유소계를 작은 크기로 분쇄시켜 산이 기질의 구조 안쪽으로 깊이 침투하여 산 당화를 통해 잔류 셀로로스 및 리그닌이 함유된 헤미셀로로스 성분들 연료 활용	식용유등에 알코올과 촉매를 첨가 반응시켜 반응기, 침강조, 정제 및 증발 단계를 거쳐 바이오디젤유와 부산물인 글리세린이 형성	혐기성소화 방법과 유사한 형태로 반응조건을 조절하면 메탄이 아닌 수소, 초산, 프로피온산, 유기산, 이산화탄소 등이 발생
장점	·유용한 메탄가스 발생 ·메탄가스를 이용한 열회수로 운영비 저렴 ·시설부지 적게 소요, 감량화 효과 큼 ·밀폐구조로 악취제거 용이	·다양한 실적이 있음 ·기존 발전소 이용가능 ·수분함량의 영향 적음	·압축으로 인한 조밀화 ·에너지 밀도 증가 ·운송 및 저장비용 절감	·일부 실용화단계로 기술실증 가능 ·디젤유 대체가능성	·구조가 단순하고 유지관리 용이 ·설치비 및 운영비 적음	·원료 식물재배 활성화 기대 ·배출가스 대기오염물질 감소 ·화석연료 대체효과 우수	·폐식용유 등 폐자원활용 우수 ·연료 활용시 기존 엔진 사용 가능 ·생분해도가 높아 환경오염 적음	·연료로 활용시 대기오염물질 배출이 전무함 ·안정적인 연소가 가능
단점	·초기 시설비 고가 ·설비가 다소 복잡 ·운영인력의 전문성 필요 (운전이 비교적 어려움) ·소화조 운전 비정상시 정상화 시간이 많이 필요함 ·가스재이용 않을 경우 운영비 과다	·연료의 입도 영향 큼 ·연소조건이 까다로움 ·운전비용이 높음	·법적규제로 수요처 확보 곤란 ·설치사례가 적음 ·넓은 보관장소 필요	·수증기 품질개선 필요 ·반응공정이 복잡 ·고H_2 합성가스화 곤란	·표면연소로 다이옥신 발생 가능 ·잔류 탄화물 발화위험	·공급 및 유통단계 확보 어려움 ·금속제품 부식 변형 발생 ·인프라 구축 비용 큼	·연료품질에 따라 부식성 증가 ·유동성이 낮아 시동성 악화 ·기존 경유 비해 NOx 증가	·에너지원으로 상용화 과제 남음 ·에너지 밀도가 낮아 저장 운반 어려움
국내·외 사례	·대전 유성구, 의왕시, 파주시 외	·대구 목질계 바이오매스 발전소 전력 1.5MW 생산 ·미국, 캐나다, 일본, 독일 등 목질보일러 설치	·에너지관리공단 지원을 통해 기술개발 중 (한국에너지기술연구원 등) ·유럽 발전업체 목재펠릿 선호	·에너지기술연구원 중심 목질 바이오매스 가스화 기술개발 중 ·일본, 유럽 등 상용화	·주로 연료용 활용 되었으나 3D업종으로 생산감소 추세 ·동남아시아 위주로 활용	·바이오에탄올 국내도입 시스템, 수급안정성 제도 개선방안 연구중 ·브라질, 미국, 중국, 인도 등 전체 에탄올 70% 차지	·국내 바이오연료 2006년 시범 보급(생산능력 314,300㎘) ·독일, 이탈리아, 프랑스 등 유럽 370만톤/년 생산	·국내 한국에너지기술연구원 바이오수소 생산 연구 개발중 ·일본의 경우 응용연구개발중
기술 적용성	·습식계 바이오매스와 농업잔재물, 목질계, 폐기물 등 다양한 유기성 처리 및 병합가능	화목보일러, 바이오매스 열병합발전 등 기술적용 가능 (스팀 비닐하우스 난방 활용)	바이오매스 고형연료화를 통해 화목보일러 등의 연료로서 활용 가능	높은 시설설치비 및 복잡한 유지관리로 소규모 녹색마을 적용 곤란	단순한 구조 및 유지관리가 용이하여 소규모 녹색마을 기술적용 가능 (연료활용)	·공급 및 유통 인프라 구축 확보시 녹색마을 내 유채단지 등 원료 식품 재배등 활용 가능	·폐식용유 수급이 용이하거나 유지류 확보 (어류찌꺼기 등) 가능 지역 활용 가능	·현재 개발 단계로 상용화 되어있지 않아 녹색마을 적용 곤란

<표 4-41> 폐자원 및 바이오매스 에너지화기술의 전체 기술의 종합 비교 분석(1)

구분	직접연소	혼합연소	고형연료화	가스화	수열가스화	슬러리연료화	탄화	에스테르화	혐기성소화	바이오에탄올화
기술개요	·바이오매스를 고정층 연소로나 스토커 로등에서 직접 연소하여 발생하는 열을 보일러나 열교환기로 회수해 수증기, 온수등을 열매체로 한 열 이용 및 발전기술	·석탄화력등의 대규모 발전시스템의 석탄원료에 바이오매스를 혼합하는 고온연소기술 · 석탄원료등과 혼합하는 것으로서 고효율화 기대	·톱밥을 분쇄기로 1mm정도로 분쇄해 100-150℃정도의 가열로 목분을 가압, 톱밥중의 리그린이 바인더의 역할을 해 새끼손가락 크기인 고형연료 제조기술	·목질계 바이오매스의 부분 산화 및 환원분위기하에서 가열에 의해 분해하여 가연성가스(H_2, CO)을 얻는 기술 ·가연성가스를 이용해 메탄올 합성가능	·초임계수로 바이오매스을 처리하여 열분해 및 가수분해하여 저분자화시켜 가연성 가스를 얻는 기술	·목질계 폐재, 미이용재를 고온고압의 열수로 개질해 탄화 및 분쇄 후 물을 혼합해 슬러리화하는 기술로서, 연료로서 편의성이 향상될 뿐만 아니라 목초액이 부산물로 생산	·바이오매스를 산소가 희박하고 수증기가 많은 환경하에서 가열해 열분해과정을 거쳐 가연성 가스를 생성하고 활성이 높고, 탄소함유율이 높은 고체생성물을 얻는 기술	·폐식용유, 유채유, 팜오일 등의 식물유를 메탄올과 반응시켜 지방산의 메틸에스테르를 얻고, 디젤유의 대체연료로 이용하는 기술로서, 불순물이 혼합된 글리세린도 얻을 수 있지만, 정제 후 판매 가능	·유기성 폐기물을 혐기성 발효시켜서 메탄가스를 발생시켜 발열이나 발전에 이용하는 기술	·곡물이나 옥수수등의 당질 또는 전분질이나 목질계 바이오매스인 셀룰로오스류를 원료로 효모에 의해 발효시켜 에탄올을 얻는 기술로서, 셀룰로이스계 원료를 이용하는 경우에는 가수분해 전처리필요
대상 바이오매스	·가축배설물 ·폐지 ·하 · 폐수슬러지, 분뇨 ·목질계 바이오매스(임산잔재, 건축 폐기물, 폐목재등) ·농업폐기물(볏짚, 왕겨, 밀짚등)	·목질계 바이오매스(임산잔재, 건축폐기물, 폐목재등) ·바이오매스 고형연료화(하수슬러지)	·목질계 바이오매스(임산잔재, 건축 폐기물, 폐목재등) ·식품폐기물계(식품폐기물, 수산가공잔재) ·농업폐기물(볏짚, 왕겨, 밀짚등)	·폐지 ·목질계 바이오매스(폐목재, 임산잔재, 건축폐기물등) ·농업폐기물(볏짚, 왕겨, 밀짚등)	·하수슬러지, 분뇨 ·목질계 바이오매스(임산잔재, 건축폐기물, 폐목재등) ·식품폐기물계(식품폐기물, 수산가공잔재)	·가축배설물 ·폐지 ·하수슬러지, 분뇨 ·목질계 바이오매스(임산잔재, 건축 폐기물, 폐목재등) ·식품폐기물계(식품폐기물, 수산가공잔재) ·농업폐기물(볏짚, 왕겨, 밀짚등)	·가축배설물 ·폐지 ·하수슬러지, 분뇨 ·목질계 바이오매스(임산잔재, 건축 폐기물, 폐목재 등) ·식품폐기물계(식품폐기물, 수산가공잔재) ·농업폐기물(볏짚, 왕겨, 밀짚등)	·식물성 오일(폐식용유, 유채유, 팜유등)	·가축배설물 ·폐지 ·하수슬러지, 분뇨 ·목질계 바이오매스(임산잔재, 건축폐기물, 폐목재등) ·식품폐기물계(식품폐기물, 수산가공잔재) ·농업폐기물(볏짚, 왕겨, 밀짚등)	·폐지 ·목질계 바이오매스(임산잔재, 건축 폐기물, 폐목재등) ·식품폐기물계(식품폐기물) ·농업폐기물(볏짚, 왕겨, 밀짚등) ·당, 전분
제조연료	-	-	·펠렛, 우드칩	·가연성가스, 메탄올	·가연성가스	·바이오오일	·탄, 합성가스	·바이오디젤	·바이오가스(메탄)	·에탄올
환경부하저감효과	·석탄 · 석유계 발전에 비해 환경부하가 적다(CO2발생량은 없음) ·건설폐기물의 방부주입재 등 분별 대책 필요 ·1000kW정도의 발전효율은 10% 전후 ·열병합발전이 적합	·미분탄 화력발전소에 바이오매스를 혼합 연소할 수 있어 배기가스의 대규모 처리용이	·전환효율; 60-80% ·등유, LPG, 석탄 등에 비해 환경부하 저감 ·대체연료로서 이용	·건축 폐기물의 경우는 방부처리제의 제거 대책 필요	·연료전지에 공급하기 위해서는 가스중 CO제거 및 메탄올 합성시 가스성분 조정등 이용용도에 따라 가스처리 필요	·질소분이 많아 연소시 NOx등의 배기가스 대책 필요	·옛부터 이용되어 환경부하 없음	· 디젤연료(경유)보다 세탄가가 향상되어 유황 및 검댕분이 적음. ·경유와 100% 대체 가능하여 환경부하 저감 기대	·하수슬러지를 퇴비화하는 경우 중금속 오염 우려 ·염분은 탈리액측에 함유되어 있어 염분처리 필요	·자동차 연료인 가솔린 대체연료로 사용하고 있으며 환경부하 없음.
실용화정도	·중규모(수천 kW); 실용화 ·소규모(수 kW - 수백 kW); 실증중	·기술개발중	·실용화	·실용화	·기술개발중	·기술개발중	·실용화	·실용화	·습식; 실용화, 건식; 실증 중(실용화수준)	·기술 개발중
기술개발과제	·소규모 고효율 발전기술개발 · 고온 · 고압화등에서 고효율화, 보일러과열기의 내식성 재질 검토	·전처리의 고도처리(분별, 파쇄) ·보일러 과열에 의한 고온부식	·성형공정(파쇄기, 분쇄기등)의 최적화에 의한 저비용화 ·불순물 제거	·타르처리 ·가연성가스의 고열량화 ·가스정제	·전처리 ·반응기 부식 ·열회수 ·회재처리	·반응기의 부식 ·NOx대책 ·저장시 중합에 의한 고화방지 ·생성유의 점성저하	·수율 향상 ·제품 수요 확대 ·발화 억제	·효율향상을 위한 초임계 메탄올 사용 ·100% 메틸에스테르화(정제연료에의 글리세린 잔류억제등)	·전처리 ·고속화 ·소화액 처리비용 저감 ·미생물군 제어기술 ·프로세스 고도화	·C_5당 발효 ·고속화 ·셀룰로이스 가수분해 ·에탄올 고효율 탈수 ·유전자 재조합 미생물 이용

제 5 장

폐자원 및 바이오매스 관련시설 운영사례

제 1 절 가연성 폐기물의 에너지화 시설사례

기후변화협약에 따른 온실가스 감축 및 런던협약에 따른 유기성폐기물의 해양투기 억제 등으로 폐기물 및 바이오매스 처리에 대한 문제가 사회 경제적인 문제로 확대되고 있다. EU, 미국, 일본 등의 선진국에서는 온실가스 감축으로 수단으로서 신재생 에너지 확대차원에서 폐기물 및 바이오매스를 에너지원으로 활용하는 에너지화 시설 설치 및 운영사례가 늘고 있다. EU는 폐기물 직 매립 억제를 통하여 에너지화를 추진하고 있으며, 일본은 중소형 소각로를 고형연료(RDF) 연소시설로 전환하고 '바이오매스타운'을 건설하여 유기성폐기물의 에너지화를 추진하고 있으며, 미국은 RDF와 석탄을 혼합하여 연소하는 발전소 30여개를 운영하고 있다.

우리나라도 폐기물 에너지화에 대한 종합대책을 마련하고 있으며, 매립되는 가연성폐기물과 해양에 투기되는 유기성폐기물(1,218만톤/년)을 2020년까지 전량 에너지화하는 계획을 수립하고 있다. 또한 기존 소각시설의 소각여열(128만Gcal/년)과 기존 매립시설에서의 매립가스(1,218만톤/년)를 전량 회수하여 에너지화 할 예정이며, 구체적인 실천을 위하여 전국을 광역으로 나누어 "환경에너지 종합타운" 조성을 추진하고 있다.

이러한 국내 폐기물 에너지화의 경제적 효과를 살펴보면 원유 대체 및 온실가스 감축 등으로 2020년에서는 연간 4조원의 경제적 효과가 발생할 것으로 예상하고 있으며, 일자리 창출 효과와 해양 배출 금지 관련한 국제문제 해결 등에도 도움을 줄 수 있을 것으로 전망하고 있다.

이러한 폐기물 에너지화의 움직임에 따라 국내·외에서는 새로운 관련기술 개발을 위하여 막대한 투자를 하고 있으며, 상용화 설비, 파이롯트 등을 설치하여 그 가능성을 검토하고 있다. 우리나라에서도 2000년대에 들어와 고형연료화(RDF), 열분해유화, 바이오가스화 등의 시설이 상용화되었으며, 이러한 시설에 필요한 각종 장치(전처리시설, 선별시설, 발전시설 등) 등이 개발되어 왔다. 본 장에서는 에너지화 시설의 국내외 설치 및 운영 사례에 대하여 구체적으로 살펴보고자 한다.

사업장 또는 가정에서 발생되는 가연성 폐기물 중 발열량이 높은 폐기물을 열분해에 의한 오일화, 고체연료의 제조, 가스화에 의한 가연성 가스 제조 및 소각에 의한 열 회수 등의 기술 및 처리방법 등을 통하여 고체연료, 액체연료, 가스연료, 폐열 등을 생산하고 있다.

1. 외국사례

최근 전 세계적으로 신 · 재생에너지 정책으로 인하여 폐기물에너지 회수 목표를 정하고 그에 따른 기술개발 및 관련 제도를 제정하는 등 많은 노력을 기울이고 있다. 그 중에서 가연성 폐기물의 고형연료인 RDF는 보관이 어려운 폐기물을 적절하게 가공하여 보관 및 운송이 쉽고, 수분이 적기 때문에 완전연소가 가능함으로 유해물질의 배출 또한 줄일 수 있다. 이러한 장점을 살려 일부 선진국에서는 중소지자체에서 발생되는 폐기물을 이용하여 RDF를 만들고 이것을 대형발전소나 시멘트공장으로 내보내는 광역화 연계 시스템을 구축하고 있다.

가. 미 국

미국은 대규모 폐기물 처리시설이 쉽게 허가되는 사회적 여건과 도시 폐기물의 수분함량이 낮아 파쇄 선별만으로 RDF화가 가능하다는 장점이 있어 대규모의 RDF 발전사업이 성공적으로 운영되고 있다. 초기에는 유럽에서 상용화되어 전파된 미국의 RDF 기술은 빠르게 기술개발이 이루어져 RDF 전용 소각플랜트가 개발되어 많은 RDF 설비가 설치 · 운영되고 있다. 이러한 폐기물 RDF화가 빠르게 도입된 것은 전처리시설 중에 자동화된 선별시스템이 체계적으로 개발, 현장에 적용되었기 때문이다.

〈표 5-1〉에는 대표적인 RDF시설을 나타냈으며, 시설용량이 50~2,000톤/일의 시설이 설치되어 있는 것을 알 수 있다. 또한 〈표 5-2〉에는 RDF를 생산과 동시에 연소하는 시설(RDF)과 생산되어진 RDF를 반입하여 연소하는 시설(RDF-C)로 구분하여 나타냈다. RDF생산과 동시에 연소를 하여 에너지를 회수하는 곳은 개인회사 혹은 공공기관이며, 연소만을 하는 기관은 전기회사 등 에너지 수요처에 해당한다.

나. 유 럽

유럽은 1999년에 매립지내에 가연성 및 생분해성 폐기물의 매립을 점진적으로 억제하는 법을 만들었으며, 이로 인하여 폐기물내에서 가연성 및 유기성 물질이 사전에 분리 배출되어 별도 자원화되거나 처리되는 시스템으로 전환이 이루어져 왔다. 또한 기후변화협약 및 에너지위기에 직면하여서 미래 에너지원으로서 RDF의 중요성을 인식하여 관련 기술개발 및 보급에 주력하고 있다. 유럽의 RDF생산량은 2000년에 약 140만톤에서 2005년에 약 13,000만톤으로 5년 사이에 약 9.5배 급증하는 것으로 나타났다. 국가별로는 독일, 스웨덴, 네덜란드, 이태리 등에서 RDF의 생산량이 높았고 RDF의 주요 사용처는 시멘트 공장에서 많이 사용하고 있다. 뿐만 아니라 유럽은 생활 폐기물에 종이류가 많이 포함되어 있어 생산된 RDF를 가정의 연료나 중 · 소규모 산업용 보일러, 지역난방용 연료로 많이 사용하기도 한다. 〈표 5-3〉은 유럽의 대표적인 RDF 관련 시설을 보여주고 있다.

<표 5-1> 미국에서의 RDF를 생산하는 대표적인 시설

플랜트명	위치/소유주	설계용량 (톤/일)
Fairbanks	Alaska	50
Delaware Reclamation	Newcastle, Delaware	620
Barron Country, Georgia	Barron County, Georgia	100
USA Waste of IL., Inc	Crestwood, Illinois	125
Muncie	Indiana	100
Cherokee	Iowa	100
Iowa Falls	Iowa	75
Stout City	Iowa	100
City Carton	Iowa City/Carton & Bio-Fuels	10
Ames	Ames, Iowa/City of Ames, Ames Public Works	175
Montgomery Co.	Dickerson, Maryland	1,200
Haverhill	Haverhill, Massachusetts	900
NRG Energy, Inc.-Newport	Newport, Minnesota / Northern States Power	1,200
Elk River Resource Recovery Facility	Elk River, Minnesota/ Northern States Power & United Power Association	1,500
Eden Prairie	Minnesota/Hennepin Co.	560
Thief River Falls	Minnesota	100
ANSWERS Project	Albany, New York	800
Williams Township, Pennsylvania	Williams Township, Pennsylvania	300
Humbolts	Tennessee	100
Robertson Co. Recycling Facility	Springfield, Tennessee	50
Cass Co.	Linden, Texas	200
Southeastern Public Service Authority of Virginia	Portmouth, Virginia/SPSA	2,000
Tacoma-City Landfill	Tacoma, Washington / City of Tacoma	249
Madison	Wisconsin	250
Marathon Co.	Ringle, Wisconsin	200

출처 : 한국에너지기술연구원, "폐기물 에너지화 전문기술" 에너지 전문기술 강좌

<표 5-2> RDF를 연소만 하거나 생산과 연소를 같이 하는 시설

플랜트명	위치/소유주	설계용량 (톤/일)	RDF 관련기술
Eielson Airforce Base	Alaska/Eielson Airfoce Base	5	RDF
Southern California Edison	California/San Bernardino Co.	150	RDF
Wilmington, Del	Wilmington, Delaware	1000	RDF
Common Wealth Edison	Chicago, Illinois/Chicago City	1000	RDF
Beardstown	Illinois/Cass Co	1,800	RDF
Havana WTE Facility	Havana, Illinois	1,800	RDF
Robbins	Illinois	1,600	RDF
West Suburban Recycling and Energy Center	Illinois/Village of Summit Ford Heignts	1,800	RDF
Sullivan Co.	Fairmount, Indiana	3,000	RDF
Penobscot Energy Recovery Company	Orrington, Maine	1,000	RDF
Baltimore Co.	Cockeysville, Maryland	1,200	RDF
St. Louis	Missouri	1,200	RDF
Kodak	Rochester, New York	150	RDF
Niagara Falls	New York	2,000	RDF
BCH Energy Limited	Fayetteville, North Carolina	1,200	RDF
Carolina Energy	North Carolina/Chatam Co.	1,200	RDF
Akron	Ohio	1,000	RDF
Columbus	Ohio	2,000	RDF
San Marcos California	San Marcos California	1,600	RDF-C
Crestwood	Crestwood, Illionis	125	RDF-C
Bangor, Maine	Bangor, Maine	800	RDF-C

<표 5-3> RDF를 연소만 하거나 생산과 연소를 같이 하는 시설(계속)

플랜트명	위치/소유주	설계용량 (톤/일)	RDF 관련기술
Haverhill	Lawrence, Massachusetts	710	RDF-C
Weymouth Massachusetts	Weymouth Massachusetts	300	RDF-C
Union Electric	St. Louis, Montana /St. Louis, City	300	RDF-C
Reno, Nevada	Reno, Nevada	1,000	RDF-C
Albany Steam Plant(ANSWERS RDF Market)	Alba	600	RDF-C
Rochester Gas and Electric	Rochester, New York /Monroe Country	2,000	RDF-C
Oklahoma City, Oklahoma	Oklahoma City, Oklahoma	1,000	RDF-C
Portland, Oregon	Portland, Oregon	1,200	RDF-C
National Renewable Energy Laboratory	Big Stone City, South Dakota / Otter Tail Company	440	RDF-C
United Illuminating	Bridgeport, Texas / Comb. Eqpt. Assoc.& Occidental Resource Recovery	1,800	RDF-C
Cass Co. (Linden RDF Market)	Texas / International Paper	120	RDF-C
Springfield(RDF Market)	Tennessee / Various Area Markets	50	RDF-C
Petersburg, Virginia	Petersburg, Virginia	350	RDF-C
Madison(Power Plant-RDF Market)	Wisconsin / Madison Gas & Electric	400	RDF-C
Marathon Co.(Ringle RDF Market)	Wisconsin/Area Paper Mills	500	RDF-C
Wisconsin Electric	Milwaukee, Wisconsin /American Can Co.	1,600	RDF-C

RDF : RDF를 자체 생산/연소, RDF-C : RDF 연소
자료 : 한국에너지기술연구원, "폐기물 에너지화 전문기술" 에너지 전문기술 강좌 2

<표 5-4> 대표적인 유럽의 RDF 관련 설비

설비명	위치/소유주	(톤/일)	기술	비고
Doncaster Project	South Yorkshire County Council, UK	320	RDF-P	
Buhler Plant	Eastbroume, UK	30	RDF-P	
Byker Reclamation Plant	Byker, UK/Warren Co.	240	RDF	혼소 : 열이용
Imperial Metal Industries-Witton	Birmingham, West Midlands, UK	-	RDF	혼소, 증기생산
Blue Circle Project	Westbury, Wiltshire, UK	-	RDF	Cement Kiln에서 석탄과 혼소
Hampshire Country Council, UK	Hampshire Country Council, UK	-	RDF-C	혼소
Herten Rhur, Germany	Herten Rhur, Germany	1000	RDF-C	혼소 : 열이용 원료 : 도시폐기물
Kovik, Sweden/PLM Co.	Kovik, Sweden /PLM Co.	240	RDF-C	열이용 원료 : 도시폐기물
Moudon, Switzerland / Catrel Co.	Moudon, Switzerland /Catrel Co.	200	RDF-C	열이용 원료 : 도시폐기물

출처 : 한국에너지기술연구원, "폐기물 에너지화 전문기술" 에너지 전문기술 강좌

이들 시설은 RDF 생산과 동시에 연소하는 시설(RDF), RDF를 생산만 하는 시설(RDF-P), RDF를 이용하여 연소만을 하는 시설(RDF-C)로 구분하는 것이 가능하며, 현재에도 MBT와 연계한 RDF시설을 확충하고 있는 단계로서 향후 RDF의 장점과 경제성으로 더욱 더 증가할 것으로 예상된다.

다. 일 본

일본은 기존에 설치되어 운영되고 있는 중 · 소형 소각로의 다이옥신 배출이 심각한 사회문제로 부각되어 소각을 가능한 지양하면서 고형연료화로 전환이 이루어지고 있다. 2003년 1월, 57곳의 생활폐기물 RDF 시설과 5곳의 생활폐기물 RDF 전용발전소가 가동 중이고 15MW급 RDF전용 화력발전소가 건설 중에 있다.

일본의 RDF시설의 도입은 약 5천만톤의 생활폐기물이 배출되고 중소형 소각로에서 배출되는 다이옥신이 사회적으로 심각한 문제가 됨에 따라 그에 따른 대비책 마련으로 중소형 소각로를 RDF시설로 대체하게 되면서부터이다. 이로 인해 RDF시설은 급속히 증가하여 2003년 기준으로 57곳의 생활폐기물 RDF 생산시설과 5곳의 RDF전용 발전소가 가동 중이다. 〈표 5-4〉에 일본의 RDF 관련시설의 현황이다.

<표 5-4> 일본 RDF관련 시설(한국에너지기술연구원, 2002)

NO	소재지 또는 관리자 시설명	사용개시	처리 (t/d)	비고	RDF의 용도
01	홋카이도우 후라노시 리사이클 센터	1988/07	7.2	시설 갱신	
02	홋카이도우 삿포로시 쓰레기자원화공장	1990/03	200	나무, 플라스틱, 종이	(주)왕자 제지 열공급공사보열러
03	나라현 우다군 하이바라초우 호미 센터	1990/11	8	가연 쓰레기	(주)세이코제지 스팀 공급
04	도치기현 노기마치 자원화 센터	1992/11	10	가연 쓰레기(젖은 쓰레기 퇴비화)	보일러 용
05	도야마현 후쿠미츠마치·토나미 광역남려 리사이클센터	1995/04	28	가연 쓰레기 등	난방 및 온수
06	상당히현츠쿠미시 드림Feul센터	1996/12	32	생활 쓰레기	(주)태평양시멘트
07	시가현 코토우초우·에치군 광역 리버스 센터	1997/03	22	생활 쓰레기	(주)토키와제지 토요타
08	군마현 오우라군 이타쿠라마치 이타쿠라마치 자원화센터	97/03	23	가연 쓰레기	보일러·냉난방
09	홋카이도우 루모이시 자원순환형·미사이클관	98/03	20	나무, 종이, 고무 등	장내 열원
10	군마현 미나가미 츠키요노 니이하루오 토네 아메니티파크	98/03	40	몇번 사고로 개조 공사중	장내 냉난방
11	시즈오카현 고텐바시·오야마초우 RDF 센터	98/03	150	사고로 대개수 비용 반환소송	슬러지와 혼합
12	히로시마현갑세 위생 조합 에코와이주센타	98/03	16		민간으로스포트사용
13	고우찌현 츠노산 광역 클린센터 사만십	98/03	6		민간·마을 내 이용
14	후쿠오카현 칸다마치등 3 세쿠 칸다 에코 프랜트	98/12	42	쓰레기 발전 연소재를 시멘트로	시멘트
15	효우고현 시소우군 스소우 환경 미화 센터	99/02	30	08년으로 조업 종료	신코우 카코가와 발전용 보일러
16	미에현 미야마초우 미야마초우 리사이클센터	99/03	20	플라스틱 포함 가연 쓰레기	쿠와나 발전소
17	시마네현 카모초우외 미마치 운남 에너지 센터	99/04	30		냉난방
18	야마구찌현 신난요우 시 피닉스	99/04	48		동 소·시멘트 장내 이용
19	야마구찌현 미네 지구 위생조합 카르스트·크린센터	99/04	28	가연 쓰레기	(주)우베 흥산 (주)이자시멘트

20	군마현 타노군 슬러지시마치 리사이클 플라자	99/04	15	가연 쓰레기	냉난방
21	군마현 나카자토무라 오다아일폐 처리 시설	99/04	6	가연 쓰레기	
22	야마나시현 코우난 코우난 환경 위생 조합	99/04	10	가연 쓰레기	메이커 전량 인수
23	도쿄도항 청소 공장내 RDF화 실증플랜트	99/04	2.5	가연 쓰레기	실증 시험 수요처 조사중
24	일본 도로 공단 칸에츠·아카시로 IC 리사이클 플랜트	99/12	5		
25	와카야마현 타이지초우 청소 센터	00/03	6	일폐 가연 쓰레기	민간 공장 연료
26	후쿠오카현 시이다 츠이키마치 쿄우리츠 위생 조합	00/03	25	가연 쓰레기	(주)마우 시멘트
27	야마구찌현 토요라 호우호쿠 청소조합 클린센터	00/03	28	가연 쓰레기	(주)미이 시멘타
28	이바라키현 카시마시 카노시마 지방사무조합 RDF센터	01/03	142	가연 쓰레기	산폐 가연물 혼합
29	미에현향기질 오 이세자원화 광역 연합	01/03	40	가연 쓰레기 대형 폐기물	장내 이용 쿠와나 RDF 발전
30	이바라키현 카노시마 공동 재자원화센터-	01/04	100		「카노시마 RDF발전」 3000kw
31	와카야마 현유 타코오리 위생체육시설사무 조합	02/03	30		장내 200kW 발전 시설
32	에히메현 토베초우 폐기물처리 시설	02/03	23	가연 쓰레기	카와테츠 미주시마 제철소
33	고우찌현 타카하타 동부청소 조합	02/03	53		스미토모 시멘트 코우치 공장
34	미에현 쿠와나 광역 청소 사업 조합	02/03	200	가연 쓰레기	쿠와나 RDF 발전
35	이바라키현 하시키마치 하자키 RDF 센터	02/03	135	가연 쓰레기	산폐 가연물혼합
36	니이가타현 이토이가와 지역 광역 행정 조합	02/04	70	킬른식 탄화로	시멘트공장연료
37	후쿠오카현 오오무다 리사이클 발전	02/04	315	현내 28 자치체 공사비 100억 엔	「오오무다 RDF발전」 20000kW
38	아소 광역 행정 사무 조합 중부 청소 센터	02/08	62	가연 쓰레기	오오무다 RDF 발전
39	에히메현 하카타초우	02/08	11		
40	후쿠오카현 이나츠키마치 외에 30나 마치무라 위 생시설 조합	02/09	54		오오무다 RDF 발전
41	교토후 아야베시	02/10	50		1000kW 발전 병설
42	미에현 우에노시 외에 4 환경 위생 조합	02/11	135	환경 차별으로 반대 운동	쿠와나 RDF 발전
43	미에현 미하마초우 미나미무로 청소시설조합	02/11	23		쿠와나 RDF 발전
44	후쿠오카현 스에마치 외에 20나 정 청소 시설 조합	02/11	177		오오무다 RDF 발전
45	히로시마현 오타케시	02/11	42	34억 엔	후쿠산 RDF 발전
46	미에현 하마시마초우	02/11	12	13억 엔	쿠와나 RDF발전
47	미에현 키이나가시마초우	02/11	21	19억 엔	쿠와나 RDF발전

No	소재지 또는 관리자 시설명	사용개시	처리(t/d)	비고	RDF의 용도
48	히로시마현 히가시시로초우	02/11	19	15억 엔	후쿠산 RDF발전
49	이시카와현 카호쿠군 광역 사무 조합	02/11	119	31억 엔	노토RDF 발전
50	이시카와현 오쿠노토 클린조합	02/11	48	41억 엔	노토 RDF 발전
51	후쿠오카현 오오무다 아라오 청소 시설 조합	02/11	225		오오무다 RDF발전
52	히로시마현 후추우시 죠게읍	02/11	40		후쿠산 RDF발전
53	이시카와현 하쿠이군 시광역권 사무 조합	02/11	66	31억 엔	노토 RDF 발전
54	이시카와현 나나오・카노시마 광역권사무조합	02/11	96	49억 엔	노토 RDF 발전
No	소재지 또는 관리자 시설명	사용개시	처리(t/d)	비고	RDF의 용도
55	히로시마현 진세키 광역사무조합	02/11	11	11.5억 엔	후쿠산 RDF발전
56	후쿠오카현 미야다마치 외에 3 마을 진개 처리 시설 조합	02/11	66		오오무다 RDF 발전
57	미에현 타도군 미에현 기업청 RDF 발전소	02/12	200	현내 24 자치체 공사비 92억 엔	「쿠와나 RDF 발전」 14000kw
58	이시카와현 환경 안전부시가마치 RDF발전소	02/12	160	현내 24 자치체 공사비 90억 엔	「노토RDF발전」
59	기후현 에나 시 에코센타 에나	02/12	40	시멘트 공장 지역내 사용을 목표	RDF화후, 탄화
60	효우고현 칸자키군 코우자키 시내파 북부 행정 사무 조합	03/03	30		
61	홋카이도우 나요로 지구위생 시설 조합	03/04	20		직접 탄화
62	홋카이도우 후라노 시 리사이클 센터	03/04	7.2	No.01 의 시설으로부터 갱신	
63	히로시마현 후쿠야마시 후쿠산 리사이클발전	04년도	390	주변 18 자치체 공사비 160억 엔	「후쿠산 RDF 발전」 23700kw

2. 국내사례

정부는 폐자원 및 바이오매스 에너지화를 위하여 MBT, RDF 발전시설 등 자원회수시설 설치 확대, 폐기물 에너지화 기술개발 지원 등을 추진하고 있다. 이는 양적으로 적은 폐기물일지라도 그 자원화 가치에 의해서 중요성을 가질 수 있으므로 폐기물의 가격, 물질 재활용 또는 에너지회수의 경제성 등을 종합적으로 고려하고 단순한 규제가 아닌 폐기물의 가치조정에 의한 관리가 이루어질 수 있도록 하기 위한 것이다.

2011년까지 국가에너지소비량의 5%를 신재생에너지로 대체한다는 국가목표의 달성을 위해서는 폐기물의 에너지화 정책을 더욱 강화하여야 한다. 향후 더욱 심화될 국제적인 원자재 및 에너지난과 온실가스 저감노력에 적극적으로 대응하고, 국가적으로 폐기물 에너지의 회수 제고를 위한 방안으로 기존 및 신규 소각시설의 에너지회수 · 이용촉진 및 효율화, 전처리시설(MBT) 및 RDF 발전시설 설치 확대, 폐기물의 에너지화 확대를 위한 기술개발, 폐기물로부터 에너지회수 · 이용확대 등을 추진하고 있다.

그러나 폐기물을 이용한 재생연료유, 고형연료 등 대체연료 생산은 아직 초기단계로서 폐기물 고형연료제품(RDF, RPF) 품질기준, 제조자 및 사용자 준수사항 등 제도적 관리방안(2006) 등이 마련되고 있는 실정이다. 국내에서도 해외 선진국들과 마찬가지로 RDF를 폐기물에너지의 중요자원으로 인식하여 고형폐기물 연료화와 관련된 RDF 제조, 연소기술개발 및 RDF 관련 품질기준 등에 관한 많은 연구 사업이 진행되어 왔다.

최근에는 전국의 광역권에 에너지타운이 예정되어 있으며, 해당지역 내에서 발생되는 폐기물을 통합처리하면서 가연성 폐기물에 대해서는 RDF화하는 것으로 추진하고 있다. 수도권매립지관리공사의 경우 반입되는 폐기물을 기계적 선별에 의하여 유기성의 재활용 가능물질을 우선 분리하여 재활용하고, 무기성 물질을 분리한 후에 마지막으로 남는 가연성 물질만을 RDF화하는 고형연료화 공장을 국내 최초로 시공 중에 있다. 〈표 5-5〉에는 고형폐기물 연료화 국내 기술개발현황에 대해 언급하였고, 〈표 5-6〉에는 국내 RDF 생산설비 설치계획을 나타내었다.

<표 5-5> 고형폐기물 연료화 국내 기술개발 현황

과 제 명	연구기관	과 제 명	연구기관
RDF 전용보일러를 이용한 냉난방 시스템의 실증 연구	(주)고려자동화	환경성을 고려한 RDF의 품질표준화 연구	산업기술시험원
고분자 폐기물 고형연료(RDF) 제조 및 산업용 연료 이용기술 개발	한국기계연구원	농업시설 난방을 위한 축산폐기물의 고형 연료화 연구	강원대학교
RDF 연소설비용의 고효율 HCL 저감기술 개발을 위한 선행 연구	한국에너지기술연구원	폐기물 고체연료(RDF)의 유동층 연소기술 개발	한국기계연구원
RDF 전용 체인스토커 방식의 보일러 실증운전연구	리엔텍(주)	폐기물 고형연료(RDF) 전용보일러 시스템의 실증연구	(주)고려자동화
도시폐기물의 고형 연료화 장치 개발	한국기계연구원	폐기물 고형연료(RDF)의 고효율 연소보일러 개발	한국기계연구원
석탄유동층 보일러에서 폐플라스틱 고형연료의 혼소기술 개발	한국기계연구원	RDF 연소 순환유동층 열병합 발전 시스템 개발	한국에너지기술연구원

<표 5-6> 국내 RDF 생산설비 설치계획

구 분	수도권매립지관리공사	부천시	강릉시	부안시
처리용량(톤/일)	200	90	150	30
생산용량(톤/일)	100	45	80	15
사업비(억원)	260억원 (국고50%)	117억원 (국고30%)	338억원 (국고30%)	45억원 (국고30%)
건설기간	2007～2009년	2007～2009년	2007～2010년	2007～2008년

출처 : 폐기물 에너지화 기술 워크샵(2007. 5. 16)

환경부에서는 폐기물의 효율적인 이용을 위해 자원재활용촉진법에서 RDF를 고형연료제품으로 지정하고 품질·등급 기준을 제정하였으며 대기환경보전법에 의해 RDF 전용시설에 대한 대기 배출허용기준을 제정하고, 최근에 펠렛 형태에 한정하지 않고 미성형 상태인 **프라프 형태**의 RDF도 제조하여 보급하고, 시장에서 제조·유통 상의 혼선을 방지하기 위하여 고형연료 인증제도 등을 도입하는 등의 RDF 보급 확대에 노력하고 있다.

가. 원주시 RDF 제조시설

1) 설치개요 및 프로세스

원주시의 RDF 제조시설은 원주시 전역에서 발생하는 생활쓰레기를 대상으로 계획되었으며, 1일 80톤 반입용량으로 1일 16시간 운전하는 것으로 계획 설치되었다. 처리시설은 11,276m^{3}의 부지에 3,148m^{2}의 건축면적으로 2006년 6월에 준공되어 가동중이다. 반입장에 반입된 폐기물은 크레인에 의하여 일정량씩 파쇄기에 주입하고 있으며. 파쇄된 쓰레기는 자력선별기에 의해 철류 등을 분리선별하고 건조기에 반입시켜 수분을 제거한다. 건조물은 재차 풍력 및 자력 선별에 의하여 불연물을 분리하고, 중화제와 혼합·성형하여 펠렛형의 고형연료를 생산하고 있다. 초기에는 RDF를 생산하는 시설을 하였으나, 생산되어진 고형연료의 사용용도를 개발하기 위하여 원주시청의 냉난방시설을 가동하는 연소시설을 설치하고, 최근에 열병합바전소를 계획하고 있다.

<표 5-7> 원주시 RDF전용 열병합발전소 건설계획

사 업 명	10MWe RDF 전용 열병합발전 실증
설비용량	전기생산(10MW), 열공급(12톤/시간)
사업특성	산자부 신재생에너지 연구개발 사업으로 추진
사업기간	2007. 7 ～ 2011. 6(4년)
소요예산	419억원

출처 : 폐기물 에너지화 기술 워크샵(2007. 5. 16)

<그림 5-1> 원주시 RDF 플랜트 전경
<출처 원주투데이('06.9.11)>

<그림 5-2> 원주 RDF 시설의 내부 모습
출처 : 부천타임즈(2007년 03월 07일)

각 제조공정에 대한 물질수지는 〈그림 5-3〉에 나타내었다. 폐기물이 공정에 1,000kg가 투입되었다는 가정하에서, 전처리에 의하여 파쇄 곤란물 및 자석에 의한 선별물질 12kg이 제거되고, 건조에 의하여 수분 444kg, 풍력선별에 의하여 36kg가 제거되어 전체 492kg가 처리공정에서 감량되고, 성형 및 연소시의 대기오염물질을 감소시키기 위하여 첨가되는 소석회 30kg가 더해져 최종적으로는 523kg의 성형 연료가 생산된다.

이러한 물질수지는 계절별로 차이가 있었으며, 특히 회분이 여름에 12%, 겨울에 33%, 수분이 여름에 45%, 겨울에 30%를 보였다. 즉 겨울철에는 수분함량은 낮으나, 유기물의 함량이 낮은 것을 알 수 있다. 이러한 이유는 원주의 경우에 도농복합형으로서 아파트 등의 공동주택에서는 성상의 변화가 없었으나, 농촌 및 단독주택지역은 연탄재 등이 다량 유입되는 것으로 조사되고 있다.

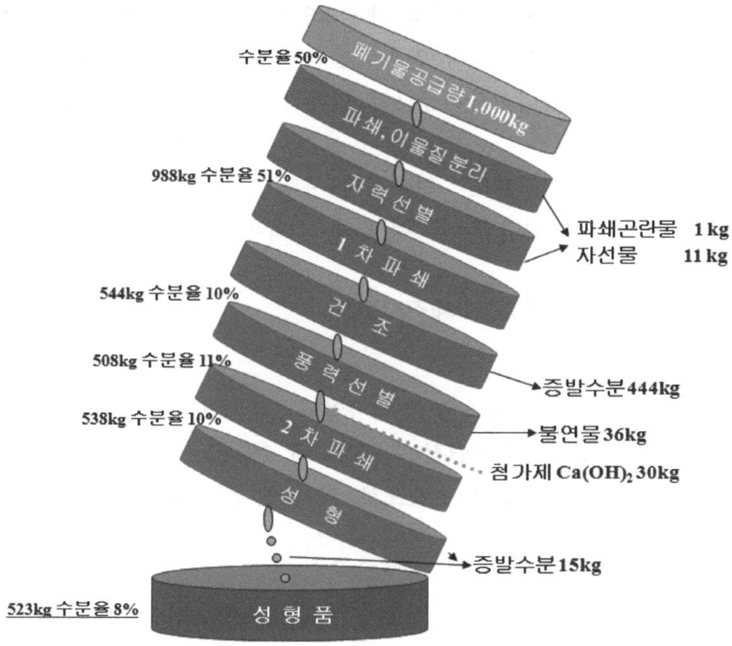

<그림 5-3> 원주시 RDF시설에서의 물질수지

2) 펠렛형 RDF의 이용 및 발전

동 시설에서 생산된 RDF는 〈그림 5-4〉에서 볼 수 있는 것과 같이 직경 15mm, 길이가 40~60mm정도로 발열량은 평균 4,569kcal/kg로 측정되었으며, 염소가 1%이하, 중금속 등은 규제값 이하로 나타났다.

<그림 5-4> 성형기 및 제조되어진 펠렛형의 고형연료

초기 계획단계에서는 지역산업의 보조연료로서 시멘트회사 등에 공급하는 것으로 계획되었으나, 충분한 수요처를 확보하지 못해 1,000여톤의 생산 재고로 인한 악취를 발생하고 있는

등 환경적 피해가 나타나자 원주시는 문제의 해결방안으로 원주시 신청사의 냉난방 원료로서 이용하기 위해 청사 내에서 체인스토커식 연소로를 설치하여 증기를 시간당 2톤 생산하는 시설을 설치했으며, 산업자원부 · 에너지관리공단과 함께 RDF를 이용한 발전시설을 원주에 건설하기로 계획하였다.

RDF의 기술도입 및 시설 설치시에는 원주시의 사례를 참고하여 수요처 확보 등 정책적으로 지원이 가능한 보완이 이루어진다면, 좀 더 많은 기술의 활용이 이루어질 것이다.

나. 수도권매립지 가연성 폐기물 RDF 제조시설

1) 설치개요 및 프로세스

수도권매립지관리공사에서는 에너지타운 조성사업의 일환으로서 수도권매립지 가연성폐기물 자원화시범사업을 실시하고 있다. 부지면적 9,600m^{2}에 1일 200톤 처리규모의 시설을 설치하고 있으며, 1일 120톤의 RDF를 생산하는 것으로 되어 있다. 사업부지는 제2매립장 전면의 폐기물종합자원화단지 내에 위치하고 있다.

<그림 5-5> 수도권 매립지 내의 RDF자원화시설의 위치

본 시설의 공정은 종량제봉투에 담겨져 매립지로 반입되는 폐기물을 별도의 투입저장조가 없이 플레이트형의 저류실에 쌓아두고 반입크레인에 의하여 파봉파쇄기에 주입하고, 트로멜, 진동, 디스크스크린에 의하여 협잡물 및 무기물질, 유기물질을 선별하고 재차 풍력선별기, 광학선별기로 분리 선별하여 최종적으로 재활용성 물질, 무기물, 유기물, 가연성 폐기물로 분류하는 구조로 되어 있다. 이러한 선별에 의하여 얻어진 가연성 폐기물은 건조기에 의해 건조된 후에 성형하여 펠렛형의 RDF를 생산한다.

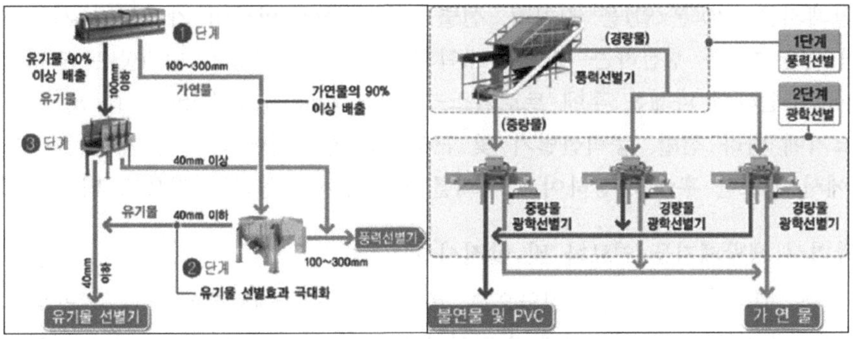

<그림 5-6> 전처리장치의 특징(교체> 상동)
(상단;3단계 유기물 분리, 하단; 풍력선별+광학선별)

본 공정의 특징은 〈그림 5-6〉에 나타낸 것과 같이 고형연료에 가장 문제가 되는 유기성폐기물을 3단계로 선별하는 것이며, 불연물과 가연물을 선별하기 위하여 풍력선별과 광학선별을 하고 있으며 가연성을 분리하고 플라스틱 등을 재질별로 선별하는 것이다.

2) 펠렛형의 RDF 형태 및 이용

동 시설에서는 링다이즈, 스크류, 펠렛다이즈를 설치하여 수분함량이 10~15%로 억제되고, 직경 200mm, 길이가 50mm인 펠렛을 제조하는 것으로 계획되었으며, 생산되어진 RDF는 시범사업을 진행하는 초기에는 대량 수요처인 화력발전소 등에 공급하고 수도권매립지의 에너지타운이 완성되는 시점에서는 RDF 발전소를 설치하여 집접 연소후 열 및 전기를 생산하는 것으로 되어 있다.

다. 기타 가연성폐기물 RDF 제조시설

현재 전국을 광역으로 나누어 에너지타운 내에 가연성 폐기물의 연료화시설을 설치되는 것으로 계획되고 있으나, 2009년 8월 현재 환경관리공단 및 한국자원공사가 3개소씩 대상지역을 선정하여 타당성조사 용역을 하고 있다. 이외에 지자체 및 지역별로 독자적으로 시행하고 있는 곳이 있으며, 대표적인 곳이 행정복합도시와 부산광역시 생활폐기물 연료화시설이다.

1) 행정복합도시 생활폐기물 연료화시설

행저복합도시는 도싯를 건설하기 전에 폐기물처리에 대한 기본계획을 수립하였으며, 가연성폐기물, 유기성폐기물, 슬러지류를 별도로 분리하여 자원화하고, 지역내의 매립장에는 불연성만을 매립하는 것으로 계획하고 있다.

본 시설은 충청남도 연기군의 행정복합도시에 설치되는 시설로서 자동집하시설에서 수집 운반되는 생활폐기물 130(톤/일)을 전처리, 선별, 건조 등에 의하여 가연성 폐기물을 분리하여 65(톤/일)의 성형연료를 생산하는 것으로 계획되었다. 반입 저장조 폐기물은 크레인에 의하여 파봉파쇄기에 투입하여 파쇄한 후에 트로멜스크린(Trommel revolving screen, 회전형) 에 의하여 입경크기에 따라 선별, 풍력선별기 및 근적외선 선별기에 의하여 재활용과 가연성을 분리, 건조기에서 건조한 후에 저장하여 소석회를 혼합하여 성형하는 것으로 되어 있다.

2) 부산광역시 생활폐기물 연료화 및 발전시설

부산광역시에 에너지타운의 설립일환으로 계획되어, 생곡매립장에 BTO[79]방식의 민간투자에 의하여 생활폐기물의 연료화시설과 발전시설을 설치하는 것으로 계획하고 있다. 본 시설은 타시설과 달리 초기계획단계에서 발전시설과 연계하여 설치하는 것이 특징이다. 전체사업부지 97,330㎡의 부지에 폐기물연료화시설 66,490㎡, 발전시설 30,840m^2를 설치하며 시설용량은 가연성 연료화시설이 연 261일, 1일 16시간 가동하여 1일에 900톤을 처리, 발전시설은 순환형 유동층보일러(CFB)로서 발전용량을 25MW로 계획하고 있다.

<그림 5-8> 부산광역시 가연성 폐기물의 전처리시설

설치하는 시설의 공정은 이전에 설명한 사례와 유사하나 반입시설에 플레이트의 저장고를 설치하여 1일 반입량을 당일에 처리하는 것을 전제하고 있으며, 전처리설비에 건조기가 설치되어 있지 않으며, 최근에 법이 개정된 것을 적용하여 성형되지 않은 fluff RDF를 생산하는 것이 특징이다. 또한 PVC가 다량으로 포함될 시에 연소시설의 부식을 일으킬 수 있다는 점에서 광학선별기를 4대 설치하여 플라스틱류를 재질별 선별하고, 특히 PVC를 철저히 분리하는 것으로 설계되었다.

---

79) BTO(Build-Tranfer-Operate)

제 2 절 하수슬러지의 에너지화 적용사례

1. 외국의 에너지화 적용 사례

선진외국에서는 하수 및 폐수처리 과정에서 발생하는 슬러지의 처리를 위하여 1980년대 초부터 많은 연구를 했으며, 관련된 기술을 개발하여 보급해 왔다. 일부 국가에서는 농업용 이용을 목적으로 한 토양개량제로서 보급을 위하여 퇴비화, 건조 등을 해 왔으며, 토양개량제로서 수요처 확보가 어려운 곳에서는 소각을 해 왔다.

최근에는 슬러지가 바이오매스로서 에너지회수와 동시에 CO_2 배출저감에 기여할 수 있다는 점에서 농축슬러지에서 메탄가스를 회수하고, 건조 등에 의해서 고형연료 및 시멘트 원료로서 이용하고 있다.

가. 일본

1) 히다치 조선

히다치 조선(Hitachi Zosen)은 일본에서 슬러지 건조 연료화에 앞장서고 있는 기업이다. 히다치 조선은 일본뿐만 아니라 우리나라를 포함한 남미 국가들을 대상으로 슬러지 연료화 사업에 주력하고 있으며, 이미 2000년대 초반에 슬러지의 고형연료화에 대한 실증을 마치고 현재 상용화 단계에 있다. 〈표 5-8〉은 히다치 조선에서 슬러지 연료화와 관련하여 분석한 슬러지 성분결과로서 건조슬러지의 발열량이 석탄의 1/2~2/3의 수준으로 높은 값을 보여주고 있다.

<표 5-8> 히다치 조선의 건조슬러지 연료 성분조성 결과

분석항목		단위	소화슬러지	미소화슬러지	석탄
공업분석	수 분	%	4	4.8	2.6
	회 분	%	25.1	13.9	13.8
	휘 발 분	%	60.5	74.8	28.2
	고정탄소	%	10.4	6.5	55.4
발 열 량	고 위	(kcal/kg)	4,090	4,740	6,860
	저 위	(kcal/kg)	3,780	4,380	6,610

슬러지 건조 연료화의 장점으로 연료비 절감 및 안정적인 슬러지의 처분을 제시하고 있으며, 슬러지 연료화를 위해서는 슬러지 내 수분함량을 10% 이하로 하는 건조기술 능력이 필요함을 언급하고 있다.

<그림 5-9> 히다치 조선의 슬러지 연료화 설비 : 브라질 상파울로

2) **동경전력**

하수슬러지 성분의 약 80%는 유기성분이고, 건조슬러지 1톤당 보유열량은 석탄의 약 70%로 가솔린 400~500L에 상당하는 에너지 가치를 갖고 있다. 이 하수슬러지를 고형연료로 가공(탄화 처리나 건조 처리)하고 석탄화력발전소에서 연료로서 이용하는 기술을 ㈜동경전력이 슬러지연료화와 관련하여 만든 회사인 바이오연료㈜와 전원개발㈜등의 전력사업자를 포함한 민간기업과 공동연구를 진행했다. 도쿄전력㈜은 도쿄도 내의 하수 처리장부터 발생하는 하수슬러지 99,000(톤/년)을 대상으로, 후쿠시마현 내의 석탄화력발전소에서 발전연료로서 이용하는 고형연료화(탄화 처리) 사업에 착수했다. 발생된 탄화물의 발열량은 3,500 (kcal/kg)정도이다.

일본에서의 석탄 수요량은 매년 계속 증가하고 있으며 1억6천만(톤/년)이다. 석탄 화력발전소의 수는 전력 사업자가 소유하고 있는 것만 35개소 78기가 있고, 이것 이외에 제철소 등의 대규모 공장에서 자가발전용 석탄화력발전소도 많이 가동되고 있고, 비교적 전국에 넓게 존재하고 있다. 또, 하수슬러지는 다른 바이오매스 자원에 비교하여 집적성이 있고 연간 일정하게 발생하고 성상이 안정하다는 점에서 관심이 높다. 이러한 하수슬러지를 탄화시키고 화력발전소의 연료로서 이용할 계획을 수립하고 있다.

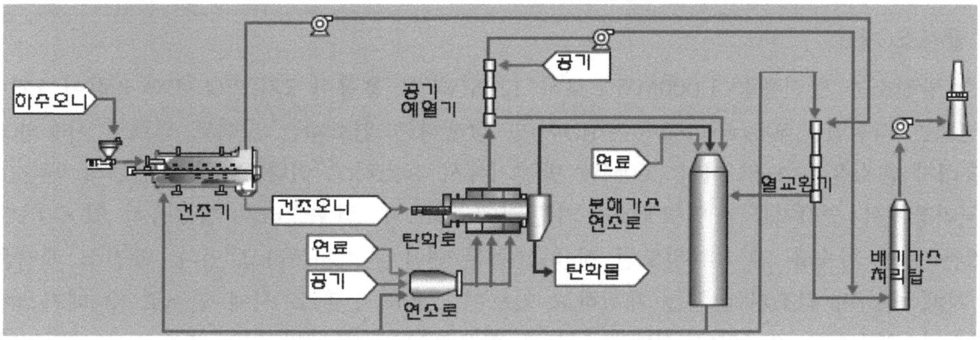

<그림 5-10> 동경전력(주)에서 제안하고 있는 하수슬러지 탄화시설

3) 신일철 엔지니어링

신일철 엔지니어링에서는 슬러지 연료화 연구과제를 하수도국과 공동으로 수행하기 위해 20톤/일 생산용량의 J-COMBI 시스템을 도입하여 기술개발을 하였으며, 생산된 하수슬러지를 신일철 야하다 발전소의 연료(전체 사용량의 2%)로 사용하고 있다. 슬러지탄의 발열량은 3,500~ 4,000(kcal/kg)으로 가격은 2,000(엔/톤)에 판매를 하고 있다.

4) 중부전력

아이치현은 중부전력과 공동으로 하수슬러지의 연료화에 착수하였다. 아이치현은 지금까지 하수슬러지를 소각, 매립처분 외에 시멘트 연료화와 비료화 등으로 이용을 해왔지만 앞으로의 발생량의 증대를 예측하여 연료화 개발을 시작하였다. 키누우라 동부유역 하수도정화센터(아이치현 헤키난시)에서 하수슬러지를 탄화하고 연료를 제조하며 탄화물은 인접한 중부전력의 헤키난 화력발전소에서 활용되고 있다. 중부전력은 하수슬러지의 연료화를 통하여 석탄연료 대체를 통한 온실가스 감축, 하수슬러지의 안정된 처리 및 이용뿐만 아니라 하수처리비용 절감 등의 효과를 얻고 있다

나. 독 일

독일의 EnBW Kraftwerke AG(전력회사)의 하일브론(Heilbronn) 발전소 7번 Block에서는 1997년에 건조한 하수슬러지(함수율〈10%)와 기계적으로 탈수한 슬러지(함수율 약 70%)의 혼소를 주정부로부터 허가 받고 있다. 7번 Block 보일러의 연간 석탄투입량은 2006년 기준 1,800,000톤/년이고(일일 평균 약 6,000톤) 연간 슬러지투입량은 탈수슬러지 46,000톤, 건조슬러지 16,000톤이다. 건조슬러지를 혼소할 경우의 당시 허가사항 및 허가규제치는 연소최대용량의 25% 미만, 운전초기에는 혼소할 수 없고, 화학적으로 안정된 것만 허용되고 수은함량은 2mg/kg으로 제한하는 조건이다. 또한 투입석탄의 수은 양은 0.5mg/kg 이다.

1) 발전소 개요

혼소 발전소는 발전용량 1,000MW으로서 120MW/기 용량이 2기, 760MW 용량이 1기이다. 사용연료는 역청탄(7,500㎉/kg, 240톤/hr)이며, 발생하는 연소재는 시멘트 원료로 사용하고 있다. 슬러지 혼소율은 4~5%이며 760MW 발전기에서 혼소하고 있다. 발전소 인근의 약 30개소 하수처리장에서 슬러지를 반입(2006년 기준)하고 있으며, 하수슬러지 함수율이 약 70%인 것을 46천톤/년, 함수율 약 10%정도인 것을 16천톤/년을 혼소처분하고 있다. 발전소 폐열을 이용한 자체 슬러지 건조기 설치를 계획하고 있으며, 슬러지 혼소 시에 연소로 및 배가스에 영향 없으며, 연소재는 증가하나 시멘트 원료로 활용하여 큰 문제가 없는 것으로 조사되었다.

2) 주요내용

하수슬러지 처리비는 탈수슬러지(dehydrated sludge) 40유로/톤, 건조슬러지(dried sludge) 25유로/톤으로서 투입용량이 10~15톤/hr인 건조슬러지 투입설비 건설을 위하여 2002년에 2백만 유로를 투자하였으며, 3~4년 만에 투자비를 회수하는 것으로 산출되고 있다.

배가스 중 대기오염물질은 SO_2의 규제치가 190mg/㎥으로 강화되었으나 문제점은 없는 것으로 나타났으며, 1996년 건설 이후 석탄대비 중량비로 하수슬러지를 약 4% 주입하여 왔으나, 배가스에 함유된 유해물질에 뚜렷한 변화가 없으며, 모두 규제범위를 지키고 있다. 현재도 3개월에 1회씩 슬러지 내 중금속 함량을 분석하여 그 결과를 정부에 보고하고 있다.

현재 생활하수 슬러지만 사용가능하며, 역청탄 30,000MJ/kg (7,200kcal/kg), 건조슬러지는 10,000~12,000MJ/kg(2,400~2,880 kcal/kg)로 역청탄 발열량의 1/3 수준으로 평가되고 있다. 분쇄기(Mill)에 공급되는 건조용 공기는 배가스를 이용하여 예열하고 있으며, 공급되는 건조용 고온공기의 온도는 약 300～350℃이며, 석탄만 사용할 경우 분쇄기 후단온도는 145℃ 정도, 건조슬러지를 사용할 경우 분쇄기 후단온도는 110℃ 정도, 탈수슬러지를 사용할 경우 분쇄기 후단 온도는 80～85℃로 유지될 수 있도록 탈수슬러지 투입량을 조절하고 있다. 발전기의 석탄 공급량이 240톤/hr이고, 석탄대비 중량비로 2~4%, 최고 5%까지 하수슬러지를 투입하며 탈수슬러지와 건조슬러지를 동시에 또는 독립적으로 투입될 수 있도록 설비를 구성하고 있다.

발전기에는 순수한 건조슬러지를 제외한 최고 70,000(톤/연) 투입 가능하며 탈수슬러지 건조설비를 3백만 유로를 투자하여 설치하였으나, 정상가동이 되지 않고 있으며(Belt type 건조기의 설계이상으로) 향후 백만 유로를 투자하여 추가 개선예정이다. 탈수슬러지를 혼소할 경우 배가스 내 수분량이 증가하고 배가스 온도가 조금 낮아지며 배가스의 이슬점 온도가 조금 낮아져 공기예열기에서 응축이 증가하였으나, 문제점은 발견되지 않았다.

탈수슬러지 이송용 펌프로 고압펌프(hydraulic pump)를 사용하며 토출압이 100bar, 탈수슬러지 계통에는 이물질 제거용 스트레나(strainer)가 있으며 2～3주에 한번씩 청소하고 있었다.

건조슬러지용 저장조 용량 400m³, 저장용량은 250톤이며 저장조 배출공기의 먼지 배출농도는 10mg/m³이며, 분채 이송시 배출공기의 온도를 60℃ 이하로 유지시켜, 저장조 내부에서 화재가 발생하지 않도록 유지하고 있다.

수분함량이 5∼10%인 건조슬러지는 석탄과 함께 분쇄기로 공급되며 여기에서 수분함량이 3% 정도가 되도록 추가로 건조되고 건조슬러지 저장조에는 열전대, CO측정기, 질소 분사장치가 설치되어 있고 저장조 내부온도는 최고 65℃이하, 통상적으로 60℃이하로 유지되며, CO 농도가 상승하면 내부에서 화재가 발생한 것으로 간주하여 작업자가 수동으로 질소를 주입하도록 되어 있으며, 화재 발생시 진압을 위하여 물분사장치도 설치되어 있다. 2002년 설치 후 질소 분사장치와 물 분사장치를 사용한 경우는 없는 것으로 조사되고 있다.

건조슬러지를 압축공기로 이송하기 위해 두대의 콤프레샤가 설치되어 있으며 수송차량에서 저장소(silo)까지 수송압력은 3bar, 사이로(silo)에서 공급 호퍼로 수송압력은 3bar, Feed 호퍼에서 투입기까지는 스크류 피더를 사용하여 수송하고 있다. 건조슬러지 혼소시 위치에 따른 CO 제한 값은 사이로 내부에서 2,500ppm, 트랙 내부에서 1,500ppm 유지하고 있으며, CO 농도가 제한 값보다 높은 경우에는 수송하지 않고 대기하면서 CO 농도 값이 제한 값보다 낮아지도록 공기로 Flushing하면서 대기 제한 값이 떨어진 후 수송시키고 있다.

다. 기타 사례

위에서 살펴본 일본, 독일의 사례 외에도 많은 선진국에서 하수슬러지를 포함한 바이오매스를 화력발전소에서 혼소하기 위해 추진하고 있다. 〈표 5-9〉는 국제에너지기구(IEA[80]))에서 2003년도에 발표한 자료로서 선진국 화력발전소의 바이오매스 연료의 혼소현황을 보여주고 있다.

한편, 슬러지와 같은 폐기물의 연료화는 연료의 근원에 따라 다소 차이는 있으나 일반적으로 폐기물 고형연료(RDF)로 명칭되며, 이러한 폐기물 연료는 적정한 품질을 갖춤으로서 연료로서의 성능, 사용 및 운반의 효율을 꾀한다. 따라서 각 국가들은 연료의 성격에 맞는 인자들을 선정하고 각각의 여건에 맞는 품질요건을 제시하고 있다.

연료의 성형은 연소의 효율 및 이동·운반의 중요한 요건이기도 한다. CEN/TS 14961 Solid Biofuel-Fuel specifications & classes(EU)에서는 폐기물 연료의 크기는 최대직경 25mm이하 및 길이는 직경의 4배로 정하고 있으며 '폐플라스틱의 리싸이클 폼에 관한 시험평가방법의 표준화 조사연구 성과보고서'(2001, 일본)에 의하면 일본의 경우 형상 및 크기와 모양은 97%가 펠렛형이며 직경은 10∼20mm 사이가 50%였고, 25∼40mm사이가 50%였다. 길이는 10∼50mm가 61%, 50∼100mm가 27%, 100∼150mm가 12%인 것으로 나타났다.

---

80) IEA(International Energy Agency)

미분된 화력발전소나 일부 시멘트공장 등에서는 설비형태에 따라 미성형 폐기물연료를 사용하는 경우가 있다. 미성형의 경우 부피가 크고 분진이 많아 성형의 연료를 취급할 때보다 발생한 분진처리, 운반, 저장 등에 많은 에너지가 소요되고 외관상 이미지도 좋지 않으며 폐기물과 구별하여 관리하기에 어려움이 많으므로 미성형 연료의 경우 제조시설과 사용시설이 같은 장소에 있는 경우가 많다.

<표 5-9> 기타 유럽국가의 화력발전소 바이오매스 혼소현황

국가	시설명	설립연도	용량	혼소 바이오매스
오스트리아	Gratkom	1981	14MW	슬러지
	Bruck	1984	15MW	슬러지
	St.Veit	1990	33MW	슬러지, 폐목재
	EBS	2003	40MW	생활폐기물, 하수슬러지
핀란드	Äänevoima OY Äänekoski	2002	157MW	폐목재, 슬러지
	Jämsenkosken Voima Oy Jämsenkoski	2002	185MW	목제칩, 슬러지
이태리	Cartiere Burgo Mantova	1999	3.2MW	슬러지
	Biomasseltalia Strongoli	2003	2x20MW	바이오매스

제조공정 중에서 이물질의 선별효율을 높이도록 유도하고 외관상으로도 혐오감을 주지 않도록 미성형 폐기물 고형연료가 가능한 적게 만들어지는 것이 바람직하다. 독일 RWE사의 경우에는 발전용 연료로 혼소하고 있는 폐기물 고형연료의 크기는 최대 30~40mm 수준이었다.

2. 국내 슬러지 에너지 동향 및 사례

현재 우리나라의 폐기물에너지재활용기준은 저위발열량의 최소기준이 3,000kcal/kg으로 설정되어 있으며, 이러한 발열량을 가진 물질은 폐기물관리법의 에너지재활용기준에 적합할 경우에 사용제한이 없었다.

하수처리장에서 발생된 슬러지를 건조하여 시멘트원료로써 반입하여 혼소하여 이용해 왔다. 최근에는 RPS 제도의 도입에 의하여 수용용량이 많은 발전소 등에 반입을 추진해 왔으며, 슬러지를 발생하는 처리장과 발전소가 MOU를 체결하고 적극적 대응을 하고 있다. 그러나 대규모의 하수처리장에서 발생되는 슬러지는 저위발열량 3,000kcal/kg에 못 미치고 있어 슬러지의 에너지이용을 활성화하기 위해 소화조 등을 이용하여 일차적으로 에너지를 회수한 슬러지에

대하여 저위발열량을 2,000kcal/kg 하는 조치를 취하였다. 이러한 조치에 의하여 대도시권의 대량으로 발생하는 하수처리장은 건조에 의하여 10% 이하로 수분을 제어하여 화력발전소에 반입하는 방안을 수립하고, 건조시설을 정비하고 있다.

현재 국내에서 슬러지 건조를 통한 연료화의 상용화 사례는 없는 것으로 검토된다. 다만 2000년대 초반부터 슬러지 연료화에 가능성이 지속적으로 연구·검증되어 왔으며, 2004년 충청남도 공주시에서 30톤/일 규모의 슬러지건조 실증시설이 설치 운영된 사례가 있었으나 이 경우는 열량 보강을 위한 첨가제가 혼합된 사례이다. 이와 관련하여 2002년에 제정 공포된 슬러지를 이용한 연료화 제품에 대한 재활용품 규격인 "하수슬러지 연료탄" GR[81] 규격[82]에 따라 상용화를 위한 근거가 마련되기도 하였다.

그러나 이러한 슬러지 연료의 기술개발 및 품질기준 마련에도 불구하고 상용화가 되지 않아 실패한 것으로 평가되는데, 실패 주요원인은 GR 기준에 따른 발열량이 5,000Kcal/kg으로서 열량보조제 첨가에 따른 경제적 부담이 주요 원인인 것으로 파악된다.

<표 5-10> 공주시 슬러지 연료화 시운전 개요

구 분	내 역	수 량	비 고
슬러지 투입량	함수율 80% 기준 (소화조 by-pass)	30톤/일	하수 및 축분 처리 슬러지 혼합
열량보조재	30톤/일 x 1/2	15톤/일	무연탄이 주원료
화학첨가재	슬러지 1톤당 1kg	30kg/일	
원료투입 총량	30톤/일 + 15톤/일	45톤/일	슬러지+열량보강재
연료탄 생산량	30톤/일 x 70%	21톤/일	6톤/일 자체소비 10톤/일 판매
시설가동시간	처리가동 10시간, 준비, 점검 2시간	10시간/일	1일 1교대 작업
운전요원	기사 2명, 보조원 1명	3명	2인/조
톤당 처리원가	슬러지 기준 58천원/톤	1,740천원/일	금융비 제외시
제품 판매비	5,500kcal/kg 기준 50천원/톤	750천원/일	15톤/일 농가 대체연료로 공급
처리운영단가	슬러지기준 38천원/톤	1,140천원/일	제품판매수익금 계상시

81) GR(Good Recycled) : 우수재활용
82) M9004-2001, 기술표준원 고시 제2002-1500호(2002. 11. 21))

<그림 5-11> 공주시 슬러지 연료화 실증 설비동

<표 5-11> 현재 추진중인 하수슬러지 연료화 사업개요

구분	사업개요			추진 현황
	용 량	수립	예상액	
SLC	2,100 톤/일	준비중	1,400억	○수도권매립지관리공사(SLC)와 효성에바라 엔지니어링과 공동연구(국책)과제 사업추진 ▸에코스타 프로젝트를 통하여 사업추진 검토중 ○SLC와 하수슬러지와 음폐수 처리계획 포스코건설(주)공동추진
부산	550 톤/일	진행중 (경호)	552억	○민자사업 관련 협의중 ○RDF발전시설에 고형연료 연계처리 검토중 ○고형연료의 발전시설 연료로의 재활용 방안 협의중 ○사업추진방안(민자 또는 일괄입찰)검토 중
광주	330 톤/일	진행중 (한종)	320억	○기본계획 용역 완료 : 2007년 12월말 ○사업추진방안 및 추진일정 검토 중
대전	300 톤/일	완료 (도화)	360억	○지역업체와 공동추진 협의
수원	450 톤/일	공사중	278억	○사업기간 : 2007.5-2009.12(현재 시운전 중) ○기계 기자재 : 외자 계약완료, 내자 계약 및 건설 중 ○전기/계장 공사 : 계약완료 및 상세설계 중

한편 2005년 기후변화협약에 따른 교토의정서의 발효와 함께 런던협약 96의정서에 따른 유기성폐기물의 해양배출기준 강화로 2007년부터는 하수슬러지의 연료화에 대한 관심이 다시 높아지고 하수슬러지의 건조기술이 개선되면서 최근 열량보조제 없이 단순건조를 통한 슬러지 연료화 사업이 추진되고 있다.

현재 추진되고 있는 하수슬러지 연료화 사업 사례를 살펴보면 운영된 사례는 조사되지 않고 있으나, 수도권매립지관리공사에서 국책과제로 슬러지의 고형연료화가 추진 중이며 지자체의 사업추진현황을 살펴볼 때 2009년부터는 슬러지 고형연료화의 상용화가 가능할 것으로 예상된다.

수도권매립지관리공사의 경우 음폐수와 슬러지를 효율적으로 에너지화 하기 위한 방안으로 음폐수에서 발생되는 혐기성소화 바이오가스를 활용하여 냉난방용 연료로 사용하고 있다.

이를 통하여 생산되는 연료슬러지는 석탄화력발전소에서 대체연료로 사용하는 방안이 추진됨에 따라 음폐수 바이오가스 및 슬러지의 고형연료화 상호간에 시너지효과를 발휘하면서 시설운영비에서는 상당한 절감효과가 있을 것으로 평가되고 있다.

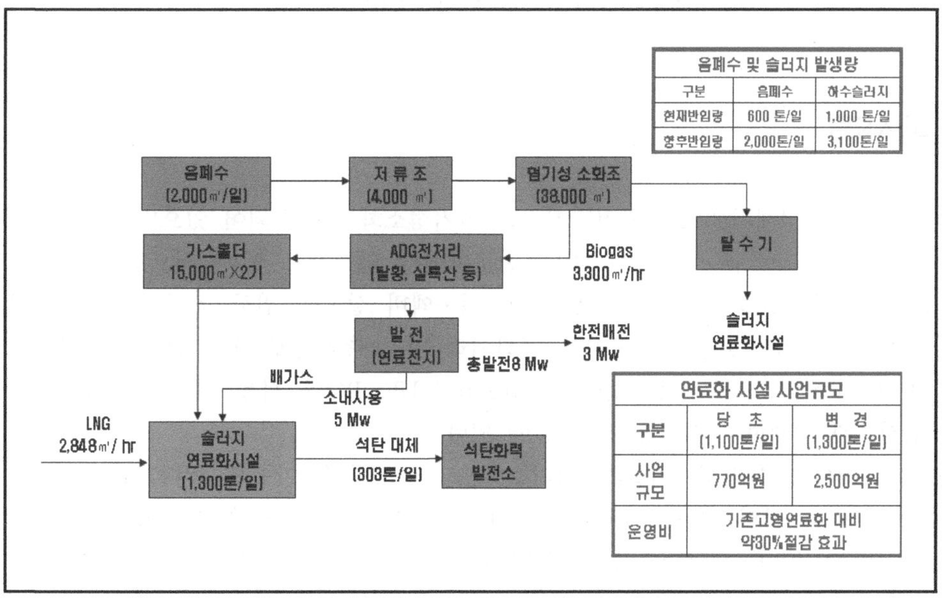

<그림 5-12> 수도권매립지관리공사 사업 공정 개념(안)

제 3 절 유기성폐기물 바이오가스화 적용 사례

음식물쓰레기, 분뇨, 각종 슬러지류, 가축분뇨, 동식물성 잔재물 등은 수분이 다량 함유되어 있으며 유기물 함량이 높아 처리가 곤란한 유기성폐기물로서 분류되고 있다. 최근에는 이들 바이오매스로부터 에너지를 회수하기 위하여 혐기성소화(메탄발효)를 바이오가스화라는 명칭으로 새롭게 조명하면서 시설을 설치하는 사례가 증가하고 있다.

지구온난화를 억제하면서 환경에 유익한 에너지를 생산하는 방법으로서 바이오가스화는 독일, 오스트리아, 스웨덴 등을 중심으로 한 유럽에서 크게 주목을 받고 있다. 바이오매스의 바이오가스화가 석유대체 에너지개발의 일환으로 북유럽의 덴마크에서 시작하여 독일, 네덜란드, 벨기에 등의 지역으로 확장되기 시작한 것은 1987년경이다.

가축분뇨나 바이오폐기물을 대상으로 한 바이오가스화 시설의 수가 독일에서 1990년에는 약 100기였으나 2011년에는 급격히 증가하여 7,000기로 증가되었고 이들의 발전능력은 2,728MW를 초과하게 되었다. 이와 같이 급격히 증가한 바이오가스화 시설의 대부분은 농업폐기물이나 자원작물 등의 바이오매스를 원료로 한 것이다.

1. 외국사례

EU의 경우 유기성폐기물의 병합처리기술은 혐기성소화에 집중되어 있으며 덴마크와 독일이 혐기성소화시설(biogas plant) 건설 및 운전분야에서 앞서가고 있는 것으로 나타나고 있다. 최근 EU에서는 혐기소화액 처리와 관련하여 퇴 · 액비 살포를 위한 농경지 확보의 어려움과 자원화의 한계로 막분리공정을 활용하는 정화처리 및 농축공정에 관한 연구가 진행되고 있다. 또한 덴마크 BioScan A/S의 경우는 Bormholm에 UF, RO를 적용 230m^3/일 규모의 바이오가스 생산시설과 연계하는 시설을 건설 중에 있다.

한편, 미국에서는 유기성폐기물의 혐기소화 기술이 주를 이루고 있다. 2004년에 설립된 Biogas energy Inc.사의 경우 Flow-storage Process라는 자체기술을 확보하여 유기물의 혐기성소화율을 향상시켰다. 해당기술은 음식물류폐기물, 가축분뇨, 유지(grease) 등의 유기성폐기물과 그 외 옥수수 건초(corn silage) 등의 농업부산물을 모두 대상으로 하는 기술이며, 독일 등 유럽에 기술을 수출하고 있다.

<표 5-12> 바이오가스 생산을 위한 대표적 혐기공정

지역명	대상폐기물	공법명	소화온도	전처리특징	용량(톤/년)
잘쯔부르크 (오스트리아)	음식물폐기물	DRANCO	고온	드럼스크린	20,000
바사 (핀란드)	음식물폐기물, 하수슬러지	WABIO (AVECON)	중온	드럼	40,000
아미엥(프랑스)	음식물폐기물	VARLORGA	중온	드럼	55,000
베거 (덴마크)	음식물폐기물, 가축분뇨	JYST BIOGAS	중온	습식분리	15,000
라이덴(네덜란드)	음식물폐기물	PAQUES	고온	드럼	100,000
바덴바덴(독일)	음식물폐기물	BTA	중온	미분쇄	5,000
륌므랑 (스위스)	음식물폐기물, 정원쓰레기	KOMPOGAS	중온	수선별	5,000
그린스테드 (덴마크)	음식물폐기물 하수슬러지	KRUGER A/S	고온	분리수거 종이봉지	57,000/ 5,000
크리스티안스 태드(스웨덴)	분뇨, 산업, 가정유기물	BIGANDAN	중온	미분쇄	73,000
라홀름(스웨덴)	분뇨, 산업유기물	BIGANDAN	중온	미분쇄	4,000
젠틴(독일)	하수슬러지 산업,가정유기물	-	중온	미분쇄	5,300
스토모센 (핀란드)	하수슬러지 도시폐기물	VAASA	중온	드럼	4,000

<표 5-13> 유럽 및 일본의 바이오가스 플랜트 설치 현황(IEA, 2012)

국가명	플랜트 설치 수		
	개별농가형	전력생산	기타
독일(2013)	7895	3312 Mw	
오스트리아	586	265 Mw	138(하수슬러지)
덴마크(2004)	75	67Pj	
프랑스(2011)	485		20(식품폐기물), 20(기타)
그리스(2004)	1		220(하수슬러지)
아일랜드(2012)	26		
이탈리아(2004)	50		20(식품폐기물)
네덜란드(2012)	51	88pJ	120(하수슬러지), 2(기타)
포르투갈(2004)	24		
스페인(2004)	6		27(식품폐기물)
스웨덴(2012)	1473	1.5Twh	220(하수슬러지)
영국(2012)	233	188MW	200(하수슬러지), 26(기타)
일본(2004)	40		-

또한 POWER-X사의 경우 자체개발한 New Two Phase Anaerobic System이라는 신기술을 비롯하여 다양한 개량형 혐기소화기술(Enhanced anaerobic treatment, EAT)을 보유하고 있으며, 이를 이용하여 축산폐기물, 돈분뇨, 해양식물 폐기물, 볏짚, 왕겨, 목초 등의 농산폐기물의 통합처리시설을 운영하고 있다. 2000년 설립된 Microgy, Inc.사는 일반적인 혐기소화 온도보다 높은 온도(50∼55℃)에서 유기물을 분해하는 고온 혐기소화기술을 이용하여 다양한 유기성폐기물을 처리하고 있다. 주로 가축분뇨와 축산폐기물, 특히 유청(whey)을 함께 처리하여 생산한 메탄으로 발전시설을 가동하는 기술을 적용하고 있다. 그 외에도 미국 내 다수의 기업들이 상용 혐기소화기술을 보유하고 있으며, 이러한 혐기소화 기술은 대부분의 경우 투입기질에 대한 과학적인 분석과 생물공학 기반의 운전기술만 확보된다면 언제든지 유기성폐기물의 통합처리가 가능하다.미국 정부는 이러한 혐기소화기술의 적극적인 이용과 보급을 위해서 축산농가에서 발생하는 가축분뇨를 자체적으로 처리하여 에너지를 생산하도록 하는 AgSTAR Program을 USDA[83)], USDOE[84)], USEPA[85)]의 공동 주관으로 운영하고 있다. 동 프로그램이 시작된 1984년 이후 지속적인 지원으로 2002년에는 농장기반 혐기소화시설(On-farm digester)이 초기의 2배인 40개 시설로 증가하였다(USEPA, 2003). 이후 더욱 증가하여 2005년 기준 150개 시설이 운전 중이다(Roos, 2005). 한편, USDA는 2003년 "Renewable Energy and Energy Efficiency Improvement Grants" 예산 가운데 신재생에너지 예산의 33.2%인 7백만 달러를 혐기소화시설에 투자했으며, 2004년에는 이보다 약 12% 증가한 9.5백만 달러를 투자하였다. 이는 USDA의 2004년 신재생에너지 예산의 45.3%에 해당한다.

독일의 바이오가스 플랜트 수는 1980년에 75기, 1990년에 100기였지만 1995년에 275기, 1998년에 577기, 1999년에는 680기로 되고 2000년에만 400기가 증가된 것을 보여주고 있다. 2011년도에 7,215기가 설치되어 있고, 2013년에는7895기가 설치 될 것으로 예측하고 있다.

플랜트의 발효조 규모는 150m^3이하가 28%, 151∼500m^3가 52%, 500㎥ 이상은 20%이고 최대규모는 7,000m^3(3,500m^3×2조)로 되어 있고 축사에 인접하여 설치된 개별형 플랜트가 많다. 처리되는 유기물로서는 가축분뇨만의 플랜트는 32%이고 분뇨와 생활쓰레기의 복수처리는 68%로 높다.

83) USDA(United States Department of Agriculture) : 미국 농무부
84) USDOE(United States Department of Energy) : 미국 에너지부
85) USEPA(United States Environmental Protection Agency) : 미국 환경부

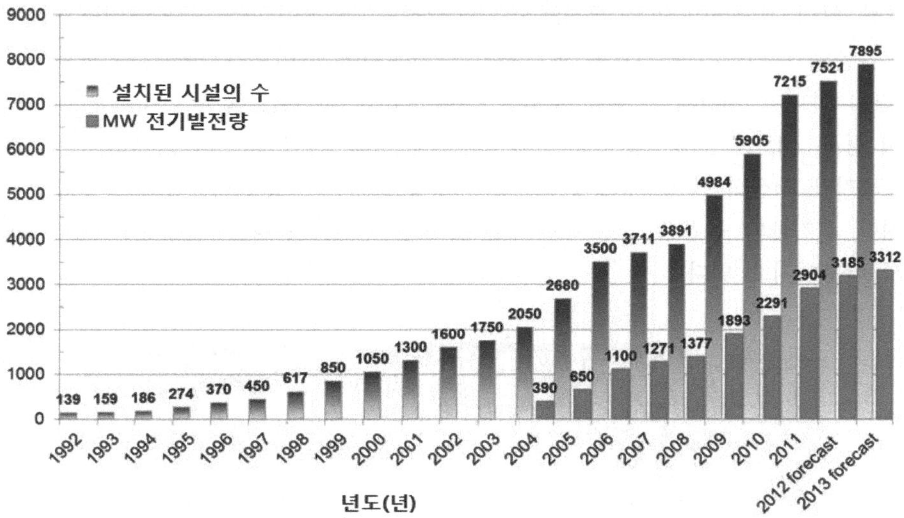

<그림 5-13> 독일의 바이오가스 시설의 설치수 및 예측

▶ 운전개시 : 1998 ▶ 운영조직 : 유한회사
▶ 발효조용량 (m³) : 3,300·2 ▶ 처리온도 : 고온
▶ 폐기물처리량(t/year)
- 가축분뇨 : 57,000 유기폐기물 : 13,000 생활쓰레기 : 15,000
▶ 가스생성량(m³/year) : 3,400,000
▶ 전기(kWelectr.) : 275

<그림 5-14> 독일의 바이오가스 플랜트 - 후르스텐바르드

농업분야의 플랜트 수는 2000년 2월에는 전국에 577기, 그 중 바이에른 주가 54%를 점한다. 독일에 1년간 발생하는 가축분뇨는 약 2억m^3에 달한다고 보지만 덴마크와 네덜란드와 달리 농지 전체에서 처리를 고려하면 과잉이 아니다. 반면에 집약적 축산을 하는 지역과 상수도

원의 보호를 위해 지정되어 있는 환경보존구역에서는 일부과잉으로 되는 지역도 있다.

이러한 가운데 독일에서는 새로운 에너지법이 시행되어 바이오가스를 많이 생산하기 위하여 가축분뇨만이 아니고 지방과 기름을 포함한 식품산업의 폐기물, 축사의 고체분, 식품공장에서의 슬러지 등을 재료로 공동 발효를 한다. 재료에 따라 다르지만 가축분뇨는 투입용량의 약 50%에 달하지만 생산하는 전 에너지 중 12% 밖에 발생하지 않는다. 독일은 중앙집중형 플랜트는 적지만 폐기물의 운반은 운송비용이 높기 때문에 이동거리는 멀더라도 30∼50km의 범위 내에서 이루어지고 있다.

<그림 5-15> 60개 농가에서 공동투자 운영하는 Linkogas Amba

2. 국내사례

가. 에너지화 동향

우리나라는 1980년대부터 1990년대 초반까지 대체에너지 개발 관점에서 많은 연구가 진행되었으며, 현장에 파이롯트 플랜트 등이 설치되어 그 가능성을 보여 주었다. 이 당시에 대상이 된 물질은 고농도 폐수였으며, 주정폐액 및 하수 농축슬러지, 축산폐수였다. 대체에너지인 메탄을 회수한다는 전제보다는 폐수처리에 초점이 맞추어 졌으며 UASB[86], 필름형(생물막)의 혐기성 소화조가 개발되어 소개되었다.

하수처리장의 슬러지 감량화를 위하여 혐기성소화조는 지속적으로 설치되었으며, 음식물쓰레기 등의 폐기물관련 분야에서는 혐기성소화에 대해 1990년대 중반부터 접근을 시작하였다. 초기 안양시에 5톤 규모의 시범운전을 계기로 의왕시, 동해시, 대전 유성구, 경기도

86) UASB(Up-flow Anaerobic Sludge Blanket) : 상향류식 혐기성슬러지상

광주시, 부산 생곡에 음식물쓰레기 처리시설, 경기 파주시에 음식물과 가축분뇨의 병합처리시설, 인천 송도, 경북 안동시에 음폐수 처리시설, 경기 이천, 경남 창녕 등에 가축분뇨 처리시설, 충남 아산에 가축분뇨+하수농축슬러지+음식물의 병합처리시설이 설치되었으며, 하수병합시설은 경남 밀양, 강원 속초시, 울산시, 대구시 등에 설치되었다.

이들 시설들은 현재까지 가동되고 있는 것도 있으나, 일부 시설은 시간의 경과에 따라 운전미숙, 기계고장, 제도적 기반미비 등으로 가동이 중단되었다.

혐기성소화 반응조에 있어서 상부에 퇴적되는 스컴과 하부에 침적되는 침전물의 배제가 운전상에 가장 어려운 문제점으로 지적되고 있으며, 내부에 생물막을 설치하고 있으나 관리가 어렵고, 온도제어 및 자동제어에 문제가 있는 것으로 지적되고 있다. 또 다른 사례인 B시에 설치된 시설의 경우에는 매일 20~30톤의 음식물이 반입되어 희석에 의하여 반입량보다 많은 소화액이 발생되나, 이를 처리하기 보다는 액비로 사용한다는 계획을 수립하였으나 수요처 확보에 한계가 있었다.

또한 혐기성소화조의 경우에 밀폐가 되지 않고 내부 소화액이 외부로 유출 시에는 심한 황화수소와 암모니아의 악취가 발생하나 대부분의 시설은 밀폐가 되어 있지 않았으며 소화액이 외부에 노출되어 악취 민원이 다수 있었다.

최근에는 기술이 다양화되고, 고도화되면서 상당 부분의 문제가 해결되었으나, 아직까지도 위에서 언급된 문제점이 지적되고 있다. 예전에는 폐수 혹은 음식물쓰레기를 처리한다는 관점에서 접근했으나 최근에는 에너지회수와 동시에 처리라는 관점에서 보다 정밀하면서 문제점이 최소화되는 방향으로의 접근이 시도되고 있다.

2009년을 기준으로 전국에서 유기성폐기물을 이용하여 바이오가스화를 하고 있는 시설은 전국에 38개소가 있으며, 하수슬러지 소화조가 17개소로 가장 많으며, 음식물쓰레기 단독처리시설 1개소, 음폐수처리시설 4개소, 가축분뇨 처리시설 6개소이다. 이중에 가축분뇨 에너지화 시설(6개) 중 3개소(이천, 청양, 홍성)와 병합 바이오 가스화 시설 중 2개소(안성, 아산)는 연구개발사업에 실증규모로 설치한 시설이다. 현재 현장에서 가동되고 있는 38개 시설 중 33개 시설은 2007년 이전에 설치되었으며, 2008년도에 5개 시설이 신규로 설치되었다. 2008년에 설치되어진 5개 시설은 가축분뇨 및 병합 바이오가스화 시설이 각 2개소, 음폐수 처리시설 1개소이다. 2008년을 기준으로 에너지화 방법에 의해 처리된 유기성폐기물은 6,262천톤이며, 음식물쓰레기 및 음폐수, 축분, 하수슬러지 등 대부분이 전년에 비해 처리량이 증가하였다. 그 중 음폐수 처리량이 가장 많이 증가하였으며 병합 처리량은 다소 감소하였다.

<표 5-14> A시의 처리시설에 대한 문제점 분석 예

<table>
<tr><th>시 설</th><th>문 제 점</th><th>비 고</th></tr>
<tr><td rowspan="4">산
발효조</td><td>-전처리 공정에서 제거되지 않은 협잡물이 산발효조 내로 투입, 상부에 부상하여 교반에 문제 발생</td><td rowspan="10">-유기물의 부하가 제어되지 않고 있음.
-메탄가스가 회수되어 보온용 에너지회수가 필요, 효율적 회수가 불가능(가동정지의 요인)
-전문적 운전기술 미흡
-수처리설비, 부숙설비가 미설치.
-소화액의 액비로서 사용을 제안, 수요처 미확보
-소화조 온도(중온 35℃, 고온 55℃) 유지 미비)</td></tr>
<tr><td>-하부 협잡물 제거기(부직포)가 부패하여 괴상화(貫像化)하고 퇴적물이 하단에 집적되어 공정저해</td></tr>
<tr><td>-비정상 가동 및 하부 pit의 개방으로 악취 문제</td></tr>
<tr><td>-자동제어 시설이 미비(계장설비의 설치)</td></tr>
<tr><td rowspan="6">메탄
발효조</td><td>-가스연소기 노후, 보일러 노후, 가스저장고 용량 부족</td></tr>
<tr><td>-pH측정 및 조정 시설, 배관, 전기계장 시설 전무</td></tr>
<tr><td>-전처리시설의 효율저하로 메탄발효조 저해요인 작용</td></tr>
<tr><td>-2호기 스컴제거기 고장, 퇴적물 문제</td></tr>
<tr><td>-적정 총고형물(TS) 농도가 아닌 고농도 고형물이 투입되어 소화조 내 미생물 균형이 깨짐</td></tr>
<tr><td>-열선의 부분가열로 심층부가 정상범위(34~36℃)내에서 유지 되지 못함,
-열선의 전력소비가 크므로 운영비 상승</td></tr>
</table>

<표 5-15> 유기성폐기물 에너지화 시설개소수 및 용량

구분		계	음식물 쓰레기	음폐수	가축분뇨	하수슬러지	병합
시설수		38	1	4	6	17	10
시설용량		19,851	200	1,745	500	12,803	4,603
설치년도	2008	5		1	2		2
	2007	3		1	1	1	
	2006까지	30	1	2	3	16	8

출처 : 유기성폐자원 에너지활용 시설 현황(환경부 폐자원 에너지팀, 2009.04)

현재 국내에서 음식물폐기물관련 바이오가스화 시설을 〈표 5-16〉에, 가축분뇨와 관련된 바이오가스화시설은 〈표 5-17〉에, 병합시설은 〈표 5-18〉에 나타냈으며, 하수처리장에 농축슬러지를 대상으로 소화조 바이오가스 시설은 환경부가 2009년 4월에 발간한 "유기성폐자원 에너지활용시설 현황"에 의하면 17개소가 설치 · 운영중이다. 바이오가스화에 의하여 생산되어진 메탄을 회수하여 얻어진 에너지 생산량은 2008년 기준으로 생산된 바이오가스 44,383천Sm^3 중 37,362천Sm^3(84.2%)는 자체보일러 및 발전 등에 활용, 7,021천Sm^3(15.8%)는 소각 등에 단순처리한 것으로 조사되었다. 생산된 바이오가스 44,383천Sm^3의 에너지는 원유 153,621배럴(약 335억원)에 해당하며, 활용된 에너지는 원유 129,320배럴(약 282억원), 버려진 에너지는 원유 24,301배럴(약 53억원)에 해당하는 것으로 추산되었다.

<표 5-16> 음식물 및 축분 바이오가스화 시설 현황표(2010년 가동현황)

시설명	위치	시설구분	설치년도	총사업비(백만원)	시설용량(톤/일)	처리대상	HRT	'10년 처리현황(톤/년)	'10년 바이오가스 발생량(㎥/년)	바이오가스 활용
동대문 환경자원센타	서울 동대문구	공공	'09.10	61,931	98	음식물	30	22,662	3,030,743	발전, RTO 연료
생곡 음식물쓰레기 자원화시설	부산 강서구	공공	'05. 1	16,434	200	음식물	30	58,423	7,908,911	발전
달성 음식물 자원화시설	대구 달성군	민간	'02. 8	2,300	30	음폐수	15	10,950	82,524	소화조 가온, 사료제조 에너지
송도 환경자원센타 음식물 자원화시설	인천 연수구	공공	'05. 9	20,453	78	음폐수	7.5	26,000	441,356	발전(연료전지), 소각
수도권 침출수처리장 혐기소화시설	인천 서구	공공	'08. 4	2,900	700	음폐수	20	210,196	5,316,526	소화조 가온, 냉난방
광주 음식물 자원화시설	광주 광산구	공공	'07. 6	7,200	160	음폐수	20	32,885	426,318	건조기 보일러
안동시 음식물 자원화시설	경북 안동시	공공	'06. 6	3,928	45	음폐수	7.3	16,425	87,600	소화조 가온
안산 음식물 자원화시설	경기 안산시	공공	'10. 1	20,900	160	음폐수	15	34,072	181,000	RTO 연료
안성 유기성 바이오 에너지화시설	경기 안성시	민간	'09.11	1,334	20	가축분뇨	20	3,361	87,635	소화조 가온, 냉난방
공주 가축분뇨 공공처리시설	충남 공주시	공공	'01. 3	15,616	250	가축분뇨	7	56,782	57,400	발전, 소각
청양 바이오가스 플랜트	충남 청양군	민간	'07. 3	1,390	20	가축분뇨	60	7,550	157,000	보일러 연료
정림 바이오가스 플랜트	전남 순천시	민간	'08.10	1,300	20	가축분뇨	25	7,300	124,100	소화조 가온
무주 가축분뇨 공공처리장	전북 무주군	공공	'09. 2	2,000	50	가축분뇨	7	4,525	6,975	발전
농협중앙회 고창 바이오가스 발전소	전북 고창군	민간	'10. 5	2,500	50	가축분뇨	48	15,000	20,400	발전
제주시 가축분뇨 공공처리장	제주시	공공	'05. 2	11,699	100	가축분뇨	11	29,278	50,000	소화조 가온, 소각

<표 5-17> 하수슬러지 바이오가스화 시설 현황표(2010년 가동현황)

시 설 명	위 치	시설구분	설치년도	총사업비(백만원)	시설용량(톤/일)	처리대상	HRT	'10년 처리현황(톤/년)	'10년 바이오가스발생량(㎥/년)	바이오가스 활용
서울 서남물재생센터	서울 강서구	공공	'87. 6	410,297	4,189	하수슬러지	25.8/20.7	1,528,817	26,739,582	발전, 건조기 보일러
서울 탄천물재생센터	서울 강남구	공공	'87.12	266,258	2,711	하수슬러지	20	989,975	9,351,059	발전, 소화조 가온
부산 남부하수사업소	부산 남구	공공	'96. 6	175,600	932	하수슬러지	25	349,543	3,848,327	소화조 가온, 자체 난방
부산 강변사업소	부산 사하구	공공	'90.12	452,300	1,734	하수슬러지	23	609,620	4,088,430	외부판매(연료전지), 소화조 가온
대구 달서천 공공하수처리시설	대구 서구	공공	'87. 4	165,334	878	하수슬러지	23.6/25.6	215,754	437,306	소화조 가온
대구 북부 공공하수처리시설	대구 북구	공공	'97.12	81,044	693	하수슬러지	31	94,979	1,280,614	소화조 가온, 냉난방
대구 서부 공공하수처리시설	대구 달서구	공공	'97. 8	200,577	1,375.5	하수슬러지	39	538,783	3,501,076	소화조 가온, 냉난방
인천환경공단 가좌사업소	인천 서구	공공	'92. 2	112,024	668	하수슬러지	28.5	276,657	315,698	소화조 가온
대전 공공하수처리시설	대전 유성구	공공	'89.12	357,485	2,187	하수슬러지	24	832,930	5,905,345	소화조 가온, 소각
부천 굴포천 공공하수처리시설	경기 부천시	공공	'07.10	29,700	2,722	하수슬러지	20	1,007,765	5,536,685	건조기 보일러, 가온 보일러
성남 수질복원센터	경기 성남시	공공	'94. 6	270,378	1,880	하수슬러지	30	745,750	3,623,660	소화조 가온
안산 공공하수처리장	경기 안산시	공공	'00.12	184,746	717	하수슬러지	40	109,324	1,051,570	소화조 가온
원주 공공하수처리장	강원 원주시	공공	'94.12	59,097	566	하수슬러지	10	202,000	727,000	소화조 가온
충주 하수슬러지 처리시설	충남 충주시	공공	'95.10	1,003	256	하수슬러지	30	104,215	502,626	소화조 가온
제천 하수슬러지 처리시설	충북 제천시	공공	'00. 7	20,327	240	하수슬러지	30	87,600	552,461	소화조 가온
김천시 하수종말처리장	경북 김천시	공공	'99. 4	87,109	162	하수슬러지	31	59,210	441,675	소화조 가온
안동 공공하수처리시설	경북 안동시	공공	'99. 2	63,364	132	하수슬러지	26.5	45,260	293,460	소화조 가온
문경 점촌 공공처리시설	경북 문경시	공공	'99. 9	59,220	107	하수슬러지	31.6	39,220	214,510	소화조 가온
마산 창원 하수종말처리장	경남 창원시	공공	'93. 4	73,500	930	하수슬러지	25	338,655	1,409,381	소화조 가온, 소각
제주 공공하수처리시설	제주시	공공	'05.11	2,071	515	하수슬러지	31	17,990	507,854	소화조 가온, 소각

<표 5-18> 하수슬러지 바이오가스화 시설 현황표(2010년 가동현황)

시 설 명	위 치	시설구분	설치년도	총사업비(백만원)	시설용량(톤/일)	처리대상	HRT	'10년 처리현황(톤/년)	'10년 바이오가스 발생량(㎥/년)	바이오가스 활용
서울 중랑물재생센터	서울 성동구	공공	'76. 4	370,880	5,112	하수슬러지, 분뇨	30	1,545,410	29,624,040	소화조 가온, 건조기 보일러
서울 난지물재생센터	경기 고양시	공공	'87. 6	191,873	3,033	하수슬러지, 음폐수	25	1,107,060	11,194,202	소화조 가온, 소각장 연료, 발전, 판매
부산 수영사업소	부산 동래구	공공	'90.12	174,700	1,680	하수슬러지, 음식물	25	492,929	1,778,873	소화조 가온, 소각
대구 신천 공공하수처리시설	대구 북구	공공	'93. 6	243,631	1,624	하수슬러지, 음폐수	30	592,730	4,405,720	소화조 가온, 소각
인천환경공단 승기사업소	인천 연수구	공공	'95. 1	108,373	631	하수슬러지, 음폐수	46.3	210,218	714,119	소화조 가온
울산 용현 음식물 하수병합처리시설	울산 남구	공공	'95. 8	24,349	780	하수슬러지, 음식물	22	54,727	6,356,107	판매, 소화조 가온
파주 음식물 및 축분 혼합처리시설	경기 파주시	공공	'99.10	13,637	110	가축분뇨, 음식물	17/20	21,826	1,346,000	보일러 연료, 소각
국제 축산영농조합 바이오가스 연구시설	경기 안성시	민간	'08. 1	1,100	5	가축분뇨, 음식물	-	1,800	51,000	발전, 소화조 가온, 소각
의정부 공공하수처리시설	경기 의정부시	공공	'87.12	9,000	927	하수슬러지, 분뇨	30	335,145	1,263,603	소화조 가온
속초 음식물 하수병합처리시설	강원 속초시	공공	'05. 5	2,727	249	하수슬러지, 음식물,분뇨	15	73,227	1,291,978	발전, 소화조 가온, 소각
속초 음식물 하수병합처리시설	강원 속초시	공공	'05. 5	2,727	249	하수슬러지,음식물, 분뇨	15	73,227	1,291,978	발전, 소화조 가온, 소각
아산 통합형 바이오가스 발전시설	충남 아산시	공공	'08.11	2,250	100	하수슬러지,음폐수, 축분	6	15,586	99,426	발전
순천 하수처리장	전남 순천시	공공	'10. 2	3,900	500	하수슬러지,음폐수, 축분	25	111,345	1,306,700	소화조 가온
구미 하수처리장	경북 칠곡군	공공	'87. 7	32,200	909	하수슬러지,음폐수,축분	30	331,940	1,772,845	소화조 가온, 난방
밀양 음식물 하수병합처리시설	경남 밀양시	공공	'03. 1	1,417	200	음식물,축분, 분뇨	25	27,634	963,739	소화조 가온, 난방, 소각
창녕 바이오가스 플랜트	경남 창녕군	민간	'08.10	8,000	100	축분, 분뇨	20	25,917	1,014,200	발전, 소화조 가온, 보일러

바이오가스의 메탄(CH_4)함량 60%, 메탄 발열량 8,500 Kcal/Nm^3, 원유 발열량 9,267Kcal/l , 원유가격 1,371원/l (2008년 평균) 기준 환산

바이오가스를 발전하거나 가스로서 판매한 실적은 38개시설중에 유기성폐자원 에너지를 활용한 발전시설은 12개 시설에 발전량 4,766MWh이며, 2008년 기준으로 실제 발전량은 10,420MW를 생산하여 3,487MW는 판매(33.5%)하고 6,933MW는 자체사용(66.5%)을 한 것으로 나타났다.

2008년에 전기 및 가스 판매로 533백만원 수익을 올렸으며, 자체 시설가동 등에 이용된 전기의 평가액(973백만원)을 감안할 경우 총1,506백만원 상당의 전기를 생산 · 활용한 것으로 평가된다.

바이오가스를 직접 공급(판매)하는 시설은 1개소(울산)로서 하수슬러지 및 음식쓰레기를 병합처리하여 2008년에 43백만원의 수익을 올린 것으로 조사되었다.

국내에서 바이오가스화에 대하여 관심을 갖고 연구를 시작한지는 20년 정도 되었으며 실제 현장에 실규모장치가 설치된 지는 10년 정도이다. 지금까지 많은 시행착오를 반복해 왔으며, 최근에 본격적인 시설 설치로 운영에 대한 전문성이 확보되고 있는 단계이다.

나. 바이오가스화 사례

1) 가축분뇨를 이용한 바이오가스화

가) 경기도 이천 모전영농단지

① 사업개요

2006년 3월 완공된 이천시 모전면 열병합 발전시설은 대우건설 기술연구원에서 개발한 DBS[87] 공법으로, 경기도 이천시 모전영농단지에 축산분뇨 바이오가스 열병합발전시설을 설치하여 하루 돼지 2,550두가 배출하는 축분 20톤가량을 처리하고 있다. 이를 통해 하루 160~200 Nm^{3}의 메탄가스 발생과 400~510kWh의 전기, 60℃ 온수 약 20톤을 생산하고 있다. 이는 150가구가 1년간 사용할 수 있는 전력과 100가구가 1년간 사용할 수 있는 온수 규모이다.

② 원리 및 시스템 공정도

DBS(Daewoo Two-Phase Anaerobic Bio-Gas System) 공정이란 축산분뇨 · 하수슬러지 · 음식폐기물 등의 고농도 유기성 폐기물을 처리함과 동시에 부산물로 발생한 고순도 바이오가스를 대체에너지원으로 재이용할 수 있는 대우건설의 고유기술로서, 기존시설이 분뇨를 발효시키는 소화조를 한 개 사용했다면 DBS 공법에서는 산성물질을 생성하는 소화조와 메탄을 생성하는 소화조를 따로 설치해 고순도의 메탄을 뽑아내는 방식을 사용한다. 산 생성조에서

87) DBS(Daewoo Two-Phase Anaerobic Bio-Gas System)

만들어진 고순도의 유기산을 메탄이 생성되는 통 속으로 공급하여 혐기성 미생물에 의한 분해를 극대화한 방식이다.

<표 5-19> 이천 모전영농단지 사업개요

사 업 명	이상혐기공정의 축산폐수적용을 통한 바이오가스 생산 및 에너지 이용기술 실증연구
위 치	경기도 이천시 모전영농단지
처리용량	축산분뇨 20톤/일, 양돈 2,550두
에너지생산	30KW 가스발전기 가동, 전력 400-510kWh, 열 860Mcal/일
사업기간	2004년 8월 ~ 2006년 7월 (약 24개월)
사 업 비	약 12억 7천만 원(정부지원 6억 원)
시행기관	지식경제부(구 산업자원부)
주관기관	(주) 대우건설

<표 5-20> 이천 모전영농단지 운영실적

운영일자	처리량	유기물 제거율	산발효조체류시간	메탄발효 체류시간	가스 발생량	메탄순도	온수	발생전력
2007.4	20톤/일	87.9%,COD	2일	6일	250~280N㎥/일	75~78%	650~750Mcal	450~530 kWh
2007.8	18톤/일	80~86%, COD	2.3일	5.6일	160~200N㎥/일	75~85%	500~600Mcal	400~510 kWh

※ 30kW 열병합발전기 가동

축산농가에서 운반된 돼지분뇨는 전용관로를 통해 '유량조정조'로 들어온다. 분뇨와 함께 섞여 들어온 톱밥과 사료 등 불순물은 '고·액 분리기'를 통과하면서 직경 1mm를 넘는 자잘한 이물질도 고·액 분리된다. 이 과정을 거친 걸쭉한 액체가 '산 발효조'와 '메탄 발효조'를 차례로 거쳐 미생물에 의해 분해되면서 메탄가스가 발생한다. 처리과정을 거쳐 나온 가축분뇨의 부산물은 유기농비료로 사용한다.

<그림 5-16> 이천시 축산분뇨 바이오가스 열병합발전시설

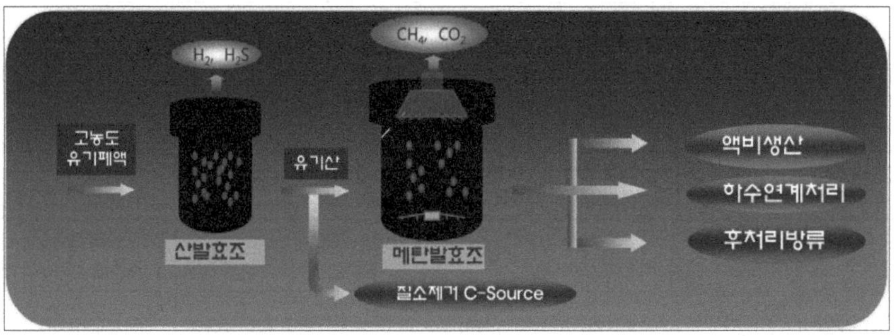

<그림 5-17> 대우 이상 혐기성 소화공정(DBS)

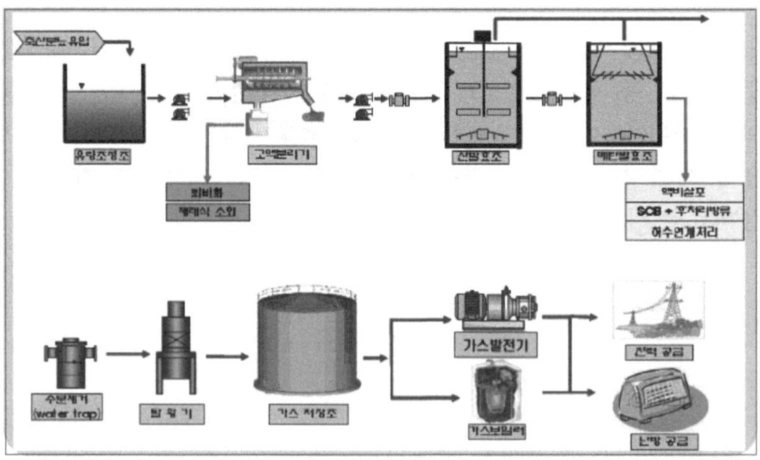

<그림 5-18> DBS 축산분뇨 처리과정

전기를 생산하는 과정에서 나오는 폐열도 에너지 자원으로 활용된다. 발전시설은 폐열을 활용해 섭씨 60℃의 온수를 하루 20m³씩 생산하여 공급하고 있다.

소화조는 미생물이 활발하게 활동하는 최적 온도인 35℃ 수준을 일정하게 유지해야 하는데 열 교환기를 통해 나온 폐열은 봄과 가을·겨울에 소화조를 따뜻하게 데우는 데 사용된다.

③ 경제성

대우건설의 계획에 따르면 '바이오가스 열병합 발전시설'을 확대 활용해 연간 8,000만 톤의 가축분뇨, 음식물폐기물 및 하수슬러지를 바이오가스로 전환하면 전기에너지 약 3,100GWh를 생산하여 연간 3,240억 원의 수익이 발생한다. 고농도 폐기물이 바이오가스로 전환되면 연간 3,500만 톤의 이산화탄소 배출량을 감소시키는 효과가 있을 것으로 예상된다.

<u>나) 충남 청양 여양농장</u>

유니슨은 국내 최초로 후단 수처리 시설을 완비한 종합 바이오가스플랜트를 충남 청양군 여양농장에 준공하였다. 여양농장에 적합하게 개발된 '축산분뇨 처리를 통한 농가형 바이오가스 플랜트'를 2007년 설치 완료하고 본격적인 상업 운전을 개시하였다.

<그림 5-19> 청양군 종합 바이오가스 플랜트

이 시설은 생산된 전력을 한국전력에 판매하는 최초의 상업용 바이오가스플랜트이다. 처리용량은 1일 가축분뇨 20톤, 돼지분뇨 4,000두 규모이며 하루 1,000kWh 이상의 전력을 생산할 수 있어 1kWh당 120원에 판매될 경우 연소득 4,000만 원 이상의 소득이 가능하다.

유출수는 액비로 사용하거나 수처리 시설을 통해 깨끗한 물로 방류시켜 가축분뇨를 해결하고 있으며 환경부의 수질검사를 정기적으로 받고 있다. 액체비료로 생산한 농작물에 대해서는 친환경농각물로 인정해주는 제도도 시행하고 있다. 향후 충남지역에 50톤 규모의 플랜드 건설을 계획 중에 있으며 1톤 규모의 축분(70%)과 음식물(30%)혼합처리시설도 계획 중에 있다.

① 사업개요 및 시설운영 현황

여양농장에 위치한 가축분뇨 자원화시설에 대한 사업개요는 〈표 5-21〉과 같다. 가축분뇨의 자원화를 통해 연간 525,000TOE의 에너지를 생산할 것으로 예상하며, 생산된 에너지는 LNG 수급대체가능 에너지로 활용할 수 있다. 해양투기금지에 따른 가축분뇨 처리문제 해결과 화학비료를 대체할 유기성 발효비료 생산의 효과를 기대할 수 있다.

<표 5-21> 충남 청양 여양농장 시설 사업개요

사 업 명	농가형 가축분뇨 처리를 통한 바이오가스화 처리공정 개발 실증
위 치	충남 청양군 청양읍 여양농장
처리용량	축산분뇨 20톤/일, 양돈 4,000두
에너지생산	60kW 가스 발전기 가동, 전력 400MWh/년, 열 2,200GJ/년
사업기간	2005년 8월 ~ 2008년 7월 (36개월)
사 업 비	13.95억원
시행기관	지식경제부(구 산업자원부), 에너지관리공단
위탁기관	서울대학교, 한국에너지기술연구원

② 원리 및 시스템 공정도

농가형 바이오가스 플랜트의 사양은 〈표 5-22〉와 같다. 유니슨의 바이오가스 플랜트의 장점은 밀폐된 발효조에서 혐기성 처리를 하므로 악취 휘산을 방지하고, 혐기성 발효를 통하여 고효율의 액비를 생산할 수 있다는 것이다. 여양농장 내 바이오가스 시설은 집수/전처리시설, 2단 고효율 중온 혐기발효 시설, 발전/자원화 시설과 같이 3단계로 나누어진다.

<표 5-22> 농가형 바이오가스 플랜트 사양

처리용량: 돈분 10~50㎥/일(양돈 2,000~10,000두 규모)			
양돈규모	처리용량	전력발전량	열에너지생산량
2,000 두	10㎥	40kWh	65kWh
4,000두	20㎥	80kWh	130kWh
10,000두	50㎥	200kWh	330kWh

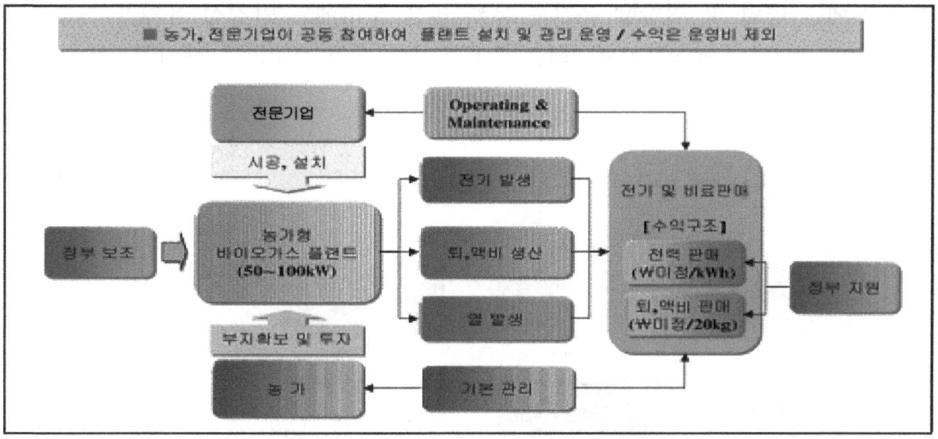

<그림 5-19> 국내 농가형 바이오가스 플랜트 보급 모델

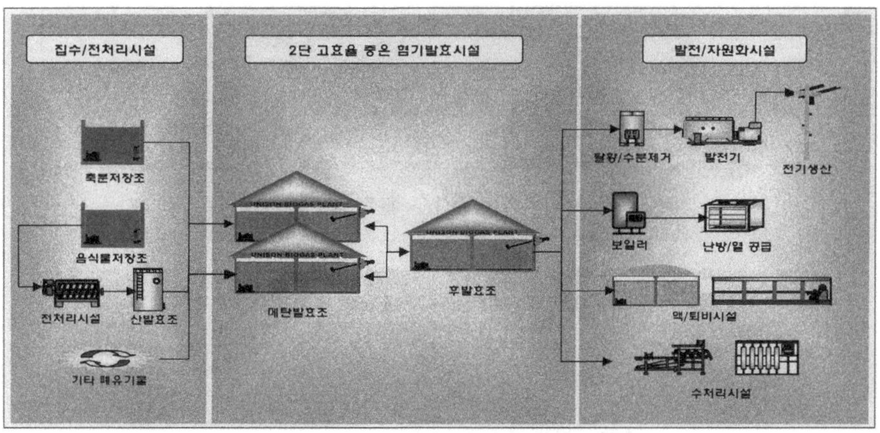

<그림 5-20> 여양농장 자원화/수처리 시설

가축분뇨 및 음식물쓰레기, 기타 유기물이 1차 메탄 발효조(700m^3)와 2차 후발효조(500m^3)를 통과하면서 발생한 바이오가스는 가스저장조에 저장되어 전력 및 난방 에너지원으로 사용하게 된다. 바이오가스 생산 시 발생한 발효액은 퇴비시설로 이동되어 액비화 처리되며, 폐수처리과정을 거쳐 방류하거나 재활용한다.

UBR[88] 공법의 특징은 고형물 분리 없이 축산분뇨를 전량 투입하여 악취발생이 없고 전처리 약품의 사용이 없다는 것이다. 2단 발효공정을 통한 충분한 유기물 분해로 인해 액비화가 가능하고, 가스 생산량을 극대화할 수 있다.

---

88) UBR(Unison Biogas plant Recovery system)

효율저하 시에는 병렬 및 역방향 운전을 통해 높은 부하에도 안정성 유지가 가능하며, 기타 유기물(폐슬러지, 음식물, 폐식물자재, 폐유 등) 투입을 통한 처리 및 에너지효율 증대도 가능하다.

<그림 5-22> 바이오가스 플랜트 적용 현황

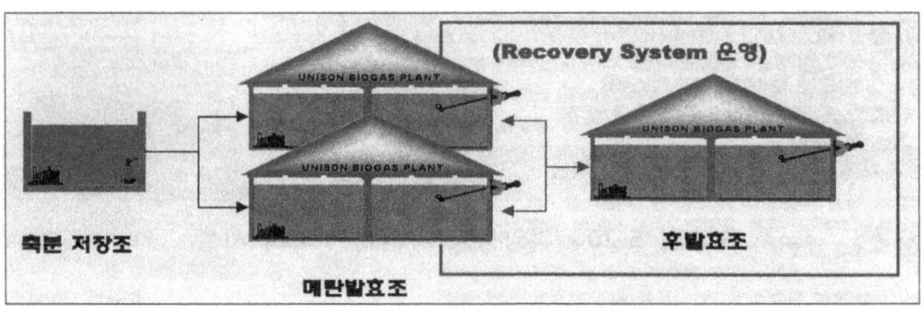

<그림 5-23> 여양농장 바이오가스 플랜트 리커버리 시스템

바이오가스 생산 시 발생하는 폐수는 SM[89]시스템을 통해 처리하고 있다. 고효율 분리막(Membrane ; MF, UF, R/O)을 이용하여 COD, SS, 색도 및 T-N의 높은 제거효율을 통해 안정된 방류수질을 유지하고, 장기 메탄 발효조의 높은 효율 및 처리수의 안정화로 인한 수처리 약품비 절감(기존 약 50%이상 절감) 및 처리수질 향상을 도모한다.

89) SM(Step-Membrane system)

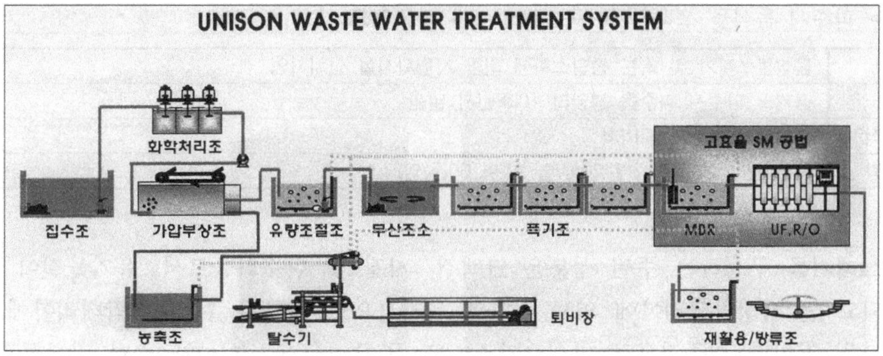

<그림 5-24> 유니슨의 SM(Step-Membrane system) 시스템

③ 경제성

여양농장에서 발생하는 축분을 처리하는데 하루 30만원, 한 달에 1,000만원이 처리비용으로 들어간다. 한 달에 들어가는 전기세는 200만 원 정도이다. 생산되는 전기는 돈사에 공급할 예정이며, 바이오가스 플랜트 설치가 완료 후 처리비용, 전기료 절감과 온수공급 등이 가능해진다.

2) 음식물쓰레기를 이용한 바이오가스화

가) 파주시 음식물쓰레기 및 축분 혼합 처리시설

① 개요

파주시는 1998년 국내 최초의 음식물쓰레기 바이오가스 플랜트(30톤/일)을 준공했고 2004년에는 축분과 음식물쓰레기를 통합·소화하는 바이오가스 플랜트(80톤/일)와 발전기(용량 500kW)를 추가로 설치하였다.음식물쓰레기 혐기성 소화방식을 채택하여 추진·진행중에 고농도 가축분뇨(고형률 5~10%)를 함께 처리하기 위해 축분혼합공공처리시설 건설하게 되었다. 설치 사업비는 음식물쓰레기 처리장이 30억원, 축분 혼합 공공처리장이 104.4억원 가량 소요되었다.

② 원리 및 공정도

처리기술은 음식물쓰레기를 2상 혐기소화공법으로 자원화하는 것으로 우선 조개, 뼈, 금속, 모래 및 자갈, 병, 비닐, 헝겊, 골판지 등의 협잡물 제거와 음식물을 조대 및 미세입자로 파쇄하는 전처리 공정이 선행된다. 전처리공정은 협잡물 분리 및 음식물 파쇄 못지않게 후속 생물학적 단위공정(산발효조 및 메탄 발효조)의 안정적인 운전에 중요한 과정이다.

전처리과정이 완료되면 수분조절 후 잔류 비중물(미세비닐, 섬유질, 모래, 금속파편, 조개껍질, 뼈)을 제거하는 비중선별기를 통과하고 이후 산발효조로 공급 된다.

<표 5-23> 파주시 음식물 쓰레기 및 축분혼합시설 사업개요

사업명	음식물쓰레기 및 축분 통합소화에 의한 자원화시설 설치사업
위치	경기도 파주시 파주읍 봉암리 1038번지 일원
처리방식	혐기성 통합소화 퇴비화
시설용량	80톤/일 (음식물쓰레기 20톤/일, 축분 60톤/일)

음식물쓰레기를 구성하는 주된 성분은 단백질, 지질 및 탄수화물로서, 유기물질이 단당류로 가수분해되고 산 생성박테리아에 의해 곧바로 유기산으로 전환된 후, 메탄박테리아에 의해 메탄발효과정을 거치면 최종적으로 바이오가스(CH_4, CO_2, H_2S, 수분)와 소화 잔류물로 전환되는 일련의 과정이 수행된다.

<그림 5-25> 파주시 음식물· 축분병합처리시설

<표 5-24> 파주시 처리시설 구성설비개요

공 정	설 비 구 성
음식물쓰레기 전처리	저장조, 이송설비, 파쇄설비, 선별기, 혼화조
음식물쓰레기소화	산발효조, 협잡물배출선별설비
축분 전처리	저장안정조, 혼화, 교반설비
통합소화	소화조, 연계순환설비, 교반설비, Humus 안정화설비
탈수,부숙설비	탈수기, 부숙기, 포장설비
자원화설비	발전설비, 열병합설비
폐수처리설비	저장조, 응집침전설비, SBR반응조, 여과막설비
탈취설비	포집설비, Bio-filter, 환풍설비

고농도 유기성폐기물의 2상 혐기소화공정의 장점은 폐기물의 감량화율(VS 전환율 70% 이상)이 높고 감량화시 유용한 바이오가스(40~60 Nm^3/톤 food/일)를 회수할 수 있다. 2상 혐기소화과정 중 발생되는 부산물은 소화 잔류물인 부식토(Humus)와 바이오가스로 전자는 탈수 후 퇴비화 되고 후자는 가스이용설비에 의해 처리시설 내 열원(온수, 냉난방, 발전, 공정수 가온)으로 활용되는 자원화 과정이 진행된다.

주 처리방법은 중온 혐기소화법이며 처리공정은 축분반입조와 음식물 반입조에서 파쇄기를 거쳐 협잡물 선별을 실시한 후 중온혐기성 소화설비에서 혐기성미생물에 의한 바이오가스가 발생한다. 여기서 발생된 바이오가스를 이용하여 발전기에서 전기를 생산하며 처리공정도는 〈그림 5-25〉와 같다.

③ 경제성

매시간 200～250kW의 전력을 생산하며 하루 8시간 정도 작동·운영되고 있다. 생산한 전기는 공공처리시설운영에 필요한 전기의 80% 정도로 한 달 평균 500만 원 정도의 경비절감 효과를 거두고 있다.

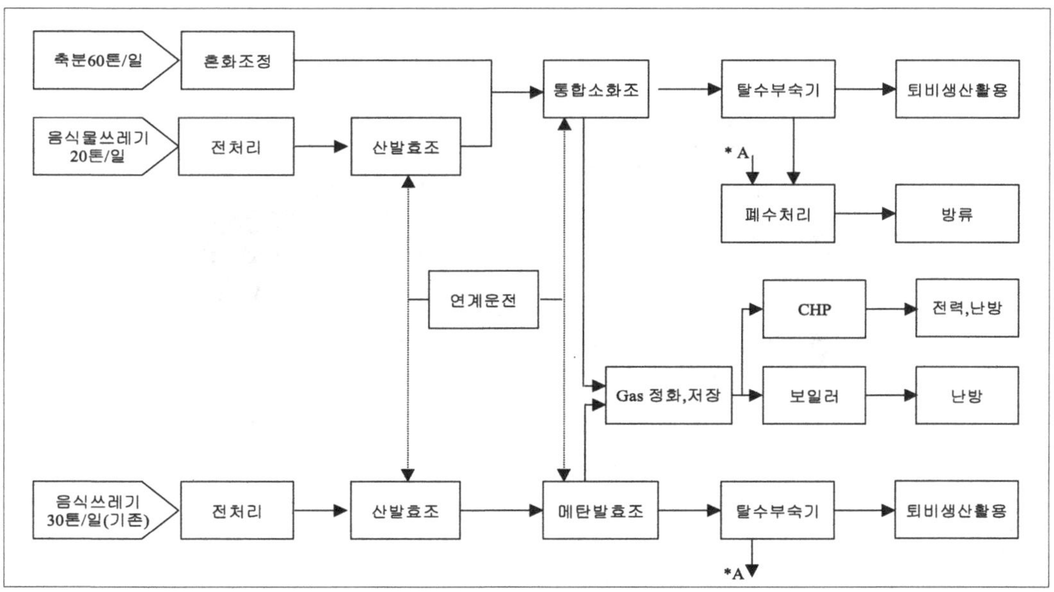

<그림 5-26> 처리 공정도

니) 부산광역시 음식물 자원화 사업소

① 사업개요

(주)서희건설은 음식물쓰레기를 혐기성소화공정으로 처리하기 위하여 벨기에로부터 건식혐기성 처리공정(Dranco Process)을 도입하여 부산시 음식물 자원화 사업소에 설치하였다.
이 시스템은 하루 200톤의 음식물쓰레기를 처리할 수 있는 규모로 부산광역시 음식물 전체 발생량의 약 25%를 처리하고 있으며, 음식물 단일 처리시설로는 국내 최대시설이다.

<표 5-25> 부산광역시 음식물 자원화 사업소 사업개요

사 업 명	음식물 쓰레기 자원화(발전) 사업
위 치	부산광역시 강서구 생곡동 416번지(부지 3,636㎡, 연면적 3,511㎡)
처리용량	음식물 쓰레기 200톤/일,
에너지생산	1.6MW/년
사업기간	2003년 7월 ~ 2004년 12월
사 업 비	109억 원(전액 민간투자)
시행기관	부산광역시와 민자사업으로 진행
주관기관	부산광역시

<그림 5-25> 자원시설의 전체 전경

<표 5-26> 부산광역시 음식물 자원화 사업소 사업내역

처리량	가스 발생량	발전량	지출	수입		지출 - 수입	톤당 처리비	초기 사업비	현재 처리비
			운영비	매전	CDM				
200톤/일	20,000m^3/일	1.6MW	40억원/년	8억원/년	12억원	20억원	3.4만원	109억	6만원/톤

출처 : 한국폐기물학회 춘계학술대회(2008). Bio-Energy의 효과적인 회수 및 활용방안(한국환경자원공사)

국내 유일한 전력 판매시설로써 잉여 전력을 한국전력에 판매하고 있으며, 소화 잔류물은 호기성으로 부숙한 후 퇴비제조업체에 원료로 공급하고 있다. 혐기성 소화를 통해 바이오가스 형태의 에너지를 생산함과 동시에 후단의 호기성 퇴비화 과정을 통해 양질의 퇴비를 위생으로 생산하는 기술로서 소화조부피 최소, 폐수발생량 감소, 염분문제 해결이라는 장점을 안고 있다. 생성된 바이오가스를 이용한 전기생산은 LFG 발전시설과 통합운영하고 있다.

본 시설은 100% 민간자본 출자에 의하여 건설되었으며, 그 운영은 음식물쓰레기의 위탁비용과 가스발전 등과 같은 비용으로 이루어지고 있다.

<그림 5-26> 부산광역시 음식물 자원화 사업소 시설현황

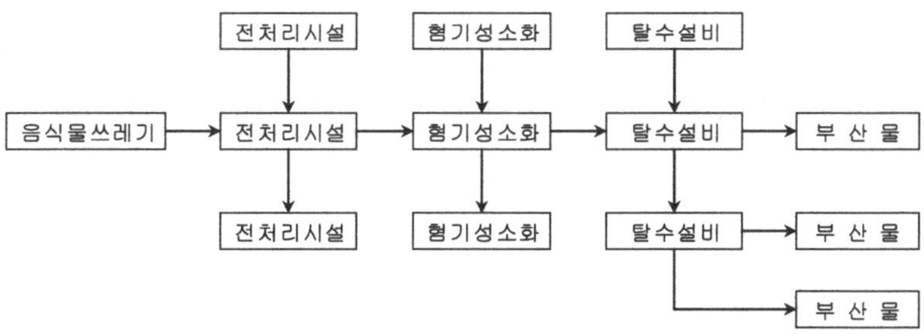

<그림 5-27> 전체적인 공정 구성도

② 원리 및 시스템 공정도

건식 단상혐기성소화(Dranco Process) 기술은 유기성폐기물을 혐기성으로 분해하는 프로세스로 음식물쓰레기, 농축슬러지 등을 처리하는 공법이다. 혐기성 소화를 통해 바이오가스 형태의 에너지를 생성함과 동시에 후단의 호기성 퇴비화과정을 통해 양질의 퇴비를 위생적으로

생산하는 기술이다.

전처리된 음식물류 폐기물은 공급장치(펌프)에 의해 소화조에 투입되고, 투입 후 소화조 내에서 산발효 및 메탄발효가 일어나 효율적인 소화가 일어난다. 소화조 내에 투입되는 음식물류 폐기물은 투입 전 별도의 가수(공정수 투입 및 희석)가 필요 없어 건식소화공법이라 하며, 또한 소화조 내 교반장치에 의한 교반이 아닌 소화슬러지의 반송 및 순환을 통하여 소화조 내 상분리 및 스컴의 발생을 억제한다.

<표 5-27> 건식단상 혐기성 소화(Dranco Process) 개요

항 목	내 용	비 고
기술선	- OWS社(벨기에)	
공법명	- DRANCO PROCESS	
공법개요	- 유기성폐기물(생활쓰레기, 음식물쓰레기, 농축슬러지)을 혐기성 분해하는 공법 - 혐기성소화를 통해 바이오가스형태의 에너지생산	에너지생산형 시스템
소화방식	- 건식 단상 혐기성소화(산발효 및 메탄발효 동시수행)	
소화온도	- 고온소화(55±2℃) / 중온소화(38±2℃)	
고형물함량(TS)	- 18 ∼ 22%	소화조 내
바이오가스	- 발생량 : 100 ∼ 120 N㎥/톤 - 조성 : CH4 60 ∼ 70%	
체류시간	- 30일 이내	

미생물 활성화에 최적조건을 갖춘 소화조는 효율성 부분에서 일반소화조의 절반인 7일이면 완전소화가 이루어지나 안정적 처리를 위하여 30일 가량 체류 후 탈수기로 유입시켜 탈수시킨다.

소화 후 발생된 바이오가스는 포집 및 정제 후 가스발전기를 통한 발전으로 전력을 생산하고, 탈수기에서 탈수된 고형물은 호기성 퇴비화, 탈수액은 폐수처리시설에서 처리 후 배출허용기준이하로 방류한다.

③ 경제성

부산 생곡쓰레기 매립장내 음식물쓰레기를 이용한 바이오가스 생산시설의 경제성을 살펴보면 하루 처리량은 200톤이며 가스 발생량은 20,000m^3/일이다. 발전량은 1.6MW이며 운영비는 40억 원/년, 매전과 CDM에 의한 수입 20억원/년이다. 초기사업비는 109억원이었으며 현재 처리비는 6만원/톤으로 나타났다. 가스로 시간당 1,430㎾의 전기를 생산하여 400kW는 자체 사용하고 1,030kW는 한국전력공사에 팔아 연간 8억 4,000만원의 수익을 올리고 있다. 자체 전기료 절감액이 연간 1억8,000만원에 이르며, 부산시로부터 연간 31억여 원의 처리비용(반입료)도 받는다.

농축된 슬리지를 약 35℃의 소화조에서 30일간 혐기성미생물로 처리하면 메탄가스의 발생과 함께 슬러지는 안정화 및 감량화 된다. 소화과정에서 발생된 메탄가스는 일시적으로 탱크에 저장하였다가 소화조 가온용 보일러 및 열병합 발전설비의 연료로 활용한다.

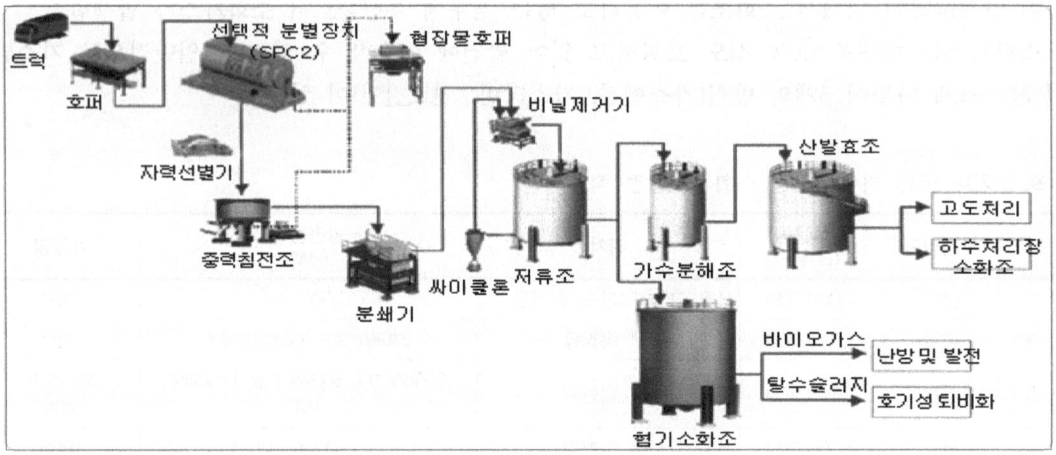

<그림 5-28> 처리공정도

잉여 메탄가스를 활용한 열병합 발전설비는 자원화와 자원 재활용에 의한 원가절감 및 경영개선을 도모하고자 슬러지를 처리하는 과정에서 발생되는 메탄가스 중 소화 가온용 보일러 사용을 제외하고 태워 버리는 잉여메탄가스로 발전을 하여 전력료를 절약하고 발전폐열은 소화조 가온용으로 재이용한다.

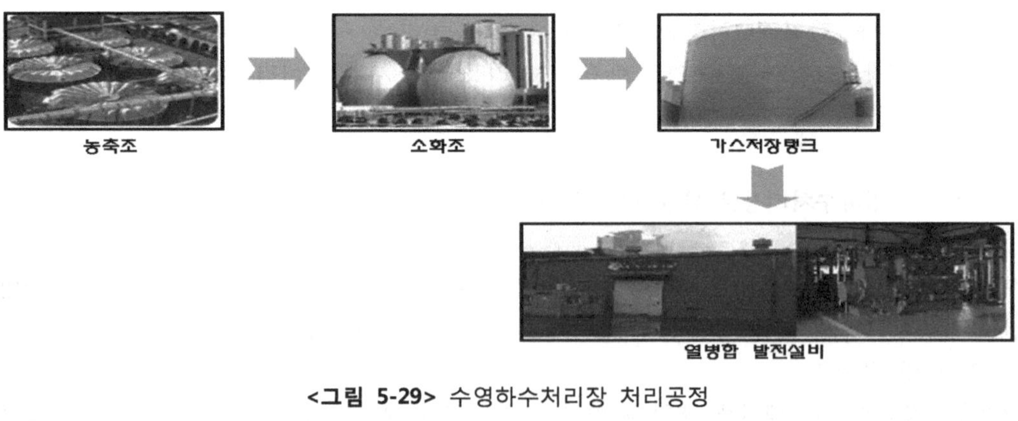

<그림 5-29> 수영하수처리장 처리공정

③ 경제성

수영하수처리장에 설치된 열병합발전기는 상용 발전기로 연간 8,000시간(약 333일) 가동계획이며, 전력절감량(전기생산량)은 6,048MWh로 전력료 294백만 원을 절감하여 ESCO 투자사업비 1,588백만 원을 8년 6개월 동안 상환하며 발전기 내구연한(20년)을 감안할 때 총 전력료 5,880백만 원의 절감효과가 있다.

4) 음폐수 바이오가스화

가) 수도권매립지 음폐수-침출수 병합 바이오가스화 플랜트

수도권매립지에서의 음폐수와 매립지침출수의 병합처리는 2007년 하반기부터 유휴시설이었던 혐기소화조 충수작업으로부터 시작되었다. 병합처리의 고농도 유기성분 처리를 위해 사용된 혐기소화조는 수도권매립지 조성 초기의 제1매립장 폐기물매립지 부대시설로서 1990년대 초반에 지어진 재래식 단상소화조이다. 본 처리시설은 7,500m^3 용적의 반응조 4지로 구성되어 있어 30,000m^3 유효용량의 시설로써 열교환방식의 가온을 통한 중온(35℃)소화 시스템이다.

음폐수 병합처리를 위해 자생미생물을 이용한 조건으로 발효공정운영을 목표로 하였으므로, 반응을 위한 start-up 조건을 조성하고 순차적인 부하조절을 통하여 효과적인 발효반응이 진행되기까지의 안정화를 위해 초기운영 기간 소요가 필요하였다. 이러한 과정을 지나면서 성공적으로 혐기소화조 내 미생물 활성이 안정화되어 2008년 5월 현재 음폐수 일반입량 600~800(톤/일)을 반입하여 처리하고 있다. 유기성분 농도를 저감시키고 바이오가스를 생산하는 공정인 혐기소화조가 안정기에 접어들기 시작한 것으로 판단되는 2007년도 12월 공정운영 결과는 〈표 5-29〉와 같다.

소화조 유입기질인 음폐수와 매립지침출수 중 침출수의 경우는 매립시작시점으로부터 16년 이상, 매립 종료 약 6년이 경과된 제1매립장 침출수로써 BOD 100 mg/L, CODcr 1,500 mg/L 내외의 유기물농도를 나타내는 수질을 가지고 있다. 이처럼 침출수는 음폐수에 비해 BOD 750배, CODcr 100배 이상 낮은 유기물농도를 함유하고 있을뿐더러 함유농도 수준이 매우 낮으므로 혐기발효에 의한 바이오가스 발생에 대한 기여도는 거의 없는 것으로 볼 수 있다.

<표 5-29> 수도권매립지 병합 바이오가스화 플랜트 공정운영 결과

구 분	운 영 현 황	비 고
음폐수 반입량	8,104톤(질소공정 공급량 4,830톤 제외)	A
침출수 유입량	34,611(m^3)	B
혐기조 총 유입량	42,715m^3)	A+B
바이오가스발생량(월)	366,668m^3)	

따라서, 이 같은 상황을 기초로 하여 혐기소화공정에서 발생된 바이오가스량을 음폐수 투입량에 대한 값으로 환산하면 다음과 같다.

$$\Rightarrow 366{,}668m^3(\text{바이오가스}) \div 8{,}104\ \text{톤}(\text{음폐수}) = 45.2m^3/ton$$

이는 음폐수 톤당 약 45m^3의 바이오가스가 생산된다는 것을 의미하며, 바이오가스 성분조성은 CH_4와 CO_2가 각각 67%와 27%를 유지하는 것으로 분석되었다.

수질측면에서의 혐기성발효 반응효과를 분석하면, 반입된 음폐수와 매립지에서 발생된 침출수 혼합수인 혐기소화조로 유입수는 TCOD 32,000mg/L, SCOD 18,000mg/L의 농도수준 이었으나, 소화처리수는 평균 SCOD 1,900mg/L를 유지함으로써 약 89%의 제거율을 나타내었다.

나) 경기도 연천 음식물자원화시설 바이오가스화 플랜트

경기도 연천 음식물자원화시설(이하 연천시설)은 음식물류 폐기물을 건조 사료화하는 시설이다. 음식물류 폐기물의 사료화 공정의 저장호퍼, 원심분리기에서 발생하는 고농도 음폐수와 진공쿠커 등에서 발생하는 응축수 등이 바이오가스화 시설에서 처리된다. 혐기소화 시설은 파일럿 플랜트로 건설되어 2008년 3월 이후 시운전 중이다. 산발효조(6m^3), 메탄발효조(50m^3) 및 후발효조(20m^3)의 순서로 반응이 진행되며, 각각은 중온의 교반형 반응조로 구성된다. 메탄발효조의 경우 가스압을 이용한 수두차 교반 방식을 적용하여 교반에 필요한 동력비를 절감하였다. 현재 하루에 약 1.1톤의 음폐수(TS 기준 13∼14%)를 유입하여 처리하고 있으며, 음폐수 처리에 따른 바이오가스 발생량은 일 약 68m^3(CH_4 함량 약 58%)로서 음폐수 톤당 60m^3의 바이오가스 발생량을 보인다. 반응조는 밀폐형이므로 악취의 전파 확률이 낮으나, 유입(음폐수 저류조) 및 유출(소화슬러지) 부분은 간헐적인 외부노출을 피할 수 없어 악취의 전파위험이 있다.

연천시설에는 네덜란드 Paques사의 IC 반응조를 시험운전 중이다. IC[90]반응조는 일반 UASB와 달리 상향류식 반응조의 중간지점에 추가적인 분리장치(separator)를 설치한 것이 특징으로, 20∼30kg COD/m^3·d의 높은 유기물부하를 견딜 수 있다. 운전 중인 IC 반응조는 사료화 시설의 응축수(COD 10,000∼20,000mg/L)를 대상으로 95% 이상의 높은 처리율을 나타내고 있으나, 응축수는 일반적인 음폐수에 비해 유기부하량이 10% 이하인 저농도 폐수로서 현 연구개발과제의 바이오가스화 시스템으로서 그대로 적용하기는 곤란할 것으로 보인다.

90) IC(Internal Circulation) : 내부순환형

다) 광주광역시 음식물자원화시설 바이오가스화 플랜트

광주광역시의 음식물자원화시설(이하 광주시설)은 경기도 연천과 같은 건조 사료화 시설로 분류된다.

광주시설은 건조 사료화공정의 압착기 또는 중간 저장호퍼에서 발생하는 음폐수를 전액 자체 처리하기 위한 혐기소화 시설을 운전 중이다. 광주시설에서 발생되는 음폐수는 약 160㎥/일로서 처리 전 BOD 기준 40,000∼150,000 mg/L의 고농도의 성상을 지닌다. 바이오가스화 시설은 250㎥의 중온 산발효조와 2,500㎥의 고온 혐기소화조에서 반응이 일어나며 수리학적 체류시간(HRT) 21일을 거친 소화액은 소화액저류조로 이송되어 물리·화학적 처리를 통해 최종적으로 BOD 약 2,000mg/L까지 처리된다. 음폐수 톤당 약 27㎥의 바이오가스가 생성된다. 발생된 악취는 고농도와 저농도 악취로 분리되어 고농도 악취는 보일러 연소공기로 소각되고 저농도 악취는 바이오필터로 처리되나 바이오필터의 경우 현재 효율적으로 운전되지 않는 것으로 나타났다.

<표 5-30> 광주 음폐수 에너지화 시설 현황

시설현황	처리형식	음식물 : 건식사료화	음폐수 : 혐기성소화
	시설용량	음식물 150 톤/일	음폐수 160 톤/일
	사업비/운영비	7,200 백만원 / 21 백만원	
음폐수 처리현황	음폐수 발생량	음폐수 발생량(70m^3/일), 기타폐수(70m^3/일)	
	음폐수 발생원	음식물 운반차량, 압착수, 응축수, 세정가수	
	음폐수 전처리 현황	원수저류조→소화조	
	악취 처리현황	고농도→보일러 연소공기 저농도→바이오필터	
	음폐수 농도(mg/L)	유입 : BOD(70,000), SS(40,000), T-N(2,500), T-P(450) 유출 : BOD(4,000), SS(2,000), T-N(1,500), T-P(40)	
	바이오가스 발생량	4,000m^3/일	
	바이오가스 조성	CH_4(63%), CO_2(25%), 기타 잡가스(12%)	
재이용 현황 및 부산물 처리	에너지 활용현황 및 주변여건	음폐수 소화가스를 건조공정 열원으로 활용	
	판매여부 및 대상	무상공급	
	발생되는 부산물 처리현황	건식사료 → 사료반출 (일 14여톤)	
공정운영	에너지화 형식	중온소화, 고온소화,기타	
	산 생성조 유무	산발효조 250m^3	
	적정 운전인자	수리학적 체류시간(2∼2.5일), 온도(55℃), pH(3.7)	

5) 음식물류 폐기물 하수병합처리 시스템

음식물류 폐기물과 하수처리장에서 발생하는 하수슬러지를 병합처리하는 방법은 선별분쇄기, 사이클론 등의 전처리시설을 이용하여 각종 이물질을 선별분리하고 음식물 성분은 적정입도로 파쇄하여 분해(가수분해)공정을 통해 음식물폐기물의 저분자화, 균질화 및 pH 조정 등을 거쳐 하수슬러지와 함께 혐기소화 처리하여 소화분해효율 및 메탄발생을 극대화시키는 방법이다. 음식물폐기물 하수병합처리시설 공정은 크게 세부분으로 나눌 수 있다. 첫 단계인 전처리 공정의 핵심은 수거된 음식물폐기물을 잘게 부수어 유기물과 가연성 물질, 금속류 등의 재활용품과 단순매립 물질을 분리하는 선별 · 파쇄 과정이다. 전처리 공정의 가장 큰 문제점은 악취발생으로 일반적으로 악취의 확산을 차단하기 위해 폐쇄식으로 설비되어 있다. 전처리 공정에서 작은 입자로 파쇄된 유기물은 다음 단계인 혐기소화 공정으로 이송되는데 전 처리된 음식물폐기물은 하수슬러지와 병합하여 처리되며 처리과정에서 메탄가스가 생산된다.

마지막 후처리 공정은 혐기소화 완료 후 생성된 소화 잔사(Humus)를 토지개량제나 퇴비로 전환하여 처리하는 단계이나, 현재 혐기소화 후 발생하는 대부분의 슬러지는 매립이나 소각되고 있는 실정이다.

혐기성 소화방식에 의한 음식물폐기물 처리설비는 다량의 염분과 수분을 함유하고 있는 국내 음식물폐기물 처리를 비롯하여 다양한 고농도 유기성 폐기물 처리에 적합한 설비이며, 기존 하수처리장의 혐기소화시설을 이용할 수 있다는 점에서 초기 설비투자비용을 절감할 수 있는 장점을 가지고 있다. 음식물 및 유기성 슬러지의 통합처리를 통한 유기성 오염물질 감량과 2차 환경오염 유발 가능성이 있는 매립 및 소각부하 저감 등의 효과를 얻을 수 있다.

또한 하수에 부족한 메탄생성 균의 탄소원을 음식물폐기물이 제공하여 높은 효율의 메탄가스를 생산할 수 있다. 이렇게 발생된 메탄가스를 통해 에너지를 생산하고 잉여물질을 이용하여 유기질 퇴비를 생산하는 등 효과적인 자원 재활용이 가능하다.

<표 5-31> 국내의 음식물류 폐기물 하수병합처리 시설 현황

처리시설명	용량(톤/일)
서울특별시 음식물류폐기물 하수병합처리시설	20
울산광역시 남구 음식물류폐기물 하수병합처리시설	40
대구광역시 음식물류폐기물 하수병합처리시설	200
속초시 수질환경사업소	120
사천시 음식물 처리시설	30

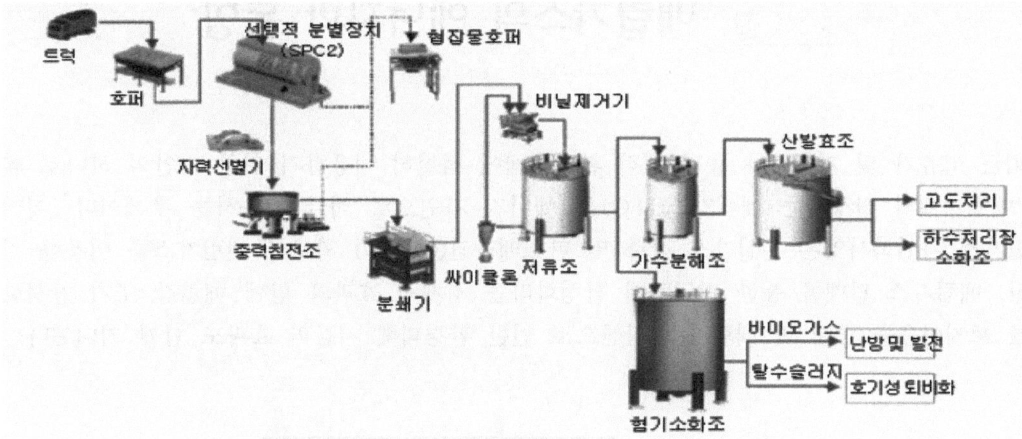

<그림 5-30> 음식물류폐기물 하수병합처리시설 공정도

제 4 절 매립가스의 에너지화 동향

최근 고유가 및 기후변화 등 국제적 환경문제에 적절히 대응하기 위한 방안의 하나로 폐기물 매립지에서 발생하는 매립가스(LFG)를 에너지 자원으로 적극 활용하는 추세이다. 이러한 매립가스 자원화사업은 온실가스 감축 및 탄소배출권(CER[91]) 확보와 매립가스를 이용한 전력 생산, 매립가스 판매를 통한 지역경제 활성화라는 경제적 효과와 함께 매립장 조기 안정화에 따른 토지이용율 증대 및 매립가스 확산으로 인한 환경피해 저감의 효과도 함께 기대된다.

1. 외국동향 및 사례

외국의 매립가스 에너지화는 발전에 많이 적용되어 왔으나 최근에는 자동차 연료화에 대한 관심이 높아지면서 관련기술 개발 및 상용화가 진행되고 있다. 매립가스와 같은 바이오가스의 자동차 연료화는 스웨덴에서 가장 활발하게 진행되고 있으며, 독일, 오스트리아, 스위스, 미국 등 선진국에서도 온실가스 저감과 비석유계 연료 확대정책에 따라 바이오연료 개발 및 보급이 매우 활발하게 진행되고 있고, 경제적인 측면에서도 단순 발전용으로 활용하는 것 보다는 유리한 것으로 평가하고 있다.

〈표 5-32〉에는 각 국가별로 매립가스를 회수하여 이용하고 있는 사례를 나타냈다. 이들 시설들은 발생되는 매립가스를 정제하여 순도를 90% 이상으로 하여 도시가스 혹은 자동차 연료로서 공급하고 있다.

<표 5-32> LFG 및 Bio-gas의 정제 활용 현황

국 가	설치 장소	활용 분야	CH_4 순도 (%)	LFG 처리용량 (N㎥/h)	설치년도
미 국	Westchester	자동차 연료	90	120	1993
	Staten Island	도시가스	-	13,000	1981
	LA	자동차 연료	96	2,600	1993
	Renton	도시가스	98	4,000	1998, 1984

91) CER(Certified Emission Reduction) : 탄소배출권

<표 5-32> LFG 및 Bio-gas 정제 활용현황(계속)

국 가	설치 장소	활용 분야	CH_4 순도 (%)	LFG 처리용량 (Nm^3/h)	설치년도
미 국	McCarty Road	도시가스	-	9,400	1986
	Palos Verdes	도시가스	95	875	1975
	California	도시가스	95	9,100	
네덜란드	Collendorn	도시가스	90	375	1991
	Gorredijk	도시가스	90	400	1994
	Nuenen	도시가스	90	1,500	1990
	Tilburg	도시가스	90	2,100	1987
	Wijster	도시가스	90	1,150	1989
브라질	Caju	자동차 연료	-	225	1985
스웨덴	Uppsala	자동차 연료	97	200	1997
	Linkoping	자동차 연료	97	700	1997
	Eslov	자동차 연료	97	40	1998
	Trollhattan	자동차 연료	97	200	1996
프랑스	Chambery	자동차 연료	97	30	
	Lille	자동차 연료	97	100	1995
	Tours	자동차 연료	97	200	1994
스위스	Bachenbulach	자동차 연료	96	-	
	Otelfingen	자동차 연료	96	-	
	Rumlang	자동차 연료	96	-	
	Samstagem	도시가스	96	-	

가. 아일랜드

아일랜드는 2006년에 자동차 연료로 압축천연가스(CNG) 사용국가에 참여하면서 매립가스를 정제(고질화)하여 만든 바이오메탄을 자동차 연료로 공급하고 있다. 아일랜드는 수도권에 인구에 밀집되어 있는 나라중의 하나이다.

수송용 연료는 전량 수입에 의존하고 있으며 천연가스가 생산되지 않는 모든 에너지를 수입하는 국가이다. 비영리를 목적으로 하는 SORPA회사를 1988년 설립 후 1991년부터 Alfsnes에 있는 매립장을 운영하여 1997년 매립가스를 발생시켰다. 2000년에 매립가스 $40m^3/hr$을 정제하는 파일럿 플랜트의 water scrubbing 설비를 설치하여 250기압으로 압축하여 자동차 연료로 공급하였다.

이때 천연가스 차량을 수입하여 사용하였으며, 2002년에는 17대의 천연가스 자동차(Citroen Berligo cars)를 수입하여 바이오메탄을 자동차연료로 공급하였고, 2003년에는 6대의 자동차를 운행한 결과 우수한 성능을 얻게 되었다. 또한 2004년에는 2대의 자동차(Volvo S80, Ford Condor)를 수입하여 운행하였으며, 2005년에는 2대의 Benz Econic, 2대의 Scania Bus, 1대의 Ford E450을 수입하여 운행하였다.

<그림 5-31> 아일랜드의 매립가스 정제공장

이와 같이 여러 나라에서 생산되는 천연가스 자동차를 수입하여 운행한 결과, 매립가스 정제설비의 중요성을 인식하여 기존 사용하던 Water Scrubbing 설비에 Compressor를 일체화 시킨 새로운 매립가스 정제설비를 개발하게 되었다.

천연가스자동차는 디젤이나 가솔린 자동차에 비하여 다소 비싸기(3,300~4,700유로)는 하지만 정부로부터 세금감면을 받고 있어 보다 낮은 가격(3,200유로)으로 보급하고 있다. 또한 자동차 연료가격은 경유는 1.46유로/L 이고, 가솔린은 1.50유로/L 지만 바이오메탄은 1.19유로/Nm^3로 하고 있다. 아일랜드의 Reykjavik City에서는 2003년에 경유 청소차량에 바이오메탄을 연료로 공급하기로 결정한 바 있다.

나. 스페인

마드리드에 있는 Valdemingómez 매립지에서 발생하는 매립가스를 Water Scrubbing으로 정제하여 500대의 도시버스에 공급하고 있다. 매립가스는 40백만m^3가 발생하고 있어 일부는 전력을 생산하고 있었지만 연간 22백만m^3의 정제한 매립가스를 1,000대의 도시버스와 트럭에 공급하고 있다.

다. 미 국

세계에서 가장 많은 매립지를 가지고 있는 미국의 EPA는 1994년에 주정부, 에너지 사용자 및 공급자, 매립장 운영자 등이 자발적으로 참여하는 LMOP(Landfill Methane Outreach Program)협의체를 구성하였다. 2005년 미국에서 발생하는 전체 메탄발생량 중 25%가 매립지에서 발생하고 있다. 그러므로 메탄으로 인한 대기오염을 억제하고 일자리 창출을 위하여 LMOP협의체가 태동하게 된 배경이라 할 수 있다.

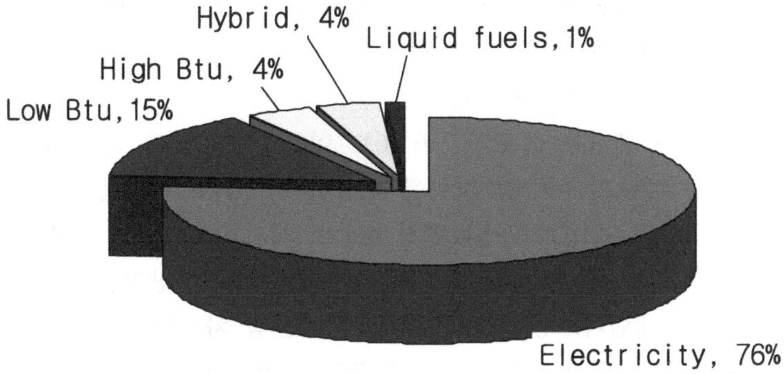

<그림 5-32> 미국의 매립가스 활용현황(2005)

2007년 12월 현재 매립장에서 445개의 매립가스 에너지프로젝트가 진행 중에 있어 연간 110억kWH의 전력이 공급되고 있고 236백만 ft^3/day 매립가스가 연료로 공급되고 있다. 이와 같이 매립지에서 발생하는 매립가스는 주로 전력생산 및 매립가스를 고질화하여 천연가스라인에 공급하는 것이 대부분이며 몇몇 매립지에서 매립가스를 정제하여 자동차 연료로 공급하고 있다.

미국의 오하이오주 Grove시에서는 CO_2 Wash Process을 이용하여 매립가스를 정제 및 액화하여 자동차 연료 및 마이크로 터빈에 의한 전력을 생산하고 있다. 〈그림 5-33〉에 오하이오주의 매립가스 활용공정도를 나타내었다.

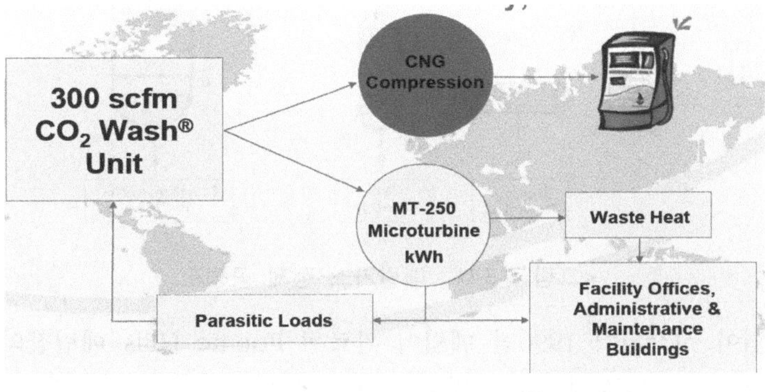

<그림 5-33> 오하이오주 매립가스 활용 공정도

미국에서 매립가스를 정제하는 공정으로는 CO_2 Wash process가 이용되고 있다. CO_2 Wash process는 매립가스 중 유용성분인 메탄을 회수하기 위해서 매립가스에 함유된 이산화탄소를 심냉공정(Cryogenic Process)을 거쳐 액체상태로 변화시켜 고순도의 CH_4을 회수하는 공정이

디. 이산화탄소는 압력과 온도조건에 따라 기체, 액체 및 고체로 전환할 수가 있다. 온도가 낮을수록 압력이 높을수록 이산화탄소는 기체에서 액체 및 고체로 전환된다. 참고적으로 CO_2는 -78℃이하에서는 액체상태로 존재하게 된다.

한편 매립가스에 함유된 메탄은 온도가 -161.6℃ 이하일 때 액체 및 고체로 전환하게 된다. 이와 같이 이산화탄소와 메탄의 어는점 차이를 이용하여 CO_2와 CH_4을 분리하게 되는데 실록산($H_3SiO-(H_2SiO)n-SiH_3$))은 -70℃의 냉각공정에서의 제거효율이 매우 우수하므로 실록산도 동시에 제거할 수 있고, 가스 중 함유된 수분도 제거할 수 있는 장점을 가지고 있다.

CO_2 Wash process는 매립가스중 함유한 성분의 어는점 차이를 이용한 공정으로 고순도의 메탄을 회수하기 위해서는 매립가스에 함유된 황화수소 및 기타 탄화수소화합물의 전처리공정을 요구하고 있다. 〈그림 5-34〉에 CO_2 Wash Process를 나타내었다.

CO_2 wash process을 이용하여 매립가스를 정제하는데 소요되는 비용은 100% 메탄 $1m^3$을 생산한다는 가정 하에 일당 200달러(20만원)가 소요된다고 한다. 또한 연간 운영비는 초기투자비의 20%로 잡고 있다. 이때 계산기준이 되는 매립가스에는 CH_4가 54%, CO_2가 45%이고 이외에 질소가 1%, 불순물이 1% 이하를 포함하고 있는 것이다.

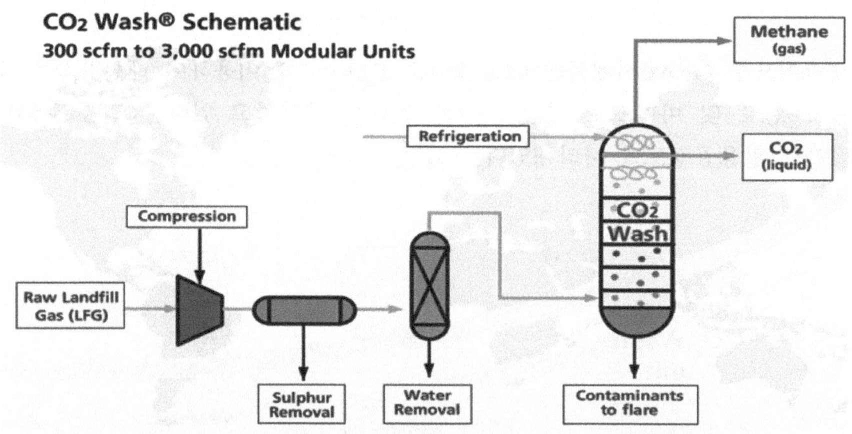

<그림 5-34> 매립가스 정제 공정도

1987년부터 매립이 시작되어 1996년 매립이 완료된 Puente Hills 매립장의 청정연료공정에서 40% 메탄의 매립가스를 정제, 압축 및 가스저장탱크에 저장하여 매립장 트럭의 연료가스로 공급하는 막분리 공정을 1992년 설치하였다. 매립가스 정제공정은 탈수공정, 분리막을 이용한 막분리 공정 및 압축공정으로 이루어져 96%의 메탄을 함유한 압축천연가스 100cfm[92]을 공급하였다.

92) cfm(cubic feet per minute)

매립가스 정제용 분리막(Separex)은 spiral wound 타입의 cellulose acetate 소재로 되어 있는 3단의 관형모듈로 직렬로 연결되어 있다. 사용된 분리막 소재는 물에 용해하기 때문에 글리콜 H_2O 용기에서 가스의 온도를 이슬점 이상으로 예열하여 공급한다. 온도는 가스 중 수분이 기상으로 존재하도록 설정되어 있으며 분리막 소재의 특성으로 인해 가스의 온도가 증가할수록 분리막 수명을 증가시킬 수가 있다.

<그림 5-35> 매립가스 정제용 막분리 전경사진

분리막 소재는 CO_2에 대하여 선택적으로 투과하지만, CH_4을 투과하지 못하는 성질을 가지고 있다. 40% CH_4과 60% CO_2을 함유한 250scfm[93]의 매립가스로부터 막분리 공정을 사용하여 96% CH_4을 함유한 매립가스 100scfm을 생산하였다. 보고한 자료에 의하면 막분리 공정을 이용하여 자동차 연료화사업에 소요비용은 1992년 기준 970,000달러였다. 정제한 매립가스를 GMC(General Motors Corporation) 3/4 Sierra pick-up트럭에 연료로 공급하면서 초기에는 경험이 없어 엔진 스톨링 및 써징과 같은 문제가 발생하였지만, 트로틀 밸브 수정, 연료탱크 솔레노이드세정, 연료공급 압력계 교체 및 점화시간 조정 등에 의하여 가솔린엔진과 같은 성능을 얻을 수가 있었다. 미국 신시내티주 Rumpke 매립장에서는 118㎥/min의 매립가스를 정제하여 천연가스 혼입용으로 공급하고 있다.

라. 네덜란드

네덜란드 동부에 위치한 Hardenerg에 위치한 Collendoorn 매립지에서 나오는 매립가스는 천연가스 수준의 품질로 배관망을 통해 공급되고 있다. 당초 발생되는 가스는 정제과정 없이 활용되었으나 1993년 반투과성 막(membrane)을 적용시키는 정제기술을 도입하여 초기에는

93) scfm(standard cubic feet per minute)

연간 70만 Nm^3의 가스를 생산하였지만 발생 매립가스의 감소로 2006년에는 약 20만 Nm^3의 정제가스를 생산하고 있는 것으로 파악되고 있다.

1993년 지어진 최초의 정제공장에서는 35bar의 압력기와 함께 반투과성 막이 운영되었다. 2003년부터는 가스 압력을 9bar로 낮추는 새로운 막분리기술이 이용되고 있으며, 이 기술로 제조공장의 비용 절감과 경제성이 높아졌다. 정제가스에는 메탄 88%, 이산화탄소는 약 5%, 질소 7%를 함유하고 있다.

2. 국내시설 설치 및 운영현황

전국 생활폐기물매립장 가운데 매립용량이 큰 매립장은 대부분 민간투자 등을 통해 매립가스 자원화시설 설치 · 운영 중이며 국내 매립가스 자원화시설을 이용한 발전시설 용량은 71.8MW, 가스 시설용량은 1,092m^3/분이다.

<표 5-33> 매립가스 자원화시설 설치 현황

구 분	발 전 시 설		가스(정제)공급 시설	
	시설수	시설용량(MW)	시설수	시설용량(㎥/분)
계	11	71.8	4	1,092
수도권	1	50.0 (70%)	1	920 (84%)
비 수도권	10	21.8 (30%)	3	172 (16%)

<표 5-34> 매립가스 자원화시설 운영 실적(2007) (단위:MW, 천㎥, 백만원)

구 분	전기생산 실적		가스공급 실적		비고
	전기생산량	판매수입	가스공급량	판매수입	
계	265,138	24,395	75,566	8,318	
수도권	198,773	17,784	18,752	643	
비 수도권	66,365	6,611	56,814	7,675	

2007년 기준으로 전국 매립가스 자원화시설에서 전기생산(265,138 MW)으로 24,395백만원, 가스공급(75,566천m^3)으로 8,318백만원 등 연간32,713 백만원 상당의 폐기물 에너지를 생산 · 판매하고 있다. 전기생산 및 가스공급에 이용된 매립가스는 총 383,830천m^3이며, 매립가스의 메탄성분비(약45%)을 감안하면 2007년에 172,724천m^3의 메탄가스를 회수 · 이용한 것으로 평가된다. 매립가스의 에너지화를 통하여 탄소배출권(CER)의 확보가 가능한데, 연간 CO_2 267만톤 가량의 탄소배출권을 매립가스 회수 · 이용으로부터 확보할 수 있을 것으로 예상된다.

<표 5-35> 매립가스 자원화시설 설치·운영 현황(2011년)

구분	지역	시설 위치	시설 규모	가동 년도	2011년 운영실적				비고
					생산량	자가 이용량	한전 판매량	매전 수입액	
소계		16개소	76,783		439,813	40,330	397,704	51,435,134	
발전시설	인 천	수도권 매립지	50	2007	397,795	37,343	358,673	46,255,598	송전손실 1,779MW
	부 산	생곡동	6	2001	15,690	876	14,814	1,967,988	
	대 구	방천리	1.5	2006	(미가동)				고장
	광 주	운정동	3	2003	1,832	655	1,177	157,227	
	대 전	금고동	3.46	2003	(미가동)				시설개선
	청 주	학천리	1.058	2004	3,267		3,267	435,910	
	군 산	내초동	1	2002	471		471	65,670	
	순 천	왕지동	1.85	2005	878	116	762	95,162	
	여 수	만흥동	0.925	2005	3,328	165	3,163	401,779	
	포 항	호 동	2	2002	1,168		1,168	156,587	
	제 주	회천동	1	2003	2,142	191	1,951	439,263	
	목 포	대양동	2	2009	6,350	250	6,100	650,000	
	광 양	광양읍	0.64	2009	75		75	10,586	
	마 산	덕동동	0.9	2009	1,175	143	1,032	123,093	
	광 주	양과동	1	2009	4,165	438	3,727	499,962	
	구 미	구포동	0.45	2010	1,477	153	1,324	176,309	

<표 5-41> 매립가스 공급시설의 운영현황

구분	지역	시설 위치	시설 규모	가동 년도	2011년 운영실적		비 고
					매립가스 연료 공급량	판매 수입액	
소계		3개소	632㎥/분		61,841천㎥	8,397,572천원	
연료 공급 시설	서 울	난지도	460	2002	14,658	607,960	지역난방
	대 구	방천리	130	2006	42,795	6,625,879	지역난방
	울 산	성암동	42	2002	4,388	1,163,733	산업용

- 원주시 흥업매립장은 지역주민의 비닐하우스(약 150㎡)에 보일러(100,000 kcal/hr) 연료로 매립가스를 무상공급.

<표 5-36> 매립가스 자원화시설 CER 규모 및 CDM사업 현황

구 분	진 행 상 황			
	UNFCCC 등록	Validation 중	Validation 보류 중	PDD 준비 중
매립장별	수도권매립지, 대구 방천리	부산 생곡, 군산 내초, 여수 만흥, 목포 대양	대전 금고동	포항 호동 등 7개 매립장
CER 규모	1,615,214	305,611	233,125	306,423

※ Validation: 타당성확인, PDD(Project Design Document): 사업계획서, CDM(Clean Development Mechanism:온실가스저감사업)

가. 자원화시설 미설치 매립장의 매립가스 추정 발생량

매립시설 용량이 1만톤 이상인 생활폐기물 매립장(138개)을 대상으로 조사한 결과, 총 212m^3/분가량의 매립가스가 발생하는 것으로 추정된다. 조사결과 매립가스 발생량이 3m^3/분 이상인 매립장이 19개소, 1~3(m^3/분) 발생하는 매립장이 23개소였으며, 그 외 매립장은 1m^3/분 미만으로 발생하는 것으로 나타났다〈표 5-38〉.

<표 5-37> 권역별 매립가스 추정 발생량 (단위:㎥/분)

권역별	검토대상 매립장	매립량 (천톤)	가스발생량(추정)	가스포집 가능량	비고
계	138개소	34,156	211.83	127.11	
수도권	이천매립장 등 10개소	3,401	17.21	10.33	
충청권	천안매립장 등 26개소	4,463	21.38	12.83	
광주 · 전남권	양과동매립장 등 20개소	5,244	46.01	27.61	
전북권	전주매립장 등 12개소	2,834	7.10	4.26	
울산 · 경남권	진주매립장 등 22개소	8,243	52.93	31.76	
대구 · 경북권	천군매립장 등 30개소	5,209	27.10	16.26	
강원권	춘천매립장 등 18개소	4,762	40.10	24.06	

※ 기존 매립폐기물을 기준으로 추정한 자료이므로 향후 매립량 증가 및 매립폐기물의 성상변화 등으로 인해 증감 될 수 있음(환경부, 2008).

나. 매립가스 자원화시설 설치 사례

1) 발전시설 설치 사례

〈표 5-38〉에 의하면 2005년 3월 준공한 여수 만흥매립장 LFG 발전시설에서는 2007년에 5,102MW의 전력을 판매하였다. 민자사업자는 연간 464백만 원의 전력판매 수입을, 여수시는

19백만 원의 매립가스 이용료 수입(전력판매액의 4%)을 거두었다.

만흥매립장 LFG 발전시설은 부지면적이 170,353㎡, 매립용량 3,255천m^3, 매립은 1997~2020동안 이루어진다. 매립가스 발전시설 공사기간은 10개월(2004.6.~2005.3), 시설규모는 0.925MW×1대의 발전기가 설치되었고 형식은 가스엔진으로서 Carterpillar사가 제작한 모델G3516이다. 사업비는 17억원(전액민자, 20년)이며 가스사용량은 5N㎥/분이다.

<표 5-38> 만흥매립장 연도별 발전량 및 전력판매 금액 (단위:천kW, 천원)

구 분	발전 및 판매량	전력판매 수입	매립가스 이용료 (여수시 수입)
계	14,778	1,178,928	46,493
2007	5,102	464,363	19,209
2006	5,045	399,618	15,892
2005	4,631	314,947	11,392

2) 가스공급시설 설치 사례

2002년 11월 준공한 울산 성암매립장 LFG 가스공급 시설에서는 2007년도에 5,571천N㎥의 가스를 판매하여 민자사업자는 연간 12억원 수입을, 울산광역시는 73백만 원의 가스이용료 수입(매립가스 m^3당 기본료 10원+변동가)을 올렸다. 성암매립장 및 LFG 가스공급시설은 부지면적 201,776m^2, 매립용량 4,255천m^3이며, 매립은 1994.4~2010.12까지이며 가스공급시설 공사기간은 16개월(2001.7.~2002.10)이며, 사업비는 55억원(전액민자, 10년)이다. 가스사용량은 20N㎥/분이며, 가스공급처는 성암 소각장, 금호석유화학(주)이다.

<표 5-39> 성암매립장 연도별 가스판매량 및 금액 (단위 : 천N㎥, 천원)

연도	가스판매량	판매금액	매립가스 이용료 (울산시 수입)	비 고
계	32,643	5,805,725	342,135	
2007	5,571	1,212,699	73,148	CH_4농도 : 평균 58.7%
2006	5,144	1,093,014	59,529	
2005	5,817	990,732	58,291	
2004	6,403	1,062,349	63,195	
2003	7,963	1,220,034	72,094	
2002	1,745	226,897	15,878	

3) 자동차연료화 연구 사례

환경관리공단에서 시행한 '매립가스 자동차연료화 실증연구(2005)' 에서 매립가스 자동차 연료화의 경제성을 평가한 내용을 현 기준으로 적용하면, LFG 700Nm^3/h를 처리하여 97% CH_4 350Nm^3/h를 생산하는 매립가스 연료화 시설을 설치 · 운영할 경우, 연간 39.4억원의 순이익이 발생할 것으로 추정되며, LFG 포집 및 정제설비, 청소차(5톤, 200대) 개조비용 등 초기투자비는 약 1년이면 회수할 수 있는 것으로 나타났다.

<표 5-40> 매립가스 자동차 연료화의 경제성 분석 (단위:억원)

구분	세부내용		금 액	비 고
비용	초기 투자비 (설치비)	소 계	24	
		LFG 포집설비	4	LFG 700N㎥/h 처리
		LFG 정제설비	11	CH_4 350N㎥/h 생산 (250bar, 97%)
		충전설비	9	압축설비, 저장조, 주입기 등
	운영비	소 계	3.7억원/년	
		전기료	1.3억원/년	연간 8,600시간 가동 - 전기료 : 55원/Kwh - 원단위 : 0.8Kwh/N㎥
		인건비 및 유지보수비	2.4억원/년	설비투자비의 10%
	감가상각	시설 감가상각비	2.4억원/년	설비 수명 10년
편익	경유대체 효과	연료비 절감액	45.5억원/년	에너지생산량(경유환산) = 2.86×10^6 ℓ/년×1,590원
순 이 익			39.4억원/년	연료절감액-운영비-감가상각비
차량 개조비			20	5톤 청소차, 200대 (1,000만원×200대)
투자비 회수기간			1.0년	44억원(설치+차량 개조비)÷ 42억원(연료절감-운영비)

※ CDM사업에 따른 수입은 고려되지 않음

제 5 절 통합자원화 에너지화 동향 및 사례

1. EU 바이오에너지 마을

가. 오스트리아 무레크(Mureck)94)

무레크는 오스트리아 동남쪽 끝 슬로베니아와 인접한 농촌마을로 현재 인구는 1,700여명, 우리나라에서는 면단위에 해당하는 지역이다. 폐식용유와 유채를 이용해 만든 바이오디젤만 판매하는 전용 주유소가 1994년 세계에서 처음 세워졌고, 그 외 우드칩을 이용한 지역난방회사, 가축분뇨를 이용하여 전기를 생산하는 지역전기회사에 의해 170% 에너지 자립에 성공하였다. 자체 생산하는 연료로 차량을 움직이고 지역난방도 해결할 뿐만 아니라 남는 에너지는 외부에 판매하고 있다.

매년 세계 각국에서 많은 사람들이 에너지 순환을 통한 에너지자립의 사례를 배우기 위해 방문하고 있다.

<그림 5-36> 바이오디젤주유소, 바이오가스 플랜트

무레크마을의 에너지자립 추진경위는 다음과 같다.

- ㅇ 마을이 슬로베니아 국경에 위치하여 에너지 및 식량자급의 필요
- ㅇ 1980년대 중반 곡물가격이 하락하여 정부보조금을 받아 잉여농산물을 수출하는 것보다 에너지 농업을 하는 것이 유리하다는 판단하에 농민들이 유채농사를 시작하고 바이오디젤을 생산하여 트랙터용으로 이용

94) 전남발전연구원 김종일, 리전인포 제157호 "에너지 자립마을 조성과 지역 활성화 전략", 2009

○ 정부 보조금 30%와 농부들의 투자금으로 바이오디젤회사를 설립하고, 이후에도 농민들이 참여하여 지역난방회사, 바이오가스 회사를 설립
○ 바이오디젤을 연구하는 그라츠대학 교수의 도움을 받아 상업화와 수익성을 개선하는데 성공할 수 있었음

현재 무레크에는 에너지 관련 기업이 3개소로 바이오디젤을 생산하는 SEEG와 지역난방회사인 나베르메, 가축분뇨를 이용해 전기를 생산하는 외코스트롬이다.

<표 5-41> 무레크의 에너지생산 설비

구분	SEEG 바이오디젤회사	나베르메 지역난방회사	외코스트롬 바이오가스회사
설립연도	1989년	1998년	2003년
운영	570명의 투자자 120만 유로(약 22억원) 공동 투자	SEEG + 2명의 농부 투자 난방 파이프(13km) : 국가 50%+주민 50%	나베르메+7명의 농부 투자
원료	·농가에서 재배한 유채(10%) : 유채 1,000kg당 바이오디젤 380 l ·마을에서 약 30km 떨어진 그라츠시의 가정과 식당에서 수거한 폐식용유(90%) : 폐식용유 1000kg당 850 l 의 연료 제공	인근 숲에서 간벌한 잡목, 포장회사에서 쓰고 남은 목재 등을 이용한 열병합 발전	인근 20여개 돼지농장에서 수집한 분뇨와 인근 농장의 옥수수대, 밀짚, 유채대 등을 혼합하여 메탄 생산
연생산량	1천만 l	8,500MWh	8,400MWh
이용	자동차연료로 공급, 남은 것은 그라츠시에 판매 유박[95]은 돼지 사료	지역난방 85% 공급 약 300가구의 가정과 관공서의 난방 난방비지출 30% 감소	지역전기 100% 공급 오스트리아 전력공사에 전기 판매

마을과 인근 그라츠(Graz)시에서 수거한 폐식용유로 바이오디젤을 생산하여 100여개의 지역에 차량용 연료를 제공할 뿐만 아니라, 약 510개의 농가에서 재배한 유채를 이용하여 바이오디젤을 생산하고 바이오디젤과 유채찌꺼기(유박)를 농민에게 공급한다. 농민은 유박을 돼지 사료로 활용하고 사육하는 돼지의 분뇨는 바이오가스회사에서 CH_4을 만들어 전기를 생산한다. 공정에서 발생된 액비는 다시 농장에 유기질비료로 활용되면서 물질의 순환이 이루어지고 있다.

무레크마을의 바이오에너지 생산에 따른 효과는 다음과 같다.

○ 에너지비용 절감액이 연간 약 30만 유로에 달하고, 부수적으로 연간 45,000톤 CO_2(CO_2 1톤은 전력 2500kWh를 사용할 때 배출되는 이산화탄소량)에 해당되는 온실가스 배출

95) 유박(Oil Cake)

저감

- ㅇ 바이오에너지 이용으로 SO_2, CO_2, 매연 등의 배출량은 화석연료 대비 각각 12%, 15%, 50% 수준에 불과하여 대기환경 보전에 크게 기여함
- ㅇ 일자리 창출 : 정규직 20명, 계약직 25명, 기타 원료를 생산·공급하는 농장의 일자리 12명 등
- ㅇ 무레크 바이오에너지 순환시스템을 견학하기 위한 방문객이 연간 6,000여명에 달하여 경제적 파급효과가 크며, 2001년에 Visitor Center 건립
- ㅇ 마을 주민의 공동체적 삶의 방식 정착에 기여

최근에는 주민투자 태양광발전소 건설을 준비하고 있으며, 소수력 에너지이용에 대한 계획도 준비하고 있다.

<표 5-42> 그라츠의 바이오디젤 이용

구 분	내 용
추진경위	1985년 바이오디젤 최초 개발, 세계 최초의 바이오디젤 생산 설비 마련(유채이용) 1980년대 식물연료와 광물연료의 가격차로 추진이 어려워짐에 따라 폐식용유 수집 캠페인을 통하여 변경(폐식용유 이용)
폐식용유 수집현황	연간 280톤의 폐식용유 수집(식당배출 180톤, 가정배출 70~100톤) 현재 그라츠시에서 폐식용유를 수거하는 업체는 4곳 일반가정과 식당에 특수 수거용기를 무료 배포 회사차량을 이용해 수거(일반가정에서는 직접 가져와야함) 찌꺼기 등을 제거하고 바이오디젤 생산업체에 판매(kg당 30~40 cent)
법적규제	모든 경유 차량은 연료의 5%를 바이오디젤 사용 의무화 폐식용유의 무단폐기 금지
효과	공영버스 152대(에코드라이브), 트럭 300여대, 전체 택시의 60%가 바이오디젤 사용 바이오디젤은 일반경유보다 5~7% 저렴하고 CO_2와 미세먼지 발생량도 경유의 절반수준이며 석유보다 10센트 정도 저렴 연간 6,700톤의 CO_2 배출 감소 폐식용유 1kg 수집, 0.38유로의 폐기물 처리비용 절감 식당에서 폐식용유 처리 시 kg당 13cent 소요 → 수거업체에 kg당 8cent 판매 수거업체와 실업자재활사업과의 연계

폐식용유 수거용기

100% 바이오디젤 버스

바이오디젤 주유소

자료) SU:GRE (Sustainable Green Fleets), http://www.sugre.info

나. 오스트리아 귀싱(Gussing)[96][97]

'미래 에너지 자급자족 도시'로 주목받고 있는 귀싱(Güssing)은 오스트리아의 변방인 부르겐란트 주에 위치한 작은 시골마을이다. 28개의 작은 마을로 구성된 부르겐란트 주는 공산국가인 헝가리와의 국경지역에 위치하여 50년 이상 '철의 장막'의 영향아래 높은 실업율과 인구감소 등의 문제로 오스트리아에서 가장 낙후된 지방이었다. 이 중 귀싱은 인구 4,000여명의 소도시로 교통, 통신 등의 인프라 개발이 부족하여 인구의 70%가 인근 도시인 빈과 그라츠 등으로 출퇴근을 하였으며, 외부에서의 에너지 구입으로 인한 자본유출은 산업시설이 전무한 지자체의 경제를 더욱 열악하게 만들었다.

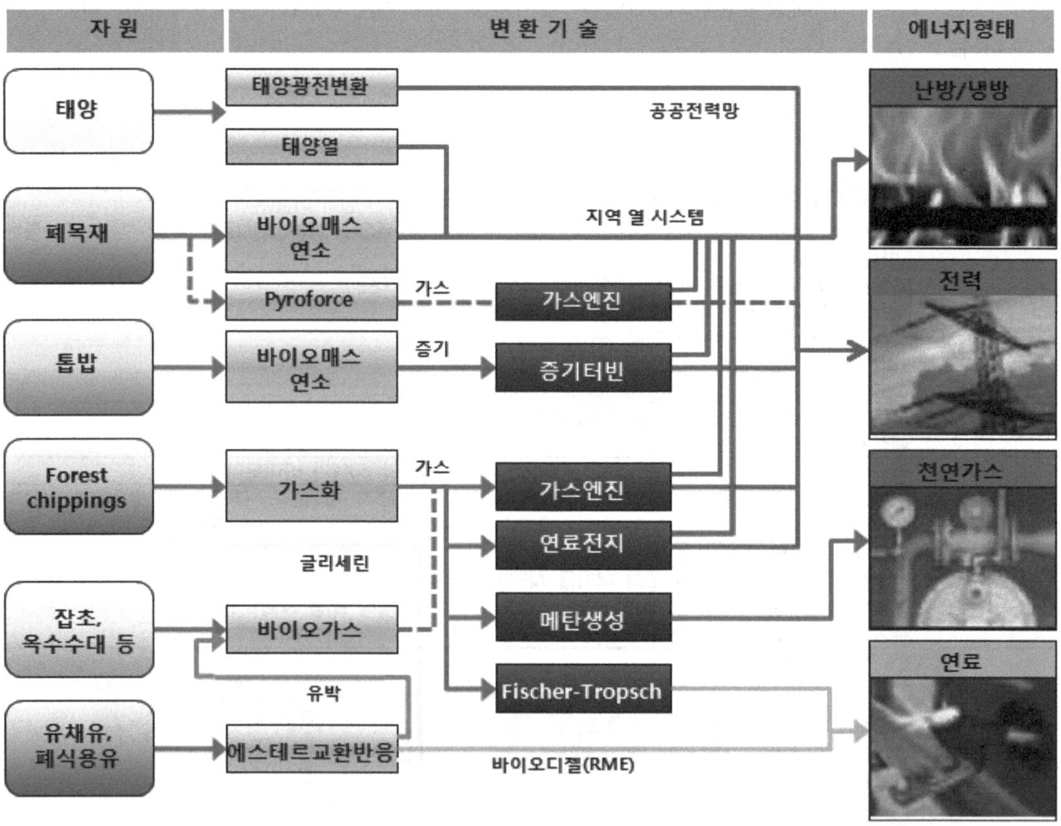

<그림 5-37> 귀싱의 다양한 신재생에너지 이용

96) http://blog.naver.com/good_energy
97) FORSCHUNGSFORUM, "MODEL REGION GUSSING". 2007.1

<표 5-43> 소각 발전소

구 분	내 용
위 치	Güssing/Bgld.
설립/가동일	1996.10
원 료	지역에서 발생하는 폐목재
공급망길이	24km
발전능력	14 kW
보일러	organic matter 3, 5MW, oil boiler for peak hour production 6MW
공 급	26백만 kWH/year
투자비용	10.17백만 유로

이런 상황에서 지역정부는 1990년 '화석연료로부터의 완전 독립'을 선언하고, 지역에서 이용할 수 있는 바이오매스를 이용하여 지역에너지 자립을 하기 위한 계획을 세웠다. 이렇게 시작한 에너지자립으로 2008년 귀싱의 바이오에너지 생산설비는 40MW이고, 석유 대체연료로 바이오디젤은 200%, 열은 98%, 전기는 140%를 충당하고 있다.

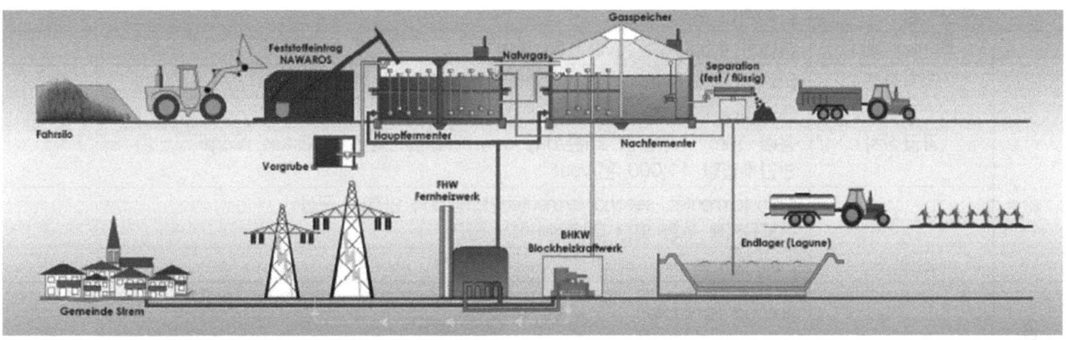

<그림 5-38> 바이오가스 시설

귀싱은 에너지 생산 설비뿐만 아니라, 1996년에는 유럽 재생에너지 센터(EEEE : uropäisches Zentrum für Erneuerbare Energie)를 설립하여 지방정부와 연구소 기업체를 연결하는 효율적인 산학 연계시스템을 갖추었다.

또한 EEE는 신재생에너지의 이용과 관련하여 기술, 정보를 제공하기 위한 세미나를 개최하거나 교육프로그램을 제공하고, Green energy tourism을 통하여 귀싱의 에너지자립 사례를 소개한다. 현재 에너지설비를 견학하기 위한 방문객은 매주 400명에 달한다.

친환경에너지 마을로 전환하면서 귀싱은 화석연료에서 벗어나 100%의 재생가능 에너지이용이 가능해졌을 뿐만 아니라, 400개 이상의 새 일자리가 창출되었고 소득이 증대되었다. 1995년 연간 35,000톤에 달하던 CO_2 배출량은 2008년 5,000톤으로 크게 감소하였고 귀싱지역 28개 마을에서 에너지 구입을 위해 지출하던 3천 600만 유로의 비용을 공동체를 위하여 사용할 수 있게 되었다. 귀싱은 지역정부 주도하에 교사, 전문가, 농민 등의 참여로 에너지자립을 이룬 사례다. 처음에는 지역 내 공공에너지를 효율화하고 절약해서 생긴 예산과 중앙정부지원 예산으로 재생가능에너지 설비를 설치했다. 지금은 이미 투자한 재생에너지 설비의 수익과 지자체 및 중앙정부의 지원, 유럽연합 차원의 프로젝트를 결합함으로써 귀싱은 계속 화석연료로부터의 에너지자립을 진행하고 있다. 귀싱에는 지금도 매년 새로운 설비가 2~3개씩 설립되고 있다.

<표 5-44> 바이오가스 시설

구 분		내 용	
원 료		잡초, 옥수수대 등 농업부산물	
Power		전기 500 kW, 열 600 kW	
연간 에너지 생산량		전기 4,350 MWh 열 5,220 MWh	
Annual reguired plant quantity		11,000 ton (250ha)	
투자비용		2.25백만 유로	
공정	Bunker silo	총면적 4,350m³, 용량 15,000m³	
	액저장조	Bunker silo에서의 침출수 수집 및 소화조에서 이용	
	공급장치	Container와 자동 스크류 수송시스템으로 구성 용량 50m³, 투입량 25톤/day con silage, 5톤/day Grass silage 연간투입량 11,000 톤/year	
	소화조	main fermenter, second fermenter(가스탱크와 연결)로 구성 온도유지를 위한 열은 CHP설비에서 공급	
		main fermenter	1,500m³
		second fermenter	1,500m³, 230m³/h의 가스 생산 CH_4 55%
	분리조	소화잔재를 액상, 고상으로 분리 고형물(DS 30%)은 무취, 비료로서 사용하기 좋아 토지에 살포 액상의 일부는 main fermenter로 반송하거나 lagoon으로 이송	
	최종저장조 (lagoon1,2)	소화잔재 중 액체는 각각 2,000m³ 용량의 lagoon에서 4~ 6달 저장 (부유층 생성방지를 위해 혼합)후 액비 사용	
	가스활용(CHP)	가스탱크의 바이오 가스는 CHP설비로 공급되어 전기와 열로 변환, 변환된 전기와 열의 일부는 공정에서 사용	
		Output : 전기 500 kW, 열 568 kW Engine : Jenbacher JMC 312 GS-B.LC	

3) 하수슬러지를 이용한 바이오가스 플랜트

하수처리시설에 적합한 에너지자립화 기술로서는 소화가스를 이용한 가스발전이 있으며, 소화가스를 수소원으로 한 연료전지에 의한 발전도 채용되고 있다. 슬러지 중의 유기물을 분해하여 안정화하기 위해서 소화조를 이용하고 있는 경우에 부산물로서 소화가스가 발생한다.

소화가스는 메탄을 60% 정도 포함하고 있어 발전에 이용할 수 있으며, 일반적으로 가스발전에는 크게 나누어 3개의 방식(가스엔진, 가스터빈, 연료전지)이 있다.

<표 5-28> 국내 하수처리장 소화가스발전 적용현황

NO	처리장명	시설용량 (㎥/일)	위치	발전용량 (kW)	가동일
1	난지	1,000,000	서울 고양 덕양구 현천동	720kW 3대	1994
2	중랑	1,710,000	서울 성동구 송정동	846kW 3대, 1,200kW 3대	1987
3	탄천	1,100,000	서울 강남구 일원동	250kW 1대, 800kW 2대, 1,600kW 1대	2006.4 1986.
4	서남	2,000,000	서울 강서구 양천길	1,600kW 2대	1995
5	수영	550,000	부산 수영구 안락2동	750kW 1대	2002.1
6	제천	70,000	충북 제천시 천남동	280kW 1대	2007.1
7	속초	46,000	강원 속초시 대포동	65kW 5대	2009년 예정
8	제주	130,000	제주 도두2동	375kW 1대	2005.12

소화조가 설치되어 가동 중인 59개소 처리장에서 발생한 가스량은 413,967m^3/일이며, 이중 약 6%(26천m^3) 정도가 발전에 사용되고 있다. 소화가스를 발전에 활용하는 처리장은 서울의 난지, 서남, 중랑, 탄천하수처리장, 부산의 수영하수처리장, 충북의 제천하수처리장, 강원도의 속초하수 처리장, 그리고 제주도의 제주하수처리장 등 8개 하수처리장이며, 전체 발전용량은 16,678kW이다.

가) 부산 수영하수처리장(부산환경시설공단)

① 개요

부산광역시 수영하수처리장(시설용량 550천m^3/일)에서는 잉여 메탄가스를 활용한 열병합 발전설비로 자원화와 자원 재활용에 의한 원가절감 및 경영개선을 도모하고 있다.

② 원리 및 공정도

수영하수처리장에서는 폐기물 혼합에 따른 소화공정의 불안정 문제를 해소하고 단일 소화조 이용에 따른 처리비용을 절감할 수 있는 혐기성 통합소화 기술을 도입하고 있다.

<표 5-45> CHP설비

Fuel input power		8,000 kW
생 산	전기	2,000 kW
	열	2,500 kW
비 용	투자비용	10,000천유로
	융자	6,000천유로
	운영비(/yr)	투자비용의 10-15%
	열가격(공급망)	2.0유로-cents/kWhth
	열가격(소비자)	3.9유로-cents/kWhth
	전기가격	16.0유로-cents/kWhel
공 정	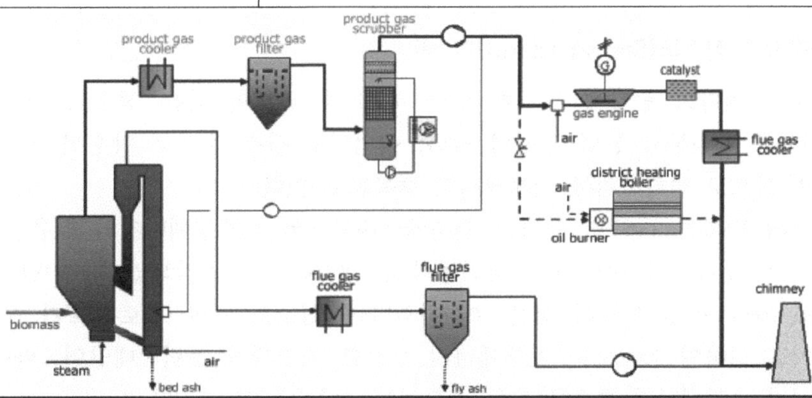	

<그림 5-39> 유럽 재생에너지 센터(EEE)

<그림 5-40> 태양에너지판 설치학교 및 바이오매스플랜트

다. 덴마크 삼소도(Samso Island)[98][99]

삼소도는 덴마크 중앙에 위치한 인구 4,100명 규모의 작은 섬으로 노인인구가 섬인구의 20% 이상을 차지하고 농업 경쟁력 약화, 어업인구 감소 등으로 낙후된 지역이었으나 신재생에너지의 섬으로 변화하면서 세계적으로 주목받고 있다.

삼소도의 변화는 1997년 덴마크 환경에너지부에서 신재생에너지의 활용을 늘리기 위한 방안으로 '신재생에너지 아이디어 경연대회'를 개최하면서 시작되었다. 10년 이내에 탄소중화(Carbon Neutral)인 무공해 섬을 조성하겠다는 '삼소도 개발 프로젝트'가 우수작으로 선정되었고, 이로 인하여 삼소도는 재생에너지 섬으로 지정되어 풍력 · 태양열 · 바이오매스 등 신 · 재생에너지로 섬에너지 수요를 모두 충당하는 계획을 추진하였다.

삼소도 개발은 저소득 · 저학력 · 고령의 농민들이 대부분인 섬주민들의 폭넓은 참여를 기반으로 추진되었다는 것이 특징이며, 정부에서는 직접적인 개발 참여보다는 주민들의 투자수익 보장을 위한 제도마련에 주력하였다.

현재 삼소도는 풍력과 태양열, 바이오연료를 통하여 섬에서 필요한 전기를 100% 충당하고, 난방의 70%를 해결하고 있으며, 나머지 30%도 열펌프 등 새로운 난방시스템을 도입함으로써 1997년에는 연간 65,000톤에 달하였던 탄소배출량이 현재는 마이너스 15,000톤으로 감소하였다.

주요 설비로는 육상풍력발전터빈 11기, 해상풍력발전터빈 10기, 밀짚연소열시스템 3기, 태양열 · 우드칩 열시스템 1기 등 다양한 재생에너지설비가 건설되어 있다.

98) 전남발전연구원 김종일, 리전인포 제157호 "에너지 자립마을 조성과 지역 활성화 전략", '09
99) 외교통상부 블로그, http://blog.naver.com/ilovemofa

<표 5-46> 삼소도 사업 개요

구분		내용
현 황		인구: 4,100명 면적: 114km^2 주요산업: 채소와 과일재배의 농업
주요사업내용	시 설	육상풍력발전터빈 11기, 해상풍력발전터빈 10기, 밀짚연소난방공장 3기, 태양열·우드칩 연소난방공장 1기
	삼소 에너지 아카데미	신·재생에너지에 대한 연구, 교육, 홍보 등을 목적으로 2006년에 건립 삼소도 에너지 아카데미 건축물 자체도 생태건축공법 적용 신·재생에너지 체험 및 교육뿐만 아니라 관광명소로 부각
	이 용	섬 내부 전력수요의 100%를 풍력발전으로 충당 난방에너지는 태양열 및 바이오매스 에너지 70%, 열펌프 등 새로운 난방시스템 30% 유채유를 활용하여 자동차·경운기 등의 연료로 활용
사업비		10년간 약 4억 크로네(약 8백억 원) 투자 - 정부 보조금 3천만 크로네(약 60억 원 : 투자금액의 7.5%) - 나머지는 주민들이 개인·협동조합 형태로 투자
성 과		신·재생에너지 비중 - 1997년, 전체에너지 소비의 13% → 2006년, 99.6% 주민 1인당 연간 1만 크로네 상당(약 2백만원)의 석유 구입비 절약 풍력 발전터빈에 가구당 2천~4천 유로를 투자하여 연간 4백유로 상당의 가구당 투자 수익 발생 세계 각국에서 견학을 목적으로 방문객이 크게 증가(연간 약 50만명) 일자리 창출 에너지 절감, 환경개선, 소득증대 등 직접적 효과뿐만 아니라, 고용창출 및 관광수입 증대, 주민들의 자긍심 고양 등 다양한 간접적 효과 10년 내 자동차 10%를 전기자동차로 교체하는 수송부문의 계획은 전기자동차의 경제성 부족으로 실패 - 향후 전기 또는 수소 자동차의 개발 및 보급, 유채씨유 등 바이오연료 생산 증대를 통한 수송부문 탄소배출 저감에 주력 예정

출처 : Samso Energy Academy, http://www.energiakademiet.dk

<표 5-47> 풍력발전설비 현황

구 분	해상풍력발전설비	육상풍력발전설비		
		Brundby	Permelille	Tanderup
총 가격	-	\$5 mil US	\$3 mil US	\$3 mil US
연간생산량	77,500MWh (280TJ)	12,700MW/yr	7,600MWh	7,600MWh
Guarantee	-	10cents US/kWh 7.1cent US/kWh		

출처 : Samso Energy Academy, http://www.energiakademiet.dk

<표 5-48> 밀, 짚연소 지역 열시스템 현황

구 분	Onsbjerg	Tranebjerg	Ballen/Brundby
수요자(가구)	76	400	232
원료	밀짚		
생산	0.8MW	3MW	1.6MW
밀짚소비량	600t/yr	-	1,200t/yr
연간소비량	1,500MWh/yr	9.5MW	3,300MWh/yr
설립연도	2002	1993	2004~1005
설립비용	$1.35millionUS	$5.3 million US	$2.7 million US
연간출자금	$430 US	$450 US	$430 US
가격(MWh)	$110 US	$130 US	$112 US
새수요자비용	$7,500 US	$4,170 US $200/m(열수송관)	$7,500 US

출처 : Samso Energy Academy, http://www.energiakademiet.dk

<표 5-49> 태양열·우드칩 열시스템 현황

수요자	178가구
원 료	태양열, 우드칩
생 산	1.6MW
우드칩 소비량	1,250t/yr
태양열 수집면적	2,500㎡
태양열 저장	800㎥
설립연도	2001/2002
연간 출자금	$430 US
가격(MWh)	$115 US
새 수요자의 비용	$4,170 US $200/m(열수송관)

출처 : Samso Energy Academy, http://www.energiakademiet.dk

<그림 5-41> (a) 태양광발전소, (b) 해상풍력발전
(c) 삼소에너지아카데미, (d) 우드칩 연소 발전소

출처 : Samso Energy Academy, http://www.energiakademiet.dk

라. 영국 베드제드 제로 에너지 주택단지

런던 남부 Wallington에서 오수처리시설 부지의 재생사업을 통해 조성된 베드제드(BedZED : Beddington Zero Energy Development)는 생태주거단지의 표본이자 친환경건축의 가장 성공적인 사례로 손꼽히고 있다.

<그림 5-42> 영국의 베드제드 제로 에너지 주택단지

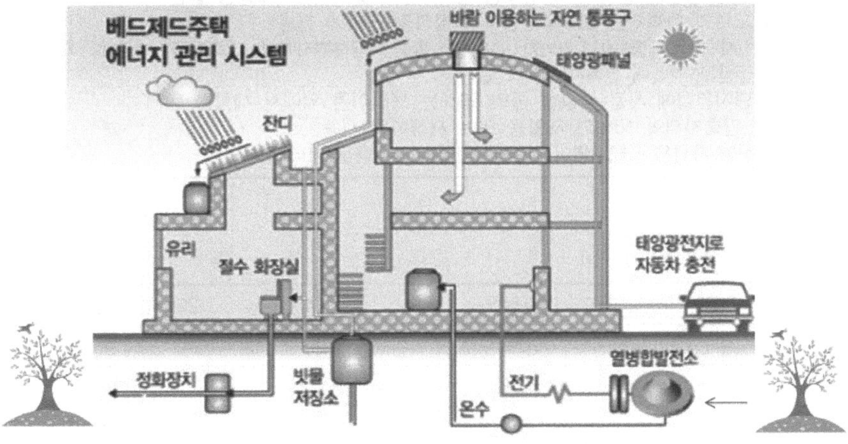

<그림 5-43> 베드제드 내 주택의 에너지 관리 시스템

CO_2 발생원 중 특히 주택이나 건물에서 발생하는 양은 전체 발생량의 25%나 차지하여 이 부문에서의 에너지 효율성 제고 및 절약이 각국의 당면과제로 등장하였다. 이러한 현실을 인식하고 2000년대 초부터 영국은 공공기관, 사기업, 개발업자들이 상호협력하여 에너지 절약형 생태도시와 주거단지 개발을 시도하였다.

친환경/효율적인 에너지 소비의 주거단지 조성을 목적으로 저소득층을 위한 주택협회인 Peabody Trust가 부지를 시세보다 싸게 매입하여 설계를 의뢰하고, 환경 컨설턴트 회사 Bio Regional Development Group과 건축가 Bill Dunster Architects가 함께 설계하였다.

단지를 조성한 다음해부터 생태적 영향을 최소화하도록 설계된 베드제드의 성과에 대한 모니터링 결과, 이미 일부항목에서 목표치를 달성했거나 근접하고 있다.

<표 5-50> BedZED 사업개요

사업개요	2000년 ~ 2002년 9월 조성 가동이 중단된 오수처리 부지 사용 전체 면적 1만 6,500㎡ 2002년 3월에 입주 시작 후 현재 100여 가구 조성
사업주체	저소득층 자선단체, 지역환경단체, 건축사무소, 견적회사, 엔지니어설계회사 등 다양한 주체들의 협력
설계원칙 및 특징	제로에너지에 도전 - 소비되는 난방과 전력은 단지내에서 생산되는 신 · 재생에너지를 활용 - 모든 주택의 지붕 위에 태양광패널(777㎡)을 설치하고, 단지 내 열병합 자가발전소에서는 산업폐기물(목재)을 소각하여 에너지 생산에너지 효율성 제고 - 미세한 바람을 이용할 수 있도록 특수 제작된 굴뚝을 설치하여 실내환기와 건물내부의 온도 조절 - 모든 주거용 공간은 남쪽에 배치, 3중 유리 설치 절수 및 재활용성 증진 - 빗물과 오수의 정화수는 절수화장실과 옥상정원 관리에 활용 - 건축물 자재는 재활용이 가능한 자원을 활용, 건축부지에서 35마일(약 56km) 이내에 있는 지역자재를 공급받음(단지 내 건축자재의 52%) - 실제로 단지건설에 사용된 강철 중의 90%는 브라이튼 역에서 재활용 됨 - 단지 내 건축자재의 15%가 재활용 또는 재생자원 사용 - 모든 가정에 재활용 쓰레기통이 마련, 주민들의 재활용을 적극 장려

<표 5-51> BedZED의 자원절감 효과

항 목	감축목표	2007년 기준 감축효과
실내난방	90%	88%(73%)
온수	33%	57%(44%)
전력	33%	25%
수도	33%	50%
개인차량운행 (화석연료사용)	50%	65%
건축자재	친환경적 건축자재사용으로 전체 환경영향의 약 25% 감소	

출처 : http://www.bioregional.com/

<표 5-52> BedZED의 Costs and Savings

대 상	내 용			비용(절감)액
개발자	건설비용	열		£352,750
		교통수단		£12,385
		전기		£12,878
		재생가능자원	열병합발전(목재)	£77,022
			태양광	£25,007
		물	물저장설비	£3,720
			빗물, 오수 정화설비	£87,446
	소 계			£571,208
	잠재적 이익	생활의 질		£480,000
		계획집행이익(Planning Gain)		£208,800
	소 계			£1,051,208
거주자	비용감소	열		£1,016/yr
		전기		£959/yr
		물저장설비		£1,872/yr
	소 계			£3,847/yr
	부가가치	생활의 질		qualitative

<표 5-52> BedZED의 Costs and Savings(계속)

대 상	내 용			비용(절감)액
환경	CO_2 저감량	열		18.3 tonnes[100]/yr
		교통수단		46.8 tonnes/yr
		전기		6 tonnes/yr
		재생 가능자원	열병합(목재)	70 tonnes/yr
			태양광	1.5 tonnes/yr
	소 계			0tonnes/yr
	절수량	물저장설비		825 m^3/yr
		빗물/오수 정화설비		400 m^3/yr
	소 계			1,025 m^3/yr

출처 : http://www.bioregional.com/

2006년 12월 영국은 베드제드 생태주거단지를 모델로 2016년까지 전국의 모든 신규주택을 탄소제로로 건축할 것을 제안하였고, 2007년 5월에는 친환경주택 10만호 건설계획을 발표하였다.

100) tonnes(=메트릭 톤)

마. 독일의 바이오에너지 마을

독일의 바이오에너지 마을은 지역단위의 구체적인 온난화 방지 대책으로 지역자원이 풍부한 교외지역에서 농업과 임업활동에서 발생하는 바이오매스를 이용하여 에너지를 발생시키고 취락 내의 에너지 수요를 모두 바이오매스 에너지로 조달하려는 구상이다. 구체적인 목적은 다음과 같다.

- ㅇ 바이오매스로 에너지의 자급
- ㅇ 농촌에서의 고용 촉진
- ㅇ 농업자의 부수입원 확보(농림업 잔재나 에너지 작물의 판매)
- ㅇ 친환경적인 자원의 생산
- ㅇ 지역이미지 향상
- ㅇ 범용성이 있는 기술의 확립

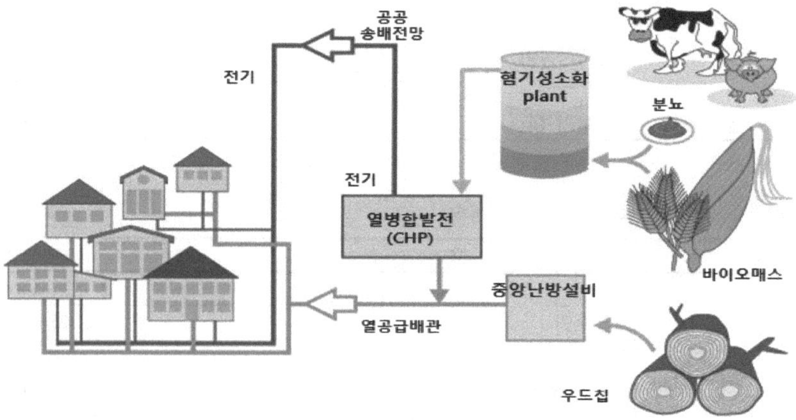

<그림 5-44> 독일 바이오에너지마을의 개념도

구상의 핵심은 바이오가스 시설에 의한 전력 및 열공급과 목질계 바이오매스에 의한 지역난방 공급시설이라고 할 수 있다. 특히 큰 역할을 하는 것은 바이오가스 열병합발전(cogeneration) 시설로 폐열을 효율적으로 사용함으로써 에너지 효율을 높인다. 통상적으로 바이오가스 시설만으로도 대부분의 에너지 수요를 채울 수가 있으나, 동절기에는 난방으로 인해 많은 열을 필요로 하기 때문에 우드칩을 연료로 한 대형 지역난방 시설을 가동시켜야 한다.

연료로는 마을 내의 휴경지에서 재배되는 에너지 작물과 가축분뇨, 농작물잔재, 벌재목, 전정가지 등이 이용된다.

독일의 바이오에너지 마을은 윤데마을을 시작으로 2008년 기준 10개의 마을이 완공되었고, 현재 공사 중인 마을까지 총 20여 개가 있다.

1) 윤데마을 (Jűhnde)

윤데마을은 독일 니더작센주 괴팅엔(Göttingen)시에서 자동차로 약 15분 정도의 거리에 위치한 농촌마을로 9개의 큰농장을 중심으로 마을을 형성하고 있다. 윤데마을의 바이오에너지마을 프로젝트는 독일의 괴팅겐 대학교수들에 의해 시작하게 되었으며, 추진경위는 다음과 같다.

ㅇ 1998년 괴팅엔대학교의 '지속가능한 발전을 위한 연구센터(IZNE)'에서 바이오에너지 마을 프로젝트를 구상

ㅇ 40여개의 후보지를 선정한 뒤 프로젝트 설명서를 마을에 보내고 관심을 보인 마을을 방문하여 설명회를 개최하는 과정을 통해 최종적으로 윤데마을을 대상지역으로 선정

<그림 5-45> (a) 윤데마을의 에너지시설, (b) 온수배관시설
(c) 온수배관 경로

ㅇ 윤데마을 선정 배경
- 괴팅엔시에 인접하여 도시와 농촌의 교류 가능
- 농경지와 산지에서 충분한 양의 바이오매스 연료 확보 가능

- 다양한 주민조직이 운영되어 협동적 프로젝트 추진 가능

○ 2001년, 바이오에너지마을 추진위원회를 결성

- 주민의 70%가 협동조합에 가입

윤데마을 사업을 진행함으로써 다음과 같은 효과를 가져왔다.

○ 지역자본으로 발전소를 건설·운영하여 화석연료에 종속되지 않는 에너지 자립

<표 5-53> 윤데마을 사업 개요

구분		내용	
환경		○인구 : 780명 ○농지 1,300ha, 산림지 800ha ○전형적인 농촌	
바이오 에너지 설비		○열병합발전기 : 700kW 전력량 ○우드칩 사용 난방시스템 : 550kW ○열저장설비 2기 ○난방용 배관 길이 : 5.5kW ○동절기 대비 보일러 : 1,600kW	
연료	바이오 매스	○축산분뇨의 양: 9000㎥/연 ○300-330ha 정도의 경작지에 2개의 작물을 동시에 키우며 연 2번의 농작이 가능하게 함 ○농작물: 11,000톤/연	
	우드칩	○300톤/연	
사업비	투자	○바이오가스 설비, CHP설비: 2,900천유로 ○열 설비: 900천유로 ○온수용 배관: 1,600천유로	5,400천유로
	자금 조달	○주민투자(협동조합): 500천유로 ○외부자본(은행): 3,400천유로 ○보조금: 1,500천유로(관련연방정부와 환경단체 1,300천유로, 주정부/지자체 200천유로)	
수입구조		○전기가격 : 150kW까지 11,30Cent/kWh, 500kW까지 9,75Cent/kWh, 5MW까지 3,40Cent/kWh로 판매 (전력매입법, 2005년 기준) ○바이오매스에 관한 보너스: 500kW까지 6,00Cent/kWh, 500KW부터 4,00Cent/kWh ○병합열, 전력 2,00Cent/kWh ○시설비의 높은 것이 단점 ○장점 - 한번의 설비로 장기적 사업이 가능 - 향후 계속적인 에너지 가격에 상승시 상대적으로 안정된 에너지의 비용확보로 수익성 보장	

출처 : Volker Ruwisch, Benedikt Sauer, "Bioenergy Village Jühnde : Experience in rural self-sufficiency", 2007.9

○ 전체 시설공사비의 58%인 3.3백만 유로를 해당지역에 지출하여 지역경제 활성화 및 시설 공사 시 일자리 창출(장기적으로도 일자리 창출)

○ 마을에서 연간 소비하는 약 2,000MWh의 전력을 제외한 남은 전력은 외부에 매각하여

수익창출(매년 전력매입법에서 20만 유로의 전기 판매 수입)

- ㅇ 전력 생산과정에서 발생하는 열과 온수(연간 생산량 5,500MWh, 연간 소비량 3,500MWh)는 배관망을 통해서 각 가정으로 공급
- ㅇ 전기 및 열의 판매 등으로 인한 총 수익은 89만 유로
- ㅇ 사업의 운영으로 생기는 기술의 축적으로 무형의 수입이 가능해짐
- ㅇ 경제적 수입뿐만 아니라 연간 3,300톤 CO_2 정도의 온실가스를 저감(EU의 2050년 CO_2 저감 목표 달성)
- ㅇ CH_4가스 발효 이후 남은 부산물은 유기질비료로 활용하여 유기농업 기반 마련
- ㅇ 에너지 마을 설비와 운영은 모든 마을에 적용할 수 있다는 가능성을 보여줌

윤데마을은 도시민의 이주가 늘어 농촌과 도시가 공존하는 형태로 발전하고 있으며, 에너지 자립형태를 벤치마킹하기 위한 방문객이 연간 500여명에 달하여 6개월~1년 과정의 생태마을 조성 프로그램까지 개발 중이다. 도시에서 이주하는 사람들을 위해 마을 외곽에 20여 가구 규모의 신규 주택단지를 조성하기도 하였다.

2) 마우엔하임마을 (Mauenheim)[101]

마우엔하임마을은 독일 Baden-Wuerttemberg의 첫 번째 바이오에너지마을로 지역 내 필요한 모든 전기와 열을 바이오가스, 우드칩, 태양광설비를 통해 공급받는다.

인근 가축목장에서 수거한 축산분뇨를 이용, 생산한 바이오가스를 발전하여 나오는 열을 공급망을 통해 마을 곳곳으로 보내고 있다. 열공급망의 총 길이는 약 4km이며 약 100가구에 전기 및 열을 공급한다. 부족한 열은 우드칩을 사용하고 있다. 바이오가스 시설 및 우드칩 시설은 연간 약 2백만kWh에 이르는 전기를 생산하고 있으며, 재활용이 가능한 폐열 약 180만 kWh가 생산되고 있다.

<그림 5-46> (a)마우엔하임의 에너지시설, (b)우드칩 열공급설비

101) Bioenergidorf Mauenheim, http://www.bioenergiedorf-mauenheim.de/

<표 5 51> 마우엔하임마을 사업 개요

구분		내용
환경		○ 인구: 430명 ○ 전형적인 농촌
바이오 에너지	바이오 가스	○ 에너지작물 약 6,500톤/연(지역내 경작지 재배), 150마리의 소분뇨 사용 ○ 바이오가스 설비: 4,000MWh/연 전기생산(마을 전기수요량의 90%) ○ 가스열병합발전설비: 3,500Mwh/연 잉여 열 생산(원유환산 350kL 해당) - 생산된 열은 마을 내 가정과 사업장에 공급 - 마우엔하임 마을뿐만 아니라 계약하에 인근 지역에도 공급 - 난방열 2cent/kWh의 보너스
	우드칩	○ 용량: 1MV ○ 추가적인 지역 내 열 공급 (동절기)
	태양광	○ 용량: 260kW ○ 마우엔하임의 전기사용량의 1/4 제공 ○ 66kW 용량의 태양광설비 추가설치(60MWh/연 제공)
사업비		○ 주민자본: 605,000유로 ○ 바이오가스설비 : 지역소유인 KCH에 의해 독립적 재정지원 1,400,000유로 ○ 우드칩 설비, 지역 내 온수공급설비, 열교환시스템 : 지역내 투자그룹인 Solarcomplex에 의해 1,600,000유로 ○ Baden-Wuerttemberg주에서 목질계 에너지 촉진 프로그램을 통하여 보조금 136,000유로 지급 ○ 연방녹색에너지 융자 시스템 이용
효과		○ 바이오가스시스템: 2,600톤-CO_2/year의 온실가스방출 감소 ○ 가스열병합발전시스템, 우드칩 설비 : 약 1,000톤-CO_2 /year 감소 ○ 연간 300kL 연료 절약 (200,000유로/연에 해당) ○ 잉여전기의 판매수익은 주민 공익에 사용

2. 미국의 바이오에너지 마을

가. Bio-Town Reynolds[102)]

미국 인디애나 주의 한 작은 농촌마을인 레이놀즈에서는 일반폐기물, 농장잔재, 퇴비, 오·하수 등을 이용해 전기와 가스를 생산하려는 계획이 실행되고 있다. 이 계획은 '바이오타운 프로젝트'로 500여 명의 주민이 거주하는 소규모 농촌마을을 바이오매스 에너지와 바이오연료만을 이용하는 에너지 자립마을로 변화시키기 위해 2005년부터 시작되었다.[103)] 미국 최초의 바이오타운 지역으로 Reynolds가 선정된 것은 농업잔재물 등 유기성자원이 풍부하고, 고속도로 및 철도수송의 접근이 용이할 뿐만 아니라 약 500여명의 인구는 바이오타운의 규모로써 매우 효율적이기 때문이며, 주요 연구대학과 근접한 것 또한 선정된 이유 중 하나였다.

2006년 이루어진 연구에 의하면 Reynolds 주민과 기업이 2005년에 8백만kWh 이상의 전

102) BioTown, USA, http://www.in.gov/biotownusa
103) EERE Network News, Indiana Town Takes Major Step to Becoming "BioTown, USA" 2007.3.28

기와 약 1억 5천만m^3의 천연가스 및 384,000갤런의 가솔린을 소비하였으며 Reynolds의 에너지 사용 총합계는 약 2,280억 Btu를 나타내었다. 또한 Reynolds와 주변지역은 양곡, 콩, 곡초(줄기, 잎, 열매), 폐기물, 기름, 고형폐기물의 형태로 약 17조 Btu의 잠재적인 바이오매스 에너지원을 생산해 낼 것으로 추산되었다.

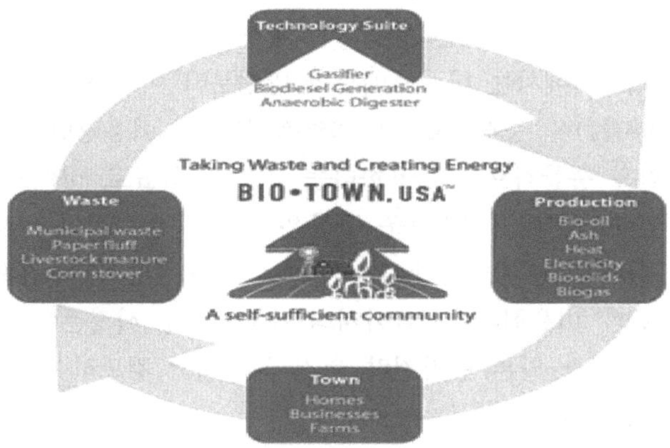

<그림 5-47> 폐기물의 에너지변환(바이오타운)

<표 5-55> 미국 Reynolds의 바이오타운 계획 (3단계)

1단계 (2005)	ㅇ화석연료를 대체한 바이오연료 사용의 증대 - 거주자를 대상으로 바이오에탄올 및 바이오디젤의 사용 장려 및 교육 실시 - E85(에탄올 85%와 가솔린 15%의 혼합)와 B20(바이오디젤 20%와 디젤연료 80%의 혼합)을 공급하기 위하여 마을에 바이오연료 펌프설치 - 모든 차량을 대체연료를 사용할 수 있는 차량으로 교체
2단계 (2007)	ㅇ농업잔재, 도시고형폐기물 등의 에너지로의 변환을 위한 조사·연구 및 개발 ㅇ조사·연구 : Reynolds의 에너지 사용, 바이오매스 생산잠재량, 에너지변환을 위한 부산물사용 및 기술 ㅇ미생물을 이용하여 분뇨를 메탄으로 전환하는 혐기성소화, 고온처리를 통해 바이오매스를 합성가스, 일명 "syngas"로 전환시키는 가스화, 바이오매스를 열분해에 의한 액상연료화(pyrolysis oil)라고 불리는 석유대체물질로 전환시키는 쓰레기 용융 시스템을 포함하여 바이오매스를 전력으로 전환할 수 있는 일련의 기술을 갖춘 시설을 건설
3단계	ㅇ재생가능한 자원으로부터의 바이오디젤 생산 ㅇ2단계의 연구내용을 바탕으로 에너지 생산에서 가장 경제적이고 효율적인 기술 선정

3. 일본 바이오매스타운[104)]

가. 바이오매스타운의 개요

바이오매스타운이란 지역 관계자의 제휴아래 바이오매스의 발생으로부터 이용까지가 효율적인 프로세스로 연결된 종합적인 이 · 활용 시스템이 구축되어 안정적이고 한편으로 적절한 바이오매스 이 · 활용을 하고 있거나 혹은 향후 이 · 활용이 전망되는 지역을 말한다.

바이오매스 일본 종합전략에서는 바이오매스의 발생부터 이용까지를 효율적으로 이용 및 활용하기 위해 시정촌(市町村)을 중심으로 각 지역적 특성과 이용방법을 고려한 시스템 구상을 통하여 바이오매스자원을 종합적으로 활용한다는 지역적 목표로 바이오매스타운 구상의 책정과 실현을 추진하고 있다. 바이오매스타운 구상은 지역의 종합적인 바이오매스 이용 및 활용을 위하여 대상지역, 실시주체, 지역현황, 바이오매스의 이용방법, 추진체제, 추진공정, 목표와 효과, 검토상황, 부존량과 이용현황, 지금까지의 추진 등을 시정촌이 정리하여 지방농정국에 제출하고, 그것을 바이오매스 일본 종합전략 추진 회의에서 검토하여 기준에 적합하면 바이오매스 정보 헤드쿼터에서 공표한다.

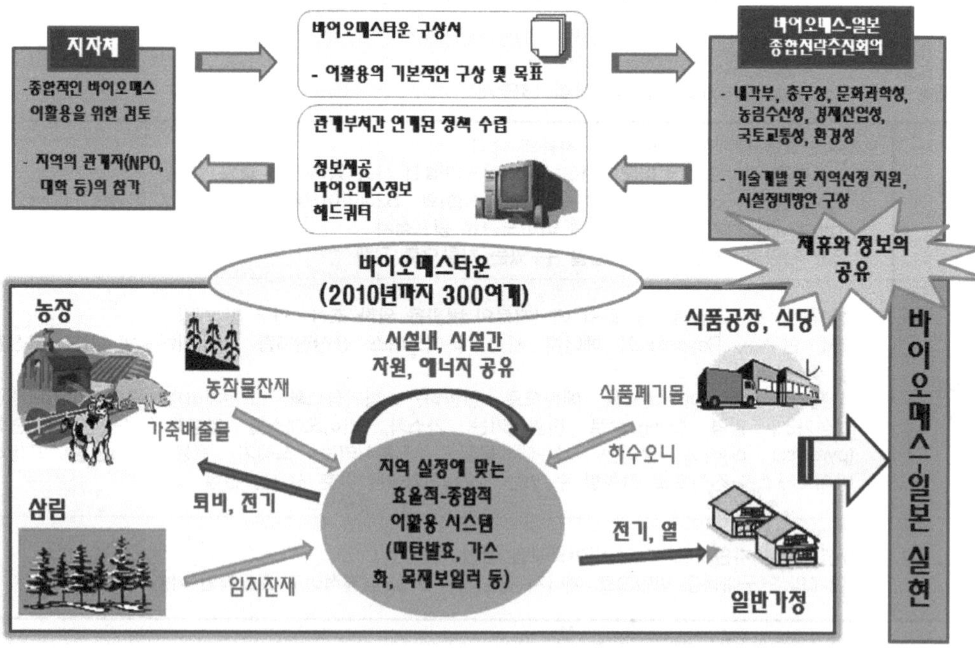

<그림 5-48> 바이오매스 구상의 진행

---

104) 農林水産省, バイオマスタウン構想策定マニュアル

나. 바이오매스타운 현황[105)]

2010년까지 바이오매스타운을 300개 조성하는 것으로 계획하였으며, 2009년 에 212개의 바이오매스타운 구상이 공표되었으며, 2012년에는 300개의 계획서가 제출되어 있다.

1) 홋카이도현 오타키(현 다테)

<table>
<tr><th>구 분</th><th colspan="4">내 용</th></tr>
<tr><td>인구</td><td colspan="4">1,565 명 (775세대)</td></tr>
<tr><td rowspan="3">지형적 특징
(면적)</td><td>밭</td><td>7.45㎢</td><td>산림</td><td>207.87㎢</td></tr>
<tr><td>택지</td><td>0.7㎢</td><td>목장</td><td>6.69㎢</td></tr>
<tr><td>그 외</td><td>51.32㎢</td><td colspan="2"></td></tr>
<tr><td>기상</td><td colspan="4">○ 주위가 산에 둘러싸여 대륙성 기후
○ 연평균은 5.3℃, 연간 강수량 1,492mm</td></tr>
<tr><td>바이오매스
부존량 및
이용현황
(연간)</td><td colspan="4">
<table>
<tr><th>바이오매스</th><th>부존량</th><th>변환처리방법</th><th>이 용</th><th>이용률</th></tr>
<tr><td colspan="5">- 폐기물계바이오매스</td></tr>
<tr><td rowspan="2">가축분뇨</td><td rowspan="2">12,960톤</td><td>퇴비화</td><td>농지비료</td><td>15%</td></tr>
<tr><td>목초지퇴비살포</td><td>자가이용</td><td>85%</td></tr>
<tr><td>하수슬러지</td><td>10,188㎥</td><td>하수처리</td><td></td><td>0%</td></tr>
<tr><td>가축분뇨</td><td>168</td><td></td><td></td><td>0%</td></tr>
<tr><td>폐식용유</td><td>2.1톤</td><td>소각</td><td></td><td>0%</td></tr>
<tr><td>음식물쓰레기</td><td>381톤</td><td>퇴비화</td><td>농지비료</td><td>100%</td></tr>
<tr><td colspan="5">- 미이용바이오매스</td></tr>
<tr><td>임지잔재,간벌재</td><td>2,094톤</td><td>미처리</td><td></td><td>0%</td></tr>
<tr><td>목초잔재</td><td>5,200톤</td><td></td><td>부료</td><td>38%</td></tr>
</table>
</td></tr>
<tr><td>기존시설</td><td colspan="4">○ 오타키무라 유기물 재자원화 센터
- 생활쓰레기 1 t/day, 가축 분뇨 5.5 t/day
- 미생물에 의한 발효 퇴비 생산</td></tr>
<tr><td>개 요</td><td colspan="4">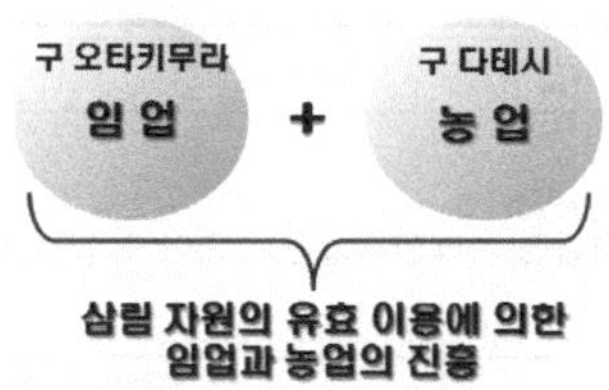

* 다테시(인구 37,000 명)와 통합
○ 간벌재나 임지잔재의 유효이용을 위한 Pellet화 설비 도입
○ 시내농가에서 사용가능한 소형 농업용 Pellet 보일러 도입
○ Pellet의 지속적인 공급을 위한 시에서의 최저가격 보증</td></tr>
<tr><td>목 표</td><td colspan="4">○ 미이용 자원인 임지잔재 등의 목질계 바이오매스 2,904톤/연이 활용
- 탄소환산 약 647톤/연)의 이활용(50%이상)
○ 미이용 바이오매스의 40% 이상의 이활용</td></tr>
</table>

105) 農林水産省, バイオマスタウン公表状況

2) 이와테현 쿠즈마키

구 분	내 용
인구	8,000 명 (2,733세대)
지형적 특징 (면적)	○ 산지중심에 위치, 마을면적(434.99㎢)의 97%가 고도 400 m이상 ○ 86%가 신록이 풍부한 삼림 ○ 낙농업이 주산업(1만 500여 두의 소)
바이오매스부존량 및 이용현황 (연간))	(아래 표)

바이오매스부존량 및 이용현황 (연간))

바이오매스	부존량 (톤/연)	변환처리방법	이 용	이용률
폐기물계바이오매스	183,198			98.7%
가축분뇨	180,571			99.6%
유용소	166,686	퇴비화	농지환원	97.2%
		메탄발효	농지환원	2.8%
육우	7,837	퇴비화	농지환원	100.0%
돼지	5,415	퇴비화	농지환원	100.0%
닭	633	처리위탁		0.0%
식품폐기물	496			20.6%
일반가정계	291			0.0%
사업계	205	퇴비화	농지환원	49.8%
목재폐기물	1,390			57.6%
단재	430	연료	연소이용	30.0%
바크	960	pellet화	연소이용	70.0%
종이	671	재자원화		47.7%
하수슬러지	70	탈수소각	매각	0.0%
미이용바이오매스	6,627			24.5%
볏짚	560	사료, 퇴비화	축산농가	95.0%
간벌재	6,067		판매	18.0%

기존시설

구 분	축분바이오매스 시설	목질계바이오매스시설 (발전용)	목질계바이오매스시설(열이용)
시설명	바이오가스시스템	목질바이오매스가스화설비	목질계pellet제조기
원료	젖소분뇨 13톤/day 음식물쓰레기 1톤/day	간벌재 칩 3t/day	바크, 톱밥 제조능력 1t/hr
설비 개요	메탄발효	발전기출력 120 kW, 15hr	연간판매 1,200t

구 분	내 용
사업주체	쿠즈마키정, 쿠즈마키정 산업진흥협의회, 민간사업자 등
주요 내용	○ 축산분뇨를 이용한 바이오가스 발전 ○ 가축분뇨와 목질계 바이오매스를 혼합한 메탄발효 ○ 목장에서 이용하는 모든 에너지는 풍력발전, 태양광발전, 축산바이오매스발전, 목질계 바이오매스 발전으로 자급

목 표

구 분	현 황(2006년)	목 표(2011년)
폐기물계 바이오매스	발생량 183,198 톤 이용률 98.7%(탄소 환산)	발생량 183,553 톤 **이용률 99.0%**(탄소 환산)
미이용 바이오매스	발생량 6,627 톤 이용률 24.5%	발생량 6,296 톤 **이용률 50.0%**

3) 니가타현 죠에츠

<table>
<tr><th>구 분</th><th>내 용</th></tr>
<tr><td>인구</td><td>208,083 명 (69,108 세대)</td></tr>
<tr><td>지형특징
(면적)</td><td>○ 토지구획정리 사업 등에 의해 택지화, 상업지화 진행
○ 경지 면적 18,482 ha</td></tr>
<tr><td>기상</td><td>○ 사계변화 뚜렷함
○ 전형적인 일본해형</td></tr>
<tr><td>바이오매스
부존량 및
이용
현황
(연간)</td><td>
<table>
<tr><th>바이오매스</th><th>부존량</th><th>변환처리방법</th><th>이 용</th><th>이용률</th></tr>
<tr><td colspan="5">- 폐기물계 바이오매스</td></tr>
<tr><td rowspan="3">음식물쓰레기
(일반, 산업)</td><td rowspan="3">22,353톤</td><td>메탄화 (3,010톤)</td><td>전력 이용</td><td rowspan="3">20%</td></tr>
<tr><td>퇴비화 (1,095톤)</td><td>퇴비</td></tr>
<tr><td>음식물처리기(471톤)</td><td>퇴비</td></tr>
<tr><td rowspan="2">공공하수슬러지</td><td rowspan="2">18,945톤</td><td>시멘트원료화 (1,710t)</td><td>시멘트사업자</td><td rowspan="2">18%</td></tr>
<tr><td>퇴비화 (1,675톤)</td><td>퇴비</td></tr>
<tr><td>분뇨·정화조
슬러지</td><td>76,795톤</td><td>메탄화, 퇴비화
(76,795톤)</td><td>전력 이용,
잔재는 퇴비화</td><td>100%</td></tr>
<tr><td>폐식용유</td><td>24kL</td><td>-</td><td>사료화(지역외 외탁)</td><td>53%</td></tr>
<tr><td>바크, 목재폐기물</td><td>4,400톤</td><td></td><td>우드칩, 축사부료</td><td>95%</td></tr>
<tr><td>가축 분뇨</td><td>47,603톤</td><td>퇴비화</td><td>퇴비</td><td>100%</td></tr>
<tr><td>수산폐기물</td><td>130톤</td><td>퇴비화</td><td>퇴비</td><td>18%</td></tr>
<tr><td>비지(나오에쓰지구)</td><td>2.2톤</td><td>-</td><td>매우 일부 식용, 그 외
대부분 소각</td><td>0%</td></tr>
<tr><td colspan="5">- 미이용 바이오매스</td></tr>
<tr><td>미이용간벌재</td><td>2,780톤</td><td>퇴비센터</td><td>소재이용</td><td>12%</td></tr>
<tr><td rowspan="2">볏짚</td><td rowspan="2">53,580톤</td><td>자가이용</td><td>퇴비</td><td rowspan="2">8%</td></tr>
<tr><td></td><td>멀칭재, 사료, 부료</td></tr>
<tr><td rowspan="2">인각</td><td rowspan="2">13,600톤</td><td></td><td>왕겨퇴비</td><td rowspan="2">100%</td></tr>
<tr><td>자가이용</td><td>훈탄, 배수개선자재</td></tr>
</table>
</td></tr>
<tr><td>기존</td><td>○ 목질계 바이오매스 자원의 혼련수지 제조·성형 가공 설비</td></tr>
<tr><td>사업
주체</td><td>○ 죠에츠시, 죠에츠 바이오매스(biomass) 순환 사업협동조합,
○ 멍에들삼림 조합</td></tr>
<tr><td>주요
내용</td><td>○ 생활폐기물, 폐식용유, 미이용 간벌재 등 이용
○ 바이오가스화시설, 슬러지건조시설, BDF화시설, 목질변환시설 등의 유기적 연결
○ 목재가공잔재물을 칩화시설에서 분쇄하여 바이오매스 플라스틱 제조 → 초중학교, 공공시설 등 공급</td></tr>
<tr><td>목 표</td><td>○ 폐기물계 바이오매스 90%(생활쓰레기의 80%이상, 하수 진흙의 92%이상, 폐식용유의 90%이상, 바크·목재폐기물의 95%이상)
○ 미이용 바이오매스(간벌재) 40%이상의 이용 및 활용</td></tr>
</table>

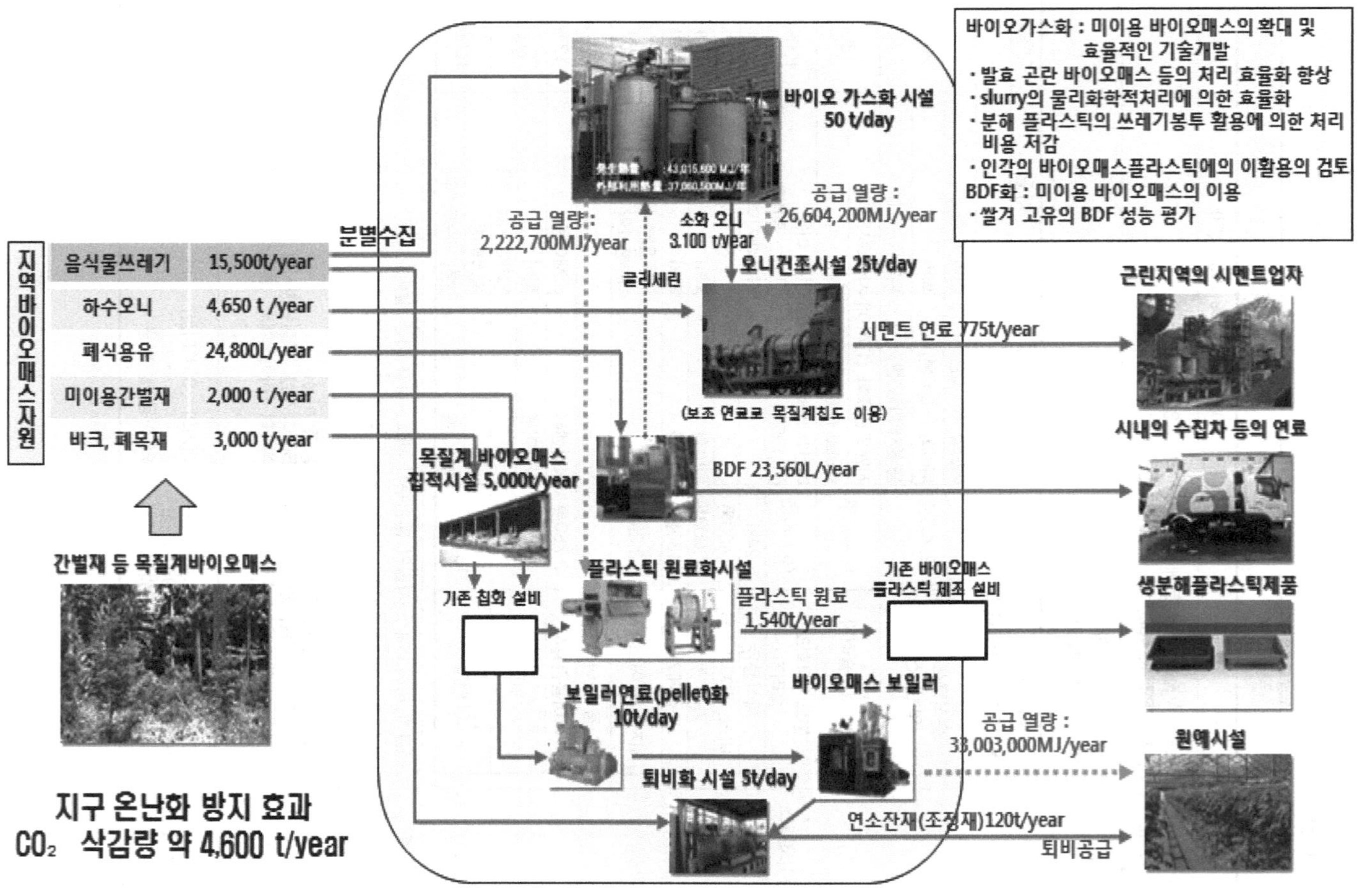

<그림 5-49> 죠에츠 바이오매스타운 구상

4) 카나가와현 미우라

<table>
<tr><th>구분</th><th>내용</th></tr>
<tr><td>인구</td><td>48,839 명</td></tr>
<tr><td>지형특징
(면적)</td><td>ㅇ 시역 면적(31.44㎢)의 약 75%가 시가화 조정 구역
ㅇ 코사쿠 면적은 시역 면적의 37%(농지)</td></tr>
<tr><td>기상</td><td>ㅇ 삼면이 바다로 둘러싸여 해양성 기후임</td></tr>
<tr><td>바이오매스부
존량 및
이용현황
(연간)</td><td>
<table>
<tr><th>바이오매스</th><th>부존량</th><th>변환처리방법</th><th>이 용</th><th>이용률</th></tr>
<tr><td colspan="5">폐기물계바이오매스</td></tr>
<tr><td>수산가공잔재</td><td>4,900t</td><td>사료화(역외 반출)</td><td>사료,어분,어유</td><td>100%</td></tr>
<tr><td>슬러지(공공하수도)</td><td>921t</td><td>공업원료화(시외 반출)</td><td>시멘트원료</td><td>100%</td></tr>
<tr><td>생분뇨</td><td>7,270t</td><td>처리수방류, 슬러지매립처분</td><td></td><td>0%</td></tr>
<tr><td>정화조슬러지</td><td>15,202t</td><td>매립처분</td><td></td><td>0%</td></tr>
<tr><td>수산가공폐수</td><td>28,835t</td><td>처리수방류</td><td></td><td>0%</td></tr>
<tr><td>음식물쓰레기</td><td>9,710t</td><td>매립처분, 일부퇴비화</td><td>퇴비</td><td>1%</td></tr>
<tr><td>지목 · 풀잎류</td><td>1,983t</td><td>퇴비화</td><td>퇴비</td><td>100%</td></tr>
<tr><td colspan="5">미이용바이오매스</td></tr>
<tr><td>농작물잔재</td><td>81,177</td><td>농지환원</td><td>농지환원</td><td>34%</td></tr>
</table>
</td></tr>
<tr><td>기존시설</td><td>미우라시 환경 센터(헤세이 3년도 가동, 고속 퇴비화+용적 축소 고체화 기능은 헤세이 15년도에 기능 정지)</td></tr>
<tr><td>사업주체</td><td>미우라시, 미우라 지역 재생 연구회</td></tr>
<tr><td>주요
내용</td><td>ㅇ 주요산업은 수산업과 농업
ㅇ 미사키 수산물 유통 가공업 단지를 중심으로 미사키항의 제로에미션 어항 추진
ㅇ 수산가공잔재, 슬러지 등을 농작물 잔재와 함께 메탄발효
ㅇ 농작물 잔재는 동시에 퇴비화 추진</td></tr>
<tr><td>목표</td><td>ㅇ 폐기물계 바이오매스의 이용율 83%
- 수산가공잔재 100% 이용
- 수산가공세정배수 100% 이용
- 슬러지(공공하수도) 100% 이용
- 생분뇨 100% 이용
- 생활쓰레기(일반쓰레기) 0%
- 지목, 풀잎류 0%
- 향후 수산가공단지 성비 후에는 부존량, 이용량 모두 증가가 전망되므로 바이오매스 이용율 90%를 목표
ㅇ 미이용 바이오매스의 이용율 96%
- 농작물잔재 96%</td></tr>
</table>

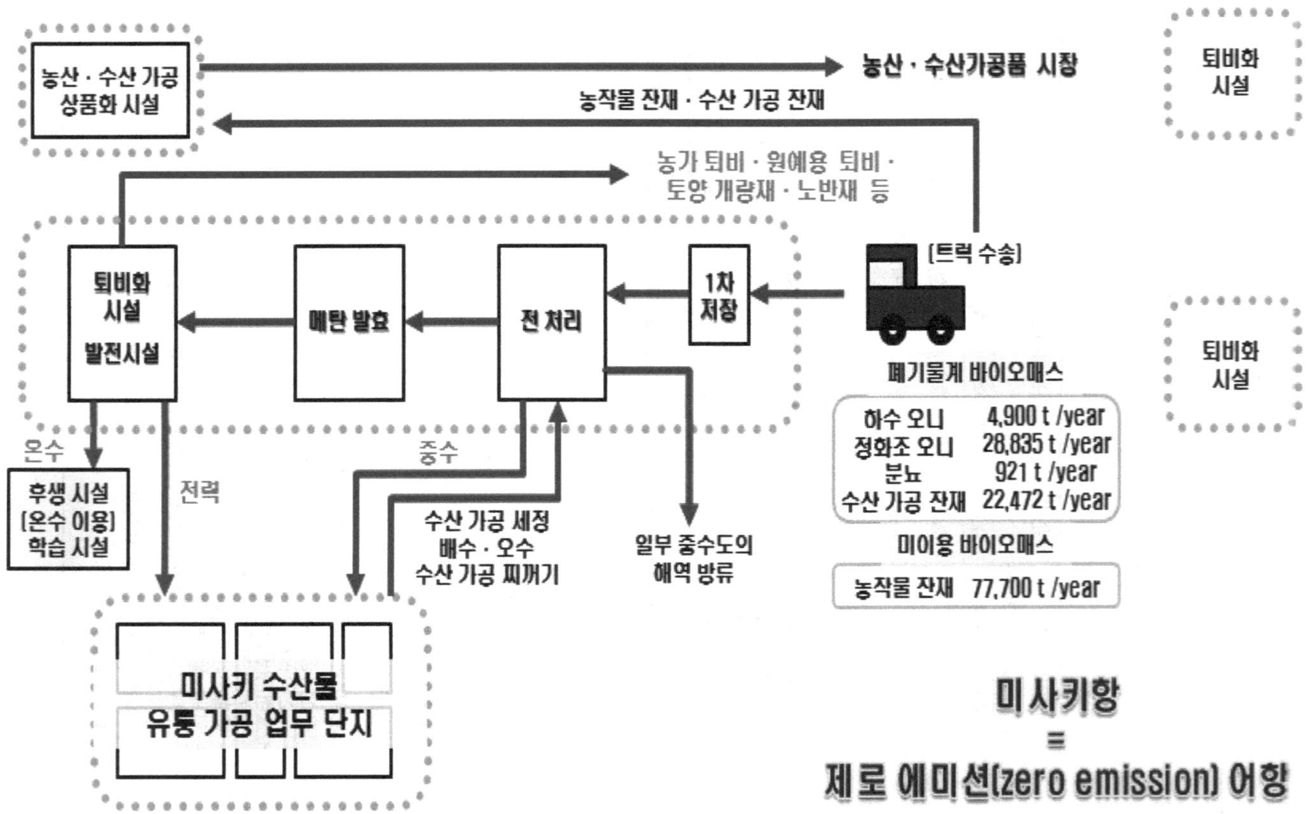

<그림 5-50> 미우라 바이오매스타운 구상

5) 오키나와현 이에지마

<table>
<tr><th>구분</th><th>내용</th></tr>
<tr><td>인구</td><td>5,325 명</td></tr>
<tr><td>지형적특징(면적)</td><td>○ 1섬 1마을의 낙도
○ 북해기슭은 절벽, 남해안은 거의 모래사장
○ 섬의 중앙이 시로산(해발 172 m)이며, 완만한 경사의 대지에 1,245ha의 경지개척</td></tr>
<tr><td>바이오매스부존량 및 이용현황(연간)</td><td>
<table>
<tr><th>바이오매스</th><th>부존량</th><th>변환처리방법</th><th>이 용</th><th>이용률</th></tr>
<tr><td colspan="5">폐기물계바이오매스</td></tr>
<tr><td>가축분뇨</td><td>32,000톤</td><td>셀룰로이드 원료, 가축용</td><td></td><td>100%</td></tr>
<tr><td>사탕수수잎,줄기</td><td>1,450톤</td><td>고액분리후 비료화</td><td>판매,
자가이용</td><td>100%</td></tr>
<tr><td>식품폐기물</td><td>760톤</td><td>퇴비화</td><td>자가이용</td><td>0%</td></tr>
<tr><td>정화조슬러지</td><td>575톤</td><td>침화, 퇴비화</td><td>자가이용</td><td>100%</td></tr>
<tr><td>(바람)피해목</td><td>200톤</td><td>소각, 매립</td><td>-</td><td>0%</td></tr>
</table>
</td></tr>
<tr><td>기존시설</td><td>○ JA오키나와 이에지점 퇴비 센터(JA직영의 축산 센터가 사육 하는 비육우의 배설물처리)</td></tr>
<tr><td>사업주체</td><td>○ 이에지마, JA오키나와 이에지점 아사히 맥주 주식회사 독립 행정법인 농업·생물계 특정 산업기술 연구 기구, 큐슈 오키나와 농업 연구 센터 작물 기능 개발부 사탕수수 육종 연구실</td></tr>
<tr><td>주요 내용</td><td>○ 농축산업이 발달
○ 축산분뇨 32,000톤으로 가장 많이 발생, 사탕수수 1,450톤 발생
○ 축산분뇨, 사탕수수 등을 활용한 퇴비의 공급체제 구축, 바이오에탄올의 생산 등 사탕수수 잔재의 다용도 이용 기술 개발</td></tr>
<tr><td>목표</td><td>○ 가축분뇨, 사탕수수 잎·줄기, 식품폐기물, 정화조 슬러지 등의 바이오매스 자원을 퇴비 원료, 부자재로서 활용, 마을내 폐기물 바이오매스의 90% 이상의 이활용을 목표
○ 사탕수수나 각종 바이오매스의 종합적·다단계적인 이용의 실현에 의한 이활용의 고도화를 목표</td></tr>
<tr><td colspan="2"> </td></tr>
</table>

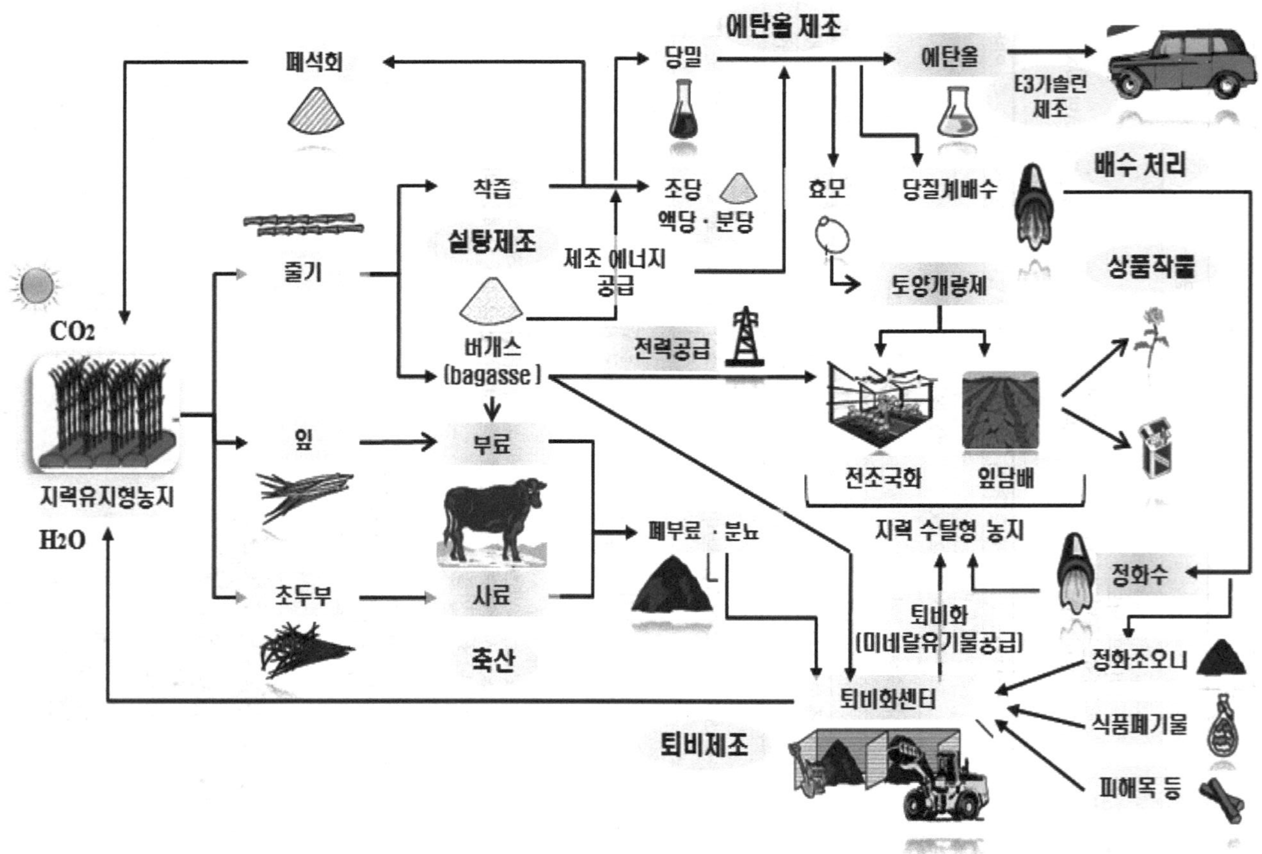

<그림 5-51> 이에지마 바이오매스타운 구상

6) 도쿄도 아키루노

<table>
<tr><th>구분</th><th>내용</th></tr>
<tr><td>인구</td><td>81,598 명</td></tr>
<tr><td>지형특징
(면적)</td><td>○ 약 60% 이상이 삼림
○ 경영 경지 면적은 32,431 a</td></tr>
<tr><td>바이오매스부존량 및 이용현황
(연간)</td><td>
<table>
<tr><th>바이오매스</th><th>부존량</th><th>변환처리방법</th><th>이 용</th><th>이용률</th></tr>
<tr><td colspan="5">폐기물계바이오매스</td></tr>
<tr><td>제재공장잔재</td><td>1,554톤</td><td>셀룰로이드의 원료, 가축용</td><td></td><td>17%</td></tr>
<tr><td>가축분뇨</td><td>8,766톤</td><td>고액분리후 비료화</td><td>판매, 자가이용</td><td>80%</td></tr>
<tr><td>음식물쓰레기</td><td>4,992톤</td><td>퇴비화</td><td>자가이용</td><td>3%</td></tr>
<tr><td>전정가지</td><td>627톤</td><td>칩화, 퇴비화</td><td>자가이용</td><td>1%</td></tr>
<tr><td colspan="5">미이용바이오매스</td></tr>
<tr><td>임지잔재</td><td>4,827톤</td><td></td><td></td><td>0%</td></tr>
<tr><td>볏짚</td><td>89톤</td><td>퇴비화,사료화</td><td>자가이용</td><td>80%</td></tr>
<tr><td>왕겨</td><td>21톤</td><td>퇴비화</td><td>자가이용</td><td>80%</td></tr>
</table>
</td></tr>
<tr><td>기존시설</td><td>○ 기존시설은 없음.</td></tr>
<tr><td>사업주체</td><td>○ 아키루노시, 도쿄 농공대학, 신사계 창조 주식회사(헤세이 18년 4월 설립 예정의 제 3 섹터) 및 아키카와 목재 협동조합</td></tr>
<tr><td>주요
내용</td><td>○ 목재 가공업으로부터 발생하는 제재잔재 등을 온천시설에서의 열원으로 이용
○ 칩 · pellet화 등의 가공을 하지 않고 원형 그대로 사용 가능한 보일러의 도입</td></tr>
<tr><td>목표</td><td>○ 간벌에 의한 임지잔재 4,827톤 가운데, 2,900톤 이 · 활용
- 약 2,480톤을 아케스기판으로 가공하여 에코 하우스용의 내외장재로서 이용
- 아키루노 브랜드의 확립 및 에코 하우스에의 도입 촉진
- 가공 과정에서 발생하는 단재나 바크 420톤도 화목보일러 및 발전용 스털링 엔진에 이용
- 미이용 바이오매스 이용율 60% 달성(2009년 목표)
○ 제재소 잔재 1554톤 중 약 1,100톤을 효과적으로 온욕 시설의 열원, 발전에 충당</td></tr>
<tr><td colspan="2">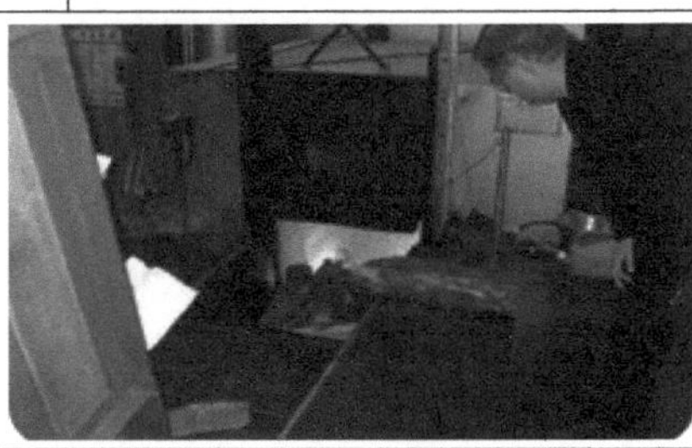 </td></tr>
</table>

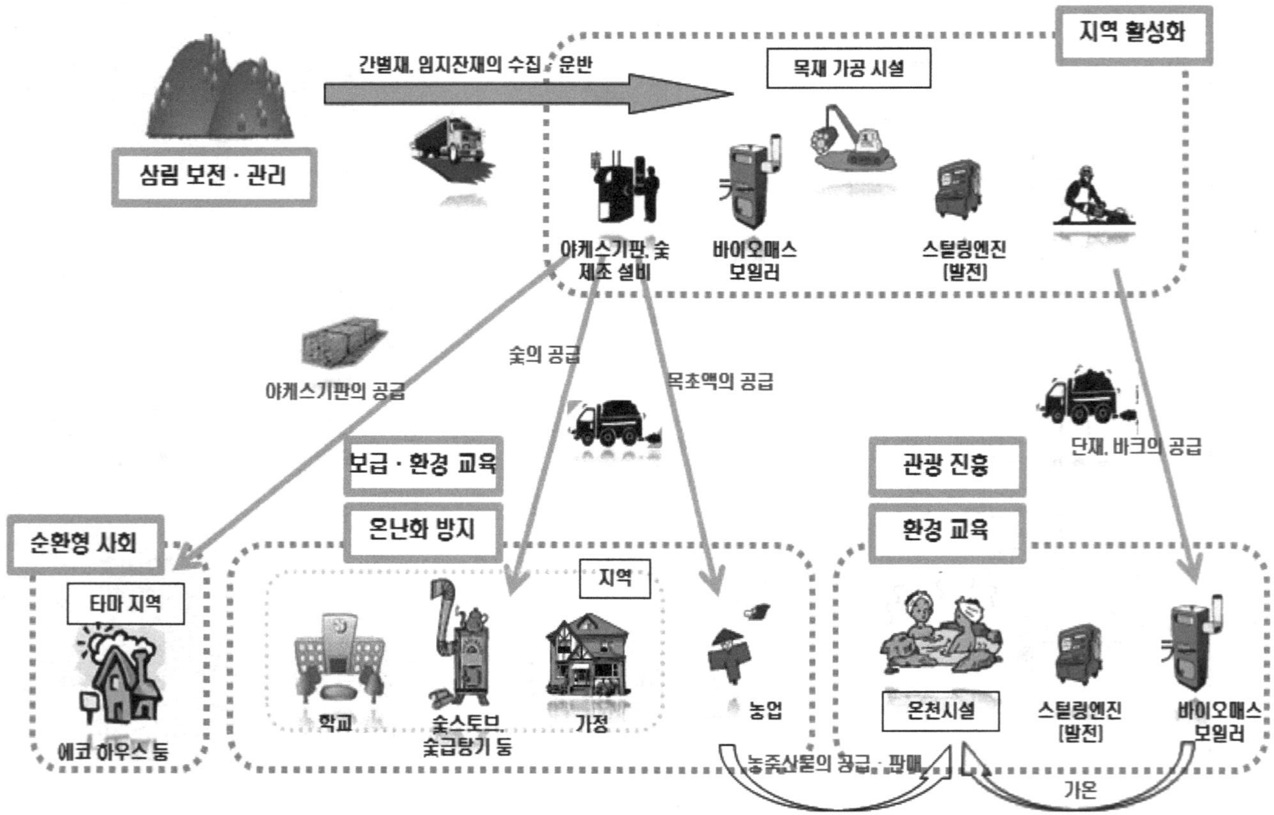

<그림 5-52> 아키루노 바이오매스타운 구상

7) 나가사키현 대마도

<table>
<tr><th>구분</th><th>내용</th></tr>
<tr><td>인구</td><td>39,790 명 (15,925 세대)</td></tr>
<tr><td>지형적
특징
(면적)</td><td>○ 총면적 271.4㎢ 중 78.4%가 임야
○ 경지는 주로 강가 산록의 경사지(표고 350∼1,000m 사이)에 계단상으로 산재</td></tr>
<tr><td>바이오매스
부존량 및
이용현황
(연간)</td><td>
<table>
<tr><th>바이오매스</th><th>부존량(톤)</th><th>변환처리방법</th><th>이 용</th><th>이용률</th></tr>
<tr><td colspan="5">폐기물계바이오매스</td></tr>
<tr><td>제재잔재</td><td>3,030</td><td>칩 연소, 퇴비화</td><td>열이용, 퇴비</td><td>21%</td></tr>
<tr><td>폐</td><td>1,680</td><td></td><td>농지환원</td><td>100%</td></tr>
<tr><td>가축분뇨</td><td>2,920</td><td>퇴비화</td><td>일부 축산공사가 판매</td><td>100%</td></tr>
<tr><td>수산가공잔재</td><td>40</td><td>사료</td><td>양식용 먹이</td><td>100%</td></tr>
<tr><td>음식물쓰레기</td><td>1,260</td><td>자가처리</td><td></td><td>10%</td></tr>
<tr><td>폐식용유</td><td>320</td><td>BDF화</td><td>사업자 자가이용</td><td>3%</td></tr>
<tr><td>분뇨</td><td>28,960</td><td></td><td></td><td>0%</td></tr>
<tr><td>슬러지</td><td>9,420</td><td>퇴비화</td><td></td><td>100%</td></tr>
<tr><td colspan="5">미이용바이오매스</td></tr>
<tr><td>임지잔재</td><td>31,520</td><td></td><td></td><td>14%</td></tr>
<tr><td>볏짚</td><td>1,500</td><td>가축비료, 퇴비화</td><td></td><td>50%</td></tr>
<tr><td>인각</td><td>300</td><td>가축비료, 퇴비화</td><td></td><td>50%</td></tr>
</table>
</td></tr>
<tr><td>기존시설</td><td>○ 목질계칩 보일러(민간)
○ 퇴비회사(진흥공사)
○ BDF화 시설(민간)
○ 슬러지 재생처리 센터</td></tr>
<tr><td>사업주체</td><td>○ 대마도시</td></tr>
<tr><td>주요
내용</td><td>○ 제재잔재, 임지잔재는 칩화 · pellet화하여 열에너지 및 발전으로 이용 실시
○ 폐식용유의 BDF화나 음식물쓰레기, 슬러지 등의 퇴비로의 이용</td></tr>
<tr><td>목표</td><td>○ 폐기물계 바이오매스의 이용률 : 93%
- 목질계 바이오매스(제재잔재 등)는 에너지 이용을 중심으로 100% 이용을 목표
- 음식물쓰레기는 시민 · 사업자에 의한 개별 처리와 분별 수집 · 퇴비화의 2 단계 대처로 50%의 이용률을 목표
- 슬러지는 기존 시설의 활용 · 퇴비 유통의 촉진으로부터 합병 정화조의 정비로 이 · 활용을 진행, 장래적으로 에너지 이용과 함께 60%의 이용을 목표
- 폐식용유는 BDF 연료화를 바탕으로 보급 계발이나 분별 수집을 추진하여 100%이용을 목표
○ 미이용 바이오매스의 이용률 : 40%
- 목질계 바이오매스(임지잔재 등)는 수집하기 쉬운 곳으로부터 이용, 40% 이상의 이용을 위한 시스템구축을 목표
- 농산계바이오매스(벼짚 등)는 광역적인 경축제휴나 지역 내에서 퇴비화부자재로 이용하는 유효이용의 방식을 검토</td></tr>
</table>

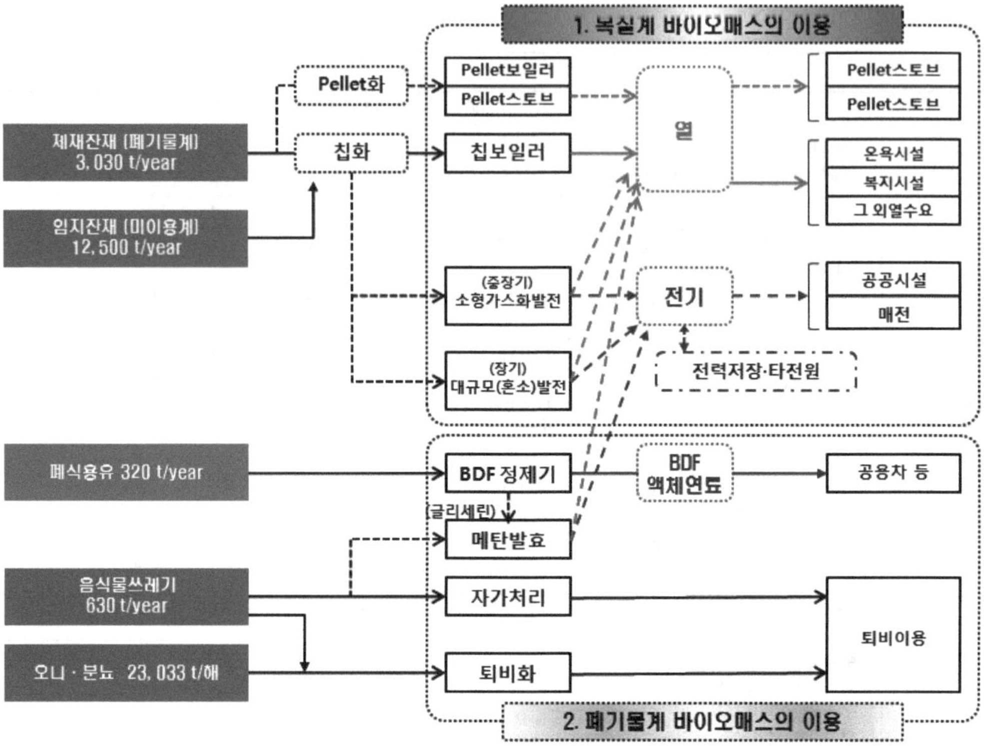

<그림 5-53> 대마도 바이오매스타운 구상

저자소개

배 재근
- 서울과학기술대학교 환경공학과 교수
- 유기성자원학회 부회장
- 한국폐기물자원순환학회 편집위원장
- 환경부 중앙환경보전위원회 위원

김 진한
- 인천대학교 환경공학과 교수
- 한국환경공단 설계 및 전문자문위원
- 인천광역시 각종(수돗물, 아라뱃길 등) 자문위원

이 종규
- 포항산업과학원 책임연구원
- 인하대학교 환경공학과 겸임교수

폐자원 · 바이오매스 에너지화 정책 및 기술

A-JIN

지은이와 협의 인지 생략

인 쇄 : 2013년 2월 10일
발 행 : 2013년 2월 15일
저 자 : 배재근 · 김진한 · 이종규
발 행 처 : 도서출판 아진
135-010
서울시 강남구 논현동 148-19 한미빌딩 201호
TEL:02-737-0663 FAX:02-737-0664
Homepage:ajin.to
E-mail:kgb@ajin.to
발 행 인 : 김 근 배
등록번호 : 제300-1995-56호
I S B N : 978-895761-346-7 93530

가격 25,000원